Qt 5 开发及实例
（第 5 版）

陆文周　主编

电子工业出版社
Publishing House of Electronics Industry
北京·BEIJING

内 容 简 介

Qt 是软件开发领域中非常著名的 C++可视化开发平台（目前的最新版本为 Qt 6 和 Qt 5.15）。本书以 Qt 5.15 为平台，系统介绍 Qt 5 的各种功能，在此基础上配套各种实例，然后综合应用各种功能开发综合应用实例。全书分为以下 5 部分。第 1 部分为 Qt 5 基础（第 1～11 章），内容包括 Qt 概述，模板库、工具类及控件，布局管理，基本对话框及实例，主窗口及实例，事件处理及实例，绘图及实例，文件、目录与数据库操作，模型/视图及实例，网络通信及实例，定时器、线程和 DLL 库。第 2 部分为综合应用实例（第 12～15 章），内容包括图元、鼠标事件、序列化、工具栏综合应用实例（我的绘图板），MDI、文件目录、树、Python 综合应用实例（文档分析器），网络通信、SQLite、图元系统、实时语音综合应用实例（简版微信），多媒体、线程、视频图元、MySQL 综合应用实例（简版抖音）。第 3 部分为 Qt 5.15 和 OpenCV 综合应用（第 16～18 章），内容包括 Qt 5+OpenCV（含 Contrib）环境搭建，OpenCV 图片处理及实例，OpenCV、树控件、表格控件综合应用实例（医院远程诊断系统）。第 4 部分为 QML 编程基础、QML 动画特效和 Qt Quick Controls 开发基础（第 19～21 章）。第 5 部分为网络资源文件和文档（可免费下载），包括本书所有实例和综合应用实例的工程文件、14 个 PPT 教学培训课件、57 个实例开发教学视频文件、电子商城系统综合实例文档、MyWord 字处理软件综合实例文档，Qt 5 操作 Office 实例文档等。附录 A 为 Qt 5 简单调试。

本书既可作为 Qt 5 开发人员的学习和参考用书，也可作为高等院校相关专业教材或 Qt 5 培训用书。

未经许可，不得以任何方式复制或抄袭本书之部分或全部内容。
版权所有，侵权必究。

图书在版编目（CIP）数据

Qt 5 开发及实例 / 陆文周主编. —5 版. —北京：电子工业出版社，2024.4
ISBN 978-7-121-47767-6

Ⅰ. ①Q… Ⅱ. ①陆… Ⅲ. ①软件工具－程序设计－高等学校－教材 Ⅳ. ①TP311.56

中国国家版本馆 CIP 数据核字（2024）第 084412 号

责任编辑：白　楠
印　　刷：三河市鑫金马印装有限公司
装　　订：三河市鑫金马印装有限公司
出版发行：电子工业出版社
　　　　　北京市海淀区万寿路 173 信箱　邮编 100036
开　　本：787×1092　1/16　印张：43.5　字数：1249.2 千字
版　　次：2014 年 1 月第 1 版
　　　　　2024 年 4 月第 5 版
印　　次：2025 年 2 月第 2 次印刷
定　　价：119.00 元

凡所购买电子工业出版社图书有缺损问题，请向购买书店调换。若书店售缺，请与本社发行部联系，联系及邮购电话：（010）88254888，88258888。
质量投诉请发邮件至 zlts@phei.com.cn，盗版侵权举报请发邮件至 dbqq@phei.com.cn。
本书咨询联系方式：bain@phei.com.cn。

前　言

Qt 是目前软件开发领域中非常著名的 C++可视化跨平台开发工具，能够为应用程序开发人员提供建立艺术级图形用户界面所需的所有功能。它是完全面向对象的，很容易扩展，并且可应用于组件编程。相对于 Visual C++，Qt 更易于学习和开发。

2013 年，我们编写了《Qt 5 开发及实例》，受到了市场的广泛欢迎。其后，我们分别以 Qt 5.4、Qt 5.8 为平台先后推出了第 2 版、第 3 版，继续受到市场的广泛欢迎。2019年，我们推出了《Qt 5 开发及实例》（第 4 版），市场持续热销。由于 Qt 5 升级为 Qt 5.15，功能有较多增强，为了满足持续关注 Qt 5 的读者的需要，我们在《Qt 5 开发及实例》（第 4 版）的基础上，对结构、内容和实例进行了更新，删除了不常用和不实用的内容和实例，增加了当前更流行和实用的综合实例。

《Qt 5 开发及实例》（第 5 版）以 Qt 5.15 为平台，系统介绍 Qt 5 的各种功能，在此基础上配套各种实例，然后综合应用各种功能开发综合应用实例。全书分为以下 5 个部分。

第 1 部分为 Qt 5 基础（第 1~11 章），内容包括 Qt 概述，模板库、工具类及控件，布局管理，基本对话框及实例，主窗口及实例，事件处理及实例，绘图及实例、文件、目录与数据库操作，模型/视图及实例，网络通信及实例，定时器、线程和 DLL 库。

第 2 部分为综合应用实例（第 12~15 章），内容包括图元、鼠标事件、序列化、工具栏综合应用实例（我的绘图板），MDI、文件目录、树、Python 综合应用实例（文档分析器），网络通信、SQLite、图元系统、实时语音综合应用实例（简版微信），多媒体、线程、视频图元、MySQL 综合应用实例（简版抖音）。

第 3 部分为 Qt 5.15 和 OpenCV 综合应用（第 16~18 章），内容包括 Qt 5+OpenCV（含 Contrib）环境搭建，OpenCV 图片处理及实例，OpenCV、树控件、表格控件综合应用实例（医院远程诊断系统）。

第 4 部分为 QML 编程基础、QML 动画特效和 Qt Quick Controls 开发基础（第 19~21 章）。

第 5 部分为网络资源文件和文档，读者可在华信教育资源网（http://www.hxedu.com.cn）免费下载，包括本书所有实例和综合应用实例的工程文件，14 个 PPT 教学培训课件、57 个实例开发教学视频文件、电子商城系统综合实例文档、MyWord 字处理软件综合实例文档、Qt 5 操作 Office 实例文档等。

通过学习本书，结合实例进行练习，读者一般能够在比较短的时间内系统掌握 Qt 5 应用开发技术，开发出目前常见的各种应用系统。

本书由陆文周主编，参加本书编写的还有其他许多等同志，在此一并表示感谢！由于编者水平有限，错误之处在所难免，敬请广大读者、师生批评指正。

意见、建议邮箱：easybooks@163.com。

编　者

网络资源：实例开发教学视频文件目录

序号	文　件　名	序号	文　件　名
1	创建具有复选框的树形控件.mp4	30	Qt 对 Office 的基本读写.mp4
2	修改用户资料.mp4	31	Excel 公式计算及显示.mp4
3	QQ 抽屉效果的实例.mp4	32	读取 Word 表格数据.mp4
4	【综合实例】文本编辑器.mp4	33	向文档输出表格.mp4
5	Qt 5 文件操作功能.mp4	34	【综合实例】电子商城系统.mp4
6	Qt 5 图像坐标变换.mp4	35	【综合实例】MyWord 字处理软件.mp4
7	Qt 5 文本编辑功能.mp4	36	【综合实例】微信客户端程序.mp4
8	Qt 5 排版功能.mp4	37	图片增强.mp4
9	Qt 5 基础图形的绘制.mp4	38	平滑滤波.mp4
10	实现一个简单的绘图工具.mp4	39	多图合成.mp4
11	显示 Qt 5 SVG 格式图片.mp4	40	图片旋转缩放.mp4
12	飞舞的蝴蝶.mp4	41	寻找匹配物体.mp4
13	地图浏览器.mp4	42	人脸识别.mp4
14	图元创建.mp4	43	【综合实例】医院远程诊断系统.mp4
15	图元的旋转、缩放、切变和位移.mp4	44	使用 Anchor 布局一组矩形元素.mp4
16	视图（View）.mp4	45	鼠标事件.mp4
17	代理（Delegate）.mp4	46	键盘事件.mp4
18	TCP 服务器端的编程.mp4	47	输入控件与焦点.mp4
19	TCP 客户端编程.mp4	48	状态和切换.mp4
20	简单网页浏览器.mp4	49	设计组合动画.mp4
21	键盘事件及实例.mp4	50	用高级控件制作一个有趣的小程序.mp4
22	事件过滤及实例.mp4	51	定制几种控件的样式.mp4
23	多线程及简单实例.mp4	52	Qt Quick 对话框.mp4
24	基于控制台程序实现.mp4	53	Qt Quick 导航视图.mp4
25	生产者和消费者问题.mp4	54	滑动翻页及隐藏面板.mp4
26	【实例】服务器端编程.mp4	55	选项列表.mp4
27	【实例】客户端编程.mp4	56	带功能按钮的列表.mp4
28	SQLite 数据库操作.mp4	57	【综合实例】多功能文档查看器.mp4
29	Qt 操作主/从视图及 XML.mp4		

说明：实例开发视频在 Qt 5.11 环境下录制。

目 录

第1章 Qt 概述 ... 1
1.1 什么是 Qt ... 1
1.1.1 Qt 的产生和发展 ... 1
1.1.2 Qt 5.15 与 Qt 6 ... 2
1.2 Qt 5.15 的安装 ... 2
1.2.1 下载 Qt 在线安装器和申请免费账号 ... 2
1.2.2 安装过程 ... 4
1.2.3 运行 Qt Creator ... 7
1.2.4 Qt 开发环境 ... 8
1.3 Qt 5 开发入门实例 ... 9
1.3.1 设计器 Qt Designer 开发实例 ... 10
1.3.2 直接代码开发实例 ... 19

第2章 模板库、工具类及控件 ... 24
2.1 字符串类 ... 24
2.1.1 操作字符串 ... 24
2.1.2 查询字符串数据 ... 25
2.1.3 字符串的转换 ... 26
2.2 容器类 ... 27
2.2.1 QList、QLinkedList 和 QVector ... 28
2.2.2 QMap 和 QHash ... 33
2.3 QVariant ... 36
2.4 算法及正则表达式 ... 38
2.4.1 常用算法 ... 38
2.4.2 基本的正则表达式 ... 39
2.5 控件 ... 40
2.5.1 按钮组（Buttons） ... 40
2.5.2 输入部件组（Input Widgets） ... 42
2.5.3 显示控件组（Display Widgets） ... 43
2.5.4 空间间隔组（Spacers） ... 44
2.5.5 布局管理组（Layouts） ... 44
2.5.6 容器组（Containers） ... 44

·VII·

	2.5.7	项目视图组（Item Views）	46
	2.5.8	项目控件组（Item Widgets）	48
	2.5.9	多控件实例	52

第3章 布局管理
- 3.1 分割窗口类：QSplitter 56
- 3.2 停靠窗口类：QDockWidget 58
- 3.3 堆栈窗体类：QStackedWidget 60
- 3.4 基本布局类：QLayout 62
- 3.5 布局管理综合实例 67

第4章 基本对话框及实例ㆍ78
- 4.1 标准文件对话框类 81
  - 4.1.1 函数说明 81
  - 4.1.2 创建步骤 82
- 4.2 标准颜色对话框类 83
  - 4.2.1 函数说明 83
  - 4.2.2 创建步骤 83
- 4.3 标准字体对话框类 84
  - 4.3.1 函数说明 84
  - 4.3.2 创建步骤 84
- 4.4 标准输入对话框类 85
  - 4.4.1 标准字符串输入对话框 88
  - 4.4.2 标准条目选择对话框 89
  - 4.4.3 标准 int 类型输入对话框 89
  - 4.4.4 标准 double 类型输入对话框 90
- 4.5 消息对话框类 91
  - 4.5.1 Question 消息对话框 93
  - 4.5.2 Information 消息对话框 94
  - 4.5.3 Warning 消息对话框 95
  - 4.5.4 Critical 消息对话框 95
  - 4.5.5 About 消息对话框 96
  - 4.5.6 About Qt 消息对话框 96
- 4.6 自定义消息对话框 97
- 4.7 工具盒类 98
- 4.8 进度条 102
- 4.9 调色板与电子钟 106

		4.9.1	QPalette	106
		4.9.2	QTime	111
		4.9.3	电子钟实例	112
	4.10	可扩展对话框		115
	4.11	不规则窗体		118
	4.12	程序启动画面类：QSplashScreen		120

第5章 主窗口及实例 123

5.1	主窗口构成		123
	5.1.1	基本元素	123
	5.1.2	文本编辑器项目框架	124
	5.1.3	菜单与工具栏的实现	127
5.2	文件操作功能		131
	5.2.1	新建文件	131
	5.2.2	打开文件	132
	5.2.3	打印文件	134
5.3	图像坐标变换		137
	5.3.1	缩放功能	137
	5.3.2	旋转功能	138
	5.3.3	镜像功能	140
5.4	文本编辑功能		141
	5.4.1	设置字体	143
	5.4.2	设置字号	144
	5.4.3	设置文字加粗	144
	5.4.4	设置文字斜体	145
	5.4.5	设置文字加下画线	145
	5.4.6	设置文字颜色	145
	5.4.7	设置字符格式	146
5.5	排版功能		146
	5.5.1	实现段落对齐	147
	5.5.2	实现文本排序	148

第6章 事件处理及实例 151

6.1	鼠标事件	151
6.2	键盘事件	153
6.3	事件过滤器	159

第 7 章 绘图及实例 ... 164
7.1 基础图形的绘制 ... 164
7.1.1 绘图基础类 ... 164
7.1.2 QPainter 绘图框架实例 ... 174
7.1.3 绘制实时时钟实例 ... 187
7.2 GraphicsView 绘图 ... 190
7.2.1 视图、场景、图元的概念 ... 190
7.2.2 GraphicsView 坐标系统 ... 192
7.2.3 飞舞的蝴蝶实例 ... 193
7.3 二维图表绘制 ... 196
7.3.1 QtCharts 基础 ... 196
7.3.2 绘制螺旋曲线实例 ... 198
7.3.3 绘制柱状/折线图实例 ... 201
7.3.4 绘制饼状图实例 ... 203
7.4 三维绘图 ... 205
7.4.1 QtDataVisualization 基础 ... 205
7.4.2 三维绘图实例 ... 207

第 8 章 文件、目录与数据库操作 ... 210
8.1 文件操作 ... 210
8.1.1 文本文件操作实例 ... 210
8.1.2 二进制文件操作实例 ... 213
8.2 目录操作 ... 215
8.2.1 文件大小及路径获取实例 ... 215
8.2.2 文件系统浏览实例 ... 217
8.2.3 获取文件信息实例 ... 220
8.3 数据库操作 ... 224
8.3.1 数据库与 SQL 基础 ... 224
8.3.2 QtSql ... 231
8.3.3 操作 SQLite 实例 ... 233
8.3.4 操作 MySQL 实例 ... 237
8.3.5 操作 SQL Server 实例 ... 243

第 9 章 模型/视图及实例 ... 248
9.1 模型/视图架构 ... 248
9.1.1 基本概念 ... 248
9.1.2 实现类 ... 249

9.2 常用模型/视图组件实例 250
　9.2.1 表格模型/视图及实例 250
　9.2.2 树状模型/视图及实例 253
　9.2.3 文件目录浏览器实例 256
　9.2.4 自定义模型实例 258
9.3 代理及应用实例 262
　9.3.1 代理概念及开发步骤 262
　9.3.2 代理应用实例 264
9.4 综合实例：汽车信息管理系统 271
　9.4.1 开发前的准备 272
　9.4.2 开发视图界面 273
　9.4.3 连接数据库 276
　9.4.4 开发主/从视图 283
　9.4.5 添加/删除汽车信息 287

第10章 网络通信及实例 296

10.1 获取本机网络信息 296
10.2 基于UDP的数据通信 299
　10.2.1 UDP工作原理 299
　10.2.2 UDP应用实例 301
10.3 基于TCP的数据通信 306
　10.3.1 TCP工作原理 306
　10.3.2 TCP应用实例 309

第11章 定时器、线程和DLL库 320

11.1 定时器和线程 320
　11.1.1 定时器：QTimer 320
　11.1.2 线程：QThread 322
11.2 Qt程序开发和调用DLL库 326
　11.2.1 开发DLL 326
　11.2.2 使用DLL 329

第12章 图元、鼠标事件、序列化、工具栏综合应用实例：我的绘图板 334

【技术基础】 335
12.1 绘图相关技术 335
12.2 绘图场景数据结构 336
　12.2.1 数据结构设计 336
　12.2.2 数据结构实现 337

12.2.3 数据结构处理 339
【实例开发】 341
12.3 创建项目 341
12.3.1 项目设置 341
12.3.2 界面设计 344
12.3.3 程序框架 346
12.4 主界面开发 350
12.4.1 文件管理栏开发 350
12.4.2 样式栏开发 351
12.4.3 工具箱开发 355
12.4.4 绘图区和状态栏开发 356
12.5 绘图功能开发 359
12.5.1 创建图元 359
12.5.2 调整图元大小 365
12.5.3 设置样式 368
12.5.4 操纵图元 376
12.6 图元文件管理 377

第 13 章 MDI、文件目录、树、Python 综合应用实例：文档分析器 383
【技术基础】 384
【实例开发】 384
13.1 创建项目 384
13.1.1 项目设置 384
13.1.2 界面设计 388
13.1.3 程序框架 391
13.2 文档的管理 398
13.2.1 目录导航 398
13.2.2 文档归类 399
13.2.3 打开文档 401
13.2.4 多文档窗口布局 403
13.3 文档的分析 405
13.3.1 文本的分析 406
13.3.2 获取网页主题链接 410
13.3.3 识别、扫描书页文字 412
13.3.4 分析结果处理 417
13.4 其他功能 418

第 14 章 网络通信、SQLite、图元系统、实时语音综合应用实例：简版微信 ········ 420
【技术基础】 ··········· 421
14.1 网络通信 ··········· 421
14.1.1 UDP 收发消息 ··········· 421
14.1.2 TCP 传输 ··········· 423
14.2 服务器数据库 ··········· 425
14.2.1 创建数据库 MyWeDb ··········· 425
14.2.2 数据库访问与操作 ··········· 426
14.3 SQLite 应用 ··········· 427
14.3.1 创建 SQLite ··········· 427
14.3.2 记录日志 ··········· 428
14.3.3 加载日志 ··········· 429
14.4 用到的其他控件和技术 ··········· 430
【实例开发】 ··········· 430
14.5 创建项目 ··········· 430
14.5.1 客户端项目 ··········· 430
14.5.2 服务器项目 ··········· 440
14.6 界面开发 ··········· 443
14.6.1 界面设计 ··········· 443
14.6.2 初始化 ··········· 446
14.6.3 界面切换 ··········· 448
14.7 基本功能开发 ··········· 449
14.7.1 用户管理 ··········· 449
14.7.2 文字聊天 ··········· 454
14.7.3 信息暂存与转发 ··········· 457
14.8 增强功能开发 ··········· 459
14.8.1 功能演示 ··········· 459
14.8.2 文件、图片、语音的传输 ··········· 461
14.8.3 实时语音通话 ··········· 472

第 15 章 多媒体、线程、视频图元、MySQL 综合应用实例：简版抖音 ··········· 477
【技术基础】 ··········· 477
15.1 视频播放处理 ··········· 477
15.2 MySQL 数据库 ··········· 478
15.2.1 设计数据库 MyTikTok ··········· 478
15.2.2 访问与操作数据库 ··········· 480

		15.2.3 特殊数据类型读写 ··· 481

【实例开发】 ··· 481
- 15.3 创建项目 ·· 481
  - 15.3.1 项目结构 ··· 481
  - 15.3.2 主程序框架 ··· 485
- 15.4 主界面开发 ·· 489
  - 15.4.1 界面设计 ··· 489
  - 15.4.2 初始化 ·· 491
  - 15.4.3 运行效果 ··· 492
- 15.5 视频基本功能开发 ·· 492
  - 15.5.1 视频播放 ··· 492
  - 15.5.2 视频控制 ··· 497
  - 15.5.3 视频信息显示 ··· 498
- 15.6 特色功能开发 ·· 501
  - 15.6.1 关注和点赞 ··· 501
  - 15.6.2 评论与弹幕 ··· 505
  - 15.6.3 根据用户喜好推荐视频 ·· 509
- 15.7 视频发布 ·· 513
  - 15.7.1 界面设计 ··· 513
  - 15.7.2 视频预览 ··· 514
  - 15.7.3 视频发布 ··· 515

第 16 章 Qt 5+OpenCV（含 Contrib）环境搭建 ······················· 519
- 16.1 准备工作 ·· 519
- 16.2 配置编译器 ·· 522
- 16.3 编译 OpenCV ·· 527
- 16.4 安装 OpenCV ·· 528

第 17 章 OpenCV 图片处理及实例 ······································· 531
- 17.1 图片美化 ·· 531
  - 17.1.1 图片增强 ··· 531
  - 17.1.2 平滑滤波 ··· 537
- 17.2 多图合成 ·· 543
  - 17.2.1 程序界面 ··· 544
  - 17.2.2 全局变量及方法 ··· 545
  - 17.2.3 初始化显示 ··· 545
  - 17.2.4 功能实现 ··· 546

17.2.5　运行效果 547
17.3　图片旋转缩放 548
　　17.3.1　程序界面 548
　　17.3.2　全局变量及方法 549
　　17.3.3　初始化显示 550
　　17.3.4　功能实现 551
　　17.3.5　运行效果 552
17.4　图片智能识别 553
　　17.4.1　寻找匹配物体 553
　　17.4.2　人脸识别 557

第 18 章　OpenCV、树控件、表格控件综合应用实例：医院远程诊断系统 563

18.1　功能需求 563
　　18.1.1　诊疗点科室管理 563
　　18.1.2　CT 相片显示和处理 564
　　18.1.3　患者信息选项卡 564
　　18.1.4　后台数据库浏览 564
　　18.1.5　界面的总体效果 565
18.2　Qt 项目工程创建与配置 565
18.3　界面设计 567
18.4　功能实现 570
　　18.4.1　数据库准备 570
　　18.4.2　Qt 应用程序主体框架 572
　　18.4.3　界面初始化功能实现 577
　　18.4.4　诊断功能实现 578
　　18.4.5　患者信息表单 581
18.5　医院远程诊断系统运行演示 583
　　18.5.1　启动、连接数据库 583
　　18.5.2　执行诊断分析 584
　　18.5.3　表单信息联动 585
　　18.5.4　查看病历 586

第 19 章　QML 编程基础 587

19.1　QML 概述 587
　　19.1.1　第一个 QML 程序 588
　　19.1.2　QML 文档构成 592
19.2　QML 可视元素 595

    19.2.1 矩形元素：Rectangle ····· 595
    19.2.2 图像元素：Image ····· 596
    19.2.3 文本元素：Text ····· 598
    19.2.4 自定义元素（组件） ····· 600
  19.3 QML 元素布局 ····· 602
    19.3.1 定位器：Positioner ····· 602
    19.3.2 锚：Anchor ····· 607
  19.4 QML 事件处理 ····· 611
    19.4.1 鼠标事件 ····· 611
    19.4.2 键盘事件 ····· 613
    19.4.3 输入控件与焦点 ····· 616
  19.5 QML 集成 JavaScript ····· 618
    19.5.1 调用 JavaScript 函数 ····· 618
    19.5.2 导入 JS 文件 ····· 620
第 20 章 QML 动画特效 ····· 623
  20.1 QML 动画元素 ····· 623
    20.1.1 PropertyAnimation 元素 ····· 623
    20.1.2 其他动画元素 ····· 628
    20.1.3 Animator 元素 ····· 630
  20.2 流 UI 界面 ····· 632
    20.2.1 状态切换机制 ····· 632
    20.2.2 设计组合动画 ····· 635
  20.3 图像特效 ····· 638
    20.3.1 3D 旋转 ····· 638
    20.3.2 色彩处理 ····· 639
第 21 章 Qt Quick Controls 开发基础 ····· 642
  21.1 Qt Quick Controls 概述 ····· 642
    21.1.1 第一个 Qt Quick Controls 程序 ····· 642
    21.1.2 更换界面主题样式 ····· 644
  21.2 Qt Quick 控件 ····· 645
    21.2.1 概述 ····· 645
    21.2.2 基本控件 ····· 645
    21.2.3 高级控件 ····· 650
    21.2.4 样式定制 ····· 654
  21.3 Qt Quick 对话框 ····· 662

21.4　Qt Quick 选项标签 ··· 667
附录 A　Qt 5 简单调试 ·· 673
　A.1　修正语法错误 ·· 673
　A.2　设置断点 ·· 674
　A.3　程序调试运行 ·· 674
　A.4　查看和修改变量的值 ·· 675
　A.5　qDebug()的用法 ··· 677

第 1 章

Qt 概述

本章介绍 Qt 5.15 安装及其运行开发环境。以一个计算圆面积的小程序作为入门实例,分别以 Qt 程序的两种基本开发方式——设计器 Qt Designer 开发和直接代码开发方式,详细介绍开发步骤,同时,通过实现程序的用户界面操作响应,介绍信号、槽及其关联的概念,使读者对使用 Qt 进行 GUI 应用程序开发有一个初步的认识。

本书提供全部实例的源代码并进行系统编号,如代码 CH101 就是第 1 章的第一个例子的源代码,以此类推,便于读者迅速找到相应实例上机模仿试做。

1.1 什么是 Qt

Qt 是目前一个著名的跨平台的 C++图形用户界面应用程序开发框架。它为开发者提供了创建艺术级图形用户界面所需的全部功能。它完全面向对象,很容易扩展,并且允许真正的组件编程。

1.1.1 Qt 的产生和发展

Qt 最早是在 1991 年由奇趣科技开发的,1996 年进入商业领域,成为了全世界范围内数千种成功的应用程序的基础。

2008 年,诺基亚从奇趣科技收购了 Qt,并从 2009 年 5 月发布的 Qt 4.5 起开放源代码。

2011 年,Digia(芬兰的一家 IT 服务公司)从诺基亚收购了 Qt 的商业版权。2012 年 8 月 9 日,诺基亚宣布将 Qt 软件业务正式出售给 Digia。2013 年 7 月 3 日,Digia 公司发布了 Qt 5.1,并于次年 4 月配套推出了 Qt 跨平台的集成开发环境 Qt Creator 3.1.0。

2014 年 9 月 16 日,Digia 成立了一个名为 The Qt Company 的全资子公司,以进一步推动 Qt 产品的开发和市场扩张,并建立起全新的 Qt 产品网站,该网站将 Qt 的商业业务和开源社区统一到同一个在线渠道中。从此 Qt 步入了高速发展期,版本升级加速,2014 年至 2020 年的短短六年中,就相继发布了十多个主要版本,全球范围内的 Qt 开发者人数和 Qt 软件下载量也都呈指数级增长,使 Qt 生态圈呈现出一派欣欣向荣的景象。期间,Qt 原生的 QML 编程语言、Qt Quick 及其 Qt Quick Controls 库的功能不断增强和完善,并实现了对 Windows、Linux/X11、UNIX、iOS、Android、WP 等各种平台的全面支持。与此同时,Qt 开发环境 Qt Creator 也更新至第 8 版,支持 Android、Python 等多种流行语言平台的开发。

如今的 Qt 俨然成为一个十分完善的 C++通用框架，用它可轻松开发出功能强大、灵活互动且独立于平台的应用程序。Qt 程序可以在本地桌面、嵌入式系统和移动终端上运行，其性能远远优于其他跨平台框架。

目前 Qt 在不同的行业，比如能源、医疗、军工和国防、汽车、游戏动画和视觉效果、芯片、消费电子、工业自动化、计算机辅助设计和制造等领域都取得了非凡的成绩。

1.1.2 Qt 5.15 与 Qt 6

随着互联网迈入"云"时代及物联网的兴起，The Qt Company 于 2020 年年底发布了面向未来生产力平台的 Qt 6。Qt 6 进行了重构，将 Qt 5 的大量传统模块和库剔除，使得原来基于 Qt 5 开发的很多软件功能在 Qt 6 上暂时无法实现，为保持兼容和维护 Qt 生态圈的稳定，官方在发布 Qt 6 的同时也推出了 Qt 5.15，它是一个长支持（LTS）版本，可看作是 Qt 5 系列的最终版本。

自此，Qt 的发展分为了两支——Qt 5.15 与 Qt 6，Qt 原有的全部功能模块和库被保留在 Qt 5.15 中继续维护、更新和完善，官方最新研发出的基于全新技术（可能尚不成熟）的模块都放到 Qt 6 中。

本书所有实例的开发都是基于 Qt 5.15 功能模块构建的。

1.2 Qt 5.15 的安装

1.2.1 下载 Qt 在线安装器和申请免费账号

从 Qt 5.15/Qt 6 起，官方已不再提供硕大的离线完全安装包，改为提供在线安装器，由用户运行安装器联网选择自己所需的 Qt 版本和组件下载。而通过在线安装器安装 Qt 5.15 需要使用 Qt 账号。

访问 Qt 官网，单击主页右上角  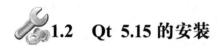 按钮进入"Get Qt & QA"页面，找到"Try Qt Framework and Tools"栏，如图 1.1 所示，单击"Download Qt"按钮，弹出申请免费账号页面，如图 1.2 所示。

根据页面栏目填写信息，单击底部"Submit"按钮，如果填写的信息没问题，系统首先向用户提供的电话发送短信，在随后出现的验证对话框中输入短信验证码，验证通过后，输入账号密码并再次确认，系统会给用户提供的电子邮箱发送邮件。申请账号成功后的页面如图 1.3 所示。

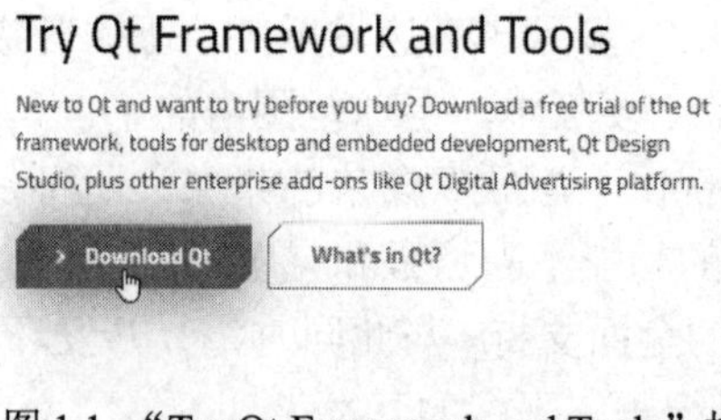

图 1.1 "Try Qt Framework and Tools"栏

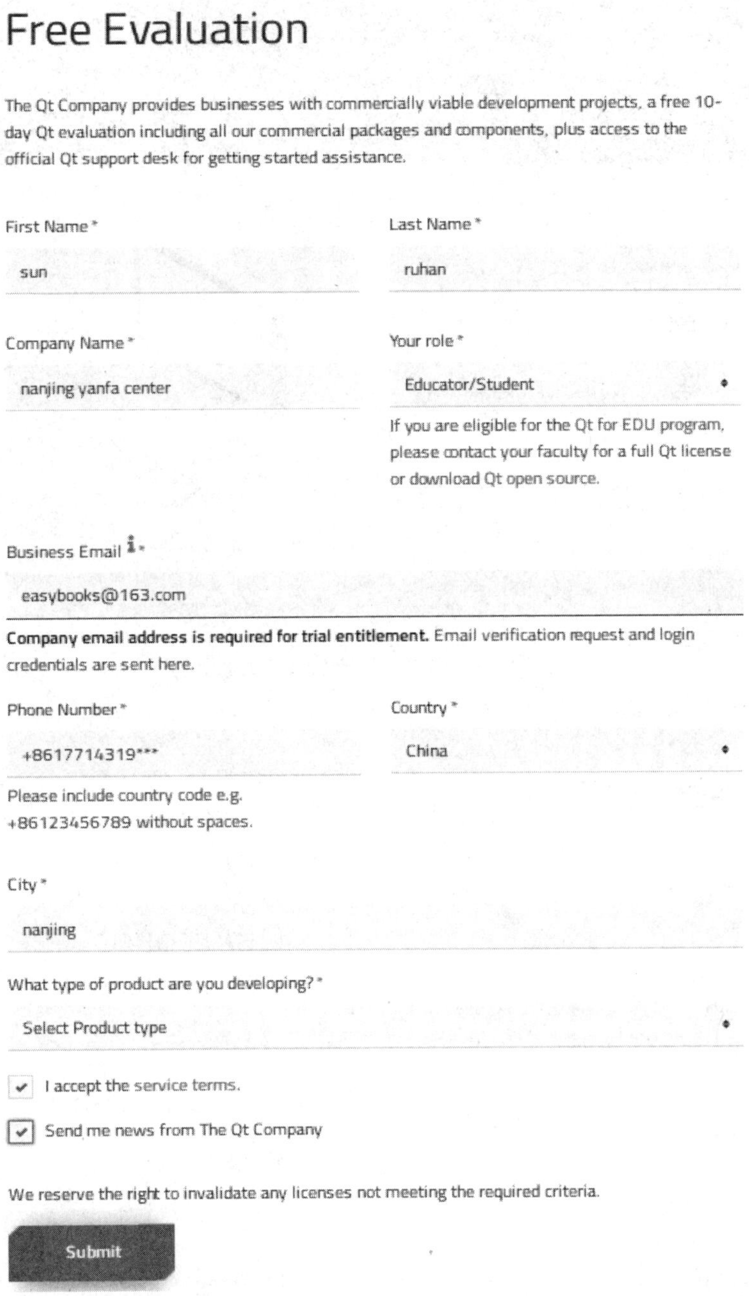

图1.2 申请免费账号页面

该页面包含以下信息。
(1) 提供在线安装器下载。
单击"here"超链接,系统自动识别当前操作者使用的计算机操作系统,并提供与之匹配的安装器,用户直接下载即可。
(2) 提示用户根据 Qt 官方发送的邮件链接尽快登录验证,因为该链接有时效,过期后不能再用。进入该链接网页,如图1.4所示,完成 Qt 账号登录。

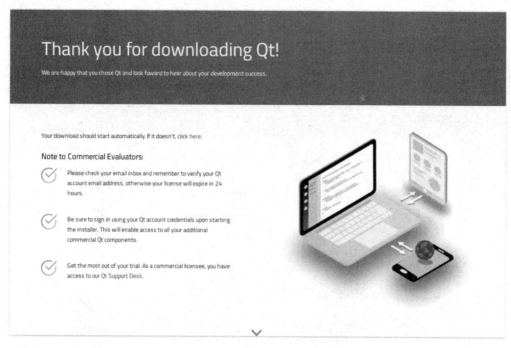

图 1.3　申请账号成功后的页面

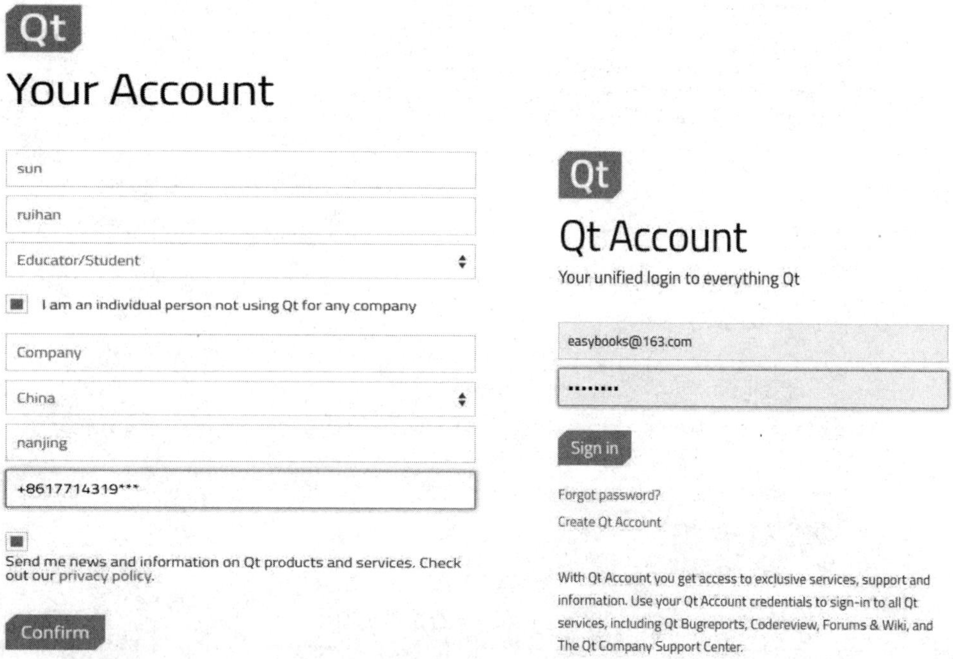

　　　　　　　　（a）　　　　　　　　　　　　　　　　　（b）

图 1.4　完成 Qt 账号登录

1.2.2　安装过程

安装前要确保计算机处于联网状态。

（1）双击下载的安装器文件，启动向导，出现如图 1.5 所示界面，要求登录（登录申请的免费账号），输入完单击"下一步"按钮。

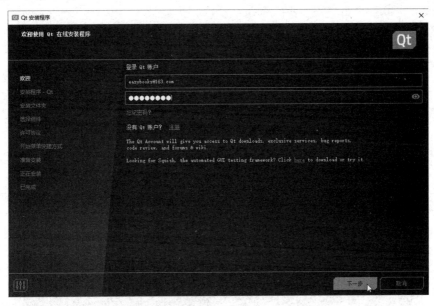

图 1.5　登录

（2）接下来勾选"我已阅读并同意使用开源 Qt 的条款和条件"和"我是个人用户，我不为任何公司使用 Qt"复选框，单击"下一步"按钮。

（3）在"安装程序 - Qt"页直接单击"下一步"按钮。安装器自动获取远程 Qt 安装所需的信息，进入"Contribute to Qt Development"页，显示提示信息，用户可选择向 Qt 官方发送或不发送有关自己 Qt 使用的统计信息，单击"下一步"按钮。

（4）"安装文件夹"页如图 1.6 所示。

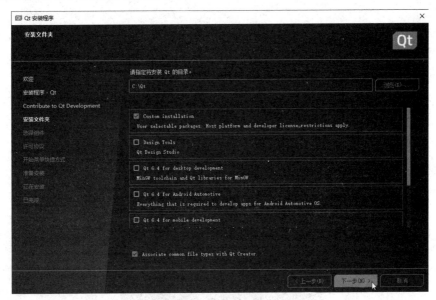

图 1.6　"安装文件夹"页

默认安装目录为 C:\Qt，勾选"Custom installation"复选框（自定义安装），即由用户选择需要安装的组件。勾选底部"Associate common file types with Qt Creator"复选框，将常用文件类型与 Qt Creator 关联，单击"下一步"按钮。

（5）在"选择组件"页选择要安装的组件，如图 1.7 所示。

因为要安装的是 Qt 5.15，在界面中央树状视图的"Qt"节点下找到"Qt 5.15.2"并展开，看到其包含的所有组件，只需要选择部分组件进行安装。

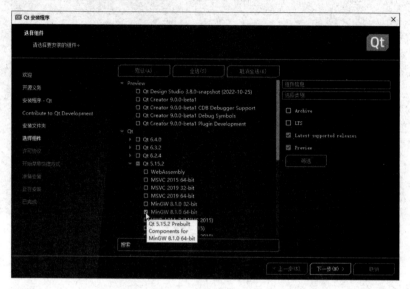

图 1.7 "选择组件"页

首先要选的是 Qt 编译器，"MSVC 2015 64-bit""MSVC 2019 32-bit""MSVC 2019 64-bit""MinGW 8.1.0 32-bit""MinGW 8.1.0 64-bit"都是 Qt 编译器，Qt 主流的编译器就是 MSVC 与 MinGW，本书使用的是 MinGW，编者的操作系统是 64 位的 Windows 10 专业版，故勾选"MinGW 8.1.0 64-bit"。

有几个组件在本书实例开发中会用到，所以建议读者在此一并选择，如图 1.8 所示是编者安装 Qt 5.15 时选择的组件，供参考，单击"下一步"按钮。

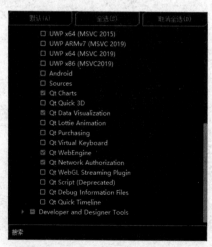

图 1.8 编者安装 Qt 5.15 时选择的组件

（6）在"许可协议"页，选中"I have read and agree to the terms contained in the license agreements"复选框，接受许可协议，单击"下一步"按钮。

（7）在"开始菜单快捷方式"页中可命名 Qt 启动菜单，这里保持默认设置，单击"下一步"按钮。

（8）"准备安装"页显示需要的磁盘空间，单击"安装"按钮，开始在线安装 Qt 5.15。安装的过程通过进度条显示，安装速度取决于当前用户网络情况和 Qt 文件服务器的繁忙程度。

安装完成，如图 1.9 所示，单击"完成"按钮结束安装。系统会自行启动 Qt Creator。

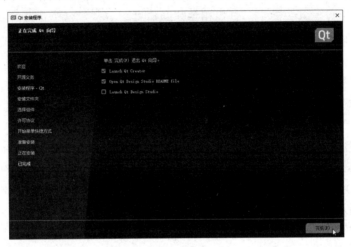

图 1.9　安装完成

1.2.3　运行 Qt Creator

Qt Creator 启动后进入初始界面，如图 1.10 所示。

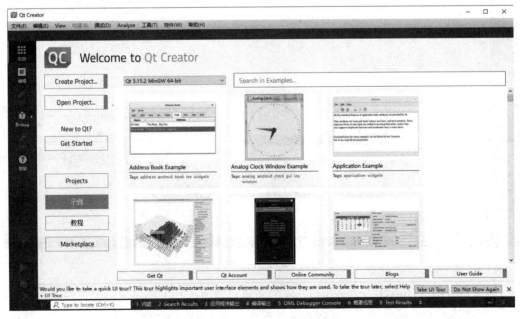

图 1.10　Qt Creator 初始界面

界面左边是一列标签按钮，功能如下。

（欢迎）：可以选择自带的实例演示，下一次打开欢迎界面时能够显示最近的一些项目。

（编辑）：编写代码。

（设计）：设计图形界面，进行部件属性设置、信号和槽设置、布局设置等操作。

Debug：可以根据需要调试程序，以便跟踪观察程序的运行情况。

（项目）：可以完成开发环境的相关配置。

（帮助）：可以输入关键字，查找相关帮助信息。

左下角的三个按钮▶、🐞和▶分别是"运行"按钮、"开始调试"按钮和"构建项目"按钮。这三个按钮相对应的功能分别为运行、调试和构建项目。

1.2.4　Qt 开发环境

在 Qt 程序开发过程中，可以通过 Qt Designer 进行程序界面的绘制和布局，Qt Designer 设计环境如图 1.11 所示，中央显示正在设计的界面窗体，它是程序界面所有控件的载体；左侧组件箱中罗列出了 Qt 5.15 所有控件，可以直接拖曳它们到设计区窗体上来高效地设计图形界面，直观形象、所见即所得。控件一旦放上去就被实例化，成为一个对象，每个控件对象在窗体中都由唯一的名字标识。

另外，在设计环境的主界面上还可以看到由系统提供的一些编辑工具子窗口（图 1.11 中标示），简介如下。

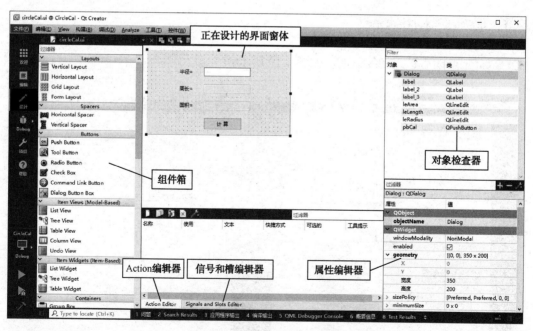

图 1.11　Qt Designer 设计环境

● **对象检查器（Object Inspector）**：以两列表格的形式列出窗体中每个控件的对象名及所属类。初始窗体上尚未放置任何控件时，仅有窗体自身，可看到它的类型为 QDialog（对话框）。

● **属性编辑器（Property Editor）**：以两列表格的形式显示当前窗体或其上被选中控件的属

性和值，可根据设计需要在其中修改属性值。
- **Action 编辑器**（Action Editor）：用于编辑菜单、工具栏的选项动作。
- **信号和槽编辑器**（Signals and Slots Editor）：列出了窗体界面上所有的信号和槽关联。

设计区窗体的顶部有一系列工具按钮可用于在设计界面时切换编辑模式，Qt 5.15 支持四种编辑模式，如图 1.12 所示。此外，通过设计器的"编辑"菜单也可以打开这些编辑模式。

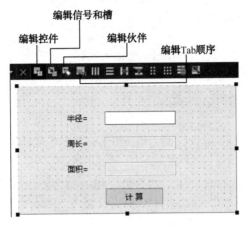

图 1.12　四种编辑模式

各模式的用途简介如下。
- **编辑控件**（Edit Widgets）：这是默认的模式，可以在窗体上拖曳放置控件并设置它们的属性和外观。
- **编辑信号和槽**（Edit Signals/Slots）：此模式下可以为窗体上的控件关联系统中已有的信号和槽。
- **编辑伙伴**（Edit Buddies）：可以建立 QLabel 标签与其他类型控件的伙伴关系，当用户激活标签的快捷键时，鼠标/键盘的焦点会转移到它的伙伴控件上。Qt 中只有 QLabel 标签对象可以有伙伴控件，当 QLabel 对象具有快捷键（在显示文本的某个字符前面添加一个前缀"&"就可以定义快捷键）时，伙伴关系才有效。例如：

```
QLineEdit *leAge = new QLineEdit(this);
QLabel *lbAge = new QLabel("&Age", this);
lbAge->setBuddy(leAge);
```

定义了 lbAge 标签的快捷键为 Alt+A，并将单行文本框 leAge 设为它的伙伴控件。所以当用户按快捷键 Alt+A 时，焦点将会跳至单行文本框 leAge 中。
- **编辑 Tab 顺序**（Edit Tab Order）：可以设置 Tab 键在窗体控件间的焦点顺序。

1.3　Qt 5 开发入门实例

使用 Qt 5.15 开发应用程序既可以采用设计器 Qt Designer 方式，也可以采用直接编写代码的方式。下面以一个简单的计算圆周长和面积功能程序作为实例，分别以这两种方式实现，让读者对 Qt 5.15 开发程序的一般流程有初步的认识，以便快速入门。

当用户输入一个圆的半径后，可以显示计算后的周长和面积值，运行效果如图 1.13 所示。

图1.13 运行效果

1.3.1 设计器 Qt Designer 开发实例

【例】（简单）（CH101）采用设计器 Qt Designer 方式实现计算圆周长和面积，完成图1.13所示的功能。

首先创建项目，接着进行界面设计，然后编写相应的功能代码。

1. 创建项目

创建步骤如下。

（1）运行 Qt Creator，在欢迎界面左侧单击"Create Project"按钮，或者选择"文件"→"New Project"命令，创建一个新的项目，出现"New Project"窗口，如图1.14所示。

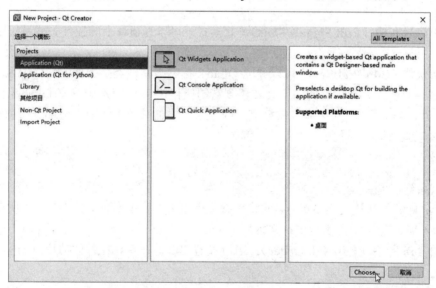

图1.14 创建项目

（2）选择一个项目模板。单击"Projects"下的"Application (Qt)"，中间选择"Qt Widgets Application"选项，单击右下角"Choose"按钮，进入下一步。

说明：用户需要创建什么样的项目就选择相应的项目选项。"Qt Console Application"选项表示创建一个基于控制台（无图形界面）的项目，"Qt Quick Application"选项表示创建一个 Qt Quick 类型的应用程序。这里因为需要建立一个图形界面的桌面应用程序，所以选择"Qt Widgets Application"选项。

(3)命名自己的项目并选择保存路径。项目命名没有大小写要求，依个人习惯，这里将项目命名为 CircleCal。注意：保存项目的路径中不能有中文字符。如图 1.15 所示，单击"下一步"按钮。

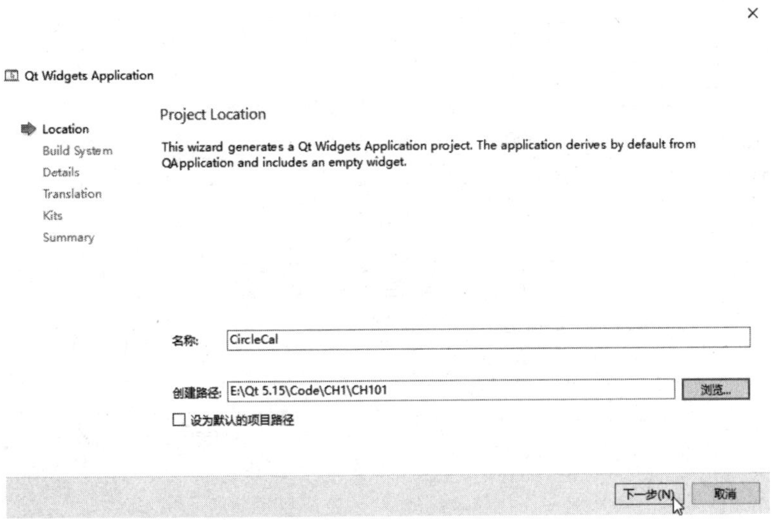

图 1.15　命名项目并选择保存路径

(4)接下来的界面让用户选择项目的构建（编译）工具，这里选择 qmake，如图 1.16 所示，单击"下一步"按钮。

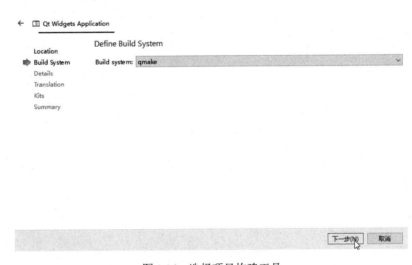

图 1.16　选择项目构建工具

说明：Qt 5.15 支持多种构建工具，除 Qt 原生的 qmake 外，还增加了对通用标准构建工具 CMake 的支持，用 qmake 创建的项目配置文件以.pro 为后缀，CMake 创建的项目配置文件则以.txt 为后缀，在 Qt Creator 中打开项目都是进入项目目录并选中配置文件，单击"打开"按钮，操作是一样的。

(5)在"Class Information"页根据实际需要选择一个基类。这里选择 QDialog（对话框类）作为基类，"Class name"（类名）填写 Dialog，这时"Header file"（头文件）、"Source file"（源

文件）及"Form file"（界面文件）都出现默认的文件名 dialog，但建议读者根据项目程序功能改名，这里将 3 个文件都重命名为 circleCal。默认选中"Generate form"（创建界面）复选框，表示需要采用设计器 Qt Designer 来可视化地设计界面，如图 1.17 所示，单击"下一步"按钮。

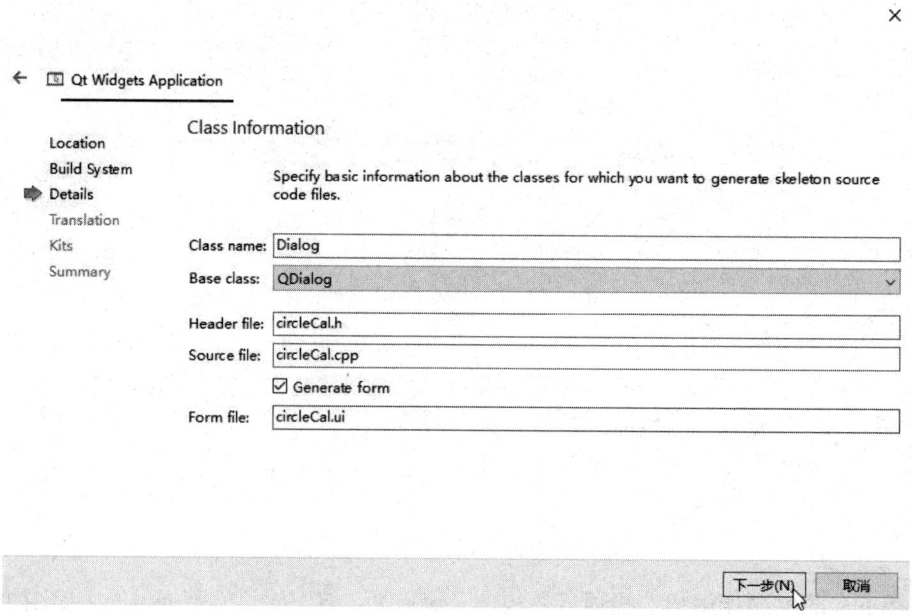

图 1.17　选择基类和重命名程序文件

（6）再次单击"下一步"按钮，进入"Kit Selection"（选择构建套件）界面，由于之前选择组件的时候已经指定了使用唯一的编译器 MinGW，故这里只有一个"Desktop Qt 5.15.2 MinGW 64-bit"选项，如图 1.18 所示，直接单击"下一步"按钮。

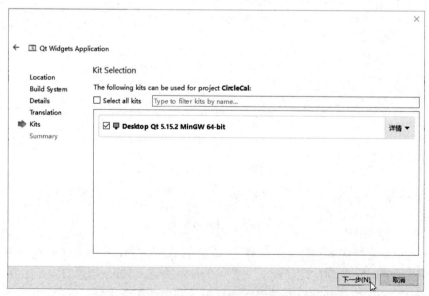

图 1.18　选择构建套件

（7）此时，相应的文件已经自动加载到项目文件列表中，如图 1.19 所示。

图 1.19　项目文件列表

最后，单击"完成"按钮完成项目创建。

Qt Creator 界面左上方出现项目结构的树形视图，项目的所有文件自动在视图中分类显示，如图 1.20（a）所示，各文件包含在相应的节点中，单击节点前的"＞"可以显示该节点下的文件，单击节点前的"∨"则可隐藏该节点下的文件。单击上部灰色工具栏中的▼后，弹出一个下拉列表，勾选"简化树形视图"则切换到简单的文件列表样式，如图 1.20（b）所示。

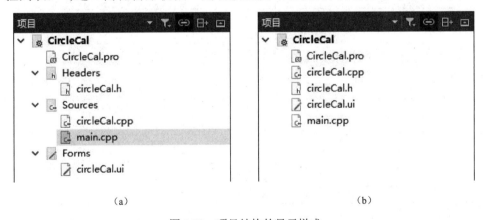

（a）　　　　　　　　　　　　　　　　　（b）

图 1.20　项目结构的显示样式

2．界面设计

在项目树形视图中双击"Forms"节点下的 circleCal.ui，进入 Qt Designer 设计环境，就可以开始进行程序的界面设计了。

拖曳左侧组件箱的滑动条，在最后的 Display Widgets 容器栏（见图 1.21）中找到 Label 标签控件，拖曳三个此控件到中央设计区的窗体上；同样，在 Input Widgets 容器栏（见图 1.22）中找到 Line Edit 单行文本框控件，也拖曳三个到窗体上，用于输入半径值及显示计算结果；在 Buttons 容器栏（见图 1.23）中找到 Push Button 按钮控件，拖曳一个到窗体上。

图 1.21 Display Widgets 容器栏

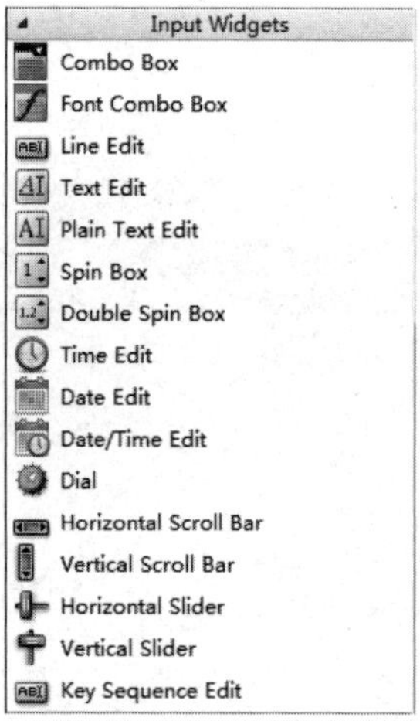

图 1.22 Input Widgets 容器栏

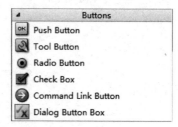

图 1.23 Buttons 容器栏

然后，设置窗体上各控件的属性。分别选中要设置属性的控件，根据表 1.1 在设计环境右下方的属性编辑器中进行设置，完成后设计区窗体呈现的效果如图 1.24 所示。

表 1.1 各控件的属性

编 号	控件类别	对象名称	属 性 说 明
	Dialog	Dialog	geometry: [(0, 0), 350x200] windowTitle: 计算圆面积
①	Label	label	geometry: [(80, 40), 71x21] text: 半径=
②	Label	label_2	geometry: [(80, 80), 71x21] text: 周长=
③	Label	label_3	geometry: [(80, 120), 71x21] text: 面积=
④	LineEdit	leRadius	geometry: [(140, 40), 113x21]
⑤	LineEdit	leLength	enabled: 取消勾选，表示本文本框不可输入 geometry: [(140, 80), 113x21]
⑥	LineEdit	leArea	enabled: 取消勾选，表示本文本框不可输入 geometry: [(140, 120), 113x21]
⑦	PushButton	pbCal	geometry: [(140, 160), 93x28] text: 计 算

此时从对象检查器可看到窗体中各控件对象的名称及所属的类，如图 1.25 所示。

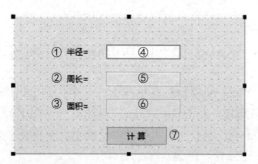

图 1.24 设置完属性后设计区窗体呈现的效果

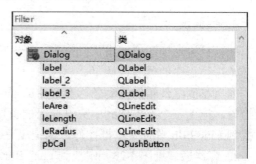

图 1.25 对象检查器

单击左下角的"运行"按钮（▶）或者使用快捷键 Ctrl+R 运行程序，可看到图形界面。至此，程序界面的设计工作就完成了。

3. 认识程序启动入口

在开发功能之前，先来简单认识一下程序启动入口。

每个项目都有一个最初执行的入口函数，在项目树形视图的"Sources"节点下找到 main.cpp 文件，其中的 main()函数就是整个项目程序的启动入口，如下：

```
#include "circleCal.h"                              //(a)

#include <QApplication>                             //(b)

int main(int argc, char *argv[])                    //(c)
{
    QApplication a(argc, argv);                     //(d)
    Dialog w;                                       //创建一个对话框对象
    w.show();                                       //(e)
    return a.exec();                                //(f)
}
```

说明：

(a) #include "circleCal.h"：头文件 circleCal.h 中是主程序 Dialog 类的定义，其中声明实现程序功能的公共函数、槽函数及界面引用指针。通常在编程时要使用哪个 Qt 类就用"#include <类名>"写在头文件的开头，再将头文件引用过来。

(b) #include <QApplication>：Application 类的定义。在每个 Qt 图形化应用程序中都必须使用一个 QApplication 对象，它管理了各种各样的图形化应用程序的广泛资源、基本设置、控制流及事件处理等。

(c) int main(int argc, char *argv[])：应用程序的入口，几乎在所有情况下，main()函数只需要在将控制转交给 Qt 库之前执行初始化，然后 Qt 库通过事件向程序告知用户的行为。所有 Qt 程序中都必须有且只有一个 main()函数，该函数有两个参数，参数 argc 是命令行变量的数量，argv 是命令行变量的数组。

(d) QApplication a(argc, argv)：QApplication 是 Qt 管理 GUI 图形界面的程序类，它处理发送主事件循环，也处理应用程序的初始化和收尾工作，并提供对话管理。任何一个 GUI 应用，不管它有没有窗口或有多少个窗口，都有且只有一个 QApplication 对象，其指针可以通过 instance()函数获取；而对于非 GUI 应用，有且只有一个 QCoreApplication 对象，并且这个应用不依赖 QtGui 库。由于 QApplication 需要完成许多初始化工作，因此它必须在创建其他与用户界面相关的类之前创建。QApplication 能够处理命令行参数，所以在想要处理命令行参数之前就要创建它，所有被 Qt 识别的命令行参数都将从 argv 中被移去（并且 argc 也因此而减少）。

(e) w.show()：创建的窗口默认不可见，必须调用 show()函数使它变为可见。

(f) return a.exec()：程序进入消息循环，等待可能的输入进行响应。这里就是 main()函数将控制权转交给 Qt，Qt 完成事件处理工作，当应用程序退出的时候，exec()函数的值就会返回。在 exec()函数中，Qt 接收并处理用户和系统的事件并且将它们传递给适当的窗口控件。

启动入口在项目创建之初就自动生成好了，在实际开发中，main.cpp 文件及其中的入口函数一般都不需要做任何改动。

4. 关联信号和槽

用户单击"计算"按钮（发出 clicked 信号）时，执行计算函数；在半径文本框输入值后回车（发出 returnPressed 信号），也会执行同样的计算函数。为实现这种交互，需要先往系统中添加槽函数 calCircle()，然后将"计算"按钮的 clicked 信号、半径文本框的 returnPressed 信号都关联到这个槽，操作步骤如下。

1）添加槽

右击对象检查器中的"Dialog"对象，在弹出快捷菜单中选择"改变 信号/槽"命令，弹出"Dialog 的信号/槽"对话框，单击上部"槽"列表框下面的➕按钮，列表中出现可编辑条目，输入 calCircle()，单击"确定"按钮，如图 1.26 所示。

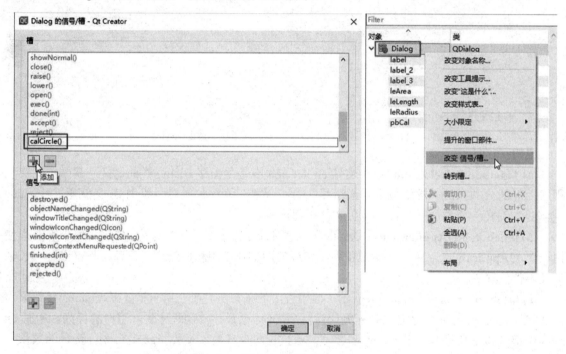

图 1.26 添加槽

2）进入"信号/槽"编辑模式

单击设计区窗体顶部的 （编辑信号/槽）按钮或选择主菜单"编辑"→"Edit Signals/Slots"命令。

3）按钮 clicked 信号连接槽

移动鼠标指针到"计算"（pbCal）按钮上，按钮周边出现红色边框，按下左键拖曳，从按钮上拉出一条接地线，如图 1.27 所示。在窗体上任意空白区释放鼠标，接地线固定后弹出"配置连接"对话框。在左边"计算"按钮的信号列表里选中"clicked()"，右边的槽列表里选中"calCircle()"，单击"确定"按钮，就将按钮的 clicked 信号连接到了 calCircle()。

4）文本框 returnPressed 信号连接槽

拖曳半径文本框（leRadius）接地，在"配置连接"对话框中分别选中文本框的 returnPressed 信号与窗体的 calCircle()，单击"确定"按钮。

以上两个信号与槽关联好的界面如图 1.28 所示。

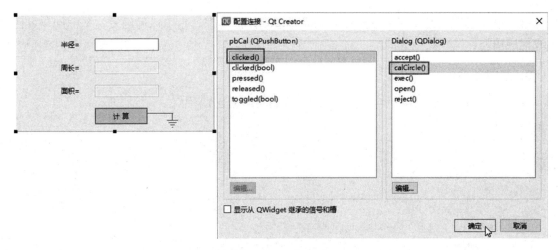

图 1.27　连接 clicked 信号与 calCircle()

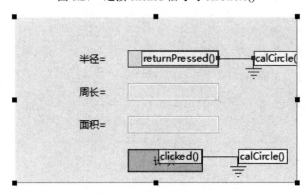

图 1.28　信号与槽关联好的界面

说明：

Qt 提供了信号和槽机制用于完成界面操作的响应,它是实现任意两个 Qt 对象之间通信的机制。其中,信号会在某个特定情况或动作下被触发,槽则等同于接收并处理信号的函数。例如,若要将一个控件的变化情况通知给另一个控件,则一个控件发送信号,另一个控件的槽接收此信号并进行相应的操作,即可实现两个控件之间的通信。每个 Qt 对象都包含若干个预定义的信号和槽,当某一个特定事件发生时,一个信号被发送,与信号相关联的槽则会响应信号并完成相应的处理。当一个类被继承时,该类的信号和槽也同时被继承,也可以根据需要自定义信号和槽。

信号和槽机制减弱了 Qt 对象的耦合度。激发信号的 Qt 对象无须知道是哪个对象的哪个槽需要接收它发出的信号,反之,对象的槽也无须知道有哪些信号关联了自己,而一旦在某个信号与某个槽之间建立了关联,Qt 就能够保证适合的槽函数得到调用以完成功能。即使关联的对象在运行时被删除,应用程序也不会崩溃。

信号和槽机制增强了对象间通信的灵活性,然而这也损失了一些性能,因它要先定位接收信号的对象,然后遍历所有关联（如一个信号关联多个槽的情况）,再编组（marshal）/解组（unmarshal）需要传递的参数,多线程的时候,信号还可能需要排队等待。然而,与信号和槽提供的灵活性和简便性相比,这点性能损失是值得的。

以上将"计算"按钮发送的单击信号与槽函数 calCircle()关联起来,在槽函数中进行圆面积计算就可以实现用触发按钮单击事件来完成程序功能，同理，也可以用触发文本框回车事件来完成程序功能。

5. 功能开发

首先，在 circleCal.h 中声明槽函数 calCircle()（加黑处），如下：

```cpp
#ifndef DIALOG_H
#define DIALOG_H

#include <QDialog>

QT_BEGIN_NAMESPACE
namespace Ui { class Dialog; }
QT_END_NAMESPACE

class Dialog : public QDialog
{
    Q_OBJECT                                        //(a)

public:
    Dialog(QWidget *parent = nullptr);
    ~Dialog();

private slots:
    void calCircle();                               //(b)

private:
    Ui::Dialog *ui;                                 //(c)
};
#endif // DIALOG_H
```

说明：

(a) Q_OBJECT：这是一个宏，它必须出现在类的私有声明区，用于启动 Qt 元对象系统的一些特性。Qt 元对象系统提供了对象间的通信机制（信号和槽）、运行时类型信息和动态属性系统的支持，是标准 C++的一个扩展，它使 Qt 能够更好地实现 GUI 图形用户界面编程。

(b) void calCircle()：calCircle()就是前面添加到系统中的槽函数，它在头文件中声明，而其具体实现在 circleCal.cpp 源文件中。

(c) Ui::Dialog *ui：这是指向程序主界面（对话框窗口）的指针，在编写功能程序代码时可通过它来引用图形界面上的任何控件元素。

然后，在 circleCal.cpp 中编写槽函数 calCircle()的实现代码（加黑处），如下：

```cpp
#include "circleCal.h"
#include "ui_circleCal.h"

Dialog::Dialog(QWidget *parent)
    : QDialog(parent)
    , ui(new Ui::Dialog)
{
```

```
    ui->setupUi(this);
}

Dialog::~Dialog()
{
    delete ui;
}

void Dialog::calCircle()
{
    bool ok;                                            //(a)
    QString value = ui->leRadius->text();               //(a)
    int r = value.toInt(&ok);                           //(a)
    if (r >= 0)
    {
        float length = 2 * 3.14159 * r;                 //计算周长
        double area = 3.14159 * r * r;                  //计算面积
        ui->leLength->setText(QString::number(length)); //(b)
        ui->leArea->setText(QString::number(area));     //(b)
    }
}
```

说明：

(a) bool ok;QString value = ui->leRadius->text();int r = value.toInt(&ok);：获取半径文本框内容并转换为整数赋予变量 r。文本框存放的是文本，ui->leRadius->text()是一个 QString 类型的值，需要转换成数值才能进行数值运算，采用 toInt()方法转换。

(b) ui->leLength->setText(QString::number(length));ui->leArea->setText(QString::number(area));：这里设置 leLength 标签显示周长，设置 leArea 标签显示面积。将存放计算周长结果变量 length 中的数值转换为字符串 QString::number(length)才能放入周长文本框显示，显示面积与之类似。

最后，运行程序，在"Line Edit"文本框内输入半径值，单击"计算"按钮后，显示周长和面积。

1.3.2 直接代码开发实例

【例】（简单）（CH102）采用编写代码的方式来实现计算圆周长和面积的功能。

实现步骤如下。

1. 创建项目

创建过程同上节设计器 Qt Designer 开发实例，只是第 5 步在"Class Information"页取消选中"Generate form"（创建界面）复选框，这样创建的项目树形视图中将不包含"Forms"节点及其下的 circleCal.ui 文件，故无法进入 Qt Designer 设计环境，只能用代码来定义界面。

2. 代码定义界面

首先，在项目 circleCal.h 中添加如下加黑处代码：

```
#ifndef DIALOG_H
#define DIALOG_H

#include <QDialog>
#include <QLabel>                                          //(a)
#include <QLineEdit>                                       //(a)
#include <QPushButton>                                     //(a)

class Dialog : public QDialog
{
    Q_OBJECT

public:
    Dialog(QWidget *parent = nullptr);
    ~Dialog();

    void initUi();                                         //(b)

private slots:
    void calCircle();                                      //槽声明

private:
    QLabel *label, *label_2, *label_3;                     //(c)
    QLineEdit *leRadius, *leLength, *leArea;               //(c)
    QPushButton *pbCal;                                    //(c)
};
#endif // DIALOG_H
```

说明：

(a) #include <QLabel>、#include <QLineEdit>、#include <QPushButton>：在界面上用到哪种控件，就要在头文件的开头用"#include <类名>"将该控件所对应的 Qt 类包含进来。

(b) void initUi()：这是自定义的初始化函数，在其中编写生成程序图形界面的代码。

(c) QLabel *label, *label_2, *label_3; QLineEdit *leRadius, *leLength, *leArea; QPushButton *pbCal;：定义界面上各控件对象的指针，其中，*label、*label_2、*label_3 分别是标签"半径=""周长=""面积="；*leRadius, *leLength, *leArea 分别是半径输入框、周长和面积显示框；*pbCal 是"计算"按钮。

然后，在 circleCal.cpp 中编写 initUi() 函数，以代码构建程序界面，如下：

```
#include "circleCal.h"

Dialog::Dialog(QWidget *parent)
    : QDialog(parent)
{
    initUi();                                              //执行初始化函数
```

```
}

Dialog::~Dialog()
{

}

void Dialog::initUi()
{
    label = new QLabel("半径=", this);
    label->setGeometry(80, 40, 71, 21);                    //(a)
    leRadius = new QLineEdit(this);                        //(b)
    leRadius->setGeometry(140, 40, 113, 21);
    connect(leRadius, SIGNAL(returnPressed()), this, SLOT(calCircle()));

    label_2 = new QLabel("周长=", this);
    label_2->setGeometry(80, 80, 71, 21);                  //(a)
    leLength = new QLineEdit(this);
    leLength->setGeometry(140, 80, 113, 21);
    leLength->setEnabled(false);                           //不可输入

    label_3 = new QLabel("面积=", this);
    label_3->setGeometry(80, 120, 71, 21);                 //(a)
    leArea = new QLineEdit(this);
    leArea->setGeometry(140, 120, 113, 21);
    leArea->setEnabled(false);                             //不可输入

    pbCal = new QPushButton("计 算", this);                //(c)
    pbCal->setGeometry(140, 160, 93, 28);
    connect(pbCal, SIGNAL(clicked()), this, SLOT(calCircle()));

    resize(350, 200);                                      //(d)
    move(300, 300);
    setWindowTitle("计算圆面积");
}
```

说明：

(a) 创建3个标签，显示："半径="" 周长=""面积="。

```
label = new QLabel("半径=", this);
label->setGeometry(80, 40, 71, 21);
label_2 = new QLabel("周长=", this);
label_2->setGeometry(80, 80, 71, 21);
label_3 = new QLabel("面积=", this);
label_3->setGeometry(80, 120, 71, 21);
```

其中：

label = new QLabel("半径=", this)：创建标签（QLabel）控件对象。

x->setGeometry(80, 40, 71, 21)：将已创建的 x 对象放到对话框窗口（x=80，y=40）处，控件大小为（width=71, height=21）。

其他标签的创建方式类似。

(b) 创建半径输入文本框（leRadius）。
```
leRadius = new QLineEdit(this);
leRadius->setGeometry(140, 40, 113, 21);
connect(leRadius, SIGNAL(returnPressed()), this, SLOT(calCircle()));
```
其中：

connect(leRadius, SIGNAL(returnPressed()), this, SLOT(calCircle()))：在半径文本框回车（对应 returnPressed 信号）将执行计算功能函数（calCircle()）。

周长和面积文本框仅用于显示计算结果，不允许输入：
```
leLength->setEnabled(false);
leArea->setEnabled(false);
```

(c) 创建"计算"按钮：
```
pbCal = new QPushButton("计 算", this);
pbCal->setGeometry(140, 160, 93, 28);
connect(pbCal, SIGNAL(clicked()), this, SLOT(calCircle()));
```
其中：

connect(pbCal, SIGNAL(clicked()), this, SLOT(calCircle()))：单击按钮 pbCal（对应 clicked 信号）执行计算功能函数（calCircle()）。

也就是说，单击"计算"按钮和在半径文本框中回车均执行同一个计算功能函数 calCircle()。

(d) 设置对话框窗口（QDialog）：
```
resize(350, 200);              //指定对话框在屏幕中的位置(x, y)
move(300, 300);                //指定对话框在屏幕中的大小(宽度，高度)
setWindowTitle("计算圆面积");   //设置窗口标题
```

3．关联信号和槽

本例在创建半径文本框和"计算"按钮的代码后面，都用语句设置了信号和槽的关联，如下：
```
leRadius = new QLineEdit(this);              //创建半径文本框
leRadius->setGeometry(140, 40, 113, 21);
connect(leRadius, SIGNAL(returnPressed()), this, SLOT(calCircle()));
...
pbCal = new QPushButton("计 算", this); //创建"计算"按钮
pbCal->setGeometry(140, 160, 93, 28);
connect(pbCal, SIGNAL(clicked()), this, SLOT(calCircle()));
```

在用代码构建界面时，为使控件能响应用户操作，必须用程序设置信号（控件接收的事件）和槽（功能函数）之间的关联。信号和槽是 Qt 的核心机制，当信号发出时，与之连接的槽就会自动执行，设置信号和槽关联的语句的一般形式为：
```
connect(控件1, SIGNAL(信号1), 控件2, SLOT(槽2/信号2));
```

其中，"信号1"是"控件1"的信号，"槽2/信号2"是"控件2"的槽或信号。

上段代码中的两条加黑语句，前者将半径文本框（leRadius）的回车（returnPressed）信号关联到 calCircle()槽；后者将按钮（pbCal）的单击（clicked）信号也关联到 calCircle()槽。程序执行时用户在输入半径值后直接回车，就会执行计算周长和面积的功能函数 calCircle()；单击"计算"按钮时也会执行同样的功能函数。这两条语句在格式上对应"控件2"的位置均写为"this"，这个 this 就是当前主程序对话框窗口的指针，因为 Qt 窗口也可看作一种特殊的控件，而 calCircle()槽又是声明在对话框窗口类头文件 circleCal.h 中的私有槽（private slots），本质上属于对话框窗口

的槽。

说明：

实际编程时，信号和槽可以有多种不同的连接方式，例如：

- 一个控件的信号与另一个控件的同样信号相连，语句为：

connect(控件1, SIGNAL(信号1), 控件2, SLOT(信号1));

表示控件1的信号1发送可以触发控件2的信号1发送。

- 同一个信号与多个槽相连，语句为：

connect(控件1, SIGNAL(信号1), 控件2, SLOT(槽2));
connect(控件1, SIGNAL(信号1), 控件3, SLOT(槽3));

- 同一个槽响应多个信号，语句为：

connect(控件1, SIGNAL(信号1), 控件2, SLOT(槽2));
connect(控件3, SIGNAL(信号3), 控件2, SLOT(槽2));

但是，最为常用的连接方式还是：

connect(控件1, SIGNAL(信号1), 控件2, SLOT(槽2));

需要特别注意的是：关联的信号和槽的签名必须是等同的，即信号的参数类型和个数与接收该信号的槽的参数类型和个数必须相同。不过，一个槽的参数个数是可以少于信号的参数个数的，但缺少的参数必须对应信号的最后一个或几个参数。

4．功能开发

最后，在 circleCal.cpp 中编写实现周长和面积计算的槽函数 calCircle()，代码如下：

```cpp
void Dialog::calCircle()
{
    bool ok;
    QString value = leRadius->text();
    int r = value.toInt(&ok);
    if (r >= 0)
    {
        float length = 2 * 3.14159 * r;
        double area = 3.14159 * r * r;
        leLength->setText(QString::number(length));
        leArea->setText(QString::number(area));
    }
}
```

说明： 此段代码与设计器 Qt Designer 开发实例的槽函数代码几乎完全一样，区别仅仅在引用界面控件时直接用"控件名->方法()"而非"ui->控件名->方法()"，这是因为之前在头文件 circleCal.h 中已经定义了界面上各控件对象的指针。

直接代码方式开发的程序与设计器 Qt Designer 设计出来的程序在运行效果和功能上完全一样，实际工作中，大家可根据软件界面的复杂程度、功能需求等具体因素，灵活选择以上两种方式之一或两者相结合的方式来进行 Qt 项目开发。

第 2 章 模板库、工具类及控件

本章首先介绍字符串类 QString、Qt 容器类、QVariant、常用的算法和基本正则表达式，然后简单介绍常用的控件名称及其用法。

2.1 字符串类

标准 C++提供了两种字符串：一种是 C 语言风格的以 "\0" 字符结尾的字符数组，另一种是字符串类 String。而 Qt 字符串类 QString 的功能更强大。

QString 保存 16 位 Unicode 值，提供了丰富的操作、查询和转换等函数。对该类还进行了使用隐式共享（Implicit Sharing）、高效的内存分配策略等多方面的优化。

2.1.1 操作字符串

字符串有如下几个操作符。

（1）QString 提供了一个二元的 "+" 操作符用于组合两个字符串，并提供了一个 "+=" 操作符用于将一个字符串追加到另一个字符串的末尾，例如：

```
QString str1 = "Welcome ";
str1=str1+"to you! ";              //str1=" Welcome to you! "
QString str2="Hello, ";
str2+="World! ";                   //str2="Hello,World! "
```

其中，**QString str1 = "Welcome "** 传递给 QString 一个 const char*类型的 ASCII 字符串 "Welcome"，它被解释为一个典型的以 "\0" 结尾的字符串。这将会导致调用 QString 构造函数，来初始化一个 QString 字符串。其构造函数原型为：

```
QT_ASCII_CAST_WARN_CONSTRUCTOR QString::QString(const char* str)
```

被传递的 const char*类型的指针又将被 QString::fromAscii()函数转换为 Unicode 编码。默认情况下，QString::fromAscii()函数会将超过 128 的字符作为 Latin-1 进行处理（可以通过调用 QTextCodec::setCodecForCString()函数改变 QString::fromAscii()函数的处理方式）。

此外，在编译应用程序时，也可以通过定义 QT_CAST_FROM_ASCII 宏变量屏蔽该构造函数。如果程序员要求显示给用户的字符串都必须经过 QObject::tr()函数的处理，那么屏蔽 QString 的这个构造函数是非常有用的。

（2）QString::append()函数具有与 "+=" 操作符同样的功能，实现在一个字符串的末尾追加另一个字符串，例如：
```
QString str1 = "Welcome ";
QString str2 = "to ";
str1.append(str2);                        //str1=" Welcome to"
str1.append("you! ");                     //str1="Welcome to you! "
```
（3）组合字符串的另一个函数是 QString::sprintf()，此函数支持的格式定义符和 C++库中的函数 sprintf()定义的一样。例如：
```
QString str;
str.sprintf("%s"," Welcome ");            //str="Welcome "
str.sprintf("%s"," to you! ");            //str="to you! "
str.sprintf("%s %s"," Welcome ", "to you! ");  //str=" Welcome to you! "
```
（4）Qt 还提供了另一种方便的字符串组合方式——使用 QString::arg()函数，此函数的重载可以处理很多数据类型。此外，一些重载具有额外的参数对字段的宽度、数字基数或者浮点数精度进行控制。通常，相对于 QString::sprintf()函数，QString::arg()函数是一个比较好的解决方案，因为其类型安全，完全支持 Unicode，并且允许改变"%n"参数的顺序。例如：
```
QString str;
str=QString("%1 was born in %2.").arg("John").arg(1998);//str="John was born in 1998."
```
其中，"%1"被替换为"John"，"%2"被替换为"1998"。

（5）QString 类也提供了一些其他组合字符串的方法，包括如下几种。

① insert()函数：在原字符串特定的位置插入另一个字符串。

② prepend()函数：在原字符串的开头插入另一个字符串。

③ replace()函数：用指定的字符串代替原字符串中的某些字符。

（6）很多时候，去掉一个字符串两端的空白字符（空白字符包括回车字符"\n"、换行字符"\r"、制表符"\t"和空格字符" "等）非常有用，如获取用户输入的账号时。

① QString::trimmed()函数：移除字符串两端的空白字符。

② QString::simplified()函数：移除字符串两端的空白字符，使用单个空格字符" "代替字符串中出现的空白字符。

例如：
```
QString str=" Welcome \t to \n you!    ";
str=str.trimmed();                        //str=" Welcome \t to \n you! "
```
在上述代码中，如果使用 str=str.simplified()，则 str 的结果是"Welcome to you!"。

2.1.2 查询字符串数据

查询字符串数据有多种方式，具体如下。

（1）QString::startsWith()函数判断一个字符串是否以某个字符串开头。此函数具有两个参数。第一个参数指定了一个字符串，第二个参数指定是否大小写敏感（默认情况下，是大小写敏感的），例如：
```
QString str="Welcome to you! ";
str.startsWith("Welcome",Qt::CaseSensitive);   //返回 true
str.startsWith("you",Qt::CaseSensitive);       //返回 false
```
（2）QString::endsWith()函数类似于 QString::startsWith()函数，此函数判断一个字符串是否

以某个字符串结尾。

（3）QString::contains()函数判断一个指定的字符串是否出现过，例如：
```
QString str=" Welcome to you! ";
str.contains("Welcome",Qt::CaseSensitive);         //返回true
```
（4）比较两个字符串也是经常使用的功能，QString 类提供了多种比较手段。

① operator<(const QString&)：比较一个字符串是否小于另一个字符串。如果是，则返回 true。

② operator<=(const QString&)：比较一个字符串是否小于或等于另一个字符串。如果是，则返回 true。

③ operator==(const QString&)：比较两个字符串是否相等。如果相等，则返回 true。

④ operator>=(const QString&)：比较一个字符串是否大于或等于另一个字符串。如果是，则返回 true。

⑤ localeAwareCompare(const QString&,const QString&)：静态函数，比较前后两个字符串。如果前面字符串小于后面字符串，则返回负整数值；如果等于则返回 0；如果大于则返回正整数值。该函数的比较是基于本地字符集（local6）的，而且是与平台相关的。通常，该函数用于向用户显示一个有序的字符串列表。

⑥ compare(const QString&,const QString&,Qt::CaseSensitivity)：该函数可以指定是否进行大小写的比较，而大小写的比较是完全基于字符的 Unicode 编码值的，而且是非常快的，返回值类似于 localeAwareCompare()函数。

2.1.3 字符串的转换

QString 提供了丰富的转换函数，可以将一个字符串转换为数值类型或者其他的字符编码集。

（1）QString::toInt()函数将字符串转换为整型数值，类似的函数还有 toDouble()、toFloat()、toLong()、toLongLong()等。下面举个例子说明其用法：
```
QString str="125";                  //初始化字符串
bool ok;
int hex=str.toInt(&ok,16);          //ok=true,hex=293
int dec=str.toInt(&ok,10);          //ok=true,dec=125
```
其中，**int hex=str.toInt(&ok,16);** 调用 QString::toInt()函数将字符串转换为整型数值。QString::toInt()函数有两个参数。第一个参数是一个 bool 类型的指针，用于返回转换的状态。当转换成功时设置为 true，否则设置为 false。第二个参数指定了转换的基数。当基数设置为 0 时，将会使用 C 语言的转换方法，即如果字符串以 "0x" 开头，则基数为 16；如果字符串以 "0" 开头，则基数为 8；其他情况下，基数一律是 10。

（2）QString 提供的字符编码集的转换函数将会返回一个 const char*类型版本的 QByteArray，即构造函数 QByteArray(const char*)构造的 QByteArray 对象。QByteArray 类具有一个字节数组，它既可以存储原始字节（raw bytes），也可以存储传统的以 "\0" 结尾的 8 位的字符串。使用 QByteArray 比使用 const char*更方便，且 QByteArray 也支持隐式共享。转换函数有以下几种。

① **toAscii()**：返回一个 ASCII 编码的 8 位字符串。

② **toLatin1()**：返回一个 Latin-1（ISO 8859—1）编码的 8 位字符串。

③ **toUtf8()**：返回一个 UTF—8 编码的 8 位字符串（UTF—8 是 ASCII 码的超集，它支持整个 Unicode 字符集）。

④ **toLocal8Bit()**：返回一个系统本地（locale）编码的 8 位字符串。

下面举例说明其用法：
```
QString str=" Welcome to you! ";    //初始化一个字符串对象
QByteArray ba=str.toAscii();        //(a)
qDebug()<<ba;                       //(b)
ba.append("Hello,World! ");         //(c)
qDebug()<<ba.data();                //输出最后结果
```

其中，

(a) QByteArray ba=str.toAscii()：通过 QString::toAscii()函数将 Unicode 编码的字符串转换为 ASCII 码的字符串，并存储在 QByteArray 对象 ba 中。

(b) qDebug()<<ba：使用 qDebug()函数输出转换后的字符串（qDebug()函数支持输出 Qt 对象）。

(c) ba.append("Hello,World!")：使用 QByteArray::append()函数追加一个字符串。

 NULL 字符串和空（empty）字符串的区别。

一个 NULL 字符串就是使用 QString 类的默认构造函数或者使用(const char*)0 作为参数的构造函数创建的 QString 字符串对象；而一个空字符串是一个大小为 0 的字符串。一个 NULL 字符串一定是一个空字符串，而一个空字符串未必是一个 NULL 字符串。例如：
```
QString().isNull();      //结果为 true
QString().isEmpty();     //结果为 true
QString("").isNull();    //结果为 false
QString("").isEmpty();   //结果为 true
```

2.2 容器类

Qt 提供了一组通用的基于模板的容器类。对比 C++的标准模板库中的容器类，Qt 的这些容器更轻量、更安全、更容易使用。此外，Qt 的容器类在速度、内存消耗和内联（inline）代码等方面进行了优化（较少的内联代码将缩减可执行程序的大小）。

存储在 Qt 容器中的数据必须是可赋值的数据类型，也就是说，这种数据类型必须提供一个默认的构造函数（不需要参数的构造函数）、一个复制构造函数和一个赋值操作运算符。

这样的数据类型包含了通常使用的大多数数据类型，包括基本数据类型（如 int 和 double 等）和 Qt 的一些数据类型（如 QString、QDate 和 QTime 等）。不过，Qt 的 QObject 及其他的子类（如 QWidget 和 QDialog 等）是不能够存储在容器中的，例如：
```
QList<QToolBar> list;
```
上述代码是无法通过编译的，因为这些类（QObject 及其他的子类）没有复制构造函数和赋值操作运算符。

一个可代替的方案是存储 QObject 及其子类的指针，例如：
```
QList<QToolBar*> list;
```
Qt 的容器类是可以嵌套的，例如：
```
QHash<QString, QList<double> >
```
其中，QHash 类的键类型是 QString，它的值类型是 QList<double>。注意，在最后两个 ">"

符号之间要保留一个空格,否则,C++编译器会将两个">"符号解释为一个">>"符号,导致无法通过编译器编译。

Qt 的容器类为遍历其中的内容提供了以下两种方法。

(1) Java 风格的迭代器(Java-style Iterators)。

(2) STL 风格的迭代器(STL-style Iterators),能够与 Qt 和 STL 的通用算法一起使用,并且在效率上也略胜一筹。

下面重点介绍经常使用的 Qt 容器类。

2.2.1 QList、QLinkedList 和 QVector

经常使用的 Qt 容器类有 QList、QLinkedList 和 QVector 等。在开发一个具有较高性能需求的应用程序时,程序员会比较关注这些容器类的运行效率。表 2.1 列出了 QList、QLinkedList 和 QVector 的时间复杂度比较。

其中,"Amort.O(1)"表示:如果仅完成一次操作,可能会有 $O(n)$ 行为;如果完成多次操作(如 n 次),平均结果将会是 $O(1)$。

表 2.1 QList、QLinkedList 和 QVector 的时间复杂度比较

容器类	查找	插入	头部添加	尾部添加
QList	$O(1)$	$O(n)$	Amort.$O(1)$	Amort.$O(1)$
QLinkedList	$O(n)$	$O(1)$	$O(1)$	$O(1)$
QVector	$O(1)$	$O(n)$	$O(n)$	Amort.$O(1)$

1. QList 类

QList<T>是迄今为止最常用的容器类,它存储给定数据类型 T 的一列数值。继承自 QList 类的子类有 QItemSelection、QQueue、QSignalSpy、QStringList 和 QTestEventList。

QList 不仅提供了可以在列表中进行追加的 QList::append()和 Qlist::prepend()函数,还提供了在列表中间完成插入操作的 QList::insert()函数。相对于其他 Qt 容器类,为了使可执行代码尽可能少,QList 被高度优化。

QList<T>维护了一个指针数组,该数组存储的指针指向 QList<T>存储的列表项的内容。因此,QList<T>提供了基于下标的快速访问。

对于不同的数据类型,QList<T>采取不同的存储策略,有以下几种。

(1) 如果 T 是一个指针类型或指针大小的基本类型(即该基本类型占有的字节数和指针类型占有的字节数相同),QList<T>会将数值直接存储在它的数组中。

(2) 如果 QList<T>存储对象的指针,则该指针指向实际存储的对象。

下面举一个例子:

```
#include <QDebug>
int main(int argc,char *argv[])
{
    QList<QString> list;                              //(a)
    {
        QString str("This is a test string");
```

```
        list<<str;                                      //(b)
    }                                                   //(c)
    qDebug()<<list[0]<< "How are you! ";
    return 0;
}
```

其中，

(a) QList<QString> list：声明了一个 QList<QString>栈对象。

(b) list<<str：通过操作运算符 "<<" 将一个 QString 字符串存储在该列表中。

(c) 程序中使用花括弧 "{" 和 "}" 括起来的作用域表明，此时 QList<T>保存了对象的一个副本。

2. QLinkedList 类

QLinkedList<T>是一个链式列表，它以非连续的内存块保存数据。

QLinkedList<T>不能使用下标，只能使用迭代器访问它的数据项。与 QList 相比，当对一个很大的列表进行插入操作时，QLinkedList 具有更高的效率。

3. QVector 类

QVector<T>在相邻的内存中存储给定数据类型 T 的一组数值。在一个 QVector 的前部或者中间位置进行插入操作的速度是很低的，这是因为这样的操作将导致内存中的大量数据被移动，这是由 QVector 存储数据的方式决定的。

QVector<T>既可以使用下标访问数据项，也可以使用迭代器访问数据项。继承自 QVector 的子类有 QPolygon、QPolygonF 和 QStack。

4. Java 风格迭代器遍历容器

Java 风格迭代器同 STL 风格迭代器相比，使用起来更简单方便，不过这是以轻微的性能损耗为代价的。对于每一个容器类，Qt 提供了两种类型的 Java 风格迭代器数据类型，即只读迭代器类和读写迭代器类，见表 2.2。

表2.2 两种类型的 Java 风格迭代器数据类型

容 器 类	只读迭代器类	读写迭代器类
QList<T>,QQueue<T>	QListIterator<T>	QMutableListIterator<T>
QLinkedList<T>	QLinkedListIterator<T>	QMutableLinkedListIterator<T>
QVector<T>,QStack<T>	QVectorIterator<T>	QMutableVectorIterator<T>

Java 风格迭代器的迭代点（Java-style Iterators Point）位于列表项的中间，而不是直接指向某个列表项。因此，它的迭代点在第一个列表项的前面，在两个列表项之间，或者在最后一个列表项之后。

下面以 QList 为例，介绍两种 Java 风格迭代器的用法。QLinkedList 和 QVector 具有与 QList 相同的遍历接口，在此不再详细讲解。

（1）QList 只读遍历方法。

【例】（简单）（CH201）通过控制台程序实现 QList 类只读遍历方法。

其具体代码如下：

```cpp
#include <QCoreApplication>
#include <QDebug>                          //(a)
int main(int argc, char *argv[])
{
    QCoreApplication a(argc, argv);        //(b)
    QList<int> list;                       //创建一个QList<int>栈对象list
    list<<1<<2<<3<<4<<5;                   //用操作算符"<<"输入五个整数
    QListIterator<int> i(list);            //(c)
    for(;i.hasNext();)                     //(d)
        qDebug()<<i.next();
    return a.exec();
}
```

说明：

(a) 头文件<QDebug>中已经包含了QList的头文件。

(b) Qt的一些类，如QString、QList等，不需要QCoreApplication的支持也能够工作，但是，在编写应用程序时，如果是控制台应用程序，则建议初始化一个QCoreApplication对象，创建控制台项目时生成的main.cpp源文件中默认创建了一个QCoreApplication对象；如果是GUI图形用户界面程序，则会初始化一个QApplication对象。

(c) QListIterator<int> i(list)：以该list为参数初始化一个QListIterator对象i。此时，迭代点在第一个列表项"1"的前面（注意，并不是指向该列表项）。

(d) for(;i.hasNext();)：调用QListIterator<T>::hasNext()函数检查当前迭代点之后是否有列表项。如果有，则调用QListIterator<T>::next()函数进行遍历，该函数将会跳过下一个列表项（即迭代点将位于第一个列表项和第二个列表项之间），并返回它跳过的列表项的内容。

最后程序的运行结果为：

```
1
2
3
4
5
```

上例是QListIterator<T>对列表进行向后遍历的函数，而对列表进行向前遍历的函数有如下几个。

QListIterator<T>::toBack()：将迭代点移动到最后一个列表项的后面。

QListIterator<T>::hasPrevious()：检查当前迭代点之前是否具有列表项。

QListIterator<T>::previous()：返回前一个列表项的内容并将迭代点移动到前一个列表项之前。

除此之外，QListIterator<T>提供的其他函数还有如下几个。

toFront()：移动迭代点到列表的前端（第一个列表项的前面）。

peekNext()：返回下一个列表项，但不移动迭代点。

peekPrevious()：返回前一个列表项，但不移动迭代点。

findNext()：从当前迭代点开始向后查找指定的列表项，如果找到，则返回true，此时迭代点位于匹配列表项的后面；如果没有找到，则返回false，此时迭代点位于列表的后端（最后一个列表项的后面）。

findPrevious()：与findNext()类似，不同的是，它的方向是向前的，查找操作完成后的迭代点在匹配项的前面或整个列表的前端。

（2）QListIterator<T>是只读迭代器，它不能完成列表项的插入和删除操作。读写迭代器

QMutableListIterator<T>除提供基本的遍历操作（与QListIterator的操作相同）外，还提供了insert()（插入操作）函数、remove()（删除操作）函数和修改数据函数等。

【例】（简单）（CH202）通过控制台程序实现QList读写遍历方法。

具体代码如下：

```
#include <QCoreApplication>
#include <QDebug>
int main(int argc,char *argv[])
{
    QCoreApplication a(argc, argv);
    QList<int> list;                          //创建一个空的列表list
    QMutableListIterator<int> i(list);        //创建上述列表的读写迭代器
    for(int j=0;j<10;++j)
        i.insert(j);                          //(a)
    for(i.toFront();i.hasNext();)             //(b)
        qDebug()<<i.next();
    for(i.toBack();i.hasPrevious();)          //(c)
    {
        if(i.previous()%2==0)
            i.remove();
        else
            i.setValue(i.peekNext()*10);      //(d)
    }
    for(i.toFront();i.hasNext();)             //重新遍历并输出列表
        qDebug()<<i.next();
    return a.exec();
}
```

说明：

(a) i.insert(j)：通过 QMutableListIterator<T>::insert()函数实现插入操作，为该列表插入 10 个整数值。

(b) for(i.toFront();i.hasNext();)、qDebug()<<i.next()：将迭代器的迭代点移动到列表的前端，完成对列表的遍历和输出。

(c) for(i.toBack();i.hasPrevious();){…}：移动迭代器的迭代点到列表的后端，对列表进行遍历。如果前一个列表项的值为偶数，则将该列表项删除；否则，将该列表项的值修改为原来的10 倍。

(d) i.setValue(i.peekNext()*10)：QMutableListIterator<T>::setValue()函数修改遍历函数 next()、previous()、findNext()和 findPrevious()跳过的列表项的值，但不会移动迭代点的位置。对于 findNext()和 findPrevious()函数有些特殊：当 findNext()函数（或 findPrevious()函数）查找到列表项的时候，setValue()函数将会修改匹配的列表项；如果没有找到，则对 setValue()函数的调用将不会进行任何修改。

最后编译，运行此程序，程序运行结果如下：

```
0
1
2
3
4
5
```

```
6
7
8
9
10
30
50
70
90
```

5．STL 风格迭代器遍历容器

对于每个容器类，Qt 都提供了两种类型的 STL 风格迭代器数据类型：一种提供只读访问，另一种提供读写访问。由于只读类型的迭代器的运行速度要比读写迭代器的运行速度高，所以应尽可能地使用只读类型的迭代器。STL 风格迭代器的两种分类见表 2.3。

STL 风格迭代器的 API 是建立在指针操作基础上的。例如，"++"操作运算符移动迭代器到下一个项（item），而"*"操作运算符返回迭代器指向的项。

不同于 Java 风格的迭代器，STL 风格迭代器的迭代点直接指向列表项。

表 2.3　STL 风格迭代器的两种分类

容 器 类	只读迭代器类	读写迭代器类
QList<T>,QQueue<T>	QList<T>::const_iterator	QList<T>::iterator
QLinkedList<T>	QLinkedList<T>::const_iterator	QLinkedList<T>::iterator
QVector<T>,QStack<T>	QVector<T>::const_iterator	QVector<T>::iterator

【例】（简单）（CH203）使用 STL 风格迭代器。

具体代码如下：

```
#include <QCoreApplication>
#include <QDebug>
int main(int argc,char *argv[])
{
    QCoreApplication a(argc, argv);
    QList<int> list;                          //初始化一个空的QList<int>列表
    for(int j=0;j<10;j++)
        list.insert(list.end(),j);            //(a)
    QList<int>::iterator i;
    //初始化一个QList<int>::iterator读写迭代器
    for(i=list.begin();i!=list.end();++i)     //(b)
    {
        qDebug()<<(*i);
        *i=(*i)*10;
    }
    //初始化一个QList<int>:: const_iterator读写迭代器
    QList<int>::const_iterator ci;
    //在控制台输出列表的所有值
    for(ci=list.constBegin();ci!=list.constEnd();++ci)
```

```
            qDebug()<<*ci;
    return a.exec();
}
```

说明：

(a) list.insert(list.end(),j)：使用 QList<T>::insert()函数插入 10 个整数值。此函数有两个参数：第一个参数是 QList<T>::iterator 类型的，表示在该列表项之前插入一个新的列表项（使用 QList<T>::end()函数返回的迭代器，表示在列表的最后插入一个列表项）；第二个参数指定了需要插入的值。

(b) for(i=list.begin();i!=list.end();++i){…}：在控制台输出列表的同时将列表的所有值增大 10 倍。这里用到两个函数：QList<T>::begin()函数返回指向第一个列表项的迭代器；QList<T>::end()函数返回一个容器最后列表项之后的虚拟列表项，为标记无效位置的迭代器，用于判断是否到达容器的底部。

最后编译、运行此应用程序，输出结果如下：

```
0
1
2
3
4
5
6
7
8
9
0
10
20
30
40
50
60
70
80
90
```

QLinkedList 类和 QVector 类具有和 QList 类相同的遍历接口，在此不再详细讲解。

2.2.2 QMap 和 QHash

QMap 类和 QHash 类具有非常类似的功能，它们的差别仅在于：
- QHash 具有比 QMap 更高的查找速度。
- QHash 以任意的顺序存储数据项，而 QMap 总是按照键 Key 的顺序存储数据。
- QHash 的键类型 Key 必须提供 operator==()和一个全局的 qHash(Key)函数，而 QMap 的键类型 Key 必须提供 operator<()函数。

QMap 和 QHash 的时间复杂度比较见表 2.4。

表2.4　QMap 和 QHash 的时间复杂度比较

容 器 类	键 查 找		插 入	
	平　均	最　坏	平　均	最　坏
QMap	O(log n)	O(log n)	O(log n)	O(log n)
QHash	Amort.O(1)	O(n)	Amort.O(1)	O(n)

其中,"Amort.O(1)"表示：如果仅完成一次操作,则可能会有 O(n)行为；如果完成多次操作（如 n 次）,则平均结果将是 O(1)。

1. QMap 类

QMap<Key,T>提供了一个从类型为 Key 的键到类型为 T 的值的映射。

通常,QMap 存储的数据形式是一个键对应一个值,并且按照键 Key 的顺序存储数据。为了能够支持一键多值的情况,QMap 提供了 QMap<Key,T>::insertMulti()和 QMap<Key,T>::values()函数。存储一键多值的数据时,也可以使用 QMultiMap<Key,T>容器,它继承自 QMap。

2. QHash 类

QHash<Key,T>具有与 QMap 几乎完全相同的 API。QHash 维护着一张哈希表（Hash Table）,哈希表的大小与 QHash 的数据项的数目相适应。

QHash 以任意的顺序组织它的数据。当存储数据的顺序无关紧要时,建议使用 QHash 作为存放数据的容器。QHash 也可以存储一键多值形式的数据,它的子类 QMultiHash<Key,T>实现了一键多值的语义。

3. Java 风格迭代器遍历容器

对于每一个容器类,Qt 都提供了两种类型的 Java 风格迭代器数据类型：一种提供只读访问,另一种提供读写访问。Java 风格迭代器的两种分类见表 2.5。

表 2.5　Java 风格迭代器的两种分类

容 器 类	只读迭代器类	读写迭代器类
QMap<Key,T>,QMultiMap<Key,T>	QMapIterator<Key,T>	QMutableMapIterator<Key,T>
QHash<Key,T>,QMultiHash<Key,T>	QHashIterator<Key,T>	QMutableHashIterator<Key,T>

【例】（简单）(CH204) 在 QMap 类中的插入、遍历和修改。

具体代码如下：

```
#include <QCoreApplication>
#include <QDebug>
int main(int argc,char *argv[])
{
    QCoreApplication a(argc, argv);
    QMap<QString,QString> map;                    //创建一个QMap 类栈对象
    //向栈对象插入<城市,区号>对
    map.insert("beijing","111");
    map.insert("shanghai","021");
    map.insert("nanjing","025");
```

```
    QMapIterator<QString,QString> i(map);        //创建一个只读迭代器
    for(;i.hasNext();)                           //(a)
    {
        i.next();
        qDebug()<<" "<<i.key()<<" "<<i.value();
    }
    QMutableMapIterator<QString,QString> mi(map);
    if(mi.findNext("111"))                       //(b)
        mi.setValue("010");
    QMapIterator<QString,QString> modi(map);
    qDebug()<<" ";
    for(;modi.hasNext();)                        //再次遍历并输出修改后的结果
    {
        modi.next();
        qDebug()<<" "<<modi.key()<<" "<<modi.value();
    }
    return a.exec();
}
```

说明：

(a) for(;i.hasNext();)、i.next()、qDebug()<<" "<<i.key()<<" "<<i.value()：完成对 QMap 类的遍历输出。在输出 QMap 类的键和值时，调用的函数是不同的。在输出键的时候，调用 QMapIterator<T,T>::key()函数；而在输出值的时候调用 QMapIterator<T,T>::value()函数，为兼容不同编译器内部的算法，保证输出正确，在调用函数前必须先将迭代点移动到下一个位置。

(b) if(mi.findNext("111"))、mi.setValue("010")：首先查找某个<键,值>对，然后修改值。Java 风格的迭代器没有提供查找键的函数。因此，在本例中通过查找值的函数 QMutableMapIterator<T,T>::findNext()来实现查找和修改。

最后编译、运行此程序，程序运行结果如下：

```
"beijing"    "111"
"nanjing"    "025"
"shanghai"   "021"

"beijing"    "010"
"nanjing"    "025"
"shanghai"   "021"
```

4. STL 风格迭代器遍历容器

对于每一个容器类，Qt 都提供了两种类型的 STL 风格迭代器数据类型：一种提供只读访问，另一种提供读写访问。STL 风格迭代器的两种分类见表 2.6。

表 2.6　STL 风格迭代器的两种分类

容　器　类	只读迭代器类	读写迭代器类
QMap<Key,T>,QMultiMap<Key,T>	QMap<Key,T>::const_iterator	QMap<Key,T>::iterator
QHash<Key,T>,QMultiHash<Key,T>	QHash<Key,T>::const_iterator	QHash<Key,T>::iterator

【例】（简单）（CH205）本例功能与使用 Java 风格迭代器的例子基本相同。不同的是，这

里通过查找键来实现值的修改。

具体代码如下：

```cpp
#include <QCoreApplication>
#include <QDebug>
int main(int argc,char *argv[])
{
    QCoreApplication a(argc, argv);
    QMap<QString,QString> map;
    map.insert("beijing","111");
    map.insert("shanghai","021");
    map.insert("nanjing","025");
        QMap<QString,QString>::const_iterator i;
    for(i=map.constBegin();i!=map.constEnd();++i)
        qDebug()<<"  "<<i.key()<<"  "<<i.value();
    QMap<QString,QString>::iterator mi;
    mi=map.find("beijing");
    if(mi!=map.end())
        mi.value()="010";                    //(a)
    QMap<QString,QString>::const_iterator modi;
    qDebug()<<"  ";
    for(modi=map.constBegin();modi!=map.constEnd();++modi)
        qDebug()<<"  "<<modi.key()<<"  "<<modi.value();
    return a.exec();
}
```

说明：

(a) mi.value()="010"：将新的值直接赋给 QMap<QString,QString>::iterator::value() 函数返回的结果，因为该函数返回的是<键,值>对其中值的引用。

最后编译运行程序，其输出的结果与程序 CH204 完全相同。

2.3 QVariant

QVariant 类似于 C++的联合（union）数据类型，它不仅能保存很多 Qt 类型的值，包括 QColor、QBrush、QFont、QPen、QRect、QString 和 QSize 等，而且也能存放 Qt 的容器类型的值。Qt 的很多功能都是建立在 QVariant 基础上的，如 Qt 的对象属性及数据库功能等。

【例】（简单）（CH206）QVariant 的用法。

以"直接编写代码"（即取消勾选"Generate form"复选框）方式创建 Qt 项目，项目名为 myVariant，"Class Information"页中基类选"QWidget"。

建好项目后，在 widget.cpp 文件中编写代码，具体内容如下：

```cpp
#include "widget.h"
#include <QDebug>
#include <QVariant>
#include <QColor>
Widget::Widget(QWidget *parent)
    : QWidget(parent)
```

```cpp
{
    QVariant v(709);                          //(a)
    qDebug()<<v.toInt();                      //(b)
    QVariant w("How are you! ");              //(c)
    qDebug()<<w.toString();                   //(d)
    QMap<QString,QVariant>map;                //(e)
    map["int"]=709;                           //输入整数型
    map["double"]=709.709;                    //输入浮点型
    map["string"]="How are you! ";            //输入字符串
    map["color"]=QColor(255,0,0);             //输入QColor类型的值
    //调用相应的转换函数并输出
    qDebug()<<map["int"]<< map["int"].toInt();
    qDebug()<<map["double"]<< map["double"].toDouble();
    qDebug()<<map["string"]<< map["string"].toString();
    qDebug()<<map["color"]<< map["color"].value<QColor>(); //(f)
    QStringList sl;                           //创建一个字符串列表
    sl<<"A"<<"B"<<"C"<<"D";
    QVariant slv(sl);                         //将该列表保存在一个QVariant变量中
    if(slv.type()==QVariant::StringList)//(g)
    {
        QStringList list=slv.toStringList();
        for(int i=0;i<list.size();++i)
            qDebug()<<list.at(i);             //输出列表内容
    }
}
Widget::~Widget()
{
}
```

说明：

(a) QVariant v(709)：声明一个 QVariant 变量 v，并初始化为一个整数。此时，QVariant 变量 v 包含了一个整数变量。

(b) qDebug()<<v.toInt()：调用 QVariant::toInt()函数将 QVariant 变量包含的内容转换为**整数**并输出。

(c) QVariant w("How are you! ")：声明一个 QVariant 变量 w，并初始化为一个字符串。

(d) qDebug()<<w.toString()：调用 QVariant::toString()函数将 QVariant 变量包含的内容转换为字符串并输出。

(e) QMap<QString,QVariant>map：声明一个 QMap 变量 map，使用字符串作为键，QVariant 变量作为值。

(f) qDebug()<<map["color"]<< map["color"].value<QColor>()：在 QVariant 变量中保存了一个 QColor 对象，并使用 QVariant::value()函数还原为 QColor，然后输出。由于 QVariant 是 QtCore 模块的类，所以它没有为 QtGui 模块中的数据类型（如 QColor、QImage 及 QPixmap 等）提供转换函数，因此需要使用 QVariant::value()函数或者 QVariantValue()函数。

(g) if(slv.type()==QVariant::StringList)：QVariant::type()函数返回存储在 QVariant 变量中的值的数据类型。QVariant::StringList 是 Qt 定义的一个 QVariant::type 枚举类型的变量。Qt 的常用 QVariant::type 枚举类型变量见表 2.7。

表 2.7 Qt 的常用 QVariant::type 枚举类型变量

变量	对应的类型	变量	对应的类型
QVariant::Invalid	无效类型	QVariant::Time	QTime
QVariant::Region	QRegion	QVariant::Line	QLine
QVariant::Bitmap	QBitmap	QVariant::Palette	QPalette
QVariant::Bool	bool	QVariant::List	QList
QVariant::Brush	QBrush	QVariant::SizePolicy	QSizePolicy
QVariant::Size	QSize	QVariant::String	QString
QVariant::Char	QChar	QVariant::Map	QMap
QVariant::Color	QColor	QVariant::StringList	QStringList
QVariant::Cursor	QCursor	QVariant::Point	QPoint
QVariant::Date	QDate	QVariant::Pen	QPen
QVariant::DateTime	QDateTime	QVariant::Pixmap	QPixmap
QVariant::Double	double	QVariant::Rect	QRect
QVariant::Font	QFont	QVariant::Image	QImage
QVariant::Icon	QIcon	QVariant::UserType	用户自定义类型

最后，运行上述程序的结果如下：
```
709
"How are you! "
QVariant(int,709) 709
QVariant(double,709.709) 709.709
QVariant(QString, "How are you! ") "How are you! "
QVariant(QColor, QColor(ARGB 1,1,0,0)) QColor(ARGB 1,1,0,0)
"A"
"B"
"C"
"D"
```

2.4 算法及正则表达式

本节首先介绍 Qt 的<QtAlgorithms>和<QtGlobal>模块中提供的几种常用算法，然后介绍基本的正则表达式。

2.4.1 常用算法

【例】（简单）（CH207）几个常用算法。
```
#include <QCoreApplication>
#include <QDebug>
int main(int argc,char *argv[])
{
```

```cpp
    QCoreApplication a0(argc, argv);
    double a=-19.3,b=9.7;
    double c=qAbs(a);                       //(a)
    double max=qMax(b,c);                   //(b)
    int bn=qRound(b);                       //(c)
    int cn=qRound(c);
    qDebug()<<"a="<<a;
    qDebug()<<"b="<<b;
    qDebug()<<"c=qAbs(a)= "<<c;
    qDebug()<<"qMax(b,c)= "<<max;
    qDebug()<<"bn=qRound(b)= "<<bn;
    qDebug()<<"cn=qRound(c)= "<<cn;
    qSwap(bn,cn);                           //(d)
    //调用qDebug()函数输出所有的计算结果
    qDebug()<<"qSwap(bn,cn):"<<"bn="<<bn<<" cn="<<cn;
    return a0.exec();
}
```

说明：

(a) double c=qAbs(a)：函数 qAbs() 返回 double 型数值 a 的绝对值，并赋值给 c（c=19.3）。

(b) double max=qMax(b,c)：函数 qMax() 返回两个数值中的最大值（max=c=19.3）。

(c) int bn=qRound(b)：函数 qRound() 返回与一个浮点数最接近的整数值，即四舍五入返回一个整数值（bn=10，cn=19）。

(d) qSwap(bn,cn)：函数 qSwap() 交换两数的值。

最后，编译、运行上述程序，输出结果如下：

```
a= -19.3
b= 9.7
c=qAbs(a)= 19.3
qMax(b,c)= 19.3
bn=qRound(b)= 10
cn=qRound(c)= 19
qSwap(bn,cn): bn= 19   cn= 10
```

2.4.2 基本的正则表达式

使用正则表达式可以方便地完成处理字符串的一些操作，如验证、查找、替换和分割等。Qt 的 QRegExp 类是正则表达式的表示类，它基于 Perl 的正则表达式语言，完全支持 Unicode。

正则表达式由表达式（Expressions）、量词（Quantifiers）和断言（Assertions）组成。

（1）最简单的表达式是一个字符。字符集可以使用表达式"[AEIOU]"，表示匹配所有的大写元音字母；使用"[^AEIOU]"，表示匹配所有非元音字母，即辅音字母；连续的字符集可以使用表达式"[a-z]"，表示匹配所有的小写英文字母。

（2）量词说明表达式出现的次数，如"x[1,2]"表示"x"可以至少有一个，至多有两个。

在计算机语言中，标识符通常要求以字母或下画线开头，后面可以是字母、数字和下画线。满足条件的标识符表示为：

```
" [A-Za-z_]+[A-Za-z_0-9]* "
```

其中，表达式中的"+"表示"[A-Za-z_]"至少出现一次，可以出现多次；"*"表示"[A-Za-z_0-9]"可以出现零次或多次。

正则表达式的量词见表 2.8。

表 2.8 正则表达式的量词

量 词	含 义	量 词	含 义
E?	匹配 0 次或 1 次	E[n,]	至少匹配 n 次
E+	匹配 1 次或多次	E[,m]	最多匹配 m 次
E*	匹配 0 次或多次	E[n,m]	至少匹配 n 次，最多匹配 m 次
E[n]	匹配 n 次		

（3）"^""$""\b"都是正则表达式的断言，正则表达式的断言见表 2.9。

表 2.9 正则表达式的断言

符 号	含 义	符 号	含 义
^	表示在字符串开头进行匹配	\B	非单词边界
$	表示在字符串结尾进行匹配	(?=E)	表示表达式后紧随 E 才匹配
\b	单词边界	(?!E)	表示表达式后不跟随 E 才匹配

例如，若要只有在 using 后面是 namespace 时才匹配 using，则可以使用 "using(?=E\s+namespace)"。此处 "?=E" 后的 "\s" 表示匹配一个空白字符，下同。

如果使用"using(?!E\s+namespace)"，则表示只有在 using 后面不是 namespace 时才匹配 using。

如果使用 "using\s+namespace"，则匹配 using namespace。

2.5 控件

本节简单介绍几个常用的控件，以便对 Qt 的控件有一个初步认识，其具体的用法在本书后面章节用到时再加以详细介绍。

2.5.1 按钮组（Buttons）

按钮组（Buttons）如图 2.1 所示。

按钮组（Buttons）中各个按钮的名称依次解释如下。

- Push Button：按钮。
- Tool Button：工具按钮。
- Radio Button：单选按钮。
- Check Box：复选框。
- Command Link Button：命令链接按钮。
- Dialog Button Box：对话框按钮盒。

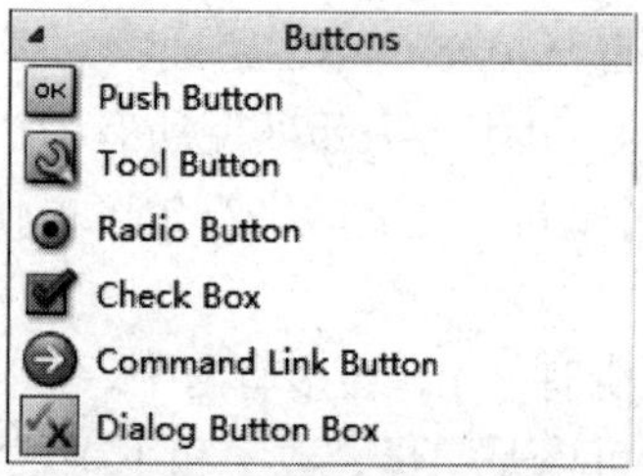

图 2.1 按钮组（Buttons）

【例】（简单）（CH208）以 QPushButton 为例介绍按钮的用法。

（1）以直接编写代码（即取消勾选"Generate form"复选框）方式创建 Qt 项目，项目名为 PushButtonTest，"Class Information"页中基类选"QWidget"，类名为"MyWidget"。

（2）头文件 **mywidget.h** 的具体代码如下：

```cpp
#ifndef MYWIDGET_H
#define MYWIDGET_H
#include <QWidget>
class MyWidget : public QWidget
{
    Q_OBJECT
public:
    MyWidget(QWidget *parent = 0);
    ~MyWidget();
};
#endif // MYWIDGET_H
```

（3）源文件 **mywidget.cpp** 的具体代码如下：

```cpp
#include "mywidget.h"
#include <qapplication.h>
#include <qpushbutton.h>
#include <qfont.h>
MyWidget::MyWidget(QWidget *parent)
    : QWidget(parent)
{
    setMinimumSize( 200, 120 );
    setMaximumSize( 200, 120 );
    QPushButton *quit = new QPushButton( "Quit", this);
    quit->setGeometry( 62, 40, 75, 30 );
    quit->setFont( QFont( "Times", 18, QFont::Bold ) );
    connect( quit, SIGNAL(clicked()), qApp, SLOT(quit()) );
}
MyWidget::~MyWidget()
{
}
```

（4）源文件 **main.cpp** 的具体代码如下：

```cpp
#include "mywidget.h"
#include <QApplication>
int main(int argc, char *argv[])
{
    QApplication a(argc, argv);
    MyWidget w;
    w.setGeometry( 100, 100, 200, 120 );
    w.show();
    return a.exec();
}
```

（5）QPushButton 实例的运行结果如图 2.2 所示。

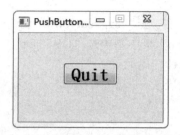

图 2.2　QPushButton 实例的运行结果

2.5.2　输入部件组（Input Widgets）

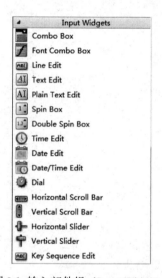

图 2.3　输入部件组（Input Widgets）

输入部件组（Input Widgets）如图 2.3 所示，组中各部件的名称依次解释如下。

- Combo Box：组合框。
- Font Combo Box：字体组合框。
- Line Edit：行编辑框。
- Text Edit：文本编辑框。
- Plain Text Edit：纯文本编辑框。
- Spin Box：数字显示框（自旋盒）。
- Double Spin Box：双自旋盒。
- Time Edit：时间编辑。
- Date Edit：日期编辑。
- Date/Time Edit：日期/时间编辑。
- Dial：拨号。
- Horizontal Scroll Bar：横向滚动条。
- Vertical Scroll Bar：垂直滚动条。
- Horizontal Slider：横向滑块。
- Vertical Slider：垂直滑块。
- Key Sequence Edit：按键序列编辑框。

这里简单介绍与日期时间定时相关的部件类。

1. QDateTime

Date/Time Edit 对应于 QDateTime，在 Qt 5 中可以使用它来获得系统时间。通过 QDateTime::currentDateTime() 来获取本地系统的时间和日期信息。可以通过 date() 和 time() 来返回 datetime 中的日期和时间部分，典型代码如下：

```
QLabel * datalabel =new QLabel();
QDateTime *datatime=new QDateTime(QDateTime::currentDateTime());
datalabel->setText(datatime->date().toString());
datalabel->show();
```

2. QTimer

定时器（QTimer）的使用非常简单，只需要以下几个步骤就可以完成定时器的应用。

(1) 新建一个定时器。
```
QTimer *time_clock=new QTimer(parent);
```
(2) 连接这个定时器的信号和槽，利用定时器的 timeout()。
```
connect(time_clock,SIGNAL(timeout()),this,SLOT(slottimedone()));
```
即定时时间一到就会发送 timeout()信号，从而触发 slottimedone()槽去完成某件事情。

(3) 开启定时器，并设定定时周期。

定时器定时有两种方式：start(int time)和 setSingleShot(true)。其中，start(int time)表示每隔 time 秒就会重启定时器，可以重复触发定时，利用 stop()将定时器关掉；而 setSingleShot(true) 仅启动定时器一次。工程中常用的是前者，例如：
```
time_clock->start(2000);
```

2.5.3 显示控件组（Display Widgets）

显示控件组（Display Widgets）如图 2.4 所示。
显示控件组（Display Widgets）中各个控件的名称依次解释如下。
- Label：标签。
- Text Browser：文本浏览器。
- Graphics View：图形视图。
- Calendar Widget：日历。
- LCD Number：液晶数字。
- Progress Bar：进度条。
- Horizontal Line：水平线。
- Vertical Line：垂直线。
- OpenGL Widget：开放式图形库工具。
- QQuickWidget：嵌入 QML 工具。

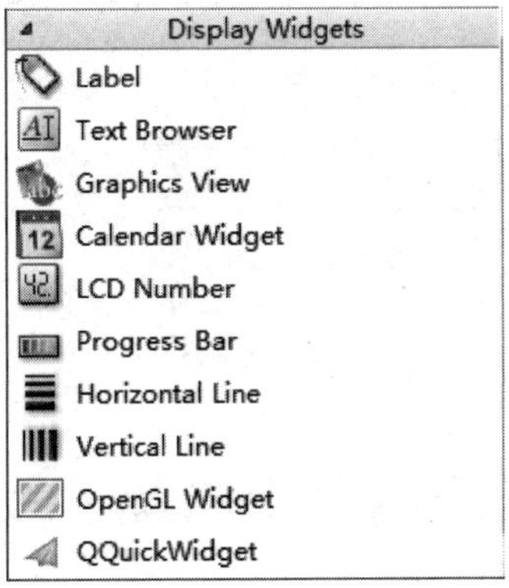

下面介绍其中几个控件。

图 2.4 显示控件组（Display Widgets）

1. Graphics View

Graphics View 对应于 QGraphicsView，提供了 Qt 5 的图形视图框架，其具体用法将在本书第 7 章详细介绍。

2. Text Browser

Text Browser 对应于 QTextBrowser。QTextBrowser 继承自 QTextEdit，而且是只读的，对里面的内容不能进行更改，但是相对于 QTextEdit 来讲，它还具有链接文本的作用。QTextBrowser 的属性有以下几点：

```
modified : const bool           //通过布尔值来说明其内容是否被修改
openExternalLinks : bool
openLinks : bool
readOnly : const bool
searchPaths : QStringList
source : QUrl
undoRedoEnabled : const bool
```

通过以上的属性设置，可以设定 QTextBrowser 是否允许外部链接，是否为只读属性，外部链接的路径及链接的内容，是否可以进行撤销等操作。

QTextBrowser 还提供了几种比较有用的槽，即：

```
virtual void backward()
virtual void forward()
virtual void home()
```

可以通过链接这几个槽来达到"翻页"效果。

3．QQuickWidget

传统 QWidget 程序可以用它来嵌入 QML 代码，为 Qt 开发者将桌面应用迁移到 Qt Quick 提供了方便，但目前在 QML 中尚不能嵌入其他非 QML 窗口，因为 QML 的渲染机制和 QWidget 是不一样的。

2.5.4　空间间隔组（Spacers）

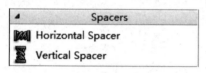

图 2.5　空间间隔组（Spacers）

空间间隔组（Spacers）如图 2.5 所示。

空间间隔组（Spacers）中各个控件的名称依次解释如下。

- Horizontal Spacer：水平间隔。
- Vertical Spacer：垂直间隔。

具体应用见 2.5.9 节的实例。

2.5.5　布局管理组（Layouts）

布局管理组（Layouts）如图 2.6 所示。

布局管理组（Layouts）中各个控件的名称依次解释如下。

- Vertical Layout：垂直布局。
- Horizontal Layout：横向（水平）布局。
- Grid Layout：网格布局。
- Form Layout：表单布局。

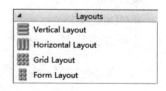

图 2.6　布局管理组（Layouts）

2.5.6　容器组（Containers）

图 2.7　容器组（Containers）

容器组（Containers）如图 2.7 所示。

容器组（Containers）中各个控件的名称依次解释如下。

- Group Box：组框。
- Scroll Area：滚动区域。
- Tool Box：工具箱。
- Tab Widget：标签小部件。
- Stacked Widget：堆叠部件。
- Frame：帧。

- Widget：小部件。
- MDI Area：MDI 区域。
- Dock Widget：停靠窗体部件。
- QAxWidget：封装 Flash 的 ActiveX 控件。

下面介绍 Widget 对应 QWidget 的用法。Widget 是使用 Qt 编写的图形用户界面（GUI）应用程序的基本生成块。每个 GUI 组件，如按钮、标签或文本编辑器，都是一个 Widget，并可以放置在现有的用户界面中或作为单独的窗口显示。每种类型的组件都是由 QWidget 的特殊子类提供的，而 QWidget 又是 QObject 的子类。

QWidget 是所有 Qt GUI 界面类的基类，它接收鼠标、键盘及其他窗口事件，并在显示器上绘制自己。

通过传入 QWidget 构造函数的参数（或者调用 QWidget::setWindowFlags()和 QWidget::setParent()函数）可以指定一个窗口部件的窗口标识（Window Flags）和父窗口部件。

窗口部件的窗口标识（Window Flags）定义了窗口部件的窗口类型和窗口提示（Hint）。窗口类型指定了窗口部件的窗口系统属性（Window-system Properties），一个窗口部件只有一个窗口类型。窗口提示定义了顶层窗口的外观，一个窗口可以有多个提示（提示能够进行按位或操作）。

没有父窗口部件的 Widget 对象是一个窗口，窗口通常具有一个窗口边框（Frame）和一个标题栏。QMainWindow 和所有的 QDialog 对话框子类都是经常使用的窗口类型，而子窗口部件通常处在父窗口部件的内部，没有窗口边框和标题栏。

QWidget 窗口部件的构造函数为：

```
QWidget(QWidget *parent=0,Qt::WindowFlags f=0)
```

其中，参数 parent 指定了窗口部件的父窗口部件，如果 parent=0（默认值），则新建的窗口部件将是一个窗口；否则，新建的窗口部件是 parent 的子窗口部件（是否为一个窗口还需要由第二个参数决定）。如果新窗口部件不是一个窗口，则它会出现在父窗口部件的界面内部。参数 f 指定了新窗口部件的窗口标识，默认值是 0，即 Qt::Widget。

QWidget 定义的窗口类型为 Qt::WindowFlags 枚举类型，它们的可用性依赖于窗口管理器是否支持它们。

QWidget 不是一个抽象类，它可用作其他 Widget 的容器，并很容易作为子类来创建定制 Widget。它经常用于创建放置其他 Widget 的窗口。

对于 QObject，可使用父对象创建 Widget 以表明其所属关系，这样可以确保删除不再使用的对象。使用 Widget，这些父子关系就有了更多的意义，每个子类都显示在其父级所拥有的屏幕区域内。也就是说，当删除窗口时，其包含的所有 Widget 也都被自动删除。

1. 创建窗口

如果 Widget 未使用父级进行创建，则在显示时视为窗口或顶层 Widget。由于顶层 Widget 没有父级对象类来确保在其不再被使用时就被删除，所以需要开发人员在应用程序中对其进行跟踪。

例如，使用 QWidget 创建和显示具有默认大小的窗口：

```
QWidget *window = new QWidget();
window->resize(320, 240);
window->show();
```

```
QPushButton *button = new QPushButton(tr("Press me"), window);
button->move(100, 100);
button->show();
```

其中，**QPushButton *button = new QPushButton(tr("Press me"), window)**通过将 window 作为父级传递给其构造器来向窗口添加子 Widget:button。在这种情况下，向窗口添加按钮并将其放置在特定位置。该按钮现在为窗口的子项，并在删除窗口时被同时删除。请注意，隐藏或关闭窗口不会自动删除该按钮。

2．使用布局

通常，子 Widget 是通过使用布局对象在窗口中进行排列的，而不是通过指定位置和大小进行排列的。在此，构造一个并排排列的标签和行编辑框 Widget：

```
QLabel *label = new QLabel(tr("Name:"));
QLineEdit *lineEdit = new QLineEdit();
QHBoxLayout *layout = new QHBoxLayout();
layout->addWidget(label);
layout->addWidget(lineEdit);
window->setLayout(layout);
```

构造的布局对象管理通过 addWidget()函数提供 Widget 的位置和大小。布局本身是通过调用 setLayout()函数提供给窗口的。布局仅可通过其对所管理的 Widget（或其他布局）的显示效果来展示。

在以上示例中，每个 Widget 的所属关系并不明显。由于未使用父级对象构造 Widget 和布局，将看到一个空窗口和两个包含标签与行编辑框的窗口。如果通过布局管理标签和行编辑框，并在窗口中设置布局，则两个 Widget 与布局本身就都成为窗口的子项。

由于 Widget 可包含其他 Widget，所以布局可用来提供按不同层次分组的 Widget。这里，要在显示查询结果的表视图上方、窗口顶部的行编辑框旁显示一个标签：

```
QLabel *queryLabel = new QLabel(tr("Query:"));
QLineEdit *queryEdit = new QLineEdit();
QTableView *resultView = new QTableView();
QHBoxLayout *queryLayout = new QHBoxLayout();
queryLayout->addWidget(queryLabel);
queryLayout->addWidget(queryEdit);
QVBoxLayout *mainLayout = new QVBoxLayout();
mainLayout->addLayout(queryLayout);
mainLayout->addWidget(resultView);
window->setLayout(mainLayout);
```

除 QHBoxLayout 和 QVBoxLayout 外，Qt 还提供了 QGridLayout 和 QFormLayout 类用于协助实现更复杂的用户界面。

2.5.7 项目视图组（Item Views）

项目视图组（Item Views）如图 2.8 所示。
项目视图组（Item Views）中各个控件的名称依次解释如下。
- List View：清单视图。

- Tree View：树形视图。
- Table View：表视图。
- Column View：列视图。

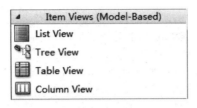

图 2.8　项目视图组（Item Views）

下面介绍 QTableView 与 2.5.8 节中的 QTableWidget 的区别，其具体区别见表 2.10。

表 2.10　QTableView 与 QTableWidget 的具体区别

区 别 点	QTableView	QTableWidget
继承关系		QTableWidget 继承自 QTableView
使用 setModel()	可以使用 setModel()设置数据模型	setModel()是私有函数，不能使用该函数设置数据模型
显示复选框 setCheckState	没有函数实现复选框	QTableWidgetItem 类中的 setCheckState（Qt::Checked）可以设置复选框
与 QSqlTableModel 绑定	QTableView 能与 QSqlTableModel 绑定	QTableWidget 不能与 QSqlTableModel 绑定

QTableWidget 继承自 QTableView。QSqlTableModel 能够与 QTableView 绑定，但不能与 QTableWidget 绑定。例如：

```
QSqlTableModel *model = new QSqlTableModel;
model->setTable("employee");
model->setEditStrategy(QSqlTableModel::OnManualSubmit);
model->select();
model->removeColumn(0);  //不显示 ID
model->setHeaderData(0, Qt::Horizontal, tr("Name"));
model->setHeaderData(1, Qt::Horizontal, tr("Salary"));
QTableView *view = new QTableView;
view->setModel(model);
view->show();
```

视图与模型绑定时，模型必须使用 new 创建，否则视图不能随着模型的改变而改变。下面是错误的写法：

```
QStandardItemModel model(4,2);
model.setHeaderData(0, Qt::Horizontal, tr("Label"));
model.setHeaderData(1, Qt::Horizontal, tr("Quantity"));
ui.tableView->setModel(&model);
for (int row = 0; row < 4; ++row)
{
    for (int column = 0; column < 2; ++column)
    {
        QModelIndex index = model.index(row, column, QModelIndex());
```

```
            model.setData(index, QVariant((row+1) * (column+1)));
    }
}
```

下面是正确的写法:
```
QStandardItemModel *model;
model = new QStandardItemModel(4,2);
ui.tableView->setModel(model);
model->setHeaderData(0, Qt::Horizontal, tr("Label"));
model->setHeaderData(1, Qt::Horizontal, tr("Quantity"));
for (int row = 0; row < 4; ++row)
{
    for (int column = 0; column < 2; ++column)
    {
        QModelIndex index = model->index(row, column, QModelIndex());
        model->setData(index, QVariant((row+1) * (column+1)));
    }
}
```

2.5.8 项目控件组（Item Widgets）

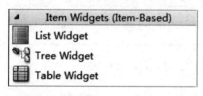

图 2.9 项目控件组（Item Widgets）

项目控件组（Item Widgets）如图 2.9 所示。

项目控件组（Item Widgets）中各个控件的名称依次解释如下。

- List Widget：清单控件。
- Tree Widget：树形控件。
- Table Widget：表控件。

【例】（难度中等）（CH209）创建具有复选框的树形控件。

在 Qt 中，树形控件称为 QTreeWidget，而控件里的树形节点称为 QTreeWidgetItem。这种控件有时很有用处。例如，利用飞信软件群发短信时，选择联系人的界面中就使用了有复选框的树形控件，如图 2.10 所示。

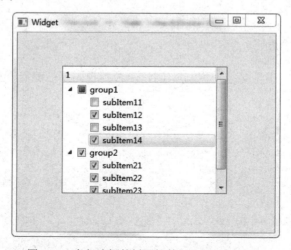

图 2.10 有复选框的树形控件（QTreeWidget）

当选中顶层的树形节点时,子节点全部被选中;当取消选中顶层树形节点时,子节点的选中状态将全部被取消;当选中子节点时,父节点显示部分选中的状态。

要实现这种界面其实很简单。首先在 Qt 的设计器中拖曳出一个 QTreeWidget,然后在主窗口中编写一个函数 init()来初始化界面,连接树形控件的节点改变信号 itemChanged(QTreeWidgetItem* item, int column),实现这个信号即可。

具体步骤如下。

(1)以设计器 Qt Designer(即保持勾选"Generate form"复选框)方式创建 Qt 项目,项目名为 TreeWidget,"Class Information"页中基类选"QWidget"。

(2)双击 widget.ui 文件,打开设计器,拖曳出一个 QTreeWidget 控件。

(3)在头文件 widget.h 中添加代码:

```
#include <QTreeWidgetItem>
```

在类 Widget 声明中添加代码:

```
public:
    void init();
    void updateParentItem(QTreeWidgetItem* item);
public slots:
    void treeItemChanged(QTreeWidgetItem* item, int column);
```

(4)在源文件 widget.cpp 的类 Widget 构造函数中添加代码:

```
init();
connect(ui->treeWidget,SIGNAL(itemChanged(QTreeWidgetItem*, int)),
        this, SLOT(treeItemChanged(QTreeWidgetItem*, int)));
```

在此文件中实现各个函数的具体代码如下:

```
void Widget::init()
{
    ui->treeWidget->clear();
    //第一个分组
    QTreeWidgetItem *group1 = new QTreeWidgetItem(ui->treeWidget);
    group1->setText(0, "group1");
    group1->setFlags(Qt::ItemIsUserCheckable|Qt::ItemIsEnabled|Qt::ItemIsSelectable);
    group1->setCheckState(0, Qt::Unchecked);
    QTreeWidgetItem *subItem11 = new QTreeWidgetItem(group1);
    subItem11->setFlags(Qt::ItemIsUserCheckable|Qt::ItemIsEnabled|Qt::ItemIsSelectable);
    subItem11->setText(0, "subItem11");
    subItem11->setCheckState(0, Qt::Unchecked);
    QTreeWidgetItem *subItem12 = new QTreeWidgetItem(group1);
    subItem12->setFlags(Qt::ItemIsUserCheckable|Qt::ItemIsEnabled|Qt::ItemIsSelectable);
    subItem12->setText(0, "subItem12");
    subItem12->setCheckState(0, Qt::Unchecked);
    QTreeWidgetItem *subItem13 = new QTreeWidgetItem(group1);
    subItem13->setFlags(Qt::ItemIsUserCheckable|Qt::ItemIsEnabled|Qt::ItemIsSelectable);
    subItem13->setText(0, "subItem13");
    subItem13->setCheckState(0, Qt::Unchecked);
```

```cpp
    QTreeWidgetItem *subItem14 = new QTreeWidgetItem(group1);
    subItem14->setFlags(Qt::ItemIsUserCheckable|Qt::ItemIsEnabled|Qt::ItemIsSelectable);
    subItem14->setText(0, "subItem14");
    subItem14->setCheckState(0, Qt::Unchecked);
    //第二个分组
    QTreeWidgetItem *group2 = new QTreeWidgetItem(ui->treeWidget);
    group2->setText(0, "group2");
    group2->setFlags(Qt::ItemIsUserCheckable|Qt::ItemIsEnabled|Qt::ItemIsSelectable);
    group2->setCheckState(0, Qt::Unchecked);
    QTreeWidgetItem *subItem21 = new QTreeWidgetItem(group2);
    subItem21->setFlags(Qt::ItemIsUserCheckable|Qt::ItemIsEnabled|Qt::ItemIsSelectable);
    subItem21->setText(0, "subItem21");
    subItem21->setCheckState(0, Qt::Unchecked);
    QTreeWidgetItem *subItem22 = new QTreeWidgetItem(group2);
    subItem22->setFlags(Qt::ItemIsUserCheckable|Qt::ItemIsEnabled|Qt::ItemIsSelectable);
    subItem22->setText(0, "subItem22");
    subItem22->setCheckState(0, Qt::Unchecked);
    QTreeWidgetItem *subItem23 = new QTreeWidgetItem(group2);
    subItem23->setFlags(Qt::ItemIsUserCheckable|Qt::ItemIsEnabled|Qt::ItemIsSelectable);
    subItem23->setText(0, "subItem23");
    subItem23->setCheckState(0, Qt::Unchecked);
}
```

函数 treeItemChanged() 的具体实现代码如下：

```cpp
void Widget::treeItemChanged(QTreeWidgetItem* item, int column)
{
    QString itemText = item->text(0);
    //选中时
    if (Qt::Checked == item->checkState(0))
    {
        QTreeWidgetItem* parent = item->parent();
        int count = item->childCount();
        if (count > 0)
        {
            for (int i = 0; i < count; i++)
            {
                //子节点也选中
                item->child(i)->setCheckState(0, Qt::Checked);
            }
        }
        else
        {
            //是子节点
            updateParentItem(item);
```

```
            }
        else if (Qt::Unchecked == item->checkState(0))
        {
            int count = item->childCount();
            if (count > 0)
            {
                for (int i = 0; i < count; i++)
                {
                    item->child(i)->setCheckState(0, Qt::Unchecked);
                }
            }
            else
            {
                updateParentItem(item);
            }
        }
    }
}
```

函数 updateParentItem()的具体实现代码如下：

```
void Widget::updateParentItem(QTreeWidgetItem* item)
{
    QTreeWidgetItem *parent = item->parent();
    if (parent == NULL)
    {
        return;
    }
    //选中的子节点个数
    int selectedCount = 0;
    int childCount = parent->childCount();
    for (int i = 0; i < childCount; i++)
    {
        QTreeWidgetItem *childItem = parent->child(i);
        if (childItem->checkState(0) == Qt::Checked)
        {
            selectedCount++;
        }
    }
    if (selectedCount <= 0)
    {
        //未选中状态
        parent->setCheckState(0, Qt::Unchecked);
    }
    else if (selectedCount > 0 && selectedCount < childCount)
    {
        //部分选中状态
        parent->setCheckState(0, Qt::PartiallyChecked);
    }
```

```
    else if (selectedCount == childCount)
    {
        //选中状态
        parent->setCheckState(0, Qt::Checked);
    }
}
```

（5）运行结果如图 2.10 所示。

2.5.9 多控件实例

【例】（难度一般）（CH210）将多个控件以伙伴关系组织起来，呈现在界面上。

具体步骤如下。

（1）以设计器 Qt Designer（即保持勾选"Generate form"复选框）方式创建 Qt 项目，项目名为 Test，"Class Information"页中基类选"QDialog"。

（2）双击 dialog.ui 文件，打开设计器，中间的空白视窗为一个 Parent Widget，接着需要建立一些 Child Widget。在左边的工具箱中找到所需要的 Widget：拖曳出一个 Label、一个 Line Edit（用于输入文字）、一个 Horizontal Spacer 及两个 Push Button。现在不需要花太多时间在这些 Widget 的位置编排上，以后可利用 Qt 的 Layout Manage 进行位置的编排。

（3）设置 Widget 的属性。

- 选择 Label，确定 objectName 属性为 "label"，并且设定 text 属性为 "&Cell Location"。
- 选择 Line Edit，确定 objectName 属性为 "lineEdit"。
- 选择第一个按钮，将其 objectName 属性设定为 "okButton"，enabled 属性设为 "false"，text 属性设为 "OK"，default 属性设为 "true"。
- 选择第二个按钮，将其 objectName 属性设为 "cancelButton"，text 属性设为 "Cancel"。
- 将表单背景的 windowTitle 属性设为 "Go To Cell"。

初始的设计效果如图 2.11 所示。

（4）运行工程，此时看到界面中的 label 会显示一个 "&"。为了解决这个问题，选择"编辑"→"Edit Buddies"（编辑伙伴）命令，在此模式下，可以设定伙伴。选中 label 并拖曳至 lineEdit，然后放开，此时会有一个红色箭头由 label 指向 lineEdit，如图 2.12 所示。

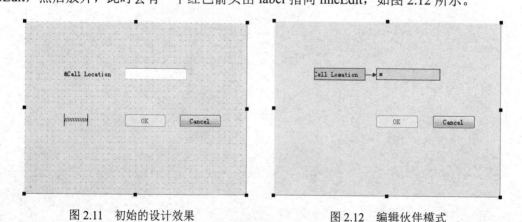

图 2.11　初始的设计效果　　　　　　图 2.12　编辑伙伴模式

此时，再次运行该程序，label 的"&"不再出现，如图 2.13 所示，此时 label 与 lineEdit 这两个 Widget 互为伙伴了。选择"编辑"→"Edit Widgets"（编辑控件）命令，即可离开此模式，回到原本的编辑模式。

（5）对 Widget 进行位置编排的布局（layout）。

● 利用 Ctrl 键一次选取多个 Widget，首先选取 label 与 lineEdit；接着单击上方工具栏中的 ⫼（水平布局）按钮。

● 类似地，首先选取 Spacer 与两个 Push Button，接着单击上方工具栏中的 ⫼ 按钮即可，水平布局后的效果如图 2.14 所示。

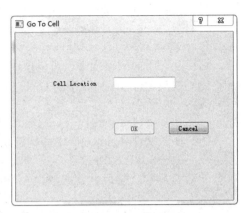

图 2.13 "&"消失了

● 选取整个 form（不选任何项目），单击上方工具栏中的 ☰（垂直布局）按钮。

● 单击上方工具栏中的 ⬛（调整大小）按钮，整个表单就自动调整为合适的大小了。此时，出现红色的线将各 Widget 框起来，被框起来的 Widget 表示已经被选定为某种布局了，如图 2.15 所示。

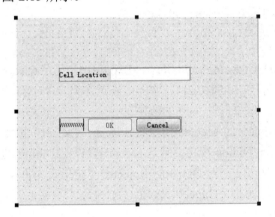

图 2.14 水平布局后的效果

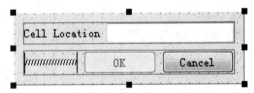

图 2.15 垂直布局和调整大小后的效果

（6）单击 ▦（编辑 Tab 键顺序）按钮，每个 Widget 上都会出现一个方框显示数字，表示按下 Tab 键的顺序，调整到需要的顺序，如图 2.16 所示。单击 ▦（编辑组件）按钮，即可离开此模式，回到原来的编辑模式。此时，运行该程序后的效果如图 2.17 所示。

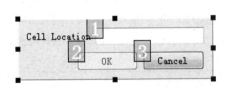

图 2.16 调整 Tab 键的顺序

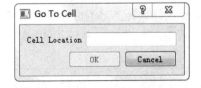

图 2.17 运行该程序后的效果

（7）由于本例要使用正则表达式功能，需要用到 Qt 5 的 QRegularExpression 和 QRegularExpressionValidator 两个类，在项目的 qmake 文件 Test.pro 中添加：

```
QT       += core                    # 支持 QRegularExpression
QT       += gui                     # 支持 QRegularExpressionValidator
```

然后在头文件"dialog.h"开头添加包含语句：
```
#include <QRegularExpression>
#include <QRegularExpressionValidator>
```
这样，在下面的编程中就可以使用这两个类了。

（8）在头文件 dialog.h 中的 Dialog 类声明中添加语句：
```
private slots:
    void on_lineEdit_textChanged();
```
（9）在源文件 dialog.cpp 中的构造函数中添加代码如下：
```
ui->setupUi(this);                                              //(a)
QRegularExpression regExp("[A-Za-z][1-9][0-9]{0,2}");
                                           //正则表达式限制输入字符的范围
ui->lineEdit->setValidator(new QRegularExpressionValidator(regExp,this));
                                                                //(b)
connect(ui->okButton,SIGNAL(clicked()),this,SLOT(accept()));    //(c)
connect(ui->cancelButton,SIGNAL(clicked()),this,SLOT(reject()));
```
说明：

(a) ui->setupUi(this);：在构造函数中使用该语句进行初始化。在产生界面之后，setupUi()将根据 naming convention 对 slot 进行连接，即连接 on_objectName_signalName()与 objectName 中 signalName()的 signal。在此，setupUi()会自动建立下列 signal-slot 连接：
```
connect(ui->lineEdit,SIGNAL(textChanged(QString)),this,SLOT(on_lineEdit_text
Changed()));
```

(b) ui->lineEdit->setValidator(new QRegularExpressionValidator(regExp,this))：使用 QRegularExpressionValidator 并且搭配正则表示法"[A-Za-z][1-9][0-9]{0,2}"。这样，只允许第一个字符输入大小写英文字母，后面接 1 位非 0 的数字，再接 0~2 位可为 0 的数字。

(c) connect(…)：连接了"OK"按钮至 QDialog 的 accept()槽函数，连接"Cancel"按钮至 QDialog 的 reject()槽函数。这两个槽函数都会关闭 Dialog 视窗，但是 accept()会设定 Dialog 的结果至 QDialog::Accepted（结果设为 1），reject()则会设定为 QDialog::Rejected（结果设为 0），因此可以根据这个结果来判断按下的是"OK"按钮还是"Cancel"按钮。

> **注意**：parent-child 机制。当建立一个组件（widget、validator 或其他组件）时，若此组件伴随着一个 parent，则此 parent 就将此物件加入它的 children list。而当 parent 被消除时，会根据 children list 将这些 child 消除。若这些 child 也有其 children，也会一起被消除。这个机制大大简化了内存管理，降低了 memory leak 的风险。因此，唯有那些没有 parent 的组件才使用 delete 删除。对于 widget 来说，parent 有着另外的意义，即 child widget 是显示在 parent 范围之内的。当删除了 parent widget 后，将不只是 child 从内存中消失，而是整个视窗都会消失。

实现槽函数 on_lineEdit_textChanged()：
```
void Dialog::on_lineEdit_textChanged()
{
    ui->okButton->setEnabled(ui->lineEdit->hasAcceptableInput());
}
```
此槽函数会根据在 lineEdit 中输入的文字是否有效来启用或停用"OK"按钮，QLineEdit::has

AcceptableInput()中使用了构造函数中的 validator。

（10）运行此工程。当在 lineEdit 中输入 A12 后,"OK"按钮将自动变为可用状态,当单击"Cancel"按钮时则会关闭视窗,最终运行效果如图 2.18 所示。

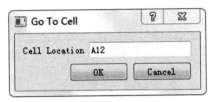

图 2.18 最终运行效果

第3章

布局管理

本章简单介绍布局管理的使用方法。首先通过三个实例分别介绍分割窗口类 QSplitter、停靠窗口类 QDockWidget 及堆栈窗口类 QStackedWidget 的使用方法，然后通过一个实例介绍基本布局类的使用方法，最后通过一个修改用户资料综合实例介绍以上内容的综合应用。

3.1 分割窗口类：QSplitter

分割窗口类 QSplitter 在应用程序中经常用到，它可以灵活分割窗口的布局，经常用在类似文件资源管理器的窗口设计中。

【例】（简单）（CH301）一个十分简单的分割窗口功能，整个窗口由三个子窗口组成，各个子窗口的大小可随意拖曳改变，效果如图 3.1 所示。

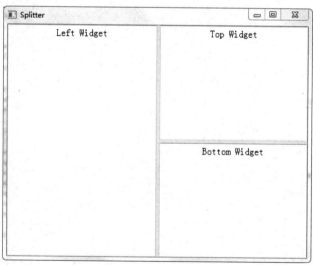

图 3.1 简单分割窗口实例效果

开发步骤如下。

（1）以直接编写代码（即取消勾选"Generate form"复选框）方式创建 Qt 项目，项目名为 Splitter，"Class Information"页中基类选"QMainWindow"。

（2）在上述工程的 main.cpp 文件中添加如下代码：

```
int main(int argc, char *argv[])
{
```

```
    QApplication a(argc, argv);
    QFont font("ZYSong18030",12);                              //指定显示字体
    a.setFont(font);
    //主分割窗口
    QSplitter *splitterMain =new QSplitter(Qt::Horizontal,0);  //(a)
    QTextEdit *textLeft =new QTextEdit(QObject::tr("Left Widget"), splitterMain);
                                                                //(b)
    textLeft->setAlignment(Qt::AlignCenter);                    //(c)
    //右分割窗口
    QSplitter *splitterRight =new QSplitter(Qt::Vertical,splitterMain); //(d)
    splitterRight->setOpaqueResize(false);                      //(e)
    QTextEdit *textUp =new QTextEdit(QObject::tr("Top Widget"), splitterRight);
    textUp->setAlignment(Qt::AlignCenter);
    QTextEdit *textBottom =new QTextEdit(QObject::tr("Bottom Widget"),splitterRight);
    textBottom->setAlignment(Qt::AlignCenter);
    splitterMain->setStretchFactor(1,1);                        //(f)
    splitterMain->setWindowTitle(QObject::tr("Splitter"));
    splitterMain->show();
    //MainWindow w;
    //w.show();
    return a.exec();
}
```

说明：

(a) QSplitter *splitterMain =new QSplitter(Qt::Horizontal,0)：新建一个 QSplitter 类对象，作为主分割窗口，设定此分割窗口为水平分割窗口。

(b) QTextEdit *textLeft =new QTextEdit(QObject::tr("Left Widget"),splitterMain)：新建一个 QTextEdit 类对象，并将其插入主分割窗口中。

(c) textLeft->setAlignment(Qt::AlignCenter)：设定 TextEdit 中文字的对齐方式，常用的对齐方式有以下几种。

- Qt::AlignLeft：左对齐。
- Qt::AlignRight：右对齐。
- Qt::AlignCenter: 文字居中（Qt::AlignHCenter 为水平居中，Qt::AlignVCenter 为垂直居中）。
- Qt::AlignUp：文字与顶部对齐。
- Qt::AlignBottom：文字与底部对齐。

(d) QSplitter *splitterRight =new QSplitter(Qt::Vertical,splitterMain)：新建一个 QSplitter 类对象，作为右分割窗口，设定此分割窗口为垂直分割窗口，并以主分割窗口为父窗口。

(e) splitterRight->setOpaqueResize(false)：调用 setOpaqueResize(bool)方法设定分割窗口的分割条在拖曳时是否实时更新显示，若设为 true 则实时更新显示，若设为 false 则在拖曳时只显示一条灰色的粗线条，在拖曳到位并释放鼠标后再显示分割条。默认设置为 true。

(f) splitterMain->setStretchFactor(1,1)：调用 setStretchFactor()方法设定可伸缩控件，它的第 1 个参数用于指定设置的控件序号，控件序号按插入的先后次序从 0 起依次编号；第 2 个参数为大于 0 的值，表示此控件为可伸缩控件。此例中设定右部的分割窗口为可伸缩控件，当整个对话框的宽度发生改变时，左部的文件编辑框宽度保持不变，右部的分割窗口宽度随整个对

话框大小进行调整。

（3）在 main.cpp 文件的开始部分加入以下头文件：

```
#include<Qsplitter>
#include<QTextEdit>
#include<QTextCodec>
```

（4）运行程序，显示效果如图 3.1 所示。

3.2 停靠窗口类：QDockWidget

停靠窗口类 QDockWidget 也是在应用程序中经常用到的，设置停靠窗口的一般流程如下。
（1）创建一个 QDockWidget 对象的停靠窗体。
（2）设置此停靠窗体的属性，通常调用 setFeatures()及 setAllowedAreas()两种方法。
（3）新建一个要插入停靠窗体的控件，常用的有 QListWidget 和 QTextEdit。
（4）将控件插入停靠窗体，调用 QDockWidget 的 setWidget()方法。
（5）使用 addDockWidget()方法在 MainWindow 中加入此停靠窗体。

【例】（简单）（CH302）停靠窗口类 QDockWidget 的使用：窗口 1 只可在主窗口的左边和右边停靠；窗口 2 只可在浮动和右边停靠两种状态间切换，并且不可移动；窗口 3 可实现停靠窗口的各种状态。效果如图 3.2 所示。

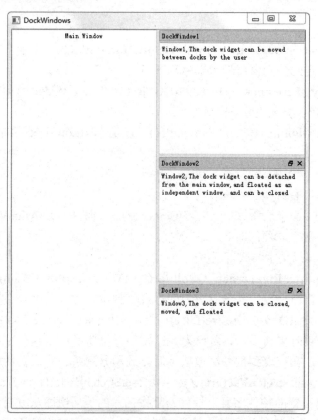

图 3.2 简单停靠窗口实例效果

开发步骤如下。

（1）以直接编写代码（即取消勾选"Generate form"复选框）方式创建 Qt 项目，项目名为 DockWindows，"Class Information"页中基类选"QMainWindow"，类名为 DockWindows。

QMainWindow 主窗口的使用将在本书第 5 章中详细介绍。

（2）DockWindows 类中只有一个构造函数的声明，位于 dockwindows.h 文件中，代码如下：

```cpp
class DockWindows : public QMainWindow
{
    Q_OBJECT
public:
    DockWindows(QWidget *parent = 0);
    ~DockWindows();
};
```

（3）打开 dockwindows.cpp 文件，DockWindows 类构造函数实现窗口的初始化等功能，具体代码如下：

```cpp
DockWindows::DockWindows(QWidget *parent) : QMainWindow(parent)
{
    setWindowTitle(tr("DockWindows"));  //设置主窗口的标题栏文字
    QTextEdit *te=new QTextEdit(this);  //定义一个QTextEdit对象作为主窗口
    te->setText(tr("Main Window"));
    te->setAlignment(Qt::AlignCenter);
    setCentralWidget(te);               //将此编辑框设为主窗口的中央窗体
    //停靠窗口1
    QDockWidget *dock=new QDockWidget(tr("DockWindow1"),this);
    //可移动
    dock->setFeatures(QDockWidget::DockWidgetMovable); //(a)
    dock->setAllowedAreas(Qt::LeftDockWidgetArea|Qt::RightDockWidgetArea);
                                                                //(b)
    QTextEdit *te1 =new QTextEdit();
    te1->setText(tr("Window1,The dock widget can be moved between docks by the user" ""));
    dock->setWidget(te1);
    addDockWidget(Qt::RightDockWidgetArea,dock);
    //停靠窗口2
    dock=new QDockWidget(tr("DockWindow2"),this);
    dock->setFeatures(QDockWidget::DockWidgetClosable|QDockWidget::DockWidgetFloatable);
                                                    //可关闭、可浮动
    QTextEdit *te2 =new QTextEdit();
    te2->setText(tr("Window2,The dock widget can be detached from the main window,""and floated as an independent window, and can be closed"));
    dock->setWidget(te2);
    addDockWidget(Qt::RightDockWidgetArea,dock);
    //停靠窗口3
    dock=new QDockWidget(tr("DockWindow3"),this);
    dock->setFeatures(QDockWidget::AllDockWidgetFeatures);   //全部特性
```

```
    QTextEdit *te3 =new QTextEdit();
    te3->setText(tr("Window3,The dock widget can be closed, moved, and
floated"));
    dock->setWidget(te3);
    addDockWidget(Qt::RightDockWidgetArea,dock);
}
```
说明：

(a) setFeatures() 方法设置停靠窗体的特性，原型如下：

```
void setFeatures(DockWidgetFeatures features)
```
参数 QDockWidget::DockWidgetFeatures 指定停靠窗体的特性，包括以下参数。

① QDockWidget::DockWidgetClosable：停靠窗体可关闭。
② QDockWidget::DockWidgetMovable：停靠窗体可移动。
③ QDockWidget::DockWidgetFloatable：停靠窗体可浮动。
④ QDockWidget::AllDockWidgetFeatures：此参数表示拥有停靠窗体的所有特性。
⑤ QDockWidget::NoDockWidgetFeatures：不可移动、不可关闭、不可浮动。

此参数可采用或（|）的方式对停靠窗体进行特性的设定。

(b) setAllowedAreas() 方法设置停靠窗体可停靠的区域，原型如下：

```
void setAllowedAreas(Qt::DockWidgetAreas areas)
```
参数 Qt::DockWidgetAreas 指定停靠窗体可停靠的区域，包括以下参数。

① Qt::LeftDockWidgetArea：可在主窗口的左侧停靠。
② Qt::RightDockWidgetArea：可在主窗口的右侧停靠。
③ Qt::TopDockWidgetArea：可在主窗口的顶部停靠。
④ Qt::BottomDockWidgetArea：可在主窗口的底部停靠。
⑤ Qt::AllDockWidgetArea：可在主窗口任意（以上四个）部位停靠。
⑥ Qt::NoDockWidgetArea：只可停靠在插入处。

各区域设定也可采用或（|）的方式进行。

（4）在 dockwindows.cpp 文件的开始部分加入以下头文件：

```
#include<QTextEdit>
#include<QDockWidget>
```
（5）运行程序，显示效果如图 3.2 所示。

3.3 堆栈窗体类：QStackedWidget

堆栈窗体类 QStackedWidget 也是应用程序中经常用到的。在实际应用中，堆栈窗体多与列表框 QListWidget 及下拉列表框 QComboBox 配合使用。

【例】（简单）（CH303）堆栈窗体类 QStackedWidget 的使用，当选择左侧列表框中不同的选项时，右侧显示不同的窗体。在此使用列表框 QListWidget，效果如图 3.3 所示。

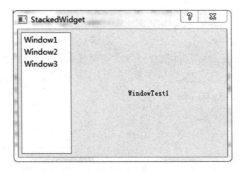

图 3.3 简单堆栈窗体实例效果

开发步骤如下:

(1) 以直接编写代码(即取消勾选"Generate form"复选框)方式创建 Qt 项目,项目名为 StackedWidget,"Class Information"页中基类选"QDialog",类名为 StackDlg。

(2) 打开 stackdlg.h 文件,添加如下加黑处代码:

```
class StackDlg : public QDialog
{
    Q_OBJECT
public:
    StackDlg(QWidget *parent = 0);
    ~StackDlg();
private:
    QListWidget *list;
    QStackedWidget *stack;
    QLabel *label1;
    QLabel *label2;
    QLabel *label3;
};
```

在文件开始部分添加以下头文件:

```
#include <QListWidget>
#include <QStackedWidget>
#include <QLabel>
```

(3) 打开 stackdlg.cpp 文件,在停靠窗体类 StackDlg 的构造函数中添加如下代码:

```
StackDlg::StackDlg(QWidget *parent) : QDialog(parent)
{
    setWindowTitle(tr("StackedWidget"));
    list =new QListWidget(this);       //新建一个 QListWidget 控件对象
    //在新建的 QListWidget 控件中插入三个条目,作为选择项
    list->insertItem(0,tr("Window1"));
    list->insertItem(1,tr("Window2"));
    list->insertItem(2,tr("Window3"));
    //创建三个 QLabel 标签控件对象,作为堆栈窗口需要显示的三层窗体
    label1 =new QLabel(tr("WindowTest1"));
    label2 =new QLabel(tr("WindowTest2"));
    label3 =new QLabel(tr("WindowTest3"));
```

```
        stack =new QStackedWidget(this);
                                //新建一个QStackedWidget堆栈窗体对象
//将创建的三个QLabel标签控件依次插入堆栈窗体中
        stack->addWidget(label1);
        stack->addWidget(label2);
        stack->addWidget(label3);
        QHBoxLayout *mainLayout =new QHBoxLayout(this);
                                //对整个对话框进行布局
        mainLayout->setMargin(5);       //设定对话框（或窗体）的边距为5
        mainLayout->setSpacing(5);      //设定各个控件之间的间距为5
        mainLayout->addWidget(list);
        mainLayout->addWidget(stack,0,Qt::AlignHCenter);
        mainLayout->setStretchFactor(list,1);       //(a)
        mainLayout->setStretchFactor(stack,3);
        connect(list,SIGNAL(currentRowChanged(int)),stack,SLOT(setCurrentIndex
(int)));                                            //(b)
    }
```

说明：

(a) mainLayout->setStretchFactor(list,1)：设定可伸缩控件，第1个参数用于指定设置的控件（序号从0起编号），第2个参数的值大于0则表示此控件为可伸缩控件。

(b) connect(list,SIGNAL(currentRowChanged(int)),stack,SLOT(setCurrentIndex(int)))：将QListWidget的currentRowChanged()信号与堆栈窗体的setCurrentIndex()槽函数连接起来，实现按选择显示窗体。此处的堆栈窗体index按插入的顺序从0起依次排序，与QListWidget的条目排序相一致。

（4）在stackdlg.cpp文件的开始部分加入以下头文件：

```
#include <QHBoxLayout>
```

（5）运行程序，显示效果如图3.3所示。

3.4 基本布局类：QLayout

Qt 提供了 QHBoxLayout、QVBoxLayout 及 QGridLayout 等用于基本布局管理，分别是水平排列布局、垂直排列布局和网格排列布局。各种布局类及继承关系如图3.4所示。

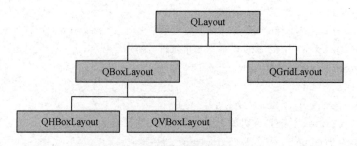

图3.4 各种布局类及继承关系

布局中常用的方法有addWidget()和addLayout()。

addWidget()方法用于加入需要布局的控件,方法原型如下:

```
void addWidget
(
    QWidget *widget,            //需要插入的控件对象
    int fromRow,                //插入的行
    int fromColumn,             //插入的列
    int rowSpan,                //表示占用的行数
    int columnSpan,             //表示占用的列数
    Qt::Alignment alignment=0   //描述各个控件的对齐方式
)
```

addLayout()方法用于加入子布局,方法原型如下:

```
void addLayout
(
    QLayout *layout,            //表示需要插入的子布局对象
    int row,                    //插入的起始行
    int column,                 //插入的起始列
    int rowSpan,                //表示占用的行数
    int columnSpan,             //表示占用的列数
    Qt::Alignment alignment=0   //指定对齐方式
)
```

【例】(难度一般)(CH304)通过实现一个"用户基本资料修改"的功能表单来介绍如何使用基本布局管理,如 QHBoxLayout、QVBoxLayout 及 QGridLayout,效果如图 3.5 所示。

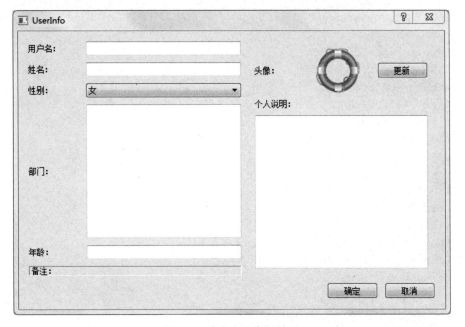

图 3.5 基本布局实例效果

本实例共用到四个布局管理器,分别是 LeftLayout、RightLayout、BottomLayout 和 MainLayout,其布局框架如图 3.6 所示。

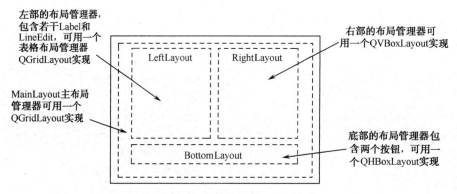

图 3.6 本实例的布局框架

开发步骤如下。

（1）以直接编写代码（即取消勾选"Generate form"复选框）方式创建 Qt 项目，项目名为 UserInfo，"Class Information"页中基类选"QDialog"。

（2）打开 dialog.h 头文件，在头文件中声明对话框中的各个控件。添加如下代码：

```
class Dialog : public QDialog
{
    Q_OBJECT
public:
    Dialog(QWidget *parent = 0);
    ~Dialog();
private:
    //左侧
    QLabel *UserNameLabel;
    QLabel *NameLabel;
    QLabel *SexLabel;
    QLabel *DepartmentLabel;
    QLabel *AgeLabel;
    QLabel *OtherLabel;
    QLineEdit *UserNameLineEdit;
    QLineEdit *NameLineEdit;
    QComboBox *SexComboBox;
    QTextEdit *DepartmentTextEdit;
    QLineEdit *AgeLineEdit;
    QGridLayout *LeftLayout;
    //右侧
    QLabel *HeadLabel;                    //右上角部分
    QLabel *HeadIconLabel;
    QPushButton *UpdateHeadBtn;
    QHBoxLayout *TopRightLayout;
    QLabel *IntroductionLabel;
    QTextEdit *IntroductionTextEdit;
    QVBoxLayout *RightLayout;
    //底部
    QPushButton *OkBtn;
    QPushButton *CancelBtn;
```

```
    QHBoxLayout *ButtomLayout;
};
```

添加如下头文件：

```
#include <QLabel>
#include <QLineEdit>
#include <QComboBox>
#include <QTextEdit>
#include <QGridLayout>
```

（3）打开 dialog.cpp 文件，在类 Dialog 的构造函数中添加如下代码：

```
Dialog::Dialog(QWidget *parent) : QDialog(parent)
{
    setWindowTitle(tr("UserInfo"));
    /************** 左侧 ****************************/
    UserNameLabel =new QLabel(tr("用户名："));
    UserNameLineEdit =new QLineEdit;
    NameLabel =new QLabel(tr("姓名："));
    NameLineEdit =new QLineEdit;
    SexLabel =new QLabel(tr("性别："));
    SexComboBox =new QComboBox;
    SexComboBox->addItem(tr("女"));
    SexComboBox->addItem(tr("男"));
    DepartmentLabel =new QLabel(tr("部门："));
    DepartmentTextEdit =new QTextEdit;
    AgeLabel =new QLabel(tr("年龄："));
    AgeLineEdit =new QLineEdit;
    OtherLabel =new QLabel(tr("备注："));
    OtherLabel->setFrameStyle(QFrame::Panel|QFrame::Sunken);    //(a)
    LeftLayout =new QGridLayout();                              //(b)
    //向布局中加入需要布局的控件
    LeftLayout->addWidget(UserNameLabel,0,0);          //用户名
    LeftLayout->addWidget(UserNameLineEdit,0,1);
    LeftLayout->addWidget(NameLabel,1,0);              //姓名
    LeftLayout->addWidget(NameLineEdit,1,1);
    LeftLayout->addWidget(SexLabel,2,0);               //性别
    LeftLayout->addWidget(SexComboBox,2,1);
    LeftLayout->addWidget(DepartmentLabel,3,0);        //部门
    LeftLayout->addWidget(DepartmentTextEdit,3,1);
    LeftLayout->addWidget(AgeLabel,4,0);               //年龄
    LeftLayout->addWidget(AgeLineEdit,4,1);
    LeftLayout->addWidget(OtherLabel,5,0,1,2);         //其他
    LeftLayout->setColumnStretch(0,1);                 //(c)
    LeftLayout->setColumnStretch(1,3);
    /*********右侧*********/
    HeadLabel =new QLabel(tr("头像： "));              //右上角部分
    HeadIconLabel =new QLabel;
    QPixmap icon("312.png");
    HeadIconLabel->setPixmap(icon);
    HeadIconLabel->resize(icon.width(),icon.height());
    UpdateHeadBtn =new QPushButton(tr("更新"));
```

```
            //完成右上侧头像选择区的布局
            TopRightLayout =new QHBoxLayout();
            TopRightLayout->setSpacing(20);                    //设定各个控件之间的间距为20
            TopRightLayout->addWidget(HeadLabel);
            TopRightLayout->addWidget(HeadIconLabel);
            TopRightLayout->addWidget(UpdateHeadBtn);
            IntroductionLabel =new QLabel(tr("个人说明："));//右下角部分
            IntroductionTextEdit =new QTextEdit;
            //完成右侧的布局
            RightLayout =new QVBoxLayout();
            RightLayout->setMargin(10);
            RightLayout->addLayout(TopRightLayout);
            RightLayout->addWidget(IntroductionLabel);
            RightLayout->addWidget(IntroductionTextEdit);
            /*------------------------ 底部 ---------------------*/
            OkBtn =new QPushButton(tr("确定"));
            CancelBtn =new QPushButton(tr("取消"));
            //完成下方两个按钮的布局
            ButtomLayout =new QHBoxLayout();
            ButtomLayout->addStretch();                         //(d)
            ButtomLayout->addWidget(OkBtn);
            ButtomLayout->addWidget(CancelBtn);
            /*--------------------------------------------------*/
            QGridLayout *mainLayout =new QGridLayout(this);     //(e)
            mainLayout->setMargin(15);                          //设定对话框的边距为15
            mainLayout->setSpacing(10);
            mainLayout->addLayout(LeftLayout,0,0);
            mainLayout->addLayout(RightLayout,0,1);
            mainLayout->addLayout(ButtomLayout,1,0,1,2);
            mainLayout->setSizeConstraint(QLayout::SetFixedSize);//(f)
}
```

说明：

(a) OtherLabel->setFrameStyle(QFrame::Panel|QFrame::Sunken)：设置控件的风格。setFrameStyle()是 QFrame 的方法，参数以或(|)的方式设定控件的面板风格，由形状（QFrame::Shape）和阴影（QFrame::shadow）两项配合设定。其中，形状有六种，分别是 NoFrame、Panel、Box、HLine、VLine 及 WinPanel；阴影有三种，分别是 Plain、Raised 和 Sunken。

(b) LeftLayout =new QGridLayout()：左部布局，由于此布局管理器不是主布局管理器，所以不用指定父窗口。

(c) LeftLayout->setColumnStretch(0,1)、LeftLayout->setColumnStretch(1,3)：设定两列分别占用空间的比例，本例设定为 1:3。即使对话框框架大小改变了，两列之间的宽度比依然保持不变。

(d) ButtomLayout->addStretch()：在按钮之前插入一个占位符，使两个按钮能够靠右对齐，并且在整个对话框的大小发生改变时，保证按钮的大小不发生变化。

(e) QGridLayout *mainLayout =new QGridLayout(this)：实现主布局，指定父窗口 this，也可调用 this->setLayout(mainLayout)实现。

(f) mainLayout->setSizeConstraint(QLayout::SetFixedSize)：设定最优化显示，并且使

用户无法改变对话框的大小。所谓最优化显示，即控件都按其 sizeHint()的大小显示。

（4）在 dialog.cpp 文件的开始部分加入以下头文件：

```
#include<QLabel>
#include<QLineEdit>
#include<QComboBox>
#include<QPushButton>
#include<QFrame>
#include<QGridLayout>
#include<QPixmap>
#include<QHBoxLayout>
```

（5）为了能够在界面上显示头像图片，将事先准备好的图片 312.png 复制到项目 debug 目录下，运行程序，显示效果如图 3.5 所示。

此实例是通过编写代码实现的，当然也可以采用 Qt Designer 来布局。

> **注意**：QHBoxLayout 默认采取的是以自左向右的方式顺序排列插入控件或子布局，也可通过调用 setDirection()方法设定排列的顺序（如 layout-> setDirection(QBoxLayout:: RightToLeft) ）。QVBoxLayout 默认采取的是以自上而下的顺序排列插入控件或子布局，也可通过调用 setDirection()方法设定排列的顺序。

3.5 布局管理综合实例

【例】（难度中等）（CH305）通过修改用户资料实例，介绍如何使用布局方法实现一个复杂的窗口布局，如何使用分割窗口，以及如何使用堆栈窗体。实例效果如图 3.7 所示。

最外层是一个分割窗体 QSplitter，分割窗体的左侧是一个 QListWidget，右侧是一个 QVBoxLayout 布局，此布局包括一个堆栈窗体 QStackWidget 和一个按钮布局。在此堆栈窗体 QStackWidget 中包含三个页面，每个页面采用基本布局方式进行布局管理，布局框架如图 3.8 所示。

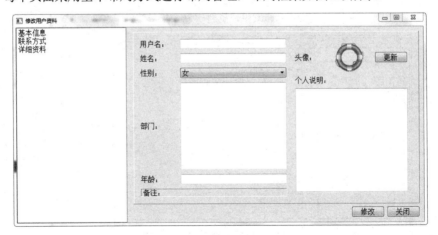

(a)"基本信息"页面

图 3.7 修改用户资料实例效果

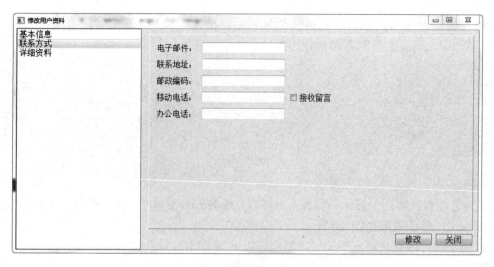

（b）"联系方式"页面

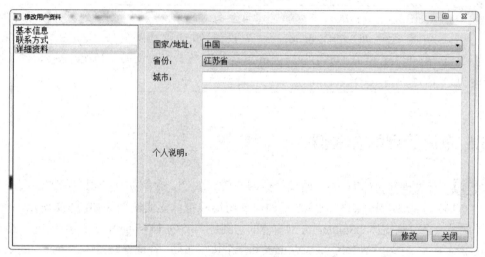

（c）"详细资料"页面

图3.7　修改用户资料实例效果（续）

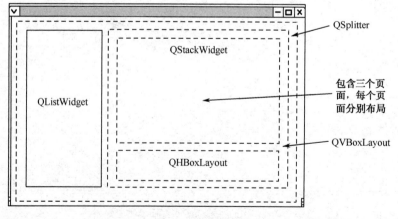

图3.8　布局框架

具体实现步骤如下。

1. 导航页的实现

（1）以直接编写代码（即取消勾选 "Generate form" 复选框）方式创建 Qt 项目，项目名为 Example，"Class Information" 页中基类选 "QDialog"，类名为 Content。

（2）在如图 3.8 所示的布局框架中，框架左侧的页面（导航页）就用 Content 类来实现。

打开 content.h 头文件，修改 Content 继承自 QFrame，类声明中包含自定义的三个页面类对象、两个按钮对象及一个堆栈窗体对象，添加如下代码：

```cpp
//添加的头文件
#include <QStackedWidget>
#include <QPushButton>
#include "baseinfo.h"
#include "contact.h"
#include "detail.h"
class Content : public QFrame
{
    Q_OBJECT
public:
    Content(QWidget *parent=0);
    ~Content();
    QStackedWidget *stack;
    QPushButton *AmendBtn;
    QPushButton *CloseBtn;
    BaseInfo *baseInfo;
    Contact *contact;
    Detail *detail;
};
```

（3）打开 content.cpp 文件，添加如下代码：

```cpp
Content::Content(QWidget *parent) : QFrame(parent)
{
    stack =new QStackedWidget(this);          //创建一个 QStackedWidget 对象
    //对堆栈窗口的显示风格进行设置
    stack->setFrameStyle(QFrame::Panel|QFrame::Raised);
    /* 插入三个页面 */
    baseInfo =new BaseInfo();                 //(a)
    contact =new Contact();
    detail =new Detail();
    stack->addWidget(baseInfo);
    stack->addWidget(contact);
    stack->addWidget(detail);
    /* 创建两个按钮 */
    AmendBtn =new QPushButton(tr("修改"));    //(b)
    CloseBtn =new QPushButton(tr("关闭"));
    QHBoxLayout *BtnLayout =new QHBoxLayout;
    BtnLayout->addStretch(1);
```

```
        BtnLayout->addWidget(AmendBtn);
        BtnLayout->addWidget(CloseBtn);
        /* 进行整体布局 */
        QVBoxLayout *RightLayout =new QVBoxLayout(this);
        RightLayout->setMargin(10);
        RightLayout->setSpacing(6);
        RightLayout->addWidget(stack);
        RightLayout->addLayout(BtnLayout);
}
```

说明：

(a) baseInfo =new BaseInfo()至 stack->addWidget(detail)：这段代码是在堆栈窗口中顺序插入"基本信息""联系方式""详细资料"三个页面。其中，BaseInfo 类的具体完成代码参照 3.4 节，后两个与此类似。

(b) AmendBtn =new QPushButton(tr("修改"))至 BtnLayout->addWidget(CloseBtn)：这段代码用于创建两个按钮，并利用 QHBoxLayout 对其进行布局。

2．设计"修改用户基本信息"

（1）添加该工程的显示用户基本信息界面的函数所在的文件，在 Example 项目名上右击，在弹出的快捷菜单中选择"添加新文件"命令，在弹出的如图3.9所示的对话框中选择"C++ Class"选项，单击"Choose"按钮。

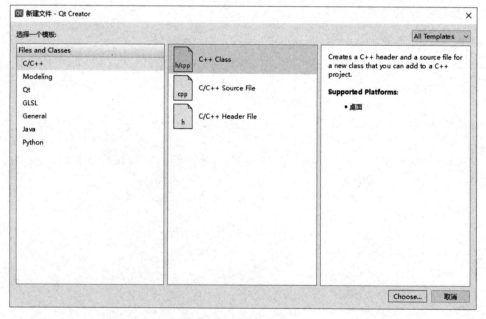

图 3.9　添加 C++类

（2）弹出如图 3.10 所示的对话框，在"Base class"下拉列表框中选择基类名为"QWidget"，在"Class name"文本框中输入类的名称"BaseInfo"。单击"下一步"按钮，单击"完成"按钮，添加"baseinfo.h"头文件和"baseinfo.cpp"源文件。

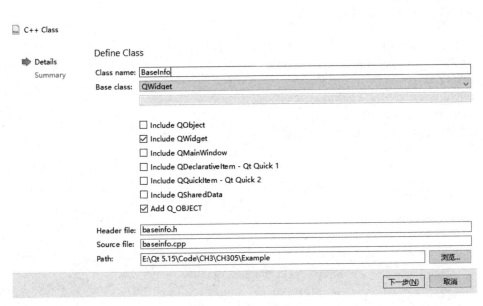

图 3.10 输入类名

（3）打开 baseinfo.h 头文件，添加的代码如下（具体解释请参照 3.4 节）：

```cpp
//添加的头文件
#include <QLabel>
#include <QLineEdit>
#include <QComboBox>
#include <QTextEdit>
#include <QGridLayout>
#include <QPushButton>
class BaseInfo : public QWidget
{
    Q_OBJECT
public:
    explicit BaseInfo(QWidget *parent=0);
signals:

public slots:
private:
    //左侧
    QLabel *UserNameLabel;
    QLabel *NameLabel;
    QLabel *SexLabel;
    QLabel *DepartmentLabel;
    QLabel *AgeLabel;
    QLabel *OtherLabel;
    QLineEdit *UserNameLineEdit;
    QLineEdit *NameLineEdit;
    QComboBox *SexComboBox;
    QTextEdit *DepartmentTextEdit;
```

```
    QLineEdit    *AgeLineEdit;
    QGridLayout  *LeftLayout;
    //右侧
    QLabel    *HeadLabel;                //右上角部分
    QLabel    *HeadIconLabel;
    QPushButton  *UpdateHeadBtn;
    QHBoxLayout  *TopRightLayout;
    QLabel    *IntroductionLabel;
    QTextEdit  *IntroductionTextEdit;
    QVBoxLayout  *RightLayout;
};
```

(4) 打开 baseinfo.cpp 文件，添加如下代码（具体解释请参照 3.4 节）：

```
#include "baseinfo.h"
BaseInfo::BaseInfo(QWidget *parent) : QWidget(parent)
{
    /****左侧****/
    UserNameLabel =new QLabel(tr("用户名："));
    UserNameLineEdit =new QLineEdit;
    NameLabel =new QLabel(tr("姓名："));
    NameLineEdit =new QLineEdit;
    SexLabel =new QLabel(tr("性别："));
    SexComboBox =new QComboBox;
    SexComboBox->addItem(tr("女"));
    SexComboBox->addItem(tr("男"));
    DepartmentLabel =new QLabel(tr("部门："));
    DepartmentTextEdit =new QTextEdit;
    AgeLabel =new QLabel(tr("年龄："));
    AgeLineEdit =new QLineEdit;
    OtherLabel =new QLabel(tr("备注："));
    OtherLabel->setFrameStyle(QFrame::Panel|QFrame::Sunken);
    LeftLayout =new QGridLayout();
    LeftLayout->addWidget(UserNameLabel,0,0);
    LeftLayout->addWidget(UserNameLineEdit,0,1);
    LeftLayout->addWidget(NameLabel,1,0);
    LeftLayout->addWidget(NameLineEdit,1,1);
    LeftLayout->addWidget(SexLabel,2,0);
    LeftLayout->addWidget(SexComboBox,2,1);
    LeftLayout->addWidget(DepartmentLabel,3,0);
    LeftLayout->addWidget(DepartmentTextEdit,3,1);
    LeftLayout->addWidget(AgeLabel,4,0);
    LeftLayout->addWidget(AgeLineEdit,4,1);
    LeftLayout->addWidget(OtherLabel,5,0,1,2);
    LeftLayout->setColumnStretch(0,1);
    LeftLayout->setColumnStretch(1,3);
    /****右侧****/
    HeadLabel =new QLabel(tr("头像："));                //右上角部分
    HeadIconLabel =new QLabel;
    QPixmap icon("312.png");
```

```cpp
    HeadIconLabel->setPixmap(icon);
    HeadIconLabel->resize(icon.width(),icon.height());
    UpdateHeadBtn =new QPushButton(tr("更新"));
    TopRightLayout =new QHBoxLayout();
    TopRightLayout->setSpacing(20);
    TopRightLayout->addWidget(HeadLabel);
    TopRightLayout->addWidget(HeadIconLabel);
    TopRightLayout->addWidget(UpdateHeadBtn);
    IntroductionLabel =new QLabel(tr("个人说明："));       //右下角部分
    IntroductionTextEdit =new QTextEdit;
    RightLayout =new QVBoxLayout();
    RightLayout->setMargin(10);
    RightLayout->addLayout(TopRightLayout);
    RightLayout->addWidget(IntroductionLabel);
    RightLayout->addWidget(IntroductionTextEdit);
    /**********************************/
    QGridLayout *mainLayout =new QGridLayout(this);
    mainLayout->setMargin(15);
    mainLayout->setSpacing(10);
    mainLayout->addLayout(LeftLayout,0,0);
    mainLayout->addLayout(RightLayout,0,1);
    mainLayout->setSizeConstraint(QLayout::SetFixedSize);
}
```

3．设计"显示用户的联系方式"

（1）添加该工程的显示用户联系方式界面的函数所在的文件，在 Example 项目名上右击，在弹出的快捷菜单中选择"添加新文件"命令，在弹出的对话框中选择"C++ Class"选项。单击"Choose"按钮，在弹出的对话框的"Base class"下拉列表框中选择基类名为"QWidget"，在"Class name"文本框中输入类的名称"Contact"。

（2）单击"下一步"按钮，单击"完成"按钮，添加"contact.h"头文件和"contact.cpp"源文件。

（3）打开 contact.h 头文件，添加如下代码：

```cpp
//添加的头文件
#include <QLabel>
#include <QGridLayout>
#include <QLineEdit>
#include <QCheckBox>
class Contact : public QWidget
{
    Q_OBJECT
public:
    explicit Contact(QWidget *parent=0);
signals:

public slots:
private:
    QLabel *EmailLabel;
```

```
    QLineEdit *EmailLineEdit;
    QLabel *AddrLabel;
    QLineEdit *AddrLineEdit;
    QLabel *CodeLabel;
    QLineEdit *CodeLineEdit;
    QLabel *MoviTelLabel;
    QLineEdit *MoviTelLineEdit;
    QCheckBox *MoviTelCheckBook;
    QLabel *ProTelLabel;
    QLineEdit *ProTelLineEdit;
    QGridLayout *mainLayout;
};
```

(4) 打开 contact.cpp 文件,添加如下代码:

```
Contact::Contact(QWidget *parent) : QWidget(parent)
{
    EmailLabel =new QLabel(tr("电子邮件："));
    EmailLineEdit =new QLineEdit;
    AddrLabel =new QLabel(tr("联系地址："));
    AddrLineEdit =new QLineEdit;
    CodeLabel =new QLabel(tr("邮政编码："));
    CodeLineEdit =new QLineEdit;
    MoviTelLabel =new QLabel(tr("移动电话："));
    MoviTelLineEdit =new QLineEdit;
    MoviTelCheckBook =new QCheckBox(tr("接收留言"));
    ProTelLabel =new QLabel(tr("办公电话："));
    ProTelLineEdit =new QLineEdit;
    mainLayout =new QGridLayout(this);
    mainLayout->setMargin(15);
    mainLayout->setSpacing(10);
    mainLayout->addWidget(EmailLabel,0,0);
    mainLayout->addWidget(EmailLineEdit,0,1);
    mainLayout->addWidget(AddrLabel,1,0);
    mainLayout->addWidget(AddrLineEdit,1,1);
    mainLayout->addWidget(CodeLabel,2,0);
    mainLayout->addWidget(CodeLineEdit,2,1);
    mainLayout->addWidget(MoviTelLabel,3,0);
    mainLayout->addWidget(MoviTelLineEdit,3,1);
    mainLayout->addWidget(MoviTelCheckBook,3,2);
    mainLayout->addWidget(ProTelLabel,4,0);
    mainLayout->addWidget(ProTelLineEdit,4,1);
    mainLayout->setSizeConstraint(QLayout::SetFixedSize);
}
```

4. 设计"显示用户的详细资料"

(1) 添加显示用户详细资料界面的函数所在的文件,在 Example 项目名上右击,在弹出的快捷菜单中选择"添加新文件"命令,在弹出的对话框中选择"C++ Class"选项,单击"Choose"按钮,在弹出的对话框的"Base class"下拉列表框中选择基类名为"QWidget",在"Class name"

文本框中输入类的名称"Detail"。

（2）单击"下一步"按钮，单击"完成"按钮，添加"detail.h"头文件和"detail.cpp"源文件。

（3）打开 detail.h 头文件，添加如下代码：

```cpp
//添加的头文件
#include <QLabel>
#include <QComboBox>
#include <QLineEdit>
#include <QTextEdit>
#include <QGridLayout>
class Detail : public QWidget
{
    Q_OBJECT
public:
    explicit Detail(QWidget *parent=0);
signals:

public slots:
private:
    QLabel *NationalLabel;
    QComboBox *NationalComboBox;
    QLabel *ProvinceLabel;
    QComboBox *ProvinceComboBox;
    QLabel *CityLabel;
    QLineEdit *CityLineEdit;
    QLabel *IntroductLabel;
    QTextEdit *IntroductTextEdit;
    QGridLayout *mainLayout;
};
```

（4）打开 detail.cpp 源文件，添加如下代码：

```cpp
Detail::Detail(QWidget *parent) : QWidget(parent)
{
    NationalLabel =new QLabel(tr("国家/地址："));
    NationalComboBox =new QComboBox;
    NationalComboBox->insertItem(0,tr("中国"));
    NationalComboBox->insertItem(1,tr("美国"));
    NationalComboBox->insertItem(2,tr("英国"));
    ProvinceLabel =new QLabel(tr("省份："));
    ProvinceComboBox =new QComboBox;
    ProvinceComboBox->insertItem(0,tr("江苏省"));
    ProvinceComboBox->insertItem(1,tr("山东省"));
    ProvinceComboBox->insertItem(2,tr("浙江省"));
    CityLabel =new QLabel(tr("城市："));
    CityLineEdit =new QLineEdit;
    IntroductLabel =new QLabel(tr("个人说明："));
    IntroductTextEdit =new QTextEdit;
    mainLayout =new QGridLayout(this);
```

```
    mainLayout->setMargin(15);
    mainLayout->setSpacing(10);
    mainLayout->addWidget(NationalLabel,0,0);
    mainLayout->addWidget(NationalComboBox,0,1);
    mainLayout->addWidget(ProvinceLabel,1,0);
    mainLayout->addWidget(ProvinceComboBox,1,1);
    mainLayout->addWidget(CityLabel,2,0);
    mainLayout->addWidget(CityLineEdit,2,1);
    mainLayout->addWidget(IntroductLabel,3,0);
    mainLayout->addWidget(IntroductTextEdit,3,1);
}
```

5. 编写主函数

打开 main.cpp 文件，编写以下代码：

```
#include "content.h"
#include <QApplication>
#include <QTextCodec>
#include <QSplitter>
#include <QListWidget>
int main(int argc, char *argv[])
{
    QApplication a(argc, argv);
    QFont font("AR PL KaitiM GB",12);    //设置整个程序采用的字体与字号
    a.setFont(font);
    //新建一个水平分割窗口对象，作为主布局框
    QSplitter *splitterMain =new QSplitter(Qt::Horizontal,0);
    splitterMain->setOpaqueResize(true);
    QListWidget *list =new QListWidget(splitterMain);    //(a)
    list->insertItem(0,QObject::tr("基本信息"));
    list->insertItem(1,QObject::tr("联系方式"));
    list->insertItem(2,QObject::tr("详细资料"));
    Content *content =new Content(splitterMain);         //(b)
    QObject::connect(list,SIGNAL(currentRowChanged(int)),content->stack,
        SLOT(setCurrentIndex(int)));                     //(c)
    //设置主布局框（即水平分割窗口）的标题
    splitterMain->setWindowTitle(QObject::tr("修改用户资料"));
    //设置主布局框（即水平分割窗口）的最小尺寸
    splitterMain->setMinimumSize(splitterMain->minimumSize());
    //设置主布局框（即水平分割窗口）的最大尺寸
    splitterMain->setMaximumSize(splitterMain->maximumSize());
    splitterMain->show();                    //显示主布局框，其上的控件一同显示
    //Content w;
    //w.show();
    return a.exec();
}
```

说明：

(a) QListWidget *list =new QListWidget(splitterMain)：在新建的水平分割窗口的左侧窗口

中插入一个 QListWidget 作为条目选择框,并在此依次插入"基本信息""联系方式""详细资料"条目。

(b) Content *content =new Content(splitterMain):在新建的水平分割窗口的右侧窗口中插入 Content 类对象。

(c) QObject::connect(list,SIGNAL(currentRowChanged(int)),content->stack,SLOT(setCurrentIndex(int))):连接列表框的 currentRowChanged()信号与堆栈窗口的 setCurrentIndex()槽函数。

与上例一样,为了能够在界面上显示头像图片,将事先准备好的图片 312.png 复制到项目 debug 目录下。

运行程序,效果如图 3.7 所示。

要达到同样的显示效果,有多种布局方案,在实际应用中,应根据具体情况进行选择,使用最方便、合理的布局方案。

通常,QGridLayout 功能能够完成 QHBoxLayout 与 QVBoxLayout 的功能,但若只是完成简单的水平或竖直的排列,则使用后两个更方便,而 QGridLayout 适用于较为整齐的界面布局。

第 4 章

基本对话框及实例

本章通过一个实例详细介绍标准基本对话框的使用方法,首先介绍标准文件对话框(QFileDialog)、标准颜色对话框(QColorDialog)、标准字体对话框(QFontDialog)、标准输入对话框(QInputDialog)及标准消息对话框(QMessageBox),运行效果如图 4.1 所示。

本章后面将介绍 QToolBox 的用法、进度条的用法、QPalette 的用法、QTime 的用法、mousePressEvent/mouseMoveEvent 的用法、可扩展对话框的基本实现方法、不规则窗体的实现及程序启动画面(QSplashScreen)的用法。

按如图 4.1 所示依次执行如下操作。

(1)单击"标准文件对话框实例"按钮,弹出文件选择(open file dialog)对话框,如图 4.2 所示。选中的文件的路径将显示在图 4.1 中该按钮右侧的标签中。

图 4.1　标准基本对话框实例运行效果　　图 4.2　文件选择(open file dialog)对话框

(2)单击"标准颜色对话框实例"按钮,弹出颜色选择(Select Color)对话框,如图 4.3 所示。选中的颜色将显示在图 4.1 中该按钮右侧的标签中。

(3)单击"标准字体对话框实例"按钮,弹出字体选择(Select Font)对话框,如图 4.4 所示。选中的字体将应用于图 4.1 中该按钮右侧显示的文字。

(4)标准输入对话框包括:标准字符串输入对话框、标准条目选择对话框、标准 int 类型输入对话框和标准 double 类型输入对话框。

单击"标准输入对话框实例"按钮,弹出"标准输入对话框实例"界面,如图 4.5(a)所示。在"标准输入对话框实例"界面中,若单击"修改姓名"按钮,则调用 QLineEdit,如图 4.5(b)所示;若单击"修改性别"按钮,则调用 QComboBox,如图 4.5(c)所示;若单击"修改年龄"（int 类型）或"修改成绩"（double 类型）按钮，则调用 QSpinBox，如图 4.5 (d) 和图 4.5 (e) 所示。每种标准输入对话框都包括一个"OK"按钮和一个"Cancel"按钮。

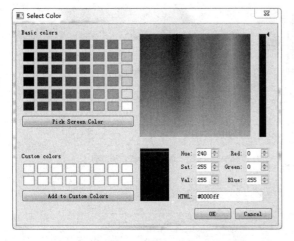

图 4.3　颜色选择（Select Color）对话框

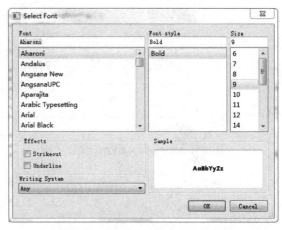

图 4.4　字体选择（Select Font）对话框

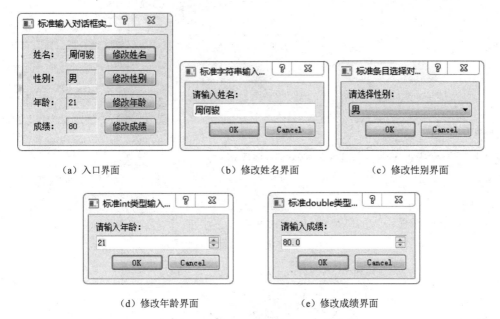

图 4.5　"标准输入对话框实例"界面

（5）单击"标准消息对话框实例"按钮，弹出"标准消息对话框实例"界面，如图 4.6（a）所示。"标准消息对话框实例"界面包括 Question 消息对话框，如图 4.6（b）所示；Information 消息对话框，如图 4.6（c）所示；Warning 消息对话框，如图 4.6（d）所示；Critical 消息对话框，如图 4.6（e）所示；About 消息对话框，如图 4.6（f）所示；About Qt 消息对话框，如图 4.6（g）所示。

（6）如果以上所有的标准消息对话框都不能满足开发的需求，则下面介绍 Qt 允许的 Custom （自定义）消息对话框的使用方法。单击"用户自定义消息对话框实例"按钮，弹出"用户自定义消息对话框"界面，如图 4.7 所示。

（a）入口界面

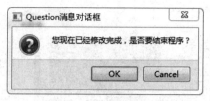
（b）Question消息对话框

（c）Information消息对话框　　　　（d）Warning消息对话框

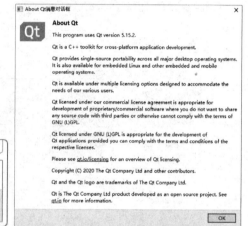

（e）Critical消息对话框　　（f）About消息对话框　　（g）About Qt消息对话框

图4.6 "标准消息对话框实例"界面

图4.7 "用户自定义消息对话框"界面

各种标准基本对话框通过调用各自不同的静态函数来完成其功能，具体说明见表4.1。

第 4 章 基本对话框及实例

表 4.1 标准基本对话框所需的静态函数

相 关 类	类 说 明	静 态 函 数	函 数 说 明
QFileDialog	标准文件对话框	getOpenFileName()	获得用户选择的文件名
		getSaveFileName()	获得用户保存的文件名
		getExistingDirectory()	获得用户选择的已存在的目录名
		getOpenFileNames()	获得用户选择的文件名列表
QColorDialog	标准颜色对话框	getColor()	获得用户选择的颜色值
QFontDialog	标准字体对话框	getFont()	获得用户选择的字体
QInputDialog	标准输入对话框	getText()	标准字符串输入对话框
		getItem()	下拉列表框条目输入框
		getInt()	int 类型数据输入对话框
		getDouble()	double 类型数据输入对话框
QMessageBox	标准消息对话框	QMessageBox::question()	Question 消息对话框
		QMessageBox::information()	Information 消息对话框
		QMessageBox::warning()	Warning 消息对话框
		QMessageBox::critical()	Critical 消息对话框
		QMessageBox::about()	About 消息对话框
		QMessageBox::aboutQt()	About Qt 消息对话框

【例】（难度一般）（CH401）完成如图 4.1 所示的界面。

操作步骤如下。

以直接编写代码（即取消勾选 "Generate form" 复选框）方式创建 Qt 项目，项目名为 DialogExample，"Class Information" 页中基类选 "QDialog"，类名保持 Dialog 不变。

在 dialog.cpp 文件的 Dialog 的构造函数中应该添加如下代码：

```
setWindowTitle(tr("各种标准对话框的实例"));
```

以便能够显示对话框标题。

以下所有程序中凡在用到某个 Qt 类库时，都要将该类所在的库文件包括到该工程中，将不再重复说明。

4.1 节到 4.6 节中的例子都在同一个工程 "DialogExample.pro" 中，下面添加的代码是依次进行的。

4.1 标准文件对话框类

4.1.1 函数说明

QFileDialog 的几个静态函数见表 4.1，用户通过这些函数可以很方便地定制自己的文件对话框。其中，getOpenFileName()静态函数返回用户选择的文件名。但是，当用户选择文件时，若

选择"取消"（Cancel），则返回一个空串。在此仅详细说明 getOpenFileName()静态函数中各参数的作用，其他文件对话框类中相关的静态函数的参数与其类似。

其函数形式如下：

```
QString QFileDialog::getOpenFileName
(
    QWidget* parent=0,                        //标准文件对话框的父窗口
    const QString & caption=QString(),        //标准文件对话框的标题名
    const QString & dir=QString(),            //注(1)
    const QString & filter=QString(),         //注(2)
    QString * selectedFilter=0,               //用户选择的过滤器通过此参数返回
    Options options=0                         //选择显示文件名的格式，默认是同时显示目录与文件名
)
```

注：（1）指定了默认的目录，若此参数带有文件名，则文件将是默认选中的文件。

（2）此参数对文件类型进行过滤，只有与过滤器匹配的文件类型才显示，可以同时指定多种过滤方式供用户选择，多种过滤器之间用";;"隔开。

4.1.2 创建步骤

下面是创建一个标准文件对话框的详细步骤。

（1）在 **dialog.h** 中，添加 private 成员变量如下：

```
QPushButton *fileBtn;
QLineEdit *fileLineEdit;
QGridLayout *mainLayout;
```

（2）添加槽函数：

```
private slots:
    void showFile();
```

在开始部分添加头文件：

```
#include <QLineEdit>
#include <QGridLayout>
```

（3）在 **dialog.cpp** 文件的构造函数中添加如下代码：

```
fileBtn=new QPushButton;                              //各控件对象的初始化
fileBtn->setText(tr("标准文件对话框实例"));
fileLineEdit=new QLineEdit;                           //用来显示选择的文件名
```

添加布局管理：

```
mainLayout=new QGridLayout(this);                     //布局设计
mainLayout->addWidget(fileBtn,0,0);
mainLayout->addWidget(fileLineEdit,0,1);
```

最后添加事件关联：

```
connect(fileBtn,SIGNAL(clicked()),this,SLOT(showFile()));   //事件关联
```

其中，槽函数 showFile()的具体实现代码如下：

```
void Dialog::showFile()
{
    QString s = QFileDialog::getOpenFileName(this,"open file dialog","/",
                "C++ files(*.cpp);;C files(*.c);;Head files(*.h)");
    fileLineEdit->setText(s);
```

在 dialog.cpp 文件的开始部分添加头文件：
```
#include <QGridLayout>
#include <QFileDialog>
#include <QPushButton>
```
（4）运行该程序后，单击"标准文件对话框实例"按钮后显示的界面如图 4.2 所示。选择某个文件，单击"打开"按钮，此文件名及其所在目录将显示在对话框右边的标签中。

4.2 标准颜色对话框类

4.2.1 函数说明

getColor()函数是标准颜色对话框类 QColorDialog 的一个静态函数，该函数返回用户选择的颜色值。下面是 getColor()函数的形式：
```
QColor getColor
(
    const QColor& initial=Qt::white,    //见注
    QWidget* parent=0                    //标准颜色对话框的父窗口
);
```
注：指定了默认选中的颜色，默认为白色。通过 QColor::isValid()函数可以判断用户选择的颜色是否有效，但是当用户选择文件时，如果选择"取消"（Cancel），则 QColor::isValid()函数将返回 false。

4.2.2 创建步骤

下面是创建一个标准颜色对话框的详细步骤。
（1）在 dialog.h 中，添加 private 成员变量如下：
```
QPushButton *colorBtn;
QFrame *colorFrame;
```
（2）添加槽函数：
```
void showColor();
```
（3）在 dialog.cpp 文件的构造函数中添加如下代码：
```
colorBtn=new QPushButton;                            //创建各控件的对象
colorBtn->setText(tr("标准颜色对话框实例"));
colorFrame=new QFrame;
colorFrame->setFrameShape(QFrame::Box);
colorFrame->setAutoFillBackground(true);
```
其中，QFrame 的对象 colorFrame 用于根据用户选择的不同颜色更新不同的背景。
在布局管理中添加代码：
```
mainLayout->addWidget(colorBtn,1,0);                 //布局设计
mainLayout->addWidget(colorFrame,1,1);
```

最后添加事件关联：
```
connect(colorBtn,SIGNAL(clicked()),this,SLOT(showColor()));    //事件关联
```
其中，槽函数 showColor()的实现代码如下：
```
void Dialog::showColor()
{
    QColor c = QColorDialog::getColor(Qt::blue);
    if(c.isValid())
    {
        colorFrame->setPalette(QPalette(c));
    }
}
```
（4）在文件的开始部分添加头文件：
```
#include <QColorDialog>
```
（5）运行该程序后，单击"标准颜色对话框实例"按钮后显示的界面如图 4.3 所示。选择某个颜色，单击"OK"按钮，选择的颜色将显示在对话框右边的标签中。

4.3 标准字体对话框类

4.3.1 函数说明

getFont()函数是标准字体对话框类 QFontDialog 的一个静态函数，该函数返回用户所选择的字体，下面是 getFont()函数的形式：
```
QFont getFont
(
    bool* ok,                    //注
    QWidget* parent=0            //标准字体对话框的父窗口
);
```
注：若用户单击"OK"按钮，则参数*ok 将设为 true，函数返回用户所选择的字体；设为 false，函数返回默认字体。

4.3.2 创建步骤

下面是创建标准字体对话框的详细步骤。
（1）在 dialog.h 中，添加 private 成员变量如下：
```
QPushButton *fontBtn;
QLineEdit *fontLineEdit;
```
（2）添加槽函数：
```
void showFont();
```
（3）在 dialog.cpp 文件的构造函数中添加如下代码：
```
fontBtn=new QPushButton;                                         //创建控件的对象
fontBtn->setText(tr("标准字体对话框实例"));
fontLineEdit=new QLineEdit;                                      //显示更改的字符串
```

```
fontLineEdit->setText(tr("Welcome!"));
```
添加布局管理：
```
mainLayout->addWidget(fontBtn,2,0);                        //布局设计
mainLayout->addWidget(fontLineEdit,2,1);
```
最后添加事件关联：
```
connect(fontBtn,SIGNAL(clicked()),this,SLOT(showFont()));  //事件关联
```
其中，槽函数 showFont()的实现代码如下：
```
void Dialog::showFont()
{
    bool ok;
    QFont f = QFontDialog::getFont(&ok);
    if (ok)
    {
        fontLineEdit->setFont(f);
    }
}
```
（4）在文件的开始部分添加头文件：
```
#include <QFontDialog>
```
（5）运行该程序后，单击"标准字体对话框实例"按钮后显示的界面如图 4.4 所示。选择某个字体，单击"OK"按钮，文字将应用选择的字体格式更新显示在对话框右边的标签中。

4.4 标准输入对话框类

标准输入对话框提供四种输入，包括字符串、下拉列表框的条目、int 类型数据和 double 类型数据。下面的例子演示了各种标准输入对话框的使用方法，首先完成界面的设计，具体操作步骤如下。

（1）在 DialogExample 项目名上右击，在弹出的快捷菜单中选择"添加新文件"命令，在弹出的对话框中选择"C++ Class"选项，单击"Choose"按钮，在弹出的对话框的"Base class"文本框中输入基类名"QDialog"（需要手动输入），在"Class name"文本框中输入类的名称"InputDlg"。

（2）单击"下一步"按钮，单击"完成"按钮，在该工程中就添加了"inputdlg.h"头文件和"inputdlg.cpp"源文件。

（3）打开 inputdlg.h 头文件，完成所需要的各种控件的创建和各种功能的槽函数的声明，具体代码如下：
```
//添加的头文件
#include <QLabel>
#include <QPushButton>
#include <QGridLayout>
#include <QDialog>
class InputDlg : public QDialog
{
    Q_OBJECT
public:
```

```
        InputDlg(QWidget* parent=0);
    private slots:
        void ChangeName();
        void ChangeSex();
        void ChangeAge();
        void ChangeScore();
    private:
        QLabel *nameLabel1;
        QLabel *sexLabel1;
        QLabel *ageLabel1;
        QLabel *scoreLabel1;
        QLabel *nameLabel2;
        QLabel *sexLabel2;
        QLabel *ageLabel2;
        QLabel *scoreLabel2;
        QPushButton *nameBtn;
        QPushButton *sexBtn;
        QPushButton *ageBtn;
        QPushButton *scoreBtn;
        QGridLayout *mainLayout;
    };
```

（4）打开 inputdlg.cpp 源文件，完成所需要的各种控件的创建和槽函数的实现，具体代码如下：

```
    InputDlg::InputDlg(QWidget* parent):QDialog(parent)
    {
        setWindowTitle(tr("标准输入对话框实例"));
        nameLabel1 =new QLabel;
        nameLabel1->setText(tr("姓名："));
        nameLabel2 =new QLabel;
        nameLabel2->setText(tr("周何骏"));                //姓名的初始值
        nameLabel2->setFrameStyle(QFrame::Panel|QFrame::Sunken);
        nameBtn =new QPushButton;
        nameBtn->setText(tr("修改姓名"));
        sexLabel1 =new QLabel;
        sexLabel1->setText(tr("性别："));
        sexLabel2 =new QLabel;
        sexLabel2->setText(tr("男"));                    //性别的初始值
        sexLabel2->setFrameStyle(QFrame::Panel|QFrame::Sunken);
        sexBtn =new QPushButton;
        sexBtn->setText(tr("修改性别"));
        ageLabel1 =new QLabel;
        ageLabel1->setText(tr("年龄："));
        ageLabel2 =new QLabel;
        ageLabel2->setText(tr("21"));                    //年龄的初始值
        ageLabel2->setFrameStyle(QFrame::Panel|QFrame::Sunken);
        ageBtn =new QPushButton;
        ageBtn->setText(tr("修改年龄"));
        scoreLabel1 =new QLabel;
        scoreLabel1->setText(tr("成绩："));
```

```cpp
    scoreLabel2 =new QLabel;
    scoreLabel2->setText(tr("80"));                    //成绩的初始值
    scoreLabel2->setFrameStyle(QFrame::Panel|QFrame::Sunken);
    scoreBtn =new QPushButton;
    scoreBtn->setText(tr("修改成绩"));
    mainLayout =new QGridLayout(this);
    mainLayout->addWidget(nameLabel1,0,0);
    mainLayout->addWidget(nameLabel2,0,1);
    mainLayout->addWidget(nameBtn,0,2);
    mainLayout->addWidget(sexLabel1,1,0);
    mainLayout->addWidget(sexLabel2,1,1);
    mainLayout->addWidget(sexBtn,1,2);
    mainLayout->addWidget(ageLabel1,2,0);
    mainLayout->addWidget(ageLabel2,2,1);
    mainLayout->addWidget(ageBtn,2,2);
    mainLayout->addWidget(scoreLabel1,3,0);
    mainLayout->addWidget(scoreLabel2,3,1);
    mainLayout->addWidget(scoreBtn,3,2);
    mainLayout->setMargin(15);
    mainLayout->setSpacing(10);
    connect(nameBtn,SIGNAL(clicked()),this,SLOT(ChangeName()));
    connect(sexBtn,SIGNAL(clicked()),this,SLOT(ChangeSex()));
    connect(ageBtn,SIGNAL(clicked()),this,SLOT(ChangeAge()));
    connect(scoreBtn,SIGNAL(clicked()),this,SLOT(ChangeScore()));
}
void InputDlg::ChangeName()
{
}
void InputDlg::ChangeSex()
{
}
void InputDlg::ChangeAge()
{
}
void InputDlg::ChangeScore()
{
}
```

完成主对话框的操作过程如下。

（1）在 dialog.h 中，添加头文件：

```cpp
#include "inputdlg.h"
```

添加 private 成员变量：

```cpp
QPushButton *inputBtn;
```

添加实现标准输入对话框实例的 InputDlg 类：

```cpp
InputDlg *inputDlg;
```

（2）添加槽函数：

```cpp
void showInputDlg();
```

（3）在 dialog.cpp 文件的构造函数中添加如下代码：

```cpp
inputBtn=new QPushButton;                              //创建控件的对象
```

```
inputBtn->setText(tr("标准输入对话框实例"));
```
添加布局管理:
```
mainLayout->addWidget(inputBtn,3,0);                    //布局设计
```
最后添加事件关联:
```
connect(inputBtn,SIGNAL(clicked()),this,SLOT(showInputDlg()));
```
其中, 槽函数 showInputDlg()的实现代码如下:
```
void Dialog::showInputDlg()
{
    inputDlg =new InputDlg(this);
    inputDlg->show();
}
```
(4) 运行该程序后, 单击"标准输入对话框实例"按钮后显示的界面如图 4.5 (a) 所示。

4.4.1 标准字符串输入对话框

标准字符串输入对话框通过 QInputDialog 的静态函数 getText()完成, getText()函数形式如下:
```
QString getText
(
    QWidget* parent,                         //标准输入对话框的父窗口
    const QString& title,                    //标准输入对话框的标题名
    const QString& label,                    //标准输入对话框的标签提示
    QLineEdit::EchoMode mode=QLineEdit::Normal,
                    //指定标准输入对话框中 QLineEdit 控件的输入模式
    const QString& text=QString(),
                    //标准字符串输入对话框弹出时 QLineEdit 控件中默认出现的文字
    bool* ok=0,                              //注
    Qt::WindowFlags flags=0                  //指明标准输入对话框的窗体标识
);
```
注: 指示标准输入对话框的哪个按钮被触发, 若为 true, 则表示用户单击了"OK"(确定) 按钮; 若为 false, 则表示用户单击了"Cancle"(取消) 按钮。

接着上述程序, 完成 inputdlg.cpp 文件中的槽函数 ChangeName(), 具体代码如下:
```
void InputDlg::ChangeName()
{
    bool ok;
    QString text=QInputDialog::getText(this,tr("标准字符串输入对话框"),tr("请输入姓名: "),QLineEdit::Normal,nameLabel2->text(),&ok);
    if (ok && !text.isEmpty())
        nameLabel2->setText(text);
}
```
在 inputdlg.cpp 文件的开始部分添加头文件:
```
#include <QInputDialog>
```
再次运行程序, 单击"修改姓名"按钮后出现对话框, 可以在该对话框内修改姓名, 如图 4.5 (b) 所示。

4.4.2 标准条目选择对话框

标准条目选择对话框是通过 QInputDialog 的静态函数 getItem() 来完成的，getItem() 函数形式如下：

```
QString getItem
(
    QWidget* parent,                //标准输入对话框的父窗口
    const QString& title,           //标准输入对话框的标题名
    const QString& label,           //标准输入对话框的标签提示
    const QStringList& items,       //注(1)
    int current=0,                  //注(2)
    bool editable=true,             //指定QComboBox控件中显示的文字是否可编辑
    bool* ok=0,                     //注(3)
    Qt::WindowFlags flags=0         //指明标准输入对话框的窗体标识
);
```

注：（1）指定标准输入对话框中 QComboBox 控件显示的可选条目为一个 QStringList 对象。

（2）标准条目选择对话框弹出时 QComboBox 控件中默认显示的条目序号。

（3）指示标准输入对话框的哪个按钮被触发，若 ok 为 true，则表示用户单击了"OK"（确定）按钮；若 ok 为 false，则表示用户单击了"Cancle"（取消）按钮。

同上，接着上述程序，完成 inputdlg.cpp 文件中的槽函数 ChangeSex()，具体代码如下：

```
void InputDlg::ChangeSex()
{
    QStringList SexItems;
    SexItems << tr("男") << tr("女");
    bool ok;
    QString SexItem = QInputDialog::getItem(this, tr("标准条目选择对话框"),
        tr("请选择性别："), SexItems, 0, false, &ok);
    if (ok && !SexItem.isEmpty())
        sexLabel2->setText(SexItem);
}
```

再次运行程序，单击"修改性别"按钮后出现对话框，可以在该对话框内选择性别，如图 4.5（c）所示。

4.4.3 标准 int 类型输入对话框

标准 int 类型输入对话框是通过 QInputDialog 的静态函数 getInt() 来完成的，getInt() 函数形式如下：

```
int getInt
(
    QWidget* parent,                //标准输入对话框的父窗口
    const QString& title,           //标准输入对话框的标题名
    const QString& label,           //标准输入对话框的标签提示
    int value=0,                    //指定标准输入对话框中QSpinBox控件的默认显示值
    int min=-2147483647,            //指定QSpinBox控件的数值范围
```

```
    int max=2147483647,
    int step=1,                    //指定QSpinBox控件的步进值
    bool* ok=0,                    //注
    Qt::WindowFlags flags=0        //指明标准输入对话框的窗口标识
);
```

注：用于指示标准输入对话框的哪个按钮被触发。若 ok 为 true，则表示用户单击了"OK"（确定）按钮；若 ok 为 false，则表示用户单击了"Cancel"（取消）按钮。

同上，接着上述程序，完成 inputdlg.cpp 文件中的槽函数 ChangeAge()，具体代码如下：

```
void InputDlg::ChangeAge()
{
    bool ok;
    int age = QInputDialog::getInt(this, tr("标准 int 类型输入对话框"),
        tr("请输入年龄："), ageLabel2->text().toInt(&ok), 0, 100, 1, &ok);
    if (ok)
        ageLabel2->setText(QString(tr("%1")).arg(age));
}
```

再次运行程序，单击"修改年龄"按钮后出现对话框，可以在该对话框内修改年龄，如图 4.5（d）所示。

4.4.4 标准 double 类型输入对话框

标准 double 类型输入对话框是通过 QInputDialog 的静态函数 getDouble()来完成的，getDouble()函数形式如下：

```
double getDouble
(
    QWidget* parent,               //标准输入对话框的父窗口
    const QString& title,          //标准输入对话框的标题名
    const QString& label,          //标准输入对话框的标签提示
    double value=0,                //指定标准输入对话框中QSpinBox控件默认的显示值
    double min=-2147483647,        //指定QSpinBox控件的数值范围
    double max=2147483647,
    int decimals=1,                //指定QSpinBox控件的步进值
    bool* ok=0,                    //注
    Qt::WindowFlags flags=0        //指明标准输入对话框的窗口标识
);
```

注：用于指示标准输入对话框的哪个按钮被触发，若 ok 为 true，则表示用户单击了"OK"（确定）按钮；若 ok 为 false，则表示用户单击了"Cancel"（取消）按钮。

同上，接着上述程序，完成 inputdlg.cpp 文件中的槽函数 ChangeScore()，具体代码如下：

```
void InputDlg::ChangeScore()
{
    bool ok;
    double score = QInputDialog::getDouble(this, tr("标准 double 类型输入对话框"),tr("请输入成绩："),scoreLabel2->text().toDouble(&ok), 0, 100, 1, &ok);
    if (ok)
        scoreLabel2->setText(QString(tr("%1")).arg(score));
}
```

再次运行程序,单击"修改成绩"按钮后出现对话框,可以在该对话框内修改成绩,如图 4.5(e)所示。

4.5 消息对话框类

在实际的程序开发中,经常会用到各种各样的消息对话框来为用户提供一些提示或提醒,Qt 提供了 QMessageBox 类用于实现此功能。

常用的消息对话框包括 Question 消息对话框、Information 消息对话框、Warning 消息对话框、Critical 消息对话框、About 消息对话框、AboutQt 消息对话框及 Custom(自定义)消息对话框。其中,Question 消息对话框、Information 消息对话框、Warning 消息对话框和 Critical 消息对话框的用法大同小异。这些消息对话框通常都包含为用户提供一些提醒或一些简单询问用的一个图标、一条提示信息及若干个按钮。Question 消息对话框为正常的操作提供一个简单的询问,Information 消息对话框为正常的操作提供一个提示,Warning 消息对话框提醒用户发生了一个错误,Critical 消息对话框警告用户发生了一个严重错误。

下面的例子演示了各种消息对话框的使用方法。首先完成界面的设计,具体实现步骤如下。

(1)添加该工程的主要显示标准消息对话框界面的函数所在的文件,在 DialogExample 项目名上右击,在弹出的快捷菜单中选择"添加新文件"命令,在弹出的对话框中选择"C++ Class"选项,单击"Choose"按钮,在弹出的对话框的"Base class"下拉列表框中输入基类名"QDialog",在"Class name"文本框中输入类的名称"MsgBoxDlg"。

(2)单击"下一步"按钮,单击"完成"按钮,在该工程中就添加了"msgboxdlg.h"头文件和"msgboxdlg.cpp"源文件。

(3)打开 msgboxdlg.h 头文件,完成所需要的各种控件的创建,完成相应槽函数的声明,具体代码如下:

```cpp
//添加的头文件
#include <QLabel>
#include <QPushButton>
#include <QGridLayout>
#include <QDialog>
class MsgBoxDlg : public QDialog
{
    Q_OBJECT
public:
    MsgBoxDlg(QWidget* parent=0);
private slots:
    void showQuestionMsg();
    void showInformationMsg();
    void showWarningMsg();
    void showCriticalMsg();
    void showAboutMsg();
    void showAboutQtMsg();
private:
    QLabel *label;
    QPushButton *questionBtn;
```

```
    QPushButton *informationBtn;
    QPushButton *warningBtn;
    QPushButton *criticalBtn;
    QPushButton *aboutBtn;
    QPushButton *aboutQtBtn;
    QGridLayout *mainLayout;
};
```

（4）打开 msgboxdlg.cpp 源文件，完成所需要的各种控件的创建，完成槽函数，具体代码如下：

```
MsgBoxDlg::MsgBoxDlg(QWidget *parent):QDialog(parent)
{
    setWindowTitle(tr("标准消息对话框实例"));          //设置对话框的标题
    label =new QLabel;
    label->setText(tr("请选择一种消息对话框"));
    questionBtn =new QPushButton;
    questionBtn->setText(tr("QuestionMsg"));
    informationBtn =new QPushButton;
    informationBtn->setText(tr("InformationMsg"));
    warningBtn =new QPushButton;
    warningBtn->setText(tr("WarningMsg"));
    criticalBtn =new QPushButton;
    criticalBtn->setText(tr("CriticalMsg"));
    aboutBtn =new QPushButton;
    aboutBtn->setText(tr("AboutMsg"));
    aboutQtBtn =new QPushButton;
    aboutQtBtn->setText(tr("AboutQtMsg"));
    //布局
    mainLayout =new QGridLayout(this);
    mainLayout->addWidget(label,0,0,1,2);
    mainLayout->addWidget(questionBtn,1,0);
    mainLayout->addWidget(informationBtn,1,1);
    mainLayout->addWidget(warningBtn,2,0);
    mainLayout->addWidget(criticalBtn,2,1);
    mainLayout->addWidget(aboutBtn,3,0);
    mainLayout->addWidget(aboutQtBtn,3,1);
    //事件关联
    connect(questionBtn,SIGNAL(clicked()),this,SLOT(showQuestionMsg()));
    connect(informationBtn,SIGNAL(clicked()),this,SLOT(showInformationMsg()));
    connect(warningBtn,SIGNAL(clicked()),this,SLOT(showWarningMsg()));
    connect(criticalBtn,SIGNAL(clicked()),this,SLOT(showCriticalMsg()));
    connect(aboutBtn,SIGNAL(clicked()),this,SLOT(showAboutMsg()));
    connect(aboutQtBtn,SIGNAL(clicked()),this,SLOT(showAboutQtMsg()));
}
void MsgBoxDlg::showQuestionMsg()
{
}
void MsgBoxDlg::showInformationMsg()
{
```

```cpp
}
void MsgBoxDlg::showWarningMsg()
{
}
void MsgBoxDlg::showCriticalMsg()
{
}
void MsgBoxDlg::showAboutMsg()
{
}
void MsgBoxDlg::showAboutQtMsg()
{
}
```

（5）在 dialog.h 中添加头文件：
```cpp
#include "msgboxdlg.h"
```
添加 private 成员变量如下：
```cpp
QPushButton    *MsgBtn;
```
添加实现各种消息对话框实例的 MsgBoxDlg 类：
```cpp
MsgBoxDlg *msgDlg;
```
（6）添加槽函数：
```cpp
void showMsgDlg();
```
（7）在 dialog.cpp 文件的构造函数中添加如下代码：
```cpp
MsgBtn =new QPushButton;                                //创建控件对象
MsgBtn->setText(tr("标准消息对话框实例"));
```
添加布局管理：
```cpp
mainLayout->addWidget(MsgBtn,3,1);
```
最后添加事件关联：
```cpp
connect(MsgBtn,SIGNAL(clicked()),this,SLOT(showMsgDlg()));
```
其中，槽函数 showMsgDlg()的实现代码如下：
```cpp
void Dialog::showMsgDlg()
{
    msgDlg =new MsgBoxDlg();
    msgDlg->show();
}
```
运行该程序后，单击"标准消息对话框实例"按钮后，显示效果如图 4.6（a）所示。

4.5.1 Question 消息对话框

Question 消息对话框使用 QMessageBox::question()函数完成，该函数形式如下：
```cpp
StandardButton QMessageBox::question
(
    QWidget* parent,                        //消息对话框的父窗口指针
    const QString& title,                   //消息对话框的标题栏
    const QString& text,                    //消息对话框的文字提示信息
    StandardButtons buttons=Ok,             //注(1)
    StandardButton defaultButton=NoButton   //注(2)
);
```
注：（1）填写希望在消息对话框中出现的按钮，可根据需要在标准按钮中选择，用"|"连写，

默认为 QMessageBox::Ok。QMessageBox 类提供了许多标准按钮，如 QMessageBox::Ok、QMessageBox::Close、QMessageBox::Discard 等。虽然在此可以选择，但并不是随意选择的，应注意按常规形式选择。例如，通常 Save 与 Discard 成对出现，Abort、Retry、Ignore 则一起出现。

（2）默认按钮，即消息框出现时，焦点默认处于哪个按钮上。

实现文件 msgboxdlg.cpp 中的槽函数 showQuestionMsg()，具体代码如下：

```cpp
void MsgBoxDlg::showQuestionMsg()
{
    label->setText(tr("Question Message Box"));
    switch(QMessageBox::question(this,tr("Question 消息对话框"),
        tr("您现在已经修改完成，是否要结束程序？"),
        QMessageBox::Ok|QMessageBox::Cancel,QMessageBox::Ok))
    {
    case QMessageBox::Ok:
        label->setText("Question button/Ok");
        break;
    case QMessageBox::Cancel:
        label->setText("Question button/Cancel");
        break;
    default:
        break;
    }
    return;
}
```

在 msgboxdlg.cpp 的开始部分添加头文件：

```cpp
#include <QMessageBox>
```

运行程序，单击"QuestionMsg"按钮后，显示效果如图 4.6（b）所示。

4.5.2 Information 消息对话框

Information 消息对话框使用 QMessageBox::information()函数完成，该函数形式如下：

```cpp
StandardButton QMessageBox::information
(
    QWidget*parent,                          //消息对话框的父窗口指针
    const QString& title,                    //消息对话框的标题栏
    const QString& text,                     //消息对话框的文字提示信息
    StandardButtons buttons=Ok,              //同 Question 消息对话框的注释内容
    StandardButton defaultButton=NoButton    //同 Question 消息对话框的注释内容
);
```

完成文件 msgboxdlg.cpp 中的槽函数 showInformationMsg()，具体代码如下：

```cpp
void MsgBoxDlg::showInformationMsg()
{
    label->setText(tr("Information Message Box"));
    QMessageBox::information(this,tr("Information 消息对话框"),
                tr("这是 Information 消息对话框测试，欢迎您！"));
    return;
}
```

运行程序，单击"InformationMsg"按钮后，显示效果如图 4.6（c）所示。

4.5.3 Warning 消息对话框

Warning 消息对话框使用 QMessageBox::warning()函数完成，该函数形式如下：

```
StandardButton QMessageBox::warning
(
    QWidget* parent,                        //消息对话框的父窗口指针
    const QString& title,                   //消息对话框的标题栏
    const QString& text,                    //消息对话框的文字提示信息
    StandardButtons buttons=Ok,             //同 Question 消息对话框的注释内容
    StandardButton defaultButton=NoButton   //同 Question 消息对话框的注释内容
);
```

实现文件 msgboxdlg.cpp 中的槽函数 showWarningMsg()，具体代码如下：

```
void MsgBoxDlg::showWarningMsg()
{
    label->setText(tr("Warning Message Box"));
    switch(QMessageBox::warning(this,tr("Warning 消息对话框"),
        tr("您修改的内容还未保存，是否要保存对文档的修改？"),
        QMessageBox::Save|QMessageBox::Discard|QMessageBox::Cancel,
        QMessageBox::Save))
    {
    case QMessageBox::Save:
        label->setText(tr("Warning button/Save"));
        break;
    case QMessageBox::Discard:
        label->setText(tr("Warning button/Discard"));
        break;
    case QMessageBox::Cancel:
        label->setText(tr("Warning button/Cancel"));
        break;
    default:
        break;
    }
    return;
}
```

运行程序，单击"WarningMsg"按钮后，显示效果如图 4.6（d）所示。

4.5.4 Critical 消息对话框

Critical 消息对话框使用 QMessageBox::critical()函数完成，该函数形式如下：

```
StandardButton QMessageBox::critical
(
    QWidget* parent,                        //消息对话框的父窗口指针
```

```
    const QString& title,              //消息对话框的标题栏
    const QString& text,               //消息对话框的文字提示信息
    StandardButtons buttons=Ok,        //同 Question 消息对话框的注释内容
    StandardButton defaultButton=NoButton  //同 Question 消息对话框的注释内容
);
```

实现文件 msgboxdlg.cpp 中的槽函数 showCriticalMsg()，具体代码如下：

```
void MsgBoxDlg::showCriticalMsg()
{
    label->setText(tr("Critical Message Box"));
    QMessageBox::critical(this,tr("Critical 消息对话框"),tr("这是一个 Critical 消息对话框测试！"));
    return;
}
```

运行程序，单击"CriticalMsg"按钮后，显示效果如图 4.6（e）所示。

4.5.5 About 消息对话框

About 消息对话框使用 QMessageBox::about()函数完成，该函数形式如下：

```
void QMessageBox::about
(
    QWidget* parent,                   //消息对话框的父窗口指针
    const QString& title,              //消息对话框的标题栏
    const QString& text                //消息对话框的文字提示信息
);
```

实现文件 msgboxdlg.cpp 中的槽函数 showAboutMsg()，具体代码如下：

```
void MsgBoxDlg::showAboutMsg()
{
    label->setText(tr("About Message Box"));
    QMessageBox::about(this,tr("About 消息对话框"),tr("这是一个 About 消息对话框测试！"));
    return;
}
```

运行程序，单击"AboutMsg"按钮后，显示效果如图 4.6（f）所示。

4.5.6 About Qt 消息对话框

About Qt 消息对话框使用 QMessageBox:: aboutQt()函数完成，该函数形式如下：

```
void QMessageBox::aboutQt
(
    QWidget* parent,                   //消息对话框的父窗口指针
    const QString& title=QString()     //消息对话框的标题栏
);
```

实现文件 msgboxdlg.cpp 中的槽函数 showAboutQtMsg()，具体代码如下：

```
void MsgBoxDlg::showAboutQtMsg()
{
    label->setText(tr("About Qt Message Box"));
    QMessageBox::aboutQt(this,tr("About Qt 消息对话框"));
    return;
}
```

运行程序,单击"AboutQtMsg"按钮后,显示效果如图 4.6(g)所示。

4.6 自定义消息对话框

当以上所有消息对话框都不能满足开发的需求时,Qt 还允许自定义消息对话框。对消息对话框的图标、按钮和内容等都可根据需要进行设定。下面介绍自定义消息对话框的具体创建方法。

(1) 在 dialog.h 中添加 private 成员变量:

```
QPushButton *CustomBtn;
QLabel *label;
```

(2) 添加槽函数:

```
void showCustomDlg();
```

(3) 在 dialog.cpp 的构造函数中添加如下代码:

```
CustomBtn =new QPushButton;
CustomBtn->setText(tr("用户自定义消息对话框实例"));
label =new QLabel;
label->setFrameStyle(QFrame::Panel|QFrame::Sunken);
```

添加布局管理:

```
mainLayout->addWidget(CustomBtn,4,0);
mainLayout->addWidget(label,4,1);
```

在 Dialog 构造函数的最后添加事件关联代码:

```
connect(CustomBtn,SIGNAL(clicked()),this,SLOT(showCustomDlg()));
```

其中,dialog.cpp 文件中的槽函数 showCustomDlg()的代码如下:

```
void Dialog::showCustomDlg()
{
    label->setText(tr("Custom Message Box"));
    QMessageBox customMsgBox;
    customMsgBox.setWindowTitle(tr("用户自定义消息对话框"));    //设置消息对话框的标题
    QPushButton *yesBtn=customMsgBox.addButton(tr("Yes"),QMessageBox:: ActionRole);    //(a)
    QPushButton *noBtn=customMsgBox.addButton(tr("No"),QMessageBox::ActionRole);
    QPushButton *cancelBtn=customMsgBox.addButton(QMessageBox::Cancel);    //(b)
    customMsgBox.setText(tr("这是一个用户自定义消息对话框!"));    //(c)
    customMsgBox.setIconPixmap(QPixmap("Qt.png"));    //(d)
    customMsgBox.exec();                                //显示此自定义消息对话框
    if(customMsgBox.clickedButton()==yesBtn)
        label->setText("Custom Message Box/Yes");
    if(customMsgBox.clickedButton()==noBtn)
        label->setText("Custom Message Box/No");
    if(customMsgBox.clickedButton()==cancelBtn)
```

```
            label->setText("Custom Message Box/Cancel");
        return;
}
```

在开始部分添加头文件：

```
#include <QMessageBox>
```

说明：

(a) QPushButton *yesBtn=customMsgBox.addButton(tr("Yes"),QMessageBox:: ActionRole)：定义消息对话框所需的按钮，由于 QMessageBox::standardButtons 只提供了常用的一些按钮，并不能满足所有应用的需求，故 QMessageBox 类提供了一个 addButton()函数来为消息对话框增加自定义按钮，addButton()函数的第 1 个参数为按钮显示的文字，第 2 个参数为按钮类型的描述。

(b) QPushButton *cancelBtn=customMsgBox.addButton(QMessageBox::Cancel)：为 addButton()函数加入一个标准按钮。消息对话框将会按调用 addButton()函数的先后顺序在消息对话框中由左至右地依次插入按钮。

(c) customMsgBox.setText(tr("这是一个用户自定义消息对话框!"))：设置自定义消息对话框中显示的提示信息内容。

(d) customMsgBox.setIconPixmap(QPixmap("Qt.png"))：设置自定义消息对话框的图标。

（4）为了能够在自定义消息对话框中显示 Qt 图标，请将事先准备好的图片 Qt.png 复制到项目 debug 目录下。运行该程序后，单击"用户自定义消息对话框实例"按钮后，显示效果如图 4.7 所示。

4.7 工具盒类

工具盒类为 QToolBox。QToolBox 提供了一种列状的层叠窗体，而 QToolButton 提供了一种快速访问命令或选项的按钮，通常在工具盒中使用。

抽屉效果是软件界面设计中的一种常用形式，可以以一种动态直观的方式在大小有限的界面上扩展出更多的功能。

【例】（难度一般）（CH402）通过实现类似 QQ 抽屉效果的实例来介绍 QToolBox 类的使用方法，如图 4.8 所示。

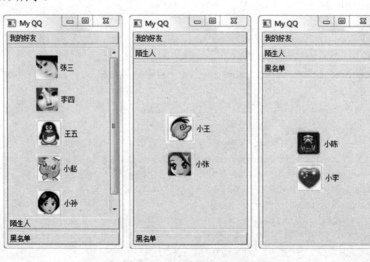

图 4.8　QToolBox 类的使用实例

下面介绍实现的具体步骤。

(1) 以直接编写代码（即取消勾选"Generate form"复选框）方式创建 Qt 项目，项目名为 MyQQExample，"Class Information"页中基类选"QDialog"。

(2) 添加该工程的提供主要显示界面的函数所在的文件，在 MyQQExample 项目名上右击，在弹出的快捷菜单中选择"添加新文件"命令，在弹出的对话框中选择"C++ Class"选项。单击"Choose"按钮，在弹出的对话框的"Base class"文本框中输入基类名"QToolBox"（手工添加），在"Class name"文本框中输入类的名称"Drawer"。

(3) 单击"下一步"按钮，单击"完成"按钮，添加"drawer.h"头文件和"drawer.cpp"源文件。

(4) Drawer 类继承自 QToolBox 类，打开 drawer.h 头文件，定义实例中用到的各种窗体控件。具体代码如下：

```cpp
#include <QToolBox>
#include <QToolButton>
class Drawer : public QToolBox
{
    Q_OBJECT
public:
    Drawer(QWidget *parent=0,Qt::WindowFlags f=0);
private:
    QToolButton *toolBtn1_1;
    QToolButton *toolBtn1_2;
    QToolButton *toolBtn1_3;
    QToolButton *toolBtn1_4;
    QToolButton *toolBtn1_5;
    QToolButton *toolBtn2_1;
    QToolButton *toolBtn2_2;
    QToolButton *toolBtn3_1;
    QToolButton *toolBtn3_2;
};
```

(5) 打开 drawer.cpp 源文件，添加以下代码：

```cpp
#include "drawer.h"
#include <QGroupBox>
#include <QVBoxLayout>
Drawer::Drawer(QWidget *parent, Qt::WindowFlags f):QToolBox(parent,f)
{
    setWindowTitle(tr("My QQ"));                                  //设置主窗体的标题
    toolBtn1_1 =new QToolButton;                                  //(a)
    toolBtn1_1->setText(tr("张三"));                              //(b)
    toolBtn1_1->setIcon(QPixmap("11.png"));                       //(c)
    toolBtn1_1->setIconSize(QPixmap("11.png").size());            //(d)
    toolBtn1_1->setAutoRaise(true);                               //(e)
    toolBtn1_1->setToolButtonStyle(Qt::ToolButtonTextBesideIcon); //(f)
    toolBtn1_2 =new QToolButton;
    toolBtn1_2->setText(tr("李四"));
    toolBtn1_2->setIcon(QPixmap("12.png"));
    toolBtn1_2->setIconSize(QPixmap("12.png").size());
```

```cpp
toolBtn1_2->setAutoRaise(true);
toolBtn1_2->setToolButtonStyle(Qt::ToolButtonTextBesideIcon);
toolBtn1_3 =new QToolButton;
toolBtn1_3->setText(tr("王五"));
toolBtn1_3->setIcon(QPixmap("13.png"));
toolBtn1_3->setIconSize(QPixmap("13.png").size());
toolBtn1_3->setAutoRaise(true);
toolBtn1_3->setToolButtonStyle(Qt::ToolButtonTextBesideIcon);
toolBtn1_4 =new QToolButton;
toolBtn1_4->setText(tr("小赵"));
toolBtn1_4->setIcon(QPixmap("14.png"));
toolBtn1_4->setIconSize(QPixmap("14.png").size());
toolBtn1_4->setAutoRaise(true);
toolBtn1_4->setToolButtonStyle(Qt::ToolButtonTextBesideIcon);
toolBtn1_5 =new QToolButton;
toolBtn1_5->setText(tr("小孙"));
toolBtn1_5->setIcon(QPixmap("155.png"));
toolBtn1_5->setIconSize(QPixmap("155.png").size());
toolBtn1_5->setAutoRaise(true);
toolBtn1_5->setToolButtonStyle(Qt::ToolButtonTextBesideIcon);
QGroupBox *groupBox1=new QGroupBox;                          //(g)
QVBoxLayout *layout1=new QVBoxLayout(groupBox1);             //(h)
layout1->setMargin(10);                                      //布局中各窗体的显示间距
layout1->setAlignment(Qt::AlignHCenter);                     //布局中各窗体的显示位置
//加入抽屉内的各个按钮
layout1->addWidget(toolBtn1_1);
layout1->addWidget(toolBtn1_2);
layout1->addWidget(toolBtn1_3);
layout1->addWidget(toolBtn1_4);
layout1->addWidget(toolBtn1_5);
//插入一个占位符
layout1->addStretch();                                       //(i)
toolBtn2_1 =new QToolButton;
toolBtn2_1->setText(tr("小王"));
toolBtn2_1->setIcon(QPixmap("21.png"));
toolBtn2_1->setIconSize(QPixmap("21.png").size());
toolBtn2_1->setAutoRaise(true);
toolBtn2_1->setToolButtonStyle(Qt::ToolButtonTextBesideIcon);
toolBtn2_2 =new QToolButton;
toolBtn2_2->setText(tr("小张"));
toolBtn2_2->setIcon(QPixmap("22.png"));
toolBtn2_2->setIconSize(QPixmap("22.png").size());
toolBtn2_2->setAutoRaise(true);
toolBtn2_2->setToolButtonStyle(Qt::ToolButtonTextBesideIcon);
QGroupBox *groupBox2=new QGroupBox;
QVBoxLayout *layout2=new QVBoxLayout(groupBox2);
layout2->setMargin(10);
layout2->setAlignment(Qt::AlignHCenter);
```

```cpp
        layout2->addWidget(toolBtn2_1);
        layout2->addWidget(toolBtn2_2);
        toolBtn3_1 =new QToolButton;
        toolBtn3_1->setText(tr("小陈"));
        toolBtn3_1->setIcon(QPixmap("31.png"));
        toolBtn3_1->setIconSize(QPixmap("31.png").size());
        toolBtn3_1->setAutoRaise(true);
        toolBtn3_1->setToolButtonStyle(Qt::ToolButtonTextBesideIcon);
        toolBtn3_2 =new QToolButton;
        toolBtn3_2->setText(tr("小李"));
        toolBtn3_2->setIcon(QPixmap("32.png"));
        toolBtn3_2->setIconSize(QPixmap("32.png").size());
        toolBtn3_2->setAutoRaise(true);
        toolBtn3_2->setToolButtonStyle(Qt::ToolButtonTextBesideIcon);
        QGroupBox *groupBox3=new QGroupBox;
        QVBoxLayout *layout3=new QVBoxLayout(groupBox3);
        layout3->setMargin(10);
        layout3->setAlignment(Qt::AlignHCenter);
        layout3->addWidget(toolBtn3_1);
        layout3->addWidget(toolBtn3_2);
        //将准备好的抽屉插入QToolBox中
        this->addItem((QWidget*)groupBox1,tr("我的好友"));
        this->addItem((QWidget*)groupBox2,tr("陌生人"));
        this->addItem((QWidget*)groupBox3,tr("黑名单"));
}
```

说明：

(a) toolBtn1_1 =new QToolButton：创建一个 QToolButton 类实例，分别对应抽屉中的每个按钮。

(b) toolBtn1_1->setText(tr("张三"))：设置按钮的文字。

(c) toolBtn1_1->setIcon(QPixmap("11.png"))：设置按钮的图标。

(d) toolBtn1_1->setIconSize(QPixmap("11.png").size())：设置按钮的大小，本例将其设置为与图标的大小相同。

(e) toolBtn1_1->setAutoRaise(true)：当鼠标离开时，按钮自动恢复为弹起状态。

(f) toolBtn1_1->setToolButtonStyle(Qt::ToolButtonTextBesideIcon)：设置按钮的 ToolButtonStyle 属性。

ToolButtonStyle 属性主要用来描述按钮的文字和图标的显示方式。共有五种 ToolButtonStyle 类型，可以根据需要选择显示的方式。

- Qt::ToolButtonIconOnly：只显示图标。
- Qt::ToolButtonTextOnly：只显示文字。
- Qt::ToolButtonTextBesideIcon：文字显示在图标旁边。
- Qt::ToolButtonTextUnderIcon：文字显示在图标下面。
- Qt::ToolButtonFollowStyle：遵循 Style 标准。

(g) QGroupBox *groupBox1=new QGroupBox：创建一个 QGroupBox 类实例，在本例中对应每一个抽屉。QGroupBox *groupBox2=new QGroupBox、QGroupBox *groupBox3=new QGroupBox

创建其余两栏抽屉。

(h) QVBoxLayout *layout1=new QVBoxLayout(groupBox1)：创建一个 QVBoxLayout 类实例，用来设置抽屉内各个按钮的布局。

(i) layout1->addStretch()：在按钮之后插入一个占位符，使得所有按钮能够对齐，并且在整个抽屉大小发生改变时保证按钮的大小不发生变化。

（6）在 drawer.cpp 文件的开头加入以下头文件：

```
#include <QGroupBox>
#include <QVBoxLayout>
```

（7）打开 main.cpp 文件，添加以下代码：

```
#include "dialog.h"
#include <QApplication>
#include "drawer.h"
int main(int argc, char *argv[])
{
    QApplication a(argc, argv);
    Drawer drawer;
    drawer.show();
    return a.exec();
}
```

（8）将用到的图片放置到项目 debug 目录下，运行程序，显示效果如图 4.8 所示。

4.8 进度条

通常，在处理长时间任务时需要提供进度条用于显示进度，告诉用户当前任务的进展情况。进度条对话框的使用方法有两种，即模态方式与非模态方式。模态方式的使用比较简单方便，但必须使用 QApplication::processEvents()使事件循环保持正常进行状态，以确保应用不会被阻塞。若使用非模态方式，则需要通过 QTime 实现定时设置进度条的值。

Qt 提供了两种显示进度条的方式：一种是 QProgressBar（见图 4.9），提供了一种横向或纵向显示进度的控件表示方式，用来描述任务的完成情况；另一种是 QProgressDialog（见图 4.10），提供了一种针对慢速过程的进度对话框表示方式，用于描述任务完成的进度情况。标准的进度条对话框包括一个进度显示条、一个"取消（Cancel）"按钮及一个标签。

【例】（简单）（CH403）实现图 4.9 和图 4.10 中的显示进度条。

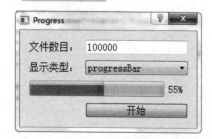

图 4.9 进度条 QProgressBar 的使用实例

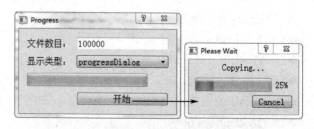

图 4.10 进度条 QProgressDialog 的使用实例

实现步骤如下。

（1）以直接编写代码（即取消勾选"Generate form"复选框）方式创建 Qt 项目，项目名为 Progress，"Class Information"页中基类选"QDialog"，类名为 ProgressDlg。

（2）ProgressDlg 类继承自 QDialog 类，打开 progressdlg.h 头文件，添加如下加黑处代码：

```cpp
//添加的头文件
#include <QLabel>
#include <QLineEdit>
#include <QProgressBar>
#include <QComboBox>
#include <QPushButton>
#include <QGridLayout>
class ProgressDlg : public QDialog
{
    Q_OBJECT
public:
    ProgressDlg(QWidget *parent = 0);
    ~ProgressDlg();
private slots:
    void startProgress();
private:
    QLabel *FileNum;
    QLineEdit *FileNumLineEdit;
    QLabel *ProgressType;
    QComboBox *comboBox;
    QProgressBar *progressBar;
    QPushButton *starBtn;
    QGridLayout *mainLayout;
};
```

（3）构造函数主要完成主界面的初始化工作，包括各控件的创建、布局及信号和槽的连接。打开 progressdlg.cpp 文件，添加以下代码：

```cpp
#include "progressdlg.h"
#include <QProgressDialog>
#include <QFont>
ProgressDlg::ProgressDlg(QWidget *parent)
    : QDialog(parent)
{
    QFont font("ZYSong18030",12);
    setFont(font);
    setWindowTitle(tr("Progress"));
    FileNum =new QLabel;
    FileNum->setText(tr("文件数目："));
    FileNumLineEdit =new QLineEdit;
    FileNumLineEdit->setText(tr("100000"));
    ProgressType =new QLabel;
    ProgressType->setText(tr("显示类型："));
```

```
    comboBox =new QComboBox;
    comboBox->addItem(tr("progressBar"));
    comboBox->addItem(tr("progressDialog"));
    progressBar =new QProgressBar;
    starBtn =new QPushButton();
    starBtn->setText(tr("开始"));
    mainLayout =new QGridLayout(this);
    mainLayout->addWidget(FileNum,0,0);
    mainLayout->addWidget(FileNumLineEdit,0,1);
    mainLayout->addWidget(ProgressType,1,0);
    mainLayout->addWidget(comboBox,1,1);
    mainLayout->addWidget(progressBar,2,0,1,2);
    mainLayout->addWidget(starBtn,3,1);
    mainLayout->setMargin(15);
    mainLayout->setSpacing(10);
    connect(starBtn,SIGNAL(clicked()),this,SLOT(startProgress()));
}
```

其中，槽函数 startProgress()的具体代码如下：

```
void ProgressDlg::startProgress()
{
    bool ok;
    int num =FileNumLineEdit->text().toInt(&ok);      //(a)
    if(comboBox->currentIndex()==0)                    //采用进度条的方式显示进度
    {
        progressBar->setRange(0,num);                  //(b)
        for(int i=1;i<num+1;i++)
        {
            progressBar->setValue(i);                  //(c)
        }
    }
    else if(comboBox->currentIndex()==1)   //采用进度对话框显示进度
    {
        //创建一个进度对话框
        QProgressDialog *progressDialog=new QProgressDialog(this);
        QFont font("ZYSong18030",12);
        progressDialog->setFont(font);
        progressDialog->setWindowModality(Qt::WindowModal);    //(d)
        progressDialog->setMinimumDuration(5);                  //(e)
        progressDialog->setWindowTitle(tr("Please Wait"));      //(f)
        progressDialog->setLabelText(tr("Copying..."));         //(g)
        progressDialog->setCancelButtonText(tr("Cancel"));      //(h)
        progressDialog->setRange(0,num);      //设置进度对话框的步进范围
        for(int i=1;i<num+1;i++)
        {
            progressDialog->setValue(i);                        //(i)
            if(progressDialog->wasCanceled())                   //(j)
                return;
        }
    }
}
```

说明:
(a) int num =FileNumLineEdit->text().toInt(&ok):获取当前需要复制的文件数目,这里对应进度条的总步进值。

(b) progressBar->setRange(0,num):设置进度条的步进范围从 0 到需要复制的文件数目。

(c) progressBar->setValue(i):模拟每一个文件的复制过程,进度条总的步进值为需要复制的文件数目。当复制完一个文件后,步进值增加 1。

(d) progressDialog->setWindowModality(Qt::WindowModal):设置进度对话框采用模态方式进行显示,即在显示进度的同时,其他窗口不响应输入信号。

(e) progressDialog->setMinimumDuration(5):设置进度对话框出现需要等待的时间,此处设定为 5 秒,默认为 4 秒。

(f) progressDialog->setWindowTitle(tr("Please Wait")):设置进度对话框的窗体标题。

(g) progressDialog->setLabelText(tr("Copying...")):设置进度对话框的显示文字信息。

(h) progressDialog->setCancelButtonText(tr("Cancel")):设置进度对话框的"取消"按钮的显示文字。

(i) progressDialog->setValue(i):模拟每个文件的复制过程,进度条总的步进值为需要复制的文件数目。当复制完一个文件后,步进值增加 1。

(j) if(progressDialog->wasCanceled()):检测"取消"按钮是否被触发,若触发则退出循环并关闭进度对话框。

(4)运行程序,查看显示效果。

QProgressBar 类有如下几个重要的属性。

● minimum、maximum:决定进度条指示的最小值和最大值。

● format:决定进度条显示文字的格式,可以有三种显示格式,即%p%、%v 和%m。其中,%p%显示完成的百分比,这是默认显示方式;%v 显示当前的进度值;%m 显示总的步进值。

● invertedAppearance:可以使进度条以反方向显示进度。

QProgressDialog 类也有几个重要的属性值,决定了进度条对话框何时出现、出现多长时间。它们分别是 mininum、maximum 和 minimumDuration。其中,mininum 和 maximum 分别表示进度条的最小值和最大值,决定了进度条的变化范围;minimumDuration 为进度条对话框出现前的等待时间。系统根据所需完成的工作量估算一个预计花费的时间,若大于设定的等待时间(minimumDuration),则出现进度条对话框;若小于设定的等待时间(minimumDuration),则不出现进度条对话框。

进度条使用了一个步进值的概念,即一旦设置好进度条的最大值和最小值,进度条将会显示完成的步进值占总的步进值的百分比,百分比的计算公式为:

```
百分比=(value()-minimum())/(maximum()-minimum())
```

注意:要在 ProgressDlg 的构造函数中的开始处添加以下代码,以便以设定的字体形式显示。

```
QFont font("ZYSong18030",12);
setFont(font);
setWindowTitle(tr("Progress"));
```

4.9 调色板与电子钟

在实际应用中,经常需要改变某个控件的颜色外观,如背景、文字颜色等。Qt 提供的调色板类 QPalette 专门用于管理对话框的外观显示。QPalette 相当于对话框或控件的调色板,它管理着控件或窗体的所有颜色信息。每个窗体或控件都包含一个 QPalette 对象,在显示时,按照它的 QPalette 对象中对各部分各状态下的颜色的描述进行绘制。

此外,Qt 还提供了 QTime 用于获取和显示系统时间。

4.9.1 QPalette

本节详细介绍 QPalette 的使用方法,该类有两个基本的概念:一个是 ColorGroup,另一个是 ColorRole。其中,ColorGroup 指的是以下三种不同的状态。

- QPalette::Active:获得焦点的状态。
- QPalette::Inactive:未获得焦点的状态。
- QPalette::Disable:不可用状态。

其中,Active 状态与 Inactive 状态在通常情况下的颜色显示是一致的,也可以根据需要设置为不一样的颜色。

ColorRole 指的是颜色主题,即对窗体中不同部位颜色的分类。例如,QPalette::Window 是指背景色,QPalette::WindowText 是指前景色,等等。

QPalette 使用最多、最重要的函数是 setColor()函数,其原型如下:

```
void QPalette::setColor(ColorGroup group,ColorRole role,const QColor & color);
```

在对主题颜色进行设置的同时,还区分了状态,即对某个主题在某个状态下的颜色进行了设置:

```
void QPalette::setColor(ColorRole role,const QColor & color);
```

只对某个主题的颜色进行设置,并不区分状态。

QPalette 还提供了 setBrush()函数,通过画刷的设置对显示进行更改,这样就有可能使用图片而不仅是单一的颜色来对主题进行填充。Qt 之前的版本中有关背景色设置的函数(如 setBackgroundColor())或前景色设置的函数(如 setForegroundColor())在 Qt 5 中都被废止,统一由 QPalette 进行管理。例如,setBackgroundColor()函数可由以下语句代替:

```
xxx->setAutoFillBackground(true);
QPalette p = xxx->palette();
```

如果并不是使用单一的颜色填充背景,则可将 setColor()函数换为 setBrush()函数对背景主题进行设置。

```
p.setColor(QPalette::Window,color);//p.setBrush(QPalette::Window,brush);
xxx->setPalette(p);
```

以上代码段要首先调用 setAutoFillBackground(true)设置窗体自动填充背景。

【例】(难度一般)(CH404)利用 QPalette 改变控件颜色的方法。本实例实现的窗体分为两部分:左半部分用于对不同主题颜色的选择,右半部分用于显示选择的颜色对窗体外观的改变，如图 4.11 所示。

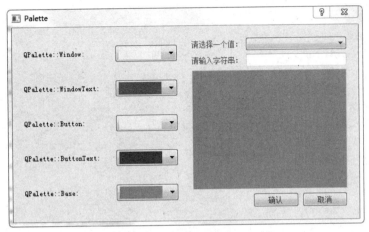

图 4.11 QPalette 类的使用实例

实现步骤如下：

（1）以直接编写代码（即取消勾选"Generate form"复选框）方式创建 Qt 项目，项目名为 Palette，"Class Information"页中基类选"QDialog"，类名为 Palette。

（2）定义的 Palette 继承自 QDialog，打开 palette.h 文件，声明实例中所用到的函数和控件，具体代码如下：

```cpp
//添加的头文件
#include <QComboBox>
#include <QLabel>
#include <QTextEdit>
#include <QPushButton>
#include <QLineEdit>
class Palette : public QDialog
{
    Q_OBJECT
public:
    Palette(QWidget *parent = 0);
    ~Palette();
    void createCtrlFrame();         //完成窗体左半部分颜色选择区的创建
    void createContentFrame();      //完成窗体右半部分的创建
    void fillColorList(QComboBox *);
                                    //完成向颜色下拉列表框中插入颜色的工作
private slots:
    void ShowWindow();
    void ShowWindowText();
    void ShowButton();
    void ShowButtonText();
    void ShowBase();
private:
    QFrame *ctrlFrame;              //颜色选择面板
    QLabel *windowLabel;
    QComboBox *windowComboBox;
```

```cpp
    QLabel *windowTextLabel;
    QComboBox *windowTextComboBox;
    QLabel *buttonLabel;
    QComboBox *buttonComboBox;
    QLabel *buttonTextLabel;
    QComboBox *buttonTextComboBox;
    QLabel *baseLabel;
    QComboBox *baseComboBox;
    QFrame *contentFrame;                //具体显示面板
    QLabel *label1;
    QComboBox *comboBox1;
    QLabel *label2;
    QLineEdit *lineEdit2;
    QTextEdit *textEdit;
    QPushButton *OkBtn;
    QPushButton *CancelBtn;
};
```

(3) 打开 palette.cpp 文件, 添加以下代码:

```cpp
#include <QHBoxLayout>
#include <QGridLayout>
Palette::Palette(QWidget *parent)
    : QDialog(parent)
{
    createCtrlFrame();
    createContentFrame();
    QHBoxLayout *mainLayout =new QHBoxLayout(this);
    mainLayout->addWidget(ctrlFrame);
    mainLayout->addWidget(contentFrame);
}
```

createCtrlFrame()函数用于创建颜色选择区:

```cpp
void Palette::createCtrlFrame()
{
    ctrlFrame =new QFrame;                          //颜色选择面板
    windowLabel =new QLabel(tr("QPalette::Window: "));
    windowComboBox =new QComboBox;                  //创建一个 QComboBox 对象
    fillColorList(windowComboBox);                  // (a)
    connect(windowComboBox,SIGNAL(activated(int)),this,SLOT(ShowWindow()));
                                                    // (b)
    windowTextLabel =new QLabel(tr("QPalette::WindowText: "));
    windowTextComboBox =new QComboBox;
    fillColorList(windowTextComboBox);
    connect(windowTextComboBox,SIGNAL(activated(int)),this,SLOT(ShowWindowText()));
    buttonLabel =new QLabel(tr("QPalette::Button: "));
    buttonComboBox =new QComboBox;
    fillColorList(buttonComboBox);
    connect(buttonComboBox,SIGNAL(activated(int)),this,SLOT(ShowButton()));
    buttonTextLabel =new QLabel(tr("QPalette::ButtonText: "));
```

```cpp
        buttonTextComboBox =new QComboBox;
        fillColorList(buttonTextComboBox);
        connect(buttonTextComboBox,SIGNAL(activated(int)),this,SLOT(ShowButton
Text()));
        baseLabel =new QLabel(tr("QPalette::Base: "));
        baseComboBox =new QComboBox;
        fillColorList(baseComboBox);
        connect(baseComboBox,SIGNAL(activated(int)),this,SLOT(ShowBase()));
        QGridLayout *mainLayout=new QGridLayout(ctrlFrame);
        mainLayout->setSpacing(20);
        mainLayout->addWidget(windowLabel,0,0);
        mainLayout->addWidget(windowComboBox,0,1);
        mainLayout->addWidget(windowTextLabel,1,0);
        mainLayout->addWidget(windowTextComboBox,1,1);
        mainLayout->addWidget(buttonLabel,2,0);
        mainLayout->addWidget(buttonComboBox,2,1);
        mainLayout->addWidget(buttonTextLabel,3,0);
        mainLayout->addWidget(buttonTextComboBox,3,1);
        mainLayout->addWidget(baseLabel,4,0);
        mainLayout->addWidget(baseComboBox,4,1);
}
```

说明:

(a) fillColorList(windowComboBox): 向下拉列表框中插入各种不同的颜色选项。

(b) connect(windowComboBox,SIGNAL(activated(int)),this,SLOT(ShowWindow())): 连接下拉列表框的 activated()信号与改变背景色的槽函数 ShowWindow()。

createContentFrame()函数用于显示选择的颜色对窗体外观的改变, 具体代码如下:

```cpp
void Palette::createContentFrame()
{
    contentFrame =new QFrame;                       //具体显示面板
    label1 =new QLabel(tr("请选择一个值: "));
    comboBox1 =new QComboBox;
    label2 =new QLabel(tr("请输入字符串: "));
    lineEdit2 =new QLineEdit;
    textEdit =new QTextEdit;
    QGridLayout *TopLayout =new QGridLayout;
    TopLayout->addWidget(label1,0,0);
    TopLayout->addWidget(comboBox1,0,1);
    TopLayout->addWidget(label2,1,0);
    TopLayout->addWidget(lineEdit2,1,1);
    TopLayout->addWidget(textEdit,2,0,1,2);
    OkBtn =new QPushButton(tr("确认"));
    CancelBtn =new QPushButton(tr("取消"));
    QHBoxLayout *BottomLayout =new QHBoxLayout;
    BottomLayout->addStretch(1);
    BottomLayout->addWidget(OkBtn);
    BottomLayout->addWidget(CancelBtn);
    QVBoxLayout *mainLayout =new QVBoxLayout(contentFrame);
    mainLayout->addLayout(TopLayout);
```

```cpp
    mainLayout->addLayout(BottomLayout);
}
```

ShowWindow()函数用于响应对背景颜色的选择：

```cpp
void Palette::ShowWindow()
{
    //获得当前选择的颜色值
    QStringList colorList = QColor::colorNames();
    QColor color = QColor(colorList[windowComboBox->currentIndex()]);
    QPalette p = contentFrame->palette();               //(a)
    p.setColor(QPalette::Window,color);                 //(b)
    //把修改后的调色板信息应用到 contentFrame 窗体中，更新显示
    contentFrame->setPalette(p);
    contentFrame->update();
}
```

说明：

(a) QPalette p = contentFrame->palette()：获得右部窗体 contentFrame 的调色板信息。

(b) p.setColor(QPalette::Window,color)：设置 contentFrame 窗体的 Window 颜色，即背景色，setColor()的第一个参数为设置的颜色主题，第二个参数为具体的颜色值。

ShowWindowText()函数响应对文字颜色的选择，即对前景色进行设置，具体代码如下：

```cpp
void Palette::ShowWindowText()
{
    QStringList colorList = QColor::colorNames();
    QColor color = colorList[windowTextComboBox->currentIndex()];
    QPalette p = contentFrame->palette();
    p.setColor(QPalette::WindowText,color);
    contentFrame->setPalette(p);
}
```

ShowButton()函数响应对按钮背景色的选择：

```cpp
void Palette::ShowButton()
{
    QStringList colorList = QColor::colorNames();
    QColor color =QColor(colorList[buttonComboBox->currentIndex()]);
    QPalette p = contentFrame->palette();
    p.setColor(QPalette::Button,color);
    contentFrame->setPalette(p);
    contentFrame->update();
}
```

ShowButtonText()函数响应对按钮上文字颜色的选择：

```cpp
void Palette::ShowButtonText()
{
    QStringList colorList = QColor::colorNames();
    QColor color = QColor(colorList[buttonTextComboBox->currentIndex()]);
    QPalette p =contentFrame->palette();
    p.setColor(QPalette::ButtonText,color);
    contentFrame->setPalette(p);
}
```

ShowBase()函数响应对可输入文本框背景色的选择：

```
void Palette::ShowBase()
{
    QStringList colorList = QColor::colorNames();
    QColor color = QColor(colorList[baseComboBox->currentIndex()]);
    QPalette p = contentFrame->palette();
    p.setColor(QPalette::Base,color);
    contentFrame->setPalette(p);
}
```

fillColorList()函数用于插入颜色:

```
void Palette::fillColorList(QComboBox *comboBox)
{
    QStringList colorList = QColor::colorNames();    //(a)
    QString color;                                    //(b)
    foreach(color,colorList)                          //对颜色名列表进行遍历
    {
        QPixmap pix(QSize(70,20));                    //(c)
        pix.fill(QColor(color));                      //为pix填充当前遍历的颜色
        comboBox->addItem(QIcon(pix),NULL);           //(d)
        comboBox->setIconSize(QSize(70,20));          //(e)
        comboBox->setSizeAdjustPolicy(QComboBox::AdjustToContents);
                                                      //(f)
    }
}
```

说明:

(a) QStringList colorList = QColor::colorNames(): 获得Qt所有内置名称的颜色名列表,返回的是一个字符串列表colorList。

(b) QString color: 新建一个QString对象,为循环遍历做准备。

(c) QPixmap pix(QSize(70,20)): 新建一个QPixmap对象pix作为显示颜色的图标。

(d) comboBox->addItem(QIcon(pix),NULL): 调用QComboBox的addItem()函数为下拉列表框插入一个条目,并以准备好的pix作为插入条目的图标,名称设为NULL,即不显示颜色的名称。

(e) comboBox->setIconSize(QSize(70,20)): 设置图标的尺寸,图标默认形状是方形,将它设置为与pix尺寸相同的长方形。

(f) comboBox->setSizeAdjustPolicy(QComboBox::AdjustToContents): 设置下拉列表框的尺寸调整策略为AdjustToContents(符合内容的大小)。

(4)运行程序,显示效果如图4.11所示。

4.9.2 QTime

QTime的currentTime()函数用于获取当前的系统时间;QTime的toString()函数用于将获取的当前时间转换为字符串类型。为了便于显示,toString()函数的参数可指定转换后时间的显示格式。

● H/h: 小时(若使用H表示小时,则无论何时都以24小时制显示小时;若使用h表示小时,则当同时指定AM/PM时,采用12小时制显示小时,其他情况下仍采用24小时制进行显示)。

- m：分。
- s：秒。
- AP/A：显示 AM 或 PM。
- Ap/a：显示 am 或 pm。

可根据实际显示需要进行格式设置，例如：

hh:mm:ss A   22:30:08   PM

H:mm:s a   10:30:8   pm

QTime 的 toString()函数也可直接利用 Qt::DateFormat 作为参数指定时间显示的格式，如 Qt::TextDate、Qt::ISODate、Qt::LocaleDate 等。

4.9.3 电子钟实例

【例】（难度一般）（CH405）通过实现显示于桌面上并可随意拖曳至桌面任意位置的电子钟综合实例，实践 QPalette、QTime 和 mousePressEvent/mouseMoveEvent 的用法。

实现步骤如下。

（1）以直接编写代码（即取消勾选"Generate form"复选框）方式创建 Qt 项目，项目名为 Clock，"Class Information"页中基类选"QDialog"。

（2）添加该工程的提供主要显示界面的函数所在的文件，在 Clock 项目名上右击，在弹出的快捷菜单中选择"添加新文件"命令，在弹出的对话框中选择"C++ Class"选项，单击"Choose"按钮，在弹出的对话框的"Base class"文本框中输入基类名"QLCDNumber"（手工添加），在"Class name"文本框中输入类的名称"DigiClock"。

（3）单击"下一步"按钮，单击"完成"按钮，添加"digiclock.h"头文件和"digiclock.cpp"源文件。

（4）DigiClock 类继承自 QLCDNumber 类，该类中重定义了鼠标按下事件和鼠标移动事件以使电子时钟可随意拖曳，同时还定义了相关的槽函数和私有变量。打开 digiclock.h 文件，添加如下代码：

```cpp
#include <QLCDNumber>
class DigiClock : public QLCDNumber
{
    Q_OBJECT
public:
    DigiClock(QWidget *parent=0);
    void mousePressEvent(QMouseEvent *);
    void mouseMoveEvent(QMouseEvent *);
public slots:
    void showTime();            //显示当前时间
private:
    QPoint dragPosition;        //保存鼠标指针相对电子钟窗体左上角的偏移值
    bool showColon;             //用于设置显示时间时是否显示":"
};
```

（5）在 DigiClock 的构造函数中，完成外观的设置及定时器的初始化工作，打开 digiclock.cpp 文件，添加下列代码：

```cpp
//添加的头文件
#include <QTimer>
#include <QTime>
#include <QMouseEvent>
DigiClock::DigiClock(QWidget *parent):QLCDNumber(parent)
{
    /* 设置时钟背景 */                                    //(a)
    QPalette p=palette();
    p.setColor(QPalette::Window,Qt::blue);
    setPalette(p);
    setWindowFlags(Qt::FramelessWindowHint);              //(b)
    setWindowOpacity(0.5);                                //(c)
    QTimer *timer=new QTimer(this);            //新建一个定时器对象
    connect(timer,SIGNAL(timeout()),this,SLOT(showTime()));   //(d)
    timer->start(1000);                                   //(e)
    showTime();                                //初始时间显示
    resize(150,60);                            //设置电子钟的显示尺寸
    showColon=true;                            //初始化
}
```

说明：

(a) QPalette p=palette()、p.setColor(QPalette::Window,Qt::blue)、setPalette(p)：完成电子时钟窗体背景色的设置，此处设置背景色为蓝色。QPalette 类的具体详细用法参照 4.9.1 节。

(b) setWindowFlags(Qt::FramelessWindowHint)：设置窗体的标识，此处设置窗体为一个没有面板边框和标题栏的窗体。

(c) setWindowOpacity(0.5)：设置窗体的透明度为 0.5，即半透明。但此函数在某些系统中并不起作用，当程序在 Windows 系统下编译运行时，此函数才起作用，即电子钟半透明显示。

(d) connect(timer,SIGNAL(timeout()),this,SLOT(showTime()))：连接定时器的 timeout()信号与显示时间的槽函数 showTime()。

(e) timer->start(1000)：以 1000 毫秒为周期启动定时器。

槽函数 showTime()完成电子钟的显示时间的功能，代码如下：

```cpp
void DigiClock::showTime()
{
    QTime time=QTime::currentTime();                      //(a)
    QString text=time.toString("hh:mm");                  //(b)
    if(showColon)                                         //(c)
    {
        text[2]=':';
        showColon=false;
    }
    else
    {
        text[2]=' ';
        showColon=true;
    }
    display(text);                             //显示转换好的字符串时间
}
```

说明：

(a) QTime time=QTime::currentTime()：获取当前的系统时间，保存在一个 QTime 对象中。

(b) QString text=time.toString("hh:mm")：把获取的当前时间转换为字符串类型。QTime 类的详细介绍参照 4.9.2 节。

(c) showColon：控制电子钟"时"与"分"之间两个点的闪显功能。

（6）通过执行鼠标按下事件响应函数 mousePressEvent(QMouseEvent*)和鼠标移动事件响应函数 mouseMoveEvent(QMouseEvent*)的重定义，可以实现用鼠标在桌面上随意拖曳电子时钟。

在鼠标按下响应函数 mousePressEvent(QMouseEvent*)中，首先判断按下的键是否为鼠标左键。若按下的键是鼠标左键，则保存当前鼠标指针所在的位置相对于窗体左上角的偏移值 dragPosition；若按下的键是鼠标右键，则退出窗体。

在鼠标移动事件响应函数 mouseMoveEvent(QMouseEvent*)中，首先判断当前鼠标状态。调用 event->buttons()返回鼠标的状态，若为左键，则调用 QWidget 的 move()函数将窗体移动至鼠标指针当前位置。由于 move()函数的参数指的是窗体的左上角的位置，所以要使用鼠标指针当前位置减去相对窗体左上角的偏移值 dragPosition。

以上函数的具体代码如下：

```cpp
void DigiClock::mousePressEvent(QMouseEvent *event)
{
    if(event->button()==Qt::LeftButton)
    {
        dragPosition=event->globalPos()-frameGeometry().topLeft();
        event->accept();
    }
    if(event->button()==Qt::RightButton)
    {
        close();
    }
}
void DigiClock::mouseMoveEvent(QMouseEvent *event)
{
    if(event->buttons()&Qt::LeftButton)
    {
        move(event->globalPos()-dragPosition);
        event->accept();
    }
}
```

（7）在 main.cpp 文件中添加以下代码：

```cpp
#include "digiclock.h"
int main(int argc, char *argv[])
{
    QApplication a(argc, argv);
    DigiClock clock;
    clock.show();
    return a.exec();
}
```

（8）运行程序，显示效果如图 4.12 所示。

图 4.12　电子钟显示效果

4.10　可扩展对话框

可扩展对话框通常用于用户对界面有不同要求的场合。通常情况下，只出现基本对话窗体；当供高级用户使用或需要更多信息时，可通过某种方式的切换显示完整对话窗体（扩展窗体），切换的工作通常由一个按钮来实现。

可扩展对话框的基本实现方法是利用 setSizeConstraint(QLayout::SetFixedSize) 方法使对话框尺寸保持相对固定。其中，最关键的部分有以下两点。

- 在整个对话框的构造函数中调用。

```
layout->setSizeConstraint(QLayout::SetFixedSize);
```

这个设置保证了对话框的尺寸保持相对固定，始终保持各个控件组合的默认尺寸。在扩展部分显示时，对话框尺寸根据需要显示的控件被扩展；而当扩展部分隐藏时，对话框尺寸又恢复至初始状态。

- 切换按钮的实现。整个窗体可扩展的工作都是在此按钮所连接的槽函数中完成的。

（难度一般）（CH406）简单地填写资料。通常情况下，只填写姓名和性别。若有特殊需要，还要填写更多信息，则切换至完整对话窗体，运行效果如图 4.13 所示。

如图 4.13（b）所示是单击图 4.13（a）中的"详细"按钮后展开的对话框，再次单击"详细"按钮，扩展的部分又重新隐藏。

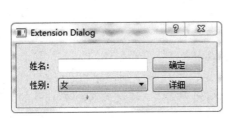

（a）展开前　　　　　　　　　　（b）展开后

图 4.13　可扩展对话框的使用实例

实现步骤如下。

（1）以直接编写代码（即取消勾选"Generate form"复选框）方式创建 Qt 项目，项目名为 ExtensionDlg，"Class Information"页中基类选"QDialog"，类名为 ExtensionDlg。

（2）ExtensionDlg 类继承自 QDialog，打开 extensiondlg.h 头文件，具体代码如下：

```
#include <QDialog>
class ExtensionDlg : public QDialog
{
```

```
    Q_OBJECT
public:
    ExtensionDlg(QWidget *parent = 0);
    ~ExtensionDlg();
private slots:
    void showDetailInfo();
private:
    void createBaseInfo();                  //实现基本对话窗体部分
    void createDetailInfo();                //实现扩展窗体部分
    QWidget *baseWidget;                    //基本对话窗体部分
    QWidget *detailWidget;                  //扩展窗体部分
};
```

（3）打开 extensiondlg.cpp 源文件，添加以下代码：

```
#include <QVBoxLayout>
#include <QLabel>
#include <QLineEdit>
#include <QComboBox>
#include <QPushButton>
#include <QDialogButtonBox>
#include <QHBoxLayout>
ExtensionDlg::ExtensionDlg(QWidget *parent)
    : QDialog(parent)
{
    setWindowTitle(tr("Extension Dialog"));                 //设置对话框的标题栏信息
    createBaseInfo();
    createDetailInfo();
    QVBoxLayout *layout =new QVBoxLayout(this);             //布局
    layout->addWidget(baseWidget);
    layout->addWidget(detailWidget);
    layout->setSizeConstraint(QLayout::SetFixedSize);   //(a)
    layout->setSpacing(10);
}
```

说明：

(a) layout->setSizeConstraint(QLayout::SetFixedSize)：设置窗体的大小固定，不能利用拖曳改变大小，否则当再次单击"详细"按钮时，对话框不能恢复到初始状态。

createBaseInfo()函数完成基本信息窗体部分的构建，其中，连接实现切换功能的"详细"按钮 DetailBtn 的 clicked()信号与槽函数 showDetailInfo()以实现对话框的可扩展，其具体实现代码如下：

```
void ExtensionDlg::createBaseInfo()
{
    baseWidget =new QWidget;
    QLabel *nameLabel =new QLabel(tr("姓名："));
    QLineEdit *nameLineEdit =new QLineEdit;
    QLabel *sexLabel =new QLabel(tr("性别："));
    QComboBox *sexComboBox =new QComboBox;
    sexComboBox->insertItem(0,tr("女"));
    sexComboBox->insertItem(1,tr("男"));
```

```
    QGridLayout *LeftLayout =new QGridLayout;
    LeftLayout->addWidget(nameLabel,0,0);
    LeftLayout->addWidget(nameLineEdit,0,1);
    LeftLayout->addWidget(sexLabel);
    LeftLayout->addWidget(sexComboBox);
    QPushButton *OKBtn =new QPushButton(tr("确定"));
    QPushButton *DetailBtn =new QPushButton(tr("详细"));
    QDialogButtonBox *btnBox =new QDialogButtonBox(Qt::Vertical);
    btnBox->addButton(OKBtn,QDialogButtonBox::ActionRole);
    btnBox->addButton(DetailBtn,QDialogButtonBox::ActionRole);
    QHBoxLayout *mainLayout =new QHBoxLayout(baseWidget);
    mainLayout->addLayout(LeftLayout);
    mainLayout->addWidget(btnBox);
    connect(DetailBtn,SIGNAL(clicked()),this,SLOT(showDetailInfo()));
}
```

createDetailInfo()函数实现详细信息窗体部分 detailWidget 的构建，并在函数的最后调用 hide()隐藏此部分窗体，实现代码如下：

```
void ExtensionDlg::createDetailInfo()
{
    detailWidget =new QWidget;
    QLabel *ageLabel =new QLabel(tr("年龄："));
    QLineEdit *ageLineEdit =new QLineEdit;
    ageLineEdit->setText(tr("30"));
    QLabel *departmentLabel =new QLabel(tr("部门："));
    QComboBox *departmentComBox =new QComboBox;
    departmentComBox->addItem(tr("部门1"));
    departmentComBox->addItem(tr("部门2"));
    departmentComBox->addItem(tr("部门3"));
    departmentComBox->addItem(tr("部门4"));
    QLabel *emailLabel =new QLabel(tr("email："));
    QLineEdit *emailLineEdit =new QLineEdit;
    QGridLayout *mainLayout =new QGridLayout(detailWidget);
    mainLayout->addWidget(ageLabel,0,0);
    mainLayout->addWidget(ageLineEdit,0,1);
    mainLayout->addWidget(departmentLabel,1,0);
    mainLayout->addWidget(departmentComBox,1,1);
    mainLayout->addWidget(emailLabel,2,0);
    mainLayout->addWidget(emailLineEdit,2,1);
    detailWidget->hide();
}
```

showDetailInfo()函数完成窗体扩展切换工作，在用户单击"详细"按钮时调用此函数，首先检测 detailWidget 窗体处于何种状态。若此时是隐藏状态，则应用 show()函数显示 detailWidget 窗体，否则调用 hide()函数隐藏 detailWidget 窗体。其具体实现代码如下：

```
void ExtensionDlg::showDetailInfo()
{
    if(detailWidget->isHidden())
```

```
        detailWidget->show();
    else detailWidget->hide();
}
```

(4) 运行程序，显示效果如图 4.13 所示。

4.11 不规则窗体

常见的窗体通常是长方形的对话框，但有时也需要使用非长方形的窗体，如圆形、椭圆形，甚至是不规则形状的对话框。

利用 setMask()函数为窗体设置遮罩，实现不规则窗体。设置遮罩后的窗体尺寸仍是原窗体大小，只是被遮罩的地方不可见。

【例】（简单）（CH407）不规则窗体的实现方法。具体实现一个蝴蝶图形外沿形状的不规则窗体，也可以在不规则窗体上放置按钮等控件，可以通过鼠标左键拖曳窗体，单击鼠标右键关闭窗体，如图 4.14 所示。

实现步骤如下。

(1) 以直接编写代码（即取消勾选"Generate form"复选框）方式创建 Qt 项目，项目名为 ShapeWidget，"Class Information"页中基类选"QWidget"，类名为 ShapeWidget。

(2) 不规则窗体类 ShapeWidget 继承自 QWidget 类，为了使不规则窗体能够通过鼠标随意拖曳，在该类中重定义了鼠标事件函数 mousePressEvent()、mouseMoveEvent()及重绘函数 paintEvent()，打开 shapewidget.h 头文件，添加如下代码：

图 4.14 不规则窗体的实现实例

```
class ShapeWidget : public QWidget
{
    Q_OBJECT
public:
    ShapeWidget(QWidget *parent = 0);
    ~ShapeWidget();
protected:
    void mousePressEvent(QMouseEvent *);
    void mouseMoveEvent(QMouseEvent *);
    void paintEvent(QPaintEvent *);
private:
    QPoint dragPosition;
};
```

(3) 打开 shapewidget.cpp 文件，ShapeWidget 的构造函数部分是实现不规则窗体的关键，添加的具体代码如下：

```
//添加的头文件
#include <QMouseEvent>
#include <QPainter>
#include <QPixmap>
#include <QBitmap>
```

```
ShapeWidget::ShapeWidget(QWidget *parent)
    : QWidget(parent)
{
    QPixmap pix;                              //新建一个 QPixmap 对象
    pix.load("16.png",0,Qt::AvoidDither|Qt::ThresholdDither|Qt::
ThresholdAlphaDither);                        //(a)
    resize(pix.size());                       //(b)
    setMask(QBitmap(pix.mask()));             //(c)
}
```

说明：

(a) pix.load("16.png",0,Qt::AvoidDither|Qt::ThresholdDither|Qt::ThresholdAlphaDither)：调用 QPixmap 的 load()函数为 QPixmap 对象填入图像值。

load()函数的原型如下：

```
bool QPixmap::load ( const QString & fileName, const char * format = 0, Qt::
ImageConversionFlags flags = Qt::AutoColor )
```

其中，参数 fileName 为图片文件名；参数 format 表示读取图片文件采用的格式，此处为 0 表示采用默认的格式；参数 flags 表示读取图片的方式，由 Qt::ImageConversionFlags 定义，此处设置的标识为避免图片抖动方式。

(b) resize(pix.size())：重设主窗体的尺寸为所读取的图片的大小。

(c) setMask(QBitmap(pix.mask()))：为调用它的控件增加一个遮罩，遮住所选区域以外的部分，使其看起来是透明的，它的参数可为一个 QBitmap 对象或一个 QRegion 对象，此处调用 QPixmap 的 mask()函数用于获得图片自身的遮罩，实例中使用的是 PNG 格式的图片，它的透明部分实际上是一个遮罩。

使不规则窗体能够响应鼠标事件的函数是重定义的鼠标按下响应函数 mousePressEvent (QMouseEvent *)，首先判断按下的是否为鼠标左键。若是，则保存当前鼠标指针所在的位置相对于窗体左上角的偏移值 dragPosition；若按下的是鼠标右键，则关闭窗体。

鼠标移动响应函数 mouseMoveEvent(QMouseEvent*)首先判断当前鼠标状态，调用 event->buttons()返回鼠标的状态，若为左键则调用 QWidget 的 move()函数将窗体移动至鼠标指针当前位置。由于 move()函数的参数指的是窗体的左上角的位置，因此要使用鼠标指针当前位置减去相对窗体左上角的偏移值 dragPosition。具体的实现代码如下：

```
void ShapeWidget::mousePressEvent(QMouseEvent *event)
{
    if(event->button()==Qt::LeftButton)
    {
        dragPosition =event->globalPos()-frameGeometry().topLeft();
        event->accept();
    }
    if(event->button()==Qt::RightButton)
    {
        close();
    }
}
void ShapeWidget::mouseMoveEvent(QMouseEvent *event)
```

```
    {
        if(event->buttons()&Qt::LeftButton)
        {
            move(event->globalPos()-dragPosition);
            event->accept();
        }
    }
```

重绘函数 paintEvent()主要完成在窗体上绘制图片的工作。此处为方便显示在窗体上，所绘制的是用来确定窗体外形的 PNG 图片。具体实现代码如下：

```
void ShapeWidget::paintEvent(QPaintEvent *event)
{
    QPainter painter(this);
    painter.drawPixmap(0,0,QPixmap("16.png"));
}
```

（4）将事先准备的图片 16.png 复制到项目 debug 目录下，运行程序，显示效果如图 4.14 所示。

4.12 程序启动画面类：QSplashScreen

多数大型应用程序启动时都会在程序完全启动前显示一个启动画面，该启动画面在程序完全启动后消失。程序启动画面可以显示相关产品的一些信息，使用户在等待程序启动的同时了解相关产品的功能，这也是一个宣传的方式。Qt 提供的 QSplashScreen 类实现了在程序启动过程中显示启动画面的功能。

【例】（简单）（CH408）程序启动画面（QSplashScreen 类）的使用方法。当运行程序时，在显示屏的中央出现一个启动画面，经过一段时间，在应用程序完成初始化工作后，启动画面隐去，出现程序的主窗口界面。

实现方法如下。

（1）以直接编写代码（即取消勾选"Generate form"复选框）方式创建 Qt 项目，项目名为 SplashSreen，"Class Information"页中基类选"QMainWindow"，类名为 MainWindow。

（2）主窗体 MainWindow 类继承自 QMainWindow 类，模拟一个程序的启动，打开 mainwindow.h 头文件，自动生成的代码如下：

```
#ifndef MAINWINDOW_H
#define MAINWINDOW_H
#include <QMainWindow>
class MainWindow : public QMainWindow
{
    Q_OBJECT
public:
    MainWindow(QWidget *parent = 0);
    ~MainWindow();
};
#endif // MAINWINDOW_H
```

（3）打开 mainwindow.cpp 源文件，添加如下代码：

```
//添加的头文件
#include <QTextEdit>
#include <windows.h>
MainWindow::MainWindow(QWidget *parent)
    : QMainWindow(parent)
{
    setWindowTitle("Splash Example");
    QTextEdit *edit=new QTextEdit;
    edit->setText("Splash Example!");
    setCentralWidget(edit);
    resize(600,450);
    Sleep(1000);                              //(a)
}
```

说明：

(a) Sleep(1000)：由于启动画面通常在程序初始化时间较长的情况下出现，为了使程序初始化时间加长以显示启动画面，此处调用 Sleep()函数，使主窗口程序在初始化时休眠几秒。

（4）启动画面主要在 main()函数中实现，打开 main.cpp 文件，添加以下加黑处代码：

```
#include "mainwindow.h"
#include <QApplication>
#include <QPixmap>
#include <QSplashScreen>
int main(int argc, char *argv[])
{
    QApplication a(argc, argv);               //创建一个 QApplication 对象
    QPixmap pixmap("Qt.png");                 //(a)
    QSplashScreen splash(pixmap);             //(b)
    splash.show();                            //显示此启动图片
    a.processEvents();                        //(c)
    MainWindow w;                             //(d)
    w.show();
    splash.finish(&w);                        //(e)
    return a.exec();
}
```

说明：

(a) QPixmap pixmap("Qt.png")：创建一个 QPixmap 对象，设置启动图片（这里设置为 Qt 的图标"Qt.png"）。

(b) QSplashScreen splash(pixmap)：利用 QPixmap 对象创建一个 QSplashScreen 对象。

(c) a.processEvents()：使程序在显示启动画面的同时能响应鼠标等其他事件。

(d) MainWindow w、w.show()：正常创建主窗体对象，并调用 show()函数显示。

(e) splash.finish(&w)：表示在主窗体对象初始化完成后，隐去启动画面。

（5）将事先准备好的图片 Qt.png 复制到项目 debug 目录下，运行程序，启动效果如图 4.15 所示。

图 4.15 程序启动效果

  注意: 图 4.15 中央的 Qt 图片首先出现 1 秒,然后弹出"Splash Example"窗口。

第 5 章 主窗口及实例

5.1 主窗口构成

5.1.1 基本元素

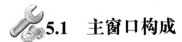

QMainWindow 是一个为用户提供主窗口程序的类，包含一个菜单栏（Menu Bar）、多个工具栏（Tool Bars）、多个锚接部件（Dock Widgets）、一个状态栏（Status Bar）及一个中心部件（Central Widget），是许多应用程序（如文本编辑器、图片编辑器等）的基础。本章将对此进行详细介绍。主窗口界面布局如图 5.1 所示。

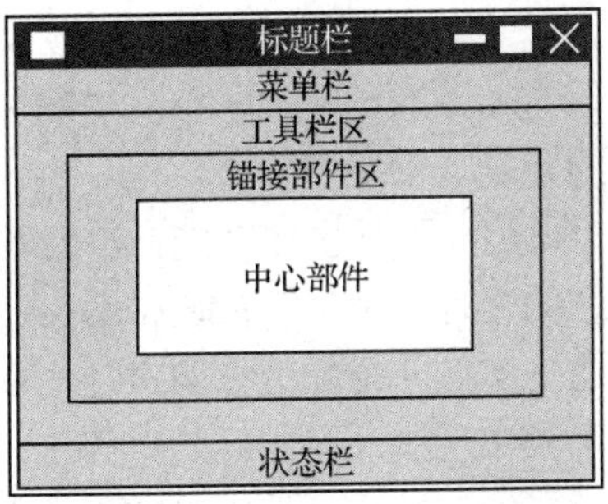

图 5.1　主窗口界面布局

1．菜单栏

菜单是一系列命令的列表。为了实现菜单、工具栏按钮、键盘快捷方式等命令的一致性，Qt 使用动作（Action）来表示这些命令。Qt 的菜单就是由一系列的 QAction 动作对象构成的列表，而菜单栏是包容菜单的面板，它位于主窗口标题栏的下面。一个主窗口只能有一个菜单栏。

2．状态栏

状态栏通常显示 GUI 应用程序的一些状态信息，它位于主窗口的底部。用户可以在状态栏上添加、使用 Qt 窗口部件。一个主窗口只能有一个状态栏。

3．工具栏

工具栏是由一系列按钮排列而成的面板，它通常由一些经常使用的命令（动作）组成。工具栏位于菜单栏的下面、状态栏的上面，可以停靠在主窗口的上、下、左、右四个边上。一个主窗口可以包含多个工具栏。

4．锚接部件

锚接部件作为一个容器使用，以包容其他窗口部件来实现某些功能。例如，Qt 设计器的属性编辑器、对象监视器等都是由锚接部件包容其他的窗口部件来实现的。它位于工具栏区的内部，可以作为一个窗口自由地浮动在主窗口上面，也可以像工具栏一样停靠在主窗口的上、下、左、右四个边上。一个主窗口可以包含多个锚接部件。

5．中心部件

中心部件处在锚接部件区的内部、主窗口的中心。一个主窗口只能有一个中心部件。

> 主窗口具有自己的布局管理器，因此在主窗口 QMainWindow 上设置布局管理器或者创建一个父窗口部件作为 QMainWindow 的布局管理器都是不允许的。但可以在主窗口的中心部件上设置管理器。

为了控制主窗口工具栏和锚接部件的显示和隐藏，在默认情况下，主窗口 QMainWindow 提供了一个快捷菜单（Context Menu）。通常，通过在工具栏或锚接部件上右击就可以激活该快捷菜单，也可以通过函数 QMainWindow::createPopupMenu()激活该快捷菜单。此外，还可以重写 QMainWindow::createPopupMenu()函数，实现自定义的快捷菜单。

5.1.2 文本编辑器项目框架

本章通过完成一个文本编辑器应用实例，介绍 QMainWindow 主窗口的创建流程和各种功能的开发。

（1）文件操作功能：包括新建一个文件，利用标准文件对话框类 QFileDialog 打开一个已存在的文件，利用 QFile 和 QTextStream 读取文件内容，打印文件（分为文本打印和图片打印）。通过实例介绍标准打印对话框类 QPrintDialog 的使用方法，以 QPrinter 作为 QPaintDevice 画图工具实现图片打印。

（2）图片处理中的常用功能：包括图片的缩放、旋转、镜像等，使用 QMatrix 实现图片的各种坐标变换。

（3）开发文本编辑功能：通过在工具栏上设置文字字体、字号大小、加粗、斜体、下画线及字体颜色等快捷按钮，介绍在工具栏中嵌入控件的方法。其中，通过设置字体颜色功能，介绍标准颜色对话框类 QColorDialog 的使用方法。

（4）排版功能：通过选择某种排序方式实现对文本排序，以及实现文本对齐（包括左对齐、右对齐、居中对齐和两端对齐）和撤销、重做的方法。

【例】（难度一般）（CH501）设计界面，效果如图 5.2 所示。

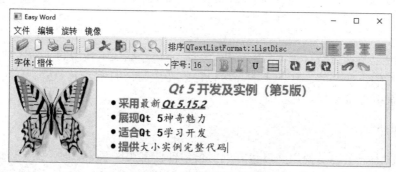

图 5.2　文本编辑器实例效果

首先建立项目的框架代码,具体步骤如下。

(1)以直接编写代码(即取消勾选"Generate form"复选框)方式创建 Qt 项目,项目名为 ImageProcessor,"Class Information"页中基类选"QMainWindow",类名为 ImgProcessor。

(2)添加该工程的显示文本编辑框函数所在的文件,在 ImageProcessor 项目名上右击,在弹出的快捷菜单中选择"添加新文件"命令,在弹出的对话框中选择"C++ Class"选项,单击"Choose"按钮,在弹出的对话框的"Base class"下拉列表框中选择基类名"QWidget",在"Class name"文本框中输入类的名称"ShowWidget"。

(3)单击"下一步"按钮,单击"完成"按钮,添加"showwidget.h"头文件和"showwidget.cpp"源文件。

(4)打开 showwidget.h 头文件,具体代码如下:

```
#include <QWidget>
#include <QLabel>
#include <QTextEdit>
#include <QImage>
class ShowWidget : public QWidget
{
    Q_OBJECT
public:
    explicit ShowWidget(QWidget *parent = 0);
    QImage img;
    QLabel *imageLabel;
    QTextEdit *text;
signals:
public slots:
};
```

(5)打开 showwidget.cpp 文件,添加如下代码:

```
#include "showwidget.h"
#include <QHBoxLayout>
ShowWidget::ShowWidget(QWidget *parent):QWidget(parent)
{
    imageLabel =new QLabel;
    imageLabel->setScaledContents(true);
    text =new QTextEdit;
    QHBoxLayout *mainLayout =new QHBoxLayout(this);
    mainLayout->addWidget(imageLabel);
    mainLayout->addWidget(text);
}
```

(6)主函数 ImgProcessor 类声明中的 createActions()函数用于创建所有的动作、createMenus()函数用于创建菜单、createToolBars()函数用于创建工具栏;接着声明实现主窗口所需的各个元素,包括菜单、工具栏及各个动作等;最后声明用到的槽函数,打开 imgprocessor.h 文件,添加如下代码:

```
#include <QMainWindow>
#include <QImage>
#include <QLabel>
#include <QMenu>
```

```cpp
#include <QMenuBar>
#include <QAction>
#include <QComboBox>
#include <QSpinBox>
#include <QToolBar>
#include <QFontComboBox>
#include <QToolButton>
#include <QTextCharFormat>
#include "showwidget.h"
class ImgProcessor : public QMainWindow
{
    Q_OBJECT
public:
    ImgProcessor(QWidget *parent = 0);
    ~ImgProcessor();
    void createActions();                       //创建动作
    void createMenus();                         //创建菜单
    void createToolBars();                      //创建工具栏
    void loadFile(QString filename);
    void mergeFormat(QTextCharFormat);
private:
    QMenu *fileMenu;                            //各项菜单栏
    QMenu *zoomMenu;
    QMenu *rotateMenu;
    QMenu *mirrorMenu;
    QImage img;
    QString fileName;
    ShowWidget *showWidget;
    QAction *openFileAction;                    //文件菜单项
    QAction *NewFileAction;
    QAction *PrintTextAction;
    QAction *PrintImageAction;
    QAction *exitAction;
    QAction *copyAction;                        //编辑菜单项
    QAction *cutAction;
    QAction *pasteAction;
    QAction *aboutAction;
    QAction *zoomInAction;
    QAction *zoomOutAction;
    QAction *rotate90Action;                    //旋转菜单项
    QAction *rotate180Action;
    QAction *rotate270Action;
    QAction *mirrorVerticalAction;              //镜像菜单项
    QAction *mirrorHorizontalAction;
    QAction *undoAction;
    QAction *redoAction;
    QToolBar *fileTool;                         //工具栏
    QToolBar *zoomTool;
```

```
    QToolBar *rotateTool;
    QToolBar *mirrorTool;
    QToolBar *doToolBar;
};
```

（7）下面是主窗口构造函数的代码，构造函数主要实现窗体的初始化，打开 imgprocessor.cpp 文件，添加如下代码：

```
ImgProcessor::ImgProcessor(QWidget *parent)
    : QMainWindow(parent)
{
    setWindowTitle(tr("Easy Word"));            //设置窗体标题
    showWidget =new ShowWidget(this);
    setCentralWidget(showWidget);
    /* 创建动作、菜单、工具栏的函数 */
    createActions();
    createMenus();
    createToolBars();
    if(img.load("image.png"))
    {
        //在 imageLabel 对象中放置图片
        showWidget->imageLabel->setPixmap(QPixmap::fromImage(img));
    }
}
```

说明：

showWidget =new ShowWidget(this)、setCentralWidget(showWidget)：创建放置图片 QLabel 和文本编辑框 QTextEdit 的 QWidget 对象 showWidget，并将该 QWidget 对象设置为中心部件。

至此，文本编辑器的项目框架就建好了。

5.1.3 菜单与工具栏的实现

菜单与工具栏都与 QAction 密切相关，工具栏上的功能按钮与菜单中的选项相对应，完成相同的功能，使用相同的快捷键与图标。QAction 为用户提供了一个统一的命令接口，无论是从菜单触发、从工具栏触发，还是通过快捷键触发都调用同样的操作接口，以达到同样的目的。

1．动作（Action）的实现

以下是实现基本文件操作的动作（Action）的代码：

```
void ImgProcessor::createActions()
{
    //"打开"动作
    openFileAction =new QAction(QIcon("open.png"),tr("打开"),this);
                                                            //(a)
    openFileAction->setShortcut(tr("Ctrl+O"));              //(b)
    openFileAction->setStatusTip(tr("打开一个文件"));        //(c)
    //"新建"动作
    NewFileAction =new QAction(QIcon("new.png"),tr("新建"),this);
```

```
    NewFileAction->setShortcut(tr("Ctrl+N"));
    NewFileAction->setStatusTip(tr("新建一个文件"));
    //"退出"动作
    exitAction =new QAction(tr("退出"),this);
    exitAction->setShortcut(tr("Ctrl+Q"));
    exitAction->setStatusTip(tr("退出程序"));
    connect(exitAction,SIGNAL(triggered()),this,SLOT(close()));
    //"复制"动作
    copyAction =new QAction(QIcon("copy.png"),tr("复制"),this);
    copyAction->setShortcut(tr("Ctrl+C"));
    copyAction->setStatusTip(tr("复制文件"));
    connect(copyAction,SIGNAL(triggered()),showWidget->text,SLOT (copy()));
    //"剪切"动作
    cutAction =new QAction(QIcon("cut.png"),tr("剪切"),this);
    cutAction->setShortcut(tr("Ctrl+X"));
    cutAction->setStatusTip(tr("剪切文件"));
    connect(cutAction,SIGNAL(triggered()),showWidget->text,SLOT (cut()));
    //"粘贴"动作
    pasteAction =new QAction(QIcon("paste.png"),tr("粘贴"),this);
    pasteAction->setShortcut(tr("Ctrl+V"));
    pasteAction->setStatusTip(tr("粘贴文件"));
    connect(pasteAction,SIGNAL(triggered()),showWidget->text,SLOT (paste()));
    //"关于"动作
    aboutAction =new QAction(tr("关于"),this);
    connect(aboutAction,SIGNAL(triggered()),this,SLOT(QApplication::aboutQt()));
    ...
}
```

说明：

(a) openFileAction =new QAction(QIcon("open.png"),tr("打开"),this)：在创建"打开"动作的同时指定了此动作使用的图标、名称及父窗口。

(b) openFileAction->setShortcut(tr("Ctrl+O"))：设置此动作的快捷键为 Ctrl+O。

(c) openFileAction->setStatusTip(tr("打开一个文件"))：设定状态栏显示，当鼠标指针移至此动作对应的菜单项或工具栏按钮上时，在状态栏上显示"打开一个文件"的提示。

在创建动作时，也可不指定图标。这类动作通常只在菜单中出现，而不在工具栏上出现。

以下是实现打印文本和图片、图片缩放、旋转和镜像的动作（Action）代码（位于 ImgProcessor::createActions()方法中）：

```
    //"打印文本"动作
    PrintTextAction =new QAction(QIcon("printText.png"),tr("打印文本"), this);
    PrintTextAction->setStatusTip(tr("打印一个文本"));
    //"打印图片"动作
    PrintImageAction =new QAction(QIcon("printImage.png"),tr("打印图片"), this);
    PrintImageAction->setStatusTip(tr("打印一幅图片"));
    //"放大"动作
    zoomInAction =new QAction(QIcon("zoomin.png"),tr("放大"),this);
    zoomInAction->setStatusTip(tr("放大一幅图片"));
```

```
//"缩小"动作
zoomOutAction =new QAction(QIcon("zoomout.png"),tr("缩小"),this);
zoomOutAction->setStatusTip(tr("缩小一幅图片"));
//实现图片旋转的动作（Action）
//旋转 90°
rotate90Action =new QAction(QIcon("rotate90.png"),tr("旋转 90°"),this);
rotate90Action->setStatusTip(tr("将一幅图旋转 90°"));
//旋转 180°
rotate180Action =new QAction(QIcon("rotate180.png"),tr("旋转 180°"), this);
rotate180Action->setStatusTip(tr("将一幅图旋转 180°"));
//旋转 270°
rotate270Action =new QAction(QIcon("rotate270.png"),tr("旋转 270°"), this);
rotate270Action->setStatusTip(tr("将一幅图旋转 270°"));
//实现图片镜像的动作（Action）
//纵向镜像
mirrorVerticalAction =new QAction(QIcon("mirrorVertical.png"),tr("纵向镜像"),this);
mirrorVerticalAction->setStatusTip(tr("对一幅图做纵向镜像"));
//横向镜像
mirrorHorizontalAction =new QAction(QIcon("mirrorHorizontal.png"),tr("横向镜像"),this);
mirrorHorizontalAction->setStatusTip(tr("对一幅图做横向镜像"));
//实现撤销和重做的动作（Action）
//撤销和重做
undoAction =new QAction(QIcon("undo.png"),"撤销",this);
connect(undoAction,SIGNAL(triggered()),showWidget->text,SLOT (undo()));
redoAction =new QAction(QIcon("redo.png"),"重做",this);
connect(redoAction,SIGNAL(triggered()),showWidget->text,SLOT (redo()));
```

2. 菜单（Menus）的实现

在实现了各个动作之后，需要将它们通过菜单、工具栏或快捷键的方式体现出来，以下是菜单的实现函数 createMenus()的代码：

```
void ImgProcessor::createMenus()
{
    //文件菜单
    fileMenu =menuBar()->addMenu(tr("文件"));                //(a)
    fileMenu->addAction(openFileAction);                     //(b)
    fileMenu->addAction(NewFileAction);
    fileMenu->addAction(PrintTextAction);
    fileMenu->addAction(PrintImageAction);
    fileMenu->addSeparator();
    fileMenu->addAction(exitAction);
    //缩放菜单
    zoomMenu =menuBar()->addMenu(tr("编辑"));
    zoomMenu->addAction(copyAction);
    zoomMenu->addAction(cutAction);
    zoomMenu->addAction(pasteAction);
    zoomMenu->addAction(aboutAction);
```

```
    zoomMenu->addSeparator();
    zoomMenu->addAction(zoomInAction);
    zoomMenu->addAction(zoomOutAction);
    //旋转菜单
    rotateMenu =menuBar()->addMenu(tr("旋转"));
    rotateMenu->addAction(rotate90Action);
    rotateMenu->addAction(rotate180Action);
    rotateMenu->addAction(rotate270Action);
    //镜像菜单
    mirrorMenu =menuBar()->addMenu(tr("镜像"));
    mirrorMenu->addAction(mirrorVerticalAction);
    mirrorMenu->addAction(mirrorHorizontalAction);
}
```

说明：

(a) fileMenu =menuBar()->addMenu(tr("文件"))：直接调用 QMainWindow 的 menuBar()函数即可得到主窗口的菜单栏指针，再调用菜单栏 QMenuBar 的 addMenu()函数，即可完成在菜单栏中插入一个新菜单 fileMenu，fileMenu 为一个 QMenu 类对象。

(b) fileMenu->addAction(…)：调用 QMenu 的 addAction()函数在菜单中加入菜单项"打开""新建""打印文本""打印图片"。

类似地，实现缩放、旋转和镜像功能。

3．工具栏（ToolBars）的实现

接下来实现相应的工具栏，主窗口的工具栏上可以有多个工具条，通常采用一个菜单对应一个工具条的方式，也可根据需要进行工具条的划分。

```
void ImgProcessor::createToolBars()
{
    //文件工具条
    fileTool =addToolBar("File");                       //(a)
    fileTool->addAction(openFileAction);                //(b)
    fileTool->addAction(NewFileAction);
    fileTool->addAction(PrintTextAction);
    fileTool->addAction(PrintImageAction);
    //编辑工具条
    zoomTool =addToolBar("Edit");
    zoomTool->addAction(copyAction);
    zoomTool->addAction(cutAction);
    zoomTool->addAction(pasteAction);
    zoomTool->addSeparator();
    zoomTool->addAction(zoomInAction);
    zoomTool->addAction(zoomOutAction);
    //旋转工具条
    rotateTool =addToolBar("rotate");
    rotateTool->addAction(rotate90Action);
    rotateTool->addAction(rotate180Action);
    rotateTool->addAction(rotate270Action);
    //撤销和重做工具条
```

```
    doToolBar =addToolBar("doEdit");
    doToolBar->addAction(undoAction);
    doToolBar->addAction(redoAction);
}
```
说明：

(a) fileTool =addToolBar("File")：直接调用 QMainWindow 的 addToolBar()函数即可获得主窗口的工具条对象，每新增一个工具条就调用一次 addToolBar()函数，赋予不同的名称，即可在主窗口中新增一个工具条。

(b) fileTool->addAction(…)：调用 QToolBar 的 addAction()函数在工具条中插入属于本工具条的动作。类似地，实现"编辑工具条""旋转工具条""撤销和重做工具条"。工具条的显示可以由用户进行选择，在工具栏上右击将弹出工具条显示的选择菜单，对需要显示的工具条进行选择即可。

工具条是一个可移动的窗口，它可停靠的区域由 QToolBar 的 allowAreas 决定，包括 Qt::LeftToolBarArea、Qt::RightToolBarArea、Qt::TopToolBarArea、Qt::BottomToolBarArea 和 Qt::AllToolBarAreas。默认为 Qt::AllToolBarAreas，启动后默认出现在主窗口的顶部。可通过调用 setAllowedAreas()函数来指定工具条可停靠的区域，例如：

```
fileTool->setAllowedAreas(Qt::TopToolBarArea|Qt::LeftToolBarArea);
```
该语句限定文件工具条只可出现在主窗口的顶部或左侧。工具条也可通过调用 setMovable()函数设定可移动性，例如：

```
fileTool->setMovable(false);
```
指定文件工具条不可移动，只出现在主窗口的顶部。

将程序中用到的图片保存到项目 debug 目录下，运行程序，效果如图 5.3 所示。

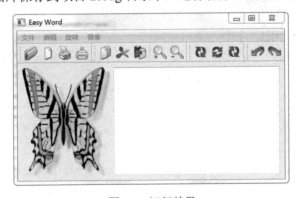

图 5.3　运行效果

下面具体介绍这个文本编辑器的各项功能（即每个槽函数）的实现方法。

5.2 文件操作功能

5.2.1 新建文件

在图 5.3 中，当单击"文件"→"新建"命令时，没有任何反应。下面将介绍如何实现新建一个空白文件的功能。

(1) 打开 imgprocessor.h 头文件，添加"protected slots:"变量：

```
protected slots:
    void ShowNewFile();
```

(2) 在 createActions()函数的新建动作中添加事件关联：

```
connect(NewFileAction,SIGNAL(triggered()),this,SLOT(ShowNewFile()));
```

(3) 实现新建文件功能的函数 ShowNewFile()：

```
void ImgProcessor::ShowNewFile()
{
    ImgProcessor *newImgProcessor =new ImgProcessor;
    newImgProcessor->show();
}
```

(4) 运行程序，单击"文件"→"新建"命令或单击工具栏上的 按钮，弹出新的文件编辑窗口，如图 5.4 所示。

图 5.4　新的文件编辑窗口

5.2.2　打开文件

利用标准文件对话框类 QFileDialog 打开一个已经存在的文件。若当前中央窗体中已有打开的文件，则在一个新的窗口中打开选定的文件；若当前中央窗体是空白的，则在当前中央窗体中打开。

(1) 在 imgprocessor.h 头文件中添加"protected slots:"变量：

```
void ShowOpenFile();
```

(2) 在 createActions()函数的打开动作中添加事件关联：

```
connect(openFileAction,SIGNAL(triggered()),this,SLOT(ShowOpenFile()));
```

(3) 实现打开文件功能的函数 ShowOpenFile()：

```
void ImgProcessor::ShowOpenFile()
{
    fileName =QFileDialog::getOpenFileName(this);
    if(!fileName.isEmpty())
    {
```

```
        if(showWidget->text->document()->isEmpty())
        {
            loadFile(fileName);
        }
        else
        {
            ImgProcessor *newImgProcessor =new ImgProcessor;
            newImgProcessor->show();
            newImgProcessor->loadFile(fileName);
        }
    }
}
```

其中，loadFile()函数的实现如下，该函数利用 QFile 和 QTextStream 完成具体读取文件内容的工作：

```
void ImgProcessor::loadFile(QString filename)
{
    printf("file name:%s\n",filename.data());
    QFile file(filename);
    if(file.open(QIODevice::ReadOnly|QIODevice::Text))
    {
        QTextStream textStream(&file);
        while(!textStream.atEnd())
        {
            showWidget->text->append(textStream.readLine());
            printf("read line\n");
        }
        printf("end\n");
    }
}
```

在此仅详细说明标准文件对话框类 QFileDialog 的 getOpenFileName()静态函数的各个参数的作用，其他文件对话框类中相关的静态函数的参数有与其类似之处。

```
QString QFileDialog::getOpenFileName
(
    QWidget* parent=0,                          //定义标准文件对话框的父窗口
    const QString & caption=QString(),          //定义标准文件对话框的标题名
    const QString & dir=QString(),              //(a)
    const QString & filter=QString(),           //(b)
    QString * selectedFilter=0,                 //用户选择的过滤器通过此参数返回
    Options options=0
);
```

说明：

(a) const QString & dir=QString()：指定默认的目录，若此参数带有文件名，则文件将是默认选中的文件。

(b) const QString & filter=QString()：此参数对文件类型进行过滤，只有与过滤器匹配的文件类型才显示，可以同时指定多种过滤方式供用户选择，多种过滤器之间用";;"隔开。

（4）在该源文件的开始部分添加如下头文件：

```
#include <QFileDialog>
```

```
#include <QFile>
#include <QTextStream>
```

（5）运行程序，单击"文件"→"打开"命令或单击工具栏上的 按钮，弹出"打开"对话框，如图5.5（a）所示。选择某个文件，单击"打开"按钮，文本编辑框中将显示文件内容，如图5.5（b）所示。

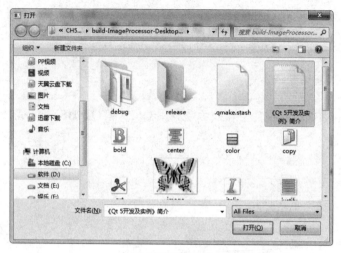

（a）"打开"对话框

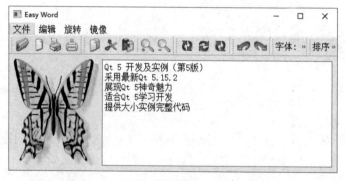

（b）显示文件内容

图5.5 "打开"对话框和显示文件内容

5.2.3 打印文件

打印的文件有文本或图像两种形式，下面分别加以介绍。

1. 文本打印

文本打印在文本编辑工作中经常使用，下面将介绍如何实现文本打印功能。标准打印对话框效果如图5.6所示。

QPrintDialog是Qt提供的标准打印对话框类，为打印机的使用提供了一种方便、规范的方法。

如图5.6所示，标准打印对话框提供了打印机的选择、配置功能，并允许用户改变文档有关的设置，如页面范围、打印份数等。

具体实现步骤如下。

(1) 在 imgprocessor.h 头文件中添加"protected slots:"变量：
```
void ShowPrintText();
```
(2) 在 createActions()函数的打印文本动作中添加事件关联：
```
connect(PrintTextAction,SIGNAL(triggered()),this,SLOT(ShowPrintText()));
```

图 5.6 标准打印对话框效果

(3) 实现打印文本功能的函数 ShowPrintText ()：
```
void ImgProcessor::ShowPrintText()
{
    QPrinter printer;                              //新建一个 QPrinter 对象
    QPrintDialog printDialog(&printer,this);       //(a)
    if(printDialog.exec())                         //(b)
    {
        //获得 QTextEdit 对象的文档
        QTextDocument *doc =showWidget->text->document();
        doc->print(&printer);                      //打印
    }
}
```
说明：

(a) QPrintDialog printDialog(&printer,this)：创建一个 QPrintDialog 对象，参数为 QPrinter 对象。

(b) if(printDialog.exec())：判断标准打印对话框显示后用户是否单击"打印"按钮。若单击"打印"按钮，则相关打印属性可以通过创建 QPrintDialog 对象时使用的 QPrinter 对象获得；若用户单击"取消"按钮，则不执行后续的打印操作。

(4) 在该源文件的开始部分添加如下头文件：
```
#include <QPrintDialog>
#include <QPrinter>
```

注意： Qt 5 中将 QPrinter、QPrintDialog 等类归入 printsupport 模块中。如果在项目中引入了上面的两个头文件，则需要在工程文件（.pro 文件）中加入 "QT += printsupport"，否则编译会出错。

（5）运行程序，单击"文件"→"打印文本"命令或工具栏上的 按钮，弹出标准打印对话框，如图 5.6 所示。

2．图像打印

图像打印实际上是在一个 QPaintDevice 中画图，与平常在 QWidget、QPixmap 和 QImage 中画图相同，都是创建一个 QPainter 对象进行画图，只是打印使用的是 QPrinter，QPrinter 本质上也是一个绘图设备 QPaintDevice。下面将介绍如何实现图像打印功能。

（1）在 imgprocessor.h 头文件中添加"protected slots:"变量：

```
void ShowPrintImage();
```

（2）在 createActions()函数的打印图像动作最后添加事件关联：

```
connect(PrintImageAction,SIGNAL(triggered()),this,SLOT(ShowPrintImage()));
```

（3）实现打印图像功能的函数 ShowPrintImage ()：

```
void ImgProcessor::ShowPrintImage()
{
    QPrinter printer;                                      //新建一个 QPrinter 对象
    QPrintDialog printDialog(&printer,this);               //(a)
    if(printDialog.exec())                                 //(b)
    {
        QPainter painter(&printer);                        //(c)
        QRect rect =painter.viewport();                    //获得 QPainter 对象的视图矩形区域
        QSize size = img.size();                           //获得图像的大小
        /* 按照图像的比例大小重新设置视图矩形区域 */
        size.scale(rect.size(),Qt::KeepAspectRatio);
        painter.setViewport(rect.x(),rect.y(),size.width(),size.height());
        painter.setWindow(img.rect());                     //设置 QPainter 窗口大小为图像的大小
        painter.drawImage(0,0,img);                        //打印图像
    }
}
```

说明：

(a) QPrintDialog printDialog(&printer,this)：创建一个 QPrintDialog 对象，参数为 QPrinter 对象。

(b) if(printDialog.exec())：判断打印对话框显示后用户是否单击"打印"按钮。若单击"打印"按钮，则相关打印属性可以通过创建 QPrintDialog 对象时使用的 QPrinter 对象获得；若用户单击"取消"按钮，则不执行后续的打印操作。

(c) QPainter painter(&printer)：创建一个 QPainter 对象，并指定绘图设备为一个 QPrinter 对象。

（4）在该源文件的开始部分添加如下头文件：

```
#include <QPainter>
```

（5）运行程序，单击"文件"→"打印图像"命令或单击工具栏上的 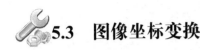 按钮，弹出标准打印对话框，显示效果如图 5.6 所示。

5.3 图像坐标变换

QMatrix 提供了世界坐标系统的二维转换功能，可以使窗体转换、变形，经常在绘图程序中使用，还可以实现坐标系统的移动、缩放、变形及旋转功能。

setScaledContents 用来设置该控件的 scaledContents 属性，确定是否根据其大小自动调节内容大小，以使内容充满整个有效区域。若设置值为 true，则当显示图片时，控件会根据其大小对图片进行调节。该属性默认值为 false。另外，可以通过 hasScaledContents()来获取该属性的值。

5.3.1 缩放功能

下面介绍如何实现缩放功能，具体步骤如下。

（1）在 imgprocessor.h 头文件中添加"protected slots:"变量：
```
void ShowZoomIn();
```
（2）在 createActions()函数的放大动作中添加事件关联：
```
connect(zoomInAction,SIGNAL(triggered()),this,SLOT(ShowZoomIn()));
```
（3）实现图形放大功能的函数 ShowZoomIn()：
```
void ImgProcessor::ShowZoomIn()
{
    if(img.isNull())                //有效性判断
        return;
    QMatrix matrix;                 //声明一个 QMatrix 类的实例
    matrix.scale(2,2);              //(a)
    img = img.transformed(matrix);
    //重新设置显示图形
    showWidget->imageLabel->setPixmap(QPixmap::fromImage(img));
}
```
说明：

(a) **matrix.scale(2,2)**、**img = img.transformed(matrix)**：按照 2 倍比例在水平和垂直方向进行放大，并将当前显示的图形按照该坐标矩阵进行转换。

QMatrix & QMatrix::scale(qreal sx,qreal sy)函数返回缩放后的 matrix 对象引用，若要实现 2 倍比例的缩小，则将参数 sx 和 sy 改为 0.5 即可。

（4）在 imgprocessor.h 头文件中添加"protected slots:"变量：
```
protected slots:
    void ShowZoomOut();
```
（5）在 createActions()函数的缩小动作中添加事件关联：
```
connect(zoomOutAction,SIGNAL(triggered()),this,SLOT(ShowZoomOut()));
```
（6）实现图形缩小功能的函数 ShowZoomOut()：
```
void ImgProcessor::ShowZoomOut()
{
```

```
    if(img.isNull())
        return;
    QMatrix matrix;
    matrix.scale(0.5,0.5);
    img = img.transformed(matrix);
    showWidget->imageLabel->setPixmap(QPixmap::fromImage(img));
}
```

说明:

scale(qreal sx,qreal sy): 此函数的参数是 qreal 类型值。qreal 定义了一种 double 数据类型,该数据类型适用于所有的平台。需要注意的是,对于 ARM 体系结构的平台, qreal 是一种 float 类型。在 Qt 5 中还声明了一些指定位长度的数据类型,目的是保证程序能够在 Qt 5 支持的所有平台上正常运行。例如, qint8 表示有符号的 8 位字节, qlonglong 表示 long long int 类型,与 qint64 相同。

(7) 运行程序,单击"编辑"→"放大"命令或单击工具栏上的 按钮,图像放大效果如图 5.7 所示。

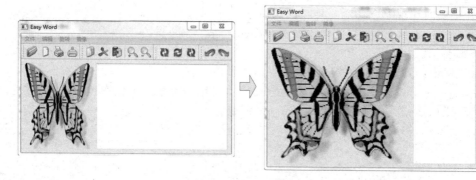

图 5.7　图像放大效果

同理,也可以缩小图像,操作与此类似。

5.3.2 旋转功能

ShowRotate90()函数实现的是图形的旋转,此函数实现坐标的逆时针旋转 90°。具体实现步骤如下。

(1) 在 imgprocessor.h 头文件中添加 "protected slots:" 变量:
```
void ShowRotate90();
```
(2) 在 createActions()函数中添加事件关联:
```
connect(rotate90Action,SIGNAL(triggered()),this,SLOT(ShowRotate90()));
```
(3) ShowRotate90()函数的具体实现代码如下:
```
void ImgProcessor::ShowRotate90()
{
    if(img.isNull())
        return;
    QMatrix matrix;
    matrix.rotate(90);
```

```
    img = img.transformed(matrix);
    showWidget->imageLabel->setPixmap(QPixmap::fromImage(img));
}
```

类似地，下面实现旋转 180°和 270°的功能。

（4）在 imgprocessor.h 头文件中添加"protected slots:"变量：

```
void ShowRotate180();
void ShowRotate270();
```

（5）在 createActions()函数中添加事件关联：

```
connect(rotate180Action,SIGNAL(triggered()),this,SLOT(ShowRotate180()));
connect(rotate270Action,SIGNAL(triggered()),this,SLOT(ShowRotate270()));
```

（6）ShowRotate180()、ShowRotate270()函数的具体实现代码如下：

```
void ImgProcessor::ShowRotate180()
{
    if(img.isNull())
        return;
    QMatrix matrix;
    matrix.rotate(180);
    img = img.transformed(matrix);
    showWidget->imageLabel->setPixmap(QPixmap::fromImage(img));
}
void ImgProcessor::ShowRotate270()
{
    if(img.isNull())
        return;
    QMatrix matrix;
    matrix.rotate(270);
    img = img.transformed(matrix);
    showWidget->imageLabel->setPixmap(QPixmap::fromImage(img));
}
```

（7）运行程序，单击"旋转"→"旋转 90°"命令或单击工具栏上的 按钮，图像旋转 90°的效果如图 5.8 所示。

图 5.8　图像旋转 90°的效果

需要注意的是，在窗口设计中，由于坐标系的 Y 轴是向下的，所以用户看到的图形是顺时针旋转 90°，而实际上是逆时针旋转 90°。

同样，可以选择相应的命令将图像旋转 180°或 270°。

5.3.3 镜像功能

ShowMirrorVertical()函数实现的是图形的纵向镜像，ShowMirrorHorizontal()函数实现的则是横向镜像。通过 QImage::mirrored(bool horizontal,bool vertical)实现图形的镜像功能，参数 horizontal 和 vertical 分别指定了镜像的方向。具体实现步骤如下：

（1）在 imgprocessor.h 头文件中添加"protected slots:"变量：

```
void ShowMirrorVertical();
void ShowMirrorHorizontal();
```

（2）在 createActions()函数中添加事件关联：

```
connect(mirrorVerticalAction,SIGNAL(triggered()),this,SLOT(ShowMirrorVertical()));
connect(mirrorHorizontalAction,SIGNAL(triggered()),this,SLOT(ShowMirrorHorizontal()));
```

（3）ShowMirrorVertical ()、ShowMirrorHorizontal ()函数的具体实现代码如下：

```
void ImgProcessor::ShowMirrorVertical()
{
    if(img.isNull())
        return;
    img=img.mirrored(false,true);
    showWidget->imageLabel->setPixmap(QPixmap::fromImage(img));
}
void ImgProcessor::ShowMirrorHorizontal()
{
    if(img.isNull())
        return;
    img=img.mirrored(true,false);
    showWidget->imageLabel->setPixmap(QPixmap::fromImage(img));
}
```

（4）此时运行程序，单击"镜像"→"横向镜像"命令，蝴蝶翅膀底部的阴影从右边移到左边，横向镜像效果如图 5.9 所示。

图 5.9 横向镜像效果

同理,读者也可以自己实现"纵向镜像"的效果。

5.4 文本编辑功能

在编写包含格式设置的文本编辑程序时,经常用到的文本编辑类有 QTextCursor、QTextEdit、QTextDocument、QTextBlock、QTextList、QTextFrame、QTextTable、QTextCharFormat、QTextBlockFormat、QTextListFormat、QTextFrameFormat 和 QTextTableFormat 等。

文本编辑类之间的划分与关系如图 5.10 所示。

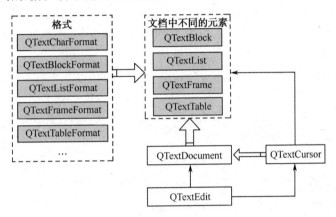

图 5.10 文本编辑类之间的划分与关系

任何一个文本编辑程序都要用 QTextEdit 作为输入文本的容器,在它里面输入可编辑文本,由 QTextDocument 作为载体,而用来表示 QTextDocument 的元素的 QTextBlock、QTextList、QTextFrame 等是 QTextDocument 的不同表现形式,可以表示为字符串、段落、列表、表格或图片等。

每种元素都有自己的格式,这些格式则用 QTextCharFormat、QTextBlockFormat、QTextListFormat、QTextFrameFormat 等来描述与实现。例如,QTextBlockFormat 对应于 QTextBlock,QTextBlock 用于表示一块文本,通常可以理解为一个段落,但它并不仅指段落;QTextBlockFormat 则表示这一块文本的格式,如缩进的值、与四边的边距等。

从图 5.10 中可以看出,用于表示编辑文本中的光标 QTextCursor 是一个非常重要且经常用到的类,它提供了对 QTextDocument 文档的修改接口,所有对文档格式的修改都与光标有关。例如,改变字符的格式,实际上指的是改变光标处字符的格式。又例如,改变段落的格式,实际上指的是改变光标所在段落的格式。因此,所有对 QTextDocument 的修改都能够通过 QTextCursor 实现,QTextCursor 在文档编辑程序中具有重要的作用。

实现文本编辑的具体操作步骤如下。

(1) 在 imgprocessor.h 头文件中添加 "private:" 变量:

```
QLabel *fontLabel1;                                //字体设置项
QFontComboBox *fontComboBox;
QLabel *fontLabel2;
QComboBox *sizeComboBox;
QToolButton *boldBtn;
QToolButton *italicBtn;
```

```
QToolButton *underlineBtn;
QToolButton *colorBtn;
QToolBar *fontToolBar;                              //字体工具栏
```
（2）在 imgprocessor.h 头文件中添加"protected slots:"变量：
```
void ShowFontComboBox(QString comboStr);
void ShowSizeSpinBox(QString spinValue);
void ShowBoldBtn();
void ShowItalicBtn();
void ShowUnderlineBtn();
void ShowColorBtn();
void ShowCurrentFormatChanged(const QTextCharFormat &fmt);
```
（3）在相对应的构造函数中，在语句"setCentralWidget(showWidget);"与语句"createActions();"之间添加如下代码：
```
ImgProcessor::ImgProcessor(QWidget *parent)
    : QMainWindow(parent)
{
    ...
    setCentralWidget(showWidget);
    //在工具栏中嵌入控件
    //设置字体
    fontLabel1 =new QLabel(tr("字体:"));
    fontComboBox =new QFontComboBox;
    fontComboBox->setFontFilters(QFontComboBox::ScalableFonts);
    fontLabel2 =new QLabel(tr("字号:"));
    sizeComboBox =new QComboBox;
    QFontDatabase db;
    foreach(int size,db.standardSizes())
        sizeComboBox->addItem(QString::number(size));
    boldBtn =new QToolButton;
    boldBtn->setIcon(QIcon("bold.png"));
    boldBtn->setCheckable(true);
    italicBtn =new QToolButton;
    italicBtn->setIcon(QIcon("italic.png"));
    italicBtn->setCheckable(true);
    underlineBtn =new QToolButton;
    underlineBtn->setIcon(QIcon("underline.png"));
    underlineBtn->setCheckable(true);
    colorBtn = new QToolButton;
    colorBtn->setIcon(QIcon("color.png"));
    colorBtn->setCheckable(true);
    /* 创建动作、菜单、工具栏的函数 */
    createActions();
    ...
}
```
（4）在该构造函数的最后部分添加相关的事件关联：
```
connect(fontComboBox,SIGNAL(activated(QString)),
    this,SLOT(ShowFontComboBox(QString)));
connect(sizeComboBox,SIGNAL(activated(QString)),
    this,SLOT(ShowSizeSpinBox(QString)));
```

```
connect(boldBtn,SIGNAL(clicked()),this,SLOT(ShowBoldBtn()));
connect(italicBtn,SIGNAL(clicked()),this,SLOT(ShowItalicBtn()));
connect(underlineBtn,SIGNAL(clicked()),this,SLOT(ShowUnderlineBtn()));
connect(colorBtn,SIGNAL(clicked()),this,SLOT(ShowColorBtn()));
connect(showWidget->text,SIGNAL(currentCharFormatChanged(QTextCharFormat&
)),this,SLOT(ShowCurrentFormatChanged(QTextCharFormat&)));
```

（5）在相对应的工具栏 createToolBars()函数中添加如下代码：

```
//字体工具条
fontToolBar =addToolBar("Font");
fontToolBar->addWidget(fontLabel1);
fontToolBar->addWidget(fontComboBox);
fontToolBar->addWidget(fontLabel2);
fontToolBar->addWidget(sizeComboBox);
fontToolBar->addSeparator();
fontToolBar->addWidget(boldBtn);
fontToolBar->addWidget(italicBtn);
fontToolBar->addWidget(underlineBtn);
fontToolBar->addSeparator();
fontToolBar->addWidget(colorBtn);
```

调用 QFontComboBox 的 setFontFilters 接口可过滤只在下拉列表框中显示某一类字体，默认情况下为 QFontComboBox::AllFonts 列出所有字体。

使用 QFontDatabase 实现在字号下拉列表框中填充各种不同的字号选项，QFontDatabase 用于表示当前系统中所有可用的格式信息，主要是字体和字号大小。

调用 standardSizes()函数返回可用标准字号的列表，并将它们插入字号下拉列表框中。本例中只列出字号。

> foreach 是 Qt 提供的替代 C++中 for 循环的关键字，它的使用方法如下。
> foreach(variable,container)：其中，参数 container 表示程序中需要循环读取的一个列表；参数 variable 用于表示每个元素的变量；例如：
> ```
> foreach(int ,QList<int>)
> {
>    //process
> }
> ```
> 循环至列表尾，结束循环。

5.4.1 设置字体

完成设置选定文字字体的函数 ShowFontComboBox()的代码如下：

```
void ImgProcessor::ShowFontComboBox(QString comboStr)   //设置字体
{
    QTextCharFormat fmt;                //创建一个 QTextCharFormat 对象
    fmt.setFontFamily(comboStr);        //选择的字体名称设置给 QTextCharFormat 对象
    mergeFormat(fmt);                   //将新的格式应用到光标选区内的字符
}
```

前面介绍过，所有对于 QTextDocument 进行的修改都通过 QTextCursor 来完成，具体代码如下：

```
void ImgProcessor::mergeFormat(QTextCharFormat format)
{
    QTextCursor cursor =showWidget->text->textCursor();
                                                          //获得编辑框中的光标
    if(!cursor.hasSelection())                            //(a)
       cursor.select(QTextCursor::WordUnderCursor);
    cursor.mergeCharFormat(format);                       //(b)
    showWidget->text->mergeCurrentCharFormat(format);     //(c)
}
```

说明：

(a) if(!cursor.hasSelection())、cursor.select(QTextCursor::WordUnderCursor)：若没有高亮选区，则将光标所在处的词作为选区，由前后空格或","、"."等标点符号区分词。

(b) cursor.mergeCharFormat(format)：调用 QTextCursor 的 mergeCharFormat()函数将参数 format 所表示的格式应用到光标所在处的字符上。

(c) showWidget->text->mergeCurrentCharFormat(format)：调用 QTextEdit 的 merge CurrentChar Format()函数将格式应用到选区内的所有字符上。

随后的其他格式设置也可采用此种方法。

5.4.2 设置字号

设置选定文字字号大小的 ShowSizeSpinBox()函数的代码如下：

```
void ImgProcessor::ShowSizeSpinBox(QString spinValue)   //设置字号
{
    QTextCharFormat fmt;
    fmt.setFontPointSize(spinValue.toFloat());
    showWidget->text->mergeCurrentCharFormat(fmt);
}
```

5.4.3 设置文字加粗

设置选定文字加粗显示的 ShowBoldBtn()函数的代码如下：
```
void ImgProcessor::ShowBoldBtn()                        //设置文字加粗显示
{
    QTextCharFormat fmt;
    fmt.setFontWeight(boldBtn->isChecked()?QFont::Bold:QFont:: Normal);
    showWidget->text->mergeCurrentCharFormat(fmt);
}
```

其中，调用 QTextCharFormat 的 setFontWeight()函数设置粗细值，若检测到"加粗"按钮被按下，则设置字符的 Weight 值为 QFont::Bold，可直接设为 75；反之，则设为 QFont::Normal。文字的粗细值由 QFont::Weight 表示，它是一个整型值，取值的范围为 0~99，有 5 个预置值，分别为 QFont::Light（25）、QFont::Normal（50）、QFont::DemiBold（63）、QFont::Bold（75）和 QFont::Black（87），通常在 QFont::Normal 和 QFont::Bold 之间转换。

5.4.4 设置文字斜体

设置选定文字斜体显示的 ShowItalicBtn()函数的代码如下：
```
void ImgProcessor::ShowItalicBtn()            //设置文字斜体显示
{
    QTextCharFormat fmt;
    fmt.setFontItalic(italicBtn->isChecked());
    showWidget->text->mergeCurrentCharFormat(fmt);
}
```

5.4.5 设置文字加下画线

在选定文字下方加下画线的 ShowUnderlineBtn()函数的代码如下：
```
void ImgProcessor::ShowUnderlineBtn()          //设置文字加下画线
{
    QTextCharFormat fmt;
    fmt.setFontUnderline(underlineBtn->isChecked());
    showWidget->text->mergeCurrentCharFormat(fmt);
}
```

5.4.6 设置文字颜色

设置选定文字颜色的 ShowColorBtn()函数的代码如下：
```
void ImgProcessor::ShowColorBtn()              //设置文字颜色
{
    QColor color=QColorDialog::getColor(Qt::red,this); //(a)
    if(color.isValid())
    {
        QTextCharFormat fmt;
        fmt.setForeground(color);
        showWidget->text->mergeCurrentCharFormat(fmt);
    }
}
```
在 imgprocessor.cpp 文件的开头添加声明：
```
#include <QColorDialog>
#include <QColor>
```
说明：

(a) QColor color=QColorDialog::getColor(Qt::red,this)：使用了标准颜色对话框的方式，当单击"颜色"按钮时，在弹出的标准颜色对话框中选择颜色。

标准颜色对话框类 QColorDialog 的使用：
```
QColor getColor
(
    const QColor& initial=Qt::white,
```

```
    QWidget* parent=0
);
```

第 1 个参数指定了选中的颜色，默认为白色。通过 QColor::isValid()可以判断用户选择的颜色是否有效，若用户单击"取消"（Cancel）按钮，则 QColor::isValid()返回 false。第 2 个参数定义了标准颜色对话框的父窗口。

5.4.7 设置字符格式

当光标所在处的字符格式发生变化时调用此槽函数，函数根据新的字符格式将工具栏上各个格式控件的显示更新。

```
void ImgProcessor::ShowCurrentFormatChanged(const QTextCharFormat &fmt)
{
    fontComboBox->setCurrentIndex(fontComboBox->findText(fmt.fontFamily()));
    sizeComboBox->setCurrentIndex(sizeComboBox->findText(QString::number(fmt.fontPointSize()))));
    boldBtn->setChecked(fmt.font().bold());
    italicBtn->setChecked(fmt.fontItalic());
    underlineBtn->setChecked(fmt.fontUnderline());
}
```

此时运行程序，可根据需要设置字体的各种形式。

5.5 排版功能

具体实现步骤如下。

（1）在 imgprocessor.h 头文件中添加"private:"变量：

```
QLabel *listLabel;                                      //排序设置项
QComboBox *listComboBox;
QActionGroup *actGrp;
QAction *leftAction;
QAction *rightAction;
QAction *centerAction;
QAction *justifyAction;
QToolBar *listToolBar;                                  //排序工具栏
```

（2）在 imgprocessor.h 头文件中添加"protected slots:"变量：

```
void ShowList(int);
void ShowAlignment(QAction *act);
void ShowCursorPositionChanged();
```

（3）在相对应的构造函数中，在语句"setCentralWidget(showWidget);"与语句"createActions();"之间添加如下代码：

```
//排序
listLabel =new QLabel(tr("排序"));
listComboBox =new QComboBox;
listComboBox->addItem("Standard");
listComboBox->addItem("QTextListFormat::ListDisc");
```

```
listComboBox->addItem("QTextListFormat::ListCircle");
listComboBox->addItem("QTextListFormat::ListSquare");
listComboBox->addItem("QTextListFormat::ListDecimal");
listComboBox->addItem("QTextListFormat::ListLowerAlpha");
listComboBox->addItem("QTextListFormat::ListUpperAlpha");
listComboBox->addItem("QTextListFormat::ListLowerRoman");
listComboBox->addItem("QTextListFormat::ListUpperRoman");
```

(4) 在构造函数的最后添加相关的事件关联:

```
connect(listComboBox,SIGNAL(activated(int)),this,SLOT(ShowList(int)));
connect(showWidget->text->document(),SIGNAL(undoAvailable(bool)),redoAction,SLOT(setEnabled(bool)));
connect(showWidget->text->document(),SIGNAL(redoAvailable(bool)),redoAction,SLOT(setEnabled(bool)));
connect(showWidget->text,SIGNAL(cursorPositionChanged()),this,SLOT(ShowCursorPositionChanged()));
```

(5) 在相对应的工具栏 createActions()函数中添加如下代码:

```
//排序: 左对齐、右对齐、居中和两端对齐
actGrp =new QActionGroup(this);
leftAction =new QAction(QIcon("left.png"),"左对齐",actGrp);
leftAction->setCheckable(true);
rightAction =new QAction(QIcon("right.png"),"右对齐",actGrp);
rightAction->setCheckable(true);
centerAction =new QAction(QIcon("center.png"),"居中",actGrp);
centerAction->setCheckable(true);
justifyAction =new QAction(QIcon("justify.png"),"两端对齐",actGrp);
justifyAction->setCheckable(true);
connect(actGrp,SIGNAL(triggered(QAction*)),this,SLOT(ShowAlignment(QAction*)));
```

(6) 在相对应的工具栏 createToolBars()函数中添加如下代码:

```
//排序工具条
listToolBar =addToolBar("list");
listToolBar->addWidget(listLabel);
listToolBar->addWidget(listComboBox);
listToolBar->addSeparator();
listToolBar->addActions(actGrp->actions());
```

5.5.1 实现段落对齐

对按下某个对齐按钮的响应使用 ShowAlignment()函数,根据比较判断触发的是哪个对齐按钮,调用 QTextEdit 的 setAlignment()函数可以实现当前段落的对齐调整。具体代码如下:

```
void ImgProcessor::ShowAlignment(QAction *act)
{
    if(act==leftAction)
        showWidget->text->setAlignment(Qt::AlignLeft);
    if(act==rightAction)
        showWidget->text->setAlignment(Qt::AlignRight);
```

```
    if(act==centerAction)
        showWidget->text->setAlignment(Qt::AlignCenter);
    if(act==justifyAction)
        showWidget->text->setAlignment(Qt::AlignJustify);
}
```

响应文本中光标位置处发生改变的信号的 ShowCursorPositionChanged()函数代码如下：

```
void ImgProcessor::ShowCursorPositionChanged()
{
    if(showWidget->text->alignment()==Qt::AlignLeft)
        leftAction->setChecked(true);
    if(showWidget->text->alignment()==Qt::AlignRight)
        rightAction->setChecked(true);
    if(showWidget->text->alignment()==Qt::AlignCenter)
        centerAction->setChecked(true);
    if(showWidget->text->alignment()==Qt::AlignJustify)
        justifyAction->setChecked(true);
}
```

完成四个对齐按钮的状态更新。通过调用 QTextEdit 的 alignment()函数获得当前光标所在处段落的对齐方式，设置相应的对齐按钮为按下状态。

5.5.2 实现文本排序

首先，介绍文本排序功能实现的基本流程（见图 5.11）。

主要用于描述文本排序格式的 QTextListFormat 包含两个基本属性：一个为 QTextListFormat::style，表示文本采用哪种排序方式；另一个为 QTextListFormat::indent，表示排序后的缩进值。因此，若要实现文本排序的功能，则设置好 QTextListFormat 的以上两个属性，并将整个格式通过 QTextCursor 应用到文本中即可。

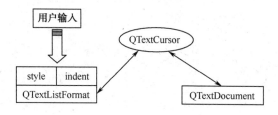

图 5.11　文本排序功能实现的基本流程

在通常的文本编辑器中，QTextListFormat 的缩进值 indent 都是预设好的，并不需要由用户设定。本例采用在程序中通过获取当前文本段 QTextBlockFormat 的缩进值来进行相应计算的方法，以获得排序文本的缩进值。

实现根据用户选择的不同排序方式对文本进行排序的 ShowList()函数代码如下：

```
void ImgProcessor::ShowList(int index)
{
    //获得编辑框的 QTextCursor 对象指针
    QTextCursor cursor=showWidget->text->textCursor();
    if(index!=0)
    {
```

```cpp
        QTextListFormat::Style style=QTextListFormat::ListDisc;  //(a)
        switch(index)                                       //设置 style 属性值
        {
         default:
         case 1:
             style=QTextListFormat::ListDisc; break;
         case 2:
             style=QTextListFormat::ListCircle; break;
         case 3:
             style=QTextListFormat::ListSquare; break;
         case 4:
             style=QTextListFormat::ListDecimal; break;
         case 5:
             style=QTextListFormat::ListLowerAlpha; break;
         case 6:
             style=QTextListFormat::ListUpperAlpha; break;
         case 7:
             style=QTextListFormat::ListLowerRoman; break;
         case 8:
             style=QTextListFormat::ListUpperRoman; break;
        }
        /* 设置缩进值 */                                        //(b)
        cursor.beginEditBlock();
        QTextBlockFormat blockFmt=cursor.blockFormat();
        QTextListFormat listFmt;
        if(cursor.currentList())
        {
            listFmt= cursor.currentList()->format();
        }
        else
        {
            listFmt.setIndent(blockFmt.indent()+1);
            blockFmt.setIndent(0);
            cursor.setBlockFormat(blockFmt);
        }
        listFmt.setStyle(style);
        cursor.createList(listFmt);
        cursor.endEditBlock();
    }
    else
    {
        QTextBlockFormat bfmt;
        bfmt.setObjectIndex(-1);
        cursor.mergeBlockFormat(bfmt);
    }
}
```

说明：

(a) QTextListFormat::Style style=QTextListFormat::ListDisc：从下拉列表框中选择 QTextListFormat

的 style 属性值。Qt 提供了 8 种文本排序的方式，分别是 QTextListFormat::ListDisc、QTextListFormat::ListCircle、QTextListFormat::ListSquare、QTextListFormat::ListDecimal、QTextListFormat::ListLowerAlpha、QTextListFormat::ListUpperAlpha、QTextListFormat::ListLowerRoman 和 QTextListFormat::ListUpperRoman。

(b) cursor.beginEditBlock();

...

cursor.endEditBlock();

此代码段完成 QTextListFormat 的另一个属性 indent（即缩进值）的设定，并将设置的格式应用到光标所在处的文本。

以 cursor.beginEditBlock()开始，以 cursor.endEditBlock()结束，这两个函数的作用是设定这两个函数之间的所有操作相当于一个动作。如果需要进行撤销或恢复，则这两个函数之间的所有操作将同时被撤销或恢复，这两个函数通常成对出现。

设置 QTextListFormat 的缩进值首先通过 QTextCursor 获得 QTextBlockFormat 对象，由 QTextBlockFormat 获得段落的缩进值，在此基础上定义 QTextListFormat 的缩进值，本例是在段落缩进的基础上加 1，也可根据需要进行其他设定。

在 imgprocessor.cpp 文件的开头添加声明：

```
#include <QTextList>
```

最后，打开 main.cpp 文件，具体代码（加黑处代码是后添加的）如下：

```
#include "imgprocessor.h"
#include <QApplication>
int main(int argc, char *argv[])
{
    QApplication a(argc, argv);
    QFont f("ZYSong18030",12);                //设置显示的字体格式
    a.setFont(f);
    ImgProcessor w;
    w.show();
    return a.exec();
}
```

这样修改的目的是定制程序主界面的显示字体。

此时运行程序，可实现段落的对齐和文本排序功能，一段文本的排版示例如图 5.12 所示。这里使用了"QTextListFormat::ListDisc"（黑色实心圆点）的文本排序方式。

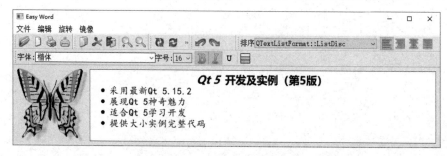

图 5.12　一段文本的排版示例

当然，读者也可以尝试其他几种方式的排版效果。

第 6 章 事件处理及实例

本章通过鼠标事件、键盘事件和事件过滤的三个实例介绍事件处理的实现。

6.1 鼠标事件

鼠标事件包括鼠标的移动，鼠标键按下、松开、单击、双击等。

【例】（简单）（CH601）本例将介绍如何获得和处理鼠标事件。鼠标事件实例如图 6.1 所示。

当用户操作鼠标在特定区域内移动时，状态栏右侧会实时地显示当前鼠标指针所在的位置信息；当用户按下鼠标键时，状态栏左侧会显示用户按下的键属性（左键、右键或中键），并显示按键时的鼠标指针位置；当用户松开鼠标键时，状态栏左侧又会显示松开时的指针位置信息。

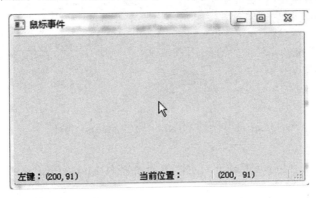

图 6.1 鼠标事件实例

下面是鼠标事件实例的具体实现步骤。

（1）在头文件 mouseevent.h 中，重定义了 QWidget 的三个鼠标事件方法，即 mouseMoveEvent、mousePressEvent 和 mouseReleaseEvent。当有鼠标事件发生时，就会执行相应的函数，其具体内容如下：

```
#include <QMainWindow>
#include <QLabel>
#include <QStatusBar>
#include <QMouseEvent>
class MouseEvent : public QMainWindow
{
    Q_OBJECT
```

```
public:
    MouseEvent(QWidget *parent = 0);
    ~MouseEvent();
protected:
    void mousePressEvent(QMouseEvent *e);
    void mouseMoveEvent(QMouseEvent *e);
    void mouseReleaseEvent(QMouseEvent *e);
    void mouseDoubleClickEvent(QMouseEvent *e);
private:
    QLabel *statusLabel;
    QLabel *MousePosLabel;
};
```

（2）源文件 mouseevent.cpp 的具体代码如下：

```
#include "mouseevent.h"
MouseEvent::MouseEvent(QWidget *parent)
    : QMainWindow(parent)
{
    setWindowTitle(tr("鼠标事件"));                          //设置窗体的标题
    statusLabel = new QLabel;                                //(a)
    statusLabel->setText(tr("当前位置："));
    statusLabel->setFixedWidth(100);
    MousePosLabel = new QLabel;                              //(b)
    MousePosLabel->setText(tr(""));
    MousePosLabel->setFixedWidth(100);
    statusBar()->addPermanentWidget(statusLabel);            //(c)
    statusBar()->addPermanentWidget(MousePosLabel);
    this->setMouseTracking(true);                            //(d)
    resize(400,200);
}
```

说明：

(a) **statusLabel = new QLabel**：创建 QLabel 控件 statusLabel，用于显示鼠标移动时的实时指针位置。

(b) **MousePosLabel = new QLabel**：创建 QLabel 控件 MousePosLabel，用于显示鼠标键按下或释放时的指针位置。

(c) **statusBar( )->addPermanentWidget(…)**：在 QMainWindow 的状态栏中增加控件。

(d) **this->setMouseTracking(true)**：设置窗体追踪鼠标。setMouseTracking()函数设置窗体是否追踪鼠标，默认为 false，不追踪，在此情况下应至少有一个鼠标键被按下时才响应鼠标移动事件，在前面的例子中有很多类似的情况，如绘图程序。在这里需要实时显示鼠标的位置，因此设置为 true，追踪鼠标。

mousePressEvent()函数为鼠标按下事件响应函数，QMouseEvent 的 button()方法可以获得发生鼠标事件的按键属性（左键、右键、中键等）。具体代码如下：

```
void MouseEvent::mousePressEvent(QMouseEvent *e)
{
    QString str="("+QString::number(e->x())+","+QString::number(e->y()) +")";
                                                              //(a)
    if(e->button()==Qt::LeftButton)
```

```
        {
            statusBar()->showMessage(tr("左键: ")+str);
        }
        else if(e->button()==Qt::RightButton)
        {
            statusBar()->showMessage(tr("右键: ")+str);
        }
        else if(e->button()==Qt::MidButton)
        {
            statusBar()->showMessage(tr("中键: ")+str);
        }
}
```

说明：

(a) QMouseEvent 类的 x()和 y()方法可以获得鼠标指针相对于接收事件的窗体位置，globalX()和 globalY()方法可以获得鼠标指针相对于窗口系统的位置。

mouseMoveEvent()函数为鼠标移动事件响应函数，QMouseEvent 的 x()和 y()方法可以获得鼠标指针的相对位置，即相对于应用程序的位置。具体代码如下：

```
void MouseEvent::mouseMoveEvent(QMouseEvent *e)
{
MousePosLabel->setText("("+QString::number(e->x())+","+QString::number(e->y())+")");
}
```

mouseReleaseEvent()函数为鼠标松开事件响应函数，其具体代码如下：

```
void MouseEvent::mouseReleaseEvent(QMouseEvent *e)
{
    QString str="("+QString::number(e->x())+","+QString::number(e->y()) +")";
    statusBar()->showMessage(tr("释放在: ")+str,3000);
}
```

mouseDoubleClickEvent()函数为鼠标双击事件响应函数，此处没有实现具体功能，但仍要写出函数体框架：

```
void MouseEvent::mouseDoubleClickEvent(QMouseEvent *e){}
```

（3）运行程序，效果如图 6.1 所示。

6.2 键盘事件

在图像处理和游戏应用程序中，有时需要通过键盘控制某个对象的移动，此功能可以通过对键盘事件的处理来实现。键盘事件的获取是通过重定义 QWidget 的 keyPressEvent()和 keyReleaseEvent()来实现的。

【例】（难度一般）（CH602）下面通过实现键盘控制图标的移动来介绍键盘事件的应用，如图 6.2 所示。

通过键盘的上、下、左、右方向键可以控制图标的移动，移动的步进值为网格的大小，如果同时按下 Ctrl 键，则实现细微移动；若按下 Home 键，则光标回到界面的左上顶点；若按下 End 键，则光标到达界面的右下顶点。

图 6.2 键盘事件实例

具体实现步骤如下。

（1）头文件 keyevent.h 的具体内容如下：

```cpp
#include <QWidget>
#include <QKeyEvent>
#include <QPaintEvent>
class KeyEvent : public QWidget
{
    Q_OBJECT
public:
    KeyEvent(QWidget *parent = 0);
    ~KeyEvent();
    void drawPix();
    void keyPressEvent(QKeyEvent *);
    void paintEvent(QPaintEvent *);
private:
    QPixmap *pix;           //作为一个绘图设备，使用双缓冲机制实现图形的绘制
    QImage image;           //界面中间的小图标
    /* 图标的左上顶点位置 */
    int startX;
    int startY;
    /* 界面的宽度和高度 */
    int width;
    int height;
    int step;               //网格的大小，即移动的步进值
};
```

（2）源文件 keyevent.cpp 的代码如下：

```cpp
#include "keyevent.h"
#include <QPainter>
KeyEvent::KeyEvent(QWidget *parent)
    : QWidget(parent)
{
    setWindowTitle(tr("键盘事件"));
    setAutoFillBackground(true);
```

```
QPalette palette = this->palette();
palette.setColor(QPalette::Window,Qt::white);
setPalette(palette);
setMinimumSize(512,256);
setMaximumSize(512,256);
width=size().width();
height=size().height();
pix = new QPixmap(width,height);
pix->fill(Qt::white);
image.load("../image/image.png");
startX=100;
startY=100;
step=20;
drawPix();
resize(512,256);
}
```

（3）在项目工程所在目录下新建一个文件夹并命名为 image，在文件夹内保存一个名为"image.png"的图片；在项目中按照以下步骤添加资源文件。

① 在项目名"KeyEvent"上右击，选择"添加新文件"命令，在如图 6.3 所示的对话框中单击"Qt"（模板）→"Qt Resource File"→"Choose"按钮。

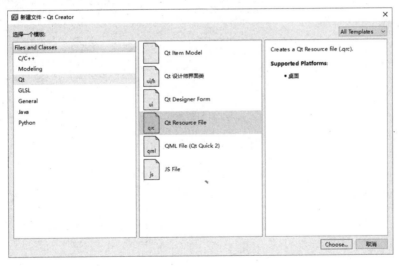

图 6.3 添加 Qt 资源文件

② 在弹出的对话框中选择资源要存放的路径，如图 6.4 所示，在名称栏中填写资源名称"keyevent"。

单击"下一步"按钮，单击"完成"按钮。此时，项目目录树中自动添加了一个"keyevent.qrc"资源文件，如图 6.5 所示。

③ 右击该资源文件，选择"Add Prefix"命令，在弹出的"Add Prefix"对话框的"Prefix"栏中填写"/new/prefix1"，单击"OK"按钮，此时项目目录树右边资源文件下新增了一个"/new/prefix1"子目录项，单击下方"添加"按钮上的▼，选择"添加文件"，按照如图 6.6 所示的步骤操作，在弹出的对话框中选择"image/image.png"文件，单击"打开"按钮，将该图片添加到项目中。

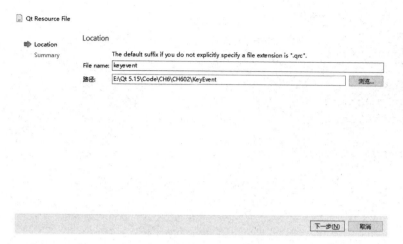

图 6.4 为资源命名和选择资源要存放的路径 图 6.5 添加后的项目目录树

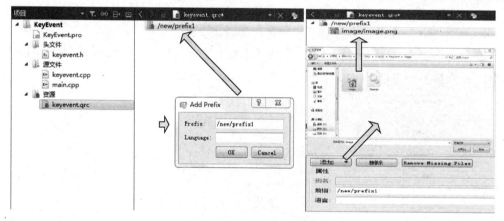

图 6.6 将资源加入项目

(4) drawPix()函数实现了在 QPixmap 对象上绘制图像，其具体代码如下：

```
void KeyEvent::drawPix()
{
    pix->fill(Qt::white);                    //重新刷新 pix 对象为白色底色
    QPainter *painter = new QPainter;        //创建一个 QPainter 对象
    QPen pen(Qt::DotLine);                   //(a)
    for(int i=step;i<width;i=i+step)         //按照步进值的间隔绘制纵向的网格线
    {
        painter->begin(pix);                 //指定 pix 为绘图设备
        painter->setPen(pen);
        painter->drawLine(QPoint(i,0),QPoint(i,height));
        painter->end();
    }
    for(int j=step;j<height;j=j+step)        //按照步进值的间隔绘制横向的网格线
    {
        painter->begin(pix);
        painter->setPen(pen);
        painter->drawLine(QPoint(0,j),QPoint(width,j));
```

```
        painter->end();
    }
    painter->begin(pix);
    painter->drawImage(QPoint(startX,startY),image);      //(b)
    painter->end();
}
```

说明：

(a) QPen pen(Qt::DotLine)：创建一个 QPen 对象，设置画笔的线型为 Qt::DotLine，用于绘制网格。

(b) painter->drawImage(QPoint(startX,startY),image)：在 pix 对象中绘制可移动的小图标。

keyPressEvent()函数处理键盘的按下事件，具体代码如下：

```
void KeyEvent::keyPressEvent(QKeyEvent *event)
{
    if(event->modifiers()==Qt::ControlModifier)           //(a)
    {
        if(event->key()==Qt::Key_Left)                    //(b)
        {
            startX=(startX-1<0)?startX:startX-1;
        }
        if(event->key()==Qt::Key_Right)                   //(c)
        {
            startX=(startX+1+image.width()>width)?startX:startX+1;
        }
        if(event->key()==Qt::Key_Up)                      //(d)
        {
            startY=(startY-1<0)?startY:startY-1;
        }
        if(event->key()==Qt::Key_Down)                    //(e)
        {
            startY=(startY+1+image.height()>height)?startY:startY+1;
        }
    }
    else                                    //对 Ctrl 键没有按下的处理
    {
        /* 首先调节图标左上顶点的位置至网格的顶点上 */
        startX=startX-startX%step;
        startY=startY-startY%step;
        if(event->key()==Qt::Key_Left)                    //(f)
        {
            startX=(startX-step<0)?startX:startX-step;
        }
        if(event->key()==Qt::Key_Right)                   //(g)
        {
            startX=(startX+step+image.width()>width)?startX:startX+step;
        }
        if(event->key()==Qt::Key_Up)                      //(h)
        {
```

```
            startY=(startY-step<0)?startY:startY-step;
        }
        if(event->key()==Qt::Key_Down)                        //(i)
        {
            startY=(startY+step+image.height()>height)?
            startY:startY+step;
        }
        if(event->key()==Qt::Key_Home)                        //(j)
        {
            startX=0;
            startY=0;
        }
        if(event->key()==Qt::Key_End)                         //(k)
        {
            startX=width-image.width();
            startY=height-image.height();
        }
    }
    drawPix();          //根据调整后的图标位置重新在pix中绘制图像
    update();           //触发界面重绘
}
```

说明：

(a) if(event->modifiers()==Qt::ControlModifier)：判断 Ctrl 键是否按下。Qt::Keyboard Modifier 定义了一系列修饰键，如下所示。

- **Qt::NoModifier**：没有修饰键按下。
- **Qt::ShiftModifier**：Shift 键按下。
- **Qt::ControlModifier**：Ctrl 键按下。
- **Qt::AltModifier**：Alt 键按下。
- **Qt::MetaModifier**：Meta 键按下。
- **Qt::KeypadModifier**：小键盘按键按下。
- **Qt::GroupSwitchModifier**：Mode switch 键按下。

(b) if(event->key()==Qt::Key_Left)：根据按下的左方向键调节图标的左上顶点的位置，步进值为 1，即细微移动。

(c) if(event->key()==Qt::Key_Right)：根据按下的右方向键调节图标的左上顶点的位置，步进值为 1，即细微移动。

(d) if(event->key()==Qt::Key_Up)：根据按下的上方向键调节图标的左上顶点的位置，步进值为 1，即细微移动。

(e) if(event->key()==Qt::Key_Down)：根据按下的下方向键调节图标的左上顶点的位置，步进值为 1，即细微移动。

(f) if(event->key()==Qt::Key_Left)：根据按下的左方向键调节图标的左上顶点的位置，步进值为网格的大小。

(g) if(event->key()==Qt::Key_Right)：根据按下的右方向键调节图标的左上顶点的位置，步进值为网格的大小。

(h) if(event->key()==Qt::Key_Up)：根据按下的上方向键调节图标的左上顶点的位置，步进值为网格的大小。

(i) **if(event->key()==Qt::Key_Down)**：根据按下的下方向键调节图标的左上顶点的位置，步进值为网格的大小。

(j) **if(event->key()==Qt::Key_Home)**：表示如果按 Home 键，则恢复图标位置为界面的左上顶点。

(k) **if(event->key()==Qt::Key_End)**：表示如果按 End 键，则将图标位置设置为界面的右下顶点，这里注意需要考虑图标自身的大小。

界面重绘函数 paintEvent()将 pix 绘制在界面上。其具体代码如下：

```
void KeyEvent::paintEvent(QPaintEvent *)
{
    QPainter painter;
    painter.begin(this);
    painter.drawPixmap(QPoint(0,0),*pix);
    painter.end();
}
```

（5）运行结果如图 6.2 所示。

6.3 事件过滤器

Qt 的事件模型提供的事件过滤器功能使得一个 QObject 对象可以监视另一个 QObject 对象中的事件，通过在一个 QObject 对象中安装事件过滤器，可以在事件到达该对象前捕获事件，从而起到监视该对象事件的作用。

例如，Qt 已经提供了 QPushButton 用于表示一个普通的按钮类。如果需要实现一个动态的图片按钮，即当鼠标键按下时按钮图片发生变化，则需要同时响应鼠标键按下等事件。

【例】（难度一般）（CH603）通过事件过滤器实现动态图片按钮效果，如图 6.7 所示。

图 6.7　事件过滤器实例

三张图片分别对应三个 QLabel 对象。当用鼠标键按下某张图片时，图片大小会发生变化；而释放鼠标键时，图片又恢复初始大小，并且程序将提示当前事件的状态信息，如鼠标键类型、被鼠标键按下的图片序号等。

具体实现步骤如下。

（1）头文件 eventfilter.h 中声明了所需的各种控件及槽函数，其具体代码如下：
```cpp
#include <QDialog>
#include <QLabel>
#include <QImage>
#include <QEvent>
class EventFilter : public QDialog
{
    Q_OBJECT
public:
    EventFilter(QWidget *parent = 0,Qt::WindowFlags f=0);
    ~EventFilter();
public slots:
    bool eventFilter(QObject *, QEvent *);
private:
    QLabel *label1;
    QLabel *label2;
    QLabel *label3;
    QLabel *stateLabel;
    QImage Image1;
    QImage Image2;
    QImage Image3;
};
```
其中，eventFilter()函数是 QObject 的事件监视函数。

（2）源文件 eventfilter.cpp 的具体代码如下：
```cpp
#include "eventfilter.h"
#include <QHBoxLayout>
#include <QVBoxLayout>
#include <QMouseEvent>
#include <QMatrix>
EventFilter::EventFilter(QWidget *parent,Qt::WindowFlags f)
    : QDialog(parent,f)
{
    setWindowTitle(tr("事件过滤"));
    label1 = new QLabel;
    Image1.load("../image/1.png");
    label1->setAlignment(Qt::AlignHCenter|Qt::AlignVCenter);
    label1->setPixmap(QPixmap::fromImage(Image1));
    label2 = new QLabel;
    Image2.load("../image/2.png");
    label2->setAlignment(Qt::AlignHCenter|Qt::AlignVCenter);
    label2->setPixmap(QPixmap::fromImage(Image2));
    label3 = new QLabel;
    Image3.load("../image/3.png");
    label3->setAlignment(Qt::AlignHCenter|Qt::AlignVCenter);
    label3->setPixmap(QPixmap::fromImage(Image3));
    stateLabel = new QLabel(tr("鼠标键按下标志"));
    stateLabel->setAlignment(Qt::AlignHCenter);
    QHBoxLayout *layout=new QHBoxLayout;
```

```cpp
    layout->addWidget(label1);
    layout->addWidget(label2);
    layout->addWidget(label3);
    QVBoxLayout *mainLayout = new QVBoxLayout(this);
    mainLayout->addLayout(layout);
    mainLayout->addWidget(stateLabel);
    label1->installEventFilter(this);
    label2->installEventFilter(this);
    label3->installEventFilter(this);
}
```

其中，installEventFilter()函数为每一张图片安装事件过滤器，指定整个窗体为监视事件的对象，函数原型如下：

```cpp
void QObject::installEventFilter
(
    QObject * filterObj
)
```

参数 filterObj 是监视事件的对象，此对象可以通过 eventFilter()函数接收事件。如果某个事件需要被过滤，即停止正常的事件响应，则在 eventFilter()函数中返回 true，否则返回 false。

QObject 的 removeEventFilter()函数可以解除已安装的事件过滤器。

（3）资源文件的添加如上例演示的步骤，不再赘述。

（4）QObject 的事件监视函数 eventFilter()的具体实现代码如下：

```cpp
bool EventFilter::eventFilter(QObject *watched, QEvent *event)
{
    if(watched==label1)              //首先判断当前发生事件的对象
    {
        //判断发生的事件类型
        if(event->type()==QEvent::MouseButtonPress)
        {
            //将事件 event 转化为鼠标事件
            QMouseEvent *mouseEvent=(QMouseEvent *)event;
            /* 以下根据鼠标键的类型分别显示 */
            if(mouseEvent->buttons()&Qt::LeftButton)
            {
                stateLabel->setText(tr("左键按下左边图片"));
            }
            else if(mouseEvent->buttons()&Qt::MidButton)
            {
                stateLabel->setText(tr("中键按下左边图片"));
            }
            else if(mouseEvent->buttons()&Qt::RightButton)
            {
                stateLabel->setText(tr("右键按下左边图片"));
            }
            /* 显示缩小的图片 */
            QMatrix matrix;
            matrix.scale(1.8,1.8);
```

```cpp
        QImage tmpImg=Image1.transformed(matrix);
        label1->setPixmap(QPixmap::fromImage(tmpImg));
    }
    /* 鼠标释放事件的处理，恢复图片的大小 */
    if(event->type()==QEvent::MouseButtonRelease)
    {
        stateLabel->setText(tr("鼠标释放左边图片"));
        label1->setPixmap(QPixmap::fromImage(Image1));
    }
}
else if(watched==label2)
{
    if(event->type()==QEvent::MouseButtonPress)
    {
        //将事件 event 转化为鼠标事件
        QMouseEvent *mouseEvent=(QMouseEvent *)event;
        /* 以下根据鼠标键的类型分别显示 */
        if(mouseEvent->buttons()&Qt::LeftButton)
        {
            stateLabel->setText(tr("左键按下中间图片"));
        }
        else if(mouseEvent->buttons()&Qt::MidButton)
        {
            stateLabel->setText(tr("中键按下中间图片"));
        }
        else if(mouseEvent->buttons()&Qt::RightButton)
        {
            stateLabel->setText(tr("右键按下中间图片"));
        }
        /* 显示缩小的图片 */
        QMatrix matrix;
        matrix.scale(1.8,1.8);
        QImage tmpImg=Image2.transformed(matrix);
        label2->setPixmap(QPixmap::fromImage(tmpImg));
    }
    /* 鼠标释放事件的处理，恢复图片的大小 */
    if(event->type()==QEvent::MouseButtonRelease)
    {
        stateLabel->setText(tr("鼠标释放中间图片"));
        label2->setPixmap(QPixmap::fromImage(Image2));
    }
}
else if(watched==label3)
{
    if(event->type()==QEvent::MouseButtonPress)
```

```cpp
        {
                //将事件 event 转化为鼠标事件
                QMouseEvent *mouseEvent=(QMouseEvent *)event;
                /* 以下根据鼠标键的类型分别显示 */
                if(mouseEvent->buttons()&Qt::LeftButton)
                {
                    stateLabel->setText(tr("左键按下右边图片"));
                }
                else if(mouseEvent->buttons()&Qt::MidButton)
                {
                    stateLabel->setText(tr("中键按下右边图片"));
                }
                else if(mouseEvent->buttons()&Qt::RightButton)
                {
                    stateLabel->setText(tr("右键按下右边图片"));
                }
                /* 显示缩小的图片 */
                QMatrix matrix;
                matrix.scale(1.8,1.8);
                QImage tmpImg=Image3.transformed(matrix);
                label3->setPixmap(QPixmap::fromImage(tmpImg));
            }
            /* 鼠标释放事件的处理,恢复图片的大小 */
            if(event->type()==QEvent::MouseButtonRelease)
            {
                stateLabel->setText(tr("鼠标释放右边图片"));
                label3->setPixmap(QPixmap::fromImage(Image3));
            }
        }
        //将事件交给上层对话框
        return QDialog::eventFilter(watched,event);
}
```

（5）运行结果如图 6.7 所示。

第 7 章 绘图及实例

在 Qt 中，绘图有 3 种不同的基本方式。

（1）用 QPainter、QPen、QBrush 等基础绘图类直接绘制图形、图像或文本，这种方式很直接，但绘出的图是静态的，无法响应用户的操作。

（2）用基于 Qt 的 GraphicsView（图形视图）系统绘图，在绘制的时候也要用到 QPen、QBrush 等绘图类，与第 1 种方式不同的是，它绘出的内容是以一个个"图元"对象的形式放在场景中的，可接收用户选择、拖曳、缩放、旋转等操作，故可在此之上进一步实现更高级的功能。

（3）借助第三方库绘制图表。主要是用 QtCharts 库绘制二维图表，QtDataVisualization 库绘制三维图，这两个库出自同一家公司，本质上也是建立在 Qt 原生 GraphicsView 系统之上的绘图技术。

本章就通过实例来系统地介绍这几种绘图方式。

7.1 基础图形的绘制

7.1.1 绘图基础类

1. QPainter、QPen、QBrush 等及实例

在 Qt 5 中，QPainter 绘图类通常要与 QPen、QBrush 类配合使用来实现绘图，此外，还有一个 QPixmap 类可用于加载并呈现本地图像。

1）QPainter

QPainter 是一个绘制工具，提供了高度优化的函数，可以绘制从简单的直线到复杂图形，还可以绘制对齐的文本和图像。

QPainter 在 QWidget 上执行绘图操作，QWidget 是所有界面控件的基类，它有一个 paintEvent() 事件，在此事件里创建一个 QPainter 对象获取绘图设备的接口，就可以用 QPainter 对象在绘图设备的"画布"上绘图了。QWidget 绘图区如图 7.1 所示。

QWidget 绘图区内部坐标系统的单位是像素，左上角坐标为(0, 0)，向右是 x 轴正方向，向下是 y 轴正方向，绘图

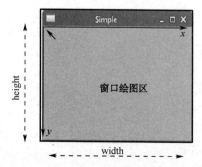

图 7.1 QWidget 绘图区

区的宽度由 width()函数得到，高度由 height()函数得到。

用 QPainter 在绘图设备上绘图，就是用一系列绘图函数（draw()函数）绘制各种基本的图形元素，包括点、直线、圆形、矩形、曲线、文字等，常用的绘图函数见表 7.1。

表 7.1　QPainter 绘制基本图形的函数

函 数 名	功能和示例代码	示 例 图 形
drawPoint(点)	画一个点 QPoint(x, y)	
drawPoints(点列表)	画多点 points = [点，点，…]	
drawLine(起点，终点)	画直线 QLine(x1, y1, x2, y2)	
drawAre(左上角点,起始弧度，跨越弧度)	画弧线(rect, startAngle, spanAngle) rect = new QRect(x, y, w, h) startAngle = 角度 * 16 spanAngle = 角度 * 16，跨越 = 360 画圆	
drawChord(左上角点,起始弧度，跨越弧度)	画一段弦(rect, startAngle, spanAngle) rect = new QRect(x, y, w, h) startAngle = 角度 * 16 spanAngle = 角度 * 16	
drawPie(左上角点,起始弧度，跨越弧度)	绘制扇形(rect, startAngle, spanAngle) rect = new QRect(x, y, w, h) startAngle = 角度 * 16 spanAngle = 角度 * 16，	
drawConvexPolygon(点，…) drawPolygon(点，…)	画多边形，最后一个点会和第一个点闭合 参数：多个点对象或者多边形对象 lstPoint = [点，…] polygon = new QPolygon(lstPoint)	
drawPolyline(点，…)	画多点连接的线，最后一个点不会和第一个点连接	
drawEllipse(矩形区域)	画椭圆（w = h 为画圆） rect = new QRect(x, y, w, h)	
drawRect(矩形区域)	画矩形 rect = new QRect(x, y, w, h)	
drawRoundedRect(矩形区域, x 圆角, y 圆角)	画圆角矩形 rect = new QRect(x, y, w, h)	
fillRect(矩形区域, 颜色)	填充一个矩形，无边框线 rect = new QRect(x, y, w, h)	
raseRect(矩形区域)	擦除某个矩形区域，等效于用背景色填充该区域 rect = new QRect(x, y, w, h)	

续表

函 数 名	功能和示例代码	示 例 图 形

drawPath(图形路径)	绘制由 QPainterPath 对象定义的路线
	painter = new QPainter();
	rect = new QRectF(x, y, w, h);
	path = new QPainterPath();
	path->addEllipse(rect);
	path->addRect(rect);
	painter->drawPath(path);

fillPath(图形路径, 颜色)	填充某个 QPainterPath 定义的绘图路径,但是轮廓线不显示
	painter = new QPainter();
	rect = new QRectF(x, y, w, h);
	path = new QPainterPath();
	path->addEllipse(rect);
	path->addRect(rect);
	painter->fillPath(path, 颜色);

drawImage(矩形区域, 图片)	在指定的矩形区域内绘制图片(rect, image) rect = new QRect(x, y, w, h); image = new QImage("图片文件");	
drawPixmap(矩形区域, 图片)	绘制 Pixmap 图片(rect, image) rect = new QRect(x, y, w, h); pixmap = new QPixmap("图片文件");	
drawText(矩形区域, 对齐, "文本")	绘制单行文本,字体的大小等属性由 QPainter::setFont()决定	

2）笔和样式：QPen

QPen（画笔）是基本图形对象，用于绘制矩形、椭圆形、多边形或其他形状的线、曲线和轮廓。有预定义笔样式，还可以自定义笔样式。

① 线条颜色：setColor(color)函数设置线条颜色，即画笔颜色，color 为 QColor 类型。对应的读取画笔颜色的函数为 color()。其他读取函数类同。

② 线条宽度：setWidth(width)函数设置线条宽度，width 为像素。

③ 线条样式：setStyle(style)函数用于设置线条样式，参数 style 是枚举类型 Qt::PenStyle::x，典型的线条样式如图 7.2 所示。

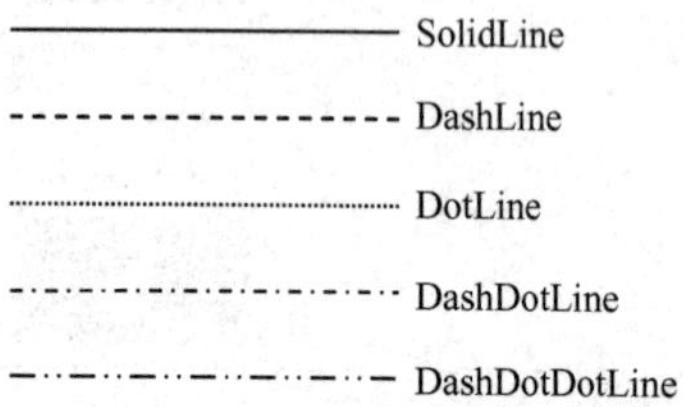

其中：
- SolidLine：一条简单的实线。
- DashLine：由一些像素分隔的短线组成的虚线。
- DotLine：由一些像素分隔的点组成的虚线。
- DashDotLine：轮流交替的点和短线。
- DashDotDotLine：轮流交替的一条短线、两个点。

MpenStyle 表示画笔风格的掩码，NoPen 表示不绘制线条。

图 7.2 典型的线条样式

需要设置 QBrush 才能绘制没有任何边界线填充的方块。

除几种基本的线条样式外，用户还可以自定义线条样式，自定义线条样式时需要用到 QPen

的 setDashOffset()函数和 setDashPattern()函数。

④ 线条端点样式：QPen::setCapStyle(style)函数用于设置线条端点样式，参数 style 是一个枚举类型 Qt::PenCapStyle::x 的常量，x 有 3 种取值，对应绘图效果如图 7.3 所示。

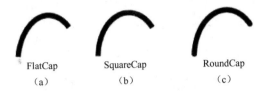

图 7.3　线条端点样式

其中：
- FlatCap：方形的线条端，不覆盖线条的端点。
- SquareCap：方形的线条端，覆盖线条的端点并延伸半个线宽的长度。
- RoundCap：圆角的线条端。

当线条较粗时，线条端点的效果才会显现出来。

⑤ 线条连接样式：QPen::setJoinStyle(style)函数用于设置两个线条连接时端点的样式，参数 style 是枚举类型 Qt::PenJoinStyle::x，x 枚举类型的取值及其绘图效果如图 7.4 所示。

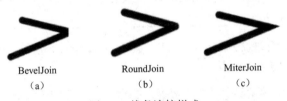

图 7.4　线条连接样式

其中：
- BevelJoin：两条线的中心线顶点相汇，相连处依然保留线条各自的方形顶端。
- RoundJoin：两条线的中心线顶点相汇，相连处以圆弧连接。
- MiterJoin：两条线的中心线顶点相汇，相连处线条延长到线的外侧汇集至点，形成一个尖顶的连接。

例如：
```
pen = new QPen(Qt::GlobalColor::black, 2, Qt::PenStyle::SolidLine);
painter->setPen(pen);
```
创建一个 QPen 画笔对象 pen，黑色，宽度为 2 像素，实线。

也可在创建画笔对象后设置属性，例如：
```
pen = new QPen();
pen->setWidth(3);                                    //线宽
pen->setColor(Qt::GlobalColor::red);                 //线色
pen->setStyle(Qt::PenStyle::SolidLine);              //线的类型，如实线、虚线等
pen->setCapStyle(Qt::PenCapStyle::FlatCap);          //线的端点样式
pen->setJoinStyle(Qt::PenJoinStyle::BevelJoin);      //线的连接点样式
painter->setPen(pen);
```

⑥ 自定义笔样式：设置 Qt::PenStyle::CustomDashLine 笔样式并调用 setDashPattern()方法自定义笔样式。

例如：

```
pen->setStyle(Qt::PenStyle::CustomDashLine);
pen->setDashPattern([1, 4, 5, 4]);
painter->setPen(pen);
```

数字列表定义样式，数字项必须是偶数，奇数定义笔画线，偶数对应空格。数字越大，空格或笔画线越大。这里模式是 1px 笔画线、4px 间隔、5px 笔画线、4px 间隔等。绘图对象采用 pen 样式绘图。

3）画刷：QBrush

QBrush 定义了 QPainter 绘图时的填充特性，包括填充颜色、填充样式、材质填充时的材质图片等，其主要函数见表 7.2。

表 7.2　QBrush 主要函数

函　　数	功　　能
setColor(color)	设置画刷颜色，实体填充时即填充颜色，参数 color 为 QColor 类型的值
setStyle(style)	设置画刷样式
setTexture(pixmap)	设置一个 QPixmap 类型的图片 pixmap 作为画刷的图片，画刷样式自动设置为 Qt::TexturePattern
setTextureImage(image)	设置一个 QImage 类型的图片 image 作为画刷的图片，画刷样式自动设置为 Qt::TexturePattern

其中，setStyle(style)函数设置画刷的样式，参数 style 是枚举类型 Qt::BrushStyle::x，该枚举类型取值填充效果如图 7.5 所示。

图 7.5　枚举类型取值填充效果

其中：

（1 行,1 列）：SolidPattern　　　　（2 行,1 列）：Dense5Pattern

（1 行,2 列）：Dense1Pattern　　　（2 行,2 列）：Dense6Pattern

（1 行,3 列）：Dense2Pattern　　　（2 行,3 列）：HorPattern

（1 行,4 列）：Dense3Pattern　　　（2 行,4 列）：VerPattern

（1 行,5 列）：DiagCrossPattern　　（2 行,5 列）：BDiagPattern

例如：

```
brush = new QBrush(Qt::BrushStyle::SolidPattern);
painter->setBrush(brush);
```

另外，还可以进行渐变填充。渐变填充需要使用专门的类作为 brush 赋值给 QPainter，其他各种线形填充设置类型参数即可，使用材质填充需要设置材质图片。

渐变填充包括基本渐变填充和延展填充。

（1）基本渐变填充。

使用渐变色填充需要用渐变类的对象作为 Painter 的 brush，有以下 3 个用于渐变填充的类。

- QLinearGradient：线形渐变。指定一个起点及其颜色，以及一个终点及其颜色，还可以指定中间的某个点的颜色，对于起点至终点之间的颜色，会通过线性插值计算得到线形渐变的填充颜色。
- QRadialGradient：辐射形渐变。有简单辐射形渐变和扩展辐射形渐变两种方式。简单辐射形渐变是在一个圆内的一个焦点和一个端点之间生成渐变色；扩展辐射形渐变是在一个焦点圆和一个中心圆之间生成渐变色。
- QConicalGradient：圆锥形渐变。围绕一个中心点逆时针生成渐变色。

这 3 个渐变类都继承自 QGradient，其填充效果如图 7.6 所示。

QLinearGradient　　QRadialGradient　　QConicalGradient

图 7.6　三种渐变填充效果

（2）延展填充。

前面的渐变填充都是在渐变色的定义范围内填充，如果填充区域大于定义区域，QGradient.setSpread(method)函数会影响延展区域的填充效果。

参数 method 是枚举类型的，取值如下：

- PadSpread：用结束点的颜色填充外部区域，这是默认的方式。
- RepeatSpread：重复使用渐变方式填充外部区域。
- ReflectSpread：反射式重复使用渐变方式填充外部区域。

三种延展填充效果如图 7.7 所示。

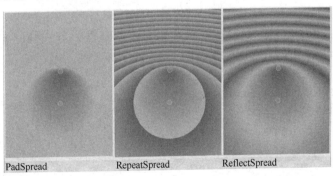

图 7.7　三种延展填充效果

4）图形属性设置与获取

编写程序时，QPainter 绘制操作在 QWidget.paintEvent()中完成，所有绘图代码都必须写在 QtGui.QPainter 对象的 begin()和 end()之间。将定义好的 QPen、QBrush 对象作为属性设置到 QPainter 上，即可画出指定线条样式和填充的图形。QPainter 提供了一系列函数用于设置和获取图形属性，其中部分常用的函数见表 7.3。

表 7.3 设置和获取图形属性的常用 QPainter 函数

函 数 原 型	功 能
setPen(线型, 颜色)	设置画笔线型和颜色
pen()	获取当前画笔
rotate(角度)	指定图形旋转角度（弧度）
save()	保存当前图形
restore()	恢复保存图形
scale(sx, sy)	按（sx, sy）比例缩放
setBrush(brush)	设置画刷
brush()	获取当前画刷
setFont()	设置字体
font()	获取字体
setBackground(颜色)	设置背景颜色
setBackgroundMode(mode)	设置背景模式
setRenderHint(hint, 逻辑值)	设置抗锯齿（QPainter::RenderHint::x） Antialiasing：图形边缘抗锯齿 TextAntialiasing：文本抗锯齿
renderHints()	获取状态
translate(offset)	以当前位置移动 offset
compositionMode()	图像合成支持的模式
begin()	绘图开始
end()	绘图结束

5）QPainter 基本绘图实例

【例】（简单）(CH701) QPainter 结合 QPen、QBrush 等绘图，实现图形改变线型、填色，同时绘制文本和图像。

以直接编写代码（即取消勾选 "Generate form" 复选框）方式创建 Qt 项目，项目名为 painterDraw，"Class Information" 页中基类选 "QWidget"。

代码如下（painterDraw.cpp）：

```cpp
Widget::Widget(QWidget *parent)
    : QWidget(parent)
{
    this->setPalette(QPalette(Qt::GlobalColor::white));      //设置窗口背景为白色
    this->setAutoFillBackground(true);
    resize(500, 360);
    setWindowTitle("QPainter 基本绘图");
}
...
void Widget::paintEvent(QPaintEvent *event)                  //在窗口上绘图
{
    QPainter *painter = new QPainter();
    painter->begin(this);
    //设置图形和文本抗锯齿
    painter->setRenderHint(QPainter::RenderHint::Antialiasing);
    painter->setRenderHint(QPainter::RenderHint::TextAntialiasing);
```

```
    //设置画笔---
    QPen *pen = new QPen();
    pen->setWidth(3);                                    //线宽为3像素
    pen->setStyle(Qt::PenStyle::DotLine);                //虚线
    painter->setPen(*pen);
    //设置画刷
    QBrush *brush = new QBrush();
    brush->setColor(Qt::GlobalColor::yellow);
    brush->setStyle(Qt::BrushStyle::SolidPattern);       //填充样式
    painter->setBrush(*brush);
    //绘制方块
    QRect *rect = new QRect(20, 30, 200, 100);
    painter->drawRect(*rect);
    //设置画笔、画刷，画扇形---
    pen->setWidth(1);                                    //线宽1为像素
    pen->setStyle(Qt::PenStyle::SolidLine);              //实线类型
    pen->setColor(Qt::GlobalColor::red);                 //红色
    painter->setPen(*pen);
    brush->setColor(Qt::GlobalColor::blue);
    brush->setStyle(Qt::BrushStyle::BDiagPattern);       //填充样式
    painter->setBrush(*brush);
    painter->drawPie(280, 30, 200, 100, 30 * 16, 300 * 16);
    //绘文本
    QRect *rect2 = new QRect(20, 150, 240, 100);
    QString text = "文本内容ABCD1234";
    pen->setColor(QColor(0, 255, 3));
    painter->setPen(*pen);
    painter->setFont(QFont("楷体", 20));                  //设置字体
    painter->drawText(*rect2, Qt::AlignmentFlag::AlignCenter, text);
    //画图像
    QImage *image = new QImage("images\\荷花.jpg");
    QRect *rect3 = new QRect(280, 150, image->width() * 0.9, image->height());
    painter->drawImage(*rect3, *image);
    painter->end();
}
```

运行程序，显示效果如图7.8所示。

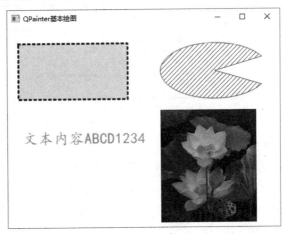

图7.8　显示效果

2. QPainterPath（路径绘图）及实例

1）QPainterPath

QPainterPath 提供了一个绘制路径的容器，可以创建和重用图形形状。

QPainterPath 是一个图形构建块的对象（如矩形、椭圆、直线和曲线），构建块可以加入封闭的子路径（如矩形和椭圆形）或者作为未封闭的子路径独立存在（如直线和曲线）。QPainterPath 可以进行填充、显示轮廓和裁剪，还可以使用 QPainterPathStroker 生成可填充轮廓的绘图路径。它相比普通绘图的主要优点在于：复杂的图形只需要创建一次，然后仅仅通过 drawPath() 函数就可以进行多次绘制。

QPainterPath 常用函数见表 7.4。

表 7.4　QPainterPath 常用函数

函　　数	功　　能
arcTo(rect, staryAngle, arcLength)	连线到弧
moveTo(point)	移动到点，关闭一个子路径，开始一个新的子路径
lineTo(point)	连线到点
quadTo(ctrlPoint, endPoint)	由当前点经过控制点到达结束点
cubicTo(ctrlPoint1, ctrlPoint2, endPoint)	由当前点经过两个控制点到达结束点
addEllipse(rect)	加入椭圆
addPolygon(polygon)	加入多边形
addRect(rect)	加入矩形
addRountedRect(rect, xR, yR, mode)	加入圆角矩形
addText(point, font, text)	加入指定点位置文本
addPath(path)	加入子路径
setFillRule(fillRule)	设置填充规则
fillRule()	获取填充规则
translate(dx, dy) translated(dx, dy)	将当前点移动 offset(dx, dy)
currentPosition()	获取当前位置
connectPath(path)	连接到子路径
closeSubpath()	关闭当前路径
clear()	清除
isEmpty()	检测是否为空

2）QPainterPath 路径绘图实例

【例】（简单）（CH702）用 QPainterPath 编程演示路径绘图。

以直接编写代码（即取消勾选 "Generate form" 复选框）方式创建 Qt 项目，项目名为 painterPathDraw，"Class Information" 页中基类选 "QWidget"。

代码如下（painterPathDraw.cpp）：

```
Widget::Widget(QWidget *parent)
```

```
    : QWidget(parent)
{
    this->setGeometry(300, 300, 380, 250);
    setWindowTitle("路径绘图测试");
}
...
void Widget::paintEvent(QPaintEvent *event)            //在窗口上绘图
{
    QPainter *p = new QPainter();
    p->begin(this);
    p->setRenderHint(QPainter::RenderHint::Antialiasing);
    myDrawPath(p);                                     //调用函数执行路径绘图
    p->end();
}

void Widget::myDrawPath(QPainter *p)                   //路径绘图函数(自定义)
{
    QPainterPath *path1 = new QPainterPath();          //创建路径绘图对象path1
    path1->addEllipse(50, 150, 150, 75);               //加入椭圆到路径对象path1
    p->fillPath(*path1, Qt::GlobalColor::black);       //路径path1填充
    QPainterPath *path = new QPainterPath();           //创建路径绘图对象path
    path->moveTo(30, 30);                              //移动到(30, 30)位置
    path->cubicTo(30, 30, 200, 300, 300, 30);          //加入3个控制点算法绘图
    path->quadTo(120, 50, 150, 120);                   //加入2个控制点算法绘图
    path->lineTo(350, 200);                            //连线到(350, 200)
    path->connectPath(*path1);                         //将路径对象path1加入其中
    p->drawPath(*path);                                //路径绘图
}
```

运行程序，显示效果如图 7.9 所示。

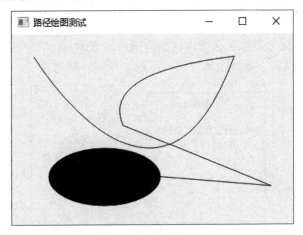

图 7.9　显示效果

本例程序的流程为：

（1）创建路径绘图对象 path1 和 path。

（2）分别往 path1 和 path 中加入图形或路径。

(3)将 path1 作为子路径加入 path 中。

7.1.2 QPainter 绘图框架实例

【例】(难度中等)(CH703)用前面介绍的 QPainter 等绘图基础类设计一个集成了各种图形设置功能的绘图框架,界面如图 7.10 所示。

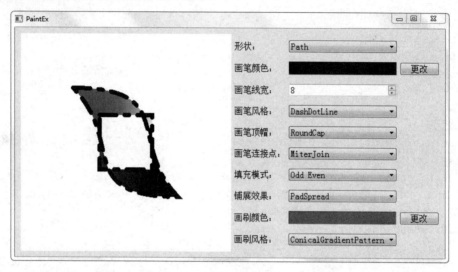

图 7.10 绘图框架界面

1. 程序结构及项目创建

显然,本例程序的界面分为左右两块区域,左边是绘图区,右边为设置区,它们分别对应了程序主体结构的两大部分:一部分是用于画图的区域 PaintArea 类(实现绘图区);另一部分是主窗口 MainWidget(实现设置区),故整个程序可简单地表示为如图 7.11 所示的结构。

程序在 PaintArea 中完成各种图形显示功能的 Widget,重构 paintEvent()函数;在主窗口 MainWidget 中完成各种图形参数的选择,包括形状、画笔颜色、画笔线宽、画笔风格、画笔顶帽、画笔连接点、填充模式、铺展效果、画刷颜色、画刷风格的设置。

图 7.11 绘图框架程序结构

根据设计的程序结构来创建 Qt 项目,步骤如下。

(1)以直接编写代码(即取消勾选"Generate form"复选框)方式创建 Qt 项目,项目名为 PaintEx,"Class Information"页中基类选"QWidget",类名为"MainWidget"。

（2）创建实现绘图区的 PaintArea。右击项目名，在弹出的快捷菜单中选择"添加新文件"命令，在弹出的对话框中选择"C++ Class"选项。单击"Choose"按钮，在弹出的对话框的"Base class"下拉列表框中选择基类名"QWidget"，在"Class name"文本框中输入类的名称"PaintArea"。单击"下一步"按钮，单击"完成"按钮，生成 PaintArea 类的头文件 paintarea.h 和源文件 paintarea.cpp。

2．绘图区的实现

PaintArea 继承自 QWidget，在类声明中，首先声明一个枚举型数据 Shape，列举了所有本实例可能用到的图形形状；其次声明 setShape()函数用于设置形状，setPen()函数用于设置画笔，setBrush()函数用于设置画刷，setFillRule()函数用于设置填充模式，以及重绘事件 paintEvent()函数；最后声明表示各种属性的私有变量。

打开 paintarea.h 头文件，添加如下代码：

```cpp
#include <QPen>
#include <QBrush>
#include <QPainterPath>
class PaintArea : public QWidget
{
    Q_OBJECT
public:
    enum Shape{Line, Rectangle, RoundRect, Ellipse, Polygon, Polyline, Points, Arc, Path, Text, Pixmap};
    explicit PaintArea(QWidget *parent = 0);
    void setShape(Shape);
    void setPen(QPen);
    void setBrush(QBrush);
    void setFillRule(Qt::FillRule);
    void paintEvent(QPaintEvent *);
signals:
public slots:
private:
    Shape shape;
    QPen pen;
    QBrush brush;
    Qt::FillRule fillRule;
};
```

PaintArea 的构造函数用于完成初始化工作，设置图形显示区域的背景色及最小显示尺寸，具体代码如下：

```cpp
#include "paintarea.h"
#include <QPainter>
PaintArea::PaintArea(QWidget *parent):QWidget(parent)
{
    setPalette(QPalette(Qt::white));
    setAutoFillBackground(true);
    setMinimumSize(400, 400);
}
```

其中，setPalette(QPalette(Qt::white))、setAutoFillBackground(true)完成对窗体背景色的设置，与下面代码的效果一致：

```
QPalette p = palette();
p.setColor(QPalette::Window, Qt::white);
setPalette(p);
```

setShape()函数可以设置形状，setPen()函数可以设置画笔，setBrush()函数可以设置画刷，setFillRule()函数可以设置填充模式，具体代码如下：

```
void PaintArea::setShape(Shape s)
{
    shape = s;
    update();
}
void PaintArea::setPen(QPen p)
{
    pen = p;
    update();
}
void PaintArea::setBrush(QBrush b)
{
    brush = b;
    update();
}
void PaintArea::setFillRule(Qt::FillRule rule)
{
    fillRule = rule;
    update();                                   //重画绘制区窗体
}
```

PaintArea 的重画函数代码如下：

```
void PaintArea::paintEvent(QPaintEvent *)
{
    QPainter p(this);                           //新建一个 QPainter 对象
    p.setPen(pen);                              //设置 QPainter 对象的画笔
    p.setBrush(brush);                          //设置 QPainter 对象的画刷
    QRect rect(50, 100, 300, 200);              //(a)
    static const QPoint points[4] =             //(b)
    {
        QPoint(150, 100),
        QPoint(300, 150),
        QPoint(350, 250),
        QPoint(100, 300)
    };
    int startAngle = 30 * 16;                   //(c)
    int spanAngle = 120 * 16;
    QPainterPath path;                          //新建一个 QPainterPath 对象
    path.addRect(150, 150, 100, 100);
    path.moveTo(100, 100);
    path.cubicTo(300, 100, 200, 200, 300, 300);
```

```
path.cubicTo(100, 300, 200, 200, 100, 100);
path.setFillRule(fillRule);
switch(shape)                              //(d)
{
    case Line:                             //直线
        p.drawLine(rect.topLeft(), rect.bottomRight()); break;
    case Rectangle:                        //长方形
        p.drawRect(rect); break;
    case RoundRect:                        //圆角方形
        p.drawRoundRect(rect); break;
    case Ellipse:                          //椭圆形
        p.drawEllipse(rect); break;
    case Polygon:                          //多边形
        p.drawPolygon(points, 4); break;
    case Polyline:                         //多边线
        p.drawPolyline(points, 4); break;
    case Points:                           //点
        p.drawPoints(points, 4); break;
    case Arc:                              //弧
        p.drawArc(rect, startAngle, spanAngle); break;
    case Path:                             //路径
        p.drawPath(path); break;
    case Text:                             //文字
        p.drawText(rect, Qt::AlignCenter, tr("Hello Qt!")); break;
    case Pixmap:                           //图片
        p.drawPixmap(150, 150, QPixmap("butterfly.png")); break;
    default: break;
}
```

说明：

(a) QRect rect(50, 100, 300, 200)：设定一个方形区域，为画长方形、圆角方形、椭圆等做准备。

(b) static const QPoint points[4]={…}：创建一个 QPoint 的数组，包含四个点，为画多边形、多边线及点做准备。

(c) int startAngle = 30 * 16、int spanAngle = 120 * 16：其中，参数 startAngle 表示起始角，为弧形的起始点与圆心之间连线与水平方向的夹角；参数 spanAngle 表示的是跨度角，为弧形起点、终点分别与圆心连线之间的夹角，如图 7.12 所示。

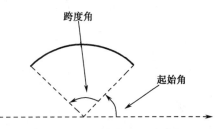

图 7.12　弧形的起始角与跨度角

QPainter 画弧形所使用的角度值是以 1/16°为单位的，在画弧时即 1°用 16 表示。

(d) switch(shape){…}：使用一个 switch()语句，对所要画的形状做判断，调用 QPainter 的一

些函数完成图形的绘制。

至此，一个能够响应鼠标事件进行绘图的窗体类 Widget 已开发出来，在主窗口中集成此窗体类就实现了绘图区。

3. 设置区的实现

实现界面设置区的主窗口类 MainWidget 继承自 QWidget，其头文件 mainwidget.h 中包含完成各种图形参数选择的控制区的声明、一系列设置与画图相关参数的槽函数的声明，以及一个绘图区 PaintArea 对象的声明，代码如下：

```cpp
#include <QWidget>
#include "paintarea.h"
#include <QLabel>
#include <QComboBox>
#include <QSpinBox>
#include <QPushButton>
#include <QGridLayout>
#include <QGradient>
class MainWidget : public QWidget
{
    Q_OBJECT
public:
    MainWidget(QWidget *parent = 0);
    ~MainWidget();
private:
    PaintArea *paintArea;
    QLabel *shapeLabel;
    QComboBox *shapeComboBox;
    QLabel *penWidthLabel;
    QSpinBox *penWidthSpinBox;
    QLabel *penColorLabel;
    QFrame *penColorFrame;
    QPushButton *penColorBtn;
    QLabel *penStyleLabel;
    QComboBox *penStyleComboBox;
    QLabel *penCapLabel;
    QComboBox *penCapComboBox;
    QLabel *penJoinLabel;
    QComboBox *penJoinComboBox;
    QLabel *fillRuleLabel;
    QComboBox *fillRuleComboBox;
    QLabel *spreadLabel;
    QComboBox *spreadComboBox;
    QGradient::Spread spread;
    QLabel *brushStyleLabel;
    QComboBox *brushStyleComboBox;
    QLabel *brushColorLabel;
    QFrame *brushColorFrame;
    QPushButton *brushColorBtn;
```

```
    QGridLayout *rightLayout;
protected slots:
    void ShowShape(int);
    void ShowPenWidth(int);
    void ShowPenColor();
    void ShowPenStyle(int);
    void ShowPenCap(int);
    void ShowPenJoin(int);
    void ShowSpreadStyle();
    void ShowFillRule();
    void ShowBrushColor();
    void ShowBrush(int);
};
```

MainWidget 的构造函数中创建了各参数选择的控件,打开 mainwidget.cpp 文件,添加如下代码:

```
#include "mainwidget.h"
#include <QColorDialog>
MainWidget::MainWidget(QWidget *parent)
    : QWidget(parent)
{
    paintArea = new PaintArea;
    shapeLabel = new QLabel(tr("形状: "));                   //形状选择下拉列表框
    shapeComboBox = new QComboBox;
    shapeComboBox->addItem(tr("Line"), PaintArea::Line);         //(a)
    shapeComboBox->addItem(tr("Rectangle"), PaintArea::Rectangle);
    shapeComboBox->addItem(tr("RoundedRect"), PaintArea::RoundRect);
    shapeComboBox->addItem(tr("Ellipse"), PaintArea::Ellipse);
    shapeComboBox->addItem(tr("Polygon"), PaintArea::Polygon);
    shapeComboBox->addItem(tr("Polyline"), PaintArea::Polyline);
    shapeComboBox->addItem(tr("Points"), PaintArea::Points);
    shapeComboBox->addItem(tr("Arc"), PaintArea::Arc);
    shapeComboBox->addItem(tr("Path"), PaintArea::Path);
    shapeComboBox->addItem(tr("Text"), PaintArea::Text);
    shapeComboBox->addItem(tr("Pixmap"), PaintArea::Pixmap);
    connect(shapeComboBox,SIGNAL(activated(int)),this,SLOT(ShowShape(int)));
    penColorLabel = new QLabel(tr("画笔颜色: "));             //画笔颜色选择控件
    penColorFrame = new QFrame;
    penColorFrame->setFrameStyle(QFrame::Panel | QFrame::Sunken);
    penColorFrame->setAutoFillBackground(true);
    penColorFrame->setPalette(QPalette(Qt::blue));
    penColorBtn = new QPushButton(tr("更改"));
    connect(penColorBtn,SIGNAL(clicked()),this,SLOT(ShowPenColor()));
    penWidthLabel = new QLabel(tr("画笔线宽: "));             //画笔线宽选择控件
    penWidthSpinBox = new QSpinBox;
    penWidthSpinBox->setRange(0, 20);
    connect(penWidthSpinBox,SIGNAL(valueChanged(int)),this,SLOT(ShowPenWidth(int)));
    penStyleLabel = new QLabel(tr("画笔风格: "));             //画笔风格选择下拉列表框
    penStyleComboBox = new QComboBox;
    penStyleComboBox->addItem(tr("SolidLine"),              //(b)
```

```
                                    static_cast<int>(Qt::SolidLine));
penStyleComboBox->addItem(tr("DashLine"),
                                    static_cast<int>(Qt::DashLine));
penStyleComboBox->addItem(tr("DotLine"),
                                    static_cast<int>(Qt::DotLine));
penStyleComboBox->addItem(tr("DashDotLine"),
                                    static_cast<int>(Qt::DashDotLine));
penStyleComboBox->addItem(tr("DashDotDotLine"),
                            static_cast<int>(Qt::DashDotDotLine));
penStyleComboBox->addItem(tr("CustomDashLine"),
                            static_cast<int>(Qt::CustomDashLine));
connect(penStyleComboBox,SIGNAL(activated(int)),
                            this,SLOT(ShowPenStyle(int)));
penCapLabel = new QLabel(tr("画笔顶帽: "));        //画笔顶帽风格选择下拉列表框
penCapComboBox = new QComboBox;
penCapComboBox->addItem(tr("SquareCap"), Qt::SquareCap);    //(c)
penCapComboBox->addItem(tr("FlatCap"), Qt::FlatCap);
penCapComboBox->addItem(tr("RoundCap"), Qt::RoundCap);
connect(penCapComboBox,SIGNAL(activated(int)),this,SLOT(ShowPenCap(int)));
penJoinLabel = new QLabel(tr("画笔连接点: "));     //画笔连接点风格选择下拉列表框
penJoinComboBox = new QComboBox;
penJoinComboBox->addItem(tr("BevelJoin"), Qt::BevelJoin);   //(d)
penJoinComboBox->addItem(tr("MiterJoin"), Qt::MiterJoin);
penJoinComboBox->addItem(tr("RoundJoin"), Qt::RoundJoin);
connect(penJoinComboBox,SIGNAL(activated(int)),this,SLOT(ShowPenJoin(int)));
fillRuleLabel = new QLabel(tr("填充模式: "));       //填充模式选择下拉列表框
fillRuleComboBox = new QComboBox;
fillRuleComboBox->addItem(tr("Odd Even"), Qt::OddEvenFill);    //(e)
fillRuleComboBox->addItem(tr("Winding"), Qt::WindingFill);
connect(fillRuleComboBox,SIGNAL(activated(int)),this,SLOT(ShowFillRule()));
spreadLabel = new QLabel(tr("铺展效果: "));         //铺展效果选择下拉列表框
spreadComboBox = new QComboBox;
spreadComboBox->addItem(tr("PadSpread"), QGradient::PadSpread);
                                                                //(f)
spreadComboBox->addItem(tr("RepeatSpread"), QGradient:: RepeatSpread);
spreadComboBox->addItem(tr("ReflectSpread"), QGradient:: ReflectSpread);
connect(spreadComboBox,SIGNAL(activated(int)),this,SLOT
                            (ShowSpreadStyle()));
brushColorLabel = new QLabel(tr("画刷颜色: "));   //画刷颜色选择控件
brushColorFrame = new QFrame;
brushColorFrame->setFrameStyle(QFrame::Panel | QFrame::Sunken);
brushColorFrame->setAutoFillBackground(true);
brushColorFrame->setPalette(QPalette(Qt::green));
brushColorBtn = new QPushButton(tr("更改"));
connect(brushColorBtn,SIGNAL(clicked()),this,SLOT(ShowBrushColor()));
brushStyleLabel = new QLabel(tr("画刷风格: "));   //画刷风格选择下拉列表框
brushStyleComboBox = new QComboBox;
brushStyleComboBox->addItem(tr("SolidPattern"),               //(g)
```

```cpp
                                static_cast<int>(Qt::SolidPattern));
brushStyleComboBox->addItem(tr("Dense1Pattern"),
                                static_cast<int>(Qt::Dense1Pattern));
brushStyleComboBox->addItem(tr("Dense2Pattern"),
                                static_cast<int>(Qt::Dense2Pattern));
brushStyleComboBox->addItem(tr("Dense3Pattern"),
                                static_cast<int>(Qt::Dense3Pattern));
brushStyleComboBox->addItem(tr("Dense4Pattern"),
                                static_cast<int>(Qt::Dense4Pattern));
brushStyleComboBox->addItem(tr("Dense5Pattern"),
                                static_cast<int>(Qt::Dense5Pattern));
brushStyleComboBox->addItem(tr("Dense6Pattern"),
                                static_cast<int>(Qt::Dense6Pattern));
brushStyleComboBox->addItem(tr("Dense7Pattern"),
                                static_cast<int>(Qt::Dense7Pattern));
brushStyleComboBox->addItem(tr("HorPattern"),
                                static_cast<int>(Qt::HorPattern));
brushStyleComboBox->addItem(tr("VerPattern"),
                                static_cast<int>(Qt::VerPattern));
brushStyleComboBox->addItem(tr("CrossPattern"),
                                static_cast<int>(Qt::CrossPattern));
brushStyleComboBox->addItem(tr("BDiagPattern"),
                                static_cast<int>(Qt::BDiagPattern));
brushStyleComboBox->addItem(tr("FDiagPattern"),
                                static_cast<int>(Qt::FDiagPattern));
brushStyleComboBox->addItem(tr("DiagCrossPattern"),
                                static_cast<int>(Qt:: DiagCrossPattern));
brushStyleComboBox->addItem(tr("LinearGradientPattern"),
                                static_cast<int>(Qt::LinearGradientPattern));
brushStyleComboBox->addItem(tr("ConicalGradientPattern"),
                                static_cast<int>(Qt::ConicalGradientPattern));
brushStyleComboBox->addItem(tr("RadialGradientPattern"),
                                static_cast<int>(Qt::RadialGradientPattern));
brushStyleComboBox->addItem(tr("TexturePattern"),
                                static_cast<int>(Qt::TexturePattern));
connect(brushStyleComboBox,SIGNAL(activated(int)),this,
                                SLOT(ShowBrush(int)));
rightLayout = new QGridLayout;                          //设置区面板的布局
rightLayout->addWidget(shapeLabel, 0, 0);
rightLayout->addWidget(shapeComboBox, 0, 1);
rightLayout->addWidget(penColorLabel, 1, 0);
rightLayout->addWidget(penColorFrame, 1, 1);
rightLayout->addWidget(penColorBtn, 1, 2);
rightLayout->addWidget(penWidthLabel, 2, 0);
rightLayout->addWidget(penWidthSpinBox, 2, 1);
rightLayout->addWidget(penStyleLabel, 3, 0);
rightLayout->addWidget(penStyleComboBox, 3, 1);
rightLayout->addWidget(penCapLabel, 4, 0);
```

```
    rightLayout->addWidget(penCapComboBox, 4, 1);
    rightLayout->addWidget(penJoinLabel, 5, 0);
    rightLayout->addWidget(penJoinComboBox, 5, 1);
    rightLayout->addWidget(fillRuleLabel, 6, 0);
    rightLayout->addWidget(fillRuleComboBox, 6, 1);
    rightLayout->addWidget(spreadLabel, 7, 0);
    rightLayout->addWidget(spreadComboBox, 7, 1);
    rightLayout->addWidget(brushColorLabel, 8, 0);
    rightLayout->addWidget(brushColorFrame, 8, 1);
    rightLayout->addWidget(brushColorBtn, 8, 2);
    rightLayout->addWidget(brushStyleLabel, 9, 0);
    rightLayout->addWidget(brushStyleComboBox, 9, 1);
    QHBoxLayout *mainLayout = new QHBoxLayout(this);//主窗口整体的布局
    mainLayout->addWidget(paintArea);
    mainLayout->addLayout(rightLayout);
    mainLayout->setStretchFactor(paintArea, 1);
    mainLayout->setStretchFactor(rightLayout, 0);
    ShowShape(shapeComboBox->currentIndex());        //显示默认的图形
}
```

说明：

(a) shapeComboBox->addItem(tr("Line"), PaintArea::Line)：QComboBox 的 addItem()函数可以仅插入文本，也可同时插入与文本相对应的具体数据，通常为枚举型数据，便于后面操作时确定选择的是哪个数据。

(b) penStyleComboBox->addItem(tr("SolidLine"), static_cast<int>(Qt::SolidLine))：选择不同的参数，对应画笔的不同线条样式。

(c) penCapComboBox->addItem(tr("SquareCap"), Qt::SquareCap)：选择不同的参数，对应画笔顶帽的不同风格（即端点样式）。

(d) penJoinComboBox->addItem(tr("BevelJoin"), Qt::BevelJoin)：选择不同的参数，对应画笔连接点的不同风格（即线条连接样式）。

(e) fillRuleComboBox->addItem(tr("Odd Even"), Qt::OddEvenFill)：Qt 为 QPainterPath 提供了两种填充规则，分别是 Qt::OddEvenFill 和 Qt::WindingFill，如图 7.13 所示。这两种填充规则在判定图形中某一点处于内部还是外部时，判断依据不同。

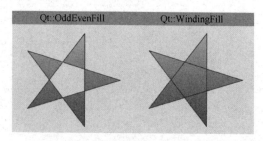

图 7.13　两种填充规则

其中，Qt::OddEvenFill 填充规则判断的依据是从图形中某一点画一条水平线到图形外。若这条水平线与图形边线的交点数目为奇数，则说明此点位于图形的内部；若交点数目为偶数，则此点位于图形的外部，如图 7.14 所示。

Qt::WindingFill 填充规则的判断依据则是从图形中某一点画一条水平线到图形外,每个交点外边线的方向可能向上,也可能向下,将这些交点数累加,方向相反的相互抵消,若最后结果不为 0 则说明此点在图形内,若最后结果为 0 则说明在图形外,如图 7.15 所示。

其中,边线的方向是由 QPainterPath 创建时根据描述的顺序决定的。如果是采用 addRect() 或 addPolygon()等函数加入的图形,默认按顺时针方向。

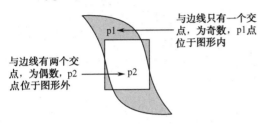
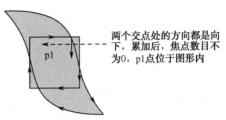

图 7.14　Qt::OddEvenFill 填充规则的判断依据　　　图 7.15　Qt::WindingFill 填充规则的判断依据

(f) spreadComboBox->addItem(tr("PadSpread"), QGradient::PadSpread):铺展效果就是延展填充的效果,有三种,分别为 QGradient::PadSpread、QGradient::RepeatSpread 和 QGradient::ReflectSpread。其中,QGradient::PadSpread 是默认的铺展效果,也是最常见的铺展效果,没有被渐变覆盖的区域填充单一的起始颜色或终止颜色,使用 QGradient 的 setColorAt() 函数设置起止的颜色,其中,第 1 个参数表示所设颜色点的位置,取值范围为 0.0~1.0,0.0 表示起点,1.0 表示终点;第 2 个参数表示该点的颜色值。除可设置起点和终点的颜色外,如有需要还可设置中间任意位置的颜色,例如,setColorAt (0.3, Qt::white),设置起、终点之间 1/3 位置的颜色为白色。

(g) brushStyleComboBox->addItem(tr("SolidPattern"), static_cast<int>(Qt::SolidPattern)): 选择不同的参数,对应画刷的不同填充样式。

ShowShape()槽函数根据当前下拉列表框中选择的选项,调用 PaintArea 的 setShape()函数设置 PaintArea 对象的形状参数,具体代码如下:

```
void MainWidget::ShowShape(int value)
{
    PaintArea::Shape shape = PaintArea::Shape(shapeComboBox->itemData(value,
Qt::UserRole).toInt());
    paintArea->setShape(shape);
}
```

其中,QComboBox 的 itemData()方法返回当前显示的下拉列表框数据,是一个 QVariant 对象,此对象与控件初始化时插入的枚举型数据相关,调用 QVariant 的 toInt()函数获得此数据在枚举型数据集合中的序号。

ShowPenColor()槽函数利用标准颜色对话框 QColorDialog 获取所选的颜色,采用 QFrame 和 QPushButton 对象组合完成,QFrame 对象负责显示当前所选择的颜色,QPushButton 对象用于触发标准颜色对话框进行颜色的选择。

在此函数中获得与画笔相关的所有属性值,包括画笔颜色、画笔线宽、画笔风格、画笔顶帽及画笔连接点,共同构成 QPen 对象,并调用 PaintArea 对象的 setPen()函数设置 PaintArea 对象的画笔属性。其他与画笔参数相关的响应函数完成的工作与此类似,具体代码如下:

```
void MainWidget::ShowPenColor()
{
```

```cpp
    QColor color = QColorDialog::getColor(static_cast<int>(Qt::blue));
    penColorFrame->setPalette(QPalette(color));
    int value = penWidthSpinBox->value();
    Qt::PenStyle style = Qt::PenStyle(penStyleComboBox->itemData(
        penStyleComboBox->currentIndex(), Qt::UserRole).toInt());
    Qt::PenCapStyle cap = Qt::PenCapStyle(penCapComboBox->itemData(
        penCapComboBox->currentIndex(), Qt::UserRole).toInt());
    Qt::PenJoinStyle join = Qt::PenJoinStyle(penJoinComboBox->itemData(
        penJoinComboBox->currentIndex(), Qt::UserRole).toInt());
    paintArea->setPen(QPen(color, value, style, cap, join));
}
```

ShowPenWidth()槽函数的具体实现代码如下：

```cpp
void MainWidget::ShowPenWidth(int value)
{
    QColor color = penColorFrame->palette().color(QPalette::Window);
    Qt::PenStyle style = Qt::PenStyle(penStyleComboBox->itemData(
        penStyleComboBox->currentIndex(), Qt::UserRole).toInt());
    Qt::PenCapStyle cap = Qt::PenCapStyle(penCapComboBox->itemData(
        penCapComboBox->currentIndex(), Qt::UserRole).toInt());
    Qt::PenJoinStyle join = Qt::PenJoinStyle(penJoinComboBox->itemData(
        penJoinComboBox->currentIndex(), Qt::UserRole).toInt());
    paintArea->setPen(QPen(color, value, style, cap, join));
}
```

ShowPenStyle()槽函数的具体实现代码如下：

```cpp
void MainWidget::ShowPenStyle(int styleValue)
{
    QColor color = penColorFrame->palette().color(QPalette::Window);
    int value = penWidthSpinBox->value();
    Qt::PenStyle style = Qt::PenStyle(penStyleComboBox->itemData(
        styleValue, Qt::UserRole).toInt());
    Qt::PenCapStyle cap = Qt::PenCapStyle(penCapComboBox->itemData(
        penCapComboBox->currentIndex(), Qt::UserRole).toInt());
    Qt::PenJoinStyle join = Qt::PenJoinStyle(penJoinComboBox->itemData(
        penJoinComboBox->currentIndex(), Qt::UserRole).toInt());
    paintArea->setPen(QPen(color, value, style, cap, join));
}
```

ShowPenCap()槽函数的具体实现代码如下：

```cpp
void MainWidget::ShowPenCap(int capValue)
{
    QColor color = penColorFrame->palette().color(QPalette::Window);
    int value = penWidthSpinBox->value();
    Qt::PenStyle style = Qt::PenStyle(penStyleComboBox->itemData(
        penStyleComboBox->currentIndex(), Qt::UserRole).toInt());
    Qt::PenCapStyle cap = Qt::PenCapStyle(penCapComboBox->itemData(
        capValue, Qt::UserRole).toInt());
    Qt::PenJoinStyle join = Qt::PenJoinStyle(penJoinComboBox->itemData(
        penJoinComboBox->currentIndex(), Qt::UserRole).toInt());
    paintArea->setPen(QPen(color, value, style, cap, join));
```

}

ShowPenJoin()槽函数的具体实现代码如下：

```
void MainWidget::ShowPenJoin(int joinValue)
{
    QColor color = penColorFrame->palette().color(QPalette::Window);
    int value = penWidthSpinBox->value();
    Qt::PenStyle style = Qt::PenStyle(penStyleComboBox->itemData(
        penStyleComboBox->currentIndex(), Qt::UserRole).toInt());
    Qt::PenCapStyle cap = Qt::PenCapStyle(penCapComboBox->itemData(
        penCapComboBox->currentIndex(), Qt::UserRole).toInt());
    Qt::PenJoinStyle join = Qt::PenJoinStyle(penJoinComboBox->itemData(
        joinValue, Qt::UserRole).toInt());
    paintArea->setPen(QPen(color, value, style, cap, join));
}
```

ShowFillRule()槽函数的具体实现代码如下：

```
void MainWidget::ShowFillRule()
{
    Qt::FillRule rule = Qt::FillRule(fillRuleComboBox->itemData(
        fillRuleComboBox->currentIndex(), Qt::UserRole).toInt());
    paintArea->setFillRule(rule);
}
```

ShowSpreadStyle()槽函数的具体实现代码如下：

```
void MainWidget::ShowSpreadStyle()
{
    spread = QGradient::Spread(spreadComboBox->itemData(
        spreadComboBox->currentIndex(), Qt::UserRole).toInt());
}
```

ShowBrushColor()槽函数与设置画笔颜色函数类似，但选定颜色后并不直接调用 PaintArea 对象的 setBrush()函数，而是调用 ShowBrush()函数设置显示区的画刷属性，具体实现代码如下：

```
void MainWidget::ShowBrushColor()
{
    QColor color = QColorDialog::getColor(static_cast<int>(Qt::blue));
    brushColorFrame->setPalette(QPalette(color));
    ShowBrush(brushStyleComboBox->currentIndex());
}
```

ShowBrush()槽函数的具体实现代码如下：

```
void MainWidget::ShowBrush(int value)
{
    //获得画刷的颜色
    QColor color = brushColorFrame->palette().color(QPalette::Window);
    Qt::BrushStyle style = Qt::BrushStyle(brushStyleComboBox->itemData(
        value, Qt::UserRole).toInt());                    //(a)
    if (style == Qt::LinearGradientPattern)               //(b)
    {
        QLinearGradient linearGradient(0, 0, 400, 400);
        linearGradient.setColorAt(0.0, Qt::white);
        linearGradient.setColorAt(0.2, color);
```

```cpp
            linearGradient.setColorAt(1.0, Qt::black);
            linearGradient.setSpread(spread);
            paintArea->setBrush(linearGradient);
        }
        else if (style == Qt::RadialGradientPattern)            //(c)
        {
            QRadialGradient radialGradient(200, 200, 150, 150, 100);
            radialGradient.setColorAt(0.0, Qt::white);
            radialGradient.setColorAt(0.2, color);
            radialGradient.setColorAt(1.0, Qt::black);
            radialGradient.setSpread(spread);
            paintArea->setBrush(radialGradient);
        }
        else if (style == Qt::ConicalGradientPattern)           //(d)
        {
            QConicalGradient conicalGradient(200, 200, 30);
            conicalGradient.setColorAt(0.0, Qt::white);
            conicalGradient.setColorAt(0.2, color);
            conicalGradient.setColorAt(1.0, Qt::black);
            paintArea->setBrush(conicalGradient);
        }
        else if (style == Qt::TexturePattern)
        {
            paintArea->setBrush(QBrush(QPixmap("butterfly.png")));
        }
        else
        {
            paintArea->setBrush(QBrush(color, style));
        }
}
```

说明：

(a) Qt::BrushStyle style = Qt::BrushStyle(brushStyleComboBox->itemData(value, Qt::UserRole).toInt())：获得所选的画刷样式，若选择的是渐变或者纹理图案，则需要进行一定的处理。

(b) 主窗口的 style 变量值为 Qt::LinearGradientPattern 时，表明选择的是线形渐变。

QLinearGradient linearGradient(startPoint, endPoint) 创建线形渐变类对象需要两个参数，分别表示起止点位置。

(c) 主窗口的 style 变量值为 Qt::RadialGradientPattern 时，表明选择的是辐射形渐变。

QRadialGradient radialGradient(startPoint, r, endPoint)创建辐射形渐变类对象需要三个参数，分别表示圆心位置、半径值和焦点位置。QRadialGradient radialGradient(startPoint, r, endPoint)表示以 startPoint 作为圆心和焦点的位置，以 startPoint 和 endPoint 之间的距离 r 为半径，当然圆心和焦点的位置也可以不重合。

(d) 主窗口的 style 变量值为 Qt::ConicalGradientPattern 时，表明选择的是圆锥形渐变。

QConicalGradient conicalGradient(startPoint, -(180 * angle) / PI)创建圆锥形渐变类对象需要两个参数，分别是圆锥的顶点位置和渐变分界线与水平方向的夹角，渐变的方向默认是逆时针方向，如图 7.16 所示。圆锥形渐变不需要设置铺展效果，因为它的铺展效果只能是 QGradient::PadSpread。

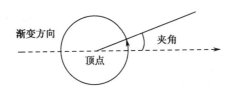

图 7.16　圆锥形渐变图示

最后，打开项目的 main.cpp 文件，修改代码如下：

```
#include "mainwidget.h"
#include <QApplication>
#include <QFont>
int main(int argc, char *argv[])
{
    QApplication a(argc, argv);
    QFont f("ZYSong18030", 12);
    a.setFont(f);
    MainWidget w;
    w.show();
    return a.exec();
}
```

到此为止，这个基于绘图基础类开发的绘图框架程序就完成了，读者可运行程序，使用它来画出各种基本形状图形（或组合）并设置不同的显示样式。

7.1.3　绘制实时时钟实例

【例】（难度中等）（CH704）运用 QPainter 的各种图形属性设置与获取方法，结合定时器，实现一个动态的实时时钟，运行效果如图 7.17 所示。

图 7.17　实时时钟运行效果

1. 实现思路

考虑采用如下方法实现：
（1）时针形状和分针形状采用多边形对象，填色不带边框。时、分、秒针采用不同颜色。
（2）用绘制文本的方式显示当前日期。
（3）创建定时器，1 秒触发一次绘制事件，执行绘制程序，实现动态效果。

2. 程序逻辑设计

根据以上思路来设计绘制程序的逻辑流程，描述如下。

（1）根据当前日期，绘制当前日期文本。

（2）绘制时钟背景。

① 循环 12 次，每次先在初始位置绘制小时线条，然后根据小时变量值旋转对应角度，绘制对应小时刻度。

② 循环 60 次，每次先在初始位置绘制分钟线条，然后根据分钟变量值旋转对应角度，绘制对应分钟刻度。

（3）设置时针画笔和画刷，保存当前绘图，根据当前小时，旋转对应角度，画时针多边形，保存绘图。

（4）设置分针画笔和画刷，保存当前绘图，根据当前分钟，旋转对应角度，画分针多边形，保存绘图。

（5）设置秒针画笔和画刷，保存当前绘图，根据当前秒数，旋转对应角度，画秒针直线，保存绘图。

3. 代码实现

以直接编写代码（即取消勾选"Generate form"复选框）方式创建 Qt 项目，项目名为 drawClock，"Class Information"页中基类选"QWidget"，类名为"myClock"。

代码如下（drawClock.cpp）：

```cpp
myClock::myClock(QWidget *parent)
    : QWidget(parent)
{
    setWindowTitle("绘图综合：实时时钟");
    //时针形状
    hourShape = QPolygon();
    hourShape << QPoint(6,10) << QPoint(-6,10) << QPoint(0,-45);
    //分针形状
    minuteShape = QPolygon();
    minuteShape << QPoint(6,10) << QPoint(-6,10) << QPoint(0,-70);
    //时、分、秒针颜色
    hourColor = new QColor(0, 255, 0);
    minuteColor = new QColor(0, 0, 255);
    secondColor = new QColor(255, 0, 0);
    //创建定时器,每秒刷新
    timer = new QTimer(this);
    connect(timer, SIGNAL(timeout()), this, SLOT(update()));
    timer->start(1000);
}
...
void myClock::paintEvent(QPaintEvent *event)              //触发绘制事件时执行该方法代码
{
    QTime time = QTime::currentTime();
    QDate date = QDate::currentDate();
```

```cpp
        int year = date.year();
        int month = date.month();
        int day = date.day();
        QString ymd = QString::number(year) + "年" + QString::number(month) + "月"
+ QString::number(day) + "日";
        QRect *rect = new QRect(220, 150, 200, 30);
        QPainter *painter = new QPainter();
        painter->begin(this);
        painter->setFont(QFont("黑体", 20));
        painter->drawText(*rect, Qt::AlignmentFlag::AlignCenter, ymd);
        painter->setRenderHint(QPainter::RenderHint::Antialiasing);//抗锯齿
        int side = std::min(this->width(), this->height());
        painter->translate(this->width() / 2, this->height() / 2);//平移到窗口中心
        painter->scale(side / 200.0, side / 200.0);                       //比例缩放
        //绘制时针刻度
        painter->setPen(*hourColor);
        for (int i = 0; i < 12; i++)
        {
            painter->drawLine(88, 0, 96, 0);
            painter->rotate(30.0);
        }
        //绘制分针刻度
        painter->setPen(*minuteColor);
        for (int j = 0; j < 60; j++)
        {
            if ((j % 5) != 0) painter->drawLine(94, 0, 96, 0);
            painter->rotate(6.0);
        }
        //绘制时针
        painter->setPen(Qt::PenStyle::NoPen);
        painter->setBrush(*hourColor);
        //旋转时针到正确位置
        painter->save();
        painter->rotate(30.0 * ((time.hour() + time.minute() / 60.0)));
        painter->drawPolygon(hourShape);
        painter->restore();
        //绘制分针
        painter->setPen(Qt::PenStyle::NoPen);
        painter->setBrush(*minuteColor);
        painter->save();
        painter->rotate(6.0 * (time.minute() + time.second() / 60.0));
        painter->drawConvexPolygon(minuteShape);
        painter->restore();
        //绘制秒针
        painter->setBrush(*secondColor);
        painter->drawEllipse(-4, -4, 8, 8);
        painter->save();
        painter->rotate(6.0 * time.second());
```

```
        painter->drawRoundedRect(-1, -1, 80, 2, 2, 2);
        painter->restore();
        painter->end();
}
```

说明:

如果在 myClock 的源文件中加入如下方法代码：

```
void myClock::resizeEvent(QPaintEvent *event)
{
    int w = this->width();
    int h = this->height();
    int side = std::min(w, h);
    //为窗口设置一个圆形遮罩
    QRegion *maskedRegion = new QRegion(QRect(w / 2 - side / 2, h / 2 - side / 2, side, side), QRegion::RegionType::Ellipse);
    this->setMask(*maskedRegion);
}
```

就会去除窗口外框，显示效果如图 7.18 所示。

图 7.18　去除窗口外框的效果

7.2　GraphicsView 绘图

实际中的很多应用功能不仅需要在界面上简单地绘制图形，而且要求这些图形元素能够与用户交互，这个时候单靠基础类画图就不行了，因为 QPainter 等所绘图形都是静态的，无法响应用户操作。要实现图形元素与用户的交互，就必须借助 GraphicsView 系统，它是 Qt 最具特色的模块，很多丰富多彩的 Qt 应用都是基于它构建的，因此可以说，图元系统是 Qt 最核心的技术之一，要想学好 Qt 开发就必须深入理解并熟练掌握它。

下面先来介绍 GraphicsView 系统的一些基本概念，然后通过有趣的实例让大家初步熟悉它的使用方法。

7.2.1　视图、场景、图元的概念

GraphicsView 系统涉及视图、场景、图元三个基本概念，统称"三元素"：在 GraphicsView 中，每一个图形元素（如圆、矩形、直线、图片、文字等）都作为图元对象处理；场景是图元

的容器，一个场景可以包含众多图元，并提供对图元的管理功能；视图用于显示场景及其中的图元，一个场景可以通过多个视图呈现。

Qt 针对这三个元素对应有三个基类实现，在其上又派生出众多子类，它们一起组成了完整的 GraphicsView 系统。其三元素之间的关系如图 7.19 所示。

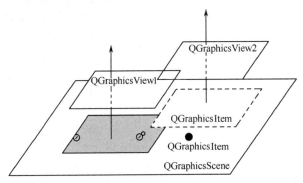

图 7.19　GraphicsView 三元素之间的关系

1. 视图：QGraphicsView

视图是一种控件，它提供一个可视的窗口用于显示场景中的图元。在同一个场景中可以有多个视图，也可以将一个视图先后与不同的场景相关联。

视图是可滚动的窗口部件，可以提供滚动条来浏览大的场景。如果需要使用 OpenGL，则可以用 QGraphicsView::setViewport()函数将视图设置为 QGLWidget。

视图能接收键盘和鼠标的输入事件，并将它们翻译为场景事件。使用变换矩阵函数 QGraphicsView::matrix()可以变换场景的坐标，实现场景缩放和旋转。QGraphicsView 还提供 QGraphicsView::mapToScene()和 QGraphicsView::mapFromScene()函数用于在窗口坐标与场景坐标间转换。

2. 场景：QGraphicsScene

场景是放置图元的容器，它本身是不可见的，必须通过与之相连的视图来显示及与外界进行交互。通过 QGraphicsScene::addItem()可以添加一个图元到场景中。添加到场景中的图元可以通过多个函数进行检索，例如：QGraphicsScene::items()和一些重载函数可以返回与点、矩形、多边形或向量路径相交的所有图元，QGraphicsScene::itemAt()返回指定点的顶层图元。

场景主要完成以下工作。

（1）提供对它包含的图元的操作接口和传递事件。通过 Qt 的事件传播体系结构将场景事件发送给图元，同时也管理图元之间的事件传播。如果场景接收了某一点的鼠标单击事件，就会将事件传给这一点的图元。

（2）管理各个图元的状态（如选择和焦点处理）。可以通过 QGraphicsScene::setSelectionArea()函数选择图元，选择区域可以是任意形状的（用 QPainterPath 表示）。若要得到当前选择的图元列表，则可以使用 QGraphicsScene::selectedItems()函数。可以通过 QGraphicsScene::setFocusItem()函数或 QGraphicsScene::setFocus()函数来设置图元的焦点，获得当前具有焦点的图元使用 QGraphicsScene::focusItem()函数。

（3）提供无变换的绘制（如打印）功能。如果需要将场景内容绘制到特定的绘图设备，则可以使用 QGraphicsScene::render()函数在绘图设备上绘制场景。

3．图元：QGraphicsItem

GraphicsView 系统支持的图元类型十分丰富。QGraphicsItem 是场景中各个图元的基类，在它的基础上可以继承出各种图元类。Qt 已经预置的图元类包括直线（QGraphicsLineItem）、椭圆（QGraphicsEllipseItem）、文本（QGraphicsTextItem）、矩形（QGraphicsRectItem）等。当然，也可以在 QGraphicsItem 的基础上实现自定义的图元类，即用户可以继承 QGraphicsItem 实现符合自己特殊需要的图元。

QGraphicsItem 主要有以下功能。
- 处理鼠标按下、移动、释放、双击、悬停、滚轮和右击事件。
- 处理键盘输入事件。
- 处理拖曳事件。
- 分组。
- 碰撞检测。

此外，图元也有自己的坐标系统，也能提供场景和图元。图元还可以通过 QGraphicsItem::matrix()函数来进行自身的交换，可以包含子图元。

使用 GraphicsView 系统来绘图具有如下这些优点。

（1）可以充分利用 Qt 的反锯齿、OpenGL 工具来改善绘图性能。

（2）GraphicsView 支持事件传播体系结构，可以使图元在场景中的交互能力提高 1 倍，图元能够处理键盘事件和鼠标事件。

（3）GraphicsView 系统通过二元空间划分树（Binary Space Partitioning，BSP）提供快速的图元查找，甚至能够实时地显示包含上百万个图元的超大场景。

7.2.2 GraphicsView 坐标系统

GraphicsView 坐标系统基于笛卡儿坐标系，具有 x 和 y 两个垂直方向的坐标值，但视图、场景和图元都有各自不同的坐标定义，分别为视图坐标、场景坐标和图元坐标。

1．视图坐标

视图坐标是窗口部件的坐标。视图坐标的单位是像素。QGraphicsView 视图的左上角是(0, 0)，x 轴正方向向右，y 轴正方向向下。所有的鼠标事件最开始都使用视图坐标。

QGraphicsView 继承自 QWidget，因此它与其他的 QWidget 一样，以窗口的左上角作为自己坐标系的原点，如图 7.20 所示。

2．场景坐标

场景坐标是所有图元的基础坐标系统。场景坐标描述了顶层的图元，每个图元都有场景坐标和相应的包容框。场景坐标的原点在场景中心，x 轴正方向向右，y 轴正方向向下。

QGraphicsScene 的坐标系以场景中心为原点(0, 0)，如图 7.21 所示。

3．图元坐标

图元使用自己的本地坐标，这个坐标系统通常以图元中心为原点，它也是所有变换的原点。图元坐标方向也是 x 轴正方向向右，y 轴正方向向下。创建图元后，注意图元坐标就可以了，

QGraphicsView 和 QGraphicsScene 会完成所有的变换。

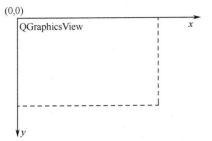
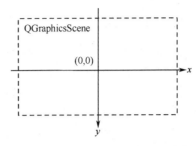

图 7.20　视图（QGraphicsView）坐标系　　　图 7.21　场景（QGraphicsScene）坐标系

在调用 QGraphicsItem 的 paint()函数重绘图元时，就以图元坐标系为基准，如图 7.22 所示。

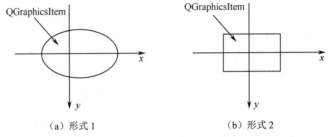

图 7.22　图元（QGraphicsItem）坐标系

Qt 提供了这三个坐标系之间的互相转换函数，以及图元与图元之间的转换函数，若需要从图元坐标系中的某一点坐标转换到场景中的坐标，可调用 QGraphicsItem 的 mapToScene()函数进行映射；而 QGraphicsItem 的 mapToParent()函数可将图元坐标系中的某点坐标映射至它的上一级坐标系中，有可能是场景坐标系，也有可能是另一个图元坐标系。

GraphicsView 系统提供的各种坐标变换函数见表 7.5。

表 7.5　GraphicsView 系统提供的各种坐标变换函数

函　　数	转　换　类　型
QGraphicsView::mapToScene()	从视图到场景
QGraphicsView::mapFromScene()	从场景到视图
QGraphicsItem::mapToScene()	从图元到场景
QGraphicsItem::mapFromScene()	从场景到图元
QGraphicsItem::mapToParent()	从子图元到父图元
QGraphicsItem::mapFromParent()	从父图元到子图元
QGraphicsItem::mapToItem()	从本图元到其他图元
QGraphicsItem::mapFromItem()	从其他图元到本图元

7.2.3　飞舞的蝴蝶实例

本节通过一个有趣的小程序介绍如何定义图元类（继承 QGraphicsItem），以及如何利用定时器来实现自定义图元在场景中的动画效果。

【例】（难度中等）（CH705）设计程序，在屏幕上显示一只上下翻飞的美丽蝴蝶。

1. 创建项目及图元类

（1）以直接编写代码（即取消勾选"Generate form"复选框）方式创建 Qt 项目，项目名为 Butterfly，"Class Information"页中基类选"QMainWindow"，类名为"MainWindow"。

（2）创建实现蝴蝶图元的 Butterfly。右击项目名，选择"添加新文件"命令，在弹出的对话框中选择"C++ Class"选项。单击"Choose"按钮，在弹出的对话框的"Base class"下拉列表框中选择基类名"QObject"，在"Class name"文本框中输入类的名称"Butterfly"。单击"下一步"按钮，单击"完成"按钮，生成图元类 Butterfly 的头文件 butterfly.h 和源文件 butterfly.cpp。

2. 自定义图元功能

（1）Butterfly 继承自 QObject 和 QGraphicsItem，在头文件 butterfly.h 中编写如下代码：

```cpp
#include <QObject>
#include <QGraphicsItem>
#include <QPainter>
#include <QGraphicsScene>
#include <QGraphicsView>
class Butterfly : public QObject, public QGraphicsItem
{
    Q_OBJECT
public:
    explicit Butterfly(QObject *parent = 0);
    void timerEvent(QTimerEvent *);                  //(a)
    QRectF boundingRect() const;                     //(b)
signals:
public slots:
protected:
    void paint(QPainter *painter, const QStyleOptionGraphicsItem *option, QWidget *widget);                           //重绘函数
private:
    bool up;                                         //(c)
    QPixmap pix_up;                                  //翅膀掀起的蝴蝶图片
    QPixmap pix_down;                                //翅膀扑下的蝴蝶图片
    qreal angle;
};
```

说明：

(a) void timerEvent(QTimerEvent *)：实现动画的原理是在定时器的 timerEvent()函数中对图元进行重绘。

(b) QRectF boundingRect() const：图元限定区域范围，所有继承自 QGraphicsItem 的自定义图元都必须实现此函数。

(c) bool up：用于标志蝴蝶翅膀的位置（位于上或下），以便实现动态效果。

（2）在源文件 butterfly.cpp 中编写如下代码：

```cpp
#include "butterfly.h"
#include <math.h>
const static double PI = 3.1416;
```

```cpp
Butterfly::Butterfly(QObject *parent) : QObject(parent)
{
    up = true;                                  //给标志蝴蝶翅膀位置的变量赋初值
    //调用 QPixmap 的 load()函数加载所用的图片
    pix_up.load("up.png");
    pix_down.load("down.png");
    startTimer(100);                            //启动定时器并设置时间间隔为 100 毫秒
}
```

boundingRect()函数为图元限定区域范围,此范围是以图元自身的坐标系为基础设定的,具体实现代码如下:

```cpp
QRectF Butterfly::boundingRect() const
{
    qreal adjust = 2;
    return QRectF(-pix_up.width() / 2 - adjust, -pix_up.height() / 2 - adjust,
        pix_up.width() + adjust * 2, pix_up.height() + adjust * 2);
}
```

在重绘函数 paint()中,首先判断当前已显示的图片是 pix_up 还是 pix_down。实现蝴蝶翅膀上下翻飞效果时,若当前显示的是 pix_up(翅膀掀起)图片,则重绘 pix_down(翅膀扑下)图片,反之亦然。具体实现代码如下:

```cpp
void Butterfly::paint(QPainter *painter, const QStyleOptionGraphicsItem *option,
QWidget *widget)
{
    if (up)
    {
        painter->drawPixmap(boundingRect().topLeft(), pix_up);
        up = !up;
    }
    else
    {
        painter->drawPixmap(boundingRect().topLeft(), pix_down);
        up = !up;
    }
}
```

定时器的 timerEvent()函数实现蝴蝶的飞舞,具体代码如下:

```cpp
void Butterfly::timerEvent(QTimerEvent *)
{
    //边界控制
    qreal edgex = scene()->sceneRect().right() + boundingRect().width() / 2;
                                                //限定蝴蝶飞舞的右边界
    qreal edgetop = scene()->sceneRect().top() + boundingRect().height() / 2;
                                                //限定蝴蝶飞舞的上边界
    qreal edgebottom = scene()->sceneRect().bottom() + boundingRect().height() / 2;
                                                //限定蝴蝶飞舞的下边界
    if (pos().x() >= edgex)                     //若超过了右边界,则水平移回左边界处
        setPos(scene()->sceneRect().left(), pos().y());
    if (pos().y() <= edgetop)                   //若超过了上边界,则垂直移回下边界处
        setPos(pos().x(), scene()->sceneRect().bottom());
```

```
        if (pos().y() >= edgebottom)         //若超过了下边界,则垂直移回上边界处
            setPos(pos().x(), scene()->sceneRect().top());
        angle += (qrand() % 10) / 20.0;
        qreal dx = fabs(sin(angle * PI) * 10.0);
        qreal dy = (qrand() % 20) - 10.0;
        setPos(mapToParent(dx, dy));
    }
```

说明：最后调用的 setPos(mapToParent(dx, dy))中,dx、dy 完成蝴蝶随机飞行的路径,且 dx、dy 都是相对于蝴蝶图元坐标系而言的,因此应使用 mapToParent()函数转换为场景的坐标。

3. 图元加入场景

在完成了蝴蝶图元的实现后,在源文件 main.cpp 中将它加载到场景中,并关联一个视图,具体实现代码如下:

```
#include <QApplication>
#include "butterfly.h"
#include <QGraphicsScene>
int main(int argc, char *argv[])
{
    QApplication a(argc, argv);
    QGraphicsScene *scene = new QGraphicsScene;
    scene->setSceneRect(QRectF(-200, -200, 400, 400));
    Butterfly *butterfly = new Butterfly;
    butterfly->setPos(-100, 0);
    scene->addItem(butterfly);
    QGraphicsView *view = new QGraphicsView;
    view->setScene(scene);
    view->resize(400, 400);
    view->show();
    return a.exec();
}
```

将本例程序用的两张蝴蝶图片放在项目的 debug 目录中,启动程序运行,效果如图 7.23 所示。

7.3 二维图表绘制

QtCharts 是目前 Qt 中广泛使用的最流行的二维绘图库,它由 Riverbank 公司出品,可绘制各种复杂的函数曲线、柱状图、折线图、饼状图等。

7.3.1 QtCharts 基础

图 7.23 蝴蝶飞舞的效果

一个完整的图表由图表对象、数据、坐标轴构成,无论何种绘图库一般都会提供这 3 部

分的对应实现（类）。

1. 图表对象

QtCharts 的图表对象是基于 Qt 的 GraphicsView 系统实现的，由 QGraphicsView 派生出一个图表视图类 QChartView；再由图元 QGraphicsItem 派生出一个图表类 QChart。图表的创建本质上就是将一个图元（QChart）添加进视图（QChartView）的操作。

QChartView 有一个 setChart()方法设置要显示的图表，在程序中使用如下形式的代码创建图表：

```
chart = new QChart();                           //创建图表
chartView = new QChartView(this);
chartView->setChart(chart);                     //添加进视图
```

2. 数据

QtCharts 的图表数据经由一种称为"序列"（Series）的类加以封装，序列有很多种，均以 QXxxSeries 规范命名，其中"Xxx"是数据所表示的图形类型，常用的序列类及对应图形见表 7.6。

表 7.6　常用序列类及对应图形

类　名	图　形
QLineSeries	线型（包括函数曲线和折线）图
QBarSeries	柱状图
QHorizontalStackedBarSeries	堆叠柱状图
QPercentBarSeries	百分比柱状图
QPieSeries	饼状图
QScatterSeries	散点图
QCandlestickSeries	蜡烛图（用于分析股市）
QAreaSeries	区域填充图

序列是管理数据的类，需要将它添加进已有的图表对象才能显示出图形，用如下语句创建一个序列，往其中添加数据并放进图表：

```
序列名 = new QXxxSeries();                       //创建序列
序列名->append(数据/数据集);
chart->addSeries(序列名);                        //将序列添加进图表
```

3. 坐标轴

QtCharts 的坐标轴是独立于图形的对象，即用户可以仅绘图而不用坐标轴，在需要的时候再为图表加上坐标轴。

常用的坐标轴有文字和数值两种基本类型。

1）文字坐标

实际应用中，柱状图的横坐标经常是用文字表示的年（月）份或统计对象的类别名称，用 QBarCategoryAxis 建立文字型坐标轴，如下：

```
文字列表 = ["…", "…", …];
axisX = new QBarCategoryAxis();              //创建文字坐标
axisX->append(文字列表);
chart->addAxis(axisX, Qt::AlignmentFlag::AlignBottom);
                                             //将坐标添加进图表
序列名->attachAxis(axisX);                    //将序列关联到坐标
```

可见,序列是在坐标建立以后才与之关联起来的,一个序列的数据可根据不同的用途和需要与不同的坐标轴对象相关联,起到不一样的展示效果。

2)数值坐标

数值坐标由 QValueAxis 建立,它能根据所关联序列数据值的分布自适应地调整其显示刻度和范围,当然也提供了一系列 setXxx()方法给用户设置想要的效果,通常编程语句形式如下:

```
axisY = new QValueAxis();                    //创建数值坐标
//设置坐标属性
axisY->setXxx1(…);
axisY->setXxx2(…);
…
chart->addAxis(axisY, Qt::AlignmentFlag::AlignLeft);
                                             //将坐标添加进图表
序列名->attachAxis(axisY);                    //将序列关联到坐标
```

除以上介绍的两种坐标外,QtCharts 还支持对数坐标(QLogValueAxis)、日期时间坐标(QDateTimeAxis)等,有兴趣的读者可以去进一步了解。

用 QtCharts 绘制图表,通常按如下的步骤进行。

(1)在 Qt 项目中引入 QtCharts 库。

在项目配置文件(.pro)中添加配置:

```
QT += charts
```

在程序头文件中添加类库包含并引入命名空间:

```
#include <QtCharts>
QT_CHARTS_USE_NAMESPACE
```

(2)创建图表和视图。

(3)构造(产生)数据、创建序列并添加数据。

(4)建立和设置坐标轴。

接下来各小节的实例基本都是按照这个步骤编写程序的。

7.3.2 绘制螺旋曲线实例

绘制函数曲线一般先用算法产生所需的数据点,再添加进 QLineSeries(也可以用更为平滑的 QSplineSeries)序列。

【例】(简单)(CH706)绘制阿基米德螺线和双曲螺线。

以直接编写代码(即取消勾选"Generate form"复选框)方式创建 Qt 项目,项目名为 chartLine,"Class Information"页中基类选"QWidget",类名为"myLineChart"。

代码如下(chartLine.cpp):

```
myLineChart::myLineChart(QWidget *parent)
    : QWidget(parent)
```

```cpp
{
    setWindowTitle("二维图表");
    //(a)第1步：创建图表和视图
    QChart *chart = new QChart();
    chart->setTitle("螺旋曲线");
    QChartView *chartView = new QChartView(this);
    chartView->setGeometry(10, 10, 800, 600);
    chartView->setChart(chart);
    //(b)第2步：创建序列并添加数据
    int n = 1000;
    float *pointList = new float[n];
    float start = 1;
    for (int i = 0; i < n; i++)
    {
        pointList[i] = start;
        start += (10 * 2 * M_PI - 1) / (n - 1);
    }
    QLineSeries *lSeries1 = new QLineSeries();
    lSeries1->setName("Archimedes");
    QLineSeries *lSeries2 = new QLineSeries();
    lSeries2->setName("hyperbolic");
    for (int i = 0; i < n; i++)
    {
        //① 阿基米德螺线
        float x1 = (1 + 0.618 * pointList[i]) * qCos(pointList[i]);
        float y1 = (1 + 0.618 * pointList[i]) * qSin(pointList[i]);
        lSeries1->append(x1, y1);
        chart->addSeries(lSeries1);
        //② 双曲螺线
        float x2 = 10 * 2 * M_PI * (qCos(pointList[i]) / pointList[i]);
        float y2 = 10 * 2 * M_PI * (qSin(pointList[i]) / pointList[i]);
        lSeries2->append(x2, y2);
        chart->addSeries(lSeries2);
    }
    //(c)第3步：建立坐标轴
    chart->createDefaultAxes();
    chart->axisX()->setRange(-40, 40);
    chart->axisY()->setRange(-40, 55);
}
```

说明：

(a) 创建视图语句 "QChartView *chartView = new QChartView(this)" 必须带一个 this 参数，明确该视图作为主程序 myLineChart 的一个组件才能在界面上显示图表。setGeometry()方法设定视图组件在窗体上的位置和尺寸，其参数可根据程序实际显示效果进行调整。

(b) 用 for 循环产生 1000 个采样点，暂存于 pointList 数组，然后遍历数组，将其中元素值分别代入两种螺线的方程得到数据，添加到两个序列中。

"序列名->setName("…")" 设置数据曲线的名称（在图例中标注）。

① Archimedes（阿基米德螺线）：亦称等速螺线，是一个点匀速离开一个固定点的同时又以

固定的角速度绕该固定点转动而产生的轨迹。它最早由阿基米德在其著作《螺旋线》中加以描述，故得名。

阿基米德螺线在笛卡儿坐标系中的方程为：

$$\begin{cases} x = (a+bt)\cos t \\ y = (a+bt)\sin t \end{cases}$$

其中，a、b 均为实数，而 t 决定了螺线绕旋的总角度（圈数）。

② hyperbolic（双曲螺线）：阿基米德螺线的相邻两个螺旋之间是等距（均匀）的，但是在自然界中还存在着大量非等距的螺旋曲线，例如，陨落的彗星运动轨迹会随时间推移加速地坠入引力中心，双曲螺线就很好地反映了这类现象。

双曲螺线的方程如下：

$$\begin{cases} x = \dfrac{a\cos t}{t} \\ y = \dfrac{a\sin t}{t} \end{cases}$$

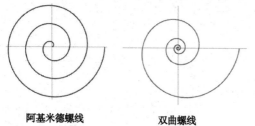

阿基米德螺线　　双曲螺线

图 7.24　两种螺线的典型图案

典型的阿基米德螺线与双曲螺线图案如图 7.24 所示。

(c) 为简单起见，本程序就用 QtCharts 系统的默认坐标，用 createDefaultAxes() 方法创建，并设置数值范围。

运行程序，两种螺线的函数曲线图表如图 7.25 所示。

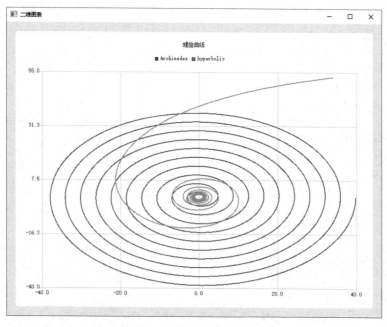

图 7.25　两种螺线的函数曲线图表

读者可参照本程序的 3 个步骤，用同样的方式绘制任意数学函数的曲线，只要有了曲线方程，就能很容易地构造数据，画出漂亮的图表来。

7.3.3 绘制柱状/折线图实例

柱状图的数据需要预先存储在数据集 QBarSet 的类对象中，然后添加进 QBarSeries 序列；折线图对应 QLineSeries 序列。这两种图表主要用于统计分析，必须定制坐标轴。

【例】（难度中等）（CH707）统计近五年高考报名人数和录取率信息，绘出图表。

以直接编写代码（即取消勾选"Generate form"复选框）方式创建 Qt 项目，项目名为 chartBar，"Class Information"页中基类选"QWidget"，类名为"myBarChart"。

代码如下（chartBar.cpp）：

```cpp
myBarChart::myBarChart(QWidget *parent)
    : QWidget(parent)
{
    setWindowTitle("二维图表");
    //创建图表和视图
    QChart *chart = new QChart();
    chart->setTitle("2017~2021年高考人数和录取率");
    chart->legend()->setAlignment(Qt::AlignmentFlag::AlignTop);
                                                                    //(a)
    QChartView *chartView = new QChartView(this);
    chartView->setGeometry(10, 10, 800, 600);
    chartView->setChart(chart);

    //创建序列并添加数据
    QList<float> number_signup, number_enroll;
    number_signup<<940<<975<<1031<<1071<<1078;                      //高考人数
    QBarSet *signupSet = new QBarSet("报考");
    QListIterator<float> i(number_signup);
    for(; i.hasNext();)
        *signupSet << i.next();
    number_enroll<<700<<791<<820<<967.5<<689;                       //录取人数
    QBarSet *enrollSet = new QBarSet("录取");
    QListIterator<float> j(number_enroll);
    for(; j.hasNext();)
        *enrollSet << j.next();
    QBarSeries *bSeries = new QBarSeries();                         //柱状图的序列
    bSeries->append(signupSet);
    bSeries->append(enrollSet);
    bSeries->setLabelsVisible(true);
    bSeries->setLabelsPosition(QAbstractBarSeries::LabelsPosition::LabelsInsideEnd);                                                     //(b)
    chart->addSeries(bSeries);

    QLineSeries *lSeries = new QLineSeries()                        //折线图的序列
    lSeries->setName("趋势");
    lSeries->append(0, 700);
    lSeries->append(1, 791);
```

```
        lSeries->append(2, 820);
        lSeries->append(3, 967.5);
        lSeries->append(4, 689);
        QPen *pen = new QPen(Qt::GlobalColor::red);
        pen->setWidth(2);
        lSeries->setPen(*pen);
        lSeries->setPointLabelsVisible(true);
        lSeries->setPointLabelsFormat("@yPoint 万");           //(c)
        chart->addSeries(lSeries);

        //建立和设置坐标轴
        QStringList year;                                      //字符串列表存储年份
        year<<"2017"<<"2018"<<"2019"<<"2020"<<"2021";
        QBarCategoryAxis *axisX = new QBarCategoryAxis();      //文字坐标
        axisX->setTitleText("年份");
        axisX->append(year);
        chart->addAxis(axisX, Qt::AlignmentFlag::AlignBottom);
        bSeries->attachAxis(axisX);
        lSeries->attachAxis(axisX);

        QValueAxis *axisY = new QValueAxis();                  //数值坐标
        axisY->setTitleText("人数（万）");
        chart->addAxis(axisY, Qt::AlignmentFlag::AlignLeft);
        bSeries->attachAxis(axisY);
        lSeries->attachAxis(axisY);
    }
```

说明：

(a) 图表对象添加了序列后会自动生成图例，图例是对图表上各序列数据的标注说明，可增强易读性。通过图表的 legend()方法获取图例对象，setAlignment()方法设置图例的显示位置，该位置是由 Qt::AlignmentFlag 枚举常量设定的一个参数值，可能的取值为 AlignTop（顶部）、AlignBottom（底部）、AlignLeft（左边）和 AlignRight（右边）。

(b) 柱状图序列的 setLabelsVisible()方法控制标签的可见性，标签用于标注数值，使数据一目了然；setLabelsPosition()方法设置标签的显示位置，其参数 QabstractBarSeries::LabelsPosition 是枚举类型的，有以下几种取值。

- LabelsCenter：标签显示在棒柱中央。
- LabelsInsideEnd：标签显示在棒柱顶端（本例设定值）。
- LabelsInsideBase：标签显示在棒柱底端。
- LabelsOutsideEnd：标签显示在棒柱顶端的外部。

(c) 折线图序列的 setPen()方法设置折线的画笔，本程序使用红色（QPen(Qt::GlobalColor::red)）、线宽为 2（pen->setWidth(2)）的画笔；setPointLabelsVisible()方法控制折线上数据点标签的可见性；setPointLabelsFormat()方法指定标签具体要显示哪个坐标方向的数值及显示格式，参数字符串中的@yPoint 表示显示 y 轴数值（本例设定），@xPoint 表示显示 x 轴数值（前提是 x 轴也必须为数值坐标），其他字符则作为数值的单位或说明性文字。

运行程序，高考报名人数和录取率的柱状/折线图表如图 7.26 所示。

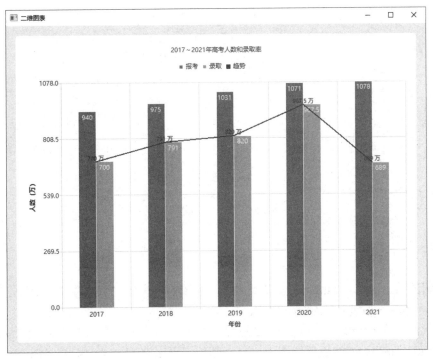

图 7.26 高考报名人数和录取率的柱状/折线图表

7.3.4 绘制饼状图实例

饼状图的数据放在 QPieSeries 序列中，这种图表通常不带坐标轴。

【例】（简单）（CH708）用饼状图表示中国高等教育普及率。

以直接编写代码（即取消勾选"Generate form"复选框）方式创建 Qt 项目，项目名为 chartPie，"Class Information"页中基类选"QWidget"，类名为"myPieChart"。

代码如下（chartPie.cpp）：

```
myPieChart::myPieChart(QWidget *parent)
    : QWidget(parent)
{
    setWindowTitle("二维图表");
    //创建图表和视图
    QChart *chart = new QChart();
    chart->setTitle("中国高等教育普及率");
    chart->legend()->setAlignment(Qt::AlignmentFlag::AlignLeft);
    QChartView *chartView = new QChartView(this);
    chartView->setGeometry(10, 10, 800, 600);
    chartView->setChart(chart);

    //创建序列并添加数据
    QMap<QString, QVariant> pieSet;
    pieSet["儿童和老人"] = 35;
    pieSet["劳动人口"] = 49;
    pieSet["参加高考者"] = 7;
    pieSet["大学生"] = 8;

    QPieSeries *pSeries = new QPieSeries();
```

```
    QMap<QString, QVariant>::iterator item = pieSet.begin();
    while (item != pieSet.end())                    //(a)
    {
        pSeries->append(QString(item.key() + " ( %1% ) ").arg(item.value().toString()), item.value().toReal());
        item ++;
    }
    pSeries->setLabelsVisible(true);
    pSeries->setHoleSize(0.2);
    pSeries->setPieSize(0.6);                       //(b)

    QPieSlice *slice = pSeries->slices()[3];
    slice->setExploded(true);
    slice->setPen(QPen(Qt::GlobalColor::red, 2));
    slice->setBrush(Qt::GlobalColor::red);          //(c)
    chart->addSeries(pSeries);
}
```

说明：

(a) 本例的数据存储在 QMap（容器类）中，存储的形式是一个键对应一个值，通过迭代器遍历 QMap 再逐项添加进 QPieSeries 序列。

(b) 饼状图序列的 setLabelsVisible()方法控制扇区标签的可见性，通常都会设为 true 以使图形更直观；setHoleSize()方法设置饼图中心空心圆的大小比例（0~1）；setPieSize()方法设置饼图占图表视图区的相对大小（0~1）。读者可根据程序运行的实际效果对这些属性进行调整。

(c) 用 QPieSeries 对象的"slices()[索引]"可单独获取某一个数据扇区，对其进行特殊处理，因本例索引 3 的扇区（"大学生"）是这个图表想要着重表达的部分，故将其设为红色（slice->setPen(QPen(Qt::GlobalColor::red, 2))、slice->setBrush(Qt::GlobalColor::red)）并突出（slice->setExploded(true)）显示。

运行程序，中国高等教育普及率的饼状图表如图 7.27 所示。

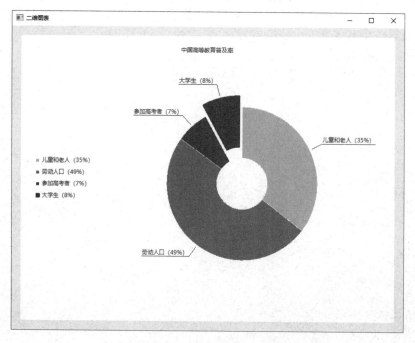

图 7.27　中国高等教育普及率的饼状图表

7.4 三维绘图

Qt 绘制三维图表使用 QtDataVisualization,它与 QtCharts 同出自 Riverbank 公司,因此在实现机制和使用步骤上与 QtCharts 基本相同。

7.4.1 QtDataVisualization 基础

Qt 的三维图表同样也由图表对象、数据、坐标轴构成。

1. 图表对象

QtDataVisualization 的图表对象有 3 种,分别对应于不同的三维图表类,如下。
- Q3DBars:三维柱状图。
- Q3DScatter:三维散点图。
- Q3DSurface:三维曲面。

用户可根据需要选用。

不同于二维图表基于 GraphicsView,这几种三维图表对象是基于 Qt 窗体部件系统的,它们都派生自 QWindow。使用时需要先创建一个窗体部件(QWidget 类型)的容器,图表对象放在容器里,再以 setCentralWidget()方法将容器设为界面的中心部件,才能显示三维图表。可见,这里的容器实际上起到了类似于二维 QChartView 图表视图的作用。

由于 Qt 中只有主窗体(QMainWindow)具备设置中心部件的 setCentralWidget()方法,故所有的三维绘图程序只能基于 QMainWindow 来创建主程序类。

在程序中使用如下形式的代码创建三维图表:

```
图表对象 = new Q3DXxx();                                    //创建图表
container = Qwidget::createWindowContainer(图表对象);
this->setCentralWidget(container);                          //将容器设为界面中心部件
```

其中,Q3DXxx 可以是 Q3DBars、Q3DScatter、Q3DSurface 三者之一。

2. 数据

与二维的一样,三维图表数据也是用序列封装的,但不同的是,三维数据不能直接添加进序列,必须先以数据项(对象)的形式添加到数据代理(DataProxy)中,再将代理关联到对应的序列上。

QtDataVisualization 所支持的三种图表类分别都有各自匹配的数据代理类、数据项类和序列类,各类的对应关系见表 7.7。

表 7.7 图表类、数据代理类、数据项类与序列类的对应关系

图 表 类	数据代理类	数 据 项 类	序 列 类
Q3DBars	QBarDataProxy	QBarDataItem	QBar3DSeries
Q3DScatter	QScatterDataProxy	QScatterDataItem	QScatter3DSeries
Q3DSurface	QSurfaceDataProxy	QSurfaceDataItem	QSurface3DSeries

编程时,不同类型三维数据的封装语句略有差异,但基本过程是一样的,分别如下:

```
// (1) 柱状数据
代理名 = new QBarDataProxy();                          //创建代理
QList<QBarDataItem> itemBarRow;
...                                                    //产生数据
QBarDataItem item = new QBarDataItem(数据);            //创建数据项
itemBarRow->append(item);
代理名->addRow(itemBarRow);                            //数据项添加到代理中
序列名 = new QBar3DSeries();                           //创建序列
序列名->setDataProxy(代理名);                          //代理关联到序列
图表->addSeries(序列名);                               //序列添加进图表
// (2) 散点数据
代理名 = new QScatterDataProxy();                      //创建代理
QList<QScatterDataItem> itemScatterArray;
...                                                    //产生数据
QScatterDataItem item = new QScatterDataItem(数据);    //创建数据项
itemScatterArray->append(item);
代理名->resetArray(itemScatterArray);                  //数据项添加到代理中
序列名 = new QScatter3DSeries();                       //创建序列
序列名->setDataProxy(代理名);                          //代理关联到序列
图表->addSeries(序列名);                               //序列添加进图表
// (3) 曲面数据
代理名 = new QSurfaceDataProxy();                      //创建代理
QList<QSurfaceDataItem> itemSurfaceRow;
...                                                    //产生数据
QSurfaceDataItem item = new QSurfaceDataItem(数据);    //创建数据项
itemSurfaceRow->append(item);
代理名->addRow(itemSurfaceRow);                        //数据项添加到代理中
序列名 = new QSurface3DSeries();                       //创建序列
序列名->setDataProxy(代理名);                          //代理关联到序列
图表->addSeries(序列名);                               //将序列添加进图表
```

实际应用中,将数据项添加到代理中的过程通常放在一个 for 循环中逐一进行。

3. 坐标轴

QtDataVisualization 的坐标轴也是独立于图形的对象,与 QtCharts 一样也分文字和数值两种基本坐标类型。

文字坐标通常用于三维柱状图,通过 QCategory3DAxis 建立,其使用方法类似于二维的 QBarCategoryAxis,有一系列 setXxx() 方法设置坐标轴的各项属性,最后用 setRowAxis/setColumnAxis() 方法将坐标对象关联到图表。

数值坐标通过 QValue3DAxis 建立,同样也有一系列 setXxx() 方法设置属性,用 setValueAxis() 或 setAxisX/setAxisY/setAxisZ() 方法关联到图表。

用 QtDataVisualization 编程绘图的一般步骤如下。

● 在 Qt 项目中引入 QtDataVisualization。
在项目配置文件(.pro)中添加配置:
```
QT += datavisualization
```
在程序头文件中添加类库并引入命名空间:
```
#include <QtDataVisualization>
```

```
using namespace QtDataVisualization;
```
- 创建三维图表和容器。
- 构造（产生）数据项添加到代理中，创建序列并关联代理。
- 建立和设置坐标轴。

7.4.2 三维绘图实例

下面通过绘制一个三维曲面的实例来向大家演示 QtDataVisualization 的绘图步骤。

【例】（简单）（CH709）描绘三维空间的电子衍射图像。

电子衍射最初是由法国著名物理学家德布罗意（1892—1987 年）的"物质波"理论所预言的一种现象，1927 年被人们在实验中观测到。电子衍射的图案是一个空间中波动的振荡曲面，它在平面上的投影为一圈圈同心圆，但在垂直平面的剖面方向则是一个三角波函数，为方便起见，本例将同心圆的圆心选在坐标原点，波函数取相位为 0 的余弦函数，于是整个衍射曲面的方程就是余弦函数与平面圆方程所构成的复合函数，其表达式如下：

$$e = \cos(\sqrt{x^2 + y^2})$$

以直接编写代码（即取消勾选"Generate form"复选框）方式创建 Qt 项目，项目名为 data3d，"Class Information"页中基类选"QMainWindow"，类名为"myData3D"。

代码如下（data3d.cpp）：

```
myData3D::myData3D(QWidget *parent)
    : QMainWindow(parent)
{
    setWindowTitle("三维图表");
    //创建三维图表和容器
    Q3DSurface *surface = new Q3DSurface();
    QWidget *container = QWidget::createWindowContainer(surface);
    this->setCentralWidget(container);
    surface->scene()->activeCamera()->setCameraPreset(Q3DCamera::CameraPreset::CameraPresetFrontHigh);                                          //(a)
    //封装数据
    QSurfaceDataProxy *proxy = new QSurfaceDataProxy();     //创建代理
    int N = 400;
    float x = -20.0, y;
    QSurfaceDataArray *array = new QSurfaceDataArray;
    array->reserve(N);
    for (int i = 1; i < N + 1; i++)
    {
        QSurfaceDataRow *row = new QSurfaceDataRow(N);
        y = -20.0;
        int index = 0;
        for (int j = 1; j < N + 1; j++)
        {
            float z = qCos(sqrt(x * x + y * y)) * 2.5;      //(b)产生数据
            (*row)[index++].setPosition(QVector3D(x, z, y));
            y = y + 0.1;
```

```
        }
        x = x + 0.1;
        *array << row;
    }
    proxy->resetArray(array);                           //数据添加到代理中
    QSurface3DSeries *surSeries = new QSurface3DSeries();    //创建序列
    surSeries->setDataProxy(proxy);                     //代理关联到序列
    surSeries->setDrawMode(QSurface3DSeries::DrawFlag::DrawSurface);
                                                        //(c)
    QLinearGradient *gradient = new QLinearGradient();
    gradient->setColorAt(1.0, Qt::GlobalColor::yellow);
    gradient->setColorAt(0.5, Qt::GlobalColor::cyan);
    gradient->setColorAt(0.2, Qt::GlobalColor::red);
    gradient->setColorAt(0.0, Qt::GlobalColor::lightGray);
    surSeries->setBaseGradient(*gradient);
    surSeries->setColorStyle(Q3DTheme::ColorStyle::ColorStyleRangeGradient);
                                                        //(d)
    surface->addSeries(surSeries);                      //将序列添加进图表

    //建立和设置坐标轴
    QValue3DAxis *axisX = new QValue3DAxis();
    axisX->setTitle("X");
    axisX->setTitleVisible(true);
    axisX->setRange(-21, 21);
    surface->setAxisX(axisX);

    QValue3DAxis *axisZ = new QValue3DAxis();
    axisZ->setTitle("Z");
    axisZ->setTitleVisible(true);
    axisZ->setRange(-21, 21);
    surface->setAxisZ(axisZ);

    QValue3DAxis *axisY = new QValue3DAxis();
    axisY->setTitle("Y");
    axisY->setTitleVisible(true);
    axisY->setRange(-10, 10);
    surface->setAxisY(axisY);
}
```

说明：

(a) QtDataVisualization 的三维场景里有相机，相机的位置就是用户看三维图表（曲面）的视角，setCameraPreset()方法用于设置视角，其参数是枚举类型 Q3Dcamera::CameraPreset，它有 20 多种取值，最常用的有以下几种。

- CameraPresetFront：正前方。
- CameraPresetFrontLow：前下方。
- CameraPresetFrontHigh：前上方（本例设定值）。
- CameraPresetLeft：左侧。

(b) 本例产生数据的方法如下。

在 X-Y 平面上产生一个指定尺寸精度的等距网格，x、y 坐标区间范围都是(-20, 20)，然后分别沿 x、y 轴方向等分 400 份形成 400×400 的平面网格，每个格子中取一点作为计算的点，即一共取了 160000（400×400）个点。针对每一个点，应用前面给出的衍射曲面方程表达式计算出函数值 z，然后将(x, z, y)封装成三维空间的一个矢量点（QVector3D）对象，这样计算得到的全体矢量点就构成了三维空间中的一个曲面。

(c) setDrawMode()方法设置曲面样式，其参数是 QSurface3Dseries::DrawFlag 枚举类型，取值如下。

- DrawWireframe：仅绘制网格线。
- DrawSurface：仅绘制曲面（本例设定值）。
- DrawSurfaceAndWireframe：同时绘制曲面和网格线。

本例为使曲面看起来更柔滑，去掉了网格线。

(d) 为使曲面看起来更有质感，本例采用渐变色对其进行渲染。先创建一个 QLinearGradient 类型的渐变色对象，然后以一组 setColorAt()方法设定其几个分界值上的颜色，实际曲面呈现的色彩将在这几种颜色之间逐渐变化，用 setBaseGradient()方法将所创建的渐变色对象与序列相关联。最后，要使用渐变色渲染，还需要设置颜色样式为 Q3DTheme::ColorStyle::ColorStyleRangeGradient。

运行程序，三维曲面如图 7.28 所示。

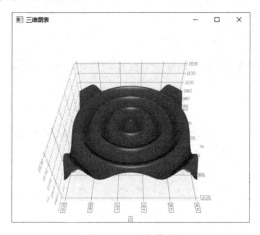

图 7.28　三维曲面

第 8 章 文件、目录与数据库操作

8.1 文件操作

8.1.1 文本文件操作实例

在 Qt 中操作文本文件有两种方式：一种是直接使用传统的 QFile，另一种是使用更为方便的 QTextStream。

1. QFile 读写实例

【例】（简单）（CH801）在基于控制台的 Qt 程序中使用 QFile 读写文本文件。

实现步骤如下。

1）创建 Qt 控制台项目

单击 Qt Creator 欢迎界面左侧的 "Create Project" 按钮，或者选择 "文件" → "New Project" 命令，在弹出 "New Project" 窗口中单击左栏 "Projects" 列表下的 "Application (Qt)"，中间栏选择 "Qt Console Application" 选项，单击右下角 "Choose" 按钮，进入下一步，将项目命名为 TextFile 并选择保存路径。连续单击 "下一步" 按钮，最后单击 "完成" 按钮。

2）编写程序

在源文件 main.cpp 中编写代码如下：

```
#include <QCoreApplication>
#include <QFile>
#include <QtDebug>
int main(int argc, char *argv[])
{
    QCoreApplication a(argc, argv);
    QFile file("textFile1.txt");                          //(a)
    if(file.open(QIODevice::ReadOnly))                    //(b)
    {
        char buffer[2048];
        qint64 lineLen = file.readLine(buffer, sizeof(buffer));
                                                          //(c)
        if (lineLen != -1)                                //(d)
        {
```

```
        qDebug() << buffer;
    }
}
return a.exec();
}
```

说明：

(a) QFile file("textFile1.txt")：打开一个文件有两种方式。一种方式是在构造函数中指定文件名，另一种方式是使用 setFileName()函数设置文件名。

(b) if(file.open(QIODevice::ReadOnly))：打开文件使用 open()函数，关闭文件使用 close()函数。此处的 open()函数以只读方式打开文件，只读方式参数为 QIODevice::ReadOnly，只写方式参数为 QIODevice::WriteOnly，读写参数为 QIODevice::ReadWrite。

(c) qint64 lineLen = file.readLine(buffer, sizeof(buffer))：在 QFile 中可以使用从 QIODevice 中继承的 readLine()函数读取文本文件的一行。

(d) if (lineLen != -1) { qDebug() << buffer; }：如果读取成功，则 readLine()函数返回实际读取的字节数；如果读取失败，则返回-1。

3）运行程序

首先，选择"构建"→"构建项目" TextFile ""命令，生成 Debug 目录。

然后，编辑本例所用的文本文件 textFile1.txt（内容"Welcome to you!"），保存在项目 Debug 目录下。

最后，运行程序，输出结果如图 8.1 所示。

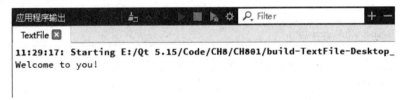

图 8.1 输出结果

2．QTextStream 读写实例

QTextStream 提供了更为方便的接口来读写文本，它可以操作 QIODevice、QByteArray 和 QString。使用 QTextStream 的流操作符，可以方便地读写单词、行和数字。为了产生文本，QTextStream 还提供了填充、对齐和数字格式化的选项。

【例】（简单）（CH802）在基于控制台的 Qt 程序中使用 QTextStream 读写文本文件。

实现步骤如下。

1）创建 Qt 控制台项目

项目名为 TextFile2，创建步骤与上个实例完全一样，不再赘述。

2）编写程序

在源文件 main.cpp 中编写代码如下：

```
#include <QCoreApplication>
#include <QFile>
#include <QTextStream>
int main(int argc, char *argv[])
```

```
{
    QCoreApplication a(argc, argv);
    QFile data("data.txt");
    if (data.open(QFile::WriteOnly | QFile::Truncate))    //(a)
    {
        QTextStream out(&data);
        out << QObject::tr("score:") << qSetFieldWidth(10) << left << 90 << endl;
                                                                              //(b)
    }
    return a.exec();
}
```

说明:

(a) if(data.open(QFile::WriteOnly | QFile::Truncate)): 参数 QFile::Truncate 表示将原来文件中的内容清空。输出时将格式设为左对齐，占 10 个字符位置。

(b) out << QObject::tr("score:") << qSetFieldWidth(10) << left << 90 << endl: 用户使用格式化函数和流操作符设置需要的输出格式。其中，qSetFieldWidth() 函数是设置字段宽度的格式化函数。除此之外，QTextStream 还提供了其他一些格式化函数，见表 8.1。

表 8.1　QTextStream 的格式化函数

函　　数	功　能　描　述
qSetFieldWidth(int width)	设置字段宽度
qSetPadChar(QChar ch)	设置填充字符
qSetRealNumberPercision(int precision)	设置实数精度

其中，left 操作符是 QTextStream 定义的类似于 <iostream> 中的流操作符。QTextStream 还提供了其他一些流操作符，见表 8.2。

表 8.2　QTextStream 的流操作符

流 操 作 符	作 用 描 述
bin	设置读写的整数为二进制数
oct	设置读写的整数为八进制数
dec	设置读写的整数为十进制数
hex	设置读写的整数为十六进制数
showbase	强制显示进制前缀，如十六进制（0x）、八进制（0）、二进制（0b）
forcesign	强制显示符号（+，−）
forcepoint	强制显示小数点
noshowbase	不显示进制前缀
noforcesign	不显示符号
uppercasebase	显示大写的进制前缀
lowercasebase	显示小写的进制前缀
uppercasedigits	用大写字母表示

续表

流 操 作 符	作 用 描 述
lowercasedigits	用小写字母表示
fixed	用固定小数点表示
scientific	用科学计数法表示
left	左对齐
right	右对齐
center	居中
endl	换行
flush	清除缓冲

注意： 在QTextStream中使用的默认编码是QTextCodec::codecForLocale()函数返回的编码，同时能够自动检测Unicode，也可以使用QTextStream::setCodec(QTextCodec *codec)函数设置流的编码。

3）运行程序

启动此程序后，可以看到在项目的Debug目录下自动生成了一个文本文件data.txt，打开后看到的内容如图8.2所示。

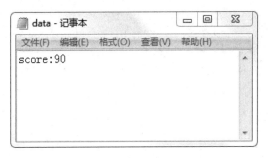

图8.2　文本文件内容

8.1.2　二进制文件操作实例

Qt用QDataStream来操作二进制文件，该类提供了将二进制文件串行化的功能，用于实现C++基本数据类型，如char、short、int、char *等的串行化，更复杂的串行化操作则是通过将数据类型分解为基本类型来完成的。

【例】（简单）（CH803）使用QDataStream读写二进制文件。

以直接编写代码（即取消勾选"Generate form"复选框）方式创建Qt项目，项目名为mainwindow，"Class Information"页中基类选"QMainWindow"。

（1）头文件mainwindow.h的代码如下：

```
#include <QMainWindow>
class MainWindow : public QMainWindow
{
```

```cpp
    Q_OBJECT
public:
    MainWindow(QWidget *parent = 0);
    ~MainWindow();
    void fileFun();
};
```

(2) 源文件 mainwindow.cpp 的代码如下：

```cpp
#include "mainwindow.h"
#include <QtDebug>
#include <QFile>
#include <QDataStream>
#include <QDate>
MainWindow::MainWindow(QWidget *parent)
    : QMainWindow(parent)
{
    fileFun();
}
```

函数 fileFun()完成主要功能，其具体代码如下：

```cpp
void MainWindow::fileFun()
{
    /* 将二进制数据写到数据流 */                            //(a)
    QFile file("binary.dat");
    file.open(QIODevice::WriteOnly | QIODevice::Truncate);
    QDataStream out(&file);                              //将数据序列化
    out << QString(tr("周何骏: "));                       //将字符串序列化
    out << QDate::fromString("1996/09/25", "yyyy/MM/dd");
    out << (qint32)23;                                   //将整数序列化
    file.close();
    /* 从文件中读取数据 */                                //(b)
    file.setFileName("binary.dat");
    if (!file.open(QIODevice::ReadOnly))
    {
        qDebug() << "error!";
        return;
    }
    QDataStream in(&file);                               //从文件中读出数据
    QString name;
    QDate birthday;
    qint32 age;
    in >> name >> birthday >> age;                       //获取字符串和整数
    qDebug() << name << birthday << age;
    file.close();
}
```

说明：

(a) 从 **QFile file("binary.dat")** 到 **file.close()** 之间的代码段：每一个条目都以定义的二进制格式写入文件。Qt 中的很多类型，包括 QBrush、QColor、QDateTime、QFont、QPixmap、QString、QVariant 等都可以写入数据流。QDataStream 写入了 name(QString)、birthday(QDate)和 age(qint32)

这三个数据。注意，在读取时也要使用相同的类型读取。

(b) 从 **file.setFileName("binary.dat")** 到 **file.close()** 之间的代码段：QDataStream 可以读取任意的以 QIODevice 为基类的类生成对象产生的数据，如 QTcpSocket、QUdpSocket、QBuffer、QFile、QProcess 等类的数据。可以使用 QDataStream 在 QAbstractSocket 一端写数据、另一端读数据，以免去烦琐的高低字节转换工作。如果需要读取原始数据，则可以使用 readRawdata()函数读取数据并保存到预先定义好的 char*缓冲区，写原始数据使用 writeRawData()函数。读写原始数据需要对数据进行编码和解码。

（3）运行结果如图 8.3 所示。

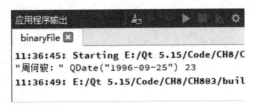

图 8.3　运行结果

8.2　目录操作

Qt 使用 QDir 操作和处理目录，通过 QFileInfo 获取文件信息。

QDir 具有存取目录结构和内容的能力，使用它可以操作目录、存取目录或文件信息、操作底层文件系统，而且还可以存取 Qt 的资源文件。

Qt 使用"/"作为通用的目录分隔符和 URL 路径分隔符。如果在程序中使用"/"作为目录分隔符，Qt 会将其自动转换为符合底层操作系统的分隔符（如 Linux 使用"/"，Windows 使用"\"）。

QDir 可以使用相对路径或绝对路径指向一个文件。isRelative()和 isAbsolute()函数可以判断 QDir 对象使用的是相对路径还是绝对路径。如果需要将一个相对路径转换为绝对路径，则使用 makeAbsolute()函数。

目录的路径可以通过 path()函数返回，通过 setPath()函数设置新路径。绝对路径使用 absolutePath()函数返回，目录名可以使用 dirName()函数获得，它通常返回绝对路径中的最后一个元素，如果 QDir 指向当前目录，则返回"."。目录的路径可以通过 cd()和 cdUp()函数改变。可以使用 mkdir()函数创建目录，使用 rename()函数改变目录名。

判断目录是否存在可以使用 exists()函数，目录的属性可以使用 isReadable()、isAbsolute()、isRelative()和 isRoot()函数来获取。目录下有很多条目，包括文件、目录和符号连接，总的条目数可以使用 count()函数来统计。entryList()函数返回目录下所有条目组成的字符串链表。可以使用 remove()函数删除文件，使用 rmdir()函数删除目录。

8.2.1　文件大小及路径获取实例

【例】（难度一般）（CH804）得到一个文件的大小和所在的目录路径。

创建 Qt 控制台项目，项目名为 dirProcess，前面已介绍过操作步骤，不再赘述。

在源文件 main.cpp 中编写代码如下:

```cpp
#include <QCoreApplication>
#include <QStringList>
#include <QDir>
#include <QtDebug>
qint64 du(const QString &path)
{
    QDir dir(path);
    qint64 size = 0;
    foreach (QFileInfo fileInfo, dir.entryInfoList(QDir::Files))
    {
        size += fileInfo.size();
    }
    foreach (QString subDir, dir.entryList(QDir::Dirs | QDir::NoDotAndDotDot))
    {
        size += du(path + QDir::separator() + subDir);
    }

    char unit = 'B';
    qint64 curSize = size;
    if (curSize > 1024)
    {
        curSize /= 1024;
        unit = 'K';
        if (curSize > 1024)
        {
            curSize /= 1024;
            unit = 'M';
            if (curSize > 1024)
            {
                curSize /= 1024;
                unit = 'G';
            }
        }
    }
    qDebug() << curSize << unit << "\t" << qPrintable(path) << endl;
    return size;
}
int main(int argc, char *argv[])
{
    QCoreApplication a(argc, argv);
    QStringList args = a.arguments();
    QString path;
    if (args.count() > 1)
    {
        path = args[1];
```

```
    }
    else
    {
        path = QDir::currentPath();
    }
    qDebug() << path << endl;
    du(path);
    return a.exec();
}
```

输出结果如图 8.4 所示。

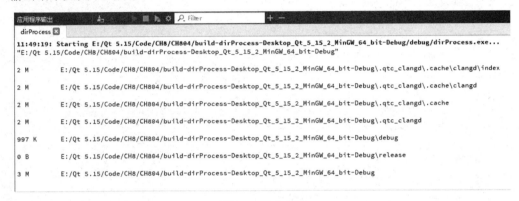

图 8.4 输出结果

以上输出结果显示了本例项目编译后生成的文件所在的目录及其下各个文件夹的路径和大小。

8.2.2 文件系统浏览实例

文件系统的浏览也是目录操作的一个常用功能。本小节介绍如何使用 QDir 显示文件系统目录及使用过滤方式显示文件列表。

【例】（难度一般）（CH805）文件系统的浏览。

以直接编写代码（即取消勾选"Generate form"复选框）方式创建 Qt 项目，项目名为 FileView，"Class Information"页中基类选"QDialog"，类名为"FileView"。

（1）头文件 fileview.h 代码如下：

```
#include <QDialog>
#include <QLineEdit>
#include <QListWidget>
#include <QVBoxLayout>
#include <QDir>
#include <QListWidgetItem>
#include <QFileInfoList>
class FileView : public QDialog
{
    Q_OBJECT
public:
```

```
    FileView(QWidget *parent = 0, Qt::WindowFlags f = 0);
    ~FileView();

    void showFileInfoList(QFileInfoList list);
public slots:
    void slotShow(QDir dir);
    void slotDirShow(QListWidgetItem *item);
private:
    QLineEdit *fileLineEdit;
    QListWidget *fileListWidget;
    QVBoxLayout *mainLayout;
};
```

（2）源文件 fileview.cpp 代码如下：

```
#include "fileview.h"
#include <QStringList>
#include <QIcon>
FileView::FileView(QWidget *parent, Qt::WindowFlags f)
    : QDialog(parent, f)
{
    setWindowTitle(tr("File View"));
    fileLineEdit = new QLineEdit(tr("/"));
    fileListWidget = new QListWidget;
    mainLayout = new QVBoxLayout(this);
    mainLayout->addWidget(fileLineEdit);
    mainLayout->addWidget(fileListWidget);
    connect(fileLineEdit, SIGNAL(returnPressed()), this, SLOT(slotShow
(QDir)));
    connect(fileListWidget, SIGNAL(itemDoubleClicked(QListWidgetItem *)), this,
SLOT(slotDirShow(QListWidgetItem *)));
    QString root = "/";
    QDir rootDir(root);
    QStringList string;
    string << "*";
    QFileInfoList list = rootDir.entryInfoList(string);
    showFileInfoList(list);
}
```

槽函数 slotShow()实现显示目录 dir 下的所有文件，代码如下：

```
void FileView::slotShow(QDir dir)
{
    QStringList string;
    string << "*";
    QFileInfoList list = dir.entryInfoList(string, QDir::AllEntries, QDir::DirsFirst);
                                                                //(a)
    showFileInfoList(list);                                     //(b)
}
```

说明：

(a) QDir 的 entryInfoList()方法是按照某种过滤方式获得目录下的文件列表，其函数原型如下：

```
QFileInfoList QDir::entryInfoList
(
    const QStringList &nameFilters,              //文件名的过滤方式
    Filters filters = NoFilter,                  //文件属性过滤方式
    SortFlags sort = NoSort                      //列表的排序方式
) const
```

其中，

Filters 参数定义了一系列的过滤方式，包括目录、文件、读写属性等，具体见表 8.3。

表 8.3 Filters 参数定义的过滤方式

过滤方式	作用描述
QDir::Dirs	按照过滤方式列出所有目录
QDir::AllDirs	列出所有目录，不考虑过滤方式
QDir::Files	只列出文件
QDir::Drives	列出磁盘驱动器（UNIX 系统无效）
QDir::NoSymLinks	不列出符号连接（对不支持符号连接的操作系统无效）
QDir::NoDotAndDotDot	不列出"."和".."
QDir::AllEntries	列出目录、文件和磁盘驱动器，相当于 Dirs|Files|Drives
QDir::Readable	列出所有具有"读"属性的文件和目录
QDir::Writable	列出所有具有"写"属性的文件和目录
QDir::Executable	列出所有具有"执行"属性的文件和目录
QDir::Modified	只列出被修改过的文件（UNIX 系统无效）
QDir::Hidden	列出隐藏文件（在 UNIX 系统下，隐藏文件的文件名以"."开始）
QDir::System	列出系统文件（在 UNIX 系统下指 FIFO、套接字和设备文件）
QDir::CaseSensitive	文件系统如果区分文件名大小写，则按大小写方式进行过滤

SortFlags 参数定义了一系列排序方式，具体见表 8.4。

表 8.4 SortFlags 参数定义的排序方式

排序方式	作用描述
QDir::Name	按名称排序
QDir::Time	按时间排序（修改时间）
QDir::Size	按文件大小排序
QDir::Type	按文件类型排序
QDir::Unsorted	不排序
QDir::DirsFirst	目录优先排序
QDir::DirsLast	目录最后排序
QDir::Reversed	反序
QDir::IgnoreCase	忽略大小写方式排序
QDir::LocaleAware	使用当前本地排序方式进行排序

(b) 函数 showFileInfoList() 实现用户可以双击浏览器中显示的目录进入下一级目录，或单击

".."返回上一级目录,顶部的编辑框显示当前所在的目录路径,列表中显示该目录下的所有文件。其具体代码如下:

```cpp
void FileView::showFileInfoList(QFileInfoList list)
{
    fileListWidget->clear();
    for(unsigned int i = 0; i < list.count(); i++)
    {
        QFileInfo tmpFileInfo = list.at(i);
        if (tmpFileInfo.isDir())
        {
            QIcon icon("dir.png");
            QString fileName = tmpFileInfo.fileName();
            QListWidgetItem *tmp = new QListWidgetItem(icon, fileName);
            fileListWidget->addItem(tmp);
        }
        else if (tmpFileInfo.isFile())
        {
            QIcon icon("file.png");
            QString fileName = tmpFileInfo.fileName();
            QListWidgetItem *tmp = new QListWidgetItem(icon, fileName);
            fileListWidget->addItem(tmp);
        }
    }
}
```

这段代码首先用"fileListWidget->clear()"清空列表控件,然后通过一个 for 循环依次从 QFileInfoList 对象中取出所有项,再按目录和文件两种方式加入列表控件。

槽函数 slotDirShow()根据用户的选择显示下一级目录的所有文件,代码如下:

```cpp
void FileView::slotDirShow(QListWidgetItem *item)
{
    QString str = item->text();              //将下一级的目录名保存在 str 中
    QDir dir;                                //定义一个 QDir 对象
    dir.setPath(fileLineEdit->text());       //设置 QDir 对象的路径为当前目录路径
    dir.cd(str);                             //根据下一级目录名重新设置 QDir 对象的路径
    fileLineEdit->setText(dir.absolutePath());
    slotShow(dir);                           //显示当前目录下的所有文件
}
```

其中,"fileLineEdit->setText(dir.absolutePath())"刷新显示当前的目录路径。QDir 的 absolutePath()方法用于获取目录的绝对路径,即以"/"开头的路径名,同时忽略多余的"."或".."及多余的分隔符。

(3)运行结果如图 8.5 所示。

8.2.3 获取文件信息实例

QFileInfo 提供了对文件进行操作时获得的文件相关属性信

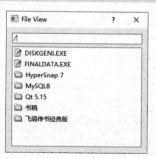

图 8.5 运行结果

息，包括文件名、文件大小、创建时间、最后修改时间、最后访问时间及一些文件是否为目录、文件或符号链接和读写属性等。

【例】（简单）（CH806）利用 QFileInfo 获得文件信息，如图 8.6 所示。

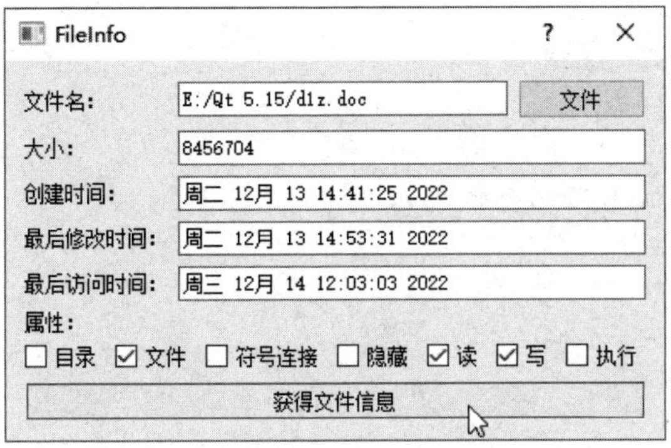

图 8.6　利用 QFileInfo 获得文件信息

以直接编写代码（即取消勾选"Generate form"复选框）方式创建 Qt 项目，项目名为 FileInfo，"Class Information"页中基类选"QDialog"，类名为"FileInfo"。

（1）头文件 fileinfo.h 中声明了用到的各种相关控件和函数，其具体内容如下：

```cpp
#include <QDialog>
#include <QLabel>
#include <QLineEdit>
#include <QPushButton>
#include <QCheckBox>
class FileInfo : public QDialog
{
    Q_OBJECT
public:
    FileInfo(QWidget *parent = 0, Qt::WindowFlags f = 0);
    ~FileInfo();
public slots:
    void slotFile();
    void slotGet();
private:
    QLabel *fileNameLabel;
    QLineEdit *fileNameLineEdit;
    QPushButton *fileBtn;
    QLabel *sizeLabel;
    QLineEdit *sizeLineEdit;
    QLabel *createTimeLabel;
    QLineEdit *createTimeLineEdit;
    QLabel *lastModifiedLabel;
    QLineEdit *lastModifiedLineEdit;
    QLabel *lastReadLabel;
    QLineEdit *lastReadLineEdit;
    QLabel *propertyLabel;
    QCheckBox *isDirCheckBox;
```

```
    QCheckBox *isFileCheckBox;
    QCheckBox *isSymLinkCheckBox;
    QCheckBox *isHiddenCheckBox;
    QCheckBox *isReadableCheckBox;
    QCheckBox *isWritableCheckBox;
    QCheckBox *isExecutableCheckBox;
    QPushButton *getBtn;
};
```

（2）在源文件 fileinfo.cpp 中编写代码如下：

```
#include "fileinfo.h"
#include <QHBoxLayout>
#include <QVBoxLayout>
#include <QFileDialog>
#include <QDateTime>
FileInfo::FileInfo(QWidget *parent, Qt::WindowFlags f)
    : QDialog(parent, f)
{
    fileNameLabel = new QLabel(tr("文件名："));
    fileNameLineEdit = new QLineEdit;
    fileBtn = new QPushButton(tr("文件"));
    sizeLabel = new QLabel(tr("大小："));
    sizeLineEdit = new QLineEdit;
    createTimeLabel = new QLabel(tr("创建时间："));
    createTimeLineEdit = new QLineEdit;
    lastModifiedLabel = new QLabel(tr("最后修改时间："));
    lastModifiedLineEdit = new QLineEdit;
    lastReadLabel = new QLabel(tr("最后访问时间："));
    lastReadLineEdit = new QLineEdit;
    propertyLabel = new QLabel(tr("属性："));
    isDirCheckBox = new QCheckBox(tr("目录"));
    isFileCheckBox = new QCheckBox(tr("文件"));
    isSymLinkCheckBox = new QCheckBox(tr("符号连接"));
    isHiddenCheckBox = new QCheckBox(tr("隐藏"));
    isReadableCheckBox = new QCheckBox(tr("读"));
    isWritableCheckBox = new QCheckBox(tr("写"));
    isExecutableCheckBox = new QCheckBox(tr("执行"));
    getBtn = new QPushButton(tr("获得文件信息"));
    QGridLayout *gridLayout = new QGridLayout;
    gridLayout->addWidget(fileNameLabel, 0, 0);
    gridLayout->addWidget(fileNameLineEdit, 0, 1);
    gridLayout->addWidget(fileBtn, 0, 2);
    gridLayout->addWidget(sizeLabel, 1, 0);
    gridLayout->addWidget(sizeLineEdit, 1, 1, 1, 2);
    gridLayout->addWidget(createTimeLabel, 2, 0);
    gridLayout->addWidget(createTimeLineEdit, 2, 1, 1, 2);
    gridLayout->addWidget(lastModifiedLabel, 3, 0);
    gridLayout->addWidget(lastModifiedLineEdit, 3, 1, 1, 2);
    gridLayout->addWidget(lastReadLabel, 4, 0);
```

```cpp
    gridLayout->addWidget(lastReadLineEdit, 4, 1, 1, 2);
    QHBoxLayout *layout2 = new QHBoxLayout;
    layout2->addWidget(propertyLabel);
    layout2->addStretch();
    QHBoxLayout *layout3 = new QHBoxLayout;
    layout3->addWidget(isDirCheckBox);
    layout3->addWidget(isFileCheckBox);
    layout3->addWidget(isSymLinkCheckBox);
    layout3->addWidget(isHiddenCheckBox);
    layout3->addWidget(isReadableCheckBox);
    layout3->addWidget(isWritableCheckBox);
    layout3->addWidget(isExecutableCheckBox);
    QHBoxLayout *layout4 = new QHBoxLayout;
    layout4->addWidget(getBtn);
    QVBoxLayout *mainLayout = new QVBoxLayout(this);
    mainLayout->addLayout(gridLayout);
    mainLayout->addLayout(layout2);
    mainLayout->addLayout(layout3);
    mainLayout->addLayout(layout4);
    connect(fileBtn, SIGNAL(clicked()), this, SLOT(slotFile()));
    connect(getBtn, SIGNAL(clicked()), this, SLOT(slotGet()));
}
```

其中，槽函数slotFile()完成通过标准文件对话框获得所需要文件的文件名功能，代码如下：

```cpp
void FileInfo::slotFile()
{
    QString fileName = QFileDialog::getOpenFileName(this, "打开", "/", "files (*)");
    fileNameLineEdit->setText(fileName);
}
```

槽函数slotGet()通过QFileInfo获得具体的文件信息，代码如下：

```cpp
void FileInfo::slotGet()
{
    QString file = fileNameLineEdit->text();
    QFileInfo info(file);                         //根据输入参数创建一个QFileInfo对象
    qint64 size = info.size();                    //获得QFileInfo对象的大小
    QDateTime created = info.created();           //获得QFileInfo对象的创建时间
    QDateTime lastModified = info.lastModified();
                                                  //获得QFileInfo对象的最后修改时间
    QDateTime lastRead = info.lastRead();         //获得QFileInfo对象的最后访问时间
    /* 判断QFileInfo对象的文件类型属性 */
    bool isDir = info.isDir();                    //是否为目录
    bool isFile = info.isFile();                  //是否为文件
    bool isSymLink = info.isSymLink();            //是否为符号连接
    bool isHidden = info.isHidden();              //判断QFileInfo对象的隐藏属性
    bool isReadable = info.isReadable();          //判断QFileInfo对象的读属性
    bool isWritable = info.isWritable();          //判断QFileInfo对象的写属性
    bool isExecutable = info.isExecutable();      //判断QFileInfo对象的可执行属性
    /* 根据上面得到的结果更新界面显示 */
```

```
        sizeLineEdit->setText(QString::number(size));
        createTimeLineEdit->setText(created.toString());
        lastModifiedLineEdit->setText(lastModified.toString());
        lastReadLineEdit->setText(lastRead.toString());
        isDirCheckBox->setCheckState(isDir?Qt::Checked:Qt::Unchecked);
        isFileCheckBox->setCheckState(isFile?Qt::Checked:Qt::Unchecked);
        isSymLinkCheckBox->setCheckState(isSymLink?Qt::Checked:Qt::Unchecked);
        isHiddenCheckBox->setCheckState(isHidden?Qt::Checked:Qt::Unchecked);
        isReadableCheckBox->setCheckState(isReadable?Qt::Checked:Qt::Unchecked);
        isWritableCheckBox->setCheckState(isWritable?Qt::Checked:Qt::Unchecked);
        isExecutableCheckBox->setCheckState(isExecutable?Qt::Checked:Qt::Unchecked);
}
```

① 文件的所有权限可以由 owner()、ownerId()、group()、groupId()等方法获得。测试一个文件的权限可以使用 Permission()方法。

② 为了提高执行的效率，QFileInfo 可以将文件信息进行一次读取缓存，这样后续的访问就不需要持续访问文件了。但是，由于文件在读取信息之后可能被其他程序或本程序改变属性，所以 QFileInfo 通过 refresh()方法提供了一种可以更新文件信息的刷新机制，用户也可以通过 setCaching()方法关闭这种缓冲功能。

③ QFileInfo 可以使用绝对路径和相对路径指向同一个文件。其中，绝对路径以"/"开头（在 Windows 中以磁盘符号开头），相对路径则以目录名或文件名开头，isRelative()方法可以用来判断 QFileInfo 使用的是绝对路径还是相对路径。makeAbsolute()方法可以用来将相对路径转化为绝对路径。

（3）运行结果如图 8.6 所示。

8.3 数据库操作

8.3.1 数据库与 SQL 基础

1．数据库基本概念

1）数据和数据库（DB）

利用计算机进行数据处理，首先需要将信息以数据形式存储到计算机中，因为数据是可以被计算机接收和处理的符号。根据所表示的信息特征不同，数据有不同的类别，如数字、文字、表格、图形/图像和声音等。

数据库（DataBase，DB），顾名思义，就是存放数据的仓库，其特点是：数据按照数据模型组织，是高度结构化的，可供多个用户共享并且具有一定的安全性。

实际开发中使用的数据库几乎都是关系型的。关系数据库是按照二维表结构方式组织的数据集合，二维表由行和列组成，表的行称为元组，列称为属性，对表的操作称为关系运算，主要的关系运算有投影、选择和连接等。

2）数据库管理系统（DBMS）

数据库管理系统（DataBase Management System，DBMS）是位于用户应用程序和操作系统之间的数据库管理系统软件，其主要功能是组织、存储和管理数据，高效地访问和维护数据，即提供数据定义、数据操纵、数据控制和数据维护等功能。常用的数据库管理系统有 MySQL、SQL Server 和 Oracle 等。

数据库系统（DataBase System，DBS）是指按照数据库方式存储和维护数据，并向应用程序提供数据访问接口的系统。DBS 通常由数据库、计算机硬件（支持 DB 存储和访问）、软件（包括操作系统、DBMS 及应用开发支撑软件）和数据库管理员（DataBase Administrator，DBA）四部分组成。其中，DBA 是控制数据整体结构的人，负责数据库系统的正常运行，承担创建、监控和维护整个数据库结构的责任。DBA 必须具有的素质：熟悉所有数据的性质和用途，充分了解用户需求，对系统性能非常熟悉。

在实际应用中，数据库系统通常分为本地型和网络型两类。

- 本地型数据库系统：是指只在本机运行、不与其他计算机交换数据的系统。在信息时代发展的早期，这类数据库常用于企业内部的小型信息管理系统，典型代表是 VFP 和 Access；进入互联网时代后，本地数据库更多地以提高性能为目的，被用于暂存系统运行过程中产生的临时数据、频繁访问的数据或历史数据，常用的有 SQLite、Redis、MongoDB 等。
- 网络型数据库系统：是指能够通过计算机网络进行数据共享和交换的系统，常用于构建较复杂的 C/S 或 B/S 结构的分布式应用系统，大多数传统的数据库系统均属此类，如 Oracle、SQL Server 等。随着互联网步入"云"时代，网络型数据库系统更多地被部署在"云端"，如华为云、阿里云、腾讯云等都是当前国内使用广泛、用户数较多的云数据库。

3）结构化查询语言

结构化查询语言（Structured Query Language，SQL）是用于关系数据库操作的标准语言，最早由 Boyce 和 Chambedin 在 1974 年提出，称为 SEQUEL 语言。1976 年，IBM 公司的 San Jose 研究所在研制关系数据库管理系统 System R 时将 SEQUEL 修改为 SEQUEL2，后来简称 SQL。1976 年，SQL 开始在商品化关系数据库管理系统中应用。1982 年，美国国家标准化组织（ANSI）确认 SQL 为数据库系统的工业标准。1986 年，ANSI 公布了 SQL 的第一个标准 X3.135—1986。随后，国际标准化组织（ISO）也通过了这个标准，即通常所说的 SQL—86。1987 年，ISO 又将其采纳为国际标准。1989 年，ANSI 和 ISO 公布了经过增补和修改的 SQL—89。1992 年，公布了 SQL—92（SQL—2），对语言表达式做了较大扩充。1999 年，推出 SQL—99（SQL—3），新增了对面向对象的支持。

目前，许多关系型数据库供应商都在自己的数据库中支持 SQL 语言，如 Access、MySQL、Oracle 和 SQL Server 等，其中大部分数据库遵守的是 SQL—89 标准。

SQL 语言由以下三部分组成。

- 数据定义语言（Data Description Language，DDL），用于执行数据库定义的任务，对数据库及数据库中的各种对象进行创建、删除和修改等操作。数据库对象主要包括表、默认约束、规则、视图、触发器和存储过程等。
- 数据操纵语言（Data Manipulation Language，DML），用于操纵数据库中各种对象，检索和修改数据。
- 数据控制语言（Data Control Language，DCL），用于安全管理，确定哪些用户可以查看或修改数据库中的数据。

SQL 语言主体由大约 40 条语句组成,每条语句都会对 DBMS 产生特定的动作,如创建新表、检索数据和更新数据等。SQL 语句通常由一个描述要产生的动作谓词(Verb)关键字开始,如 CREATE、SELECT、UPDATE 等。紧随语句的是一个或多个子句(Clause),子句进一步指明语句对数据的作用条件、范围和方式等。

4)表和视图

表(Table)是在日常工作和生活中经常使用的一种表示数据及其关系的形式,也是关系数据库最主要的数据库对象,它是用来存储和操作数据的一种逻辑结构。表由行和列组成,因此也称二维表。例如,表 8.5 为学生表。

关系数据库中的每张表都有一个名字,以标识该表。比如,表 8.5 的名字是学生表,它共有五列,每列都有一个名字,描述学生的某一方面特性。每张表由若干行组成,表的第一行为各列标题,即"栏目信息",其余各行都是数据。表 8.5 分别描述了四位学生的情况。一张数据库表的构成要素包括表结构、记录、字段、关键字等,下面分别介绍。

(1)表结构。

每个数据库包含若干张表。每张表都具有自身特定的结构,称为表的"型"。所谓表型是指组成表的各列的名称及数据类型,也就是日常表格的"栏目信息"。

(2)记录。

每张表包含若干行数据,它们是表的"值",表中的一行称为一条记录(Record)。因此,表是记录的有限集合。

表 8.5 学生表

学　号	姓　名	专　业　名	性　别	出 生 时 间
170201	王一	计算机	男	1998/10/01
170202	王巍	计算机	女	1999/02/08
170302	林滔	电子工程	男	1998/04/06
170303	江为中	电子工程	男	2001/12/08

(3)字段。

每条记录由若干数据项构成,将构成记录的每个数据项称为字段(Field)。字段包含的属性有字段名、字段数据类型、字段长度及是否为关键字等。其中,字段名是字段的标识,字段的数据类型可以是多样的,如整型、实型、字符型、日期型或二进制型等。

例如,在表 8.5 中,表结构为(学号,姓名,专业名,性别,出生时间),该表由四条记录组成,它们分别是(170201,王一,计算机,男,1998/10/01)、(170202,王巍,计算机,女,1999/02/08)、(170302,林滔,电子工程,男,1998/04/06)和(170303,江为中,电子工程,男,2001/12/08),每条记录包含五个字段。

(4)关键字。

在学生表中,若不加以限制,则每条记录的姓名、专业名、性别和出生时间这四个字段的值都有可能相同,但是学号字段的值对表中所有记录来说则一定不同,即通过"学号"字段可以将表中的不同记录区分开来。

若表中记录的某一字段或字段组合能够唯一标识记录,则称该字段或字段组合为候选关键字(Candidate Key)。若一张表有多个候选关键字,则选定其中一个为主关键字(Primary Key),

也称主键。当一张表仅有唯一的一个候选关键字时,该候选关键字就是主关键字,如学生表的主关键字为学号。

若某字段或字段组合不是数据库中 A 表的关键字,但它是数据库中 B 表的关键字,则称该字段或字段组合为 A 表的外关键字(Foreign Key),也称外键。

例如,设学生数据库有三张表,即学生表、课程表和学生成绩表,其结构分别如下:

学生表(<u>学号</u>,姓名,专业名,性别,出生时间)

课程表(<u>课程号</u>,课程名,学分)

学生成绩表(<u>学号,课程号</u>,分数)

(用下画线表示的字段或字段组合为关键字。)

由此可见,单独的学号、课程号都不是学生成绩表的关键字,但它们分别是学生表和课程表的关键字,因此它们都是学生成绩表的外键。

外键定义了表之间的参照完整性约束。例如,学生数据库中,在学生成绩表中出现的学号必须是在学生表中已有的;同样,课程号也必须是在课程表中已有的。若在学生成绩表中出现了一个学生表中所没有的学号,就违背了参照完整性约束。

视图(View)是从一张或多张表(或视图)导出的表。视图与表不同,它是虚表,即视图所对应的数据不进行实际存储,数据库中只存储视图的定义,在对视图的数据进行操作时,系统根据视图的定义去操作与该视图相关联的基本表。视图一经定义,就可以像表一样被查询、修改、删除和更新。使用视图具有便于数据共享、简化用户权限管理和屏蔽数据库复杂性等优点。例如,对以上所述学生数据库,可创建一个"学生选课"视图,该视图包含学号、姓名、课程号、课程名、学分和分数字段。

2. SELECT 语句

在数据库应用中,最常用的操作是查询,同时查询还是数据库的其他操作(如统计、插入、删除及修改)的基础。SELECT 语句是 SQL 语言的核心,其功能十分强大,与 SQL 子句结合,可完成各类复杂的查询操作。完备的 SELECT 语句很复杂,其主要的子句如下:

```
SELECT [DISTINCT] [别名.]字段名或表达式 [AS 列标题]   /* 指定要选择的列或行及其限定 */
                                                //(a)
FROM 表名 | 视图名                                /* FROM 子句 */
[ WHERE 查询条件 ]                                /* WHERE 子句 */
                                                //(b)
[ GROUP BY 分组表达式 ]                           /* GROUP BY 子句 */
[ ORDER BY 排序表达式 [ ASC | DESC ]]              /* ORDER BY 子句 */
                                                //(c)
```

其中,SELECT 和 FROM 子句是不可缺少的。

说明:

(a) SELECT 指出查询结果中要显示的字段名,以及字段名和函数组成的表达式等。可用 DISTINCT 去除重复的记录行;[AS 列标题]指定查询结果显示的列标题。当要显示表中所有字段时,可用通配符"*"代替字段名列表。

(b) WHERE 子句定义了查询条件。WHERE 子句必须紧跟 FROM 子句,其查询条件的常用格式为:

```
{ [ NOT ] <谓词> | (<查询条件> ) }
```

```
        [ { AND | OR } [ NOT ] { <谓词> | (<查询条件>) } ]
} [ , …n ]
```
其中的"谓词"为判定运算,结果为 TRUE、FALSE 或 UNKNOWN,格式为:
```
{ 表达式 { = | < | <= | > | >= | <> | != | !< | !> } 表达式
                                                    /* 比较运算 */
| 字符串表达式 [ NOT ] LIKE 字符串表达式 [ ESCAPE '转义字符' ]
                                                    /* 字符串模式匹配 */
| 表达式 [ NOT ] BETWEEN 表达式 1 AND 表达式 2       /* 指定范围 */
| 表达式 IS [ NOT ] NULL                            /* 是否空值判断 */
| 表达式 [ NOT ] IN ( 子查询 | 表达式 [, …n] )  /* IN 子句 */
| 表达式 { = | < | <= | > | >= | <> | != | !< | !> } { ALL | SOME | ANY } ( 子
查询 )                                              /* 比较子查询 */
| EXIST ( 子查询 )                                  /* EXIST 子查询 */
}
```
从查询条件的构成可以看出,查询条件能够将多个判定运算的结果通过逻辑运算符组成更为复杂的查询条件。判定运算包括比较运算、模式匹配、范围比较、空值判断和子查询等。

在 SQL 中,返回逻辑值(TRUE 或 FALSE)的运算符或关键字都可称为谓词。

(c) GROUP BY 子句和 **ORDER BY** 子句分别对查询结果进行分组和排序。

下面用示例说明使用 SQL 语句对 Student 数据库进行的各种查询。

(1)操作 Student 数据库,查询 students 表中每个学生的姓名和总学分:
```
USE Student;
SELECT name, totalscore FROM students;
```
(2)查询表中所有记录。

查询 students 表中每个学生的所有信息:
```
SELECT * FROM students;
```
(3)条件查询。

查询 students 表中总学分大于或等于 120 的学生的情况:
```
SELECT * FROM students WHERE totalscore >= 120;
```
(4)多重条件查询。

查询 students 表中所在系为"计算机"且总学分大于或等于 120 的学生的情况:
```
SELECT * FROM students WHERE department = '计算机' AND totalscore >= 120;
```
(5)使用 LIKE 谓词进行模式匹配。

查询 students 表中姓"王"且单名的学生情况:
```
SELECT * FROM students WHERE name LIKE '王_';
```
(6)用 BETWEEN…AND 指定查询范围。

查询 students 表中不在 1999 年出生的学生情况:
```
SELECT * FROM students
    WHERE birthday NOT BETWEEN '1999-1-1' AND '1999-12-31';
```
(7)空值比较。

查询总学分尚不确定的学生情况:
```
SELECT * FROM students
    WHERE totalscore IS NULL;
```
(8)自然连接查询。

查找计算机系学生姓名及其"C 程序设计"课程的考试分数情况:

```
SLELCT name, grade
    FROM students, courses, grades,
    WHERE department = '计算机' AND coursename = 'C程序设计'
        AND students.studentid = grades.studentid
        AND courses.courseid = grades.coursesid;
```

（9）IN 子查询。

查找选修了课程号为 101 的学生情况：

```
SELECT * FROM students
    WHERE studentid IN (
        SELECT studentid
        FROM courses, students, grades
        WHERE courseid = '101'
            AND students.studentid = grades.studentid
            AND courses.courseid = grades.coursesid
    );
```

在执行包含子查询的 SELECT 语句时，系统首先执行子查询，产生一张结果表，再执行外查询。本例中，首先执行子查询：

```
SELECT studentid
FROM courses, students, grades
WHERE courseid = '101'
    AND students.studentid = grades.studentid
    AND courses.courseid = grades.coursesid
```

得到一个只含有 studentid 列的结果表，courses 中 courseid 列值为 101 的行在该结果表中都对应有一行。再执行外查询，若 students 表中某行的 studentid 列值等于子查询结果表中的任意一个值，则该行就被选择到最终结果表中。

（10）比较子查询。

这种子查询可以认为是 IN 子查询的扩展，它是表达式的值与子查询的结果进行比较运算。

查找课程号 206 的成绩不低于课程号 101 的最低成绩的学生学号：

```
SELECT studentid FROM grades
    WHERE courseid = '206' AND grade !< ANY (
        SELECT grade FROM grades
            WHERE courseid = '101'
    );
```

（11）EXISTS 子查询。

EXISTS 谓词用于测试子查询的结果集是否为空，若子查询的结果集不为空，则 EXISTS 返回 TRUE，否则返回 FALSE。EXISTS 还可与 NOT 结合使用，即 NOT EXISTS，其返回值与 EXISTS 刚好相反。

查找选修 206 号课程的学生姓名：

```
SELECT name FROM students
    WHERE EXISTS (
        SELECT * FROM grades
            WHERE studentid = students.studentid AND courseid = '206'
    );
```

（12）查找选修了全部课程（即没有一门课程不选修）的学生姓名：

```
SELECT name FROM students
```

```
        WHERE NOT EXISTS (
            SELECT * FROM courses
                WHERE NOT EXISTS (
                    SELECT * FROM grades
                        WHERE studentid = students.studentid
                            AND courseid = courses.courseid
                    )
        );
```

（13）查询结果分组。

将各课程成绩按学号分组：

```
SELECT studentid, grade FROM grades
    GROUP BY studentid;
```

（14）查询结果排序。

将计算机系的学生按出生时间先后排序：

```
SELECT * FROM students
    WHERE department = '计算机'
    ORDER BY birthday;
```

3. 聚合函数

在对表数据进行检索时，经常需要对结果进行汇总或计算，如在学生成绩数据库中求某门课程的总成绩、统计各分数段的人数等，SQL 中的聚合函数可用于这类计算，返回单个计算结果。常用的聚合函数见表 8.6。

表 8.6 常用的聚合函数

函 数 名	说　　明
AVG()	求组中值的平均值
COUNT()	求组中项数，返回 int 类型整数
MAX()	求最大值
MIN()	求最小值
SUM()	返回表达式中所有值的和
VAR()	返回给定表达式中所有值的统计方差

本例对 students 表执行查询，使用常用的聚合函数。

（1）求选修课程 101 的学生的平均成绩：

```
SELECT AVG(grade) AS '课程101平均成绩'
    FROM grades
    WHERE courseid = '101';
```

（2）求选修课程 101 的学生的最高分和最低分：

```
SELECT MAX(grade) AS '课程101最高分', MIN(grade) AS '课程101最低分'
    FROM grades
    WHERE courseid = '101';
```

（3）求学生的总人数：

```
SELECT COUNT(*) AS '学生总数' FROM students;
```

4. INSERT 语句

INSERT 语句可插入一条或多条记录至一张表中,它有两种语法形式。

语法形式 1:
```
INSERT INTO 表名 | 视图名 [IN 外部数据库名（含路径）] (字段列表)
{DEFAULT VALUES | VALUES(DEFAULT | 表达式列表)}
```

语法形式 2:
```
INSERT INTO 表名 | 视图名 [IN 外部数据库名（含路径）] 字段列表
{SELECT… | EXECUTE…}
```

其中,

使用第 1 种形式将一条记录或记录的部分字段插入表或视图中,默认情况下需要插入字段值的表达式列表项的个数应与记录的字段个数一致;若在语句中明确指定了字段列表,则应与字段列表的字段个数相一致。

第 2 种形式的 INSERT 语句插入来自 SELECT 语句或来自使用 EXECUTE 语句执行的存储过程的结果集。

例如,用以下语句向 students 表插入一条记录:
```
INSERT INTO students
    VALUES('170206', '罗亮', 0, '1/30/1998', 1, 150);
```

5. DELETE 语句

DELETE 语句用于从一张或多张表中删除记录,语法格式如下:
```
DELETE FROM 表名1[, 表名2…] [WHERE…]
```
例如,用以下语句从 students 表中删除姓名为"罗亮"的记录:
```
DELETE FROM students WHERE name = '罗亮';
```

6. UPDATE 语句

UPDATE 语句用于更新表中的记录,语法格式如下:
```
UPDATE 表名
SET 字段1 = 表达式1[, 字段2 = 表达式2…]
[FROM 表名1 | 视图1[, 表名2 | 视图2…]]
[WHERE…]
```
其中,SET 子句后列出的是需要更新的字段,等号后面是要更新字段的新值表达式。

例如,以下语句将计算机系学生的总分增加 10:
```
UPDATE students
SET totalscore = totalscore + 10
WHERE department = '计算机';
```

8.3.2 QtSql

Qt 提供的 QtSql 实现了对各种数据库的访问,它提供了一套与平台和具体所用数据库均无关的调用接口。此模块为不同层次的用户提供了不同的丰富的数据库操作类,自底向上分为驱动层、SQL 接口层和用户接口层三部分。

1. 驱动层

驱动层实现了特定数据库与 SQL 接口的底层桥接,QtSql 使用驱动插件（Driver Plugins）

与不同的数据库接口通信。由于 QtSql 的应用程序接口是与具体数据库无关的，故所有与数据库相关的代码均包含在这些驱动插件中。目前，Qt 支持的数据库驱动插件见表 8.7。

表 8.7　Qt 支持的数据库驱动插件

驱 动 插 件	数据库管理系统
QDB2	IBM DB2 及以上版本
QIBASE	Borland InterBase
QMYSQL	MySQL
QOCI	Oracle Call Interface Driver
QODBC	Open Database Connectivity（ODBC），包括 Microsoft SQL Server 和其他 ODBC 兼容数据库
QPSQL	PostgreSQL 版本 6.x 和 7.x
QSQLITE	SQLite 版本 3 及以上版本
QSQLITE2	SQLite 版本 2
QTDS	Sybase Adaptive Server

由于版权的限制，开源版 Qt 不提供上述全部驱动，所以配置 Qt 时，可以选择将 SQL 驱动内置于 Qt 中或编译成插件。如果 Qt 中支持的驱动不能满足要求，还可以参照 Qt 的源代码编写数据库驱动。

驱动层包括的支持类有 QSqlDriver、QSqlDriverCreator<T>、QSqlDriverCreatorBase、QSqlDriverPlugin 和 QSqlResult 等。

2．SQL 接口层

该层是对驱动层的封装，提供简易的 SQL 操作接口。其中最常用的类有以下两个。

● **QSqlDatabase**：用于创建基础的数据库连接对象，设置连接参数。

● **QSqlQuery**：此类是给那些习惯于使用 SQL 语法的用户访问数据库用的，它提供了一个能直接执行任意 SQL 语句的接口并且可以很方便地遍历执行语句所返回的结果集，编程时用户所要做的仅仅是创建一个 QSqlQuery 的对象，然后调用 QSqlQuery::exec() 函数即可。

SQL 接口层支持的其他类还有 QSqlError、QSqlField、QSqlTableModel 和 QSqlRecord 等。

3．用户接口层

该层是 Qt 专门为大多数习惯使用较高层数据库接口以避免写 SQL 语句的用户准备的，提供了三个用于访问数据库的高层类，即 QSqlQueryModel、QSqlTableModel 和 QSqlRelationalTableModel（表 8.8），它们无须使用 SQL 语句就可以进行数据库操作，而且可以很容易地将结果以表格形式表示。

表 8.8　访问数据库的高层类

类　　名	用　　途
QSqlQueryModel	基于任意 SQL 语句的只读模型
QSqlTableModel	基于单张表的读写模型
QSqlRelationalTableModel	QSqlTableModel 的子类，增加了外键支持

这三个类均从 QAbstractTableModel 继承，在不涉及数据的图形表示时可以单独使用以进行数据库操作，也可以作为数据源将数据库内的数据在 QListView 或 QTableView 等基于视图模式的 Qt 类中表示出来。使用它们的另一个好处是，程序员很容易在编程时采用不同的数据源。例如，起初打算使用数据库存储数据并使用了 QSqlTableModel，后因需求变化决定改用 XML 文件存储数据，程序员此时要做的仅仅是更换数据模型类。QSqlRelationalTableModel 是对 QSqlTableModel 的扩展，它提供了对外键的支持，即一张表中的某个字段与另一张表中的主键间的一一映射。

接下来的几节内容，将通过列举一些具体数据库操作的实例来演示 Qt 访问不同类型数据库的基本方法。

8.3.3 操作 SQLite 实例

SQLite 是一种进程内数据库，它小巧灵活，概括起来具有以下特点。

（1）SQLite 的设计目的是实现嵌入式 SQL 数据库引擎，它基于 C 语言代码，已经应用在非常广泛的领域内。

（2）SQLite 在需要持久存储时可以直接读写硬盘上的数据文件，不用持久存储时也可以将整个数据库置于内存中，两者均不需要额外的服务器端进程，即 SQLite 是无须独立运行的数据库引擎。

（3）开放源代码，整套代码少于 3 万行，有良好的注释和 90%以上的测试覆盖率。

（4）少于 250KB 的内存占用容量（GCC 编译情况下）。

（5）支持视图、触发器和事务，支持嵌套 SQL 功能。

（6）提供虚拟机用于处理 SQL 语句。

（7）不需要配置，不需要安装，也不需要管理员。

（8）支持大部分 ANSI SQL—92 标准。

（9）大部分应用的速度比目前常见的客户-服务器结构的数据库高。

（10）编程接口简单易用。

在持久存储的情况下，一个完整的数据库对应于磁盘上的一个文件，它是一种具备基本数据库特性的数据文件，同一个数据文件可以在不同计算机上使用，可以在不同字节序的计算机间自由共享；最大支持 2TB 数据容量，而且性能仅受限于系统的可用内存；没有其他依赖，可以应用于多种操作系统平台。

当前很多开发平台和语言都内置了 SQLite，Qt 自然也不例外。

【例】（难度中等）（CH807）在基于控制台的 Qt 程序中使用 SQLite 完成批量数据的增加、删除、更新和查询操作并输出。

操作步骤如下。

（1）创建 Qt 控制台项目、引入数据库支持模块。

项目名为 QSQLiteEx，步骤同前，不再赘述。

在项目的配置文件 QSQLiteEx.pro 中添加配置：

```
QT += sql
QT += network
```

（2）编写程序。

在源文件 main.cpp 中编写如下代码：

```cpp
#include <QCoreApplication>
#include <QTextCodec>
#include <QSqlDatabase>
#include <QSqlQuery>
#include <QTime>
#include <QSqlError>
#include <QtDebug>
#include <QSqlDriver>
#include <QSqlRecord>
#include <QHostInfo>
int main(int argc, char *argv[])
{
    QCoreApplication a(argc, argv);
    QTextCodec::setCodecForLocale(QTextCodec::codecForLocale());
                                                        //设置中文显示
    QSqlDatabase db = QSqlDatabase::addDatabase("QSQLITE");
                                                        //(a)
    db.setHostName(QHostInfo::localHostName());//设置数据库主机名
    db.setDatabaseName("qtDB.db");         //(b)
    db.setUserName("zhouhejun");           //设置数据库用户名
    db.setPassword("123456");              //设置数据库密码
    db.open();                             //打开连接

    //创建数据库表
    QSqlQuery query(db);                   //(c)
    bool success = query.exec("create table automobile
                (id int primary key,
                attribute varchar,
                type varchar,
                kind varchar,
                nation int,
                carnumber int,
                elevaltor int,
                distance int,
                oil int,
                temperature int)");        //(d)
    if (success)
        qDebug() << QObject::tr("数据库表创建成功！\n");
    else
        qDebug() << QObject::tr("数据库表创建失败！\n");
    //查询
    query.exec("select * from automobil");
    QSqlRecord rec = query.record();
    qDebug() << QObject::tr("automobil 表字段数：") << rec.count();
    //插入记录
    QTime t;
    t.start();                                      //启动一个计时器，统计操作耗时
```

```cpp
    query.prepare("insert into automobil values(?, ?, ?, ?, ?, ?, ?, ?, ?, ?)");
                                                //(e)
    long records = 100;                         //向表中插入任意的100条记录
    for (int i = 0; i < records; i++)
    {
        query.bindValue(0, i);                  //(f)
        query.bindValue(1, "四轮");
        query.bindValue(2, "轿车");
        query.bindValue(3, "富康");
        query.bindValue(4, rand() % 100);
        query.bindValue(5, rand() % 10000);
        query.bindValue(6, rand() % 300);
        query.bindValue(7, rand() % 200000);
        query.bindValue(8, rand() % 52);
        query.bindValue(9, rand() % 100);
        success = query.exec();                 //(g)
        if (!success)
        {
            QSqlError lastError = query.lastError();
            qDebug() << lastError.driverText() << QString(QObject::tr("插入失败"));
        }
    }
    qDebug() << QObject::tr("插入 %1 条记录，耗时：%2 ms").arg(records).arg(t.elapsed());
                                                //(h)
    //排序
    t.restart();                                //重启计时器
    success = query.exec("select * from automobil order by id desc");
                                                //(i)
    if (success)
        qDebug() << QObject::tr("排序 %1 条记录，耗时：%2 ms").arg(records).arg(t.elapsed());
                                                //输出操作耗时
    else
        qDebug() << QObject::tr("排序失败！");
    //更新记录
    t.restart();                                //重启计时器
    for (int i = 0; i < records; i++)
    {
        query.clear();
        query.prepare(QString("update automobil set attribute = ?, type = ?,"
                        "kind = ?, nation = ?,"
                        "carnumber = ?, elevaltor = ?,"
                        "distance = ?, oil = ?,"
                        "temperature = ? where id = %1").arg(i));
                                                //(j)
        query.bindValue(0, "四轮");
        query.bindValue(1, "轿车");
        query.bindValue(2, "富康");
```

```
        query.bindValue(3, rand() % 100);
        query.bindValue(4, rand() % 10000);
        query.bindValue(5, rand() % 300);
        query.bindValue(6, rand() % 200000);
        query.bindValue(7, rand() % 52);
        query.bindValue(8, rand() % 100);
        success = query.exec();
        if (!success)
        {
            QSqlError lastError = query.lastError();
            qDebug() << lastError.driverText() << QString(QObject::tr("更新失败"));
        }
    }
    qDebug() << QObject::tr("更新 %1 条记录，耗时：%2 ms").arg(records).arg(t.elapsed());
    //删除
    t.restart();                                                //重启计时器
    query.exec("delete from automobil where id = 15"); //(k)
    //输出操作耗时
    qDebug() << QObject::tr("删除一条记录，耗时：%1 ms").arg(t.elapsed());
    return 0;
}
```

说明：

(a) QSqlDatabase db = QSqlDatabase::addDatabase("QSQLITE")：在本进程地址空间内创建一个 SQLite 数据库，参数设定的"QSQLITE"为 SQLite 3 及以上版本的数据库驱动。在进行数据库操作之前，必须首先建立与数据库的连接，连接由任意字符串标识，在没有指定连接的情况下，QSqlDatabase 可以提供默认连接供 Qt 其他的 SQL 类使用。

静态函数 QSqlDatabase::addDatabase()返回一条新建立的数据库连接，其原型为：

```
QSqlDatabase::addDatabase
(
    const QString &type,
    const QString &connectionName = QLatin1String(defaultConnection)
)
```

● 参数 type：驱动名，本例使用的是 QSQLITE 驱动。

● 参数 connectionName：连接名，默认值为默认连接，本例的连接名为 connect。如果没有指定此参数，则新建立的数据库连接将成为本程序的默认连接，并且可以被后续不带参数的函数 database()引用。如果指定了此参数（连接名），则函数 database(connectionName)将获取这个指定的数据库连接。

(b) db.setDatabaseName("qtDB.db")：创建的数据库以"qtDB.db"为数据库名，它是 SQLite 在建立内存数据库时唯一可用的名字。

(c) QSqlQuery query(db)：创建 QSqlQuery 对象，一旦数据库连接建立，就可以使用该对象执行底层数据库支持的 SQL 语句。

(d) bool success = query.exec("create table automobile…")：创建数据库表"automobil"，该表具有 10 个字段。在执行 exec()函数调用后，就可以操作返回的结果了。

(e) query.prepare("insert into automobil values(?, ?, ?, ?, ?, ?, ?, ?, ?, ?)")：如果要插入多条记录，或者避免将值转换为字符串（即正确地转义），则可以首先调用 prepare()函数指定一个包含占位符的 query，然后绑定要插入的值。

Qt 对所有数据库均支持 Oracle 类型的占位符和 ODBC 类型的占位符。此处使用了 ODBC 类型的占位符，等价于使用 Oracle 类型的占位符：

query.prepare("insert into automobile(id, attribute, type, kind, nation, carnumber, elevaltor, distance, oil, temperature) values(:id, :attribute, :type, :kind, :nation, :carnumber, :elevaltor, :distance, :oil, :temperature)");

占位符通常使用包含 non-ASCII 字符或非 non-Latin-1 字符的二进制数据和字符串。无论数据库是否支持 Unicode 编码，Qt 在后台均使用 Unicode 字符。对于不支持 Unicode 编码的数据库，Qt 将进行隐式的字符串编码转换。

(f) query.bindValue(0, i)：调用 bindValue()或 addBindValue()函数绑定要插入的值。

(g) success = query.exec()：调用 exec()函数在 query 中插入对应的值，之后，可以继续调用 bindValue()或 addBindValue()函数绑定新值，然后再次调用 exec()函数在 query 中插入新值。

(h) qDebug() << QObject::tr("插入 %1 条记录，耗时：%2 ms").arg(records).arg(t.elapsed())：向表中插入任意的 100 条记录，操作成功后输出操作消耗的时间。

(i) success = query.exec("select * from automobil order by id desc")：对刚刚插入表中的 100 条记录按 id 字段进行降序排序并查询排序后的结果。

(j) query.prepare(QString("update automobil set…"))：更新操作与插入操作类似，只是使用的 SQL 语句不同而已。

(k) query.exec("delete from automobil where id = 15")：执行删除 id 为 15 的记录的操作。

（3）运行程序，输出结果如图 8.7 所示。

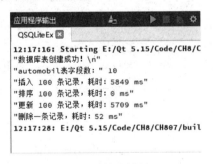

图 8.7　输出结果

8.3.4　操作 MySQL 实例

MySQL 是当下最流行的关系数据库管理系统之一，它最初由瑞典 MySQL AB 公司开发，由于其体积小、速度快、总体拥有成本低，尤其是开放源码这一特点，一般中小型甚至大型网站的开发都选它作为网站数据库，使其成为 Web 应用方面最好的数据库之一。

但是，自从 Oracle 收购 MySQL 后对其进行了商业化，如今的 MySQL 已不能算是一个完全开源的数据库了，而 Qt 官方则一直严格秉持开源理念，故 Qt 5 取消了对 MySQL 数据库的默认支持，Qt 环境中不再内置 MySQL 的驱动（QMYSQL），用户若是还想使用 Qt 连接操作 MySQL，只能用 Qt 的源码工程自行编译生成 MySQL 的驱动 DLL 库，然后引入开发环境使用，过程比较烦琐，下面通过实例介绍具体操作步骤。

【例】（较难）（CH808）在 MySQL 中创建数据库 emarket，其中建立 commodity 表（商品表），结构见表 8.9，往其中录入一些商品记录。用 Qt 5 程序访问 MySQL，显示其中的商品信息。

表 8.9 commodity 表结构

列　　名	类　　型	长　　度	允许空值	说　　明
Name	char	32	否	商品名称
InputPrice	decimal	6，2 位小数	否	商品购入价格（进价）
OutputPrice	decimal	6，2 位小数	否	商品售出价格（单价）
Amount	int	6	否	商品库存量

开发步骤如下。

1．安装 MySQL

从 Oracle 官网下载 MySQL 安装包可执行程序，双击启动向导，按照向导界面指引安装；或者下载 MySQL 压缩包，手动编写配置文件，通过 Windows 命令行安装 MySQL 服务。详细过程请读者参考网上资料或 MySQL 相关书籍，本书不展开介绍。

2．创建数据库

安装好 MySQL 后，再安装一个可视化操作工具（编者用的是 Navicat Premium），创建数据库 emarket，其中建立 commodity 表，录入测试用商品记录，如图 8.8 所示。

图 8.8　MySQL 中的测试数据

3．编译 MySQL 驱动

（1）首先打开 MySQL 安装目录下的 lib 文件夹（编者的是 E:\MySQL8\lib），看到里面有两个文件 libmysql.dll 和 libmysql.lib，将它们复制到 Qt 的 MinGW 编译器的 bin 目录（编者的是 C:\Qt\5.15.2\mingw81_64\bin）下，如图 8.9 所示。

（2）找到 Qt 安装目录下源代码目录中的 mysql 文件夹（编者的路径是 C:\Qt\5.15.2\Src\qtbase\src\plugins\sqldrivers\mysql，读者请根据自己安装的实际路径寻找），进入此文件夹，可见其中有一个名为 mysql.pro 的 Qt 项目工程配置文件，如图 8.10 所示。

第 8 章 文件、目录与数据库操作

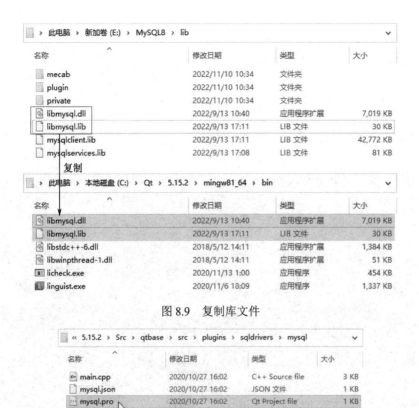

图 8.9 复制库文件

图 8.10 找到 MySQL 驱动的源码工程配置文件

用 Windows "记事本" 打开 mysql.pro 文件，修改其内容如下（加黑处为需要修改或添加的地方）：

```
TARGET = qsqlmysql

# 添加 MySQL 的 include 路径
INCLUDEPATH += "E:\MySQL8\include"
# 添加 MySQL 的 libmysql.lib 路径，为驱动的生成提供 .lib 文件
LIBS += "E:\MySQL8\lib\libmysql.lib"

HEADERS += $$PWD/qsql_mysql_p.h
SOURCES += $$PWD/qsql_mysql.cpp $$PWD/main.cpp

#注释掉这条语句
#QMAKE_USE += mysql

OTHER_FILES += mysql.json

PLUGIN_CLASS_NAME = QMYSQLDriverPlugin
include(../qsqldriverbase.pri)

# 生成 dll 驱动文件的目标地址，这里将地址设置在 mysql 下的 lib 文件夹中
DESTDIR = C:\Qt\5.15.2\Src\qtbase\src\plugins\sqldrivers\mysql\lib
```

以上配置的这几个路径请读者根据自己计算机上安装 MySQL 及 Qt 的实际情况填写。

小知识：

如果在 Qt 安装目录下找不到源代码（Src）目录，说明在安装 Qt 的时候未选择安装源代码包，可通过 Qt 维护向导补充安装。操作方法：双击 Qt 安装目录（编者的是 C:\Qt）下的 MaintenanceTool.exe，启动维护向导，在"选择组件"界面上勾选所安装 Qt 版本树状视图下面的"Sources"节点，如图 8.11 所示，单击"下一步"按钮，按照向导的指引开始安装即可，安装完成后就能在安装目录的 Qt 版本文件夹中看到 Src 目录了。

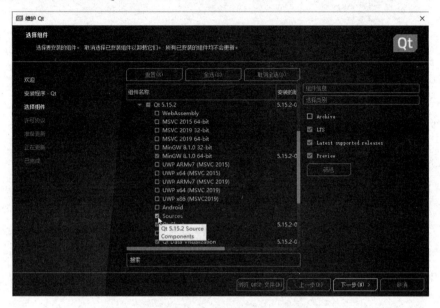

图 8.11　用维护向导补充安装 Qt 源代码包

（3）启动 Qt Creator，定位到 mysql 文件夹下，打开 mysql.pro 对应的 Qt 项目，选择"构建"→"构建项目 "mysql""命令，会产生一些构建错误，可忽略。

（4）打开 mysql 文件夹，可看到其中多了个 lib 子文件夹，进入可看到编译生成的 3 个文件，如图 8.12 所示。

图 8.12　编译生成的 lib 文件夹及其中的 3 个文件

其中，qsqlmysql.dll 和 qsqlmysql.dll.debug 是需要的 Qt 环境 MySQL 数据库的驱动。

（5）复制 MySQL 驱动到 Qt 的 sqldrivers 文件夹中

选中上面生成的 qsqlmysql.dll 和 qsqlmysql.dll.debug 驱动文件并复制，然后将其粘贴到 Qt 安装目录下的 sqldrivers 文件夹（编者的路径为 C:\Qt\5.15.2\mingw81_64\plugins\sqldrivers，读者请根据自己安装 Qt 的实际路径复制）下，如图 8.13 所示。

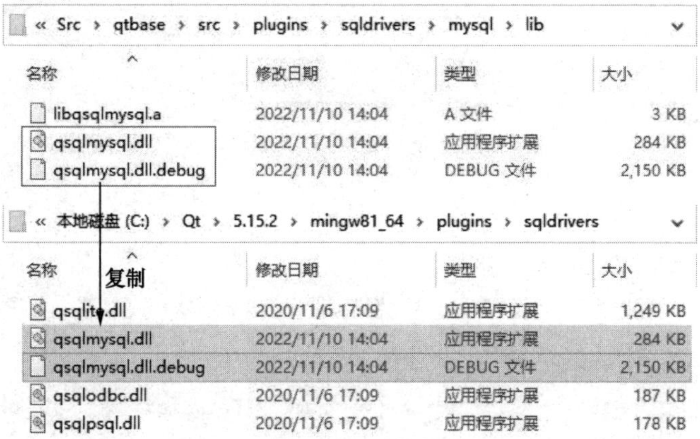

图 8.13 复制 MySQL 驱动到 Qt 的 sqldrivers 文件夹

这样，就成功地给 Qt 环境添加了 MySQL 驱动，在接下来的编程中就可以使用这个驱动访问 MySQL 数据库了。为方便读者，本书源码资源中也会提供编译好的 MySQL 驱动文件。

以上编译 MySQL 驱动的操作要求 Qt 编译器的位数要与 MySQL 的相同（比如都是 64 位或者都是 32 位）。

4. 创建 Qt 项目

以设计器 Qt Designer（勾选"Generate form"复选框）方式创建 Qt 项目，项目名为 EMarket，"Class Information"页中基类选"QDialog"，类名为"EMarket"。

在项目的配置文件 EMarket.pro 中添加一句：

```
QT += sql
```

5. 创建界面

在项目树形视图中双击"Forms"节点下的 eMarket.ui，进入 Qt Designer 设计环境，往中央设计区的窗体上拖曳放置一个 TableView 控件，对象名设为 tvCommodity，勾选 horizontalHeaderVisible 和 horizontalHeaderStretchLastSection 属性，取消勾选 verticalHeaderVisible 属性，horizontalHeaderDefaultSectionSize 属性设为 80，horizontalHeaderMinimumSectionSize 属性设为 25，调整控件在窗体中的位置和尺寸，使其看起来美观。

6. 编程访问 MySQL

代码如下（eMarket.cpp）：

```
#include "eMarket.h"
#include "ui_eMarket.h"
```

```cpp
EMarket::EMarket(QWidget *parent)
    : QDialog(parent)
    , ui(new Ui::EMarket)
{
    ui->setupUi(this);
    initEMarket();                                      //执行初始化方法
}

EMarket::~EMarket()
{
    delete ui;
}

void EMarket::initEMarket()
{
    setWindowTitle("商品信息");
    QSqlDatabase sqldb = QSqlDatabase::addDatabase("QMYSQL");
    sqldb.setHostName("localhost");
    sqldb.setDatabaseName("emarket");
    sqldb.setUserName("root");
    sqldb.setPassword("123456");
    if (!sqldb.open())
    {
        QMessageBox::critical(0, "后台数据库连接失败", "无法创建连接！请检查排除故障后重启程序。", QMessageBox::Cancel);
        return;
    }
    QSqlTableModel *commodity_model = new QSqlTableModel(this);
                                                        //创建商品表的模型类
    commodity_model->setTable("commodity");             //将模型与数据库商品表关联
    commodity_model->select();
    commodity_model->setHeaderData(0, Qt::Orientation::Horizontal, "商品名称", Qt::EditRole);
    commodity_model->setHeaderData(1, Qt::Orientation::Horizontal, "进价（￥）", Qt::EditRole);
    commodity_model->setHeaderData(2, Qt::Orientation::Horizontal, "售价（￥）", Qt::EditRole);
    commodity_model->setHeaderData(3, Qt::Orientation::Horizontal, "库存", Qt::EditRole);
    ui->tvCommodity->setModel(commodity_model);         //模型作为界面控件的数据源
    ui->tvCommodity->setColumnWidth(0, 240);
}
```

运行程序，显示 MySQL 数据库中的商品记录，如图 8.14 所示。

图 8.14　显示 MySQL 数据库中的商品记录

8.3.5　操作 SQL Server 实例

Qt 操作 SQL Server 需要配置 ODBC 数据源，步骤也比较烦琐，现以一个实例加以简单介绍。

【例】（难度一般）（CH809）用 Qt 5 程序访问 SQL Server，完成相应的配置。

配置步骤如下。

1．安装 SQL Server

请读者参考 SQL Server 方面的教程，本书不展开介绍。本书安装的版本是 Microsoft SQL Server 2016。

2．创建数据库

在 SQL Server 中创建数据库 emarket，在其中建立 commodity 表，录入测试用商品记录，内容同上例，略。

3．配置 ODBC 数据源

ODBC（Open DataBase Connectivity，开放数据库连接）是微软公司开放服务架构（Windows Open Services Architecture，WOSA）中有关数据库的一个组成部分，它建立了一组规范，并提供了一组对数据库访问的标准 API（应用程序编程接口）。Qt 数据库驱动并不能直接连接到 SQL Server 中的数据库，必须要通过 ODBC 数据源来进行连接，所以要先进行配置。

（1）从 Windows 控制面板的"管理工具"中找到 ODBC 数据源管理程序，如图 8.15 所示。

图 8.15　从控制面板中找到 ODBC 数据源管理程序

（2）双击"ODBC 数据源(64 位)"，打开如图 8.16 所示的对话框，单击"添加"按钮。

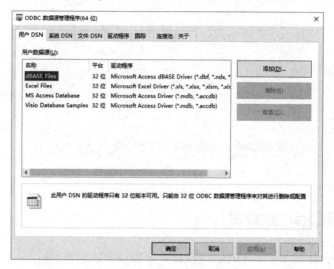

图 8.16 "ODBC 数据源管理程序(64 位)"对话框

（3）从弹出的"创建新数据源"对话框的列表框中选中第一项"ODBC Driver 13 for SQL Server"，如图 8.17 所示，单击"完成"按钮。

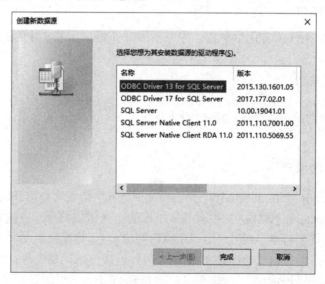

图 8.17 选择驱动程序

（4）接下来进入"创建到 SQL Server 的新数据源"向导，如图 8.18 所示，在第一个界面上填写数据源名称、说明和 SQL Server 服务器名称，单击"下一步"按钮。

小知识：

图 8.18 中的服务器名称必须是自己计算机上安装的 SQL Server 服务器名称，这个名称可通过以下操作获取。打开管理工具 Microsoft SQL Server Management Studio，连接 SQL Server，在"对象资源管理器"中右击数据库连接并选择"属性"命令，出现"服务器属性"对话框，其上的第一项"名称"即 SQL Server 服务器的名称，如图 8.19 所示，将其复制下来，粘贴到图 8.18 的"服务器"一栏即可。

图 8.18　填写数据源名称、说明和 SQL Server 服务器名称

图 8.19　获取 SQL Server 服务器名称

（5）单击"使用用户输入登录 ID 和密码的 SQL Server 验证"单选按钮，输入 SQL Server 的登录 ID 和密码，如图 8.20 所示。注意：SQL Server 默认的登录 ID 为 sa，密码请用读者自己安装 SQL Server 时所设的密码，单击"下一步"按钮。

图 8.20　输入 SQL Server 登录 ID 和密码

（6）在接下来的界面上更改默认的数据库为前面所创建的数据库 emarket，如图 8.21 所示，单击"下一步"按钮。

图 8.21　更改默认的数据库

（7）在最后一个界面中更改 SQL Server 系统消息的语言为 Simplified Chinese（简体中文），如图 8.22 所示，单击"完成"按钮。

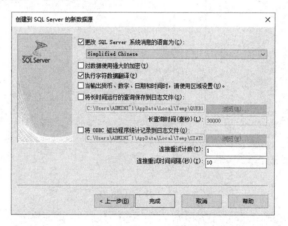

图 8.22　更改 SQL Server 系统消息的语言

（8）弹出消息框显示数据源的各项配置参数，如图 8.23 所示，单击"测试数据源"按钮，如果出现图 8.24 所示的消息框，说明数据源配置成功，外部程序就可以连接 SQL Server 了。

图 8.23　数据源的各项配置参数

图 8.24　数据源配置成功

4. 访问 SQL Server

创建 Qt 项目和界面，编写访问数据库的程序，具体步骤同上例。

将程序初始化设置连接参数的代码改为如下代码：

```
void EMarket::initEMarket()
{
    setWindowTitle("商品信息");
    QSqlDatabase sqldb = QSqlDatabase::addDatabase("QODBC");    //改用 ODBC 驱动
    sqldb.setHostName("localhost");
    sqldb.setDatabaseName("SQLServer");    //注意这里必须写数据源名称而非数据库名
    sqldb.setUserName("sa");               //SQL Server 默认登录 ID
    sqldb.setPassword("123456");           //请读者写自己设置的 SQL Server 密码
    ...
}
```

程序其余部分的代码和运行结果与上例完全一样，不再赘述。

第 9 章 模型/视图及实例

9.1 模型/视图架构

9.1.1 基本概念

Qt 所开发的程序基本上都是 GUI 桌面应用程序，需要在图形界面上用各种不同类型的控件来展示和编辑后台数据，为了简化程序开发，Qt 采用一种称为"模型/视图架构"的技术将前端界面与后台的数据有效分离开来，使 Qt 做出的软件结构清晰、易于修改和维护。

模型/视图架构的理念其实源于 Web 开发领域的 MVC。MVC 是起源于 Smalltalk 的一种与用户界面相关的设计模式，它包括三个基本元素：表示数据的模型 M（Model）、表示界面的视图 V（View）以及管理用户界面操作逻辑的控制器 C（Controller）。Qt 借鉴了 MVC 的思想来实现数据与界面的分离，但不同的是，Qt 模型/视图架构中的"视图"相当于把 MVC 的 V（视图）和 C（控制器）结合在了一起，使程序框架更为简洁。为了灵活地处理用户输入，Qt 又引入了一种叫做"代理（Delegate）"的机制，通过使用代理，开发者能够自定义界面上数据条目（Item）的显示和编辑方式。

因此，Qt 的模型/视图架构可分为三部分：模型 M（Model）、视图 V（View）和代理 D（Delegate）。其中，模型直接与数据源通信，并为程序其他部件提供数据接口，它从原始数据提取所需内容供给各类视图组件去显示或编辑；视图也就是程序界面上以各种丰富多样的形式展示数据的控件，它们从模型中获得所要引用数据条目项的模型索引（Model Index），再以索引方式获取和呈现各自的显示内容；而代理则负责绘制界面上的数据条目，当用户编辑条目时，它就直接与模型进行通信，它们之间的互动关系如图 9.1 所示。

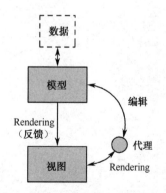

图 9.1 模型/视图架构各部分之间的互动关系

模型、视图、代理三者之间也是通过信号和槽进行通信的，如下：

- 当数据发生改变时，模型发出信号通知视图。
- 当用户对界面进行操作时，触发视图的信号。
- 当用户编辑视图中的数据条目时，代理发出信号将视图目前的状态告知模型。

9.1.2 实现类

下面介绍一下模型/视图架构各部分在 Qt 5 中的具体实现类,让大家预先对此架构中各个类之间的关系有个总体了解,以便后面应用它们来开发各种类型的模型/视图程序。

1. 模型类

模型/视图架构中的所有模型都基于抽象基类 QAbstractItemModel,此类针对各种视图组件和代理都有与之相适应的数据存取接口,由此而派生出一系列不同用途的子模型类,如图 9.2 所示。

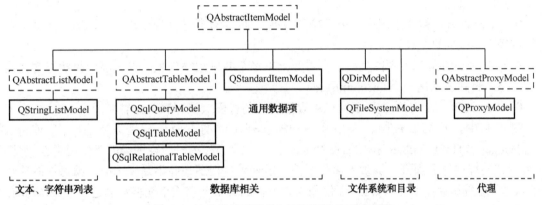

图 9.2 抽象的模型基类与不同用途的子模型类

说明如下。

- **文本、字符串列表**:QAbstractListModel 是列表模型的抽象基类,通常程序界面上的列表项数据内容是以文本或字符串形式出现的,在 Qt 中用 QStringList 结构存储,其对应的模型类 QStringListModel 就是从 QAbstractListModel 继承而来的。
- **数据库相关**:数据库的数据在界面上常以表格展示,由表格模型抽象类 QAbstractTableModel 派生出 QtSql 模块用户接口层的三个类 QSqlQueryModel、QSqlTableModel 及 QSqlRelationalTableModel,分别实现对 SQL 语句查询结果数据、表数据及关系表外键数据的读写。另外,还有一个 QStandardItemModel,它不仅可以存储数据库数据,还可作为通用的数据项使用,灵活预置其数据内容,用来填充界面上的表格、树状视图等多种控件,是最常用的数据模型类。
- **文件系统和目录**:QDirModel 是操作系统目录数据的存储模型类;QFileSystemModel 用于存储文件系统信息。
- **代理**:QAbstractProxyModel 与 QProxyModel 分别是代理模型的抽象类及其实现类,它们的具体用法将在后面开发代理相关实例的时候再详细介绍。

2. 视图类

模型/视图架构中的所有视图都基于抽象基类 QAbstractItemView,视图及相关类继承的层次结构如图 9.3 所示。

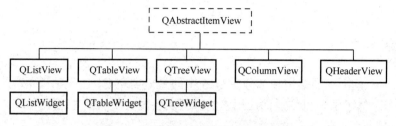

图 9.3 视图及相关类继承的层次结构

下面就这几个视图类所对应组件的用途加以说明。
- QListView：列表视图类，用于显示单列的列表数据，如组合框、下拉列表框控件的选项。
- QTableView：表格视图类，用于显示表格形式的数据，常用于在界面上展示数据库中的表或视图的记录内容。
- QTreeView：树状视图类，用于显示可展开/折叠的多层次节点数据项，例如，浏览本地计算机操作系统的目录树。
- QColumnView：列视图类，当在界面上以多个并排级联列表的形式展示树状层次结构数据时，每一级列表就是一个 QColumnView。
- QHeaderView：表头视图类，提供表格控件的行表头或列表头内容显示。

图 9.3 中，在列表视图、表格视图和树状视图类的下面还分别派生出一个 Widget：QListWidget、QTableWidget 和 QTreeWidget，这 3 个类称为对应视图类的"便利类"，它们是 Qt 为用户进行快速界面开发提供的简化组件，虽继承自视图却并不是视图类，因为视图的数据来自模型，视图本身并不存储数据，而便利类为组件的每个节点或单元格都创建了一个项（item），用项来存储数据，所以便利类中实际已包含了数据，是一种将模型与视图集成于一体的组件，使用这类组件的便利之处在于能直接在界面上创建多样的控件（避免用代理）来接收用户输入，但对大型数据源缺乏灵活处理的能力，只能用于小型系统中少量数据的操作测试。

3．代理类

模型/视图架构中的所有代理都基于抽象基类 QAbstractItemDelegate，此类由 QItemDelegate 和 QStyledItemDelegate 继承。其中，QItemDelegate 由表示数据库中关系代理的 QSqlRelationalDelegate 继承。有关代理类的具体应用后面有专门实例介绍，此处不展开介绍。

9.2　常用模型/视图组件实例

9.2.1　表格模型/视图及实例

1．表格视图组件：QTableView

QTableView 用于在程序界面上展示二维数据表格，它常与 Qt 通用的标准项模型 QStandardItemModel 配合使用，通过 setItem(i, j, 项)方法将标准项 QStandardItem 的实例对象添加到表格正文内容的第 i 行第 j 列中，调用 setModel(model)方法将模型关联进表格视图。

QTableView 常用方法如下：

（1）rowHeight()：获得表中每一行的高度。

（2）columnWidth()：获得表中每一列的宽度。

（3）showGrid()：显示一个网格。

（4）stretchLastSection()：展开表中的单元格。

（5）hideRow()和hideColumn()：隐藏行和列。

（6）showRow()和showColumn()：显示行和列。

（7）selectRow()和selectColumn()：选择行和列。

（8）resizeColumnsToContents()或resizeRowsToContents()：根据每个列或行的空间需求分配可用空间。

在模型/视图架构中还有一个表头视图QHeaderView用于显示和控制QTableView的表头，其方法如下：

（1）verticalHeader()：获得垂直表头。

（2）horizontalHeader()：获得水平表头。

（3）hide()：隐藏表头。

对于某些特殊形式的表，还能够在行列索引与控件坐标之间进行转换。

2．表格模型

QTableView通过绑定模型来更新其上的内容，可用的模型见表9.1。

表9.1 QTableView可用的模型

模 型	作 用
QStringListModel	存储一组字符串
QStandardItemModel	存储任意层次结构的数据
QDirModel	对文件系统进行封装
QSqlQueryModel	对SQL的查询结果集进行封装
QSqlTableModel	对SQL中的表格进行封装
QSqlRelationalTableModel	对带有外键的SQL表格进行封装
QSortFilterProxyModel	对模型中的数据进行排序或过滤

此外，QTableView还可以使用自定义的模型来显示更新内容。

3．实例

【例】（简单）（CH901）用QStandardItemModel存储课程信息，在QTableView表格视图中显示。

以直接编写代码（即取消勾选"Generate form"复选框）方式创建Qt项目，项目名为tableView，"Class Information"页中基类选"QWidget"。

代码如下（tableView.cpp）：

```
Widget::Widget(QWidget *parent)
    : QWidget(parent)
{
    setWindowTitle("QTableView测试");
    resize(500, 300);
```

```cpp
    //(a)创建 6 行 4 列标准项模型
    QStandardItemModel *model = new QStandardItemModel(6, 4);
    //(b)设置模型表头
    QStringList list;
    list << "课程编号" << "课程名" << "学时" << "学分";
    model->setHorizontalHeaderLabels(list);
    //(c)创建表格视图对象,指定模型
    QTableView *tableview = new QTableView();
    tableview->move(20, 20);
    tableview->setModel(model);    //关联 QTableView 与模型
    //(d)创建标准项模型的数据项
    QStandardItem *item11 = new QStandardItem("1A001");
    QStandardItem *item12 = new QStandardItem("Qt 程序设计");
    QStandardItem *item13 = new QStandardItem("60");
    QStandardItem *item14 = new QStandardItem("3");
    //将数据项放到表格视图 0 行 0~3 列单元格
    model->setItem(0, 0, item11);
    model->setItem(0, 1, item12);
    model->setItem(0, 2, item13);
    model->setItem(0, 3, item14);
    //创建标准项模型数据项,放到表格视图 1 行 0~3 列单元格
    QStandardItem *item21 = new QStandardItem("1A002");
    QStandardItem *item22 = new QStandardItem("鸿蒙系统开发");
    QStandardItem *item23 = new QStandardItem("80");
    QStandardItem *item24 = new QStandardItem("4");
    model->setItem(1, 0, item21);
    model->setItem(1, 1, item22);
    model->setItem(1, 2, item23);
    model->setItem(1, 3, item24);
    //(e)将表格视图放入布局中显示
    QVBoxLayout *layout = new QVBoxLayout();
    layout->addWidget(tableview);
    setLayout(layout);
}
```

运行程序,显示如图 9.4 所示。

图 9.4 表格视图显示课程信息

说明：

(a) QStandardItemModel *model = new QStandardItemModel(6, 4)：创建 6 行 4 列的标准项模型，表格按照该大小组织数据。

(b) QStringList list、list << "课程编号" << "课程名" << "学时" << "学分"、model->setHorizontalHeaderLabels(list)：设置表头标签，个数必须与标准项模型列数一致。

(c) QTableView *tableview = new QTableView()、tableview->move(20, 20)、tableview->setModel(model)：创建表格视图对象，指定该对象关联已经创建的标准项模型。

(d) QStandardItem *item11 = new QStandardItem("1A001")、model->setItem(0, 0, item11)：创建标准项模型的数据项，然后填充到表格视图中指定的单元格，setItem()方法前两个参数是单元格的行号和列号，第三个参数是指向标准数据项的指针。

(e) QVBoxLayout *layout = new QVBoxLayout()、layout->addWidget(tableview)：将表格视图放入布局中显示。

运行时可以通过单击单元格或使用键盘方向键来导航表格中的单元格，也可以使用 Tab 键或 Shift + Tab 组合键来从一个单元格移动到另一个单元格。

9.2.2 树状模型/视图及实例

1. 树状视图组件：QTreeView

QTreeView 用于显示具有层次结构的节点数据项，常与标准项模型一起使用，QStandardItemModel 的实例对象 model 通过 appendRow(QStandardItem *dotItem1)方法将标准项实例对象 dotItem1 添加进第一个节点，再调用 setModel(model)方法将模型关联进树状视图。

使用树状视图，可以先创建一个标准项作为顶层对象，然后设置它的属性，再创建子项添加到该项下……每一级均是如此，最后将顶层对象加入创建的树状视图中。

当然，也可以先创建树状视图，将一个标准项作为顶层对象加入视图中，然后创建顶层标准项下面的各个子项。

2. 实例

【例】（难度一般）（CH902）创建南京师范大学及其学院、系树状视图。

以直接编写代码（即取消勾选"Generate form"复选框）方式创建 Qt 项目，项目名为 treeView，"Class Information"页中基类选"QMainWindow"，类名为"mainWin"。

代码如下（treeView.cpp）：

```
mainWin::mainWin(QWidget *parent)
    : QMainWindow(parent)
{
    setWindowTitle("QTreeView测试");
    resize(520, 360);
    //(a)设置节点头信息
    QStandardItemModel *item = new QStandardItemModel(this);
    QStringList list;
    list << "南京师范大学" << "创始于1902年，国家"双一流"建设高校";
    item->setHorizontalHeaderLabels(list);
```

```cpp
    //(b)添加学院：计算机与电子信息学院
    QStandardItem *itemXy1 = new QStandardItem("计算机与电子信息学院");
    item->appendRow(itemXy1);
    item->setItem(0, 1, new QStandardItem("1984 年创办计算机专业"));
    //(c)添加学院系：计算机科学与技术系
    QStandardItem *itemXi1 = new QStandardItem("计算机科学与技术系");
    itemXy1->appendRow(itemXi1);
    itemXy1->setChild(0, 1, new QStandardItem("系信息"));
    //(d)添加系成员 1
    QStandardItem *itemCy1 = new QStandardItem("成员 1");
    itemCy1->setCheckable(true);
    itemXi1->appendRow(itemCy1);
    itemXi1->setChild(itemCy1->index().row(), 1, new QStandardItem(QString("成员%1 信息说明").arg(itemCy1->index().row() + 1)));
    //(d)添加系成员 2
    QStandardItem *itemCy2 = new QStandardItem("成员 2");
    itemCy2->setCheckable(true);
    itemXi1->appendRow(itemCy2);
    itemXi1->setChild(itemCy2->index().row(), 1, new QStandardItem(QString("成员%1 信息说明").arg(itemCy2->index().row() + 1)));
    //添加学院系：人工智能系
    QStandardItem *itemXi2 = new QStandardItem("人工智能系");
    itemXy1->appendRow(itemXi2);
    //添加学院：电气与自动化工程学院
    QStandardItem *itemXy2 = new QStandardItem("电气与自动化工程学院");
    item->appendRow(itemXy2);
    item->setItem(1, 1, new QStandardItem("学院信息"));
    //(e)创建树状视图对象并设置其属性
    QTreeView *treeView = new QTreeView(this);
    treeView->setModel(item);
    treeView->header()->resizeSection(0, 160);      //调整第一列宽度
    treeView->setStyle(QStyleFactory::create("windows"));
                                                    //设为有虚线连接的方式
    treeView->expandAll();                          //完全展开
    setCentralWidget(treeView);                     //树状视图在主窗口中央显示
    //(f)树状视图行选中信号关联槽函数
    connect(treeView->selectionModel(), SIGNAL(currentChanged(QModelIndex, QModelIndex)), this, SLOT(onCurrentChanged(QModelIndex, QModelIndex)));
}
...
//(g)槽函数：显示树状视图选中行的相关信息
void mainWin::onCurrentChanged(QModelIndex current, QModelIndex previous)
{
    QString txt = QString("学院:[%1] ").arg(current.parent().data().toString());
    txt += QString("当前选择:[(行%1,列%2)] ").arg(current.row()).arg(current.column());
    QString name = "";
    QString info = "";
```

```
        if (current.column() == 0)
        {
            name = current.data().toString();
            info = current.sibling(current.row(), 1).data().toString();
        } else {
            name = current.sibling(current.row(), 0).data().toString();
            info = current.data().toString();
        }
        //状态栏显示选择行信息
        txt += QString("名称:[%1]  信息:[%2]").arg(name).arg(info);
        statusBar()->showMessage(txt);
}
```

运行程序，如图 9.5 所示。

图 9.5　采用树状视图显示大学院系

说明：

(a) QStandardItemModel *item = new QStandardItemModel(this)、QStringList list、list << "南京师范大学" << "创始于 1902 年，国家"双一流"建设高校"、item->setHorizontalHeaderLabels(list)：创建标准项模型对象 item，设置对象 item 的表头信息，名称为"南京师范大学"，另外一列显示：创始于 1902 年，国家"双一流"建设高校。

(b) QStandardItem *itemXy1 = new QStandardItem("计算机与电子信息学院")、item->appendRow(itemXy1)、item->setItem(0, 1, new QStandardItem("1984 年创办计算机专业"))：创建标准项对象 itemXy1，存放学院信息，名称为"计算机与电子信息学院"，作为 item 的子节点。另外一列显示：1984 年创办计算机专业。

(c) QStandardItem *itemXi1 = new QStandardItem("计算机科学与技术系")、itemXy1->appendRow(itemXi1)、itemXy1->setChild(0, 1, new QStandardItem("系信息"))：创建标准项对象 itemXi1，存放系信息，名称为"计算机科学与技术系"，作为 itemXy1 的子节点。另外一列显示：系信息。

(d) QStandardItem *itemCy1 = new QStandardItem("成员 1")、itemCy1->setCheckable(true)、itemXi1->appendRow(itemCy1)、…、QStandardItem *itemCy2 = new QStandardItem("成员 2")、…、itemXi1->appendRow(itemCy2)：添加系成员。创建标准项对象 itemCy1、itemCy2，

名称分别为"成员 1"和"成员 2",作为 itemXi1 的子节点。setCheckable()方法设置在两个成员节点前显示复选框。

(e) QTreeView *treeView = new QTreeView(this)、treeView->setModel(item)、treeView->expandAll()、setCentralWidget(treeView): 创建树状视图对象,将 item 对象设为其数据模型。设置视图属性,将树节点全部展开,并放入主窗口中央显示。

(f) connect(treeView->selectionModel(), SIGNAL(currentChanged(QModelIndex, QModelIndex)), this, SLOT(onCurrentChanged(QModelIndex, QModelIndex))): 将树状视图的行选中信号关联到槽函数,这里的信号带两个 QModelIndex 类型的参数,分别表示当前选中节点与前一节点的模型索引。注意,槽函数的参数一定要与信号的相一致,这样就可以在槽函数代码中通过传入的模型索引进一步获取用户选中节点的具体信息。

(g) 在槽函数中将从模型索引中得到的节点信息组合起来,显示在状态栏上,获取各项信息的基本方法如下。

- **current.row():** 当前行号。
- **current.column():** 当前列号。
- **current.data():** 当前节点数据。
- **current.parent().data():** 当前节点的父节点数据。
- **current.sibling(i, j).data():** 当前节点 i 行 j 列数据。

9.2.3 文件目录浏览器实例

【例】(简单)(CH903)实现一个简单的文件目录浏览器,完成效果如图 9.6 所示。

图 9.6 文件目录浏览器完成效果

以直接编写代码(即取消勾选"Generate form"复选框)方式创建 Qt 项目,项目名为 DirModeEx,"Class Information"页中基类选"QMainWindow"。

在源文件 main.cpp 中编写代码如下:

```
#include <QApplication>
#include <QAbstractItemModel>
#include <QAbstractItemView>
#include <QItemSelectionModel>
#include <QDirModel>
#include <QTreeView>
#include <QListView>
#include <QTableView>
#include <QSplitter>
```

```cpp
int main(int argc, char *argv[])
{
    QApplication a(argc,argv);
    QDirModel model;                                                //(a)
    /* 新建三种不同的视图对象,以便文件目录可以以三种不同的方式显示 */
    QTreeView tree;                                                 //树状视图
    QListView list;                                                 //列表视图
    QTableView table;                                               //表格视图
    tree.setModel(&model);                                          //(b)
    list.setModel(&model);
    table.setModel(&model);
    tree.setSelectionMode1(QAbstractItemView::MultiSelection); //(c)
    list.setSelectionModel(tree.selectionModel());                  //(d)
    table.setSelectionModel(tree.selectionModel());                 //(e)
    QObject::connect(&tree, SIGNAL(doubleClicked(QModelIndex)), &list,
                     SLOT(setRootIndex(QModelIndex)));
    QObject::connect(&tree, SIGNAL(doubleClicked(QModelIndex)), &table,
                     SLOT(setRootIndex(QModelIndex)));              //(f)
    QSplitter *splitter = new QSplitter;
    splitter->addWidget(&tree);
    splitter->addWidget(&list);
    splitter->addWidget(&table);
    splitter->setWindowTitle("文件目录浏览器");
    splitter->show();
    return a.exec();
}
```

说明:

(a) QDirModel model:新建一个 QDirModel 对象,为数据访问做准备。QDirModel 的创建还可以设置过滤器,即只有符合条件的文件或目录才可被访问。

QDirModel 继承自 QAbstractItemModel,为访问本地文件系统提供数据模型。它提供新建、删除、创建目录等一系列与文件操作相关的函数,此处只是用来显示本地文件系统。

(b) tree.setModel(&model):调用 setModel()方法设置视图对象的模型为 QDirModel 对象 model。

(c) tree.setSelectionMode1(QAbstractItemView::MultiSelection):设置 QTreeView 对象的选择方式为多选。

QAbstractItemView 提供五种选择模式,即 QAbstractItemView::SingleSelection、QAbstractItemView::NoSelection、QAbstractItemView::ContiguousSelection、QAbstractItemView::ExtendedSelection 和 QAbstractItemView::MultiSelection。

(d) list.setSelectionModel(tree.selectionModel()):设置 QListView 对象与 QTreeView 对象使用相同的选择模式。

(e) table.setSelectionModel(tree.selectionModel()):设置 QTableView 对象与 QTreeView 对象使用相同的选择模式。

(f) QObject::connect(&tree, SIGNAL(doubleClicked(QModelIndex)), &list, SLOT(setRootIndex(QModelIndex)))、QObject::connect(&tree, SIGNAL(doubleClicked(QModelIndex)), &table,

SLOT(setRootIndex(QModelIndex)))：为了实现双击 QTreeView 对象中的某个目录时，QListView 对象和 QTableView 对象中也同步显示此选定目录下的所有文件和目录，需要连接 QTreeView 对象的 doubleClicked()信号与 QListView 对象和 QTableView 对象的 setRootIndex()槽函数。

本例用到了 Qt 的多种视图组件（树状视图 QTreeView、列表视图 QListView、表格视图 QTableView）来显示同一个模型 QDirModel 的数据。读者可从中体会到 Qt 的模型/视图架构将界面与数据分离的好处。

9.2.4 自定义模型实例

在模型/视图程序开发中，如果 Qt 已有的模型无法满足需求，开发者还可以定义自己的模型类。可以直接继承 QAbstractItemModel 抽象类实现自定义模型，也可以通过继承其下的抽象子类 QAbstractListModel 和 QAbstractTableModel 来实现定制的列表模型或表格模型。

【**例**】（难度一般）（CH904）实际应用中，常常将一些重复的文字字段用数值代码保存，使用时再通过关联操作（如外键）来获取其真实的内容，此方法可有效避免数据存储的冗余。试通过将数值代码映射为文字的模型来保存不同军种的各种武器信息，实现效果如图 9.7 所示。

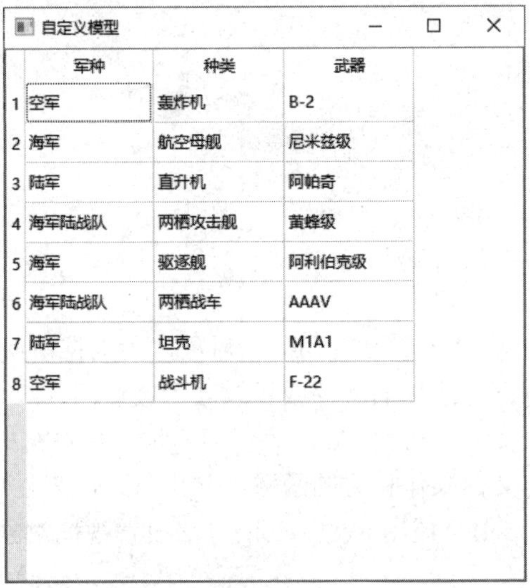

图 9.7　自定义"数值-文字"映射模型的实现效果

以直接编写代码（即取消勾选"Generate form"复选框）方式创建 Qt 项目，项目名为 ModelEx，"Class Information"页中基类选"QMainWindow"。

开发步骤如下。

（1）在项目中创建 ModelEx 继承自 QAbstractTableModel，其头文件 modelex.h 的代码如下：

```
#include <QAbstractTableModel>
#include <QVector>
#include <QMap>
#include <QStringList>
class ModelEx : public QAbstractTableModel
{
public:
```

```cpp
    explicit ModelEx(QObject *parent = 0);
    //虚函数声明                                        //(a)
    virtual int rowCount(const QModelIndex &parent = QModelIndex()) const;
    virtual int columnCount(const QModelIndex &parent = QModelIndex()) const;
    QVariant data(const QModelIndex &index, int role) const;
    QVariant headerData(int section, Qt::Orientation orientation, int role) const;
signals:
public slots:
private:
    QVector<short> army;
    QVector<short> weaponType;
    QMap<short, QString> armyMap;                       //(b)
    QMap<short, QString> weaponTypeMap;
    QStringList weapon;
    QStringList header;
    void populateModel();                               //填充表格数据
};
```

说明:

(a) 这里所声明的 **rowCount()**、**columnCount()**、**data()** 和返回表头数据的 **headerData()** 函数都是 QAbstractTableModel 的纯虚函数。

(b) QMap<short, QString> armyMap：使用 QMap 数据结构来保存"数值-文字"的映射。

（2）在 ModelEx 的构造函数（位于源文件 modelex.cpp）中编写代码如下：

```cpp
#include "modelex.h"
ModelEx::ModelEx(QObject *parent):QAbstractTableModel(parent)
{
    armyMap[1] = "空军";
    armyMap[2] = "海军";
    armyMap[3] = "陆军";
    armyMap[4] = "海军陆战队";
    weaponTypeMap[1] = "轰炸机";
    weaponTypeMap[2] = "战斗机";
    weaponTypeMap[3] = "航空母舰";
    weaponTypeMap[4] = "驱逐舰";
    weaponTypeMap[5] = "直升机";
    weaponTypeMap[6] = "坦克";
    weaponTypeMap[7] = "两栖攻击舰";
    weaponTypeMap[8] = "两栖战车";
    populateModel();
}
```

最后的 populateModel()函数完成表格数据的初始化填充，具体实现代码如下：

```cpp
void ModelEx::populateModel()
{
    header << "军种" << "种类" << "武器";
    army << 1 << 2 << 3 << 4 << 2 << 4 << 3 << 1;
    weaponType << 1 << 3 << 5 << 7 << 4 << 8 << 6 << 2;
    weapon << "B-2" << "尼米兹级" << "阿帕奇" << "黄蜂级"
```

```
            << "阿利伯克级" << "AAAV" << "M1A1" << "F-22";
}
```

(3)实现父类虚函数。

用户自定义的模型类必须实现父类中所有的虚函数,一共4个虚函数,分别实现如下。

① 虚函数 rowCount()返回模型的行数,代码为:

```
int ModelEx::rowCount(const QModelIndex &parent) const
{
    return army.size();
}
```

② 虚函数 columnCount()返回模型的列数。因为模型的列固定为3,所以直接返回3:

```
int ModelEx::columnCount(const QModelIndex &parent) const
{
    return 3;
}
```

③ 虚函数 data()返回指定索引的数据,即将数值映射为文字,代码如下:

```
QVariant ModelEx::data(const QModelIndex &index, int role) const
{
    if (!index.isValid())
        return QVariant();
    if (role == Qt::DisplayRole)
    {
        switch(index.column())
        {
            case 0:
                return armyMap[army[index.row()]];
                break;
            case 1:
                return weaponTypeMap[weaponType[index.row()]];
                break;
            case 2:
                return weapon[index.row()];
            default:
                return QVariant();
        }
    }
    return QVariant();
}
```

说明:模型中的条目可以有不同的角色,这样就能在不同情况下提供不同的数据。上面代码中的 Qt::DisplayRole 用来存取视图中显示的文字,角色由枚举类 Qt::ItemDataRole 定义。

表 9.2 列出了 Item 主要的角色及其描述。

表 9.2 Item 主要的角色及其描述

角　　色	描　　述
Qt::DisplayRole	显示文字
Qt::DecorationRole	绘制装饰数据(通常是图标)

续表

角　色	描　述
Qt::EditRole	在编辑器中编辑的数据
Qt::ToolTipRole	工具提示
Qt::StatusTipRole	状态栏提示
Qt::WhatsThisRole	What's This 文字
Qt::SizeHintRole	尺寸提示
Qt::FontRole	默认代理的绘制使用的字体
Qt::TextAlignmentRole	默认代理的对齐方式
Qt::BackgroundRole	默认代理的背景画刷
Qt::ForegroundRole	默认代理的前景画刷
Qt::CheckStateRole	默认代理的检查框状态
Qt::UserRole	用户自定义数据的起始位置

④ 虚函数 headerData()返回固定的表头数据，设置水平表头的标题，具体代码如下：

```
QVariant ModelEx::headerData(int section, Qt::Orientation orientation, int role) const
{
    if (role == Qt::DisplayRole && orientation == Qt::Horizontal)
        return header[section];
    return QAbstractTableModel::headerData(section, orientation, role);
}
```

（4）最后，在源文件 main.cpp 中将自定义的模型与表格视图关联，代码如下：

```
#include <QApplication>
#include "modelex.h"
#include <QTableView>
int main(int argc, char *argv[])
{
    QApplication a(argc, argv);
    ModelEx modelEx;                    //自定义模型
    QTableView view;                    //表格视图
    view.setModel(&modelEx);
    view.setWindowTitle("自定义模型");
    view.resize(400, 400);
    view.show();
    return a.exec();
}
```

（5）运行程序，显示出自定义模型中数据的效果，如图 9.7 所示。

9.3 代理及应用实例

9.3.1 代理概念及开发步骤

1．什么是代理

从前面的实例可见，表格视图 QTableView 可以支持用户对表单元格中的内容进行编辑，但是 Qt 默认的单元格编辑控件只有文本框（QLineEdit）一种（见图 9.8），而实际应用需求是多样的，可能更适宜采用其他类型的控件来接收用户输入，例如，想要限定单元格的内容只能从几个固定选项中选取，就要用下拉列表框（QComboBox）（见图 9.9），Qt 的模型/视图架构通过"代理"的机制来实现此类功能。

 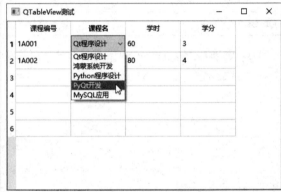

图 9.8　默认用文本框编辑内容　　　　图 9.9　通过代理机制可以改成下拉列表框

所谓"代理"，实质上就是自定义的编辑器控件，可将其关联到表格视图上以供用户编辑模型数据。不同类型的代理类所对应的控件是不一样的，故可以满足用多样化的控件来编辑表格内容的需要，这是 Qt 模型/视图开发中非常实用的一种技术。

2．代理开发步骤

模型/视图架构中有一个抽象的代理 QAbstractItemDelegate，由它派生出 QItemDelegate 和 QStyledItemDelegate 两种代理，实际应用时继承这两者之一定义开发出自己的代理类对象，将其关联到视图上就可以了，基本的开发步骤如下。

1）创建代理类

用 Qt Creator 打开要开发代理的项目，右击项目名，选择"添加新文件"命令，弹出对话框选择新建一个"C++ Class"类模板，单击"Choose"按钮，在接下来的向导界面上输入自定义代理类的名称及要继承的代理基类，勾选"Add Q_OBJECT"复选框，如图 9.10 所示。单击"下一步"按钮后结束向导，系统会自动生成自定义代理类的头文件和源文件。

第9章 模型/视图及实例

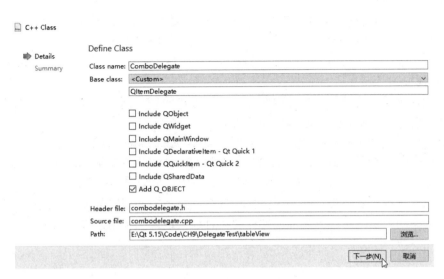

图9.10 创建自定义代理类

2）实现代理函数

无论是从 QItemDelegate 还是 QStyledItemDelegate 继承创建的代理类，要实现代理功能，都必须重写 4 个基本的函数。

先在自定义代理类的头文件中声明这 4 个函数的原型，代码如下：

```
...
#include <QItemDelegate（或QStyledItemDelegate）>
#include <代理对应的Qt控件库>

class 自定义代理类 : public QItemDelegate（或QStyledItemDelegate）
{
    Q_OBJECT
public:
    ComboDelegate(QObject *parent = 0);
    QWidget *createEditor(QWidget *parent, const QStyleOptionViewItem &option,
const QModelIndex &index) const;                                 //函数1
    void setEditorData(QWidget *editor, const QModelIndex &index) const;
                                                                  //函数2
    void setModelData(QWidget *editor, QAbstractItemModel *model, const
QModelIndex &index) const;                                        //函数3
    void updateEditorGeometry(QWidget *editor, const QStyleOptionViewItem
&option, const QModelIndex &index) const;                         //函数4
};
...
```

这 4 个函数的作用如下。

● createEditor()函数：创建该代理类所对应的控件，也就是最终要显示在表格单元格中给用户编辑数据用的控件，如下拉列表框（QComboBox）、数字选择框（QSpinBox）、日历编辑框（QDateTimeEdit）等。

- setEditorData()函数：将模型的数据显示在代理控件上供用户编辑。
- setModelData()函数：将代理控件上用户编辑过的数据更新到模型中。
- updateEditorGeometry()函数：设置代理控件在单元格中的显示大小。

声明过后，在自定义代理类的源文件中编写这 4 个函数的代码，这样代理类就开发好了。

3）关联到视图

开发好代理类后，就可以在界面视图开发中为表格的任一列设置代理，将控件关联到这列上的单元格，使用 setItemDelegateForColumn()函数，语句如下：

```
视图对象.setItemDelegateForColumn(列号, &代理类对象);
```

其中，列号从 0 开始，通常在视图的模型设置 setModel()函数之后调用这条语句将代理与视图关联，这样就可在所设列的单元格中使用代理类的控件来编辑其内容。

通过代理机制嵌入表格视图的各类控件，只有在用户需要编辑数据项以鼠标操作单元格时才会显示和起作用，丝毫不会影响界面的美观，且极大地增强了用户界面的丰富性、灵活性和交互性。

9.3.2 代理应用实例

【例】（难度中等）（CH905）针对如图 9.11 所示的表格视图，开发几种代理类分别以不同类型的控件编辑表格中不同列的数据内容。

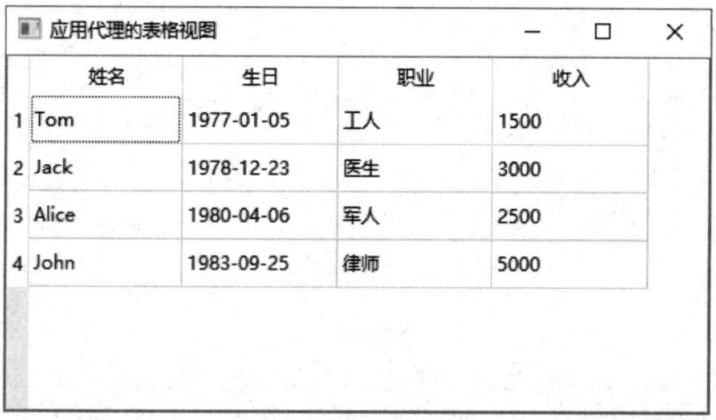

图 9.11 应用代理的表格视图

以直接编写代码（即取消勾选"Generate form"复选框）方式创建 Qt 项目，项目名为 DateDelegate，"Class Information"页中基类选"QMainWindow"。

开发步骤如下。

1. 开发视图界面

（1）在源文件 main.cpp 中编写代码如下：

```cpp
#include <QApplication>
#include <QStandardItemModel>
#include <QTableView>
#include <QFile>
#include <QTextStream>
int main(int argc, char *argv[])
{
```

```cpp
QApplication a(argc, argv);
QStandardItemModel model(4, 4);
QTableView tableView;
tableView.setModel(&model);
model.setHeaderData(0, Qt::Horizontal, "姓名");
model.setHeaderData(1, Qt::Horizontal, "生日");
model.setHeaderData(2, Qt::Horizontal, "职业");
model.setHeaderData(3, Qt::Horizontal, "收入");
QFile file("test.txt");
if (file.open(QFile::ReadOnly | QFile::Text))
{
    QTextStream stream(&file);
    QString line;
    model.removeRows(0, model.rowCount(QModelIndex()), QModelIndex());
    int row = 0;
    do {
        line = stream.readLine();
        if (!line.isEmpty())
        {
            model.insertRows(row, 1, QModelIndex());
            QStringList pieces = line.split(",", QString::SkipEmptyParts);
            model.setData(model.index(row, 0, QModelIndex()),
                pieces.value(0));
            model.setData(model.index(row, 1, QModelIndex()),
                pieces.value(1));
            model.setData(model.index(row, 2, QModelIndex()),
                pieces.value(2));
            model.setData(model.index(row, 3, QModelIndex()),
                pieces.value(3));
            row++;
        }
    } while (!line.isEmpty());
    file.close();
}
tableView.setWindowTitle("应用代理的表格视图");
tableView.show();
return app.exec();
}
```

（2）在 Qt Creator 中选择菜单"构建"→"构建项目 "DateDelegate""命令，生成 Debug 目录。

（3）按照图 9.12 所示的格式编辑本例视图数据来源文件 test.txt，将其保存到项目 Debug 目录下，然后运行程序，就可看到图 9.11 所示的表格视图数据。

有了含数据的表格视图，接下来要做的就是分别开发各种不同控件的代理类来实现对表格不同列的编辑功能。

图 9.12 视图数据来源的文件

2. 实现日历编辑框

想要通过手动选择日期的方式实现对生日的编辑,需要定义一个代理类来实现日历编辑框 QDateTimeEdit,介绍如下。

1)创建代理类

在项目中创建一个代理类 DateDelegate 继承自 QItemDelegate。

2)实现代理函数

在代理类头文件 datedelegate.h 中声明 4 个代理函数,如下:

```cpp
#include <QItemDelegate>
class DateDelegate : public QItemDelegate
{
    Q_OBJECT
public:
    DateDelegate(QObject *parent = 0);
    QWidget *createEditor(QWidget *parent, const QStyleOptionViewItem &option, const QModelIndex &index) const;
    void setEditorData(QWidget *editor, const QModelIndex &index) const;
    void setModelData(QWidget *editor, QAbstractItemModel *model, const QModelIndex &index) const;
    void updateEditorGeometry(QWidget *editor, const QStyleOptionViewItem & option, const QModelIndex &index) const;
};
```

在代理类源文件 datedelegate.cpp 中编写这 4 个函数的代码,具体如下。

① createEditor()函数的实现代码:

```cpp
QWidget *DateDelegate::createEditor(QWidget *parent, const QStyleOptionViewItem &/*option*/, const QModelIndex &/*index*/) const
{
    QDateTimeEdit *editor = new QDateTimeEdit(parent);         //(a)
    editor->setDisplayFormat("yyyy-MM-dd");                    //(b)
    editor->setCalendarPopup(true);                            //(c)
    editor->installEventFilter(const_cast<DateDelegate*>(this));
                                                               //(d)
    return editor;
}
```

说明:

(a) QDateTimeEdit *editor = new QDateTimeEdit(parent):新建一个 QDateTimeEdit 对象作为编辑时的输入控件。

(b) editor->setDisplayFormat("yyyy-MM-dd"):设置该 QDateTimeEdit 对象的显示格式为 yyyy-MM-dd,此为 ISO 标准显示方式。

日期的显示格式有多种,可设定为:

```
yy.MM.dd      23.01.02
d.MM.yyyy     1.02.2023
```

其中,y 表示年,M 表示月(必须大写),d 表示日。

(c) editor->setCalendarPopup(true):设置日历以 Popup 的方式,即下拉菜单方式显示。

(d) editor->installEventFilter(const_cast<DateDelegate*>(this)):调用 QObject 的 installEvent

Filter()函数安装事件过滤器,使 DateDelegate 能够捕获 QDateTimeEdit 对象的事件。

② setEditorData()函数的实现代码:

```cpp
void DateDelegate::setEditorData(QWidget *editor, const QModelIndex &index)
const
{
    QString dateStr = index.model()->data(index).toString();     //(a)
    QDate date = QDate::fromString(dateStr, Qt::ISODate);        //(b)
    QDateTimeEdit *edit = static_cast<QDateTimeEdit*>(editor);
                                                                 //(c)
    edit->setDate(date);                                  //设置控件的显示数据
}
```

说明:

(a) QString dateStr = index.model()->data(index).toString():获取指定 index 数据项的数据。调用 QModelIndex 的 model()函数可获得提供 index 的模型对象,data()函数返回的是一个 QVariant 对象,toString()函数将它转换为一个 QString 类型数据。

(b) QDate date = QDate::fromString(dateStr, Qt::ISODate):通过 QDate 的 fromString()函数将以 QString 类型表示的日期数据转换为 QDate 类型。Qt::ISODate 表示 QDate 类型的日期是以 ISO 格式保存的,这样最终转换获得的 QDate 数据也是 ISO 格式的,使控件显示与表格显示保持一致。

(c) QDateTimeEdit *edit = static_cast<QDateTimeEdit*>(editor):将 editor 转换为 QDateTimeEdit 对象,以获得编辑控件的对象指针。

③ setModelData()函数的实现代码:

```cpp
void DateDelegate::setModelData(QWidget *editor, QAbstractItemModel *model,
const QModelIndex &index) const
{
    QDateTimeEdit *edit = static_cast<QDateTimeEdit*>(editor);      //(a)
    QDate date = edit->date();                                      //(b)
    model->setData(index, QVariant(date.toString(Qt::ISODate)));    //(c)
}
```

说明:

(a) static_cast<QDateTimeEdit*>(editor):通过紧缩转换获得编辑控件的对象指针。

(b) QDate date = edit->date():获得编辑控件中的数据更新。

(c) model->setData(index, QVariant(date.toString(Qt::ISODate))):调用 setData()方法将数据修改更新到模型中。

④ updateEditorGeometry()函数的实现代码:

```cpp
void DateDelegate::updateEditorGeometry(QWidget *editor, const QStyleOptionView
Item &option, const QModelIndex &index) const
{
    editor->setGeometry(option.rect);
}
```

该函数为代理控件设置一个合适的大小,其参数 option 的 rect 变量定义了单元格自适应显示代理控件的大小,通常直接设为此值即可。

3) 关联到视图

在 main.cpp 文件中添加代理类头文件:

```
#include "datedelegate.h"
```
在语句 tableView.setModel(&model);后面添加如下代码:
```
DateDelegate dateDelegate;
tableView.setItemDelegateForColumn(1, &dateDelegate);
```
此时运行程序，双击表格第 2 列的任一单元格，将出现如图 9.13 所示的日历编辑框，可从中选择生日日期。

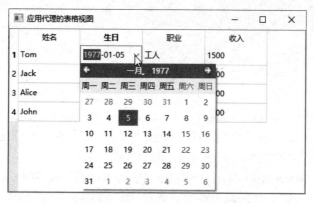

图 9.13　代理类实现的日历编辑框

3．实现下拉列表框

想要通过下拉列表框选择职业类型，需要定义一个代理类来实现下拉列表框 QComboBox，如下。

1）创建代理类

在项目中创建一个代理类 ComboDelegate，继承自 QItemDelegate。

2）实现代理函数

在代理类头文件 combodelegate.h 中声明 4 个代理函数，如下:
```
#include <QItemDelegate>
class ComboDelegate : public QItemDelegate
{
    Q_OBJECT
public:
    ComboDelegate(QObject *parent = 0);
    QWidget *createEditor(QWidget *parent, const QStyleOptionViewItem &option, const QModelIndex &index) const;
    void setEditorData(QWidget *editor, const QModelIndex &index) const;
    void setModelData(QWidget *editor, QAbstractItemModel *model, const QModelIndex &index) const;
    void updateEditorGeometry(QWidget *editor, const QStyleOptionViewItem &option, const QModelIndex &index) const;
};
```
在代理类源文件 combodelegate.cpp 中编写这 4 个函数的代码，具体如下。

① createEditor()函数的实现代码:
```
QWidget *ComboDelegate::createEditor(QWidget *parent,const QStyleOptionViewItem &/*option*/,const QModelIndex &/*index*/) const
{
```

```cpp
    QComboBox *editor = new QComboBox(parent);
    editor->addItem("工人");
    editor->addItem("农民");
    editor->addItem("医生");
    editor->addItem("律师");
    editor->addItem("军人");
    editor->installEventFilter(const_cast<ComboDelegate*>(this));
    return editor;
}
```

该函数中创建了一个 QComboBox 控件，并插入可显示的条目，安装事件过滤器。

② setEditorData()函数的实现代码：

```cpp
void ComboDelegate::setEditorData(QWidget *editor, const QModelIndex &index) const
{
    QString str = index.model()->data(index).toString();
    QComboBox *box = static_cast<QComboBox*>(editor);
    int i = box->findText(str);
    box->setCurrentIndex(i);
}
```

③ setModelData()函数的实现代码：

```cpp
void ComboDelegate::setModelData(QWidget *editor, QAbstractItemModel *model, const QModelIndex &index) const
{
    QComboBox *box = static_cast<QComboBox*>(editor);
    QString str = box->currentText();
    model->setData(index, str);
}
```

④ updateEditorGeometry()函数的实现代码：

```cpp
void ComboDelegate::updateEditorGeometry(QWidget *editor, const QStyleOptionViewItem &option, const QModelIndex &/*index*/) const
{
    editor->setGeometry(option.rect);
}
```

3）关联到视图

在 main.cpp 文件中添加代理类头文件：

```cpp
#include "combodelegate.h"
```

在语句 tableView.setModel(&model);的后面添加以下代码：

```cpp
ComboDelegate comboDelegate;
tableView.setItemDelegateForColumn(2, &comboDelegate);
```

此时运行程序，双击表格第 3 列的任一单元格，显示如图 9.14 所示的下拉列表框。

4．实现数字选择框

想要通过上下箭头按钮调整最后一列的收入值，需要定义一个代理类来实现数字选择框 QSpinBox，如下。

1）创建代理类

在项目中创建一个代理类 SpinDelegate 继承自 QItemDelegate。

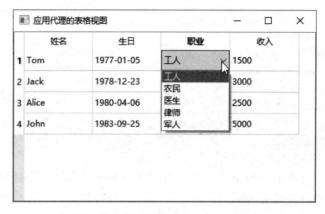

图 9.14 代理类实现的下拉列表框

2）实现代理函数

在代理类头文件 spindelegate.h 中声明 4 个代理函数，如下：

```cpp
#include <QItemDelegate>
class SpinDelegate : public QItemDelegate
{
    Q_OBJECT
public:
    SpinDelegate(QObject *parent = 0);
    QWidget *createEditor(QWidget *parent, const QStyleOptionViewItem &option, const QModelIndex &index) const;
    void setEditorData(QWidget *editor, const QModelIndex &index) const;
    void setModelData(QWidget *editor, QAbstractItemModel *model, const QModelIndex &index) const;
    void updateEditorGeometry(QWidget *editor, const QStyleOptionViewItem &option, const QModelIndex &index) const;
};
```

在代理类源文件 spindelegate.cpp 中编写这 4 个函数的代码，具体如下。

① createEditor()函数的实现代码：

```cpp
QWidget *SpinDelegate::createEditor(QWidget *parent, const QStyleOptionViewItem &/*option*/, const QModelIndex &/*index*/) const
{
    QSpinBox *editor = new QSpinBox(parent);
    editor->setRange(0, 10000);
    editor->installEventFilter(const_cast<SpinDelegate*>(this));
    return editor;
}
```

② setEditorData()函数的实现代码：

```cpp
void SpinDelegate::setEditorData(QWidget *editor, const QModelIndex &index) const
{
    int value = index.model()->data(index).toInt();
    QSpinBox *box = static_cast<QSpinBox*>(editor);
    box->setValue(value);
}
```

③ setModelData()函数的实现代码：
```cpp
void SpinDelegate::setModelData(QWidget *editor, QAbstractItemModel *model, const QModelIndex &index) const
{
    QSpinBox *box = static_cast<QSpinBox*>(editor);
    int value = box->value();
    model->setData(index, value);
}
```

④ updateEditorGeometry()函数的实现代码：
```cpp
void SpinDelegate::updateEditorGeometry(QWidget *editor, const QStyleOptionViewItem &option, const QModelIndex &/*index*/) const
{
    editor->setGeometry(option.rect);
}
```

3）关联到视图

在 main.cpp 文件中添加代理类头文件：

```cpp
#include "spindelegate.h"
```

在语句 tableView.setModel(&model);的后面添加内容如下：

```cpp
SpinDelegate spinDelegate;
tableView.setItemDelegateForColumn(3, &spinDelegate);
```

此时运行程序，双击表格第 4 列的任一单元格，出现带箭头的数字选择框，如图 9.15 所示，可用上下箭头按钮调整收入值。

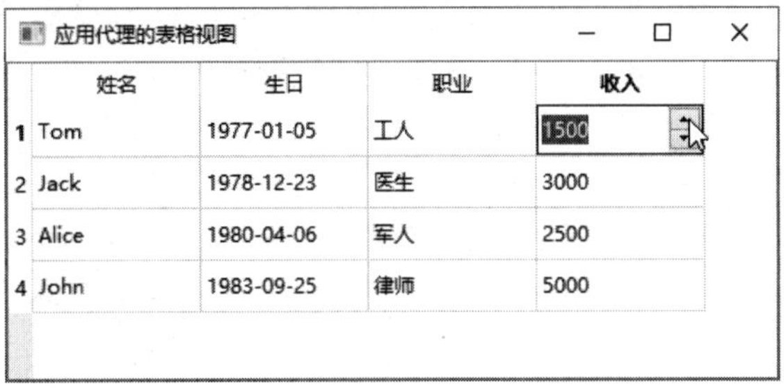

图 9.15　代理类实现的数字选择框

9.4　综合实例：汽车信息管理系统

【例】（较难）（CH906）开发一个汽车信息管理系统，界面上用多个模型和视图以主从配合的方式呈现丰富的信息，如图 9.16 所示。当用户在汽车制造商表中选中某个制造商时，下面的汽车表将显示该制造商生产的所有品牌汽车；当用户选中了汽车表中的某品牌汽车时，右边的列表将显示该品牌车型的详细信息。另外，系统操作菜单还提供对新品牌汽车信息的添加和删除功能。

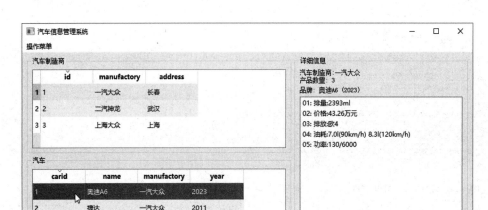

图 9.16 汽车信息管理系统界面

9.4.1 开发前的准备

对于本例这样基于模型/视图的信息管理系统，在开发前首先要准备好系统运行必需的数据。本例所有模型的数据都存储在后台 MySQL 数据库中，车型详细信息以 JSON 类型存储。

1. 安装 MySQL

从 Oracle 官网下载 MySQL 安装包可执行程序，双击启动向导，按照向导界面指引安装；或者下载 MySQL 压缩包，手动编写配置文件，通过 Windows 命令行安装 MySQL 服务。详细过程请读者参考网上资料或 MySQL 相关书籍，本书不展开介绍。

2. 创建数据库

安装好 MySQL 后，再安装一个可视化操作工具（编者用的是 Navicat Premium），创建数据库 carview，在其中创建两张表：factory（汽车制造商表）和 cars（汽车表），并录入测试用数据。

在 Navicat Premium 中新建一个查询，通过执行以下 SQL 语句来完成上述操作。

（1）创建 factory 表、录入数据：

```
CREATE TABLE factory(id int PRIMARY KEY, manufactory varchar(40), address varchar(40));
INSERT INTO factory VALUES(1, '一汽大众', '长春');
INSERT INTO factory VALUES(2, '二汽神龙', '武汉');
INSERT INTO factory VALUES(3, '上海大众', '上海');
```

（2）创建 cars 表、录入数据：

```
CREATE TABLE cars(carid int PRIMARY KEY, name varchar(50), factoryid int, year int, details json NULL, FOREIGN KEY(factoryid) REFERENCES factory(id));
INSERT INTO cars VALUES(1, '奥迪A6', 1, 2023, null);
INSERT INTO cars VALUES(2, '捷达', 1, 2011, null);
INSERT INTO cars VALUES(3, '宝来', 1, 2018, null);
INSERT INTO cars VALUES(4, '毕加索', 2, 2017, null);
INSERT INTO cars VALUES(5, '富康', 2, 2022, null);
INSERT INTO cars VALUES(6, '标致307', 2, 2019, null);
```

```
INSERT INTO cars VALUES(7, '桑塔纳', 3, 2013, null);
INSERT INTO cars VALUES(8, '帕萨特', 3, 2018, null);
```

（3）在 cars 表 JSON 字段中录入车型详细信息数据：

```
    UPDATE cars SET details = JSON_OBJECT("01","排量:2393ml","02","价格:43.26 万元
","03","排放:欧 4","04","油耗:7.0l(90km/h) 8.3l(120km/h)","05","功率:130/6000")
WHERE carid = 1;
    UPDATE cars SET details = JSON_OBJECT("01","排量:1600ml","02","价格:8.98 万元
","03","排放:欧 3","04","油耗:6.1l(90km/h)","05","功率:68/5800") WHERE carid = 2;
    UPDATE cars SET details = JSON_OBJECT("01","排量:1600ml","02","价格:11.25 万元
","03","排放:欧 3 带 OBD","04","油耗:6.0l(90km/h)8.1l(120km/h)","05","功率:74/6000")
WHERE carid = 3;
    UPDATE cars SET details = JSON_OBJECT("01","排量:1997ml","02","价格:15.38 万元
","03","排放:欧 3 带 OBD","04","油耗:6.8l(90km/h)","05","功率:99/6000") WHERE carid = 4;
    UPDATE cars SET details = JSON_OBJECT("01","排量:1600ml","02","价格:6.58 万元
","03","排放:欧 3","04","油耗:6.5l(90km/h)","05","功率:65/5600") WHERE carid = 5;
    UPDATE cars SET details = JSON_OBJECT("01","排量:1997ml","02","价格:16.08 万元
","03","排放:欧 4","04","油耗:7.0l(90km/h)","05","功率:108/6000") WHERE carid = 6;
    UPDATE cars SET details = JSON_OBJECT("01","排量:1781ml","02","价格:7.98 万元
","03","排放:国 3","04","油耗:≤7.2l(90km/h)","05","功率:70/5200") WHERE carid = 7;
    UPDATE cars SET details = JSON_OBJECT("01","排量:1984ml","02","价格:19.58 万元
","03","排放:欧 4","04","油耗:7.1l(90km/h)","05","功率:85/5400") WHERE carid = 8;
```

这样，系统运行所需数据就准备好了。

3．编译 MySQL 驱动

如果是初次开发基于 MySQL 的 Qt 项目，需要用 Qt 的源码工程自行编译生成 MySQL 的驱动库后引入开发环境，详细过程在前面章节已经介绍过，此处不再赘述。

9.4.2 开发视图界面

以直接编写代码（即取消勾选"Generate form"复选框）方式创建 Qt 项目，项目名为 MyCars，"Class Information"页中基类选"QMainWindow"。

1．声明界面元素

主窗口 MainWindow 继承自 QMainWindow，在其头文件 mainwindow.h 中声明了主界面上所有要显示的界面元素及其创建函数，代码如下：

```cpp
#include <QMainWindow>
#include <QGroupBox>
#include <QTableView>
#include <QListWidget>
#include <QLabel>
class MainWindow : public QMainWindow
{
    Q_OBJECT
public:
    MainWindow(QWidget *parent = nullptr);
```

```cpp
    ~MainWindow();
private:
    QGroupBox *createFactoryGroupBox();         //创建"汽车制造商"视图组框
    QGroupBox *createCarGroupBox();             //创建"汽车"视图组框
    QGroupBox *createDetailsGroupBox();         //创建"详细信息"组框
    void createMenuBar();                       //创建操作菜单
    QTableView *factoryView;                    //汽车制造商视图
    QTableView *carView;                        //汽车视图
    QLabel *profileLabel;                       //制造商概要信息标签
    QLabel *titleLabel;                         //品牌标签
    QListWidget *attribList;                    //车型详细信息列表
};
```

2. 布局主界面

在主窗口源文件 mainwindow.cpp 中通过编写代码来布局汽车信息管理系统的主界面，如下：

```cpp
#include "mainwindow.h"
#include <QGridLayout>
#include <QAbstractItemView>
#include <QHeaderView>
#include <QAction>
#include <QMenu>
#include <QMenuBar>
MainWindow::MainWindow(QWidget *parent)
    : QMainWindow(parent)
{
    QGroupBox *factory = createFactoryGroupBox();     //创建"汽车制造商"视图组框
    QGroupBox *cars = createCarGroupBox();            //创建"汽车"视图组框
    QGroupBox *details = createDetailsGroupBox();     //创建"详细信息"组框
    //布局主界面
    QGridLayout *layout = new QGridLayout;
    layout->addWidget(factory, 0, 0);
    layout->addWidget(cars, 1, 0);
    layout->addWidget(details, 0, 1, 2, 1);
    layout->setColumnStretch(1, 1);
    layout->setColumnMinimumWidth(0, 500);
    QWidget *widget = new QWidget;
    widget->setLayout(layout);
    setCentralWidget(widget);
    createMenuBar();                                  //创建操作菜单
    resize(850, 400);
    setWindowTitle("汽车信息管理系统");
}
```

3. 创建界面元素

在布局界面的过程中，通过调用函数创建界面元素，调用了以下 4 个函数。

（1）createFactoryGroupBox()函数创建界面左上的"汽车制造商"视图组框，代码如下：

```cpp
QGroupBox* MainWindow::createFactoryGroupBox()
{
    factoryView = new QTableView;                          //创建汽车制造商视图
    factoryView->setEditTriggers(QAbstractItemView::NoEditTriggers);
                                                           //禁止用户编辑汽车制造商视图
    factoryView->setSortingEnabled(true);
    factoryView->setSelectionBehavior(QAbstractItemView::SelectRows);
    factoryView->setSelectionMode(QAbstractItemView::SingleSelection);
                                                           //设置视图选择模式为单行选择
    factoryView->setShowGrid(false);                       //不显示网格
    factoryView->setAlternatingRowColors(true);
    QGroupBox *box = new QGroupBox("汽车制造商");
    QGridLayout *layout = new QGridLayout;
    layout->addWidget(factoryView, 0, 0);                  //将视图添加进组框
    box->setLayout(layout);
    return box;
}
```

（2）createCarGroupBox()函数创建界面左下的"汽车"视图组框，代码如下：

```cpp
QGroupBox* MainWindow::createCarGroupBox()
{
    QGroupBox *box = new QGroupBox("汽车");
    carView = new QTableView;                              //创建汽车视图
    carView->setEditTriggers(QAbstractItemView::NoEditTriggers);
    carView->setSortingEnabled(true);
    carView->setSelectionBehavior(QAbstractItemView::SelectRows);
    carView->setSelectionMode(QAbstractItemView::SingleSelection);
    carView->setShowGrid(false);
    carView->verticalHeader()->hide();
    carView->setAlternatingRowColors(true);
    QVBoxLayout *layout = new QVBoxLayout;
    layout->addWidget(carView, 0, 0);                      //将视图添加进组框
    box->setLayout(layout);
    return box;
}
```

（3）createDetailsGroupBox()函数创建界面右边的"详细信息"组框，代码如下：

```cpp
QGroupBox* MainWindow::createDetailsGroupBox()
{
    QGroupBox *box = new QGroupBox("详细信息");
    profileLabel = new QLabel;                             //创建显示汽车制造商概要信息的标签
    profileLabel->setWordWrap(true);
    profileLabel->setAlignment(Qt::AlignBottom);
    titleLabel = new QLabel;                               //创建显示品牌的标签
    titleLabel->setWordWrap(true);
    titleLabel->setAlignment(Qt::AlignBottom);
    attribList = new QListWidget;                          //创建显示车型详细信息的列表
    QGridLayout *layout = new QGridLayout;
```

```
    layout->addWidget(profileLabel, 0, 0, 1, 2);
    layout->addWidget(titleLabel, 1, 0, 1, 2);
    layout->addWidget(attribList, 2, 0, 1, 2);    //将创建的各界面元素添加进布局
    layout->setRowStretch(2, 1);
    box->setLayout(layout);
    return box;
}
```

（4）createMenuBar()函数创建系统的操作菜单，本系统的菜单包含"添加""删除""退出"三个命令，用于后面往系统中添加和删除汽车信息以及退出系统，代码如下：

```
void MainWindow::createMenuBar()
{
    QAction *addAction = new QAction("添加", this);
    QAction *deleteAction = new QAction("删除", this);
    QAction *quitAction = new QAction("退出", this);
    addAction->setShortcut(tr("Ctrl+A"));
    deleteAction->setShortcut(tr("Ctrl+D"));
    quitAction->setShortcut(tr("Ctrl+Q"));
    QMenu *fileMenu = menuBar()->addMenu("操作菜单");
    fileMenu->addAction(addAction);
    fileMenu->addAction(deleteAction);
    fileMenu->addSeparator();
    fileMenu->addAction(quitAction);
}
```

至此，汽车信息管理系统的界面就开发好了，运行程序显示主界面及菜单，效果如图 9.17 所示。

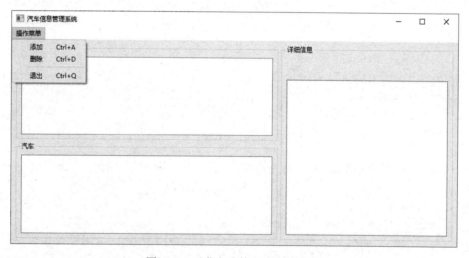

图 9.17　开发完成的主界面及菜单

9.4.3　连接数据库

本系统用户通过如图 9.18 所示的对话框配置参数，连接数据库，然后登录系统，下面来开发这个模块。

第9章 模型/视图及实例

图9.18　配置连接参数的登录对话框

登录对话框是通过添加进项目的界面类单独设计实现的，开发步骤如下。

1. 添加登录对话框界面类

（1）右击项目名，选择"添加新文件"命令，弹出"新建文件"向导对话框，选择模板"Qt"→"Qt 设计师界面类"条目项，如图9.19所示，单击"Choose"按钮。

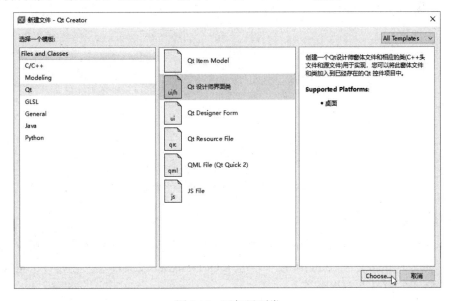

图9.19　添加界面类

（2）接下来在如图9.20所示的界面上，选择"Dialog without Buttons"界面模板，单击"下一步"按钮。

（3）在"选择类名"界面上将登录对话框的类名（Class name）命名为 ConnDlg，在下方的几栏分别命名与其相关的程序文件：头文件（Header file）名为 connectdlg.h、源文件（Source file）名为 connectdlg.cpp、界面文件（Form file）名为 connectdlg.ui，如图9.21所示，单击"下一步"按钮，最后单击"完成"按钮。

图 9.20　选择界面模板

图 9.21　命名类及相关程序文件名

2. 设计登录对话框界面

登录对话框界面采用 Qt Creator 的可视化方式进行设计。在开发环境项目树状视图中双击"Forms"节点下的界面文件 connectdlg.ui，进入 Qt Designer 设计环境，往设计区窗体上拖曳添加如图 9.22 所示的控件并布局整齐。

图 9.22　添加界面控件并布局整齐

各控件属性见表 9.3。

表 9.3 各控件属性

类	名 称	文 本	类	名 称	文 本
QGroupBox	connGroupBox	数据库连接设置	QComboBox	comboDriver	
QLabel	textLabel2	驱动：	QLineEdit	editDatabase	carview
QLabel	textLabel3	数据库名：	QLineEdit	editUsername	root
QLabel	textLabel4	用户名：	QLineEdit	editPassword	123456
QLabel	textLabel4_2	密码：	QLineEdit	editHostname	localhost
QLabel	textLabel5	主机名：	QSpinBox	portSpinBox	3306
QLabel	textLabel5_2	端口：	QLabel	labelStatus	
QLabel	textLabel1	状态：	QPushButton	cancelButton	退出
QPushButton	okButton	连接			

> **注意：** 在设计界面时首先往窗体上放置 GroupBox 控件，再往其中添加其他控件。添加完所有控件之后要运行一下项目，以便生成 ui_connectdlg.h 文件。

3．声明获取参数及连接函数

ConnDlg 继承自 QDialog，它的主要功能是从登录对话框界面上获取用户所设置的各项连接参数，然后以这些参数值来建立数据库连接。

在 ConnDlg 的头文件 connectdlg.h 中声明了这些获取参数及建立连接的函数，如下：

```cpp
#include <QDialog>
#include <QMessageBox>
class QSqlError;
namespace Ui {
class ConnDlg;
}
class ConnDlg: public QDialog
{
    Q_OBJECT
public:
    explicit ConnDlg(QWidget *parent = nullptr);
    ~ConnDlg();
    QString driverName() const;                         //获取驱动名
    QString databaseName() const;                       //获取数据库名
    QString userName() const;                           //获取用户名
    QString password() const;                           //获取密码
    QString hostName() const;                           //获取主机名
    int port() const;                                   //获取端口
    QSqlError addConnection(const QString &driver, const QString &dbName, const QString &user, const QString &passwd, const QString &host, int port = -1);
                                                        //建立连接
```

```
private slots:
    void on_okButton_clicked();
    void on_cancelButton_clicked() { reject(); }
private:
    Ui::ConnDlg *ui;
};
```

4. 加载可用数据库驱动

（1）在项目的配置文件 **MyCars.pro** 中添加以下语句：

```
QT += sql
```

（2）在源文件 connectdlg.cpp 中，ConnDlg 的构造函数在初始化界面的时候查找当前 Qt 系统中所有可用的数据库驱动，将它们载入界面上的驱动组合框中，代码如下：

```
#include "connectdlg.h"
#include "ui_connectdlg.h"
#include <QSqlDatabase>
#include <QtSql>
ConnDlg::ConnDlg(QWidget *parent) :
    QDialog(parent),
    ui(new Ui::ConnDlg)
{
    ui->setupUi(this);
    QStringList drivers = QSqlDatabase::drivers();     //(a)
    ui->comboDriver->addItem("");
    ui->comboDriver->addItems(drivers);                //(b)
    ui->comboDriver->clearEditText();
    ui->labelStatus->setText("准备连接...");            //(c)
}
```

说明：

(a) QStringList drivers = QSqlDatabase::drivers()：查找数据库驱动，以 QStringList 的形式返回所有可用驱动名。

(b) ui->comboDriver->addItems(drivers)：将这些驱动名载入界面上的组合框。

(c) ui->labelStatus->setText("准备连接...")：设置显示当前程序运行状态。

5. 获取参数

在源文件 connectdlg.cpp 中编写前面声明的用于获取参数的各个函数（driverName()、databaseName()、userName()、password()、hostName()、port()），代码如下：

```
QString ConnDlg::driverName() const
{
    return ui->comboDriver->currentText();           //获取驱动名
}

QString ConnDlg::databaseName() const
{
    return ui->editDatabase->text();                 //获取数据库名
}
```

```cpp
QString ConnDlg::userName() const
{
    return ui->editUsername->text();                //获取用户名
}

QString ConnDlg::password() const
{
    return ui->editPassword->text();                //获取密码
}

QString ConnDlg::hostName() const
{
    return ui->editHostname->text();                //获取主机名
}

int ConnDlg::port() const
{
    return ui->portSpinBox->value();                //获取端口
}
```

6. 建立连接

当用户设置完参数单击"连接"按钮时，系统会自动执行登录对话框的 on_okButton_clicked() 槽函数，编写其代码：

```cpp
void ConnDlg::on_okButton_clicked()
{
    if (ui->comboDriver->currentText().isEmpty())    //(a)
    {
        ui->labelStatus->setText("请选择一个数据库驱动！");
        ui->comboDriver->setFocus();
    } else {
        QSqlError err = addConnection(driverName(), databaseName(), userName(),
password(), hostName(), port());                    //(b)
        if (err.type() != QSqlError::NoError)       //(c)
        {
            ui->labelStatus->setText(err.text());
        } else {                                    //(d)
            ui->labelStatus->setText("连接成功！");
            accept();
        }
    }
}
```

说明：

(a) if (ui->comboDriver->currentText().isEmpty())：检查用户是否选择了一个数据库驱动。

(b) QSqlError err = addConnection(driverName(), databaseName(), userName(), password(), hostName(), port())：调用 addConnection()函数创建一个所选类型数据库的连接。

(c) if (err.type() != QSqlError::NoError) { ui->labelStatus->setText(err.text()); }：在连接出

错时显示错误信息。使用 QSqlError 处理连接错误,该类提供与具体数据库相关的错误信息。

(d) else { ui->labelStatus->setText("连接成功!"); accept(); }:当连接没有错误时,在状态栏显示数据库连接成功信息。

addConnection()函数用来建立一个数据库连接,其具体实现代码如下:

```
QSqlError ConnDlg::addConnection(const QString &driver, const QString &dbName,
const QString &user, const QString &passwd, const QString &host, int port)
{
    QSqlError err;
    QSqlDatabase db = QSqlDatabase::addDatabase(driver);
    db.setDatabaseName(dbName);
    db.setHostName(host);
    db.setPort(port);
    if (!db.open(user, passwd))
    {
        err = db.lastError();
    }
    return err;
}
```

当数据库打开失败时,记录最后的错误,返回这个错误信息。

7. 启动登录对话框

登录对话框是必须在程序运行一开始就首先启动的界面,只有成功连上了数据库才能接着访问汽车信息管理系统的主界面,否则无法进入系统。

为了在一开始首先启动登录对话框,需要修改项目入口文件 main.cpp 的代码:

```
#include "mainwindow.h"
#include <QApplication>
#include <QDialog>
#include "connectdlg.h"
int main(int argc, char *argv[])
{
    QApplication a(argc, argv);
    ConnDlg dialog;
    if (dialog.exec() != QDialog::Accepted)
        return -1;
    dialog.show();
    MainWindow w;
    w.show();
    return a.exec();
}
```

启动程序,出现登录对话框,由于本例使用的后台数据库是 MySQL,所以在第一栏驱动组合框中选择 Qt 的 MySQL 驱动"QMYSQL",如图 9.23 所示。根据自己计算机上 MySQL 数据库的实际情况填写其他各栏内容后,单击"连接"按钮,如果成功连上,"状态:"栏中将显示"连接成功!",同时显示汽车信息管理系统主界面,但由于此时界面上的视图尚未与模型相关联,所以还看不到汽车制造商和汽车的信息。

图 9.23　测试数据库连接

9.4.4　开发主/从视图

本例界面上有两个视图 factoryView 和 carView，分别对应数据库的 factory 和 cars 表，其中 factoryView 作为主视图显示汽车制造商信息，carView 作为从视图显示品牌汽车信息，从视图显示的内容随用户选择主视图条目的不同而变化。

首先，在头文件 mainwindow.h 中添加如下代码。

（1）包含要用的库：

```
#include <QSqlTableModel>
#include <QSqlRelationalTableModel>
#include <QModelIndex>
#include <QJsonObject>
#include <QJsonDocument>
```

其中，QSqlTableModel 模型用于 factoryView 视图；QSqlRelationalTableModel 模型用于 carView 视图；QModelIndex 是为使用模型索引功能引入的库；QJsonObject 和 QJsonDocument 是 Qt 操作 JSON 数据类型的库，用于显示车型详细信息。

（2）声明槽函数：

```
private slots:
    void changeFactory(QModelIndex index);
    void showFactorytProfile(QModelIndex index);
    void showCarDetails(QModelIndex index);
```

（3）定义模型及声明私有函数：

```
private:
    QSqlTableModel *factoryModel;
    QSqlRelationalTableModel *carModel;
    void loadModel();
    QModelIndex indexOfFactory(const QString &factory);
```

开发过程如下。

1．创建和加载模型数据

在源文件 mainwindow.cpp 构造函数中添加如下代码：

```
#include <QMessageBox>
#include <QSqlRecord>
MainWindow::MainWindow(QWidget *parent)
    : QMainWindow(parent)
{
    factoryModel = new QSqlTableModel(this);             //(a)
    carModel = new QSqlRelationalTableModel(this);       //(b)
    loadModel();                                          //(c)
    ...
}
```

说明：

(a) factoryModel = new QSqlTableModel(this)：为汽车制造商表 factory 创建一个 QSqlTableModel 模型。

(b) carModel = new QSqlRelationalTableModel(this)：为汽车表 cars 创建一个 QSqlRelationalTableModel 模型。

(c) loadModel()：用来加载模型数据，由于同样的加载操作在程序其他地方也会用到，故封装为一个函数，此函数代码如下：

```
void MainWindow::loadModel()
{
    factoryModel->setTable("factory");
    factoryModel->select();
    carModel->setTable("cars");
    carModel->setRelation(2, QSqlRelation("factory", "id", "manufactory"));
    carModel->select();
}
```

其中，"carModel->setRelation(2, QSqlRelation("factory", "id", "manufactory"))" 说明上面创建的 QSqlRelationalTableModel 模型的第二个字段（即汽车表 cars 中的 factoryid 字段）是汽车制造商表 factory 中 id 字段的外键，但其显示为汽车制造商表 factory 的 manufactory 字段，而不是 id 字段。

2. 实现主/从视图联动

changeFactory()函数实现主/从视图联动功能，代码如下：

```
void MainWindow::changeFactory(QModelIndex index)
{
    QSqlRecord record = factoryModel->record(index.row()); //(a)
    QString factoryId = record.value("id").toString();     //(b)
    carModel->setFilter("id = '" + factoryId + "'");        //(c)
    showFactorytProfile(index);                             //(d)
}
```

说明：

(a) QSqlRecord record = factoryModel->record(index.row())：取出用户选择的这条汽车制造商记录。

(b) QString factoryId = record.value("id").toString()：获取以上选择的汽车制造商的主键。QSqlRecord::value()需要指定字段名或字段索引。

(c) carModel->setFilter("id = '" + factoryId + "'")：在汽车表模型 carModel 上设置过滤器，

使其只显示所选汽车制造商的品牌车。

(d) showFactorytProfile(index)：在"详细信息"组框中显示所选汽车制造商的概要信息。

3．显示汽车详细信息

本例要显示的汽车详细信息包括 3 部分：制造商概要信息、品牌车信息和车型详细信息，如图 9.24 所示。

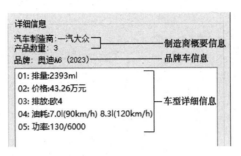

图 9.24　本例要显示的 3 部分详细信息

1）显示制造商概要信息

制造商概要信息显示在界面"详细信息"组框的 profileLabel 标签中，由 showFactorytProfile() 函数实现该信息的显示功能，代码如下：

```
void MainWindow::showFactorytProfile(QModelIndex index)
{
    QSqlRecord record = factoryModel->record(index.row());  //(a)
    QString name = record.value("manufactory").toString();  //(b)
    int count = carModel->rowCount();                        //(c)
    profileLabel->setText(QString("汽车制造商:%1\n 产品数量: %2").arg(name).arg(count));        //(d)
    profileLabel->show();
    titleLabel->hide();
    attribList->hide();
}
```

说明：

(a) QSqlRecord record = factoryModel->record(index.row())：取出用户选择的这条汽车制造商记录。

(b) QString name = record.value("manufactory").toString()：从汽车制造商记录中获得制造商的名称。

(c) int count = carModel->rowCount()：从汽车模型 carModel 中获得产品数量。

(d) profileLabel->setText(QString("汽车制造商:%1\n 产品数量：%2").arg(name).arg(count))：在"详细信息"组框的 profileLabel 标签中显示这两部分信息。

2）显示品牌车信息和车型详细信息

品牌车信息显示在界面"详细信息"组框的 titleLabel 标签中，车型详细信息显示在列表（QListWidget）控件 attribList 中。由 showCarDetails() 函数实现这两部分信息的显示，代码如下：

```
void MainWindow::showCarDetails(QModelIndex index)
{
    QSqlRecord record = carModel->record(index.row());       //(a)
```

```
        QString factory = record.value("manufactory").toString();
                                                                    //(b)
        QString name = record.value("name").toString();             //(c)
        QString year = record.value("year").toString();             //(d)
        QString carId = record.value("carid").toString();           //(e)
        showFactorytProfile(indexOfFactory(factory));               //(f)
        titleLabel->setText(QString("品牌: %1 (%2)").arg(name).arg(year));
                                                                    //(g)
        titleLabel->show();
        //显示车型详细信息列表
        attribList->clear();                              //初始化清空列表
        QJsonObject detail = QJsonDocument::fromJson(record.value("details").
toByteArray()).object();                                            //(h)
        for (int i = 0; i < 5; i++)
        {
            QString key = QString("%1").arg(i + 1, 2, 10, QChar('0'));
            QListWidgetItem *item = new QListWidgetItem(attribList);
            QString showText(key + ": " + detail.take(key).toVariant().toString());
                                                                    //(i)
            item->setText(QString("%1").arg(showText));
        }
        attribList->show();                                   //显示列表
}
```

说明：

(a) **QSqlRecord record = carModel->record(index.row())**：首先从汽车模型 carModel 中获取所选记录。

(b) **QString factory = record.value("manufactory").toString()**：获得所选记录的制造商名称（manufactory）字段。

(c) **QString name = record.value("name").toString()**：获得所选记录的品牌名（name）字段。

(d) **QString year = record.value("year").toString()**：获得所选记录的生产时间（year）字段。

(e) **QString carId = record.value("carid").toString()**：获得所选记录的主键（carid）字段。

(f) **showFactorytProfile(indexOfFactory(factory))**：显示当前选中品牌车的制造商概要信息。其中，indexOfFactory()函数通过制造商的名称进行检索，并返回一个匹配的模型索引 QModelIndex，供汽车制造商模型的其他操作使用，代码如下：

```
QModelIndex MainWindow::indexOfFactory(const QString &factory)
{
    for (int i = 0; i < factoryModel->rowCount(); i++)
    {
        QSqlRecord record = factoryModel->record(i);
        if (record.value("manufactory") == factory)
            return factoryModel->index(i, 1);
    }
    return QModelIndex();
}
```

(g) **titleLabel->setText(QString("品牌: %1 (%2)").arg(name).arg(year))**：在"详细信息"组框的 titleLabel 标签中显示该车的品牌名和生产时间。

(h) QJsonObject detail = QJsonDocument::fromJson(record.value("details").toByteArray()).object()：获得所选记录的详细信息（details）字段，将其 JSON 类型的数据转化成 Qt 程序能够直接处理的 JSON 对象（QJsonObject 类型）。

(i) QString showText(key + ": " + detail.take(key).toVariant().toString())：从 JSON 对象中按键名取出对应详细信息项的内容，用"JSON 对象.take(键名)"获取键值，注意在得到键值后还要调用 toVariant()方法将其转为 Qt 的 QVariant 类型才能进一步处理,否则得到的内容字符串会为空。

4．关联模型/视图、信号/槽

在开发好数据模型和编写了函数后，要将模型与视图、槽函数与信号关联起来才能实现所需的功能。

（1）在 QGroupBox* MainWindow::createFactoryGroupBox()函数的"**factoryView->setAlternatingRowColors(true);**"和"**QGroupBox *box = new QGroupBox("汽车制造商");**"语句之间添加以下代码：

```
factoryView->setModel(factoryModel);
connect(factoryView, SIGNAL(clicked(QModelIndex)), this, SLOT(changeFactory(QModelIndex)));
```

这样，当用户选择了汽车制造商表中的某一行时，槽函数 changeFactory()被调用，在下方汽车表中联动显示该制造商生产的品牌车。

（2）在 QGroupBox* MainWindow::createCarGroupBox()函数的"**carView->setAlternatingRowColors(true);**"和"**QVBoxLayout *layout = new QVBoxLayout;**"语句之间添加以下代码：

```
carView->setModel(carModel);
carView->hideColumn(4);
connect(carView, SIGNAL(clicked(QModelIndex)), this, SLOT(showCarDetails(QModelIndex)));
connect(carView, SIGNAL(activated(QModelIndex)), this, SLOT(showCarDetails(QModelIndex)));
```

这样，当用户选择了汽车表中的某一行时，槽函数 showCarDetails()被调用，显示该车的详细信息。

9.4.5 添加/删除汽车信息

1．开发添加产品对话框

当用户打开系统操作菜单，选择"添加"菜单项时，弹出如图 9.25 所示的"添加产品"对话框，可在其中填写要添加的品牌汽车信息，录入系统。

下面先来开发这个对话框的界面。

（1）右击项目名，选择"添加新文件"命令，弹出"新建文件"向导对话框，选择模板"C/C++"→"C++ Class"条目项，单击"Choose"按钮。在"Define Class"界面上命名对话框的类名（Class name）为 AddDlg；填写继承的基类（Base class）为 QDialog；勾选下面的"Add Q_OBJECT"复选框；重命名对

图 9.25 "添加产品"对话框

话框类的头文件（Header file）为 addcardlg.h，源文件（Source file）为 addcardlg.cpp。具体设置如图 9.26 所示。单击"下一步"按钮，按照向导指引往下操作，在项目中创建"添加产品"对话框所属的类。

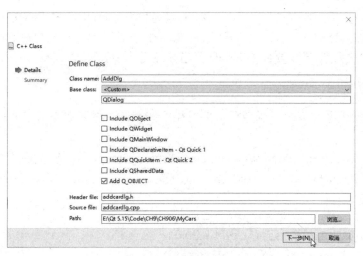

图 9.26　创建"添加产品"对话框类

（2）在对话框类的头文件 addcardlg.h 中声明界面元素、功能函数和槽，代码如下：

```cpp
#ifndef ADDDLG_H
#define ADDDLG_H

#include <QDialog>
#include <QSqlTableModel>
#include <QSqlRelationalTableModel>
#include <QGroupBox>
#include <QDialogButtonBox>
#include <QLineEdit>
#include <QSpinBox>
#include <QVBoxLayout>
#include <QLabel>
#include <QDate>
#include <QPushButton>
#include <QMessageBox>
#include <QSqlRecord>
#include <QSqlField>
#include <QDebug>

class AddDlg : public QDialog
{
    Q_OBJECT
public:
    AddDlg(QSqlTableModel *factory, QSqlRelationalTableModel *cars, QWidget *parent = nullptr);

private slots:
```

```
        void submit();                          //"提交"按钮单击信号槽
        void revert();                          //"撤销"按钮单击信号槽

    private:
        QGroupBox *createInputWidgets();        //创建界面输入表单的各控件
        QDialogButtonBox *createButtons();      //创建"提交""撤销""关闭"按钮组
        QSqlTableModel *factoryModel;           //汽车制造商模型
        QSqlRelationalTableModel *carModel;     //汽车模型
        QLineEdit *factoryEditor;               //制造商输入框
        QLineEdit *addressEditor;               //厂址输入框
        QLineEdit *carEditor;                   //品牌输入框
        QSpinBox *yearEditor;                   //上市时间数字选择框
        QLineEdit *attribEditor;                //产品属性输入框
        int findFactoryId(const QString &factory);
                                                //根据制造商名检索其id
        int addNewCar(const QString &name, int factoryId, QStringList attribs);
                                                //添加新汽车信息
    };

    #endif // ADDDLG_H
```

（3）在源文件 addcardlg.cpp 中编写对话框类的构造函数，代码如下：

```
AddDlg::AddDlg(QSqlTableModel *factory, QSqlRelationalTableModel *cars, QWidget
*parent) : QDialog(parent)                      //(a)
{
    factoryModel = factory;                     //(b)
    carModel = cars;                            //(b)
    QGroupBox *inputWidgetBox = createInputWidgets();
    QDialogButtonBox *buttonBox = createButtons();
    //界面布局
    QVBoxLayout *layout = new QVBoxLayout;
    layout->addWidget(inputWidgetBox);
    layout->addWidget(buttonBox);
    setLayout(layout);
    setWindowTitle("添加产品");
}
```

说明：

(a) AddDlg::AddDlg(QSqlTableModel *factory, QSqlRelationalTableModel *cars, QWidget *parent) : QDialog(parent)：对话框类的构造函数需要传入汽车制造商模型（factory）参数、汽车模型（cars）参数，这样程序就可以通过操作模型来间接地完成对数据库表的插入记录操作。

(b) factoryModel = factory、carModel = cars：将传入的模型参数保存在对话框类的私有变量中，以便程序代码随时引用。

（4）创建界面。

构造函数中分别调用了 createInputWidgets()和 createButtons()函数，由它们来创建对话框的界面。

createInputWidgets()函数生成了界面上接收用户输入的表单，代码如下：

```cpp
QGroupBox *AddDlg::createInputWidgets()
{
    QGroupBox *box = new QGroupBox("添加产品");
    QLabel *factoryLabel = new QLabel("制造商:");
    factoryEditor = new QLineEdit;
    QLabel *addressLabel = new QLabel("厂址:");
    addressEditor = new QLineEdit;
    QLabel *carLabel = new QLabel("品牌:");
    carEditor = new QLineEdit;
    QLabel *yearLabel = new QLabel("上市时间:");
    yearEditor = new QSpinBox;
    yearEditor->setMinimum(1900);
    yearEditor->setMaximum(QDate::currentDate().year());
    yearEditor->setValue(yearEditor->maximum());
    yearEditor->setReadOnly(false);
    QLabel *attribLabel = new QLabel("产品属性 (由分号;隔开):");
    attribEditor = new QLineEdit;
    QGridLayout *layout = new QGridLayout;
    layout->addWidget(factoryLabel, 0, 0);
    layout->addWidget(factoryEditor, 0, 1);
    layout->addWidget(addressLabel, 1, 0);
    layout->addWidget(addressEditor, 1, 1);
    layout->addWidget(carLabel, 2, 0);
    layout->addWidget(carEditor, 2, 1);
    layout->addWidget(yearLabel, 3, 0);
    layout->addWidget(yearEditor, 3, 1);
    layout->addWidget(attribLabel, 4, 0, 1, 2);
    layout->addWidget(attribEditor, 5, 0, 1, 2);
    box->setLayout(layout);
    return box;
}
```

createButtons()函数生成了表单底部的"提交""撤销""关闭"按钮组,代码如下:

```cpp
QDialogButtonBox *AddDlg::createButtons()
{
    QPushButton *submitButton = new QPushButton("提交");
    QPushButton *revertButton = new QPushButton("撤销");
    QPushButton *closeButton = new QPushButton("关闭");
    closeButton->setDefault(true);
    connect(submitButton, SIGNAL(clicked()), this, SLOT(submit()));
    connect(revertButton, SIGNAL(clicked()), this, SLOT(revert()));
    connect(closeButton, SIGNAL(clicked()), this, SLOT(close()));
    QDialogButtonBox *buttonBox = new QDialogButtonBox;
    buttonBox->addButton(submitButton, QDialogButtonBox::ResetRole);
    buttonBox->addButton(revertButton, QDialogButtonBox::ResetRole);
    buttonBox->addButton(closeButton, QDialogButtonBox::RejectRole);
    return buttonBox;
}
```

2. 实现添加功能

开发好了对话框界面，接下来就是编写各个槽函数和功能函数以实现添加汽车信息的功能。

（1）当用户单击"提交"按钮时，槽函数 submit() 被调用，其代码如下：

```
void AddDlg::submit()
{
    QString factory = factoryEditor->text();                        //(a)
    QString address = addressEditor->text();                        //(b)
    QString car = carEditor->text();                                //(c)
    if (factory.isEmpty() || address.isEmpty() || car.isEmpty())
    {
        QString message("请输入制造商、厂址和品牌名称！");
        QMessageBox::information(this, "添加产品", message);
    }                                                               //(d)
    else                                                            //(e)
    {
        int factoryId = findFactoryId(factory);
        if (factoryId == -1)                                        //(f)
        {
            QString message("不存在该制造商！");
            QMessageBox::information(this, "添加产品", message);
            return;
        }
        QStringList attribs = attribEditor->text().split(";", QString::SkipEmptyParts);                                //(g)
        addNewCar(car, factoryId, attribs);                         //(h)
        accept();
    }
}
```

说明：

(a) QString factory = factoryEditor->text()：从界面获取用户输入的制造商名（factory）。

(b) QString address = addressEditor->text()：从界面获取用户输入的厂址（address）。

(c) QString car = carEditor->text()：从界面获取用户输入的品牌名称（car）。

(d) if (factory.isEmpty() || address.isEmpty() || car.isEmpty())

    {

        QString message("请输入制造商、厂址和品牌名称！");

        QMessageBox::information(this, "添加产品", message);

    }：这三个值中的任何一个为空，都会以消息框的形式要求用户补充输入。

(e) else { int factoryId = findFactoryId(factory); … }：如果这三个值都不为空，则首先调用 findFactoryId() 函数从汽车制造商表中查找录入的制造商（factory）的主键 factoryId。

(f) if (factoryId == -1) { … return; }：如果该主键为"-1"，表明录入的制造商不存在，系统就不会执行添加操作，直接返回。

(g) QStringList attribs = attribEditor->text().split(";", QString::SkipEmptyParts)：从产品属性输入框内容中分离出由分号间隔的各个属性，将它们保存在 QStringList 列表 attribs 中。

(h) addNewCar(car, factoryId, attribs)：如果制造商存在，就调用 addNewCar()函数往汽车表中插入一条新记录。

（2）实现功能函数。

在上面的槽函数 submit()中，调用了两个功能函数 findFactoryId()和 addNewCar()。

findFactoryId()函数的代码如下：

```
int AddDlg::findFactoryId(const QString &factory)
{
    int row = 0;
    while (row < factoryModel->rowCount())
    {
        QSqlRecord record = factoryModel->record(row);          //(a)
        if (record.value("manufactory") == factory)             //(b)
            return record.value("id").toInt();                  //(c)
        else
            row++;
    }
    return -1;                                         //如果未查询到则返回-1
}
```

说明：

(a) **QSqlRecord record = factoryModel->record(row)**：检索汽车制造商模型 factoryModel 中的记录。

(b) **if (record.value("manufactory") == factory)**：找出与制造商名参数匹配的记录。

(c) **return record.value("id").toInt()**：将该记录的主键返回。

addNewCar()函数的实现代码如下：

```
int AddDlg::addNewCar(const QString &car, int factoryId, QStringList attribs)
{
    int id = carModel->rowCount() + 1;                 //生成一个汽车表的主键值
    QSqlRecord record;
    /* 往汽车表中插入一条新记录 */
    QSqlField f1("carid", QVariant::Int);
    QSqlField f2("name", QVariant::String);
    QSqlField f3("factoryid", QVariant::Int);
    QSqlField f4("year", QVariant::Int);
    QSqlField f5("details", QVariant::String);
    QString detailStr = "{\"01\": \"" + attribs.at(0) + "\", \"02\": \"" + attribs.at(1) + "\", \"03\": \"" + attribs.at(2) + "\", \"04\": \"" + attribs.at(3) + "\", \"05\": \"" + attribs.at(4) + "\"}";         //拼接JSON格式字符串
    f1.setValue(QVariant(id));
    f2.setValue(QVariant(car));
    f3.setValue(QVariant(factoryId));
    f4.setValue(QVariant(yearEditor->value()));
    f5.setValue(QVariant(detailStr));
    record.append(f1);
    record.append(f2);
    record.append(f3);
    record.append(f4);
```

```
        record.append(f5);
        carModel->insertRecord(-1, record);
        return id;                              //返回这条新记录的主键值
}
```

(3) 当用户单击"撤销"按钮时，槽函数 revert()被调用，清空用户在"添加产品"对话框中已输入的全部信息，其代码如下：

```
void AddDlg::revert()
{
    factoryEditor->clear();
    addressEditor->clear();
    carEditor->clear();
    yearEditor->setValue(QDate::currentDate().year());
    attribEditor->clear();
}
```

(4) 启动"添加产品"对话框。

现在，添加汽车信息的功能已经开发好了，但要使这个功能起作用，还必须在主程序中启动"添加产品"对话框，步骤如下：

① 在 mainwindow.h 中添加以下代码：

```
private slots:
    ...
    void addCar();
```

由 addCar()槽函数来启动"添加产品"对话框。

② 在 mainwindow.cpp 中编写 addCar()槽函数的代码，如下：

```
void MainWindow::addCar()
{
    loadModel();
    carView->hideColumn(4);
    AddDlg *dialog = new AddDlg(factoryModel, carModel, this);
    int accepted = dialog->exec();
    if (accepted == 1)
    {
        int lastRow = carModel->rowCount() - 1;
        carView->selectRow(lastRow);
        carView->scrollToBottom();
        carView->hideColumn(4);
    }
}
```

该函数首先加载当前最新的模型数据，以新载入的模型作为参数创建 AddDlg 对话框对象，启动"添加产品"对话框。

③ 最后关联信号与槽。

在 void MainWindow::createMenuBar()函数的最后添加以下代码：

```
connect(addAction, SIGNAL(triggered(bool)), this, SLOT(addCar()));
```

这样当用户在系统操作菜单中选择了"添加"命令（addAction）时，槽函数 addCar()就会被调用。

（5）演示添加功能。

运行程序，选择"操作菜单"→"添加"命令，弹出"添加产品"对话框，在其中输入新添加的汽车信息，单击"提交"按钮，在主界面上立即就能看到新加入的品牌汽车的记录，如图 9.27 所示。

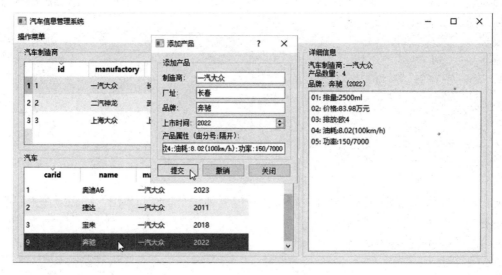

图 9.27　添加新记录成功

3. 实现删除功能

删除功能的实现非常简单，直接操作汽车模型即可。

（1）在 mainwindow.h 中添加槽函数：

```
private slots:
    ...
    void delCar();
```

（2）在 mainwindow.cpp 中编写 delCar()槽函数的代码，如下：

```
void MainWindow::delCar()
{
    QModelIndexList selection = carView->selectionModel()->selectedRows(0);
    if (!selection.empty())                                      //(a)
    {
        QModelIndex idIndex = selection.at(0);
        QString name = idIndex.sibling(idIndex.row(), 1).data().toString();
        QString factory = idIndex.sibling(idIndex.row(), 2).data().toString();
        QMessageBox::StandardButton button;
        button = QMessageBox::question(this, "删除汽车记录", QString("确认删除由'%1'生产的'%2'吗？").arg(factory).arg(name), QMessageBox::Yes | QMessageBox::No);
                                                                 //(b)
        if (button == QMessageBox::Yes)           //得到用户确认
        {
            carModel->removeRow(idIndex.row());                  //(c)
        }
    }
}
```

说明：

(a) QModelIndexList selection = carView->selectionModel()->selectedRows(0)、if (!selection.empty()) { … }：判断用户是否在汽车表中选中了一条记录。

(b) button = QMessageBox::question(this, "删除汽车记录", QString("确认删除由'%1'生产的'%2'吗？").arg(factory).arg(name)), QMessageBox::Yes | QMessageBox::No)：如果是，则弹出一个确认对话框，提示用户是否要删除该记录。

(c) carModel->removeRow(idIndex.row())：从汽车模型中删除汽车，模型将自动删除数据库表中的对应汽车记录。

（3）关联信号与槽。

在 void MainWindow::createMenuBar()函数的最后添加以下代码：

```
connect(deleteAction, SIGNAL(triggered(bool)), this, SLOT(delCar()));
connect(quitAction, SIGNAL(triggered(bool)), this, SLOT(close()));
```

这样当用户在系统操作菜单中选择了"删除"命令（deleteAction）时，槽函数 delCar()就会被调用。

运行程序，当用户选中汽车表中的某条记录，再选择"操作菜单"→"删除"命令，会弹出如图 9.28 所示的"删除汽车记录"提示框，单击"Yes"按钮后程序就会从模型中删除这条汽车记录，同时在界面汽车视图上也就看不到这条记录了。

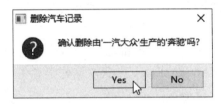

图 9.28 "删除汽车记录"提示框

第10章 网络通信及实例

互联网通行的 TCP/IP 协议自上而下分为应用层、传输层、网络层和接口层,应用程序的网络通信功能是由传输层定义的,涉及 UDP 和 TCP 两个协议。虽然主流操作系统(Windows/Linux/MacOS 等)都提供了统一的套接字(Socket)抽象编程接口(API)用于编写传输层的网络程序,但这种方式较烦琐,有时甚至需要直接引用操作系统底层的数据结构,而 Qt 5 提供的网络模块 QtNetwork 圆满地解决了这一问题。

10.1 获取本机网络信息

在网络编程中,经常需要获取本机的主机名、IP 地址和硬件地址等信息,运用 QHostInfo、QNetworkInterface、QNetworkAddressEntry 可获取这些信息。

【例】(简单)(CH1001)获得本机网络信息。

以直接编写代码(即取消勾选"Generate form"复选框)方式创建 Qt 项目,项目名为 NetworkInformation,"Class Information"页中基类选"QWidget",类名为"NetworkInformation"。

1. 实现界面

(1) 头文件 networkinformation.h 代码如下:

```
#include <QWidget>
#include <QLabel>
#include <QPushButton>
#include <QLineEdit>
#include <QGridLayout>
#include <QMessageBox>
class NetworkInformation : public QWidget
{
    Q_OBJECT
public:
    NetworkInformation(QWidget *parent = 0);
    ~NetworkInformation();
private:
    QLabel *hostLabel;
    QLineEdit *LineEditLocalHostName;
    QLabel *ipLabel;
```

```cpp
    QLineEdit *LineEditAddress;
    QPushButton *detailBtn;
    QGridLayout *mainLayout;
};
```

（2）源文件 networkinformation.cpp 代码如下：

```cpp
#include "networkinformation.h"
NetworkInformation::NetworkInformation(QWidget *parent)
    : QWidget(parent)
{
    hostLabel = new QLabel("主机名: ");
    LineEditLocalHostName = new QLineEdit;
    ipLabel = new QLabel("IP 地址: ");
    LineEditAddress = new QLineEdit;
    detailBtn = new QPushButton("详细");
    mainLayout = new QGridLayout(this);
    mainLayout->addWidget(hostLabel, 0, 0);
    mainLayout->addWidget(LineEditLocalHostName, 0, 1);
    mainLayout->addWidget(ipLabel, 1, 0);
    mainLayout->addWidget(LineEditAddress, 1, 1);
    mainLayout->addWidget(detailBtn, 2, 0, 1, 2);
}
```

此时，运行程序显示如图 10.1 所示界面。

图 10.1 获取本机网络信息界面

2．获取信息

下面实现获取本机网络信息的功能。

（1）在项目的配置文件 NetworkInformation.pro 中添加一行代码：

```
QT += network
```

（2）在头文件 networkinformation.h 中添加如下代码：

```cpp
#include <QHostInfo>
#include <QNetworkInterface>
public:
    void getHostInformation();
public slots:
    void slotDetail();
```

（3）实现功能函数和槽函数。

在源文件 networkinformation.cpp 构造函数的最后添加如下代码：

```cpp
getHostInformation();
connect(detailBtn, SIGNAL(clicked()), this, SLOT(slotDetail()));
```

功能函数 getHostInformation()用于获取主机信息，实现代码如下：

```
void NetworkInformation::getHostInformation()
{
    QString localHostName = QHostInfo::localHostName();            //(a)
    LineEditLocalHostName->setText(localHostName);
    QHostInfo hostInfo = QHostInfo::fromName(localHostName);       //(b)
    //获取主机的IP地址列表
    QList<QHostAddress> listAddress = hostInfo.addresses();
    if (!listAddress.isEmpty())                                    //(c)
    {
        LineEditAddress->setText(listAddress.at(1).toString());
    }
}
```

说明：

(a) QString localHostName = QHostInfo::localHostName()：获取主机名。QHostInfo 提供了一系列有关网络信息的静态函数，可以根据主机名获取分配的 IP 地址，也可以根据 IP 地址获取相应的主机名。

(b) QHostInfo hostInfo = QHostInfo::fromName(localHostName)：根据主机名获取相关主机信息，包括 IP 地址等。QHostInfo::fromName()函数通过主机名查找 IP 地址信息。

(c) if (!listAddress.isEmpty()) { … }：获取的主机 IP 地址列表可能为空。在不为空的情况下使用第 1 个 IP 地址。

槽函数 slotDetail()获取与网络接口相关的信息，实现代码如下：

```
void NetworkInformation::slotDetail()
{
    QString detail = "";
    QList<QNetworkInterface> list = QNetworkInterface::allInterfaces();
                                                                   //(a)
    for (int i = 0; i < list.count(); i++)
    {
        QNetworkInterface interface = list.at(i);
        detail = detail + "设备: " + interface.name() + "\n";       //(b)
        detail = detail + "硬件地址: " + interface.hardwareAddress() + "\n";
                                                                   //(c)
        QList<QNetworkAddressEntry> entryList = interface.addressEntries();
                                                                   //(d)
        for (int j = 1; j < entryList.count(); j++)
        {
            QNetworkAddressEntry entry = entryList.at(j);
            detail = detail + "\t" + "IP 地址: " + entry.ip().toString() + "\n";
            detail = detail + "\t" + "子网掩码: " + entry.netmask().toString() + "\n";
            detail = detail + "\t" + "广播地址: " + entry.broadcast().toString() + "\n";
        }
    }
    QMessageBox::information(this, "Detail", detail);
}
```

说明：

(a) QList<QNetworkInterface> list = QNetworkInterface::allInterfaces()：QNetworkInterface 提供了一个主机 IP 地址和网络接口的列表。

(b) interface.name()：获取网络接口的名称。

(c) interface.hardwareAddress()：获取网络接口的硬件地址。

(d) interface.addressEntries()：每个网络接口包括 0 个或多个 IP 地址，每个 IP 地址有选择性地与一个子网掩码和（或）一个广播地址相关联。QNetworkAddressEntry 存储了被网络接口支持的一个 IP 地址，同时还包括与之相关的子网掩码和广播地址。

（4）运行程序。

启动程序，显示本机网络基本信息，如图 10.2 所示。

单击"详细"按钮，弹出如图 10.3 所示的网络详细信息对话框。

图 10.2　显示本机网络基本信息

图 10.3　网络详细信息对话框

10.2　基于 UDP 的数据通信

10.2.1　UDP 工作原理

1. UDP 简介

UDP（User Datagram Protocol，用户数据报协议）是一种简单、轻量、无连接的传输协议，可以用在对通信可靠性要求不是很高的场合，如以下几种情形：

- 网络数据大多为短消息。
- 系统拥有大量客户端。
- 对数据安全性无特殊要求。
- 网络负载很大，但对响应速度却要求极高。

UDP 所收发数据的形式是报文（Datagram），通信时 UDP 客户端向 UDP 服务器发送一定长度的请求报文,报文大小的限制与各系统的协议实现有关,但不得超过其下层 IP 规定的 64KB,UDP 服务器同样以报文做出应答,如图 10.4 所示。即使服务器未收到此报文,客户端也不会重发,因此报文的传输是不可靠的。

在 UDP 方式下,客户端并不与服务器建立连接,它只负责调用发送函数向服务器发出数据报。类似地,服务器也不接收客户端的连接,只是调用接收函数被动等待来自某客户端的数据到达。UDP 客户端与 UDP 服务器之间的交互时序如图 10.5 所示。

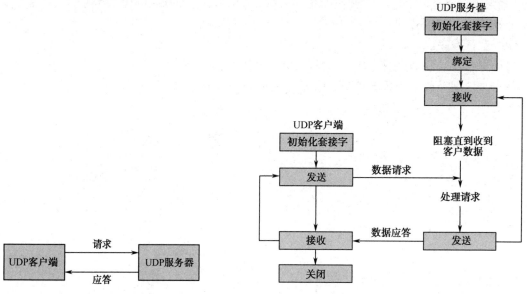

图 10.4 UDP 请求与应答   图 10.5 UDP 客户端与 UDP 服务器之间的交互时序

2. UDP 编程步骤

Qt 提供了 QUdpSocket 实现 UDP 的套接字,使用套接字编程的通行步骤如下。

1)初始化套接字

例如,在一个即时通信系统中,用户之间的文字聊天信息、所有的系统协调通知消息都以 UDP 收发。为此,在客户端和服务器程序的初始化代码中,都要创建一个 QUdpSocket 对象绑定到指定端口,并将该对象的 readyRead 信号关联到接收数据报的 recvData()函数,语句如下:

```
QUdpSocket *udpsocket = new QUdpSocket();          //创建套接字对象
int uport = 23232;                                  //(a)
udpsocket->bind(uport, QUdpSocket::BindFlag::ShareAddress | QUdpSocket::BindFlag::ReuseAddressHint);                     //套接字绑定到端口
connect(udpsocket, SIGNAL(readyRead()), this, SLOT(recvData()));
                                                    //(b)
```

说明:

(a) int uport = 23232:设置 UDP 的端口号,指定在此端口上监听数据,端口号可任意指定,不冲突即可。

(b) connect(udpsocket, SIGNAL(readyRead()), this, SLOT(recvData())):将接收数据的 recvData()函数关联到 QIODevice 的 readyRead()信号。因 UDP 套接字 QUdpSocket 本身也是一个 I/O 设备,从 QIODevice 继承而来,所以当有数据到达时,就会发出 readyRead()信号来触发 recvData()函数去接收数据,该函数是自定义的,实际编写程序时读者可另取他名。

2）发送数据

在初始化套接字后，通信双方都可以调用套接字对象的 writeDatagram()函数发送数据，语句形如：

套接字对象->writeDatagram(数据, 地址, UDP 端口号);

3）接收数据

当有数据到达时，接收方程序响应 QUdpSocket 的 readyRead()信号，一旦套接字对象中有数据可读，即通过 readDatagram()函数将其读出，代码形如：

```
while (套接字对象->hasPendingDatagrams())            //(a)
{
    套接字对象->readDatagram(数据, 套接字对象->pendingDatagramSize());
                                                    //(b)
    ...                                             //对收到的数据进行处理
}
```

说明：

(a) 判断套接字对象中是否有数据报可读，hasPendingDatagrams()方法在至少有一个数据报可读时返回 true，否则返回 false。

(b) 调用套接字对象的 readDatagram()函数读取一个数据报，注意在读取时必须用 pendingDatagramSize()方法获得报文长度。读取的数据中不仅含报文内容，还携带对方主机及端口信息，可在必要的时候解析出来使用。

10.2.2 UDP 应用实例

【例】（简单）（CH1002）编写服务器及客户端程序，用 UDP 进行字符的收发并显示。

1．UDP 服务器编程

以直接编写代码（即取消勾选"Generate form"复选框）方式创建 Qt 项目，项目名为 UdpServer，"Class Information"页中基类选"QDialog"，类名为"UdpServer"。

1）实现界面

（1）在头文件 udpserver.h 中声明需要的各种控件，代码如下：

```cpp
#include <QDialog>
#include <QLabel>
#include <QLineEdit>
#include <QPushButton>
#include <QVBoxLayout>
class UdpServer : public QDialog
{
    Q_OBJECT
public:
    UdpServer(QWidget *parent = 0, Qt::WindowFlags f = 0);
    ~UdpServer();
private:
    QLabel *TimerLabel;
    QLineEdit *TextLineEdit;
    QPushButton *StartBtn;
```

```
    QVBoxLayout *mainLayout;
};
```
（2）在源文件 udpserver.cpp 中布局程序界面，代码如下：
```
#include "udpserver.h"
UdpServer::UdpServer(QWidget *parent, Qt::WindowFlags f)
    : QDialog(parent, f)
{
    setWindowTitle("UDP Server");                            //设置窗口标题
    /* 初始化各个控件 */
    TimerLabel = new QLabel("计时器: ", this);
    TextLineEdit = new QLineEdit(this);
    StartBtn = new QPushButton("开始", this);
    /* 设置布局 */
    mainLayout = new QVBoxLayout(this);
    mainLayout->addWidget(TimerLabel);
    mainLayout->addWidget(TextLineEdit);
    mainLayout->addWidget(StartBtn);
}
```
此时，运行程序显示服务器界面，如图 10.6 所示。

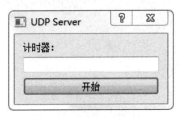

图 10.6　服务器界面

2）完成发送数据功能

（1）在项目的配置文件 UdpServer.pro 中添加一行代码：
```
QT += network
```
（2）在头文件 udpserver.h 中添加需要的槽函数并声明变量，如下：
```
#include <QUdpSocket>
#include <QTimer>
public slots:
    void StartBtnClicked();
    void timeout();
private:
    int port;
    bool isStarted;
    QUdpSocket *udpSocket;
    QTimer *timer;
```
（3）实现槽函数。

在源文件 udpserver.cpp 中包含：
```
#include <QHostAddress>
```
并在构造函数中添加如下代码：
```
connect(StartBtn, SIGNAL(clicked()), this, SLOT(StartBtnClicked()));
```

```
port = 5555;                        //设置UDP的端口号参数,服务器定时向此端口发送广播消息
isStarted = false;
udpSocket = new QUdpSocket(this);
                                    //创建套接字对象
timer = new QTimer(this);           //创建一个定时器
//定时发送广播消息
connect(timer, SIGNAL(timeout()), this, SLOT(timeout()));
```

槽函数 StartBtnClicked()负责启停发送,代码如下:

```
void UdpServer::StartBtnClicked()
{
    if (!isStarted)
    {
        StartBtn->setText("停止");
        timer->start(1000);
        isStarted = true;
    } else {
        StartBtn->setText("开始");
        isStarted = false;
        timer->stop();
    }
}
```

槽函数 timeout()实现了发送广播消息的功能,代码如下:

```
void UdpServer::timeout()
{
    QString msg = TextLineEdit->text();
    int length = 0;
    if (msg == "")
    {
        return;
    }
    if  ((length = udpSocket->writeDatagram(msg.toLatin1(), msg.length(), QHostAddress::Broadcast, port)) != msg.length())
    {
        return;
    }
}
```

其中,QHostAddress::Broadcast 指定向广播地址发送。

2. UDP 客户端编程

以直接编写代码(即取消勾选"Generate form"复选框)方式创建 Qt 项目,项目名为 UdpClient,"Class Information"页中基类选"QDialog",类名为"UdpClient"。

1)实现界面

(1)在头文件 udpclient.h 中声明需要的各种控件,代码如下:

```
#include <QDialog>
#include <QVBoxLayout>
#include <QTextEdit>
#include <QPushButton>
```

```cpp
class UdpClient : public QDialog
{
    Q_OBJECT
public:
    UdpClient(QWidget *parent = 0, Qt::WindowFlags f = 0);
    ~UdpClient();
private:
    QTextEdit *ReceiveTextEdit;
    QPushButton *CloseBtn;
    QVBoxLayout *mainLayout;
};
```

（2）在源文件 udpclient.cpp 中布局程序界面，代码如下：

```cpp
#include "udpclient.h"
UdpClient::UdpClient(QWidget *parent, Qt::WindowFlags f)
    : QDialog(parent, f)
{
    setWindowTitle("UDP Client");                       //设置窗口标题
    /* 初始化各个控件 */
    ReceiveTextEdit = new QTextEdit(this);
    CloseBtn = new QPushButton("Close", this);
    /* 设置布局 */
    mainLayout = new QVBoxLayout(this);
    mainLayout->addWidget(ReceiveTextEdit);
    mainLayout->addWidget(CloseBtn);
}
```

此时，运行程序显示客户端界面，如图 10.7 所示。

图 10.7　客户端界面

2）完成接收数据功能

（1）在项目的配置文件 UdpClient.pro 中添加一行代码：

```
QT += network
```

（2）在头文件 udpclient.h 中添加需要的槽函数并声明变量，如下：

```cpp
#include <QUdpSocket>
public slots:
    void CloseBtnClicked();
    void dataReceived();
private:
```

```
    int port;
    QUdpSocket *udpSocket;
```

(3) 实现槽函数。

在源文件 udpclient.cpp 中包含：

```
#include <QMessageBox>
#include <QHostAddress>
```

并在构造函数中添加如下代码：

```
connect(CloseBtn, SIGNAL(clicked()), this, SLOT(CloseBtnClicked()));
port = 5555;                                //设置UDP的端口号参数，指定在此端口上监听数据
udpSocket = new QUdpSocket(this);    //创建套接字对象
connect(udpSocket, SIGNAL(readyRead()), this, SLOT(dataReceived()));
bool result = udpSocket->bind(port);//将套接字绑定到指定的端口上
if (!result)
{
    QMessageBox::information(this, "error", "udp socket create error!");
    return;
}
```

槽函数 CloseBtnClicked() 只是简单地关闭客户端窗口：

```
void UdpClient::CloseBtnClicked()
{
    close();
}
```

槽函数 dataReceived() 响应 QUdpSocket 的 readyRead() 信号，一旦套接字对象中有数据可读时，即通过 readDatagram() 方法将数据读出并显示，代码如下：

```
void UdpClient::dataReceived()
{
    while (udpSocket->hasPendingDatagrams())
    {
        QByteArray datagram;
        datagram.resize(udpSocket->pendingDatagramSize());
        udpSocket->readDatagram(datagram.data(), datagram.size());
        QString msg = datagram.data();
        ReceiveTextEdit->insertPlainText(msg);           //显示数据内容
    }
}
```

3. 运行演示

（1）同时运行服务器和客户端程序。

（2）在服务器界面的文本框中输入"hello!"，然后单击"开始"按钮，按钮文本变为"停止"，客户端就开始不断地收到"hello!"字符消息并显示在文本区。

（3）当单击服务器的"停止"按钮后，按钮文本又变回"开始"，客户端也停止了字符的显示。

（4）再次单击服务器的"开始"按钮，客户端又继续接收并显示……如此循环。

整个演示过程的运行效果如图 10.8 所示。

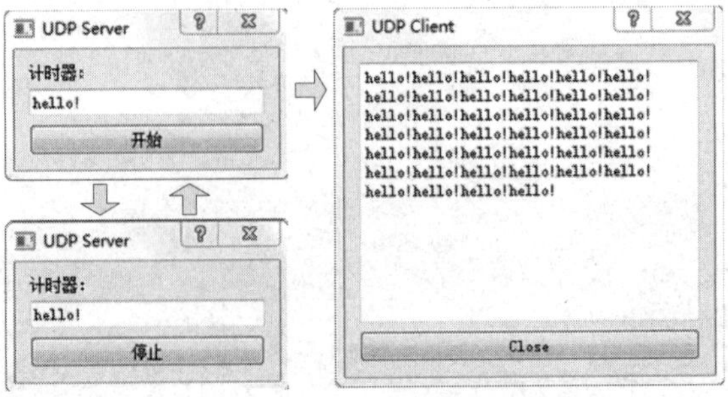

图 10.8　UDP 收发数据演示

10.3 基于 TCP 的数据通信

10.3.1 TCP 工作原理

1. TCP 简介

TCP（Transmission Control Protocol，传输控制协议）是一种可靠、面向数据流且需要建立连接的传输协议，许多高层应用协议（包括 HTTP、FTP 等）都以它为基础，TCP 非常适合数据的连续传输。

与 UDP 不同，TCP 能够为应用程序提供可靠的通信连接，使一台计算机发出的字节流无差错地送达网络上的其他计算机。因此，对可靠性要求高的数据通信系统往往使用 TCP 传输数据，但在正式收发数据前，通信双方必须先建立连接。

一个典型的 TCP 传输文件的过程如下：

（1）首先启动服务器，一段时间后启动客户端，它与此服务器经过三次握手后建立连接。

（2）此后的一段时间内，客户端向服务器发送一个请求，服务器处理这个请求，并为客户端发回一个响应。这个过程一直持续下去，直到客户端向服务器发一个文件结束符，并关闭客户端连接。

（3）接着服务器也关闭服务器端的连接，结束运行或等待一个新的客户端连接。

以上 TCP 客户端与 TCP 服务器间的交互时序如图 10.9 所示。

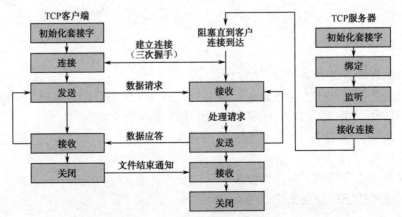

图 10.9　TCP 客户端与 TCP 服务器间的交互时序

TCP 与 UDP 的比较见表 10.1。

表 10.1 TCP 与 UDP 的比较

比 较 项	TCP	UDP
是否连接	面向连接	无连接
传输可靠性	可靠	不可靠
流量控制	提供	不提供
工作方式	全双工	可以是全双工
应用场合	大量数据	少量数据
速度	高	低

2. TCP 编程步骤

Qt 以 QTcpServer 作为 TCP 服务器，用 QTcpSocket 实现 TCP 的套接字。

实际应用中，TCP 既可用来传输文件（这里泛指文档、图片、语音、视频等一切非消息类的数据），也可以像 UDP 那样作普通的消息收发之用，但用作文件传输时更能发挥 TCP 面向连接、可靠、无差错的优点，传输文件的 TCP 通信编程步骤如下。

1）创建 TCP 服务器和套接字

在服务器程序的初始化代码中，既要创建一个 TCP 服务器对象也要创建一个套接字对象，语句如下：

```
QTcpServer *tcpserver = new QTcpServer();           //创建 TCP 服务器
int tport = 5555    ;                               //TCP 监听端口号
connect(tcpserver, SIGNAL(newConnection()), this, SLOT(preTrans()));
                                                    //(a)
int payloadsize = 64 * 1024;                        //缓存每次收发的字节数
QTcpSocket *tcpsocket = new QTcpSocket();           //创建套接字对象
connect(tcpsocket, SIGNAL(readyRead()), this, SLOT(recvBytes()));
                                                    //(b)
int bytesrecved = 0;                                //已接收的字节数
```

说明：

(a) connect(tcpserver, SIGNAL(newConnection()), this, SLOT(preTrans()))：使用 TCP 传输数据，首先要由充当 TCP 服务器的一方在程序中开启监听：

```
if (tcpserver->listen(地址, 端口))
{
    ...
} else {
    tcpserver->close();
}
```

这里的"端口"就是 TCP 监听端口，当有连接请求到来时会触发 TCP 服务器的 newConnection()信号，程序将该信号关联至 preTrans()函数（自定义，名称可任取），在其中进行传输数据前的一些准备工作，然后启动传输。

(b) connect(tcpsocket, SIGNAL(readyRead()), this, SLOT(recvBytes()))：TCP 的套接字类同样继承自 Qt 的 I/O 设备 QIODevice，故在每次收到数据时也会触发 readyRead()信号，由该信号关联的 recvBytes()函数（自定义，名称可任取）实现对字节的接收和控制。

而在客户端程序的初始化代码中,创建一个套接字对象就可以了。

> **注意**:实际系统中数据的传输可以是双向的,任何一个客户端或服务器程序皆可用作 TCP 方式下的服务器或客户端,所以一个程序在应用系统中的角色(服务器或客户端)与其在某次数据传输中所扮演的角色(TCP 服务器或 TCP 客户端)是两个完全不一样的概念,读者在工作中开发网络应用系统的时候一定要对此加以区分。

2)建立连接及准备

首先,由 TCP 客户端向服务器主动发起连接请求,使用语句:

```
tcpsocket->connectToHost(地址, 端口);
```

这里的"端口"是 TCP 服务器上的监听端口。

接收连接后,再由 TCP 服务器完成传输前的准备工作并启动传输,这个操作是在 preTrans() 函数中进行的,以传输文件为例,代码如下:

```
//准备工作
socket = tcpserver->nextPendingConnection();
connect(socket, SIGNAL(bytesWritten()), this, SLOT(handleTrans()));
localfile->open(QFile::OpenModeFlag::ReadOnly);      //以只读模式打开文件
//启动传输
block = localfile->read(payloadsize);                //读取一个缓存块
bytestobesend -= socket->write(block);               //写入套接字
```

说明:TCP 服务器针对与它连接的客户端也创建一个套接字对象(由 nextPendingConnection() 方法返回),将该套接字的 bytesWritten()(写字节)信号关联到 handleTrans()函数(自定义,名称可任取)。

3)TCP 服务器发送数据

在 handleTrans()函数中实现字节流的持续发送,代码为:

```
//进入 TCP 传输过程
if (bytestobesend > 0)
{
    if (bytestobesend > payloadsize)
    {
        block = localfile->read(payloadsize);        //每次读入一个缓存块
    } else {                                         //读取最后剩余的字节
        block = localfile->read(bytestobesend);
    }
    bytestobesend -= socket->write(block);           //写入套接字
} else {
    localfile->close();                              //关闭文件
    socket->abort();                                 //释放套接字
    tcpserver->close();                              //关闭 TCP 服务器
}
```

说明:TCP 服务器程序不断地调用 write()函数往套接字中写入字节,每次一个缓存块(64KB)。

4)TCP 客户端接收数据

在 TCP 连接建立并启动传输后,客户端套接字就一直由 readyRead()信号所驱动而处于被动接收字节的状态，该信号关联的 recvBytes()函数实现对字节的接收和控制，代码为：
```
if (bytesrecved < bytestotal)
{
    bytesrecved += tcpsocket->bytesAvailable();
    block = tcpsocket->readAll();                //每次接收一个缓存块
    localfile->write(block);
    if (bytesrecved == bytestotal)
    {
        localfile->close();                      //关闭文件
        tcpsocket->abort();                      //释放套接字
        bytesrecved = 0;                         //复位
        ...                                      //后续处理
    }
}
```

说明：为实现对传输过程的有效控制，TCP 客户端需要提前获知服务器将要传给它的字节总数（bytestotal），通常该值在 TCP 会话前就已经由服务器写在通知消息中以 UDP 发给客户端了。传输开始后，客户端会实时统计所收到的字节数（bytesrecved），一旦收到字节数等于预发的字节总数（if (bytesrecved == bytestotal)）就断开与服务器的连接，结束传输过程。

10.3.2　TCP 应用实例

【例】（难度中等）（CH1003）实现一个基于 TCP 的网络聊天室应用。

1. TCP 服务器编程

以直接编写代码（即取消勾选"Generate form"复选框）方式创建 Qt 项目，项目名为 TcpServer，"Class Information"页中基类选"QDialog"，类名为"TcpServer"。

1）实现界面

（1）在头文件 tcpserver.h 中声明需要的各种控件，代码如下：

```cpp
#include <QDialog>
#include <QListWidget>
#include <QLabel>
#include <QLineEdit>
#include <QPushButton>
#include <QGridLayout>
class TcpServer : public QDialog
{
    Q_OBJECT
public:
    TcpServer(QWidget *parent = 0, Qt::WindowFlags f = 0);
    ~TcpServer();
private:
    QListWidget *ContentListWidget;
    QLabel *PortLabel;
    QLineEdit *PortLineEdit;
    QPushButton *CreateBtn;
```

```
    QGridLayout *mainLayout;
};
```

（2）在源文件 tcpserver.cpp 中布局程序界面，代码如下：

```
#include "tcpserver.h"
TcpServer::TcpServer(QWidget *parent, Qt::WindowFlags f)
    : QDialog(parent, f)
{
    setWindowTitle("TCP Server");
    ContentListWidget = new QListWidget;
    PortLabel = new QLabel("端口：");
    PortLineEdit = new QLineEdit;
    CreateBtn = new QPushButton("创建聊天室");
    mainLayout = new QGridLayout(this);
    mainLayout->addWidget(ContentListWidget, 0, 0, 1, 2);
    mainLayout->addWidget(PortLabel, 1, 0);
    mainLayout->addWidget(PortLineEdit, 1, 1);
    mainLayout->addWidget(CreateBtn, 2, 0, 1, 2);
}
```

此时，运行程序显示服务器界面，如图 10.10 所示。

图 10.10　服务器界面

2）完成聊天室服务器端功能

（1）创建 TCP 套接字类。

在项目中添加 C++类 TcpClientSocket，继承自 QTcpSocket，作为套接字在服务器端实现与客户端程序的通信。

套接字类头文件 tcpclientsocket.h 的代码为：

```
#include <QTcpSocket>
#include <QObject>
class TcpClientSocket : public QTcpSocket
{
    Q_OBJECT                //添加宏（Q_OBJECT）是为了实现信号与槽的通信
public:
    TcpClientSocket(QObject *parent = 0);
signals:
    void updateClients(QString, int);
```

```
        void disconnected(int);
protected slots:
        void dataReceived();
        void slotDisconnected();
};
```

在套接字类源文件 tcpclientsocket.cpp 的构造函数中关联信号与槽：

```
#include "tcpclientsocket.h"
TcpClientSocket::TcpClientSocket(QObject *parent)
{
    connect(this, SIGNAL(readyRead()), this, SLOT(dataReceived()));
    connect(this, SIGNAL(disconnected()), this, SLOT(slotDisconnected()));
}
```

其中，disconnected()信号在断开连接时发出。

当有数据到来时，触发槽函数 dataReceived()，代码如下：

```
void TcpClientSocket::dataReceived()
{
    while (bytesAvailable() > 0)
    {
        int length = bytesAvailable();
        char buf[1024];
        read(buf, length);
        QString msg = buf;
        emit updateClients(msg, length);
    }
}
```

该函数从套接字中将有效数据取出，然后发出 updateClients()信号，此信号通知服务器向聊天室内的所有成员广播消息。

槽函数 slotDisconnected()的代码为：

```
void TcpClientSocket::slotDisconnected()
{
    emit disconnected(this->socketDescriptor());
}
```

（2）创建 TCP 服务器类。

在项目中添加 C++类 Server，继承自 QTcpServer，作为 TCP 服务器监听指定端口的 TCP 连接请求。

服务器类头文件 server.h 的代码为：

```
#include <QTcpServer>
#include <QObject>
#include "tcpclientsocket.h"          //包含 TCP 套接字
class Server : public QTcpServer
{
    Q_OBJECT                          //添加宏（Q_OBJECT）是为了实现信号与槽的通信
public:
    Server(QObject *parent = 0, int port = 0);
    QList<TcpClientSocket*> tcpClientSocketList;
signals:
```

```
        void updateServer(QString, int);
public slots:
        void updateClients(QString, int);
        void slotDisconnected(int);
protected:
        void incomingConnection(int socketDescriptor);
};
```

其中,"QList<TcpClientSocket*> tcpClientSocketList"用来保存与每一个客户端连接的 TcpClientSocket。

在服务器类源文件 server.cpp 的构造函数中开启监听:

```
#include "server.h"
Server::Server(QObject *parent, int port) : QTcpServer(parent)
{
        listen(QHostAddress::Any, port);
}
```

其中,参数 QHostAddress::Any 表示在指定的端口对任意地址进行监听。QHostAddress 定义了几种特殊的 IP 地址,如 QHostAddress::Null 表示一个空地址,QHostAddress::LocalHost 表示本机的 IPv4 地址 127.0.0.1,QHostAddress::LocalHostIPv6 表示本机的 IPv6 地址,QHostAddress::Broadcast 表示广播地址 255.255.255.255,QHostAddress::Any 表示任意的 IPv4 地址 0.0.0.0,QHostAddress::AnyIPv6 表示任意的 IPv6 地址。

(3) 实现服务器函数。

当出现一个新的连接时,QTcpSever 触发 incomingConnection()函数,其参数 socketDescriptor 指定连接的 Socket 描述符,该函数的代码如下:

```
void Server::incomingConnection(int socketDescriptor)
{
        TcpClientSocket *tcpClientSocket = new TcpClientSocket(this);      //(a)
        connect(tcpClientSocket, SIGNAL(updateClients(QString, int)), this, SLOT
(updateClients(QString, int)));                                             //(b)
        connect(tcpClientSocket, SIGNAL(disconnected(int)), this, SLOT(slot
Disconnected(int)));                                                        //(c)
        tcpClientSocket->setSocketDescriptor(socketDescriptor);            //(d)
        tcpClientSocketList.append(tcpClientSocket);                       //(e)
}
```

说明:

(a) TcpClientSocket *tcpClientSocket = new TcpClientSocket(this):创建一个新的 TcpClientSocket 与客户端通信。

(b) connect(tcpClientSocket, SIGNAL(updateClients(QString, int)), this, SLOT(updateClients(QString, int))):连接 TcpClientSocket 的 updateClients()信号。

(c) connect(tcpClientSocket, SIGNAL(disconnected(int)), this, SLOT(slotDisconnected(int))):连接 TcpClientSocket 的 disconnected()信号。

(d) tcpClientSocket->setSocketDescriptor(socketDescriptor):将新创建的 TcpClientSocket 的套接字描述符指定为参数 socketDescriptor。

(e) tcpClientSocketList.append(tcpClientSocket):将 tcpClientSocket 加入客户端套接字列表以便管理。

槽函数 updateClients()将任意客户端发来的消息进行广播，保证聊天室的所有成员均能看到其他人的发言，代码如下：

```
void Server::updateClients(QString msg, int length)
{
    emit updateServer(msg, length);                          //(a)
    for (int i = 0; i < tcpClientSocketList.count(); i++)    //(b)
    {
        QTcpSocket *item = tcpClientSocketList.at(i);
        if (item->write(msg.toLatin1(), length) != length)
        {
            continue;
        }
    }
}
```

说明：

(a) emit updateServer(msg, length)：发出 updateServer()信号，用来通知服务器对话框更新相应的显示状态。

(b) for (int i = 0; i < tcpClientSocketList.count(); i++) { … }：实现消息的广播，tcpClientSocketList 中保存了所有与服务器相连的 TcpClientSocket 对象。

槽函数 slotDisconnected()实现从 tcpClientSocketList 列表中将断开连接的 TcpClientSocket 对象删除的功能，代码如下：

```
void Server::slotDisconnected(int descriptor)
{
    for (int i = 0; i < tcpClientSocketList.count(); i++)
    {
        QTcpSocket *item = tcpClientSocketList.at(i);
        if (item->socketDescriptor() == descriptor)
        {
            tcpClientSocketList.removeAt(i);
            return;
        }
    }
    return;
}
```

（4）主程序创建 TCP 服务器。

在头文件 tcpserver.h 中添加如下内容：

```
#include "server.h"
private:
    int port;
    Server *server;
public slots:
    void slotCreateServer();
    void updateServer(QString, int);
```

在源文件 tcpserver.cpp 的构造函数中添加如下代码：

```
port = 8010;
PortLineEdit->setText(QString::number(port));
connect(CreateBtn, SIGNAL(clicked()), this, SLOT(slotCreateServer()));
```

其中，槽函数slotCreateServer()用于创建一个TCP服务器，代码如下：

```
void TcpServer::slotCreateServer()
{
    server = new Server(this, port);                    //创建一个服务器对象
    connect(server, SIGNAL(updateServer(QString, int)), this, SLOT(updateServer(QString, int)));
    CreateBtn->setEnabled(false);
}
```

这里将服务器对象的updateServer()信号与槽函数updateServer()进行连接，该函数用于更新服务器上的信息显示，代码为：

```
void TcpServer::updateServer(QString msg, int length)
{
    ContentListWidget->addItem(msg.left(length));
}
```

（5）最后，不要忘了在项目的配置文件TcpServer.pro中添加一行代码：

```
QT += network
```

2. TCP 客户端编程

以直接编写代码（即取消勾选"Generate form"复选框）方式创建Qt项目，项目名为TcpClient，"Class Information"页中基类选"QDialog"，类名为"TcpClient"。

1）实现界面

（1）在头文件tcpclient.h中声明需要的各种控件，代码如下：

```
#include <QDialog>
#include <QListWidget>
#include <QLineEdit>
#include <QPushButton>
#include <QLabel>
#include <QGridLayout>
class TcpClient : public QDialog
{
    Q_OBJECT
public:
    TcpClient(QWidget *parent = 0, Qt::WindowFlags f = 0);
    ~TcpClient();
private:
    QListWidget *contentListWidget;
    QLineEdit *sendLineEdit;
    QPushButton *sendBtn;
    QLabel *userNameLabel;
    QLineEdit *userNameLineEdit;
    QLabel *serverIPLabel;
    QLineEdit *serverIPLineEdit;
    QLabel *portLabel;
    QLineEdit *portLineEdit;
    QPushButton *enterBtn;
    QGridLayout *mainLayout;
};
```

（2）在源文件 tcpclient.cpp 中布局程序界面，代码如下：

```cpp
#include "tcpclient.h"
TcpClient::TcpClient(QWidget *parent, Qt::WindowFlags f)
    : QDialog(parent, f)
{
    setWindowTitle("TCP Client");
    contentListWidget = new QListWidget;
    sendLineEdit = new QLineEdit;
    sendBtn = new QPushButton("发送");
    userNameLabel = new QLabel("用户名：");
    userNameLineEdit = new QLineEdit;
    serverIPLabel = new QLabel("服务器地址：");
    serverIPLineEdit = new QLineEdit;
    portLabel = new QLabel("端口：");
    portLineEdit = new QLineEdit;
    enterBtn = new QPushButton("进入聊天室");
    mainLayout = new QGridLayout(this);
    mainLayout->addWidget(contentListWidget, 0, 0, 1, 2);
    mainLayout->addWidget(sendLineEdit, 1, 0);
    mainLayout->addWidget(sendBtn, 1, 1);
    mainLayout->addWidget(userNameLabel, 2, 0);
    mainLayout->addWidget(userNameLineEdit, 2, 1);
    mainLayout->addWidget(serverIPLabel, 3, 0);
    mainLayout->addWidget(serverIPLineEdit, 3, 1);
    mainLayout->addWidget(portLabel, 4, 0);
    mainLayout->addWidget(portLineEdit, 4, 1);
    mainLayout->addWidget(enterBtn, 5, 0, 1, 2);
}
```

此时，运行程序显示客户端界面，如图 10.11 所示。

图 10.11　客户端界面

2）完成客户端聊天功能

(1) 在项目的配置文件 TcpClient.pro 中添加一行代码：
```
QT += network
```
(2) 在头文件 tcpclient.h 中添加需要的槽函数并声明变量，如下：
```cpp
#include <QHostAddress>
#include <QTcpSocket>
private:
    bool status;
    int port;
    QHostAddress *serverIP;
    QString userName;
    QTcpSocket *tcpSocket;
public slots:
    void slotEnter();
    void slotConnected();
    void slotDisconnected();
    void dataReceived();
    void slotSend();
```
(3) 在源文件 tcpclient.cpp 中包含：
```cpp
#include <QMessageBox>
#include <QHostInfo>
```
并在其构造函数中添加如下代码：
```cpp
status = false;
port = 8010;
portLineEdit->setText(QString::number(port));
serverIP = new QHostAddress();
connect(enterBtn, SIGNAL(clicked()), this, SLOT(slotEnter()));//进入和离开
connect(sendBtn, SIGNAL(clicked()), this, SLOT(slotSend()));   //发送聊天信息
sendBtn->setEnabled(false);
```
(4) 进入和离开聊天室。

槽函数 slotEnter() 实现了进入和离开聊天室的功能，代码如下：
```cpp
void TcpClient::slotEnter()
{
    if (!status)                                            //(a)
    {
        /* 完成输入合法性检验 */
        QString ip = serverIPLineEdit->text();
        if (!serverIP->setAddress(ip))                      //(b)
        {
            QMessageBox::information(this, "error", "server ip address error!");
            return;
        }
        if (userNameLineEdit->text() == "")
        {
            QMessageBox::information(this, "error", "User name error!");
            return;
        }
```

```
            userName = userNameLineEdit->text();
            /* 创建了一个QTcpSocket对象，并将信号与槽连接起来 */
            tcpSocket = new QTcpSocket(this);
            connect(tcpSocket, SIGNAL(connected()), this, SLOT(slotConnected()));
                                                                         //(c)
            connect(tcpSocket, SIGNAL(disconnected()), this, SLOT(slotDisconnected
())));                                                                   //(d)
            connect(tcpSocket, SIGNAL(readyRead()), this, SLOT(dataReceived()));
            tcpSocket->connectToHost(*serverIP, port);       //(e)
            status = true;
        } else {
            int length = 0;
            QString msg = userName + ":Leave Chat Room";     //(f)
            if ((length = tcpSocket->write(msg.toLatin1(), msg.length())) != msg.
length())                                                                //(g)
            {
                return;
            }
            tcpSocket->disconnectFromHost();                 //(h)
            status = false;                                  //将status状态复位
        }
    }
```

说明：

(a) if(!status)：status 表示当前状态，true 表示已经进入聊天室，false 表示已经离开聊天室。这里根据 status 的状态决定是执行"进入"还是"离开"的操作。

(b) if (!serverIP->setAddress(ip))：用来判断给定的 IP 地址能否被正确解析。

(c) connect(tcpSocket, SIGNAL(connected()), this, SLOT(slotConnected()))：槽函数 slotConnected()为 connected()信号的响应槽，当与服务器连接成功后，客户端构造一条进入聊天室的消息，并通知服务器，代码如下：

```
void TcpClient::slotConnected()
{
    sendBtn->setEnabled(true);
    enterBtn->setText("离开");
    int length = 0;
    QString msg = userName + ":Enter Chat Room";
    if ((length = tcpSocket->write(msg.toLatin1(), msg.length())) !=
msg.length())
    {
        return;
    }
}
```

(d) connect(tcpSocket, SIGNAL(disconnected()), this, SLOT(slotDisconnected()))：槽函数 slotDisconnected()为 disconnected()信号的响应槽，当与服务器的连接断开后，将客户端界面恢复原样，代码为：

```
void TcpClient::slotDisconnected()
{
```

```
            sendBtn->setEnabled(false);
            enterBtn->setText("进入聊天室");
        }
```
(e) tcpSocket->connectToHost(*serverIP, port)：与 TCP 服务器端连接，连接成功后发出 connected()信号。

(f) QString msg = userName + ":Leave Chat Room"：构造一条离开聊天室的消息。

(g) if ((length = tcpSocket->write(msg.toLatin1(), msg.length())) != msg.length())：通知服务器端以上构造的消息。

(h) tcpSocket->disconnectFromHost()：与服务器断开连接，断开连接后发出 disconnected() 信号。

（5）聊天信息的发送与显示。

槽函数 slotSend()实现聊天信息的发送功能，代码如下：
```
void TcpClient::slotSend()
{
    if (sendLineEdit->text() == "")
    {
        return;
    }
    QString msg = userName + ":" + sendLineEdit->text();
    tcpSocket->write(msg.toLatin1(), msg.length());
    sendLineEdit->clear();
}
```
当收到其他客户端发来的信息时，套接字上会产生 readyRead()信号，触发 dataReceived() 函数从套接字中将有效数据取出并显示，其代码如下：
```
void TcpClient::dataReceived()
{
    while (tcpSocket->bytesAvailable() > 0)
    {
        QByteArray datagram;
        datagram.resize(tcpSocket->bytesAvailable());
        tcpSocket->read(datagram.data(), datagram.size());
        QString msg = datagram.data();
        contentListWidget->addItem(msg.left(datagram.size()));
    }
}
```

3．运行演示

（1）同时运行服务器和客户端程序。

（2）在服务器界面单击"创建聊天室"按钮，便开通了一个 TCP 聊天室的服务器。

（3）再启动多个客户端以不同用户名登录聊天室，互相发送聊天信息。

运行结果如图 10.12 所示，这里演示的是系统中登录了两个用户的状态。

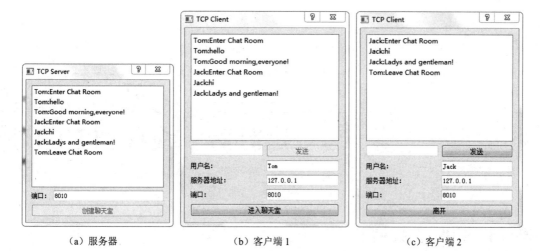

图 10.12 登录了两个用户的状态

小知识：

本例需要同时运行多个客户端，要在 Qt Creator 中进行设置，方法是：选择开发环境主菜单"编辑"→"Preferences"命令，出现"首选项"对话框，在"构建和运行"选项页上选择"Stop applications before building"为"None"，如图 10.13 所示，单击"确定"按钮。这样设置之后，允许同时启动同一个 Qt 项目的多个进程，就可以打开多个客户端界面了。

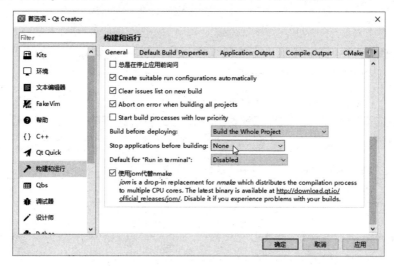

图 10.13 设置允许启动同一个 Qt 项目的多个进程

第 11 章 定时器、线程和 DLL 库

11.1 定时器和线程

一般情况下,应用程序都是单线程运行的,但如果需要执行一个特别耗时的操作,GUI 界面上其他操作就无法同时进行,使用户感觉程序"死"了,甚至 Windows 也会误认为程序运行出现问题而强制关闭程序,遇到类似这种情况的应用就必须采用定时器和线程。

11.1.1 定时器:QTimer

1. 定时器用法

如果要在应用程序中周期性地进行某项操作,则可以使用定时器。Qt 提供了定时器 QTimer,此类的常用方法见表 11.1,其常用信号见表 11.2。

表 11.1 QTimer 常用方法

方法	描述
start(n)	启动或重启定时器,时间间隔为 n 毫秒。如果定时器已经运行,它将被停止并重新启动。如果 singleShot 信号为真,定时器将仅被激活一次
stop()	停止定时器

表 11.2 QTimer 常用信号

信号	描述
singleShot()	在给定的时间间隔后调用一个槽函数时发射此信号
timeout()	当定时器超时时发射此信号

要使用定时器,首先引入 QTimer 库,创建一个 QTimer 对象,将其 timeout()信号连接到相应的槽函数,调用 start(毫秒数)设定时间间隔后启动定时,定时器会以指定的时间间隔发出 timeout()信号,执行槽函数。

例如:

```
#include <QTimer>
QTimer *timer = new QTimer(this);
connect(timer, SIGNAL(timeout()), this, SLOT(槽函数()));
timer->start(2000);
```

```
...
timer->stop();
timer->singleShot(n, 函数名);
```

2. 定时器实例

【例】（简单）（CH1101）用 QTimer 动态显示系统时间。

以直接编写代码（即取消勾选"Generate form"复选框）方式创建 Qt 项目，项目名为 timerTest，"Class Information"页中基类选"QWidget"。

代码如下（timerTest.cpp）：

```cpp
Widget::Widget(QWidget *parent)
    : QWidget(parent)
{
    setWindowTitle("QTimer 应用测试");
    label = new QLabel(this);
    label->setGeometry(20, 20, 180, 60);
    timer = new QTimer(this);
    connect(timer, SIGNAL(timeout()), this, SLOT(showTime()));
    timer->start(1000);
}
...
void Widget::showTime()
{
    QDateTime time = QDateTime::currentDateTime();          //获取当前时间
    QString timeDisplay = time.toString("yyyy-MM-dd hh:mm:ss dddd");
                                                            //设置显示时间
    label->setText(timeDisplay);                            //在标签上显示时间
}
```

为了让程序能够定时自动退出，在项目入口文件 main.cpp 中添加代码：

```cpp
int main(int argc, char *argv[])
{
    QApplication a(argc, argv);
    Widget w;
    w.show();
    QTimer::singleShot(20000, &a, SLOT(quit()));            //20 秒退出应用
    return a.exec();
}
```

其中，quit()为退出系统函数。

运行程序，显示系统时间，如图 11.1 所示。每一秒刷新一次标签上显示的时间，20 秒后关闭应用窗口。

图 11.1　显示系统时间

11.1.2 线程：QThread

1. 线程用法

如果在执行耗时任务时，不想让程序的 GUI 界面锁死，就要另开辟线程来完成耗时任务，线程的好处：可以在同一个程序中并发执行多个处理任务，而界面依然可以及时地响应用户操作。

Qt 实现线程机制最核心的底层类是 QThread，它的用法如下。

（1）要开始一个线程，先创建 QThread 的一个子类，并重载 QThread::run()函数。

在自定义线程类头文件中声明，代码如下：

```
#include <QThread>
class 线程类 : public QThread
{
    Q_OBJECT
    ...
protected:
    void run();             //重载的函数
    ...
};
```

在自定义线程类源文件中重写 run()函数，执行线程相关代码，如下：

```
#include "头文件"
...
void 线程类::run()
{
    //线程相关代码
    ...
}
```

例如，可以把读取数据的耗时操作放在线程类的 run()函数中实现，再将数据刷新显示在界面中。

（2）然后，在主程序中创建一个线程类的对象，并启动：

```
线程类 *thread = new 线程类();
thread->start();
```

线程启动之后，会自动调用其实现的 run()函数，而线程要完成的任务就写在 run()函数中，当 run()函数执行完毕退出之后线程基本也就结束了。当然，也可以在执行任务的中途根据需要调用 QThread 的一些方法对线程进行控制，如强制线程睡眠或终止。

QThread 常用方法见表 11.3，其常用信号见表 11.4。

表 11.3 QThread 常用方法

方　　法	描　　述
start()	启动线程
wait(n)	阻止线程，等待时间 n 的单位是毫秒。如果线程已完成执行（从 run()返回），返回 true；如果线程尚未启动，返回 true；如果 n 是 ULONG_MAX（默认值），则等待，永远不会超时（线程必须从 run()返回）；如果等待超时，将返回 false
sleep(n)	强制当前线程睡眠 n 秒

续表

方　　法	描　　述
msleep(n)	强制当前线程睡眠 n 毫秒
exit()	退出线程事件循环并返回代码。返回 0 表示成功，非 0 表示错误
quit()	退出线程事件循环并返回 0（成功），相当于 exit(): 0
terminate()	强制终止线程
setPriority(枚举)	设置线程优先级
isFinished()	判断线程是否完成
isRunning()	判断线程是否正在运行

表 11.4　QThread 类常用信号

信　　号	描　　述
started()	在开始执行 run()函数之前，从相关线程发射此信号
finished()	当程序完成业务逻辑时，从相关线程发射此信号

可为这两个信号指定槽函数，在线程启动和结束时进行资源的初始化和释放操作。或者在自定义的继承自 QThread 的类中定义信号，并将信号连接到指定的槽函数，当满足指定条件时发射此信号。

2. 线程实例

【例】（简单）（CH1102）QThread 线程测试。

以直接编写代码（即取消勾选"Generate form"复选框）方式创建 Qt 项目，项目名为 threadTest，"Class Information"页中基类选"QWidget"。

1）先基于 QThread 创建自定义的线程类

在项目中添加 C++类 Worker，它继承自 QThread，其具体信息设置如图 11.2 所示。

图 11.2　具体信息设置

2）实现线程任务

在线程类头文件 worker.h 中定义信号和声明线程 run()函数，如下：

```cpp
#ifndef WORKER_H
#define WORKER_H
#include <QThread>
#include <QDateTime>
class Worker : public QThread
{
    Q_OBJECT
public:
    Worker();
signals:
    void strOutSignal(QString);          //定义信号
protected:
    void run();                          //线程run()函数
private:
    bool working;
};
#endif // WORKER_H
```

在线程类源文件 worker.cpp 中编写 run()函数的代码，完成要线程执行的任务，如下：

```cpp
#include "worker.h"
Worker::Worker()
{
    working = true;
}
void Worker::run()
{
    while (working)
    {
        QDateTime time = QDateTime::currentDateTime();
        QString timeStr = time.toString("yyyy-MM-dd hh:mm:ss dddd");
        emit strOutSignal(timeStr);      //发出信号
        sleep(1);                        //线程休眠1秒
    }
}
```

3）主程序使用线程

开发好线程类之后，就可以在主程序中直接使用线程来完成相应的任务了。

先在主程序头文件 threadTest.h 中声明槽函数和引用线程对象的指针，如下：

```cpp
#ifndef WIDGET_H
#define WIDGET_H
#include <QWidget>
#include <QListWidget>
#include <QPushButton>
#include <QGridLayout>
#include "worker.h"
class Widget : public QWidget
{
```

```cpp
    Q_OBJECT
public:
    Widget(QWidget *parent = nullptr);
    ~Widget();
private slots:
    void threadStart();                       //启动线程
    void listStrAdd(QString strInf);          //接收线程信号，加入当前时间字符串到列表中
private:
    QListWidget *listStr;
    QPushButton *pbStart;
    Worker *thread;                           //引用线程对象的指针
};
#endif // WIDGET_H
```

最后，在主程序源文件 threadTest.cpp 中创建线程对象，并启动它来完成任务，如下：

```cpp
#include "threadTest.h"
Widget::Widget(QWidget *parent)
    : QWidget(parent)
{
    setWindowTitle("QThread 线程测试");
    listStr = new QListWidget();
    pbStart = new QPushButton("开始");
    QGridLayout *layout = new QGridLayout(this);
    layout->addWidget(listStr, 0, 0, 1, 2);
    layout->addWidget(pbStart, 1, 1);
    //创建线程对象，关联自定义线程信号到槽函数
    thread = new Worker();
    connect(thread, SIGNAL(strOutSignal(QString)), this, SLOT(listStrAdd(QString)));
    //单击"开始"按钮，启动线程
    connect(pbStart, SIGNAL(clicked()), this, SLOT(threadStart()));
}
Widget::~Widget()
{
}
void Widget::listStrAdd(QString strInf)
{
    listStr->addItem(strInf);
}
void Widget::threadStart()
{
    pbStart->setEnabled(false);
    thread->start();
}
```

运行程序，单击"开始"按钮，每隔 1 秒显示一次系统时间，如图 11.3 所示。

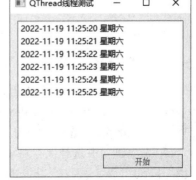

图 11.3 每隔 1 秒显示一次系统时间

11.2 Qt 程序开发和调用 DLL 库

作为一种基于 C++的开发平台，常常需要将 Qt 所做的功能包装成动态链接库，以 DLL 的形式发布；而为了能充分发挥 C++的优势，Qt 程序最好也能调用现成的 DLL 库。

【例】（难度一般）（CH1103）运动健身减肥已成为现代人的生活时尚，开发一个"健康计算器"计算体脂率（BFR）、判断体态，用于身材管理，界面如图 11.4 所示。

图 11.4 "健康计算器"界面

说明：体脂率（Body Fat Rate，BFR）是人体内脂肪重量在体重中所占的比例，它反映人体脂肪含量的多少，是衡量健身减肥效果的重要指标。男性 BFR 一般在 17～23，女性 BFR 稍高些，正常是 20～27。BFR 若男士超出 25、女士超出 30 可视为肥胖。

体脂率的计算公式：

BFR = 1.2×BMI + 0.23×年龄 − 5.4 − 10.8×性别（男为 1，女为 0）

其中，BMI 是体重指数，为体重（kg）÷身高（m）的平方。

11.2.1 开发 DLL

将对 BFR 的计算功能做成一个 DLL，开发步骤如下。

1. 创建 C++库项目

（1）运行 Qt Creator，在欢迎界面左侧单击"Create Project"按钮，或者选择"文件"→"New Project"命令，在出现的"New Project"窗口中选择项目模板。单击"Projects"列表下的"Library"，选择"C++ Library"选项，如图 11.5 所示。单击右下角"Choose"按钮，进入下一步。

（2）命名项目并选择保存路径。这里将项目命名为 BFRCalculator，如图 11.6 所示，单击"下一步"按钮。

（3）接下来的界面让用户选择项目的构建（编译）工具，选择 qmake，单击"下一步"按钮。

（4）在"Define Project Details"页的"Type"选择"Shared Library"（共享库）；"Qt module"选择"Core"；并根据需要重命名头文件和源文件，如图 11.7 所示。单击"下一步"按钮，按照向导的提示操作，直至完成。

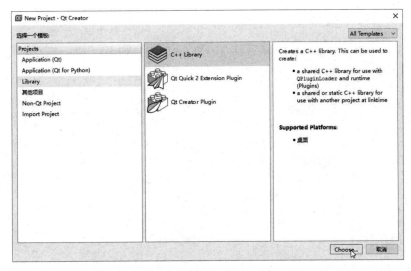

图 11.5　新建一个 C++ 库项目

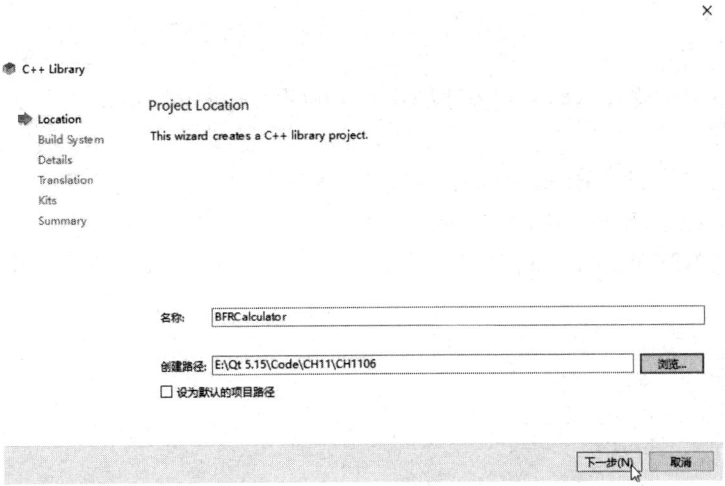

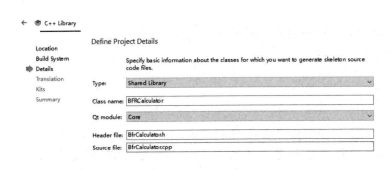

图 11.6　命名项目并选择保存路径

图 11.7　配置项目细节

2. 编写导出函数（接口）

（1）在头文件 BfrCalculator.h 中声明导出函数 getBfr()，如下：

```
#ifndef BFRCALCULATOR_H
#define BFRCALCULATOR_H

#include "BFRCalculator_global.h"

class BFRCALCULATOR_EXPORT BFRCalculator
{
public:
    BFRCalculator();
};

#endif // BFRCALCULATOR_H

extern "C"
{
BFRCALCULATOR_EXPORT float getBfr(float bmi, int age, int sex);
}
```

说明：这里函数前的"BFRCALCULATOR_EXPORT"是系统默认导出宏，它的定义在项目 BFRCalculator_global.h 文件中。

（2）在源文件 BfrCalculator.cpp 中编写导出函数 getBfr()，根据传入参数实现对 BFR 值的计算，代码如下：

```
#include "BfrCalculator.h"

BFRCalculator::BFRCalculator()
{
}

float getBfr(float bmi, int age, int sex)
{
    float bfr = 1.2 * bmi + 0.23 * age - 5.4 - 10.8 * sex;
    return bfr;
}
```

3. 生成 DLL

选择主菜单"构建"→"构建项目 "BFRCalculator""命令，执行后在项目 debug 目录下生成了几个文件，如图 11.8 所示。其中，BFRCalculator.dll 就是生成的 DLL 文件，而 libBFRCalculator.a 则是 DLL 所对应的库文件，将这两个文件分别复制一份，稍后都会用到。

第 11 章 定时器、线程和 DLL 库

图 11.8　生成的 DLL 文件及库文件

11.2.2　使用 DLL

1．创建 Qt 项目

以设计器 Qt Designer（要勾选"Generate form"复选框）方式创建 Qt 项目，项目名为 BFRApp，"Class Information"页中基类选"QWidget"。

在项目中新建一个 image 目录，将程序要用的图片资源 icon.jpg、bg.jpg 存放在该目录下。

2．设计界面

在项目树状视图中双击"Forms"节点下的 BfrApp.ui，进入 Qt Designer 设计环境，往设计区窗体上拖曳控件设计程序界面，如图 11.9 所示。各控件的属性见表 11.5。

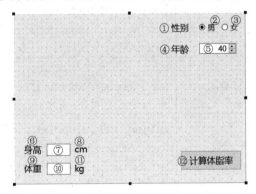

图 11.9　设计程序界面

表 11.5　各控件的属性

编　号	控件类别	对象名称	属　性　说　明
	Widget	默认	geometry: [(0, 0), 500x358] windowTitle: 健康计算器
①	Label	默认	geometry: [(340, 15), 51x31] font: [Microsoft YaHei UI, 14] text: 性别
②	RadioButton	rbMale	geometry: [(400, 20), 41x20] font: [Microsoft YaHei UI, 12] text: 男 checked: 勾选
③	RadioButton	rbFemale	geometry: [(450, 20), 41x20] font: [Microsoft YaHei UI, 12] text: 女

续表

编号	控件类别	对象名称	属性说明
④	Label	默认	geometry: [(340, 60), 51x31] font: [Microsoft YaHei UI, 14] text: 年龄
⑤	SpinBox	sbAge	geometry: [(400, 64), 81x22] font: [Microsoft YaHei UI, 12] alignment: 右对齐，垂直中心对齐 value: 40
⑥	Label	默认	geometry: [(20, 270), 51x31] font: [Microsoft YaHei UI, 14] text: 身高
⑦	LineEdit	leHeight	geometry: [(70, 274), 51x25] font: [Microsoft YaHei UI, 12] alignment: 右对齐，垂直中心对齐
⑧	Label	默认	geometry: [(130, 269), 51x31] font: [Microsoft YaHei UI, 14] text: cm
⑨	Label	默认	geometry: [(20, 310), 51x31] font: [Microsoft YaHei UI, 14] text: 体重
⑩	LineEdit	leWeight	geometry: [(70, 314), 51x25] font: [Microsoft YaHei UI, 12] alignment: 右对齐，垂直中心对齐
⑪	Label	默认	geometry: [(130, 310), 51x31] font: [Microsoft YaHei UI, 14] text: kg
⑫	PushButton	pbBfrCal	geometry: [(360, 290), 131x41] font: [Microsoft YaHei UI, 14] text: 计算体脂率

3. 添加 DLL

要使用 DLL，必须先将其添加进项目，步骤如下。

（1）构建项目，将上节开发生成的 DLL 文件 BFRCalculator.dll 复制到项目 debug 目录下；将 DLL 所对应的库文件 libBFRCalculator.a 复制进项目目录（BFRApp.pro 所在目录）。

（2）右击项目名，选"添加库"命令，出现"添加库"向导，库类型选择"外部库"，单击"下一步"按钮，如图 11.10 所示。

（3）在接下来的"外部库"界面，单击"库文件"右边的"浏览"按钮，弹出"选择文件"对话框，找到项目目录下的库文件 libBFRCalculator.a 并打开。取消选中"Linux""Mac"复选框，取消选中"为 debug 版本添加'd'作为后缀"复选框，单击"下一步"按钮，如图 11.11 所示。

（4）最后单击"完成"按钮，就将 DLL 添加到项目中了，如图 11.12 所示。

第 11 章 定时器、线程和 DLL 库

图 11.10　选择库类型

图 11.11　配置外部库

图 11.12　将 DLL 添加到项目中

4. 程序调用 DLL

往项目中添加了 DLL 后，在源文件开头以 extern 声明 DLL 接口中的导出函数，就可以在程序代码中直接调用 DLL 库函数，完成计算功能。

代码如下（BfrApp.cpp）：

```cpp
#include "BfrApp.h"
#include "ui_BfrApp.h"

extern "C"
{
float getBfr(float bmi, int age, int sex);
}

BFRApp::BFRApp(QWidget *parent)
    : QWidget(parent)
    , ui(new Ui::BFRApp)
{
    ui->setupUi(this);
    setWindowIcon(QIcon("image/icon.jpg"));
    QPixmap pixmap = QPixmap("image/bg.jpg").scaled(this->size());
    QPalette palette;
    palette.setBrush(QPalette::Window, QBrush(pixmap));
    this->setPalette(palette);
    setWindowFlag(Qt::WindowType::MSWindowsFixedSizeDialogHint);
    connect(ui->pbBfrCal, SIGNAL(clicked()), this, SLOT(calBfr()));
}

BFRApp::~BFRApp()
{
    delete ui;
}

void BFRApp::calBfr()
{
    float bmi = ui->leWeight->text().toFloat() / pow(ui->leHeight->text().toFloat() / 100, 2);
    int age = ui->sbAge->value();
    int sex = 1;
    if (ui->rbFemale->isChecked()) sex = 0;
    float bfr = getBfr(bmi, age, sex);                    //调用 DLL 库函数
    QString shape;
    if (ui->rbMale->isChecked()) {
        if (bfr < 17) shape = "偏瘦";
        else if (bfr <= 25) shape = "正常";
        else shape = "肥胖";
    } else {
        if (bfr < 20) shape = "偏瘦";
```

```
        else if (bfr <= 30) shape = "正常";
        else shape = "肥胖";
    }
    QString result = QString::asprintf("您的体脂率 %.2f 体态", bfr);
    QMessageBox::information(this, "结果", result + shape);
}
```

第12章
图元、鼠标事件、序列化、工具栏综合应用实例：我的绘图板

Qt 的 GraphicsView 系统是非常强大的图形系统，本章将它与 Qt 的鼠标事件系统相结合，开发一个实用的绘图板程序，运行界面及绘图的效果如图 12.1 所示。

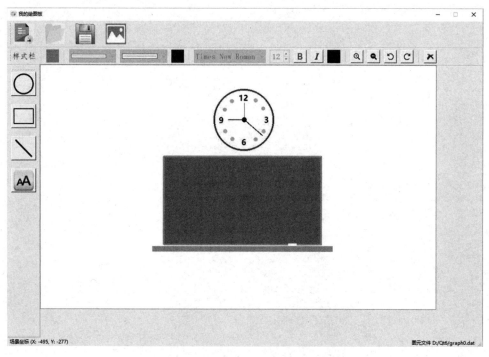

图 12.1　我的绘图板运行界面及绘图的效果

界面中央绘图区是一个 GraphicsView 图形视图，拖曳左侧工具箱里的按钮至绘图区可将不同类型的图元对象（圆、矩形、直线、文字）放到视图场景中的相应位置；通过上方样式栏的各控件设置图元属性（如填充色、线宽、线型、字体、字号等）；窗口顶部文件管理栏的按钮提供将当前绘图场景数据写入图元文件（二进制.dat 格式）保存、打开已存盘的图元文件重现场景画面并编辑、将画面另存为图片等功能；底部状态栏实时显示当前鼠标在场景中的坐标及打开（新建）的图元文件名。

本例界面的工具箱、样式栏、文件管理栏都使用 Qt 的工具栏控件 QToolBar 实现。

【技术基础】

12.1 绘图相关技术

绘图是一项需要与用户频繁互动的功能，除需要 GraphicsView 图形系统的支持外，还离不开 Qt 的事件系统，必须在编程中灵活运用各种鼠标事件，重新实现其响应函数，才能为用户绘图操作提供良好的使用体验。

本例绘图交互功能主要用到以下控件和技术。

（1）工具栏控件 ToolBar 应用技术，包括：

① setToolButtonStyle()方法设置工具按钮样式。

② layout()方法引用和设置工具栏自带的布局。

③ new QAction(QIcon("图片"), "文本")创建工具按钮。

④ addAction()方法将按钮添加到工具栏。

⑤ addWidget()方法添加多种类型的控件。

⑥ addSeparator()方法添加分隔条。

⑦ 工具栏颜色设置按钮（PushButton）、线宽和线型下拉列表框（ComboBox）外观定制。

⑧ QAction 对象的 actionTriggered()信号。

（2）图形视图 GraphicsView 与场景 GraphicsScene 关联实现绘图区，包括：

① 界面窗口坐标系与场景坐标系的定义及转换（mapToScene()方法）。

② 鼠标移动（MouseMove）事件处理（重写 mouseMoveEvent()函数、鼠标指针位置的实时获取（setMouseTracking()开启跟踪、position()方法获取坐标）。

（3）状态栏 StatusBar。

① showMessage()方法显示状态信息。

② addPermanentWidget()方法添加控件。

（4）拖曳工具箱按钮往场景中放置图元，涉及以下技术。

① 定制按钮（PushButton），重写 mouseMoveEvent()函数，使之能被拖曳。

② 定制图形视图（GraphicsView）使能接收拖曳，重写 dragEnterEvent()函数接收拖曳事件，重写 dropEvent()函数处理拖曳释放事件。

③ 定制场景（GraphicsScene），重写 dragMoveEvent()函数，使之能接收图形视图转交的 DragEnter 事件。

（5）拖曳图元边界调整大小，重写图形视图的 mousePressEvent 和 mouseReleaseEvent 事件函数来处理。

12.2 绘图场景数据结构

12.2.1 数据结构设计

为了能完整地保存绘图数据并在用户打开时重现场景画面,就要对决定图元可视外观的关键属性进行获取,并组织为结构化的数据。不同类型的图元需要获取的属性和组成的数据结构是不同的,本例支持的 4 类图元的数据结构分别设计如下。

1. 圆和矩形

圆(QGraphicsEllipseItem)和矩形(QGraphicsRectItem)都属于封闭形状,为简单起见,这里采用完全相同的数据结构来描述它们在场景中的外观,每一项属性的字段名、类型及程序中的获取方法列于表 12.1。

表 12.1 圆和矩形的数据结构

属 性	字 段 名	类 型	获 取 方 法
图元类型	Gtype	QString	type()
场景 X 坐标	SPosX	qreal	pos().x()
场景 Y 坐标	SPosY	qreal	pos().y()
宽度	Width	qreal	boundingRect().width()
高度	Height	qreal	boundingRect().height()
线宽	PenWidth	int	pen().width()
线型	PenStyle	Qt::PenStyle	pen().style()
线色	PenColor	QColor	pen().color()
填充色	BrushColor	QColor	brush().color()
缩放倍率	Scale	qreal	scale()
旋转角度	Rotation	qreal	rotation()
叠放次序	ZValue	qreal	zValue()

2. 直线

直线(QGraphicsLineItem)没有宽高尺寸,也不需要填充色,属性相对较少,其数据结构见表 12.2。

表 12.2 直线的数据结构

属 性	字 段 名	类 型	获 取 方 法
图元类型	Gtype	QString	type()
场景 X 坐标	SPosX	qreal	pos().x()

续表

属 性	字 段 名	类 型	获 取 方 法
场景 Y 坐标	SPosY	qreal	pos().y()
线宽	PenWidth	int	pen().width()
线型	PenStyle	Qt::PenStyle	pen().style()
线色	PenColor	QColor	pen().color()
缩放倍率	Scale	qreal	scale()
旋转角度	Rotation	qreal	rotation()
叠放次序	ZValue	qreal	zValue()

3. 文字

文字（QGraphicsTextItem）图元有很多特有的属性，其数据结构见表 12.3。

表 12.3 文字的数据结构

属 性	字 段 名	类 型	获 取 方 法
图元类型	Gtype	QString	type()
场景 X 坐标	SPosX	qreal	pos().x()
场景 Y 坐标	SPosY	qreal	pos().y()
文本内容	Text	QString	toPlainText()
字体	Font	QString	font().family()
字号	FontSize	int	font().pointSize()
加粗	Bold	bool	font().bold()
倾斜	Italic	bool	font().italic()
颜色	TextColor	QColor	defaultTextColor()
缩放倍率	Scale	qreal	scale()
旋转角度	Rotation	qreal	rotation()
叠放次序	ZValue	qreal	zValue()

12.2.2 数据结构实现

1. 定义结构体

在 Qt 项目工程中创建头文件 shapeGraph.h，在其中定义一个结构体 shapeGraph，如下：

```
#ifndef SHAPEGRAPH_H
#define SHAPEGRAPH_H
#include <QMetaType>
#include <QColor>
struct shapeGraph {
    shapeGraph() {}
    QString Gtype;                                          //图元类型
```

```
        qreal SPosX;                                    //场景X坐标
        qreal SPosY;                                    //场景Y坐标
        qreal Width;                                    //宽度(圆和矩形)
        qreal Height;                                   //高度(圆和矩形)
        int PenWidth;                                   //线宽(圆和矩形、直线)
        Qt::PenStyle PenStyle;                          //线型(圆和矩形、直线)
        QColor PenColor;                                //线色(圆和矩形、直线)
        QColor BrushColor;                              //填充色(圆和矩形)
        qreal Scale;                                    //缩放倍率
        qreal Rotation;                                 //旋转角度
        qreal ZValue;                                   //叠放次序
        /**以下为文字图元特有的属性*/
        QString Text;                                   //文本内容
        QString Font;                                   //字体
        int FontSize;                                   //字号
        bool Bold;                                      //加粗
        bool Italic;                                    //倾斜
        QColor TextColor;                               //颜色
        /**重载<<、>>运算符*/
        friend QDataStream &operator<<(QDataStream &out, const shapeGraph &graph)
    {       out << graph.Gtype << graph.SPosX << graph.SPosY << graph.Width <<
graph.Height << graph.PenWidth << graph.PenStyle << graph.PenColor << graph.
BrushColor << graph.Scale << graph.Rotation << graph.ZValue << graph.Text << graph.
Font << graph.FontSize << graph.Bold << graph.Italic << graph.TextColor;
            return out;
    }
        friend QDataStream &operator>>(QDataStream &in, shapeGraph &graph) {
            in >> graph.Gtype >> graph.SPosX >> graph.SPosY >> graph.Width >>
graph.Height >> graph.PenWidth >> graph.PenStyle >> graph.PenColor >> graph.
BrushColor >> graph.Scale >> graph.Rotation >> graph.ZValue >> graph.Text >> graph.
Font >> graph.FontSize >> graph.Bold >> graph.Italic >> graph.TextColor;
            return in;
        }
};
Q_DECLARE_METATYPE(shapeGraph)
#endif // SHAPEGRAPH_H
```

说明:

(1) 为简单起见,本例的所有图元共用同一个结构体类型,写程序时,每个图元对象仅对与其自身数据结构相匹配的属性赋值,重现场景时只要获取和设置自身数据结构所包含的那些属性。

(2) 为了能在程序中对图元对象整体执行输入输出操作,需要在结构体中重载系统的<<、>>运算符,在重载方法中逐个输入(输出)各个属性,返回 QDataStream 类型的数据流对象。

2. 注册和使用

定义好的结构体必须在项目的启动文件 main.cpp 中注册,如下:

```
#include "DrawBoard.h"
#include <QApplication>
```

```cpp
#include "shapeGraph.h"
int main(int argc, char *argv[]) {
    QApplication a(argc, argv);
    MyDrawBoard w;
    qRegisterMetaType<shapeGraph>("shapeGraph");
    w.show();
    return a.exec();
}
```

注册之后,在需要使用该结构体的源(头)文件开头包含:

```cpp
#include "shapeGraph.h"
```

这样,在编写程序时就可以引用这个结构体了,如下:

```cpp
shapeGraph graph;
graph.属性名 = 值;
```

12.2.3 数据结构处理

1. 保存数据

在程序中,场景中的每个图元都统一地以上面定义的这个 shapeGraph 结构体的形式存储,根据前面设计的表 12.1～表 12.3,不同类型的图元仅对 shapeGraph 中与其自身数据结构匹配的属性赋值,由此生成的结构体对象添加到一个列表 listGraph 中,如下:

```cpp
QList<shapeGraph> listGraph;                                //定义列表
foreach(QGraphicsItem *graphItem, scene->items()) {         //遍历场景中的图元
    shapeGraph graph;                                       //结构体对象
    if (graphItem->type() == QGraphicsEllipseItem::Type) {
        QGraphicsEllipseItem *curItem = qgraphicsitem_cast<QGraphicsEllipseItem *>(graphItem);
        graph.Gtype = "Ellipse";                            //图元类型: 圆
        ...                                                 //根据表 12.1 结构赋值
    } else if (graphItem->type() == QGraphicsRectItem::Type) {
        QGraphicsRectItem *curItem = qgraphicsitem_cast<QGraphicsRectItem *>(graphItem);
        graph.Gtype = "Rect";                               //图元类型: 矩形
        ...                                                 //根据表 12.1 结构赋值
    } else if (graphItem->type() == QGraphicsLineItem::Type) {
        QGraphicsLineItem *curItem = qgraphicsitem_cast<QGraphicsLineItem *>(graphItem);
        graph.Gtype = "Line";                               //图元类型: 直线
        ...                                                 //根据表 12.2 结构赋值
    } else if (graphItem->type() == QGraphicsTextItem::Type) {
        QGraphicsTextItem *curItem = qgraphicsitem_cast<QGraphicsTextItem *>(graphItem);
        graph.Gtype = "Text";                               //图元类型: 文字
        ...                                                 //根据表 12.3 结构赋值
    }
    listGraph.append(graph);                                //添加到列表中
}
```

说明：

（1）QGraphicsItem 是所有图元的基类，GraphicsView 系统的各类图元（包括圆、矩形、直线、文字等）都直接或间接地由它派生而来，通过 QGraphicsItem 的 type()方法可获得所操作图元的具体类型，类型是一个枚举值，通常以：

```
QGraphicsItem对象->type() == 具体图元类::Type
```

判断出图元类型。

（2）Qt 代码只能对指向具体类型图元的指针执行操作，故必须将抽象的 QGraphicsItem 转换为具体的图元类，通过如下语句：

```
具体图元类 *指针变量 = qgraphicsitem_cast<具体图元类 *>(抽象QGraphicsItem指针);
```

有了结构体对象的列表，接下来遍历这个列表，将其中元素逐个序列化后写入二进制文件：

```
QFile fg(filename);
fg.open(QIODevice::WriteOnly | QIODevice::Truncate);
QDataStream out(&fg);
int length = listGraph.length();
out << length;                                              //写入列表长度
for (int i = 0; i < length; i++) {
    out << listGraph.at(i);                                 //写入图元数据
}
fg.close();
```

> **注意**：这里首先要将列表的长度（图元总数）写在文件开头，这么做才能让程序在读取数据的时候"知道"要读进多少个图元的数据。

2. 读取数据

首先读出二进制文件开头的长度值，得到接下来要读的图元总数，根据这个长度（总数）逐个读取图元数据，并按图元的不同类型分别处理，如下：

```
QFile fg(filename);
fg.open(QIODevice::ReadOnly);
QDataStream in(&fg);
int length;
in >> length;                                               //读出长度（图元总数）
for (int i = 0; i < length; i++) {
    shapeGraph graph;
    in >> graph;                                            //读取图元数据
    if (graph.Gtype == "Ellipse") {                         //图元类型：圆
        float w = graph.Width;
        float h = graph.Height;
        QGraphicsEllipseItem *curItem = new QGraphicsEllipseItem(-(w / 2), -(h / 2), w, h);
        ...                                                 //根据表12.1结构设置值
        addItemToScene(curItem);                            //添加到场景中
    } else if (graph.Gtype == "Rect") {                     //图元类型：矩形
        float w = graph.Width;
        float h = graph.Height;
        QGraphicsRectItem *curItem = new QGraphicsRectItem(-(w / 2), -(h / 2), w, h);
        ...                                                 //根据表12.1结构设置值
        addItemToScene(curItem);                            //添加到场景中
```

```
        } else if (graph.Gtype == "Line") {                //图元类型：直线
            QGraphicsLineItem *curItem = new QGraphicsLineItem(-100,0,100,0);
            ...                                             //根据表12.2结构设置值
            addItemToScene(curItem);                        //添加到场景中
        } else if (graph.Gtype == "Text") {                 //图元类型：文字
            QGraphicsTextItem *curItem = new QGraphicsTextItem(graph.Text);
            ...                                             //根据表12.3结构设置值
            addItemToScene(curItem);                        //添加到场景中
        }
    }
    fg.close();
```

说明：通过调用 curItem->setXxx(graph.属性)设置图元数据结构中的各个属性值，再用 addItemToScene()方法添加到场景，就可以在场景中重建各个图元了。

【实例开发】

12.3 创建项目

用 Qt Creator 创建项目，项目名为 MyDrawBoard。

12.3.1 项目设置

1. 重命名类和文件

在向导的"Class Information"界面，选择主程序 Base class（基类）为"QMainWindow"；Header file（头文件）命名为 DrawBoard.h，Source file（源文件）命名为 DrawBoard.cpp，勾选"Generate form"（生成界面）复选框，Form file（界面文件）命名为 DrawBoard.ui，如图 12.2 所示。

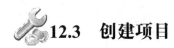

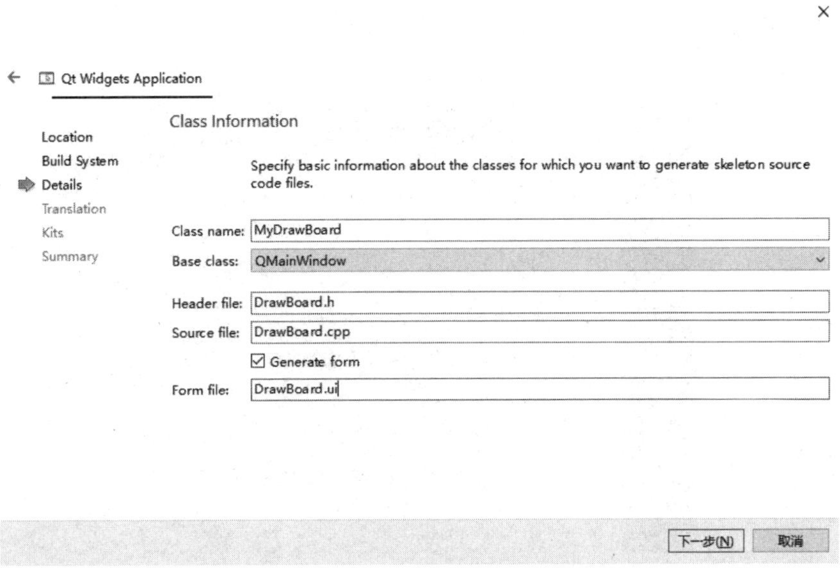

图 12.2　项目类及文件名设置

说明：本例由于要使用工具栏和状态栏功能，故必须选 QMainWindow（主窗体）作为主程序的基类。

2．设置 debug 目录

创建了项目后，在"构建设置"页取消勾选"Shadow build"复选框，如图 12.3 所示，这样程序编译后生成的 debug 目录就直接位于项目目录中，便于管理和引用其中的资源。

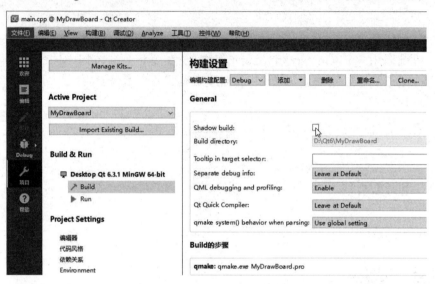

图 12.3　使 debug 生成在项目目录

请读者先运行一下程序生成 debug 目录。

3．新建 image 目录

需要在项目中新建一个 image 目录，存放界面要用的图片资源，在 Qt Creator 中操作如下。

（1）切换至项目的 File System（文件系统）视图，右击并选择"New Folder"命令，输入目录名，如图 12.4 所示。

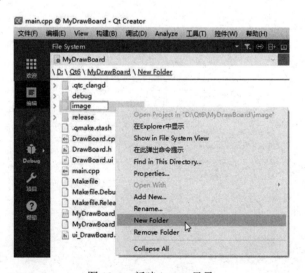

图 12.4　新建 image 目录

目录建好后，将项目开发要用的图片预先准备好，存放其下。

（2）切换回"项目"视图，右击项目名，弹出菜单，选择"Add Existing Directory"命令，在出现的对话框中勾选"image"目录，单击"确定"按钮，此时可看到"项目"视图中增加了一个"Other files"节点，展开可看到下面有 image 目录及其中的图片，如图 12.5 所示，说明这些图片资源已经加载进项目中，可以在编程中使用它们了。

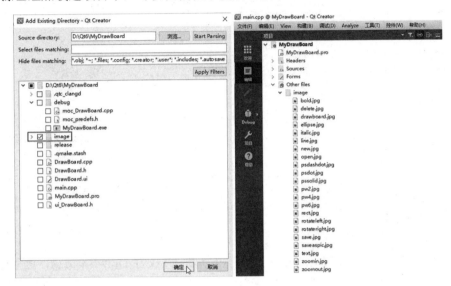

图 12.5　将 image 目录添加进项目

4．创建自定义类

本例要对 Qt 系统的图形视图、场景、按钮等标准控件进行定制，使之满足所需的交互功能，故要基于这些标准控件类创建自定义类，每一个自定义类都对应一个头文件（.h）和一个源文件（.cpp），创建自定义类的操作如下。

（1）右击项目名，选择"添加新文件"命令，弹出"新建文件"对话框，在"选择一个模板"列表框中依次选择"C/C++"→"C++ Class"，单击"Choose"按钮，如图 12.6 所示。

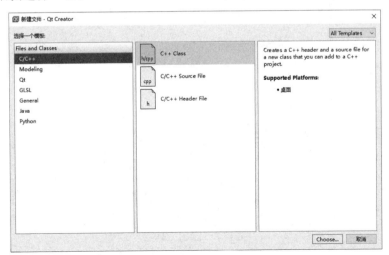

图 12.6　选择创建 C++ 类文件的模板

（2）在接下来的"Define Class"界面上填写自定义类的 Class name（类名）、Base class（继承的基类名）、Header file（头文件名）和 Source file（源文件名），勾选相应的复选框（视需要而定，也可不选），单击"下一步"按钮，再单击"完成"按钮。

图 12.7 给出了本项目中所有自定义类的"Define Class"设置信息，读者可依此先创建好它们。

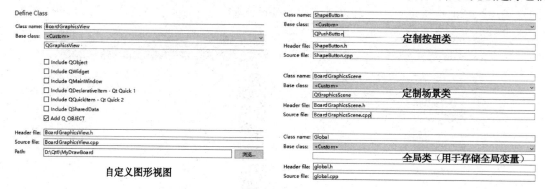

图 12.7　项目中所有自定义类的设置信息

12.3.2　界面设计

在"项目"视图中，双击打开 Forms 节点下的界面 UI 文件 DrawBoard.ui，进入 Qt 可视化设计环境。

1. 布局工具栏

工具栏是绘图板程序界面最主要的元素，按如下步骤布局工具栏。

（1）使用鼠标右键菜单移除原主窗体的菜单栏。

（2）往窗体上添加 3 个工具栏，添加工具栏的操作非常简单，右击并选择"添加工具栏"命令即可，默认添加的工具栏位于窗体顶部，而用作绘图板工具箱的工具栏在界面左侧，故添加它时选择快捷菜单的"Add Tool Bar to Other Area"→"左侧"命令，如图 12.8 所示。

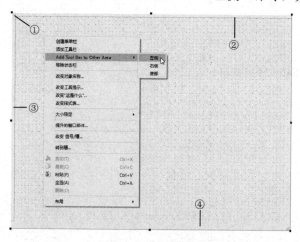

图 12.8　添加工具栏

（3）绘图板状态栏就使用主窗体自带的。

图 12.8 中添加到窗体的工具栏都很窄，这是因为尚未往其中添加按钮和其他控件的缘故，

考虑到工具栏在设计模式下的外观与运行时有所差别，故对类似这种有很多工具栏的界面，建议在设计阶段仅简单添加工具栏，到编码阶段再用程序代码来创建其上的控件，这样便于对界面运行效果进行较为灵活的控制和调整。

此时，窗体上各控件对象的名称及属性见表 12.4。

表 12.4　各控件对象的名称和属性

编 号	控件类别	对象名称	属性说明
	MainWindow	默认	geometry: [(0, 0), 1200x800] windowTitle: 我的绘图板
①	ToolBar	tbrFile	geometry: [(0, 0), 12x12]
②	ToolBar	tbrStyle	geometry: [(12, 0), 1188x12]
③	ToolBar	tbrShape	geometry: [(0, 12), 12x768]
④	StatusBar	statusbar	geometry: [(0, 780), 1200x20]

但此时的界面上工具栏都是空的，要达到绘图板的完整效果，还要进一步用代码开发各工具栏上的控件。

2．提升图形视图

前面已创建了自定义的图形视图类 BoardGraphicsView，但要想使用这个类，必须对 Qt 系统原有的 GraphicsView 控件类进行"提升"，具体操作如下。

（1）从窗口部件盒中拖曳一个 GraphicsView 控件（ Graphics View）至窗体上，右击，选择"提升为"命令，弹出"提升的窗口部件"对话框。

（2）在对话框下部"新建提升的类"选项组的"提升的类名称"文本框中输入"BoardGraphicsView"，"头文件"设为"BoardGraphicsView.h"，勾选"全局包含"复选框，单击"添加"按钮，如图 12.9 所示。

（3）此时，对话框上部"提升的类"列表框中出现 BoardGraphicsView 的条目，单击"提升"按钮，如图 12.10 所示。

图 12.9　添加提升的类

图 12.10　提升控件

保存 DrawBoard.ui，程序界面的可视化设计就到此为止。

12.3.3 程序框架

1．文件构成

本例包括以下几种不同类型和作用的程序文件。

（1）Qt 工程配置文件 MyDrawBoard.pro

它用于配置 Qt 程序中要使用的附加模块或第三方库，本例无须用户配置该文件。

（2）C++头文件

① DrawBoard.h：对应于主程序的头文件，里面声明了程序中用到的所有公共（通用）函数、槽函数，以及界面上诸多控件元素的引用指针。

② 定制（自定义）组件类的头文件，包括：BoardGraphicsView.h（定制图形视图）、BoardGraphicsScene.h（定制场景）、ShapeButton.h（定制按钮，即主界面左侧工具箱里的可拖曳按钮）。

③ shapeGraph.h：定义和实现图元数据结构。

④ global.h：全局类的头文件，集中声明程序的所有全局变量。

（3）C++源文件

① DrawBoard.cpp：绘图板的主程序，DrawBoard.h 头文件中声明的所有函数都在里面具体实现。

② 定制（自定义）组件类的源文件，与头文件一一对应，包括：BoardGraphicsView.cpp（定制图形视图）、BoardGraphicsScene.cpp（定制场景）、ShapeButton.cpp（定制按钮）。

③ global.cpp：全局类的源文件，为所有全局变量赋初值。

④ main.cpp：项目启动文件，里面的 main()函数是系统启动入口，其中注册了由 shapeGraph.h 所定义的图元数据结构。

以上介绍的各程序文件在"项目"视图中的分类位置如图 12.11 所示。

读者可依据这个视图理解项目程序代码的总体框架，为了后面介绍方便，下面先给出主要程序文件中代码的基本结构。

图 12.11　各程序文件在"项目"视图中的分类位置

2．头文件

头文件 DrawBoard.h 是整个项目程序所有函数的集中声明文件，它主要由库文件包含区、公共成员声明区、私有槽声明区、指针定义区 4 部分组成，完整代码如下：

```
#ifndef MYDRAWBOARD_H
#define MYDRAWBOARD_H
/*（1）库文件包含区*/
#include <QMainWindow>
#include <QLayout>
#include <QMessageBox>
#include <QLabel>
```

```cpp
#include <QPushButton>
#include <QComboBox>
#include <QSpinBox>
#include "ShapeButton.h"
#include "BoardGraphicsScene.h"
#include "global.h"
#include <QGraphicsItem>
#include <QInputDialog>
#include <QColorDialog>
#include <QFileDialog>
#include "shapeGraph.h"
QT_BEGIN_NAMESPACE
namespace Ui { class MyDrawBoard; }
QT_END_NAMESPACE
class MyDrawBoard : public QMainWindow {
    Q_OBJECT
/*（2）公共成员声明区*/
public:
    MyDrawBoard(QWidget *parent = nullptr);
    ~MyDrawBoard();
    void initUi();                                  //初始化函数
    void getZIndex(QGraphicsItem *item);            //设置图元叠放次序
    void addItemToScene(QGraphicsItem *item);       //添加图元到场景中
    void updateTbrStyle();                          //更新样式栏控件状态
    void clearScene();                              //清除场景中的图元
    void loadBoard();                               //打开图元文件
    bool saveBoard();                               //保存图元文件
    bool saveBoardAsPic();                          //场景画面另存为图片
/*（3）私有槽声明区*/
private slots:
    void toolButtonClicked(QAction *tb);
    void setBrushColor();                           //设置填充色
    void setPenWidth();                             //设置线宽
    void setPenStyle();                             //设置线型
    void setPenColor();                             //设置线色
    void setTextFont();                             //设置字体
    void setFontSize();                             //设置字号
    void setTextBold();                             //设置加粗
    void setTextItalic();                           //设置倾斜
    void setTextColor();                            //设置文字颜色
    void onZoomIn();                                //放大图元
    void onZoomOut();                               //缩小图元
    void onRotateLeft();                            //左旋图元
    void onRotateRight();                           //右旋图元
    void onDelete();                                //删除图元
    void drawEllipse();                             //绘制圆
    void drawRect();                                //绘制矩形
    void drawLine();                                //绘制直线
```

```cpp
        void drawText();                                    //添加文字
        void updateStatus(QPoint point);                    //更新状态栏信息
        void onMousePress(QPoint point);                    //按下鼠标（进入拖曳）
        void onMouseMove(QPoint point);                     //移动鼠标
        void onMouseRelease();                              //释放鼠标（结束拖曳）
        void repaintItem(QPoint point);                     //重绘图元
/*（4）指针定义区*/
private:
    Ui::MyDrawBoard *ui;                                    //主界面 UI 的引用指针
    QGraphicsItem *item;                                    //当前操作的图元指针
    QAction *tbNew, *tbOpen, *tbSave, *tbSaveAsPic;         //文件管理指针
    QLabel *label, *lbStatus;                               //文字标签、状态栏指针
    QPushButton *pbBrushColor, *pbPenColor, *pbBold, *pbItalic, *pbTextColor,
*pbZoomIn, *pbZoomOut, *pbRotateLeft, *pbRotateRight, *pbDelete;
                                                            //样式栏按钮指针
    QComboBox *cobPenWidth, *cobPenStyle, *cobFont;         //样式栏下拉列表框指针
    QSpinBox *sbFontSize;                                   //字号选择框指针
    ShapeButton *pbEllipse, *pbRect, *pbLine, *pbText;      //工具箱图元按钮指针
    BoardGraphicsScene *scene;                              //场景指针
};
#endif // MYDRAWBOARD_H
```

说明：

（1）库文件包含区：位于文件开头，凡不是 Qt 默认包含的功能模块都要在这里用 "#include <模块名>" 显式地包含进来才能使用，包含的模块可以是 Qt 本身内置的类库，也可以是第三方库或头文件。本例将几个自定义类的头文件都包含进来，有：BoardGraphicsScene.h（定制场景）、ShapeButton.h（定制按钮）、global.h（全局类），此外，还有程序功能要使用的 QInputDialog（输入对话框）、QColorDialog（颜色对话框）、QFileDialog（文件对话框）等。

（2）公共成员声明区：本程序的公共成员就是一些公共（通用）函数，它们是自定义的，将系统中各模块通用的操作抽象出来，独立封装为函数，可在程序的任何地方调用，有效地减少了代码冗余。

（3）私有槽声明区：该区声明了程序中定义的所有槽函数，不同于公共函数，槽函数都是与控件的信号或某个事件关联（绑定）的，只有当相应的信号（事件）产生时才会触发。

（4）指针定义区：定义了一些指针变量，虽然它们被声明为 private（私有），但在主程序的任何地方可以直接使用它们去操作界面上的控件元素，十分方便。

从上面的头文件代码中，可以清楚地看到本例用到了哪些 Qt 类库、自定义类，以及设计了哪些功能模块（函数）。

3．主程序

主程序是 Qt 项目的主体，是对头文件中声明函数功能的具体实现，系统的绝大部分代码都位于主程序中，其源文件 DrawBoard.cpp 的程序框架结构如下：

```cpp
#include "DrawBoard.h"
#include "ui_DrawBoard.h"
/*主程序类(构造与析构方法)*/
MyDrawBoard::MyDrawBoard(QWidget *parent)
    : QMainWindow(parent)
```

```
    , ui(new Ui::MyDrawBoard) {
    ui->setupUi(this);
    initUi();                                    //进行初始化
}
MyDrawBoard::~MyDrawBoard() {
    delete ui;
}
/*(1)初始化函数*/
void MyDrawBoard::initUi() {
    ...
}
/*(2)函数实现区*/
void MyDrawBoard:: 函数1() {
    ...
}
void MyDrawBoard:: 函数2() {
    ...
}
...
```

说明：

（1）初始化函数 initUi()（读者也可自定义名称）内编写的是程序启动要首先执行的代码，主要功能是设置窗体外观、往各工具栏上添加按钮控件及初始化、创建绘图区和场景、显示状态栏初始信息、关联主要控件的信号与槽函数等。

（2）函数实现区：头文件中声明的所有函数（包括公共函数和槽函数）全都在这里实现，位置不分先后，但还是建议把与某方面功能相关的一组函数写在一起以便维护。后面各节在介绍系统某方面功能开发时所给出的函数代码，如不特别说明，都写在这个区域中。

4．全局类

由于本例除主程序外还有多个用户自定义的类，这些类的程序代码之间存在交互，需要共用一些变量，为实现共享，将这些公共变量都统一集中定义在一个全局类 Global 中。

全局类头文件 global.h，代码为：

```
#ifndef GLOBAL_H
#define GLOBAL_H
#include <QPointF>
#include <QString>
class Global {
public:
    Global();
    static QPointF pointDragEnter;
    static QString currentFileName;
    static bool resizeDragging;
    static float zIndex;
};
#endif // GLOBAL_H
```

说明：

（1）pointDragEnter：鼠标拖曳工具箱按钮至绘图区释放处的位置坐标。

（2）currentFileName：当前打开（正在编辑）的图元文件名。
（3）resizeDragging：标志当前是否处于由用户拖曳改变图元大小的操作模式。
（4）zIndex：当前选中图元在场景中的叠放次序。

注意：以这种方式定义的变量必须声明为静态（static）的。

在全局类源文件 global.cpp 中给这些变量赋初值，如下：

```cpp
#include "global.h"
Global::Global() {}
QPointF Global::pointDragEnter = QPointF(0.0, 0.0);
QString Global::currentFileName = "graph0";
bool Global::resizeDragging = false;
float Global::zIndex = 0.0;
```

12.4 主界面开发

12.4.1 文件管理栏开发

文件管理栏是位于窗口顶部的工具栏（名称为 tbrFile），其上以图标形式显示"新建""打开""保存""另存为图片"四个功能按钮，按钮的图片事先保存于项目 image 目录下，运行时的显示效果如图 12.12 所示。

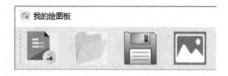

图 12.12　文件管理栏

在 initUi() 函数中编写代码，如下：

```cpp
setWindowIcon(QIcon("image/drawboard.jpg"));          //设置程序窗口图标
setWindowFlag(Qt::WindowType::MSWindowsFixedSizeDialogHint);
                                                      //设置窗口为固定大小
ui->tbrFile->setToolButtonStyle(Qt::ToolButtonStyle::ToolButtonIconOnly);
                                                      //（1）
ui->tbrFile->setIconSize(QSize(51, 51));
ui->tbrFile->layout()->setContentsMargins(5, 5, 5, 5);
ui->tbrFile->layout()->setSpacing(20);                //（2）
tbNew = new QAction(QIcon("image/new.jpg"), "新建");
ui->tbrFile->addAction(tbNew);
tbOpen = new QAction(QIcon("image/open.jpg"), "打开");
ui->tbrFile->addAction(tbOpen);
tbSave = new QAction(QIcon("image/save.jpg"), "保存");
ui->tbrFile->addAction(tbSave);
```

```
tbSaveAsPic = new QAction(QIcon("image/saveaspic.jpg"), "另存为图片");
ui->tbrFile->addAction(tbSaveAsPic);                          // (3)
```

说明：

（1）setToolButtonStyle()方法设置工具栏按钮的显示样式，样式由 Qt::ToolButtonStyle 的枚举（Enum）属性定义，它有多个取值，本例用的 ToolButtonIconOnly 只显示按钮图标，其他几个取值的样式显示效果如图 12.13 所示。

ToolButtonTextOnly

ToolButtonTextUnderIcon

ToolButtonTextBesideIcon

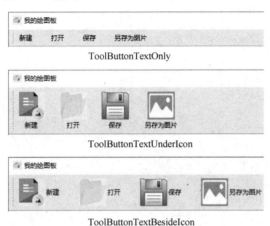

图 12.13　工具栏按钮几种不同取值样式的显示效果

（2）工具栏自带布局（QLayout），通过 layout()方法引用，setContentsMargins()设置按钮与工具栏的边距；setSpacing()设置按钮之间的间距。

（3）QAction(QIcon("图片"), "文本")方法用来创建工具栏上的按钮，其第 1 个参数（QIcon 类型）指定按钮的图标，第 2 个参数指定按钮的文本。用 addAction()方法可将创建的按钮添加到工具栏上。

12.4.2　样式栏开发

样式栏是绘图时用来设置图元外观样式的工具栏，其在运行时的显示效果如图 12.14 所示。

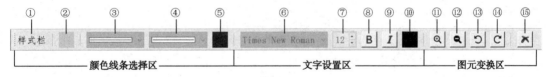

图 12.14　样式栏

在 initUi()函数中编写代码来创建和添加样式栏上的控件。

由于样式栏控件种类和数量比较多，为方便读者阅读和理解程序，这里对每一个控件都用了①、②、③……编号标注，对应于程序中创建相应控件的代码段前的注释序号，并将所有控件按功能类型人为地划分为三个区：颜色线条选择区、文字设置区、图元变换区（见图 12.14 中的标注）。

下面分区来介绍各控件的创建和初始设置。

1. 颜色线条选择区

这个区域的控件主要用来对形状类图元（圆、矩形、直线）的颜色、线宽、线型等进行设置，创建代码如下：

```
ui->tbrStyle->layout()->setContentsMargins(5, 5, 5, 5);
ui->tbrStyle->layout()->setSpacing(10);
QFont font("仿宋", 14);                                   //样式栏统一字体字号
// ① 标题 文本标签
label = new QLabel("样式栏");
label->setFont(font);
ui->tbrStyle->addWidget(label);                           //（1）
ui->tbrStyle->addSeparator();                             //（2）
// ② 填充色 按钮
pbBrushColor = new QPushButton();
pbBrushColor->setAutoFillBackground(true);                //（3）
pbBrushColor->setPalette(QPalette(QColor(0, 255, 0)));    //（3）
pbBrushColor->setFixedSize(32, 32);
pbBrushColor->setFlat(true);                              //（3）
pbBrushColor->setToolTip("填充");
ui->tbrStyle->addWidget(pbBrushColor);                    //（1）
ui->tbrStyle->addSeparator();                             //（2）
// ③ 线宽 下拉列表框
cobPenWidth = new QComboBox();
cobPenWidth->addItem(QIcon("image/pw2.jpg"), "");
cobPenWidth->addItem(QIcon("image/pw4.jpg"), "");
cobPenWidth->addItem(QIcon("image/pw6.jpg"), "");
cobPenWidth->setIconSize(QSize(90, 32));                  //（4）
cobPenWidth->setFixedSize(120, 32);
cobPenWidth->setToolTip("线条粗细");
cobPenWidth->setEnabled(false);
ui->tbrStyle->addWidget(cobPenWidth);                     //（1）
// ④ 线型 下拉列表框
cobPenStyle = new QComboBox();
cobPenStyle->addItem(QIcon("image/pssolid.jpg"), "");
cobPenStyle->addItem(QIcon("image/psdot.jpg"), "");
cobPenStyle->addItem(QIcon("image/psdashdot.jpg"), "");
cobPenStyle->setIconSize(QSize(90, 32));                  //（4）
cobPenStyle->setFixedSize(120, 32);
cobPenStyle->setToolTip("线型");
cobPenStyle->setEnabled(false);
ui->tbrStyle->addWidget(cobPenStyle);                     //（1）
// ⑤ 线条颜色 按钮
pbPenColor = new QPushButton();
pbPenColor->setAutoFillBackground(true);                  //（3）
pbPenColor->setPalette(QPalette(QColor(0, 0, 255)));      //（3）
pbPenColor->setFixedSize(32, 32);
pbPenColor->setFlat(true);                                //（3）
pbPenColor->setToolTip("线条颜色");
```

```
pbPenColor->setEnabled(false);
ui->tbrStyle->addWidget(pbPenColor);                    //（1）
ui->tbrStyle->addSeparator();                           //（2）
```

说明：

（1）当设计的工具栏上控件种类较多（如这里有 Label、PushButton、ComboBox）时，一般采用 addWidget()方法添加控件。

（2）addSeparator()方法添加分隔条，隔离不同功能的控件组，使界面看起来更有条理。

（3）颜色设置按钮是绘图板程序必不可少的功能按钮，这类按钮要能根据用户选择的颜色来变换不同的背景色，需要对 PushButton 进行如下定制。

① 用 setAutoFillBackground()设置自动填充背景。

② 用 setPalette(QPalette(QColor(红，绿，蓝)))设置背景色，这里用到 QPalette（调色板），往其中传入一个 QColor 类型的参数，用红绿蓝（RGB）三原色值设定具体的颜色。

③ 用 setFlat()将按钮设为面板的外观。

（4）为了形象直观，线宽和线型下拉列表框都使用图像来代替文字形式的列表选项，定制方法是：用 addItem(QIcon("图片"), "")方法添加列表项时将第 1 个 QIcon 类型的图标参数设为要显示的线条外观图片（预先准备在项目 image 目录下），而第 2 个文本参数设置为空，再用 setIconSize()方法将图标的尺寸设成与下拉列表框相适应,这样就可以在运行时呈现出如图 12.15 所示的效果。

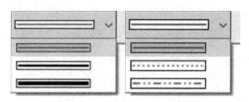

图 12.15　线宽和线型下拉列表框的定制效果

此外，用 setFixedSize()将所有控件设为固定大小，setToolTip()设置控件的功能提示文字，setEnabled()设置控件初始可用性。

2．文字设置区

该区控件用来设置文字型图元的字体、字号等属性，创建代码如下：

```
// ⑥ 字体 下拉列表框
cobFont = new QComboBox();
cobFont->addItem("Times New Roman");
cobFont->addItem("微软雅黑");
cobFont->addItem("华文楷体");
cobFont->setFont(font);
cobFont->setFixedSize(180, 32);
cobFont->setToolTip("字体");
cobFont->setEnabled(false);
ui->tbrStyle->addWidget(cobFont);
// ⑦ 字号 数字选择框
sbFontSize = new QSpinBox();
sbFontSize->setMinimum(6);                              // 最小字号
sbFontSize->setMaximum(72);                             // 最大字号
```

```
sbFontSize->setValue(12);                                      // 默认字号
sbFontSize->setFont(font);
sbFontSize->setAlignment(Qt::AlignmentFlag::AlignHCenter);
sbFontSize->setFixedSize(50, 32);
sbFontSize->setToolTip("字号");
sbFontSize->setEnabled(false);
ui->tbrStyle->addWidget(sbFontSize);
// ⑧ 加粗 按钮
pbBold = new QPushButton();
pbBold->setIcon(QIcon("image/bold.jpg"));
pbBold->setIconSize(QSize(16, 16));
pbBold->setFixedSize(32, 32);
pbBold->setStyleSheet("background-color: whitesmoke");
pbBold->setToolTip("加粗");
pbBold->setEnabled(false);
ui->tbrStyle->addWidget(pbBold);
// ⑨ 倾斜 按钮
pbItalic = new QPushButton();
pbItalic->setIcon(QIcon("image/italic.jpg"));
pbItalic->setIconSize(QSize(16, 16));
pbItalic->setFixedSize(32, 32);
pbItalic->setStyleSheet("background-color: whitesmoke");
pbItalic->setToolTip("倾斜");
pbItalic->setEnabled(false);
ui->tbrStyle->addWidget(pbItalic);
// ⑩ 文字颜色 按钮
pbTextColor = new QPushButton();
pbTextColor->setAutoFillBackground(true);
pbTextColor->setPalette(QPalette(QColor(0, 0, 0)));
pbTextColor->setFixedSize(32, 32);
pbTextColor->setFlat(true);
pbTextColor->setToolTip("文字颜色");
pbTextColor->setEnabled(false);
ui->tbrStyle->addWidget(pbTextColor);
ui->tbrStyle->addSeparator();
```

说明："加粗"和"倾斜"按钮皆以 setIcon()方法设置其图标，setIconSize()方法设定图标尺寸，setStyleSheet()方法设置背景色，这也是对工具栏普通功能按钮外观设计的常用方式；而最后一个"文字颜色"按钮属于颜色设置类的按钮，采用前面介绍的方法定制其外观。

3．图元变换区

该区的按钮用来对场景中的任意图元进行缩放、旋转等变换，以使用户的绘图操作更加灵活，创建代码如下：

```
// ⑪ 放大图元 按钮
pbZoomIn = new QPushButton();
pbZoomIn->setIcon(QIcon("image/zoomin.jpg"));
pbZoomIn->setIconSize(QSize(16, 16));
pbZoomIn->setFixedSize(32, 32);
```

```
pbZoomIn->setStyleSheet("background-color: whitesmoke");
pbZoomIn->setToolTip("放大");
ui->tbrStyle->addWidget(pbZoomIn);
// ⑫ 缩小图元 按钮
pbZoomOut = new QPushButton();
pbZoomOut->setIcon(QIcon("image/zoomout.jpg"));
pbZoomOut->setIconSize(QSize(16, 16));
pbZoomOut->setFixedSize(32, 32);
pbZoomOut->setStyleSheet("background-color: whitesmoke");
pbZoomOut->setToolTip("缩小");
ui->tbrStyle->addWidget(pbZoomOut);
// ⑬ 左旋图元 按钮
pbRotateLeft = new QPushButton();
pbRotateLeft->setIcon(QIcon("image/rotateleft.jpg"));
pbRotateLeft->setIconSize(QSize(16, 16));
pbRotateLeft->setFixedSize(32, 32);
pbRotateLeft->setStyleSheet("background-color: whitesmoke");
pbRotateLeft->setToolTip("左旋");
ui->tbrStyle->addWidget(pbRotateLeft);
// ⑭ 右旋图元 按钮
pbRotateRight = new QPushButton();
pbRotateRight->setIcon(QIcon("image/rotateright.jpg"));
pbRotateRight->setIconSize(QSize(16, 16));
pbRotateRight->setFixedSize(32, 32);
pbRotateRight->setStyleSheet("background-color: whitesmoke");
pbRotateRight->setToolTip("右旋");
ui->tbrStyle->addWidget(pbRotateRight);
ui->tbrStyle->addSeparator();
// ⑮ 删除图元 按钮
pbDelete = new QPushButton();
pbDelete->setIcon(QIcon("image/delete.jpg"));
pbDelete->setIconSize(QSize(16, 16));
pbDelete->setFixedSize(32, 32);
pbDelete->setStyleSheet("background-color: whitesmoke");
pbDelete->setToolTip("删除");
ui->tbrStyle->addWidget(pbDelete);
```

12.4.3 工具箱开发

工具箱中有 4 个按钮，每一个代表了一种图元类型，运行效果如图 12.16 所示。

在 initUi() 函数中编写代码创建工具箱按钮，如下：

```
ui->tbrShape->layout()->setContentsMargins(10, 10, 10, 10);
ui->tbrShape->layout()->setSpacing(20);
// 圆形 按钮
pbEllipse = new ShapeButton();
pbEllipse->setIcon(QIcon("image/ellipse.jpg"));
```

图 12.16 工具箱

```
pbEllipse->setIconSize(QSize(51, 51));
pbEllipse->setStyleSheet("background-color: whitesmoke");
ui->tbrShape->addWidget(pbEllipse);
// 矩形 按钮
pbRect = new ShapeButton();
pbRect->setIcon(QIcon("image/rect.jpg"));
pbRect->setIconSize(QSize(51, 51));
pbRect->setStyleSheet("background-color: whitesmoke");
ui->tbrShape->addWidget(pbRect);
// 直线 按钮
pbLine = new ShapeButton();
pbLine->setIcon(QIcon("image/line.jpg"));
pbLine->setIconSize(QSize(51, 51));
pbLine->setStyleSheet("background-color: whitesmoke");
ui->tbrShape->addWidget(pbLine);
// 文字 按钮
pbText = new ShapeButton();
pbText->setIcon(QIcon("image/text.jpg"));
pbText->setIconSize(QSize(51, 51));
pbText->setStyleSheet("background-color: whitesmoke");
pbText->setToolTip("添加文字");
ui->tbrShape->addWidget(pbText);
```

说明：

（1）为了后面开发工具箱按钮的拖曳功能，需要对 Qt 原有的标准按钮（PushButton）进行扩展定制，之前创建项目时已经创建了自定义的按钮 ShapeButton（继承自 QPushButton），所以上面代码中的每个按钮都是基于这个类创建的，至于其扩展的拖曳功能后面再补充开发。

（2）为简单起见，本例仅开发了支持圆、矩形、直线和文字这四种类型图元的工具箱按钮，有兴趣的读者可在此基础上再进行扩展，创建更多类型（如三角形、梯形、多边形、椭圆、弧线等）图元的工具按钮，使系统能够支持更为复杂的场景元素的绘制。

12.4.4　绘图区和状态栏开发

绘图区处于主界面的中央，被开发好的样式栏和工具箱围住，如图 12.17 所示。状态栏就是主窗体原来自带的 StatusBar，位于窗口底部，其上要显示鼠标指针在场景中的坐标、当前打开的图元文件名这两项信息。

1. 自定义视图和场景类

绘图区其实就是一个图形视图（GraphicsView）控件，它要与场景（GraphicsScene）相结合才能实现绘图。为了后面开发拖曳功能，也需要对 Qt 标准的图形视图和场景类进行扩展，之前创建项目时已经创建了自定义的图形视图 BoardGraphicsView（继承自 QGraphicsView）和场景 BoardGraphicsScene（继承自 QGraphicsScene）。

图 12.17　绘图区和状态栏

在 BoardGraphicsView.h 中编写代码如下：

```cpp
#ifndef BOARDGRAPHICSVIEW_H
#define BOARDGRAPHICSVIEW_H
#include <QGraphicsView>
#include <QMouseEvent>
class BoardGraphicsView : public QGraphicsView {
    Q_OBJECT
public:
    BoardGraphicsView(QWidget *parent = 0);
signals:
    void mousemoved(QPoint);                            //定义信号
protected:
    void mouseMoveEvent(QMouseEvent *event);            //处理鼠标移动事件
};
#endif // BOARDGRAPHICSVIEW_H
```

在 BoardGraphicsView.cpp 中编写代码如下：

```cpp
#include "BoardGraphicsView.h"
BoardGraphicsView::BoardGraphicsView(QWidget *parent)
    : QGraphicsView(parent) {}
//重写的鼠标移动事件处理函数
void BoardGraphicsView::mouseMoveEvent(QMouseEvent *event) {
    QPoint pointMouseMove = event->pos();               //获取坐标
    emit mousemoved(pointMouseMove);                    //发射信号
}
```

说明：在 BoardGraphicsView.h 中定义了一个信号 mousemoved()，当鼠标在场景中移动时会触发 MouseMove 事件，通过重写 GraphicsView 处理该事件的 mouseMoveEvent()函数，用 pos()方法获取事件对象中记录的坐标，将其加载在 mousemoved()信号上发射出去，供程序更新状态栏信息使用。

2. 创建绘图区

在 initUi()函数中编写代码，如下：

```
ui->gvBoard->setGeometry(0, 0, 1000, 600);              //（1）
ui->gvBoard->setMouseTracking(true);                    //（2）
float w = ui->gvBoard->width() - 2;
float h = ui->gvBoard->height() - 2;
QRectF rect = QRectF(-(w / 2), -(h / 2), w, h);         //（3）
scene = new BoardGraphicsScene();
scene->setSceneRect(rect);                              //创建场景
ui->gvBoard->setScene(scene);                           //将场景关联到视图
lbStatus = new QLabel();
lbStatus->setText("图元文件 " + Global::currentFileName);
ui->statusbar->addPermanentWidget(lbStatus);            //（4）
connect(ui->gvBoard, SIGNAL(mousemoved(QPoint)), this, SLOT(updateStatus(QPoint)));
                                                        //将信号关联到函数
item = nullptr;                                         //当前正在操作的图元
```

说明：

（1）setGeometry()方法设置绘图区在界面上的位置和尺寸，当界面上有水平、垂直两个方向的工具栏时，系统默认以工具栏内边界交点处为窗口坐标原点，如图 12.18 所示。所以，这里设置 setGeometry(0, 0, 1000, 600)就能让绘图区的边界紧贴工具栏。

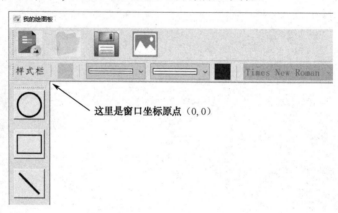

图 12.18　存在多个工具栏时的窗口坐标原点

（2）ui->gvBoard->setMouseTracking(true)：GraphicsView 系统默认只有当用户按着鼠标左键不放移动时才能够检测到 MouseMove 事件，这显然不是我们想要的，为达成实时获取鼠标位置的目的，用 setMouseTracking()开启鼠标跟踪，这样只要用户在场景中移动鼠标（不用按键）程序就能随时获知指针所在处的坐标了。

（3）QRectF rect = QRectF(-(w / 2), -(h / 2), w, h)：定义场景区域的位置和宽高，这里的位置以场景左上角的坐标表示，采用的是场景坐标系，GraphicsView 系统的场景坐标系与界面窗口坐标系不一样，它是以场景中心点为坐标原点的，已知场景宽度 w 和高度 h，其左上角的场景坐标就是(-(w / 2), -(h / 2))。

（4）Qt 主窗体的状态栏 StatusBar 已提供了 showMessage()方法显示状态信息，如果想要显示多个信息项，一般通过往状态栏上添加显示控件（如 Label）的方式，但是以 addWidget()方法添加到状态栏的控件默认左对齐，这样就会覆盖 showMessage()方法显示的信息内容，故这里改用 addPermanentWidget()方法添加控件，添加的 Label 在状态栏右边，不会覆盖左边的信息。

3．更新状态信息

以上鼠标位置移动事件处理中所发出的信号 mousemoved()已关联到一个自定义的 updateStatus()函数，由它来对状态栏信息进行更新。

在主程序的函数实现区编写 updateStatus()函数的代码，如下：

```
void MyDrawBoard::updateStatus(QPoint point) {
    QPoint sp = ui->gvBoard->mapToScene(point).toPoint();    //转换为场景坐标
    ui->statusbar->showMessage("场景坐标 (X: " + QString::number(sp.x()) + ", Y: " + QString::number(sp.y()) + ")");
    lbStatus->setText("图元文件 " + Global::currentFileName);
}
```

说明：鼠标移动（MouseMove）事件获取的是指针的窗口坐标，实际应用中应当转换为场景坐标，使用 mapToScene()方法。

12.5 绘图功能开发

12.5.1 创建图元

1．拖曳放置图元

本例支持用户以拖曳的方式往场景中放置图元，如图 12.19 所示，用鼠标左键按下工具箱里的按钮直接拖至绘图区，到达目标位置后释放鼠标左键即可将图元放置在那里。

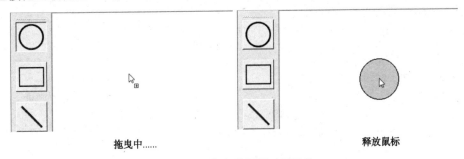

图 12.19 拖曳放置图元的操作

工作原理：

（1）定制工具箱图元按钮类（ShapeButton），使其能够被拖曳。

（2）设置自定义的图形视图类（BoardGraphicsView），重写其 dragEnterEvent()方法，使之能接收拖曳进来的控件对象。

（3）图形视图在接收到拖曳（DragEnter）事件后转交给关联的场景类处理，故还要设置自定义场景类（BoardGraphicsScene），使其也一样能接收拖曳进来的控件。

（4）一旦用户释放鼠标，由图形视图的 dropEvent()方法对此事件进行处理，重写该方法，在其中获取鼠标释放位置的坐标（保存到全局变量），然后夺取工具箱图元按钮的焦点（等效于释放图元按钮)。

(5) 图元按钮被释放会产生一个 released()信号,在该信号所关联的函数中绘制图元(绘图位置从全局变量中得到)。

实现步骤:

1) 定制图元按钮类

Qt 的标准按钮(PushButton)在程序运行时是不能被拖曳的,想使它能被用户拖曳,要重写其 mouseMoveEvent()函数,在其中创建一个 QDrag 类型的对象并设置拖曳数据(QMimeData)。

在 ShapeButton.h 中编写代码如下:

```cpp
#ifndef SHAPEBUTTON_H
#define SHAPEBUTTON_H
#include <QPushButton>
#include <QMouseEvent>
#include <QMimeData>
#include <QDrag>
class ShapeButton : public QpushButton {
public:
    ShapeButton();
protected:
    void mouseMoveEvent(QMouseEvent *event);
private:
    QMimeData *mimeData;
    QDrag *drag;
};
#endif // SHAPEBUTTON_H
```

在 ShapeButton.cpp 中编写代码如下:

```cpp
#include "ShapeButton.h"
ShapeButton::ShapeButton() {}
void ShapeButton::mouseMoveEvent(QMouseEvent *event) {
    if (event->buttons() != Qt::MouseButton::LeftButton) return;
    mimeData = new QMimeData();
    drag = new QDrag(this);                                //创建 QDrag 对象
    drag->setMimeData(mimeData);                           //设置拖曳数据
    drag->setHotSpot(event->pos() - rect().topLeft());
    drag->exec(Qt::DropAction::MoveAction);
}
```

2) 定制图形视图类

修改自定义图形视图类 BoardGraphicsView 的代码,重写两个事件函数。

BoardGraphicsView.h 代码改为:

```cpp
#ifndef BOARDGRAPHICSVIEW_H
#define BOARDGRAPHICSVIEW_H
#include <QGraphicsView>
#include <QDragEnterEvent>
#include <QDropEvent>
#include <QMouseEvent>
#include "global.h"
class BoardGraphicsView : public QGraphicsView {
```

第12章 图元、鼠标事件、序列化、工具栏综合应用实例：我的绘图板

```
    Q_OBJECT
public:
    BoardGraphicsView(QWidget *parent = 0);
signals:
    void mousemoved(QPoint);
protected:
    void dragEnterEvent(QDragEnterEvent *event);
    void dropEvent(QDropEvent *event);
    void mouseMoveEvent(QMouseEvent *event);
};
#endif // BOARDGRAPHICSVIEW_H
```

BoardGraphicsView.cpp 代码改为：

```
#include "BoardGraphicsView.h"
BoardGraphicsView::BoardGraphicsView(QWidget *parent)
    : QGraphicsView(parent) {}
void BoardGraphicsView::dragEnterEvent(QDragEnterEvent *event) {
    event->accept();                                    //（1）
}
void BoardGraphicsView::dropEvent(QDropEvent *event) { //（2）
    Global::pointDragEnter = event->posF();            //（3）
    setFocus();                                         //（4）
}
void BoardGraphicsView::mouseMoveEvent(QMouseEvent *event) {
    QPoint pointMouseMove = event->pos();
    emit mousemoved(pointMouseMove);
    if (Global::resizeDragging == false)                //不处在调整大小模式
        QGraphicsView::mouseMoveEvent(event);           //（5）
}
```

说明：

（1）dragEnterEvent()函数的传入参数 event 是一个 QDragEnterEvent 类型的事件对象，调用其 accept()方法可接收拖曳进来的控件。

（2）dropEvent()函数处理拖曳鼠标的释放事件，此事件只能由图形视图处理而不能由场景处理。

（3）全局变量 pointDragEnter 保存鼠标释放处的坐标，posF()方法得到的是浮点型（QPointF）的精确位置坐标。

（4）图形视图用 setFocus()方法获取焦点，才能使工具箱图元按钮的释放信号（released()）得以产生，从而触发与之关联的绘图函数。

（5）GraphicsView 系统可以让放置到场景中的图元被用户鼠标选中、获取焦点和拖动，这些基本操作功能都包含在父类（QGraphicsView）的 mouseMoveEvent 事件处理函数中，在重写的 mouseMoveEvent()函数中调用父类的 QGraphicsView::mouseMoveEvent(event)即可使用。为使这些功能生效，还需要用程序语句调用图元的 setFlag()方法设置开启，为此，定义一个 addItemToScene()函数专门负责将创建的图元添加到场景中时设置其 GraphicsItemFlag 属性。在主程序函数实现区编写 addItemToScene()函数，如下：

```
void MyDrawBoard::addItemToScene(QGraphicsItem *item) {
    item->setFlag(QGraphicsItem::GraphicsItemFlag::ItemIsSelectable);
```

```
                                                      //可选
    item->setFlag(QGraphicsItem::GraphicsItemFlag::ItemIsFocusable);
                                                      //可获焦点
    item->setFlag(QGraphicsItem::GraphicsItemFlag::ItemIsMovable);
                                                      //可拖动
    scene->addItem(item);                             //添加图元到场景中
}
```

3）定制场景类

重写自定义场景类 BoardGraphicsScene 的 dragMoveEvent()函数，使之能接收由图形视图转交给它的 DragEnter 事件。

在 BoardGraphicsScene.h 中编写代码如下：

```
#ifndef BOARDGRAPHICSSCENE_H
#define BOARDGRAPHICSSCENE_H
#include <QGraphicsScene>
#include <QGraphicsSceneDragDropEvent>
class BoardGraphicsScene : public QgraphicsScene {
public:
    explicit BoardGraphicsScene(QObject *parent = nullptr);
protected:
    void dragMoveEvent(QGraphicsSceneDragDropEvent *event);
};
#endif // BOARDGRAPHICSSCENE_H
```

在 BoardGraphicsScene.cpp 中编写代码如下：

```
#include "BoardGraphicsScene.h"
BoardGraphicsScene::BoardGraphicsScene(QObject *parent)
    : QGraphicsScene{parent} {}
void BoardGraphicsScene::dragMoveEvent(QGraphicsSceneDragDropEvent *event)
{
    event->accept();                          //接收图形视图转交的拖曳事件
}
```

实现以上的工作机制后，编写各个图元按钮的释放信号（released()）所关联的绘图函数，就可以往视图场景中拖曳放置不同类型的图元了。

接下来分别介绍各个绘图函数。

2. 绘制圆

在 initUi()函数中将圆形按钮的 released()信号关联到 drawEllipse()函数：

```
connect(pbEllipse, SIGNAL(released()), this, SLOT(drawEllipse()));
```

在主程序函数实现区编写 drawEllipse()函数，代码如下：

```
void MyDrawBoard::drawEllipse() {
    QGraphicsEllipseItem *curItem = new QGraphicsEllipseItem(-40, -40, 80, 80);
                                                      //（1）创建圆形图元
    item = curItem;
    QPointF point = ui->gvBoard->mapToScene(Global::pointDragEnter.toPoint());
    curItem->setPos(point);                           //（2）
    QPen *pen = new QPen();
    pen->setWidth(2);                                 //初始线宽为2
    pen->setColor(Qt::GlobalColor::blue);             //初始线条为蓝色线条
```

```
    curItem->setPen(*pen);
    curItem->setBrush(QBrush(Qt::GlobalColor::green));    //初始填充绿色
    getZIndex(curItem);                                    //（3）
    addItemToScene(curItem);                               //添加到场景中
}
```

说明：

（1）用"new QGraphicsEllipseItem(局部 X，局部 Y，宽，高)"创建圆形图元对象，创建时用局部坐标作为参数，它是以图元形状中心为原点的，这里创建的圆的宽和高（直径）为 80，那么其右上角的局部坐标就是(-宽 / 2, -高 / 2)。

（2）拖曳鼠标释放时所获取和保存到全局变量 pointDragEnter 中的也是窗口坐标，要用 mapToScene()方法转换为场景坐标，再用 setPos()设为图元的绘图位置。

（3）场景中的图元以一个实数值（ZValue）确定其与其他图元之间的叠放次序，值大的叠放在上层。以一个全局变量 zIndex 保存当前图元的 ZValue 值，该值随图元的创建逐次加 1，越是新近创建的图元其 ZValue 值越大，而当前创建的图元肯定位于最上层。定义一个函数 getZIndex()为新建的图元赋 ZValue 值，代码为：

```
void MyDrawBoard::getZIndex(QGraphicsItem *item) {
    item->setZValue(Global::zIndex);                       //设置图元的 ZValue 值
    Global::zIndex += 1;
}
```

3．绘制矩形

在 initUi()函数中将矩形按钮的 released()信号关联到 drawRect()函数：

```
connect(pbRect, SIGNAL(released()), this, SLOT(drawRect()));
```

在主程序函数实现区编写 drawRect()函数，代码如下：

```
void MyDrawBoard::drawRect() {
    QGraphicsRectItem *curItem = new QGraphicsRectItem(-30, -30, 60, 60);
                                                           //创建矩形图元
    item = curItem;
    QPointF point = ui->gvBoard->mapToScene(Global::pointDragEnter.toPoint());
    curItem->setPos(point);                                //设置绘图位置
    QPen *pen = new QPen();
    pen->setWidth(2);                                      //初始线宽为 2
    pen->setColor(Qt::GlobalColor::blue);                  //初始线条为蓝色线条
    curItem->setPen(*pen);
    curItem->setBrush(QBrush(Qt::GlobalColor::green));    //初始填充绿色
    getZIndex(curItem);                                    //设叠放次序(赋 ZValue 值)
    addItemToScene(curItem);                               //添加到场景中
}
```

4．画直线

在 initUi()函数中将直线按钮的 released()信号关联到 drawLine()函数：

```
connect(pbLine, SIGNAL(released()), this, SLOT(drawLine()));
```

在主程序函数实现区编写 drawLine()函数，代码如下：

```
void MyDrawBoard::drawLine() {
    QGraphicsLineItem *curItem = new QGraphicsLineItem(-100, 0, 100, 0);
```

```
                                                        //创建直线图元
    item = curItem;
    QPointF point = ui->gvBoard->mapToScene(Global::pointDragEnter.toPoint());
    curItem->setPos(point);                             //设置绘图位置
    QPen *pen = new QPen();
    pen->setWidth(2);                                   //初始线宽为2
    pen->setColor(Qt::GlobalColor::blue);               //初始线条为蓝色线条
    curItem->setPen(*pen);
    getZIndex(curItem);                                 //设置叠放次序
    addItemToScene(curItem);                            //添加到场景中
}
```

说明：与圆、矩形等封闭形状有所不同，直线图元的局部坐标是以右端点为原点的，故长度100（宽）的直线其左端点的局部坐标为（-100, 0）。

5．添加文字

把工具箱文字按钮拖曳到视图场景中释放，会弹出对话框让用户输入要添加的文字内容，如图12.20所示，单击"OK"按钮，所输入的文字被创建为图元并添加到场景中。

图12.20　添加文字操作

在 initUi() 函数中将文字按钮的 released() 信号关联到 drawText() 函数：

```
    connect(pbText, SIGNAL(released()), this, SLOT(drawText()));
```

在主程序函数实现区编写 drawText() 函数，代码如下：

```
void MyDrawBoard::drawText() {
    bool ok = false;
    QString text = QInputDialog::getText(this, "添加文字", "请输入", QLineEdit::Normal, "", &ok);
    if (!ok) return;
    QGraphicsTextItem *curItem = new QGraphicsTextItem(text);//创建文字图元
    item = curItem;
    QPointF point = ui->gvBoard->mapToScene(Global::pointDragEnter.toPoint());
    curItem->setPos(point);                             //设置绘图位置
    QFont font("Times New Roman", 12);                  //初始字体字号
    curItem->setFont(font);
    curItem->setDefaultTextColor(Qt::GlobalColor::black);   //初始文字为黑色文字
```

```
    getZIndex(curItem);                                 //设叠放次序
    addItemToScene(curItem);                            //添加到场景中
}
```

12.5.2 调整图元大小

本例还支持用户以鼠标拖曳图元的边界来调整大小，如图 12.21 所示。

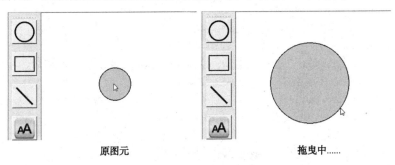

图 12.21 拖曳图元边界调整大小

1. 实现机制

（1）用一个全局变量 resizeDragging 标志当前是否处于拖曳调整大小模式，默认为否（false）。

（2）以用户在图元边界按下鼠标左键作为进入拖曳调整大小模式的开始，释放鼠标左键则退出该模式。针对这两种操作，需要在定制的图形视图类 BoardGraphicsView 中定义两个信号（mousepressed()和 mousereleased()），它们分别于鼠标左键按下和释放的时刻发出，通过重写图形视图的 mousePressEvent()和 mouseReleaseEvent()函数来处理这两个事件。

在 BoardGraphicsView.h 中添加信号定义及函数声明：

```
...
class BoardGraphicsView : public QGraphicsView {
...
signals:
    void mousepressed(QPoint);                          //定义mousepressed()信号
    void mousemoved(QPoint);
    void mousereleased();                               //定义mousereleased()信号
protected:
    void dragEnterEvent(QDragEnterEvent *event);
    void dropEvent(QDropEvent *event);
    void mousePressEvent(QMouseEvent *event);           //声明mousePressEvent()函数
    void mouseMoveEvent(QMouseEvent *event);
    void mouseReleaseEvent(QMouseEvent *event);         //声明mouseReleaseEvent()函数
};
#endif // BOARDGRAPHICSVIEW_H
```

在 BoardGraphicsView.cpp 中重写两个函数：

```
#include "BoardGraphicsView.h"
BoardGraphicsView::BoardGraphicsView(QWidget *parent)
    : QGraphicsView(parent) {}
...
```

```
//重写mousePressEvent()函数
void BoardGraphicsView::mousePressEvent(QMouseEvent *event) {
    if (event->button() == Qt::MouseButton::LeftButton) {
        QPoint pointMousePress = event->pos();
                                                    //获取按键位置的坐标
        emit mousepressed(pointMousePress);         //发出mousepressed()信号
    }
    QGraphicsView::mousePressEvent(event);
}
void BoardGraphicsView::mouseMoveEvent(QMouseEvent *event){...}
//重写mouseReleaseEvent()函数
void BoardGraphicsView::mouseReleaseEvent(QMouseEvent *event) {
    if (Global::resizeDragging == true)             //如果处在拖曳调整大小模式
        emit mousereleased();                       //发出mousereleased()信号
    QGraphicsView::mouseReleaseEvent(event);
}
```

（3）将鼠标左键按下、移动、释放3个信号分别关联到3个函数。

在 initUi()函数中添加语句：

```
connect(ui->gvBoard, SIGNAL(mousepressed(QPoint)), this, SLOT(onMousePress(QPoint)));
connect(ui->gvBoard, SIGNAL(mousemoved(QPoint)), this, SLOT(onMouseMove(QPoint)));
connect(ui->gvBoard, SIGNAL(mousereleased()), this, SLOT(onMouseRelease()));
```

在主程序函数实现区编写这3个函数就可以实现用鼠标拖曳图元调整大小的功能。

2. 进入拖曳模式

onMousePress()函数根据用户按下鼠标左键的位置来决定是否进入拖曳调整大小模式，代码如下：

```
void MyDrawBoard::onMousePress(QPoint point) {
    QPointF sp = ui->gvBoard->mapToScene(point);
    item = scene->itemAt(sp, ui->gvBoard->transform());
    updateTbrStyle();
    if (item != nullptr) {
        QPointF ip = item->mapFromScene(sp);
        if (item->type() == QGraphicsEllipseItem::Type) {           //圆形
            float d = sqrt(qPow(ip.x(), 2) + qPow(ip.y(), 2));
            if (d >= (item->boundingRect().width() / 2) * 0.9)
                Global::resizeDragging = true;
        } else if (item->type() == QGraphicsRectItem::Type) {       //矩形
            if ((fabs(ip.x()) >= (item->boundingRect().width() / 2) * 0.8) &&
                (fabs(ip.y()) >= (item->boundingRect().height() / 2) * 0.8))
                Global::resizeDragging = true;
        } else if (item->type() == QGraphicsLineItem::Type) {       //直线
            float d = sqrt(qPow(ip.x(), 2) + qPow(ip.y(), 2));
            if (d >= (item->boundingRect().width() / 2) * 0.9)
                Global::resizeDragging = true;
        }
```

```
    }
}
```

说明：该函数首先由用户按键处的场景坐标 sp，通过 itemAt(sp, ui->gvBoard->transform()) 获取当前正在操作的图元对象，然后用 mapFromScene()方法将按键处坐标转换为图元局部坐标 ip，再根据不同图元类型以不同的算法决定是否进入拖曳调整大小模式。以圆形为例，先算出按键处到圆心的距离 d，只有当用户在十分接近圆边界的地方按键（d >= (item->boundingRect().width() / 2) * 0.9）时，程序才会认为是想拖曳调整圆的大小，于是将全局变量 resizeDragging 设为 true，进入拖曳调整大小模式。

3．重绘图元

onMouseMove()函数控制鼠标拖曳过程中图元的状态，代码为：

```
void MyDrawBoard::onMouseMove(QPoint point) {
    if (Global::resizeDragging) {
        scene->removeItem(item);                            //删除图元
        repaintItem(point);                                 //重绘图元
    }
}
```

可见，在拖曳模式下，程序是通过连续不断地删除和重绘图元来呈现动态拖曳效果的。
repaintItem()函数具体实现重绘操作，代码如下：

```
void MyDrawBoard::repaintItem(QPoint point) {
    QPointF sp = ui->gvBoard->mapToScene(point);            //当前指针场景坐标
    QPointF ip = item->mapFromScene(sp);                    //当前指针局部坐标
    QPointF op = item->mapToScene(QPointF(0.0, 0.0));       //获得图元位置
    if (item->type() == QGraphicsEllipseItem::Type) {       //圆形
        QGraphicsEllipseItem *curItem = qgraphicsitem_cast<QGraphicsEllipseItem *>(item);
        int pw = curItem->pen().width();                    //获得线宽
        Qt::PenStyle ps = curItem->pen().style();           //获得线型
        QColor pc = curItem->pen().color();                 //获得线色
        QColor bc = curItem->brush().color();               //获得填充色
        float d = sqrt(qPow(ip.x(), 2) + qPow(ip.y(), 2));
                                                            //指针到圆心的距离 d
        curItem = new QGraphicsEllipseItem(-d, -d, 2 * d, 2 * d);
                                                            //以 d 为半径重新创建圆
        QPen pen = QPen();
        pen.setWidth(pw);                                   //恢复线宽
        pen.setStyle(ps);                                   //恢复线型
        pen.setColor(pc);                                   //恢复线色
        curItem->setPen(pen);
        curItem->setBrush(QBrush(bc));                      //恢复填充色
        curItem->setPos(op);                                //恢复图元位置
        item = curItem;
    } else if (item->type() == QGraphicsRectItem::Type) {   //矩形
        QGraphicsRectItem *curItem = qgraphicsitem_cast<QGraphicsRectItem *>(item);
        //获得线宽 pw、线型 ps、线色 pc 和填充色 bc（代码同上）
```

```
            ...
            //由当前鼠标指针的局部坐标计算出新矩形的宽和高
            float w = abs(ip.x()) * 2;
            float h = abs(ip.y()) * 2;
            //以w/h为宽高重新创建矩形
            curItem = new QGraphicsRectItem(-(w / 2), -(h / 2), w, h);
            //恢复线宽、线型、线色、填充色和图元位置（代码同上）
            ...
            item = curItem;
        } else if (item->type() == QGraphicsLineItem::Type) {    //直线
            QGraphicsLineItem *curItem = qgraphicsitem_cast<QGraphicsLineItem *>(item);
            int pw = curItem->pen().width();
            Qt::PenStyle ps = curItem->pen().style();
            QColor pc = curItem->pen().color();
            //获得线宽pw、线型ps、线色pc（代码同上）
            ...
            //重新创建直线
            curItem = new QGraphicsLineItem(ip.x(), ip.y(), 100, 0);
            //恢复线宽、线型、线色和图元位置（代码同上）
            ...
            item = curItem;
        }
        addItemToScene(item);                              //将新图元添加到场景中
    }
```

4．退出拖曳模式

onMouseRelease()函数退出拖曳模式，设置全局变量 resizeDragging 为 false 即可，代码为：

```
void MyDrawBoard::onMouseRelease() {
    Global::resizeDragging = false;
}
```

12.5.3 设置样式

1．设置颜色线条

1）设置填充色

当用户选中图元，单击样式栏上的填充色按钮（pbBrushColor），弹出"选择填充颜色"对话框让用户设置图元的填充色，如图 12.22 所示。

在 initUi()函数中将填充色按钮的单击信号关联到 setBrushColor()函数：

```
connect(pbBrushColor, SIGNAL(clicked()), this, SLOT(setBrushColor()));
```

编写 setBrushColor()函数，代码如下：

```
void MyDrawBoard::setBrushColor() {
    if (item->type() == QGraphicsEllipseItem::Type) {
        QGraphicsEllipseItem *curItem = qgraphicsitem_cast<QGraphicsEllipseItem *>(item);
```

```
        QBrush brush = curItem->brush();
        QColor color = brush.color();
        color = QColorDialog::getColor(color, this, "选择填充颜色");
        if (color.isValid()) {
            brush.setColor(color);
            curItem->setBrush(brush);
            updateTbrStyle();
        }
    } else if (item->type() == QGraphicsRectItem::Type) {
        QGraphicsRectItem *curItem = qgraphicsitem_cast<QGraphicsRectItem *>(item);
        ...    //矩形设置填充色的代码
    }
}
```

说明：矩形设置填充色的代码与圆形一模一样，这里省略。最后调用的 updateTbrStyle()函数是用于更新和维护样式栏上各控件的选项状态的，稍后再介绍其具体实现。

2）设置线宽和线型

用户选中图元，选择下拉列表框中的图标选项可设置图元的线宽和线型，如图 12.23 所示。

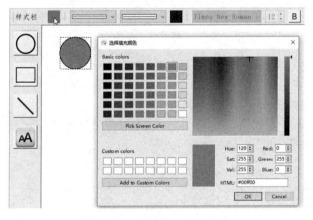

图 12.22　设置图元的填充色

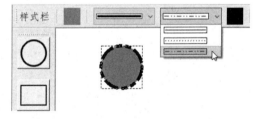

图 12.23　设置图元的线宽和线型

在 initUi()函数中分别将线宽和线型下拉列表框的 currentIndexChanged()信号关联到 setPenWidth()和 setPenStyle()函数，如下：

```
connect(cobPenWidth, SIGNAL(currentIndexChanged(int)), this, SLOT(setPenWidth()));
connect(cobPenStyle, SIGNAL(currentIndexChanged(int)), this, SLOT(setPenStyle()));
```

setPenWidth()函数设置线宽，代码如下：

```
void MyDrawBoard::setPenWidth() {
    if (item->type() == QGraphicsEllipseItem::Type) {
        QGraphicsEllipseItem *curItem = qgraphicsitem_cast<QGraphicsEllipseItem *>(item);
        QPen pen = curItem->pen();
        int index = cobPenWidth->currentIndex();
        if (index == 0) pen.setWidth(2);
        else if (index == 1) pen.setWidth(4);
        else if (index == 2) pen.setWidth(6);
        curItem->setPen(pen);
```

```
            updateTbrStyle();
    } else if (item->type() == QGraphicsRectItem::Type) {
        QGraphicsRectItem *curItem = qgraphicsitem_cast<QGraphicsRectItem *>
(item);
        ... //矩形设置线宽的代码
    } else if (item->type() == QGraphicsLineItem::Type) {
        QGraphicsLineItem *curItem = qgraphicsitem_cast<QGraphicsLineItem *>
(item);
        ... //直线设置线宽的代码
    }
}
```

setPenStyle()函数设置线型，代码如下：

```
void MyDrawBoard::setPenStyle() {
    if (item->type() == QGraphicsEllipseItem::Type) {
        QGraphicsEllipseItem *curItem = qgraphicsitem_cast<QGraphicsEllipseItem
*>(item);
        QPen pen = curItem->pen();
        int index = cobPenStyle->currentIndex();
        if (index == 0) pen.setStyle(Qt::PenStyle::SolidLine);    //实线
        else if (index == 1) pen.setStyle(Qt::PenStyle::DotLine);//虚线
        else if (index == 2) pen.setStyle(Qt::PenStyle::DashDotDotLine);
                                                                  //点画线
        curItem->setPen(pen);
        updateTbrStyle();
    } else if (item->type() == QGraphicsRectItem::Type) {
        QGraphicsRectItem *curItem = qgraphicsitem_cast<QGraphicsRectItem *>
(item);
        ... //矩形设置线型的代码
    } else if (item->type() == QGraphicsLineItem::Type) {
        QGraphicsLineItem *curItem = qgraphicsitem_cast<QGraphicsLineItem *>
(item);
        ... //直线设置线型的代码
    }
}
```

说明：以上两个函数中，矩形、直线设置线宽和线型的代码与圆形的完全一样，故省略。

3）设置线条颜色

当用户选中图元，单击样式栏上的线条颜色按钮（pbPenColor），弹出"选择线条颜色"对话框让用户设置图元的线条颜色。

在 initUi()函数中将线条颜色按钮的单击信号关联到 setPenColor()函数：

```
connect(pbPenColor, SIGNAL(clicked()), this, SLOT(setPenColor()));
```

编写 setPenColor()函数，代码如下：

```
void MyDrawBoard::setPenColor() {
    if (item->type() == QGraphicsEllipseItem::Type) {
        QGraphicsEllipseItem *curItem = qgraphicsitem_cast<QGraphicsEllipseItem
*>(item);
        QPen pen = curItem->pen();
        QColor color = pen.color();
```

```
        color = QColorDialog::getColor(color, this, "选择线条颜色");
        if (color.isValid()) {
            pen.setColor(color);
            curItem->setPen(pen);
            updateTbrStyle();
        }
    } else if (item->type() == QGraphicsRectItem::Type) {
        QGraphicsRectItem *curItem = qgraphicsitem_cast<QGraphicsRectItem *>(item);
        ...    //矩形设置线色的代码
    } else if (item->type() == QGraphicsLineItem::Type) {
        QGraphicsLineItem *curItem = qgraphicsitem_cast<QGraphicsLineItem *>(item);
        ...    //直线设置线色的代码
    }
}
```

这里同样略去了矩形和直线设置线条颜色的代码。

2．设置文字样式

对于文字类型的图元，在样式栏文字设置区提供了一系列控件来对文字样式进行设置，如图 12.24 所示。

图 12.24　设置文字样式

1）设置字体

用户选中图元，选择下拉列表框中的字体名称可设置图元的字体。

在 initUi()函数中将字体下拉列表框的 currentIndexChanged()信号关联到 setTextFont()函数，如下：

```
connect(cobFont, SIGNAL(currentIndexChanged(int)), this, SLOT(setTextFont()));
```

setTextFont()函数设置字体，代码如下：

```
void MyDrawBoard::setTextFont() {
    if (item->type() == QGraphicsTextItem::Type) {
        QGraphicsTextItem *curItem = qgraphicsitem_cast<QGraphicsTextItem *>(item);
        QFont font = curItem->font();
        font.setFamily(cobFont->currentText());
        curItem->setFont(font);
        updateTbrStyle();
    }
}
```

2）设置字号

字号的设置使用数字选择框（SpinBox）控件，它可以预设定可供选择的数值范围以防用户误操作。

在 initUi() 函数中将字号数字选择框的 valueChanged() 信号关联到 setFontSize() 函数，如下：

```
connect(sbFontSize, SIGNAL(valueChanged(int)), this, SLOT(setFontSize()));
```

setFontSize() 函数设置字号，代码如下：

```
void MyDrawBoard::setFontSize() {
    if (item->type() == QGraphicsTextItem::Type) {
        QGraphicsTextItem *curItem = qgraphicsitem_cast<QGraphicsTextItem *>(item);
        QFont font = curItem->font();
        font.setPointSize(sbFontSize->value());
        curItem->setFont(font);
        updateTbrStyle();
    }
}
```

3）设置加粗

选中文字图元，单击加粗按钮可将文字加粗。

在 initUi() 函数中将加粗按钮的单击信号关联到 setTextBold() 函数，如下：

```
connect(pbBold, SIGNAL(clicked()), this, SLOT(setTextBold()));
```

setTextBold() 函数设置加粗，代码如下：

```
void MyDrawBoard::setTextBold() {
    if (item->type() == QGraphicsTextItem::Type) {
        QGraphicsTextItem *curItem = qgraphicsitem_cast<QGraphicsTextItem *>(item);
        QFont font = curItem->font();
        if (font.bold() == false) {
            font.setBold(true);
            pbBold->setFlat(true);
            pbBold->setStyleSheet("background-color: whitesmoke; border: 1px solid black");
        } else {
            font.setBold(false);
            pbBold->setFlat(false);
            pbBold->setStyleSheet("background-color: whitesmoke");
        }
        curItem->setFont(font);
        updateTbrStyle();
    }
}
```

说明：在将图元文字设为粗体后，还要对加粗按钮的外观进行改变，用 setFlat() 将其设为面板样式，并用 "setStyleSheet("background-color: whitesmoke; border: 1px solid black")" 给其加上边框。

4）设置倾斜

选中文字图元，单击倾斜按钮可将文字倾斜。

在 initUi()函数中将倾斜按钮的单击信号关联到 setTextItalic()函数，如下：

```
connect(pbItalic, SIGNAL(clicked()), this, SLOT(setTextItalic()));
```

setTextItalic()函数设置倾斜，代码如下：

```
void MyDrawBoard::setTextItalic() {
    if (item->type() == QGraphicsTextItem::Type) {
        QGraphicsTextItem *curItem = qgraphicsitem_cast<QGraphicsTextItem *>(item);
        QFont font = curItem->font();
        if (font.italic() == false) {
            font.setItalic(true);
            pbItalic->setFlat(true);                            //设为面板外观
            pbItalic->setStyleSheet("background-color: whitesmoke; border: 1px solid black");                                    //加上边框
        } else {
            font.setItalic(false);
            pbItalic->setFlat(false);
            pbItalic->setStyleSheet("background-color: whitesmoke");
        }
        curItem->setFont(font);
        updateTbrStyle();
    }
}
```

5）设置文字颜色

选中文字图元，单击样式栏上的文字颜色按钮（pbTextColor），弹出"选择文字颜色"对话框让用户设置文字的颜色。

在 initUi()函数中将文字颜色按钮的单击信号关联到 setTextColor()函数：

```
connect(pbTextColor, SIGNAL(clicked()), this, SLOT(setTextColor()));
```

编写 setTextColor()函数，代码如下：

```
void MyDrawBoard::setTextColor() {
    if (item->type() == QGraphicsTextItem::Type) {
        QGraphicsTextItem *curItem = qgraphicsitem_cast<QGraphicsTextItem *>(item);
        QColor color = curItem->defaultTextColor();
        color = QColorDialog::getColor(color, this, "选择文字颜色");
        if (color.isValid()) {
            curItem->setDefaultTextColor(color);
            updateTbrStyle();
        }
    }
}
```

3. 样式栏的维护

本例具备完善的样式栏维护功能，可以根据用户当前选中的图元类型动态地变更样式栏上各区控件的可用性及外观，这样既可以做到让用户通过栏上控件状态获知当前操作图元的样式属性，又能有效地避免误操作。

编写 updateTbrStyle()函数来实现样式栏的维护功能，代码如下：

```cpp
void MyDrawBoard::updateTbrStyle() {
    if (item == nullptr) {                              //未选图元时,样式栏置初态
        pbBrushColor->setPalette(QPalette(QColor(0, 255, 0)));
        pbBrushColor->setEnabled(false);
        cobPenWidth->setCurrentIndex(0);
        cobPenWidth->setEnabled(false);
        cobPenStyle->setCurrentIndex(0);
        cobPenStyle->setEnabled(false);
        pbPenColor->setPalette(QPalette(QColor(0, 0, 255)));
        pbPenColor->setEnabled(false);
        cobFont->setCurrentIndex(0);
        cobFont->setEnabled(false);
        sbFontSize->setValue(12);
        sbFontSize->setEnabled(false);
        pbBold->setFlat(false);
        pbBold->setStyleSheet("background-color: whitesmoke");
        pbBold->setEnabled(false);
        pbItalic->setFlat(false);
        pbItalic->setStyleSheet("background-color: whitesmoke");
        pbItalic->setEnabled(false);
        pbTextColor->setPalette(QPalette(QColor(0, 0, 0)));
        pbTextColor->setEnabled(false);
        return;
    }
    if (item->type() == QGraphicsEllipseItem::Type || item->type() == QGraphicsRectItem::Type || item->type() == QGraphicsLineItem::Type) {
        if (item->type() == QGraphicsEllipseItem::Type) {
                                                        //选中圆形时,颜色线条选择区可用
            QGraphicsEllipseItem *curItem = qgraphicsitem_cast<QGraphicsEllipseItem *>(item);
            pbBrushColor->setEnabled(true);
            pbBrushColor->setPalette(QPalette(curItem->brush().color()));
            cobPenWidth->setEnabled(true);
            cobPenWidth->setCurrentIndex(int(curItem->pen().width()/2)-1);
            cobPenStyle->setEnabled(true);
            cobPenStyle->setCurrentIndex(int((curItem->pen().style()-1)/2));
            pbPenColor->setEnabled(true);
            pbPenColor->setPalette(QPalette(curItem->pen().color()));
        } else if (item->type() == QGraphicsRectItem::Type) {
                                                        //选中矩形时,颜色线条选择区可用
            QGraphicsRectItem *curItem = qgraphicsitem_cast<QGraphicsRectItem *>(item);
            ... //设置使颜色线条选择区可用的代码(同圆形)
        } else {                                        //选中直线时,填充色按钮不可用
            QGraphicsLineItem *curItem = qgraphicsitem_cast<QGraphicsLineItem *>(item);
            pbBrushColor->setPalette(QPalette(QColor(0, 255, 0)));
            pbBrushColor->setEnabled(false);
```

```cpp
            ...    //除填充色按钮外,颜色线条选择区的其他控件都可用(设置代码同上)
        }
        //使文字设置区不可用
        cobFont->setCurrentIndex(0);
        cobFont->setEnabled(false);
        sbFontSize->setValue(12);
        sbFontSize->setEnabled(false);
        pbBold->setFlat(false);
        pbBold->setStyleSheet("background-color: whitesmoke");
        pbBold->setEnabled(false);
        pbItalic->setFlat(false);
        pbItalic->setStyleSheet("background-color: whitesmoke");
        pbItalic->setEnabled(false);
        pbTextColor->setPalette(QPalette(QColor(0, 0, 0)));
        pbTextColor->setEnabled(false);
    } else if (item->type() == QGraphicsTextItem::Type) {
                                            //选中文字图元时,文字设置区可用
        QGraphicsTextItem *curItem = qgraphicsitem_cast<QGraphicsTextItem *>(item);
        cobFont->setEnabled(true);
        cobFont->setCurrentText(curItem->font().family());
        sbFontSize->setEnabled(true);
        sbFontSize->setValue(curItem->font().pointSize());
        pbBold->setEnabled(true);
        if (curItem->font().bold()) {
            pbBold->setFlat(true);
            pbBold->setStyleSheet("background-color: whitesmoke; border: 1px solid black");
        } else {
            pbBold->setFlat(false);
            pbBold->setStyleSheet("background-color: whitesmoke");
        }
        pbItalic->setEnabled(true);
        if (curItem->font().italic()) {
            pbItalic->setFlat(true);
            pbItalic->setStyleSheet("background-color: whitesmoke; border: 1px solid black");
        } else {
            pbItalic->setFlat(false);
            pbItalic->setStyleSheet("background-color: whitesmoke");
        }
        pbTextColor->setEnabled(true);
        pbTextColor->setPalette(QPalette(curItem->defaultTextColor()));
        //使颜色线条选择区不可用
        pbBrushColor->setPalette(QPalette(QColor(0, 255, 0)));
        pbBrushColor->setEnabled(false);
        cobPenWidth->setCurrentIndex(0);
        cobPenWidth->setEnabled(false);
```

```
        cobPenStyle->setCurrentIndex(0);
        cobPenStyle->setEnabled(false);
        pbPenColor->setPalette(QPalette(QColor(0, 0, 255)));
        pbPenColor->setEnabled(false);
    }
}
```

这样在每次对图元进行了操作后都及时地调用 updateTbrStyle()函数，就能始终维持绘图区当前选项与样式栏状态一致。

12.5.4 操纵图元

为使绘图操作更加灵活多变，本例在样式栏最后的"图元变换区"设计了一组按钮用于执行对图元的缩放、旋转等功能，如图 12.25 所示。这些功能是面向任意类型图元的，所以这组按钮在任何时候都可用。

图 12.25　图元操纵按钮

在 initUi()函数中将各图元操纵按钮的单击信号关联到各自的槽函数，如下：

```
connect(pbZoomIn, SIGNAL(clicked()), this, SLOT(onZoomIn()));           //放大
connect(pbZoomOut, SIGNAL(clicked()), this, SLOT(onZoomOut()));         //缩小
connect(pbRotateLeft,SIGNAL(clicked()),this,SLOT(onRotateLeft()));//左旋
connect(pbRotateRight,SIGNAL(clicked()),this,SLOT(onRotateRight()));
                                                                        //右旋
connect(pbDelete, SIGNAL(clicked()), this, SLOT(onDelete()));           //删除
```

编写各槽函数，代码如下：

```
void MyDrawBoard::onZoomIn() {                                          //放大图元
    if (item != nullptr) item->setScale(item->scale() + 0.1);
}
void MyDrawBoard::onZoomOut() {                                         //缩小图元
    if (item != nullptr) item->setScale(item->scale() - 0.1);
}
void MyDrawBoard::onRotateLeft() {                                      //左旋图元
    if (item != nullptr) item->setRotation(item->rotation() - 10);
}
void MyDrawBoard::onRotateRight() {                                     //右旋图元
    if (item != nullptr) item->setRotation(item->rotation() + 10);
}
void MyDrawBoard::onDelete() {                                          //删除图元
    if (item != nullptr) scene->removeItem(item);
}
```

说明：在 GraphicsView 系统中操纵图元非常简单，直接调用 setScale()函数设置缩放率、setRotation()函数设置旋转角，但为保险起见，在进行所有操作之前都要先用 "if (item != nullptr)"来确保用户已选中了操纵对象。

12.6 图元文件管理

一般绘图软件都会提供让用户保存所绘画面的功能，本例将场景中的图元以前面所设计的数据结构保存成图元文件（二进制 .dat 格式），用户在需要的时候可打开和编辑之前所绘的图画，并且还可以将画面以图片（.jpg）格式保存。

1. QAction 对象及信号

界面顶部文件管理栏上的一组按钮用于图元文件的新建、打开、保存和另存等管理操作，之前这组按钮是通过 addActions()方法以 QAction 对象的形式创建并添加到工具栏中的，它们被用户单击时默认都会发射 actionTriggered()信号，首先在 initUi()函数中将该信号关联到 toolButtonClicked()函数，使用语句：

```
connect(ui->tbrFile, SIGNAL(actionTriggered(QAction *)), this, SLOT(toolButtonClicked (QAction *)));
```

然后编写 toolButtonClicked()函数，在其中根据传入 QAction 对象的 text()属性（即按钮文本）来进一步确定用户单击的是哪一个按钮，代码如下：

```
void MyDrawBoard::toolButtonClicked(QAction *tb) {
    if (tb->text() == "新建") {
        if (scene->items().count() != 0) {            //正在编辑绘图
            int reply = QMessageBox::question(this, "提示", "保存更改到 " + Global::currentFileName + " 吗？", QMessageBox::StandardButton::Save | QMessageBox::StandardButton::Discard | QMessageBox::StandardButton::Cancel);
                                                      //（1）
            if (reply == QMessageBox::StandardButton::Save) {
                if (saveBoard()) {                    //先保存当前绘图
                    clearScene();                     //（2）
                    Global::currentFileName = "graph0";   //新建文件默认名
                }
            } else if (reply == QMessageBox::StandardButton::Discard) {
                clearScene();                         //（2）
                Global::currentFileName = "graph0";
            }
        }
    } else if (tb->text() == "打开") {
        loadBoard();
    } else if (tb->text() == "保存") {
        if (saveBoard())
            QMessageBox::information(this, "提示", "已写入二进制文件。");
    } else if (tb->text() == "另存为图片") {
        if (saveBoardAsPic())
            QMessageBox::information(this, "提示", "已保存为图片。");
    }
}
```

说明：

（1）新建文件前如果用户在绘图区正在绘图，程序要提示用户保存已绘制的图，这通过弹出 Qt 标准的 QMessageBox::question(…)（问答对话框）与用户交互，如图 12.26 所示。

图 12.26　问答对话框

该对话框提供 3 个标准按钮："Save"按钮保存当前绘图，"Discard"按钮放弃当前绘图（不保存），"Cancel"按钮取消新建。由用户单击的按钮返回一个 QMessageBox::StandardButton 类型的枚举值，程序根据这个值决定接下来要执行的操作。

（2）新建文件实际就是重新初始化 GraphicsView 系统的绘图区，要清除场景中原来的所有图元对象，显示一个空白"画布"。

编写 clearScene()函数执行清除操作，代码如下：

```
void MyDrawBoard::clearScene() {
    foreach(QGraphicsItem *graphItem, scene->items())    //遍历场景中所有图元
        scene->removeItem(graphItem);                     //清除
}
```

2．保存文件

单击"保存"按钮弹出"保存为"对话框，如图 12.27 所示，默认保存的文件名为 graph0.dat。

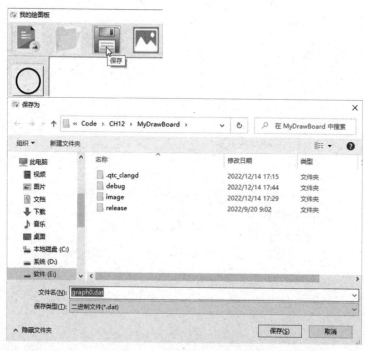

图 12.27　"保存为"对话框

保存功能用 saveBoard()函数实现，代码如下：

```
bool MyDrawBoard::saveBoard() {
    QString filename = QFileDialog::getSaveFileName(this, "保存为", "D:\\Qt\\" + Global::currentFileName + ".dat", "二进制文件(*.dat)");
    if (filename == "") return false;
    QFile fg(filename);
    fg.open(QIODevice::WriteOnly | QIODevice::Truncate);
```

```cpp
        QDataStream out(&fg);
        QList<shapeGraph> listGraph;
        foreach(QGraphicsItem *graphItem, scene->items()) {
            shapeGraph graph;
            if (graphItem->type() == QGraphicsEllipseItem::Type) {
                                                        //创建圆形图元结构体
                QGraphicsEllipseItem    *curItem    =    qgraphicsitem_cast<
QGraphicsEllipseItem *>(graphItem);
                graph.Gtype = "Ellipse";
                graph.SPosX = curItem->pos().x();
                graph.SPosY = curItem->pos().y();
                graph.Width = curItem->boundingRect().width();
                graph.Height = curItem->boundingRect().height();
                graph.PenWidth = curItem->pen().width();
                graph.PenStyle = curItem->pen().style();
                graph.PenColor = curItem->pen().color();
                graph.BrushColor = curItem->brush().color();
                graph.Scale = curItem->scale();
                graph.Rotation = curItem->rotation();
                graph.ZValue = curItem->zValue();
            } else if (graphItem->type() == QGraphicsRectItem::Type) {
                                                        //创建矩形图元结构体
                QGraphicsRectItem *curItem = qgraphicsitem_cast<QGraphicsRectItem
*>(graphItem);
                graph.Gtype = "Rect";
                ... //代码同圆形图元
            } else if (graphItem->type() == QGraphicsLineItem::Type) {
                                                        //创建直线图元结构体
                QGraphicsLineItem *curItem = qgraphicsitem_cast<QGraphicsLineItem
*>(graphItem);
                graph.Gtype = "Line";
                graph.SPosX = curItem->pos().x();
                graph.SPosY = curItem->pos().y();
                graph.PenWidth = curItem->pen().width();
                graph.PenStyle = curItem->pen().style();
                graph.PenColor = curItem->pen().color();
                ...
            } else if (graphItem->type() == QGraphicsTextItem::Type) {
                                                        //创建文字图元结构体
                QGraphicsTextItem *curItem = qgraphicsitem_cast<QGraphicsTextItem
*>(graphItem);
                graph.Gtype = "Text";
                graph.SPosX = curItem->pos().x();
                graph.SPosY = curItem->pos().y();
                graph.Text = curItem->toPlainText();
                graph.Font = curItem->font().family();
                graph.FontSize = curItem->font().pointSize();
                graph.Bold = curItem->font().bold();
```

```
            graph.Italic = curItem->font().italic();
            graph.TextColor = curItem->defaultTextColor();
            ...
        }
        listGraph.append(graph);                          //将结构体添加到列表中
    }
    int length = listGraph.length();
    out << length;
    for (int i = 0; i < length; i++) {
        out << listGraph.at(i);                           //写入二进制文件
    }
    fg.close();
    Global::currentFileName = filename;
    return true;
}
```

说明：保存文件实际就是对画面场景中的每一个图元，根据其类型和本章开头所设计的相应数据结构创建结构体，最后生成一个由所有图元结构体构成的列表，将其写入二进制文件。

3．打开文件

打开文件就是根据二进制文件中存储的图元结构体数据，在场景中逐一恢复和重建图元的过程，用 loadBoard() 函数实现，代码如下：

```
void MyDrawBoard::loadBoard() {
    if (scene->items().count() != 0) {
        int reply = QMessageBox::question(this, "提示", "保存更改到 " + Global::currentFileName + " 吗？", QMessageBox::StandardButton::Save | QMessageBox::StandardButton::Discard | QMessageBox::StandardButton::Cancel);
        if (reply == QMessageBox::StandardButton::Save) {
            if (saveBoard()) clearScene();
            else return;
        }
        else if (reply == QMessageBox::StandardButton::Discard) clearScene();
        else if (reply == QMessageBox::StandardButton::Cancel) return;
    }
    QString filename = QFileDialog::getOpenFileName(this, "打开", "D:\\Qt\\", "二进制文件(*.dat)");
    if (filename == "") return;
    QFile fg(filename);
    fg.open(QIODevice::ReadOnly);
    QDataStream in(&fg);
    int length;
    in >> length;
    for (int i = 0; i < length; i++) {
        shapeGraph graph;
        in >> graph;
        if (graph.Gtype == "Ellipse") {                   //重建圆形图元
            float w = graph.Width;
            float h = graph.Height;
```

```
            QGraphicsEllipseItem *curItem = new QGraphicsEllipseItem(-(w / 2), -(h
/ 2), w, h);
            QPen pen = QPen();
            pen.setWidth(graph.PenWidth);
            pen.setStyle(Qt::PenStyle(graph.PenStyle));
            pen.setColor(graph.PenColor);
            curItem->setPen(pen);
            curItem->setBrush(graph.BrushColor);
            curItem->setScale(graph.Scale);
            curItem->setRotation(graph.Rotation);
            curItem->setZValue(graph.ZValue);
            QPointF point = QPointF(graph.SPosX, graph.SPosY);
            curItem->setPos(point);
            addItemToScene(curItem);
        } else if (graph.Gtype == "Rect") {                //重建矩形图元
            float w = graph.Width;
            float h = graph.Height;
            QGraphicsRectItem *curItem = new QGraphicsRectItem(-(w / 2), -(h / 2),
w, h);
                ...    //代码同圆形图元
        } else if (graph.Gtype == "Line") {                //重建直线图元
            QGraphicsLineItem *curItem = new QGraphicsLineItem(-100, 0, 100, 0);
            QPen pen = QPen();
            pen.setWidth(graph.PenWidth);
            pen.setStyle(Qt::PenStyle(graph.PenStyle));
            pen.setColor(graph.PenColor);
            curItem->setPen(pen);
                ...
        } else if (graph.Gtype == "Text") {                //重建文字图元
            QGraphicsTextItem *curItem = new QGraphicsTextItem(graph.Text);
            QFont font = QFont();
            font.setPointSize(graph.FontSize);
            font.setFamily(graph.Font);
            if (graph.Bold) font.setBold(true);
            if (graph.Italic) font.setItalic(true);
            curItem->setFont(font);
            curItem->setDefaultTextColor(graph.TextColor);
                ...
        }
    }
    fg.close();
    Global::currentFileName = filename;         //记录打开的图元文件名
}
```

4. 另存为图片

使用 Qt 的 QPainter 绘图，将图元场景画面另存为图片（.jpg）格式。

编写 saveBoardAsPic() 函数来实现此功能，代码如下：

```
bool MyDrawBoard::saveBoardAsPic() {
```

```
    QString filename = QFileDialog::getSaveFileName(this, "另存为", "D:\\Qt\\" +
Global::currentFileName.split('.')[0] + ".jpg", "图片文件(*.jpg *.png *.gif *.ico
*.bmp)");
    if (filename == "") return false;
    QRect rect = ui->gvBoard->viewport()->rect();        //创建视口
    QPixmap *pixmap = new QPixmap(rect.size());          //图像尺寸与视口适应
    pixmap->fill(Qt::GlobalColor::white);                //（1）
    QPainter *painter = new QPainter(pixmap);            //创建 QPainter 对象
    painter->begin(pixmap);                              //（2）开始绘图
    ui->gvBoard->render(painter, QRectF(pixmap->rect()), rect);
                                                         //将视图场景渲染到图像
    painter->end();                                      //（2）结束绘图
    pixmap->save(filename);                              //保存图片
    return true;
}
```

> **注意：**（1）一定要用"fill(Qt::GlobalColor::white)"将图像背景填充为白色，否则默认是黑色，很难看。
>
> （2）用 QPainter 绘图的开始和结束一定要有一对 begin()/end()语句，否则运行时程序会崩溃。

至此，"我的绘图板"开发完成，有兴趣的读者可以此为基础进行扩充，使系统能支持更多类型的图元形状、线型、字体等，使之成为一个功能强大的实用绘图软件。

第 13 章

MDI、文件目录、树、Python 综合应用实例：文档分析器

Qt 借助 Python 第三方库可实现对各种类型文档的分析处理，为用户迅速获取文档中的有用信息提供便捷的途径。本章用 Qt 程序调用各类流行的 Python 库来开发一个可视化文档分析器，它是多文档窗体应用程序，运行界面如图 13.1 所示。

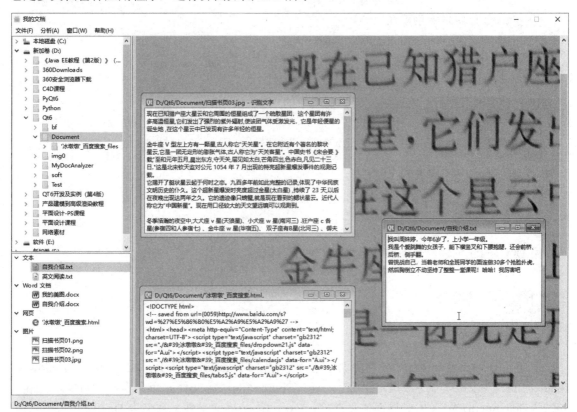

图 13.1 文档分析器运行界面

该程序可对文档进行朗读、分词、生成词云，还能爬取网页中的主题链接、识别图片中的文字等，功能十分强大。

【技术基础】

本程序主要用到以下这些技术。

（1）MdiArea 控件与 Qt 多文档程序设计。

创建子窗口（QMdiSubWindow）、控件添加到子窗口（setWidget）、子窗口添加到多文档显示区（addSubWindow）、多文档窗口布局、subWindowActivated()（切换活动子窗口）信号的应用、(QPlainTextEdit*)ui->mdiArea->currentSubWindow()->widget() ; ->toPlainText() / ->document() 得到子窗口文本/文档内容、QTextDocumentWriter 保存分析结果文本。

（2）TreeView（树状视图）与文件系统管理。

文件系统模型（QFileSystemModel）、标准项模型（QStandardItemModel）和标准项（QStandardItem）、目录类（QDir）过滤出文件信息列表（QFileInfoList）、文件信息项（QFileInfo）判断是否为文件（isFile）。

（3）Qt 调用 Python 函数及使用 Python 的库，包括：

① pyttsx3 库实现文字朗读。
② jieba 库（配合 zhon.hanzi 库）实现分词。
③ wordcloud 库生成词云。
④ 爬虫模块 beautifulsoup4 库获取网页主题链接。
⑤ PIL 库读取图片，Tesseract 库识别其中的文字。

【实例开发】

13.1 创建项目

用 Qt Creator 创建项目，项目名为 MyDocAnalyzer。

13.1.1 项目设置

1．重命名类和文件

在向导的"Class Information"界面，选择主程序 Base class（基类）为"QMainWindow"，Header file（头文件）命名为 DocAnalyzer.h，Source file（源文件）命名为 DocAnalyzer.cpp，勾选"Generate form"（生成界面）复选框，Form file（界面文件）命名为 DocAnalyzer.ui，如图 13.2 所示。

说明：本例具有菜单和状态栏，故必须选 QMainWindow（主窗体）作为主程序的基类。

2．设置 debug 目录

创建了项目后，在"构建设置"页取消勾选"Shadow build"复选框，如图 13.3 所示，这样程序编译后生成的 debug 目录就直接位于项目目录中了，便于管理和引用其中的资源。

第 13 章　MDI、文件目录、树、Python 综合应用实例：文档分析器

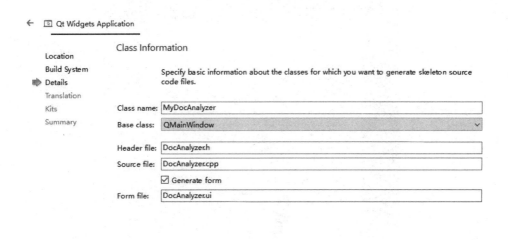

图 13.2　项目类及文件名设置

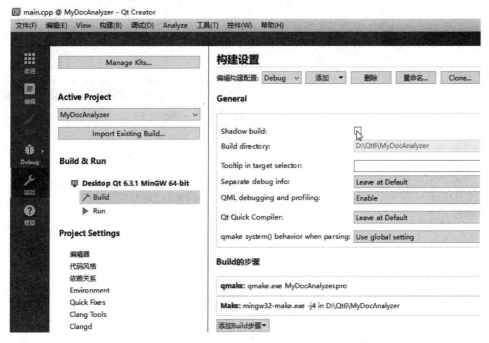

图 13.3　使 debug 目录生成在项目目录中

请读者先运行一下程序生成 debug 目录。

3. 新建 image 目录

需要在项目中新建一个 image 目录用于存放界面要用的图片资源，在 Qt Creator 中操作如下。

（1）切换至项目的 File System（文件系统）视图，右击并选择 "New Folder" 命令，输入目录名，如图 13.4 所示。

图 13.4 新建 image 目录

目录建好后,将项目开发要用的图片预先准备好,存放其下。

(2)切换回"项目"视图,右击项目名,选择"Add Existing Directory"命令,在出现的对话框中勾选"image",单击"确定"按钮,此时可看到"项目"视图中增加了一个"Other files"节点,展开可看到下面有 image 目录及其中的图片,如图 13.5 所示,说明这些图片资源已经加载进项目中,可以在编程中使用它们了。

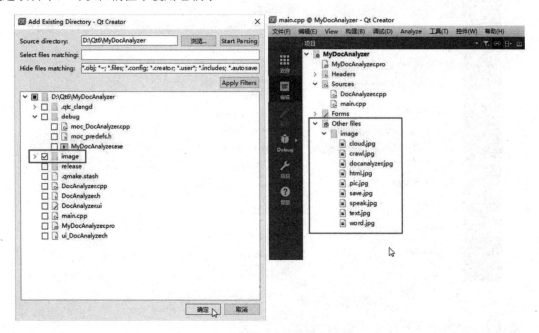

图 13.5 将 image 目录添加进项目中

4. 添加 Python 文件

因为本章程序要调用 Python 的库来实现很多功能,所以还要往项目中添加一个 Python 源文件。

（1）右击项目名，选择"添加新文件"命令，弹出"新建文件"对话框，在"选择一个模板"下面的列表框里依次选择"Python"→"Python File"，单击"Choose"按钮，如图 13.6 所示。

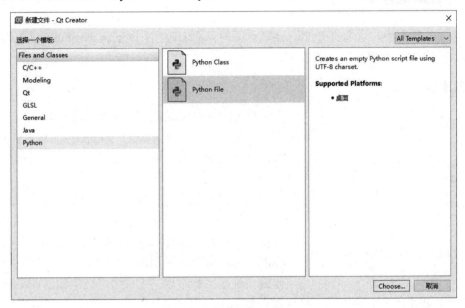

图 13.6　选择创建 Python 文件的模板

（2）在接下来的"Location"界面上给 Python 文件命名并指定保存路径，编者设为 DocAnalyzer.py，保存在项目的 debug 目录下（注意：一定要与编译生成的 Qt 可执行程序 MyDocAnalyzer.exe 在同一目录中），如图 13.7 所示。

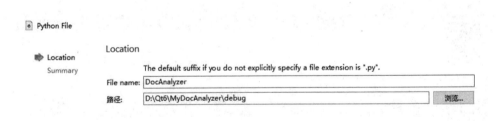

图 13.7　给 Python 文件命名并指定保存路径

单击"下一步"按钮，再单击"完成"按钮。

13.1.2 界面设计

在"项目"视图中,双击打开 Forms 节点下的界面 UI 文件 DocAnalyzer.ui,进入 Qt 可视化设计环境。

1. 创建菜单

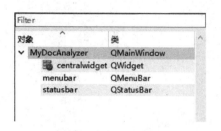

图 13.8 QMainWindow 为基类的 Qt 程序窗体自带菜单栏

以 QMainWindow(主窗体)为基类所创建的 Qt 程序的窗体会自带菜单栏(QMenuBar),从设计环境右上方的"对象检查器"中可见它的对象名及所对应的 Qt 控件类,如图 13.8 所示。

菜单栏位于窗体顶部,在界面设计模式下,其左端会有一行"在这里输入"的提示文字,双击文字出现输入框,用户可在其中输入要创建的主菜单项,在输入名称的同时还可以在后面跟"(&字母)"定义该菜单项的快捷键(程序运行时以"Alt+字母键"激活此菜单项),输入完回车即可创建一个主菜单项,操作过程如图 13.9 所示。

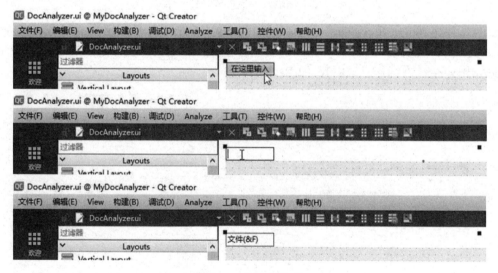

图 13.9 创建菜单项

回车确认后,在已创建好的菜单项下方和右侧又会出现"在这里输入"的提示文字,如图 13.10 所示,用户可双击下方文字创建主菜单下的子菜单项,或者双击右侧文字再创建另一个主菜单项。每创建完一个菜单项,设计器都会在适当的位置自动给出"在这里输入"的提示以便用户继续创建新的菜单项。在创建了一些菜单项后,可以双击"添加分隔符"将一组功能相关的菜单项与其他菜单项分隔开。

对于每个创建好的菜单项,系统都会为其生成相应的 QAction 对象。在 Qt Creator 中选择主菜单"View"→"视图"→"Action Editor"命令,从打开的"Action Editor"(动作编辑器)子窗口中可以看到这些 QAction 对象,当然,在"对象检查器"中也能看到它们。

图 13.10　创建菜单项的提示文字

创建的 QAction 对象初始名称是由设计器按照"action_字母/数字"规则自动生成的，为了增强可读性和在编程中引用，建议将它们改为有意义的对象名称，双击动作编辑器中的 QAction 条目，弹出"编辑动作"对话框，可在其中修改相应 QAction 对象的名称，如图 13.11 所示。

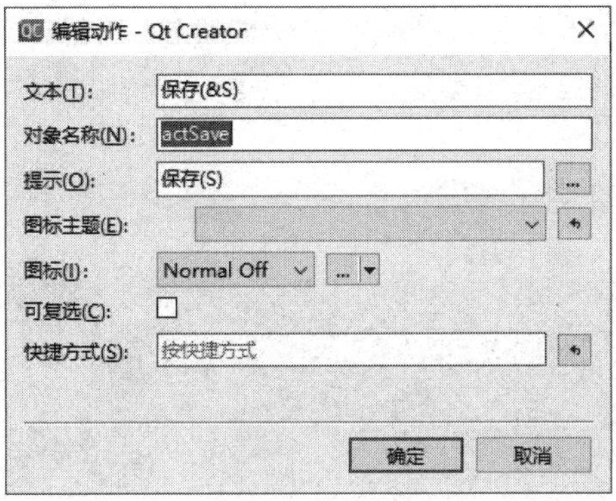

图 13.11　修改 QAction 对象名称

本例所创建的 QAction 对象统一以"act 功能名"规则来命名，重命名后它们显示在动作编辑器中的条目如图 13.12 所示。

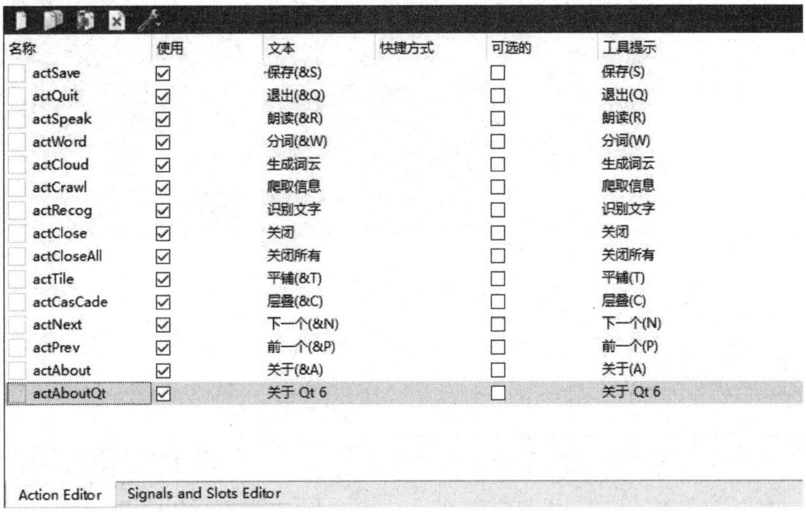

图 13.12　重命名后的 QAction 条目

为了编程的灵活性，通常建议在 Qt Creator 可视化设计阶段仅仅创建好 QAction 并为其命名就可以了，至于 QAction 的其他属性（如图标、快捷键、关联函数等）则留待编码阶段再用程序语句进行设计，这么做的好处在于修改方便，可以根据实际情况反复调整界面。

例如，对"文件"主菜单项下面的"保存"子菜单项，设计其各项属性的代码语句为：

```
ui->actSave->setIcon(QIcon("image/save.jpg"));         //图标
ui->actSave->setShortcut(QKeySequence("Ctrl+S"));      //快捷键
connect(ui->actSave, SIGNAL(triggered(bool)), this, SLOT(saveDoc()));
                                                       //关联函数
```

运行效果为 保存(S) Ctrl+S 。

如果后面对菜单项图标不满意，想换个更好看的；或者由于与其他新增的菜单项冲突而需要修改快捷键；或者为其开发了新功能要改变关联的函数……改一下这几行代码语句的参数就可以了。

2．布局控件

本例要往窗体上添加 3 个控件：左边两个是树状视图（TreeView），分别为用户浏览本地计算机的目录提供路径导航以及文档归类展示，右边是一个多文档显示区（MdiArea）。底部状态栏就使用主窗体自带的。

布局好控件的主界面如图 13.13 所示。

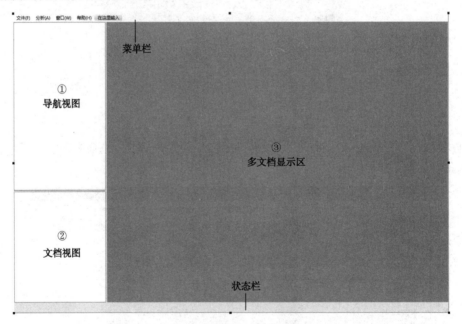

图 13.13　布局好控件的主界面

窗体上各控件对象的名称及属性见表 13.1。

表 13.1　各控件对象的名称和属性

编　号	控件类别	对象名称	属 性 说 明
	MainWindow	默认	geometry: [(0, 0), 1200x800]
①	TreeView	trvOSDirs	geometry: [(0, 0), 256x451]
②	TreeView	trvDocFiles	geometry: [(0, 454), 256x297]
③	MdiArea	mdiArea	geometry: [(259, 0), 940x751]

保存 DocAnalyzer.ui，本例界面的可视化设计就到此为止。

13.1.3 程序框架

1．文件构成

本例包括以下几种不同类型和作用的程序文件。

1）Qt 工程配置文件 MyDocAnalyzer.pro

它用于配置 Qt 程序中要使用的附加模块或第三方库。

2）C++头文件

① DocAnalyzer.h：对应于主程序的头文件，里面声明了程序中用到的所有全局变量、通用函数、槽函数及主界面 UI 的引用指针。

② PyThreadStateLock.h：控制线程对 GIL（Python 全局解释器锁）的获取和释放。

3）C++源文件

① DocAnalyzer.cpp：整个文档分析器的主程序，DocAnalyzer.h 头文件中声明的所有函数都在里面具体实现。

② main.cpp：项目启动文件，里面的 main()函数是系统启动入口，编程时一般不要修改它。

4）Python 源文件 DocAnalyzer.py

这是用 Python 语言编写的脚本文件，里面是一个个函数，使用各种 Python 库对文档内容进行分析，Qt 主程序通过调用该文件中的函数来实现文档分析功能。

以上介绍的各程序文件在"项目"视图中的分类位置如图 13.14 所示。

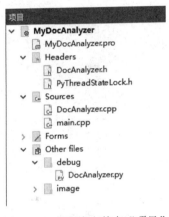

图 13.14 各程序文件在"项目"视图中的分类位置

读者可依据这个视图理解项目程序代码的总体框架，为了后面介绍方便，下面先分别给出各程序文件中代码的基本结构。

2．头文件

头文件 DocAnalyzer.h 是整个项目程序所有全局变量和函数的集中声明文件，它主要由库文件包含区、公共成员声明区、私有槽声明区 3 部分组成，完整代码如下：

```
#ifndef MYDOCANALYZER_H
#define MYDOCANALYZER_H
/*（1）库文件包含区*/
#include <QMainWindow>
#include <QMessageBox>
#include <QFileSystemModel>
#include <QStandardItemModel>
#include <QMdiSubWindow>
#include <QPlainTextEdit>
#include <QLabel>
#include <QTextDocumentWriter>
#include <Python.h>
#include <PyThreadStateLock.h>
```

```cpp
QT_BEGIN_NAMESPACE
namespace Ui { class MyDocAnalyzer; }
QT_END_NAMESPACE

class MyDocAnalyzer : public QMainWindow
{
    Q_OBJECT
/*（2）公共成员声明区*/
public:
    MyDocAnalyzer(QWidget *parent = nullptr);
    ~MyDocAnalyzer();

    QString curPath;                                        //当前所在目录路径
    QString curFile;                                        //当前打开的文件名
    QFileSystemModel *dirModel;                             //导航视图指针
    QStandardItemModel *fileModel;                          //文档视图指针
    QStandardItem *textType, *wordType, *htmlType, *picType;
                                                            //文档类型
    QString resText;                                        //分析出的结果文本

    void initUi();                                          //初始化函数
    void initFileModel();                                   //初始化文档视图
    void initPython();                                      //初始化 Python 模块
    void updateStatus();                                    //更新状态栏
    void showResult(QString mode);                          //显示分析结果
    QString callPyObject(QString mod, QString fun, QString arg);
                                                            //调用 Python 函数
/*（3）私有槽声明区*/
private slots:
    void updateMenuBar();                                   //控制菜单可用状态

    void saveDoc();                                         //保存文档
    void quitApp();                                         //退出系统

    void readSpeak();                                       //朗读
    void cutWord();                                         //分词
    void generCloud();                                      //生成词云
    void titleCrawl();                                      //爬取链接
    void textRecog();                                       //文字识别

    /*多文档窗口布局*/
    void closeDoc();                                        //关闭
    void closeAllDocs();                                    //关闭所有
    void tileDocs();                                        //平铺
    void cascadeDocs();                                     //层叠
    void nextDoc();                                         //激活至下一个
    void prevDoc();                                         //切换回前一个
```

```cpp
    void aboutApp();                                    //程序用途介绍
    void aboutQt();                                     //Qt库版本信息

    void showFiles(QModelIndex index);                  //显示文档视图
    void showContent(QModelIndex index);                //显示文件内容

private:
    Ui::MyDocAnalyzer *ui;                              //主界面UI的引用指针
};
#endif // MYDOCANALYZER_H
```

说明：

（1）库文件包含区：位于文件开头，凡不是Qt默认包含的功能模块都要在这里用"#include <模块名>"显式地包含进来才能使用，包含的模块可以是Qt本身内置的类库，也可以是第三方库或头文件。本例包含的库文件主要有用于 MDI 多文档创建与管理的 QMdiSubWindow、QFileSystemModel、QStandardItemModel，用于保存文档的 QTextDocumentWriter，以及用于调用 Python 的 Python.h、PyThreadStateLock.h（自定义）等。

（2）公共成员声明区：公共成员包括全局变量和通用函数，通用函数是自定义的，将系统中各模块通用的操作抽象出来，独立封装为函数，可在程序的任何地方调用，有效地减少了代码冗余。

（3）私有槽声明区：该区声明了程序中定义的所有槽函数，不同于通用函数，槽函数都是与控件的信号或某个事件关联（绑定）在一起的，只有当相应的信号（事件）产生时才会触发。

从上面的头文件代码中，可以清楚地看到本例用到了哪些Qt类库以及设计了哪些功能模块（函数）。

3. 主程序

主程序是Qt项目工程的主体，是对头文件中声明函数的具体实现，系统几乎全部的代码都位于主程序中，其源文件 DocAnalyzer.cpp 的程序框架结构如下：

```cpp
#include "DocAnalyzer.h"
#include "ui_DocAnalyzer.h"

using namespace std;
/*主程序类(构造与析构方法)*/
MyDocAnalyzer::MyDocAnalyzer(QWidget *parent)
    : QMainWindow(parent)
    , ui(new Ui::MyDocAnalyzer)
{
    ui->setupUi(this);
    initUi();                                           //进行初始化
}

MyDocAnalyzer::~MyDocAnalyzer()
{
    delete ui;
}
```

```
void MyDocAnalyzer::initUi()                            //初始化函数
{
    setWindowIcon(QIcon("image/docanalyzer.jpg"));      //设置程序窗口图标
    setWindowTitle("我的文档");                          //设置程序窗口标题
    setWindowFlag(Qt::WindowType::MSWindowsFixedSizeDialogHint);
                                                        //设置窗口为固定大小
    /*（1）MDI 设置区*/
    ...
    /*（2）QAction 设置区*/
    ...
    /*（3）文档管理开发区*/
    //导航视图
    ...
    //文档视图
    ...
    initPython();                                       //初始化 Python 模块

    resText = "";                                       //分析出的结果文本
}
/*（4）函数实现区
void MyDocAnalyzer::函数1()
{
    ...
}

void MyDocAnalyzer::函数2()
{
    ...
}
...
```

说明：为便于维护，将相关的代码段写在主程序框架的不同区域。

（1）**MDI 设置区**：就是对界面多文档显示区的 **MdiArea** 控件属性进行设置，使其能够满足多文档显示和操作的需要。

（2）**QAction 设置区**：对前面界面可视化设计阶段所创建的 **QAction** 对象进一步设置属性，如图标、快捷键和关联函数等。

（3）**文档管理开发区**：这个区主要就是开发界面左边的两个树状视图，设置它们的各项关键属性，并对其显示内容进行初始化加载。

（4）**函数实现区**：头文件中声明的所有函数（包括通用函数、槽函数）全都实现在这里，位置不分先后，建议把与某功能相关的一组函数写在一起以便维护。后面各节在介绍系统某方面功能开发时所给出的函数代码，如不特别说明，都是写在这个区域中。

4．调用 Python

要想在 Qt 程序（C++代码）中使用 Python 语言和库的功能，需要按以下步骤进行配置和编程。

1）安装 Python

在本地计算机上安装 Python 环境，过程略。

2）配置 Qt 工程

在项目工程配置文件 MyDocAnalyzer.pro 中添加 Python 的包含路径和库，如下（加黑处语句）：

```
QT       += core gui

greaterThan(QT_MAJOR_VERSION, 4): QT += widgets

CONFIG += c++17

# You can make your code fail to compile if it uses deprecated APIs.
...
DISTFILES += \
    ...
INCLUDEPATH += C:\Users\Administrator\AppData\Local\Programs\Python\Python39\include
    LIBS += -LC:\Users\Administrator\AppData\Local\Programs\Python\Python39\libs -lpython39
```

说明：编者的 Python 安装路径为 C:\Users\Administrator\AppData\Local\Programs\Python\Python39，读者请根据自己计算机上实际的安装路径进行配置。

3）编写 Python 脚本

打开之前在项目 debug 目录下创建的 Python 文件 DocAnalyzer.py，在其中导入库并编写功能函数，代码框架如下：

```
# This Python file uses the following encoding: utf-8
# (1) 类库导入区
...
# (2) 功能函数区
def 函数1(参数):
    ...
    return 返回值

def 函数2(参数):
    ...
    return 返回值
...
# if __name__ == "__main__":
#     pass
```

说明：

（1）类库导入区：导入用于分析文档的各种第三方 Python 库，如 Word 文档操作库、朗读库、分词库等。

（2）功能函数区：编写实现各种分析功能的 Python 函数，为了统一调用接口、简化编程，这里定义的每个函数都带有一个字符串类型的传入参数，并且在处理完毕后都返回一个字符串形式的结果值。

4）初始化 Python 模块

在头文件 DocAnalyzer.h 的"库文件包含区"包含：

```
#include <Python.h>
```

在主程序"函数实现区"里编写一个初始化 Python 解释器的 initPython()函数,代码如下:

```
void MyDocAnalyzer::initPython()
{
    if (!Py_IsInitialized())
    {
        Py_Initialize();
        if (!Py_IsInitialized())
        {
            QMessageBox::warning(this, "异常", "Python 模块初始化失败!");
        } else {
            PyRun_SimpleString("import sys");          //声明添加系统文件
            PyRun_SimpleString("sys.argv = ['python.py']");
                                                       //系统文件是 Python 文件
            PyRun_SimpleString("sys.path.append('C:/Users/Administrator/AppData/Local/Programs/Python/Python39/')");  //系统文件所在的路径
            PyEval_InitThreads();                      //初始化线程支持
            PyEval_ReleaseThread(PyThreadState_Get());
                                 //释放 PyEval_InitThreads 获得的全局锁
        }
    }
}
```

在界面初始化的时候(initUi()函数中)调用一下这个函数,就完成了对 Python 模块的初始化。

> **注意:** 在同一个程序里,无论有多少处调用 Python,上面的初始化操作只能进行一次,否则程序会崩溃。

5) GIL 控制

Python 的解释器有全局解释锁(GIL),导致在同一时刻只能有一个线程拥有解释器,所以在 Qt 的 C++线程调用 Python 脚本前,需要首先获取 GIL,调用完成要及时释放 GIL 以便其他线程再次调用。

在一个头文件中自定义 PyThreadStateLock 来控制 GIL,先往项目中添加头文件。右击项目名,选择"添加新文件"命令,弹出"新建文件"对话框,在"选择一个模板"下面的列表框中依次选择"C/C++"→"C/C++ Header File",单击"Choose"按钮,在接下来的"Location"界面中将头文件命名为 PyThreadStateLock.h,保存路径就是项目目录。

编写 PyThreadStateLock.h 代码如下:

```
#ifndef PYTHREADSTATELOCK_H
#define PYTHREADSTATELOCK_H

#include <Python.h>

class PyThreadStateLock
{
public:
```

```
    PyThreadStateLock(void)
    {
        state = PyGILState_Ensure();           //获取 GIL
    }

    ~PyThreadStateLock(void)
    {
        PyGILState_Release(state);             //释放 GIL
    }

    private:
        PyGILState_STATE state;
};

#endif // PYTHREADSTATELOCK_H
```

在头文件 DocAnalyzer.h 的"库文件包含区"将 PyThreadStateLock.h 文件包含进来:

```
#include <PyThreadStateLock.h>
```

然后在程序中凡是需要调用 Python 的地方先执行语句:

```
class PyThreadStateLock lock;
```

这样当前线程就拥有了 GIL，可以调用 Python 的代码了。

6) 调用 Python 函数

Qt 程序调用 Python 脚本中的函数都遵循相同的流程，故考虑将这个调用过程分离出来，专门设计封装为一个 callPyObject()函数，它接收 3 个参数，原型为:

```
QString callPyObject(QString mod, QString fun, QString arg);
```

其中，第 1 个参数 mod 是 Python 代码所在的模块名，实际也就是 Python 脚本文件名; 第 2 个参数 fun 是脚本中的功能函数名; 第 3 个参数 arg 是要向功能函数传递的参数内容，而功能函数分析处理后的结果则以 QString 的形式统一地交由 callPyObject()函数返回。

callPyObject()函数代码如下:

```
QString MyDocAnalyzer::callPyObject(QString mod, QString fun, QString arg)
{
    PyObject *pMod = PyImport_ImportModule(string(mod.toStdString()).c_str());
                                                    //导入 Python 脚本文件
    PyObject *pFun = PyObject_GetAttrString(pMod, string(fun.toStdString()).c_str());
                                                    //设置 Python 函数名
    PyObject *args = PyTuple_New(1);                //创建参数对象(元组)
    PyObject *arg1 = Py_BuildValue("s", string(arg.toStdString()).c_str());
    PyTuple_SetItem(args, 0, arg1);                 //设置参数(在元组中的索引 0)
    PyObject *pRet = PyEval_CallObject(pFun, args); //调用 Python 函数
    char *rs = NULL;
    PyArg_Parse(pRet, "s", &rs);                    //转换返回值
    return rs;
}
```

经以上一系列步骤准备，后面开发时就能够在主程序代码中非常方便地调用 Python 函数实现想要的功能，调用语句形式如下:

```
class PyThreadStateLock lock;                       //获取 GIL
结果 = callPyObject("DocAnalyzer", "函数名", 参数);
```

13.2 文档的管理

用户的文档通常保存在计算机不同层级结构的目录下，而文档类型也是丰富多样的，为此需要开发一种机制方便用户对文档的管理。Qt 的文件系统相关类（QDir、QFileSystemModel）提供了对操作系统目录文件浏览、过滤和存取等基础功能，将它们与树状视图（TreeView）控件相结合可实现类似 Windows 资源管理器的目录路径导航；另外，Qt 的多文档显示区（MdiArea）控件也内置有完善的文档操作功能。

13.2.1 目录导航

文档分析器界面左上的树状视图实现对本地计算机文件目录的导航功能，运行时用户可单击展开视图节点，可定位至操作系统的任何目录，如图 13.15 所示。

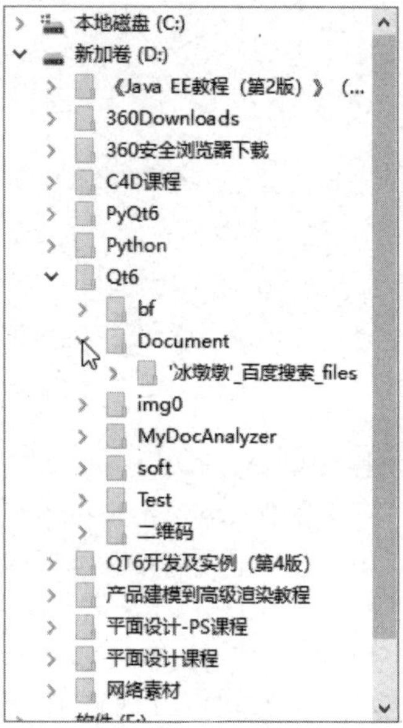

在主程序 initUi() 函数中的"文档管理开发区"编写如下代码：

图 13.15 目录导航

```
dirModel = new QFileSystemModel();                          //（1）
dirModel->setRootPath("");                                   //（2）
dirModel->setFilter(QDir::Filter::AllDirs | QDir::Filter::NoDotAndDotDot);
                                                             //（3）
ui->trvOSDirs->setModel(dirModel);                           //（1）
ui->trvOSDirs->setHeaderHidden(true);                        //不显示标题栏
for(int i = 0; i < 3; i++)
{
    ui->trvOSDirs->setColumnHidden(i + 1, true);   //（4）
}
connect(ui->trvOSDirs, SIGNAL(doubleClicked(QModelIndex)), this, SLOT(showFiles(QModelIndex)));
curPath = "D:/Qt6";                                          //（5）
curFile = "";                                                //（5）
QList dirList = curPath.split('/');
QString defPath = "";
for(int i = 0; i < dirList.count(); i++)
{
    QString dir = dirList[i];
    if (defPath != "")
        dir = "/" + dir;
    defPath += dir;
    ui->trvOSDirs->setExpanded(dirModel->index(defPath), 1);
                                                             //（6）
}
```

第 13 章　MDI、文件目录、树、Python 综合应用实例：文档分析器

说明：

（1）Qt 的 QFileSystemModel 自动关联本地计算机的文件系统，存储了操作系统所有目录和文件的详细信息，用户在编程时创建一个 QFileSystemModel 的对象，用 setModel()方法将其设为树状视图的模型，就能在视图中定制显示出想要看到的导航目录树，十分方便。

（2）setRootPath()设置导航目录的根节点路径，设为空表示从操作系统根目录开始显示，这样本地计算机的所有驱动器都能看到。

（3）setFilter()设置"过滤"显示的项的类型，这里设为 QDir::Filter::AllDirs 表示显示所有目录（但不显示目录下的文件）；设 QDir::Filter::NoDotAndDotDot 表示不显示名称为"."".."的目录。

（4）QFileSystemModel 模型中包含了每个目录（文件）的名称（Name）、大小（Size）、类型（Type）和修改日期（Date Modified）。

导航功能只用到第 1 项（列索引 0）名称，故这里用 setColumnHidden(列索引, True)将第 2～4 项（对应列索引 1～3）隐藏。

（5）本例用两个全局变量 curPath 和 curFile 随时记录当前所在目录的路径及打开的文件名。

（6）setExpanded(模型->index(路径), 1)将文件系统模型中指定路径下的目录打开，但 TreeView 视图不支持直接定位到某个目录，只能先用"/"将路径上的每个子目录项分隔出来保存在一个列表中，再遍历列表，通过反复调用 setExpanded()方法逐层展开至目标目录。

13.2.2　文档归类

当用户双击导航视图中的某个目录时，会在下方文档视图中列出该目录下的文件，为方便用户查看，文件按文本、Word 文档、网页、图片这四个大类分别罗列，文件名的前面有不同类型的图标形象地展示，效果如图 13.16 所示。

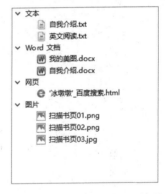

图 13.16　文件分类展示的效果

（1）在主程序 initUi()函数中的"文档管理开发区"编写如下代码：

```
fileModel = new QStandardItemModel();                    //①
ui->trvDocFiles->setModel(fileModel);                    //①
ui->trvDocFiles->setHeaderHidden(true);                  //不显示标题栏
ui->trvDocFiles->setEditTriggers(QAbstractItemView::EditTrigger::NoEditTriggers);
                                                         //②
connect(ui->trvDocFiles, SIGNAL(doubleClicked(QModelIndex)), this, SLOT(showContent(QModelIndex)));
initFileModel();                                         //③
```

说明：

① 每一个文件都以标准项(QStandardItem)的形式添加到标准项模型(QStandardItemModel)中，再用 setModel()方法将标准项模型关联到文档视图，就能从视图中看到添加的文件项了。

② setEditTriggers()方法设置标准项的可编辑特性，这里设为 QAbstractItemView::EditTrigger::NoEditTriggers 为不可编辑，如果不这样设置，当用户双击文档视图中的文件项时，文件名将变为编辑状态。显然，这并不是我们想要的效果。

③ initFileModel()函数的作用是初始化文档视图,向其中添加四个文档类别的根节点项,代码为:

```cpp
void MyDocAnalyzer::initFileModel()
{
    fileModel->clear();
    textType = new QStandardItem("文本");
    fileModel->appendRow(textType);
    wordType = new QStandardItem("Word 文档");
    fileModel->appendRow(wordType);
    htmlType = new QStandardItem("网页");
    fileModel->appendRow(htmlType);
    picType = new QStandardItem("图片");
    fileModel->appendRow(picType);
    curFile = "";
    updateStatus();
}
```

(2)用户双击导航视图中的目录触发其 doubleClicked()信号,该信号所关联的 showFiles()函数往文档视图中添加文件项,代码如下:

```cpp
void MyDocAnalyzer::showFiles(QModelIndex index)
{
    initFileModel();
    curPath = dirModel->filePath(index);
    QDir dir(curPath);
    QStringList strList;
    QFileInfoList fileSet = dir.entryInfoList(strList, QDir::Files);
                                                        //①
    for(int i = 0; i < fileSet.length(); i++)
    {
        QFileInfo fileInfo = fileSet.at(i);             //①
        QStandardItem *fileItem = new QStandardItem(fileInfo.fileName());
        QString type = fileInfo.fileName().split('.')[1];
                                                        //②
        if (type == "txt")
        {
            fileItem->setIcon(QIcon("image/text.jpg"));
            textType->appendRow(fileItem);
        }
        else if (type == "docx")
        {
            fileItem->setIcon(QIcon("image/word.jpg"));
            wordType->appendRow(fileItem);
        }
        else if (type == "htm" || type == "html")
        {
            fileItem->setIcon(QIcon("image/html.jpg"));
            htmlType->appendRow(fileItem);
```

```
            }
            else if (type == "jpg" || type == "jpeg" || type == "png" || type == "gif" 
|| type == "ico" || type == "bmp")
            {
                fileItem->setIcon(QIcon("image/pic.jpg"));
                picType->appendRow(fileItem);
            }
        }
    ui->trvDocFiles->expandAll();
    updateStatus();
}
```

说明：

① QDir 的 entryInfoList()方法按照某种过滤方式获得目录下项目的列表，这里的参数 QDir::Files 表示只列出文件，返回的列表保存在一个 QFileInfoList 类型的结构中供程序进一步处理。QFileInfoList 结构由 QFileInfo 类型的项组成，可通过".at(索引)"访问其中的每一项。

② 对于列表中每项的文件名，以 split('.')[1]得到其后缀，根据后缀判断文档的具体类型，然后分类添加（appendRow()）到不同类别的节点下，并为不同类型的文件设置不同的图标。

13.2.3 打开文档

用户双击文档视图中的某个文件项，将在多文档显示区打开子窗口并显示文件内容。这里又分为以下几种情况。

（1）当双击的是文本或网页时，直接读取其纯文本内容（网页就是其 HTML 源码）并显示。

（2）当双击的是 Word 文档时，程序借助于 Python 的 Word 文档操作库 docx 的 Document，逐段获取 Word 文档中的文本，最终显示出的是不带格式的纯文字，而原 Word 文档中的图片、表格等对象将被忽略。例如，图 13.17 是原 Word 文档及其被打开后实际看到的内容。

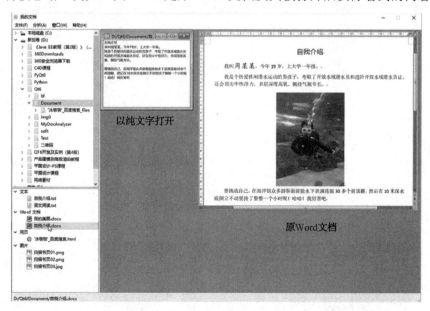

图 13.17 原 Word 文档及其被打开后实际看到的内容

注：此为笔者本人照片和信息，同意授权公开（下同）。

(3) 当双击的是图片时，在打开的子窗口中以 QLabel 原样显示图片。

用户双击文件项触发文档视图的 doubleClicked()信号，该信号关联的 showContent()函数根据上述不同的情况以不同方式显示文件内容，代码如下：

```cpp
void MyDocAnalyzer::showContent(QModelIndex index)
{
    curFile = fileModel->itemData(index)[0].toString();
    updateStatus();
    QString path = curPath + '/' + curFile;
    QString type = curFile.split('.')[1];
    if (type == "txt" || type == "docx" || type == "htm" || type == "html")
    {
        QString content = "";
        if (type == "txt" || type == "htm" || type == "html")
        {
            QFile f(path);
            if (f.open(QIODevice::ReadOnly))
            {
                char buf[2048];
                while (true)
                {
                    qint64 len = f.readLine(buf, sizeof(buf));
                    if (len != -1) content += QString::fromUtf8(buf);
                    else break;                          //文本/网页源码直接读取
                }
            }
        }
        else if (type == "docx")
        {
            class PyThreadStateLock lock;
            content = callPyObject("DocAnalyzer", "readWordDoc", path);
        }                                                //Word 文档借助 Python 库读取
        QMdiSubWindow *textDoc = new QMdiSubWindow();
        textDoc->setWindowTitle(path);
        QPlainTextEdit *teContent = new QPlainTextEdit();
        teContent->setPlainText(content);
        textDoc->setWidget(teContent);
        ui->mdiArea->addSubWindow(textDoc);
        textDoc->show();
    }
    else if (type == "jpg" || type == "jpeg" || type == "png" || type == "gif" || type == "ico" || type == "bmp")
    {
        QMdiSubWindow *picDoc = new QMdiSubWindow();
        picDoc->setWindowTitle(path);
        QLabel *lbContent = new QLabel();
        lbContent->setPixmap(QPixmap(path));             //图片用 QLabel 原样显示
        picDoc->setWidget(lbContent);
        ui->mdiArea->addSubWindow(picDoc);
        picDoc->show();
    }
}
```

说明：

（1）无论哪种显示方式，都是先用 QMdiSubWindow 创建子窗口，然后用 setWidget()将控件添加到子窗口中，再用 addSubWindow()将子窗口添加到多文档显示区，最后以 show()方法显示内容。

（2）对于 Word 文档要借助 Python 库读取，为此在 Python 文件 DocAnalyzer.py 的"类库导入区"导入 Word 文档操作库 docx 的 Document：

```python
from docx import Document
```

然后在"功能函数区"编写 readWordDoc()函数：

```python
def readWordDoc(path):
    content = ''
    doc = Document(path)
    for p in doc.paragraphs:
        content += p.text
        content += '\r\n'                       # 逐段读取 Word 文档内容
    return content
```

（3）无论是双击导航视图中的项打开目录，还是双击文档视图中的项打开文件，都会调用一个 updateStatus()函数，它用于更新程序状态栏，显示当前打开的目录或文件路径，代码如下：

```cpp
void MyDocAnalyzer::updateStatus()
{
    ui->statusbar->showMessage(curPath + '/' + curFile);
}
```

13.2.4 多文档窗口布局

由于程序运行过程中用户可能打开多个文件，如果打开的是大幅扫描图片，还可能超出多文档显示区的尺寸，因此必须编程对显示区进行设置，并提供对其中多个子窗口排列布局的功能。

首先设置多文档显示区的属性，为其加上滚动条，在主程序 initUi()函数中的"MDI 设置区"编写语句：

```cpp
ui->mdiArea->setHorizontalScrollBarPolicy(Qt::ScrollBarAsNeeded);
                                            //水平滚动条
ui->mdiArea->setVerticalScrollBarPolicy(Qt::ScrollBarAsNeeded);
                                            //垂直滚动条
```

排列布局功能由"窗口"主菜单实现，其子菜单如图 13.18 所示，各功能项以①～⑥标注，对应的 QAction 对象名见表 13.2。

图 13.18 "窗口"子菜单

表 13.2 对应的 QAction 对象名

编　号	对　象　名
①	actClose
②	actCloseAll
③	actTile
④	actCasCade
⑤	actNext
⑥	actPrev

在主程序 initUi()函数中的 QAction 设置区编写代码设置各 QAction 的属性，如下：

```
connect(ui->actClose, SIGNAL(triggered(bool)), this, SLOT(closeDoc()));
connect(ui->actCloseAll, SIGNAL(triggered(bool)), this, SLOT(closeAllDocs()));
connect(ui->actTile, SIGNAL(triggered(bool)), this, SLOT(tileDocs()));
connect(ui->actCasCade, SIGNAL(triggered(bool)), this, SLOT(cascadeDocs()));
connect(ui->actNext, SIGNAL(triggered(bool)), this, SLOT(nextDoc()));
connect(ui->actPrev, SIGNAL(triggered(bool)), this, SLOT(prevDoc()));
```

而 Qt 的多文档显示区（MdiArea）控件本身就内置了对文档子窗口的布局管理功能，在各 QAction 所关联的槽函数中直接调用相应的窗口管理函数即可，如下：

```
void MyDocAnalyzer::closeDoc()
{
    ui->mdiArea->closeActiveSubWindow();          //关闭活动(当前)子窗口
}
void MyDocAnalyzer::closeAllDocs()
{
    ui->mdiArea->closeAllSubWindows();            //关闭所有子窗口
}
void MyDocAnalyzer::tileDocs()
{
    ui->mdiArea->tileSubWindows();                //平铺子窗口
}
void MyDocAnalyzer::cascadeDocs()
{
    ui->mdiArea->cascadeSubWindows();             //层叠子窗口
}
void MyDocAnalyzer::nextDoc()
{
    ui->mdiArea->activateNextSubWindow();         //激活(切换至)下一个窗口
}
void MyDocAnalyzer::prevDoc()
{
    ui->mdiArea->activatePreviousSubWindow();     //激活(切换至)前一个窗口
}
```

打开多个文档窗口，选择菜单"窗口"→"层叠"命令，效果如图 13.19 所示。

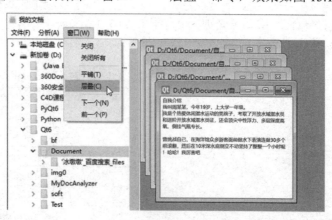

图 13.19　层叠窗口的效果

当然，读者也可以平铺、切换下一个（前一个）窗口或者关闭一些窗口看看效果如何。

13.3 文档的分析

文档分析功能由"分析"菜单实现，其菜单项如图 13.20 所示，各功能项以①、②…标注，对应的 QAction 对象名见表 13.3。

图 13.20 "分析"菜单

表 13.3 对应的 QAction

编　号	对　象　名
①	actSpeak
②	actWord
③	actCloud
④	actCrawl
⑤	actRecog

在主程序 initUi()函数中的"QAction 设置区"编写代码设置各 QAction 的属性，如下：

```
ui->actSpeak->setIcon(QIcon("image/speak.jpg"));
ui->actSpeak->setShortcut(QKeySequence("Ctrl+R"));
ui->actSpeak->setEnabled(false);
connect(ui->actSpeak, SIGNAL(triggered(bool)), this, SLOT(readSpeak()));
ui->actWord->setShortcut(QKeySequence("Ctrl+W"));
ui->actWord->setEnabled(false);
connect(ui->actWord, SIGNAL(triggered(bool)), this, SLOT(cutWord()));
ui->actCloud->setIcon(QIcon("image/cloud.jpg"));
ui->actCloud->setEnabled(false);
connect(ui->actCloud, SIGNAL(triggered(bool)), this, SLOT(generCloud()));
ui->actCrawl->setIcon(QIcon("image/crawl.jpg"));
ui->actCrawl->setEnabled(false);
connect(ui->actCrawl, SIGNAL(triggered(bool)), this, SLOT(titleCrawl()));
ui->actRecog->setEnabled(false);
connect(ui->actRecog, SIGNAL(triggered(bool)), this, SLOT(textRecog()));
```

这些 QAction 初始都设为不可用（setEnabled(False)），是为了防止用户误操作，因为针对不同类型文档所用的分析方式是不一样的。

如果打开的是文本文件或 Word 文档，可对其朗读、分词和生成词云；但如果打开的是网页文件，只能从中爬取信息，而对 HTML 源码执行朗读、分词等操作是没有意义的；如果打开的是图片文件，则必须首先识别其中的文字，才能进一步进行其他处理。

不同情形下"分析"菜单的可用状态如图 13.21 所示。

打开文本文件/Word文档　　　　打开网页文件　　　　打开图片文件

图 13.21 不同情形下"分析"菜单的可用状态

编写updateMenuBar()函数来控制菜单的可用状态，如下：

```cpp
void MyDocAnalyzer::updateMenuBar()
{
    ui->actSpeak->setEnabled(false);
    ui->actWord->setEnabled(false);
    ui->actCloud->setEnabled(false);
    ui->actCrawl->setEnabled(false);
    ui->actRecog->setEnabled(false);
    if (curFile == "") return;
    QString type = curFile.split('.')[1];
    if (type == "txt" || type == "docx")
    {
        ui->actSpeak->setEnabled(true);
        ui->actWord->setEnabled(true);
        ui->actCloud->setEnabled(true);
    }
    else if (type == "htm" || type == "html")
    {
        ui->actCrawl->setEnabled(true);
    }
    else if (type == "jpg" || type == "jpeg" || type == "png" || type == "gif" || type == "ico" || type == "bmp")
    {
        ui->actRecog->setEnabled(true);
    }
}
```

然后将多文档显示区（MdiArea）控件的 subWindowActivated()（切换活动子窗口）信号关联这个函数，在初始化函数 initUi() 的"MDI 设置区"编写语句：

```cpp
connect(ui->mdiArea, SIGNAL(subWindowActivated(QMdiSubWindow*)), this, SLOT(updateMenuBar()));
```

这样一来，无论何时"分析"菜单的可用状态都能够保持与当前打开子窗口中的文档类型一致，以保证用户执行相匹配的操作。

13.3.1 文本的分析

1．文本朗读

将文本以语音的形式直接朗读出来是当下十分流行的一种应用，它为视觉障碍者（如盲人、老年人）、尚无阅读能力者（未上学识字的幼童）、不便收看文字者（如公交/网约车司机、快递小哥）和缺少阅读时间者（如忙碌的上班族）等社会群体快速获取信息、学习知识提供了一个极其便捷有效的途径。

Python 的 pyttsx3 库实现对文本的朗读，在 Windows 命令行下执行"pip install pyttsx3"命令联网安装，然后在 Python 文件 DocAnalyzer.py 的"类库导入区"编写代码：

```python
import pyttsx3
```

然后在"功能函数区"编写 readSpeak() 函数：

```python
def readSpeak(content):
    engine = pyttsx3.init()
    engine.say(content)
    engine.runAndWait()
    return content
```

Python 的 pyttsx3 库还可设定音量、语速等声音特性，例如：

```
volume = engine.getProperty('volume')
engine.setProperty('volume', 0.3)                        # 调低音量至 0.3(默认为 1)
rate = engine.getProperty('rate')
engine.setProperty('rate', 400)                          # 提高一倍语速(默认为 200)
```

主程序中 actSpeak 的 triggered()信号所关联的 readSpeak()函数调用 Python 函数实现朗读功能，如下：

```cpp
void MyDocAnalyzer::readSpeak()
{
    QPlainTextEdit *teContent = (QPlainTextEdit*)ui->mdiArea->currentSubWindow()->widget();
    QString content = teContent->toPlainText();
    class PyThreadStateLock lock;
    callPyObject("DocAnalyzer", "readSpeak", content);
}
```

说明： 当子窗口中为文本显示控件时，可通过 MdiArea 的 currentSubWindow()->widget()先获取控件指针，然后用->toPlainText()得到其中文本内容。

2. 分词

所谓"分词"就是将一段文字切分为一个个独立、有意义的词汇，它在提取文本中的关键词、文章断句重组、音频话语的自动合成等领域有重要的实用价值。

Python 著名的 jieba 库专用于分词操作，在 Windows 命令行下执行"pip install jieba"命令联网安装，在 Python 文件 DocAnalyzer.py 的"类库导入区"导入：

```
import jieba
```

另外，在对一个文档执行分词前，通常都要进行一些预处理（去掉标点符号及分段标记），本例借助 zhon.hanzi 库进行预处理，在 Windows 命令行下执行"pip install zhon"命令联网安装，再导入该库的 punctuation 模块：

```
from zhon.hanzi import punctuation
```

然后在"功能函数区"编写 cutWord()函数：

```python
def cutWord(content):
    # (1) 预处理
    content = re.sub('[%s]+' % punctuation, '', content)      # 去掉标点符号
    content = re.sub('[%s]+' % '\r\n', '', content)           # 去掉分段标记
    # 分词
    jieba.load_userdict('dict.txt')                           # (2)
    return str(jieba.lcut(content))                           # (3)
```

说明：

（1）punctuation 模块内置了所有常用的标点符号，'\r\n'（回车换行）则是大多数文档标准的分段标记，用 Python 的正则表达式 re 库的 sub()函数将文档内容中的这两类字符串都替换为空("")。需要在 Python 文件 DocAnalyzer.py 的"类库导入区"导入正则表达式库：

```
import re
```

（2）用 load_userdict()函数载入自定义的词典。jieba 库默认使用内置的词典进行分词，但在某些应用场合，需要识别特殊的专有词汇，这时候就要由用户来自定义词典。自定义的词典以 UTF—8 编码的文本文件保存，其中每个词占一行（每行还可带上以空格隔开的词频和词性参数）。

例如，本例在项目目录下创建文件 dict.txt 作为词典，其中录入待分词文档中出现的专业名词及其他一些不宜分割的连词，如图 13.22 所示。这样 jieba 库在分词时就会优先采用用户词典里定义好的词。

图 13.22　文档与词典

读者可以试着在使用和不使用（注释掉"jieba.load_userdict('dict.txt')"）词典的情况下分别运行程序，看看分词的结果（见图 13.23）有什么不一样。

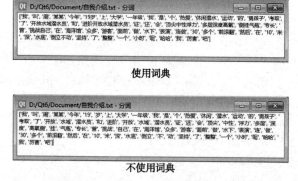

图 13.23　使用与不使用词典的分词结果

（3）str(jieba.lcut(content))：用 lcut()函数对内容进行分词，再转为字符串形式。

jieba 库提供了 4 个分词函数：cut()、lcut()、cut_for_search()、lcut_for_search()，它们均接收一个需要分词的字符串作为参数。其中，cut()、lcut()采用精确模式或全模式进行分词，精确模式将字符串文本精确地按顺序切分为一个个单独的词语，全模式则把句子中所有可以成词的词语都切分出来；cut_for_search()、lcut_for_search()采用搜索引擎模式进行分词，在精确模式的基础上对长词进行进一步切分。

分词的结果可以以两种形式返回：cut()、cut_for_search()函数返回一个可迭代的 generator

对象，lcut()、lcut_for_search()函数返回的则是列表对象。用户可根据需要选择不同函数以得到不同形式的结果。例如，本程序若改用cut()函数来分词，得到的结果可以这样处理：

```
result = jieba.cut(content)
for word in result:
    content += word
    content += ', '
content += '\n'
return content
```

最后，通过主程序中actWord的triggered()信号所关联的cutWord()函数调用Python函数实现分词功能，如下：

```
void MyDocAnalyzer::cutWord()
{
    QPlainTextEdit *teContent = (QPlainTextEdit*)ui->mdiArea->currentSubWindow()->widget();
    QString content = teContent->toPlainText();
    class PyThreadStateLock lock;
    resText = callPyObject("DocAnalyzer", "cutWord", content);
    showResult("分词");
}
```

3．生成词云

词云是当今互联网上十分流行的一种信息展示形式，它根据词语在文本中出现的频率设置其在云图中的大小、色彩及显示层次，用户只要看到一个文档的词云，就能对其内容的重点一目了然（见图13.24）。

图13.24　词云让人对文档内容的重点一目了然

在Windows命令行下执行"pip install wordcloud"命令联网安装Python的词云库，在Python文件DocAnalyzer.py的"类库导入区"导入：

```
from wordcloud import WordCloud
```

然后在"功能函数区"编写generCloud()函数：

```
def generCloud(content):
    content = re.sub('[%s]+' % punctuation, '', content)
    content = re.sub('[%s]+' % '\r\n', '', content)
    jieba.load_userdict('dict.txt')
    content = ' '.join(jieba.lcut(content))
    cloud = WordCloud(font_path='simsun.ttc').generate(content)
    path = 'D:/Qt6/Document/词频云图.png'
    cloud.to_file(path)
    return path
```

说明：对于中文文档应当先对其文本进行分词，然后使用空格（或逗号）将分割出的词连接成字符串，才能调用 generate()函数来生成词云，并且在用 WordCloud()创建词云对象时必须用 font_path 参数设置字体，否则显示的云图会是乱码。

主程序中 actCloud 的 triggered()信号所关联的 generCloud()函数调用 Python 函数实现生成词云的功能，如下：

```cpp
void MyDocAnalyzer::generCloud()
{
    QPlainTextEdit *teContent = (QPlainTextEdit*)ui->mdiArea->currentSubWindow()->widget();
    QString content = teContent->toPlainText();
    class PyThreadStateLock lock;
    QString path = callPyObject("DocAnalyzer", "generCloud", content);
    QMdiSubWindow *picDoc = new QMdiSubWindow();
    picDoc->setWindowTitle(ui->mdiArea->currentSubWindow()->windowTitle() + " - 词云");
    QLabel *lbResult = new QLabel();
    lbResult->setPixmap(QPixmap(path));
    picDoc->setWidget(lbResult);
    ui->mdiArea->addSubWindow(picDoc);
    picDoc->show();
}
```

13.3.2 获取网页主题链接

1. 原理

当我们日常使用百度搜索，在页面上输入关键词，如"冰墩墩"，单击"百度一下"按钮，搜索引擎会自动将这个查询转换为如下的链接 URL：

http://www.baidu.com/s?wd=冰墩墩

然后跳转至这个地址显示如图 13.25 所示的搜索结果页。

图 13.25 "冰墩墩"百度搜索结果页

当然，如果打开浏览器直接输入这个地址（不通过百度），也会显示一模一样的结果页。在上图页面上右击，选择"查看网页源代码"命令，从源码中可见每个查询结果的标题及 URL 都被封装在 data-tools 属性中，如图 13.26 所示。

图 13.26　查询结果的封装位置

如此一来，只要用网络爬虫库解析出源码中所有的 data-tools 属性值，提取其中的"title""url"字段，即可得到一个网页上全部内容的主题及其链接的 URL。

2. 实现

用 Python 爬虫模块的 beautifulsoup4 库来实现获取网页主题链接的功能。

在 Windows 命令行下执行"pip install beautifulsoup4"命令联网安装，在 Python 文件 DocAnalyzer.py 的"类库导入区"导入：

```
from bs4 import BeautifulSoup
```

然后在"功能函数区"编写 titleCrawl() 函数：

```
def titleCrawl(content):
    soup = BeautifulSoup(content, 'html.parser')
    links = []
    for div in soup.find_all('div', {'data-tools': re.compile('title')}, {'data-tools': re.compile('url')}):             # (1)
        data = div.attrs['data-tools']                  # 获取data-tools属性值
        data = str(data).replace("'", '"')
        d = json.loads(data)                            # (2)
        links.append(d['title'] + ': ' + d['url'])
    count = 1
    content = ''
    for i in links:
        content += '[{:^3}]{}'.format(count, i) + '\r\n'
        count += 1
    return content
```

说明：

（1）用 beautifulsoup4 库找到页面中所有含匹配"title""url"字符串的 data-tools 属性的 <div> 标签。re 库的 compile() 函数能根据包含正则表达式的字符串创建模式对象，在完成一次转换之后，每次使用该模式就不必再重复转换，提高了匹配速度。

（2）因 data-tools 内部（{}中）的数据是 JSON 格式的，这里调用 Python 的 JSON 库的 loads() 方法将属性值转换成字典，便于接下来以 d['title']、d['url']方式分别引用和操作爬取结果中的标题及 URL 数据。需要在 Python 文件 DocAnalyzer.py 的"类库导入区"导入 JSON 库：

```
import json
```

最后，通过主程序中 actCrawl 的 triggered() 信号所关联的 titleCrawl() 函数调用 Python 函数

实现爬取链接的功能,如下:

```cpp
void MyDocAnalyzer::titleCrawl()
{
    QPlainTextEdit *teContent = (QPlainTextEdit*)ui->mdiArea->currentSubWindow()->widget();
    QString content = teContent->toPlainText();
    class PyThreadStateLock lock;
    resText = callPyObject("DocAnalyzer", "titleCrawl", content);
    showResult("主题链接");
}
```

运行程序,打开保存的"冰墩墩"百度搜索结果页,选择菜单"分析"→"爬取信息"命令,爬虫获取的主题链接如图 13.27 所示。

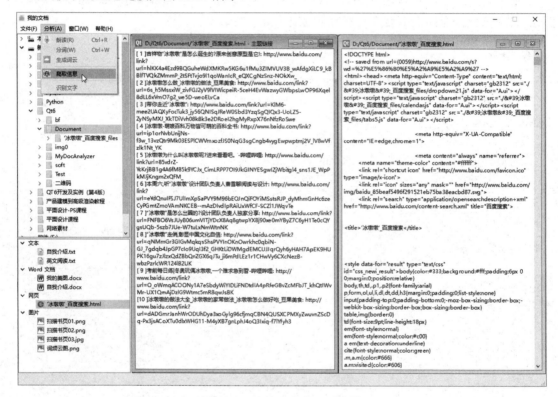

图 13.27　爬虫获取的主题链接

有了这些链接,用户就可以进一步访问自己感兴趣的主题了。

13.3.3　识别、扫描书页文字

实际工作中有一些文档是以扫描书页所得的图片形式保存的,为了能对文档进行编辑处理,必须将它们转为文字,这就要求程序能识别出图片中的文字。

将图片"翻译"成文字的技术称为 OCR(Optical Character Recognition,光学文字识别),Python 领域最主流的 OCR 库是 Tesseract 库,它最早是 20 世纪八九十年代由惠普布里斯托实验室研制的一个字符识别引擎,2006 年被 Google 收购,对其进行了改进和深度优化,是目前公认的优秀、精确的开源 OCR 系统之一。

本例使用 Tesseract 库来实现图片文字识别功能，与前面用的那些库有所不同的是，此库在使用之前必须先安装其软件环境，下面介绍步骤。

1. 环境准备

（1）下载 Tesseract 库的安装包，请读者根据自己使用的计算机操作系统位数选择匹配的安装包，编者用的系统是 64 位 Windows 10 专业版，故下载的安装包文件名中含"w64"（tesseract-ocr-w64-setup-v5.2.0.20220712.exe），双击安装包弹出消息框让用户选择语言（就用默认的 English），单击"OK"按钮启动安装向导，如图 13.28 所示。

图 13.28　选择语言和启动安装向导

（2）单击"Next"按钮，单击"I Agree"按钮同意软件许可协议，再单击"Next"按钮，如图 13.29 所示。

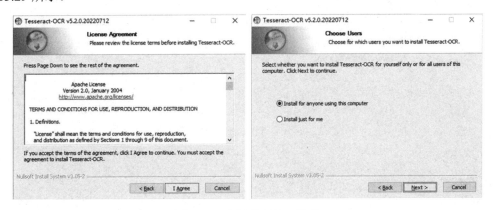

图 13.29　同意软件许可协议

（3）在接下来的"Choose Components"（选择组件）界面上选择支持识别的语言库，展开树状视图的"Additional language data"节点，依次勾选其下的"Arabic"（阿拉伯数字）、"Chinese (Simplified)"（简体中文）、"Chinese(Simplified vertical)"（简体中文、竖排）、"Chinese(Traditional)"（繁体中文）和"Chinese(Traditional vertical)"（繁体中文、竖排）这几项前面的复选框，如图 13.30 所示，单击"Next"按钮。

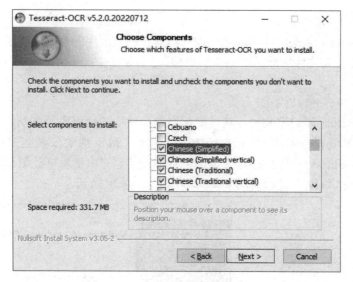

图 13.30　选择支持识别的语言库

（4）出现"Choose Install Location"（选择安装位置）界面，可设置 Tesseract 库的安装目录，如图 13.31 所示，单击"Next"按钮。

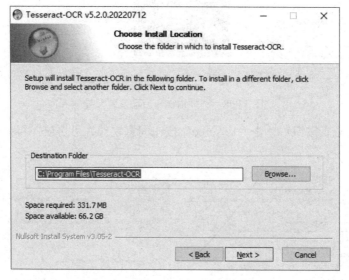

图 13.31　设置 Tesseract 库的安装目录

注意：这个安装目录的路径请读者务必记下来，后面会用到。

（5）单击"Install"按钮开始安装，期间安装程序会自动联网下载用户所选择的那些语言库，完成后单击"Next"按钮，再单击"Finish"按钮结束安装。

（6）安装程序所下载的语言库文件全都位于 Tesseract 库安装目录的 tessdata 子目录下，如图 13.32 所示。需要将安装目录配置到系统 Path 变量中，以便 Tesseract 库能找到这些语言库，步骤如下。

右击"此电脑"，选择"属性"命令，单击"高级系统设置"→"环境变量"，在"环境变

第 13 章　MDI、文件目录、树、Python 综合应用实例：文档分析器

量"对话框中，选择"系统变量"列表中的"Path"，单击"编辑"按钮，弹出"编辑环境变量"对话框，再单击"新建"按钮，然后在变量列表的末尾添加 Tesseract 库安装目录的路径即可，如图 13.33 所示，添加好系统 Path 变量后还需要依次点"确定"按钮返回去，这样才算配置好了。

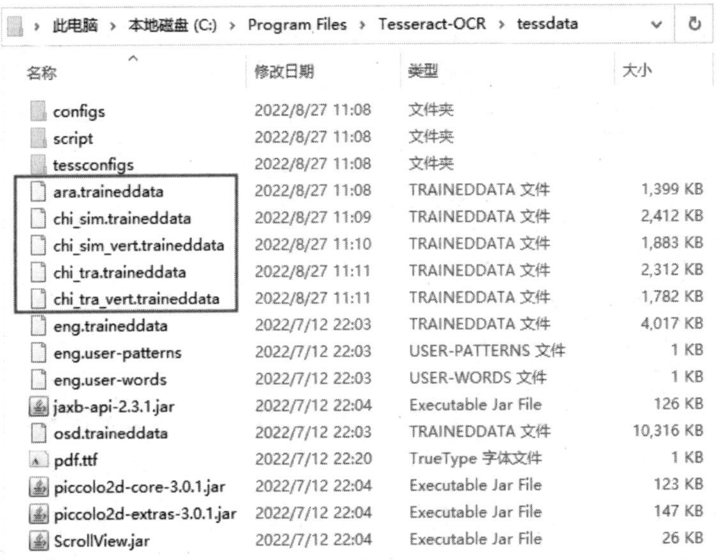

图 13.32　语言库的存放位置

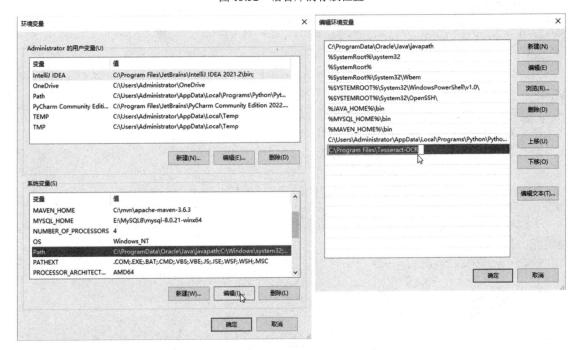

图 13.33　将安装目录配置到系统 Path 变量当中

（7）将 Tesseract 库安装至 Python 环境。

在 Windows 命令行下执行 "pip install pytesseract" 命令联网安装，然后在 pytesseract 安装包中找到 pytesseract.py 文件，修改其中 tesseract_cmd 字段的值，将前面记下的 Tesseract 库的安装目录填入其中，如图 13.34 所示。

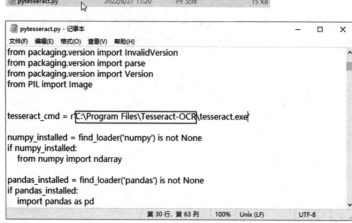

图 13.34 在 Python 环境中配置 Tesseract 库

经以上一系列安装和配置工作，就能使 Python 顺利地找到本地计算机的文字识别引擎及语言库了。

2．功能实现

在 Python 文件 DocAnalyzer.py 的"类库导入区"导入：

```
import pytesseract
```

另外，由于文字识别程序首先要借助 Python 的 PIL 库进行图片读取，也要安装该库，在 Windows 命令行下执行"pip install pillow"命令联网安装，然后导入该库的 Image：

```
from PIL import Image
```

在"功能函数区"编写 textRecog()函数：

```python
def textRecog(path):
    image = Image.open(path)
    content = pytesseract.image_to_string(image, lang='chi_sim')
    return content
```

主程序中 actRecog 的 triggered()信号所关联的 textRecog()函数调用 Python 函数实现文字识别功能，如下：

```cpp
void MyDocAnalyzer::textRecog()
{
    QString path = curPath + '/' + curFile;
    class PyThreadStateLock lock;
    resText = callPyObject("DocAnalyzer", "textRecog", path);
    showResult("识别文字");
}
```

运行程序，一张扫描书页图片的文字识别效果如图 13.35 所示。

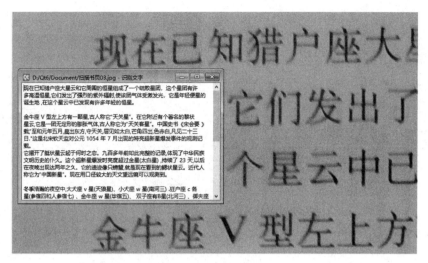

图 13.35　一张扫描书页图片的文字识别效果

13.3.4　分析结果处理

文档分析的结果除朗读和词云外，其他都是以文本的形式显示和保存的，为此，定义一个通用的 showResult()函数用于不同分析模式下结果的统一显示。

1．显示

showResult()函数带有 mode 参数，用来指明使用的是哪一种分析模式（如分词、识别文字等），代码如下：

```
void MyDocAnalyzer::showResult(QString mode)
{
    QMdiSubWindow *textDoc = new QMdiSubWindow();
    textDoc->setWindowTitle(ui->mdiArea->currentSubWindow()->windowTitle() + " - " + mode);
    QPlainTextEdit *teResult = new QPlainTextEdit();
    teResult->setPlainText(resText);
    textDoc->setWidget(teResult);
    ui->mdiArea->addSubWindow(textDoc);
    textDoc->show();
}
```

可见，分析结果是通过在多文档区单独再开一个子窗口显示的。

2．保存

用 Qt 的 QTextDocumentWriter 实现对分析结果文本的保存。

主程序中 actSave 的 triggered()信号所关联的 saveDoc()函数实现保存功能，如下：

```
void MyDocAnalyzer::saveDoc()
{
    QString type = curFile.split('.')[1];
    if (type == "txt" || type == "docx" || type == "htm" || type == "html")
    {
```

```
            QString  docName  =  ui->mdiArea->currentSubWindow()->windowTitle()  +
".txt";
            QPlainTextEdit *teContent = (QPlainTextEdit*)ui->mdiArea->currentSubWindow()
->widget();
            QTextDocument *docContent = teContent->document();
            QTextDocumentWriter writer(docName);
            if (writer.write(docContent))
                QMessageBox::information(this, "提示", "已保存。");
        }
    }
```

13.4 其他功能

本例一些次要功能的菜单如图 13.36 所示，各功能项以①、②…标注，对应的 QAction 对象名见表 13.4。

图 13.36 次要功能的菜单

表 13.4 对应的 QAction

编 号	对 象 名
①	actQuit
②	actAbout
③	actAboutQt

在主程序 initUi() 函数的 "QAction 设置区" 编写代码设置各 QAction 的属性，如下：

```
connect(ui->actQuit, SIGNAL(triggered(bool)), this, SLOT(quitApp()));
connect(ui->actAbout, SIGNAL(triggered(bool)), this, SLOT(aboutApp()));
connect(ui->actAboutQt, SIGNAL(triggered(bool)), this, SLOT(aboutQt()));
```

1. 退出

quitApp() 函数主动结束程序，退出系统，代码如下：

```
void MyDocAnalyzer::quitApp()
{
    QApplication *app;
    app->quit();
}
```

2. 关于

"帮助"→"关于"命令弹窗显示本例的介绍信息，如图 13.37 所示。

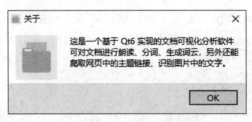

图 13.37 介绍信息

aboutApp()函数实现该功能，代码如下：

```
void MyDocAnalyzer::aboutApp()
{
    QMessageBox::about(this, "关于", "这是一个基于 Qt6 实现的文档可视化分析软件\r\n可对文档进行朗读、分词、生成词云，另外还能\r\n爬取网页中的主题链接、识别图片中的文字。");
}
```

当然，读者也可以用这个窗口显示程序的版本及版权声明信息。

3．关于 Qt 6

"帮助"→"关于 Qt 6"菜单弹窗显示这个程序所基于的内部 Qt 库的版本号及相关的系统信息，如图 13.38 所示。

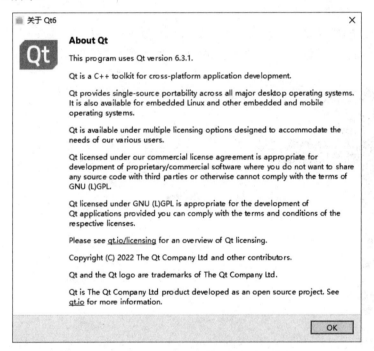

图 13.38　程序所基于的内部 Qt 库的版本号及相关的系统信息

aboutQt()函数实现该功能，代码如下：

```
void MyDocAnalyzer::aboutQt()
{
    QMessageBox::aboutQt(this, "关于 Qt6");
}
```

第 14 章

网络通信、SQLite、图元系统、实时语音综合应用实例：简版微信

本章运用 Qt 5 的网络模块来开发一个简版微信，它是由客户端和服务器一起组成的即时通讯系统，客户端界面完全模仿真实的微信电脑版，运行于桌面，如图 14.1 所示。

图 14.1 简版微信客户端

界面上显示聊天内容的区域用 GraphicsView 图元系统实现，这样就能给双方发的信息加不同的底色，信息旁带用户头像，显示收发的图片等。

系统的用户信息存储在服务器上的 MySQL 数据库中，用户上线时由服务器发给其客户端用来加载微信好友列表；用户之间聊天的文字信息以 UDP 直接收发，不经过服务器；而聊天时发的文件、图片、语音等则统一以文件形式上传至服务器，再由服务器传给对方，文件传输用 TCP；聊天信息即时写进客户端本地的 SQLite 中形成历史记录，但若对方不在线，信息会暂存到服务器 MySQL 中，待该用户上线时再转发给他。整个系统的工作方式如图 14.2 所示。

另外，本例还实现了实时语音通话功能，借助 Qt 的 multimedia 多媒体模块结合 TCP 传输技术实现。

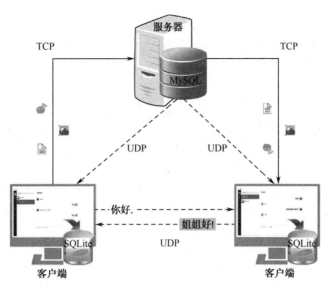

图 14.2 简版微信系统工作方式

【技术基础】

  14.1 网络通信

本例的工作机制主要基于 Qt 的网络模块，用 UDP 收发消息，用 TCP 传输数据和资源。

14.1.1 UDP 收发消息

1．初始化套接字

在简版微信系统中，用户之间的文字聊天信息、所有的系统协调通知消息都以 UDP 收发。为此，在客户端和服务器程序的初始化（initUi()函数）代码中，都要创建一个 QUdpSocket 对象绑定到指定端口，并将该对象的 readyRead() 信号关联到接收数据报的 recvData() 函数，语句如下：

```
udpsocket = new QUdpSocket();                          //创建套接字对象
uport = 23232;
udpsocket->bind(uport, QUdpSocket::BindFlag::ShareAddress | QUdpSocket::BindFlag::ReuseAddressHint);                //套接字绑定到端口
connect(udpsocket, SIGNAL(readyRead()), this, SLOT(recvData()));
```

2．发送消息

本例的消息统一以 JSON 格式封装在数据报中发出，由于数据报的组成结构是固定的，差异仅在于字段的数据内容，所以将发送消息的程序段单独定义成一个函数 sendDatagram()，如下：

```
void MyWeChat::sendDatagram(QString type, QString username, QString peername, QString body, QString datetime) {
    QJsonObject datagram;
    datagram.insert("Type", type);
```

```
        datagram.insert("UserName", username);
        datagram.insert("PeerName", peername);
        datagram.insert("Body", body);
        datagram.insert("DateTime", datetime);
        QJsonDocument jsonDoc(datagram);
        udpsocket->writeDatagram(jsonDoc.toJson(), QHostAddress::SpecialAddress::Broadcast, uport);
    }
```

说明:

(1) 消息数据报各字段的意义介绍如下。

① Type: 消息类型, 表示消息的用途。简版微信系统内部定义的消息见表 14.1。

表 14.1　简版微信系统内部定义的消息

类　型	用　途
Online	表示有用户上线
Offline	表示有用户下线
Message	表示发送的是文字信息
File	表示发送的是文件
Notif	通知消息, 用于系统内各成员之间的协调。例如, 客户端向服务器发出通知, "告知"其要上传文件
ReqFile	用于客户端向服务器请求下载文件
TelUP	表示有电话打进来
TelOFF	表示对方挂断电话

② UserName: 发送方(己方)用户名。

③ PeerName: 接收方(对方)用户名。

④ Body: 消息体, 其中携带有用数据。例如, Message 类型消息的 Body 就是聊天的文字内容, 而 File 类型消息的 Body 是要传输的文件名。

⑤ DateTime: 消息发出的时间。因每次发消息都要进行时间获取操作, 故将其定义成 getnowtime()函数:

```
QString MyWeChat::getnowtime() {
    return QDateTime::currentDateTime().toString("yyyy年MM月dd日 hh:mm");
}
```

(2) 在消息内容按上述定义的格式组织好后, 借助 Qt 的 QJsonDocument 将其序列化为一个 JSON 文档, 再转换为字节, 通过 writeDatagram()函数发出去, 语句为:

```
套接字对象->writeDatagram(数据, 地址, UDP 端口号)
```

3. 接收消息

当有数据到达时, recvData()函数响应 QUdpSocket 的 readyRead()信号, 一旦 UdpSocket 对象中有数据可读, 即通过 readDatagram()函数将数据读出, 代码如下:

```
void MyWeChat::recvData() {
    while (udpsocket->hasPendingDatagrams()) {
        QByteArray byteArray;
```

```cpp
        byteArray.resize(udpsocket->pendingDatagramSize());
        //读取数据报
        udpsocket->readDatagram(byteArray.data(), byteArray.size());
        QJsonObject datagram = QJsonDocument::fromJson(byteArray).object();
        //解析数据报
        QString Type = datagram.take("Type").toVariant().toString();
        QString UserName = datagram.take("UserName").toVariant().toString();
        QString PeerName = datagram.take("PeerName").toVariant().toString();
        QString Body = datagram.take("Body").toVariant().toString();
        QString DateTime = datagram.take("DateTime").toVariant().toString();
        //根据不同类型分别处理
        if (Type == "类型1" && 其他条件) {
            ...                           //处理类型1的消息
        } else if (Type == "类型2" && 其他条件) {
            ...                           //处理类型2的消息
        }
        ...
    }
}
```

说明：先调用套接口的 readDatagram()函数读取一个数据报，注意在读取前必须要用 pendingDatagramSize()方法获得报文长度并将缓存 byteArray 设为同样大小；然后解析数据报，用 "JSON 对象.take("字段名").toVariant().toString()" 的方式获取消息内部各字段的数据内容；再根据消息类型（Type 字段）及一些附加条件，分别进行不同的处理。

14.1.2 TCP 传输

1. 创建服务器和套接字

在简版微信系统中，非文字类（包括文件、图片、语音等）的数据一律用 TCP 传输，经服务器转发给对方，用户之间的实时语音通话也在 TCP 连接上进行。实际运行时数据的传输可以是双向的，任何一个客户端或服务器程序皆可用作 TCP 方式下的服务器或客户端，因此，在客户端和服务器程序的初始化（initUi()函数）代码中，既要创建一个 TCP 服务器对象，也要创建一个套接字对象，语句如下：

```cpp
tcpserver = new QTcpServer();                                    //创建TCP服务器
tport = 5555;                                                    // TCP监听端口号
connect(tcpserver, SIGNAL(newConnection()), this, SLOT(preTrans()));
payloadsize = 64 * 1024;                                         //缓存每次收发的字节数
tcpsocket = new QTcpSocket();                                    //创建套接字对象
connect(tcpsocket, SIGNAL(readyRead()), this, SLOT(recvBytes()));
bytesrecved = 0;                                                 //已接收的字节数
```

使用 TCP 传输数据，首先要由充当 TCP 服务器的一方在程序中开启监听：

```cpp
if (tcpserver->listen(QHostAddress::SpecialAddress::Any, tport)) {
    ...
} else {
    tcpserver->close();
}
```

当有连接请求到来时，会触发 TCP 服务器的 newConnection()信号，程序将该信号关联至 preTrans()函数（自定义），在其中进行传输数据前的一些准备工作，然后启动传输。TCP 套接字在每次收到数据时都会触发 readyRead()信号，由该信号关联的 recvBytes()函数（自定义）实现对字节的接收和控制。

2. 建立连接及准备

由 TCP 客户端向服务器主动发起连接请求，使用语句：

```
tcpsocket->connectToHost(QHostAddress(Body.split(',')[2]), tport);
```

本例的成员在开始 TCP 会话前都会先以 UDP 数据报发通知（Notif 类型）消息给对方进行"沟通"，UDP 报文的 Body 字段中携带了发送方的主机 IP 地址，对方将其解析出来作为发起 TCP 连接的目标地址。

接收连接后，再由 TCP 服务器完成传输前的准备工作，并启动传输，这个操作是在 preTrans()函数中进行的，以传输文件为例，代码如下：

```cpp
void MyWeChat::preTrans() {
    //准备工作
    socket = tcpserver->nextPendingConnection();
    connect(socket, SIGNAL(bytesWritten(qint64)), this, SLOT(handleTrans()));
    localfile->open(QFile::OpenModeFlag::ReadOnly);//以只读模式打开文件
    //启动传输
    block = localfile->read(payloadsize);              //读取一个缓存块
    bytestobesend -= socket->write(block);             //写入套接口
}
```

说明：TCP 服务器针对与它连接的客户端也创建一个套接字对象（由 nextPendingConnection()方法返回），将该套接字的 bytesWritten()（写字节）信号关联到 handleTrans()函数（自定义）来发送字节。

3. 服务器发送字节

handleTrans()函数实现字节流的持续发送，代码如下：

```cpp
void MyWeChat::handleTrans() {
    //进入 TCP 传输过程
    if (bytestobesend > 0) {
        if (bytestobesend > payloadsize)
            block = localfile->read(payloadsize);       //每次读入一个缓存块
        else
            block = localfile->read(bytestobesend);     //读取剩余的字节
        bytestobesend -= socket->write(block);          //写入套接口
    } else {
        localfile->close();                             //关闭文件
        socket->abort();                                //释放套接字
        tcpserver->close();                             //关闭 TCP 服务器
    }
}
```

说明：TCP 服务器程序不断调用 write()函数往套接口中写入字节，每次写一个缓存块（64KB）的大小。

4. 客户端接收字节

在 TCP 连接建立并启动传输后,客户端套接字就一直由 readyRead()信号所驱动而处于被动接收字节的状态,该信号关联的 recvBytes()函数实现对字节的接收和控制,代码如下:

```
void MyWeChat::recvBytes() {
    if (bytesrecved < bytestotal) {
        bytesrecved += tcpsocket->bytesAvailable();
        block = tcpsocket->readAll();                //每次接收一个缓存块
        localfile->write(block);
    }
    if (bytesrecved == bytestotal) {
        localfile->close();                          //关闭文件
        tcpsocket->abort();                          //释放套接字
        bytesrecved = 0;                             //复位
        ...                                          //后续处理
    }
}
```

说明:为实现对传输过程的有效控制,TCP 客户端需要提前获知服务器将要传给它的字节总数(bytestotal),该值在 TCP 会话前就已经由服务器写在通知消息中以 UDP 发给客户端了。传输开始后,客户端会实时统计所收到的字节数(bytesrecved),一旦收到的字节数等于预发的字节总数(if (bytesrecved == bytestotal))就断开与服务器的连接,结束传输过程。

14.2 服务器数据库

本例采用 MySQL 作为服务器的数据库,它主要有两个作用:
(1)保存所有用户的注册信息;
(2)暂存离线用户收到的消息。

14.2.1 创建数据库 MyWeDb

在 MySQL 中创建 MyWeDb 数据库,在其中创建两张表。

1. 用户表 user

它用于保存所有用户的注册信息,表结构见表 14.2。

表 14.2　user 表结构

列　名	类　型	说　明
用户名	UserName	varchar	主键
密码	PassWord	varchar	
关注好友	Focus	varchar	多个好友用户名之间以逗号分隔
是否在线	Online	bit	1 表示在线,0 表示下线,默认为 0

用可视化操作工具（如 Navicat Premium）往 user 表中录入几个用户信息用于后面系统测试，如图 14.3 所示。

图 14.3 录入 user 表的用户信息

2. 聊天信息缓存表 chatinfotemp

它用于服务器暂存离线用户收到的消息，表结构见表 14.3。

表 14.3 chatinfotemp 表结构

列 名	类 型	说 明
消息类型	Type	varchar	长度为 10，非空
己方用户名	UserName	varchar	长度为 20
对方用户名	PeerName	varchar	长度为 20
消息体	Body	varchar	长度为 100
发出时间	DateTime	varchar	长度为 20

可见，chatinfotemp 表的列名与前面所定义 UDP 数据报中各个字段名是完全对应的，实际就是将收到的 UDP 报文内容原样存储下来。

14.2.2 数据库访问与操作

本例通过自编译的 MySQL 驱动访问数据库，编译的详细过程在前面章节已介绍过，此处不再赘述。为了能在 Qt 程序中用代码访问数据库，需要在服务器项目的配置文件 MyWeServer.pro 中添加一句：

```
QT += sql
```

1. 打开连接函数 openDb()

服务器在初始启动时就打开数据库连接，通过函数 openDb()打开，代码如下：

```
void MyWeServer::openDb() {
    db = QSqlDatabase::addDatabase("QMYSQL");
    db.setHostName("localhost");
    db.setDatabaseName("mywedb");
    db.setUserName("root");
    db.setPassword("123456");
    if (!db.open()) {
        QMessageBox::critical(0, "后台数据库连接失败", "无法创建连接！请检查排除故障后重启程序。", QMessageBox::Cancel);
        return;
    }
}
```

说明：db 是一个 QSqlDatabase 对象，用一系列函数设置连接参数，setHostName()设置主机名，setDatabaseName()设置数据库名，setUserName()设置用户名，setPassword()设置密码，请读者对应填写自己的 MySQL 数据库所在的计算机名、创建的数据库名、安装 MySQL 的根用户名及密码。连接打开（db.open()）后就可以编写代码操作数据库了。

2. 操作数据库的步骤

（1）查询操作的一般步骤为：

```
QSqlQuery query;                                       //创建 QSqlQuery 对象
query.exec(QString("SELECT…%1…%2…").arg(参数1).arg(参数2)…);
                                                       //执行带参数的语句
query.next();                                          //获取数据
```

然后，在接下来的代码中以"query.value(0)"引用查询到的结果数据。

（2）若执行的是更新（插入、修改或删除）操作，则需要用多条语句来预准备查询和绑定参数值，步骤变为：

```
QSqlQuery query;                                       //创建 QSqlQuery 对象
query.prepare("INSERT/UPDATE/DELETE…?…?…");           //预准备查询
query.bindValue(0, 参数1);                             //绑定第 1 个参数
query.bindValue(1, 参数2);                             //绑定第 2 个参数
…                                                      //绑定其他参数
query.exec();                                          //执行操作
```

14.3 SQLite 应用

使用微信的读者都知道可以随时查看与任何好友过往的聊天历史记录，但微信用户量惊人，聊天记录更是海量的，这些数据不可能（也没必要）都保留在服务器端，所以实际上保存在用户本地，用 SQLite 无疑是最佳选择。

SQLite 是一款轻型的嵌入式数据库，由 D.RichardHipp 开发，它被包含在一个相对小的 C 库中，可嵌入很多现有的操作系统和程序语言软件产品中。SQLite 占用资源非常少，在一些嵌入式设备中，可能只需要几百 KB 的内存就够了，广泛支持 Windows、Linux、UNIX 等主流操作系统，同时能够跟多种高级程序语言相结合，比如 Qt、Python、C#、PHP、Java 等。SQLite 第一个 Alpha 版本诞生于 2000 年 5 月，目前已升级至 SQLite 3。

Qt 集成了 SQLite 模块，这使得它能很方便地操作内部 SQLite 来支持用户完成一些简单的快速数据存储任务。

Qt 使用 SQLite 编程无须安装任何驱动，只需要在客户端项目的配置文件 MyWeChat.pro 中添加一句：

```
QT += sql
```

14.3.1 创建 SQLite

为方便编程，客户端主程序中定义了一个 QSqlDatabase 类型的对象 sqlite 作为 SQLite 的操作句柄，其上用一系列函数设置连接参数，并执行一条 CREATE TABLE 语句创建聊天历史数据

库,这些操作封装为 createSQLite()函数,如下:

```
void MyWeChat::createSQLite() {
    sqlite = QSqlDatabase::addDatabase("QSQLITE");
    sqlite.setHostName(QHostInfo::localHostName());
    sqlite.setDatabaseName("data/chatlog_" + currentUser + ".db");    //(a)
    sqlite.setUserName(currentUser);
    sqlite.setPassword("123456");
    sqlite.open();
    QSqlQuery query(sqlite);                                          //(b)
    query.exec("CREATE TABLE IF NOT EXISTS data(Type varchar(10), UserName varchar(20), PeerName varchar(20), Body varchar(100), DateTime varchar(20))");
                                                                      //(c)
    sqlite.close();                                                   //(d)
}
```

说明:

(a) sqlite.setDatabaseName("data/chatlog_" + currentUser + ".db"): setDatabaseName()函数设定 SQLite 数据存放的本地路径及文件名(以.db 为后缀),简版微信系统设计以"chatlog_用户名"作为客户端 SQLite(聊天日志)文件名,其中"用户名"为当前上线客户端所对应的用户名,在程序运行前预置给主程序公共变量 currentUser。

(b) QSqlQuery query(sqlite): 由于 Qt 默认的数据库并非 SQLite,所以必须用这条语句将操作数据库的 QSqlQuery 对象与 SQLite 句柄绑定。

(c) query.exec("CREATE TABLE IF NOT EXISTS data(Type varchar(10), UserName varchar(20), PeerName varchar(20), Body varchar(100), DateTime varchar(20))"): 在 QSqlQuery 对象 query 上执行"CREATE TABLE IF NOT EXISTS"语句,在 SQLite 中创建 data 表用于保存聊天历史记录,data 表结构与简版微信系统所定义的消息格式完全一致,这样程序从 UDP 收到消息就可以直接存入 SQLite,实时地记录聊天日志。

(d) sqlite.close(): 为节约资源,连接使用后要及时关闭。

初次运行客户端程序时尚未建立聊天日志,要在初始化(initUi()函数)代码中调用 createSQLite()函数:

```
createSQLite();
```

程序就会自动创建、设置并打开 SQLite 连接,执行"CREATE TABLE IF NOT EXISTS"语句,如果是初次登录就会创建聊天日志文件(chatlog_用户名.db)及其 data 表,以后再登录则不会重复创建,每个客户端用户对应一个聊天日志文件。

14.3.2 记录日志

客户端程序在运行过程中,实时地将收到的消息写入聊天日志文件,代码如下:

```
if (UserName == currentUser || PeerName == currentUser) {
    sqlite.open();                                       //打开 SQLite 连接
    QSqlQuery query(sqlite);
    query.prepare("INSERT INTO data VALUES(?, ?, ?, ?, ?)");
    query.bindValue(0, Type);
    query.bindValue(1, UserName);
```

第14章 网络通信、SQLite、图元系统、实时语音综合应用实例：简版微信

```
    query.bindValue(2, PeerName);
    query.bindValue(3, Body);
    query.bindValue(4, DateTime);
    query.exec();                                   //写入日志
    sqlite.close();                                 //关闭SQLite连接
}
```

14.3.3 加载日志

当用户切换到与某个微信好友的聊天界面时，程序从日志文件 data 表中检索出该用户与此好友有关的聊天历史记录，加载到聊天内容显示区（使用 GraphicsView 实现）中。

定义 loadChatLog()函数实现此功能，代码如下：

```
void MyWeChat::loadChatLog() {
    ui->stackedWidget->setCurrentIndex(1);
    peerUser = ui->tbwFriendList->currentItem()->text();//(a)
    ui->lbPeerUser->setText(peerUser);
    sqlite.open();                                  //打开SQLite连接
    QSqlQuery query(sqlite);
    //查询所有与当前好友有关的聊天历史记录
    query.exec(QString("SELECT * FROM data WHERE (UserName = '%1' AND PeerName = '%2') OR (UserName = '%3' AND PeerName = '%4')").arg(peerUser).arg(currentUser).arg(currentUser).arg(peerUser));
    query.last();
    int size = query.at() + 1;                      //(b)
    query.first();
    foreach(QGraphicsItem *graphItem, scene->items())
        scene->removeItem(graphItem);               //(c)
    y0 = -(gvWeChatView->height() / 2) + 40;
    for (int i = 0; i < size; i++) {
        QStringList list;
        list << query.value(0).toString() << query.value(1).toString() << query.value(2).toString() << query.value(3).toString() << query.value(4).toString();
        if (query.value(1).toString() == currentUser) showSelfData(list);
                                                    //(d)显示己方信息
        else showPeerData(list);                    //(d)显示对方信息
        query.next();
    }
    sqlite.close();                                 //关闭SQLite连接
}
```

说明：

(a) peerUser = ui->tbwFriendList->currentItem()->text()：当前聊天好友的用户名保存于主程序公共变量 peerUser 中，当用户选择了界面左侧列表中的某个好友后，该变量就被赋予对应好友的用户名。

(b) int size = query.at() + 1：SQLite 不支持 QuerySize 特性，所以不能直接用 query.size()获取查询结果数目。通过 db.driver()->hasFeature(QSqlDriver::QuerySize)语句可获知一个数据库是

否支持 QuerySize 特性。

(c) foreach(QGraphicsItem *graphItem, scene->items()) scene->removeItem(graphItem)：日志被加载到聊天内容区，在显示前刷新内容区图形视图，需要清除视图场景中旧的聊天内容（即场景中原有的所有图元），这里用 foreach() 遍历场景中所有图元，逐一清除。

(d) if (query.value(1).toString() == currentUser) showSelfData(list)、else showPeerData(list)：在把与此用户名相关的聊天历史记录读取出来后，还涉及怎么显示的问题，本例模仿真实的微信风格，给聊天双方发的内容带上用户头像、加不同底色且显示在不同位置，为此专门设计了两个函数 showSelfData() 和 showPeerData()，分别用于显示己方和对方发的信息，这两个函数的具体实现后面再介绍，此处读者只要了解程序是如何从 SQLite 中得到数据的即可。

14.4 用到的其他控件和技术

除了上面介绍的基础技术，本例还用到了 Qt 的其他一些控件和技术，简要罗列如下：

（1）自定义扩展的图形视图控件 WeChatGraphicsView，添加鼠标双击 mousedoubleclicked() 信号并重写 mouseDoubleClickEvent() 事件处理函数实现能响应用户操作的聊天内容区。

（2）堆栈窗体 StackedWidget 实现聊天界面切换。

（3）表格控件 TableWidget 显示带头像的微信好友列表。

（4）重写 CloseEvent 事件处理的 closeEvent() 方法向服务器发送下线通知消息。

（5）在视图场景中用 GraphicsPixmapItem、GraphicsTextItem 等不同类型图元结合图元尺寸（w、h）和位置坐标（x、y）的调整设计，以微信特有的方式呈现丰富多彩的聊天内容。

（6）multimedia（多媒体模块），QAudioRecorder（录音），QMediaPlayer（播放语音）。

（7）使用 Windows 系统机制自动打开文件存放目录或预览图片。

（8）将文件名作为资源 ID 键的值存储于图元 data 属性中。

（9）实时语音通话技术。程序直接从语音输入流中读取字节、将收到的字节写入语音输出流（使用 QAudioInput、QAudioOutput）。

【实例开发】

14.5 创建项目

简版微信系统包括客户端和服务器两部分，所以对应地也要创建两个项目。创建项目使用 Qt Creator 集成开发环境。

14.5.1 客户端项目

1. 项目结构

创建客户端项目，项目名为 MyWeChat。

第 14 章 网络通信、SQLite、图元系统、实时语音综合应用实例：简版微信

1）重命名类和文件

在向导的"Class Information"界面，选择主程序 Base class（基类）为 QDialog，Header file（头文件）命名为 WeChat.h，Source file（源文件）命名为 WeChat.cpp，勾选"Generate form"（生成界面）复选框，Form file（界面文件）命名为 WeChat.ui，如图 14.4 所示。

图 14.4 项目类及文件命名

2）设置 debug 目录

创建了项目后，在"构建设置"页取消勾选"Shadow build"复选框，如图 14.5 所示，这样程序编译后生成的 debug 目录就直接位于项目目录中，便于管理和引用其中的资源。

请读者先运行一下程序生成 debug 目录。

图 14.5 使 debug 生成在项目目录中

3）新建目录

本项目中需要创建以下两个目录。
- image 目录：用于存放界面要用的图片资源。
- data 目录：存放客户端数据。它又包含两个子目录：files 子目录用于保存聊天过程中传输的文件（包括普通文件、图片、音频等），其下的 voice 子目录临时存放该用户发给对方的语

音块（voice.wav）；photo 子目录用于保存该用户与其所有微信好友的头像图片。

在 Qt Creator 中创建 image 目录的操作如下。

① 切换至项目的 File System（文件系统）视图，右击并选择"New Folder"命令，输入目录名，如图 14.6 所示。

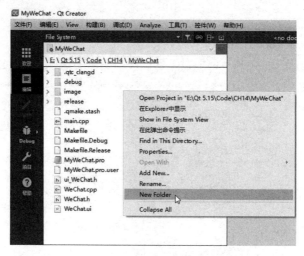

图 14.6　新建 image 目录

目录建好后，将项目开发要用的图片预先准备好，存放其下。

② 切换回"项目"视图，右击项目名，选择"Add Existing Directory"命令，在出现的对话框中选中"image"目录，单击"确定"按钮，此时可看到"项目"视图中增加了一个"Other files"节点，展开可看到下面有 image 目录及其中的图片，如图 14.7 所示，说明这些图片资源已经加载进项目，可以在编程中使用它们了。

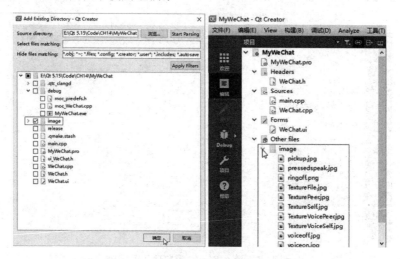

图 14.7　将 image 目录添加到项目中

另一个 data 目录及其子目录的创建过程完全一样，但注意，创建后要先在目录下放一些临时文件，以便将目录添加进项目。

4）创建自定义类

本项目有两个自定义类，每个都对应一个头文件（.h）和一个源文件（.cpp）。

（1）"登录"对话框类。

系统启动时要首先弹出这个对话框来接收当前登录的用户名，它具有 UI 界面的自定义类，创建过程如下。

右击项目名，选择"添加新文件"命令，弹出"新建文件"对话框，在"选择一个模板"列表框中依次选择"Qt"→"Qt 设计师界面类"，单击"Choose"按钮，如图 14.8 所示。

图 14.8　创建具有 UI 界面的自定义类

在"选择界面模板"界面上选择"Dialog without Buttons"，如图 14.9 所示，单击"下一步"按钮。

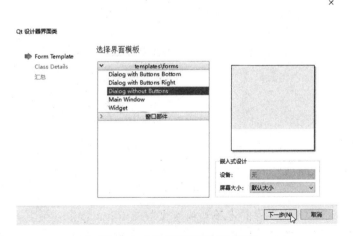

图 14.9　"选择界面模板"界面

在接下来的"选择类名"界面上填写自定义类的 Class name（类名）、Header file（头文件名）、Source file（源文件名）和 Form file（界面文件名），如图 14.10 所示。单击"下一步"按钮，再单击"完成"按钮。

（2）聊天内容区视图类。

此类扩展 Qt 图形视图控件可实现微信风格的聊天内容区，创建过程如下。

右击项目名，选择"添加新文件"命令，弹出"新建文件"对话框，在"选择一个模板"

列表框中依次选择 "C/C++" → "C++ Class",单击 "Choose" 按钮,如图 14.11 所示。

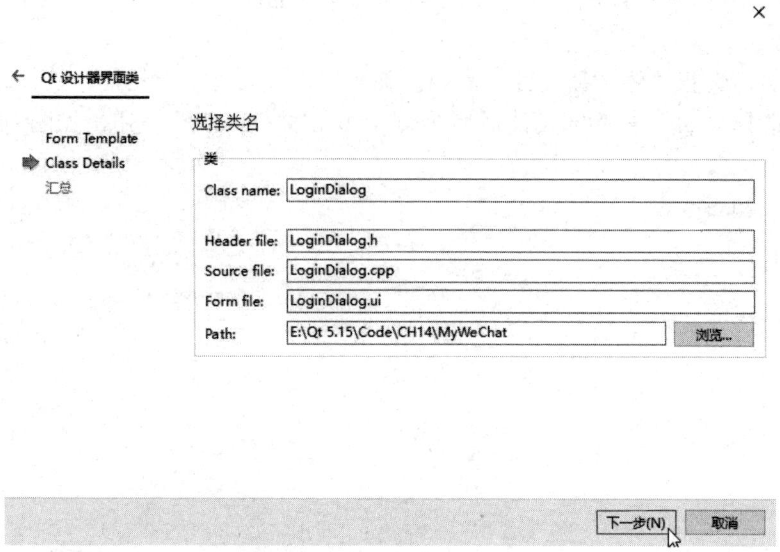

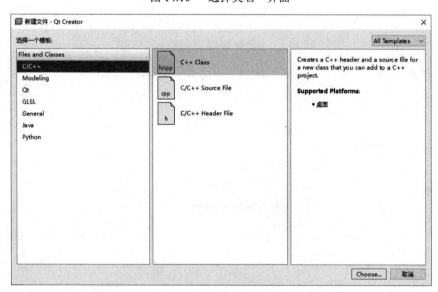

图 14.10 "选择类名"界面

图 14.11 选择创建 C++ 类文件的模板

在接下来的 "Define Class" 界面上填写自定义类的 Class name(类名)、Base class(继承的基类名)、Header file(头文件名)和 Source file(源文件名),勾选相应的复选框(视需要而定,也可不选),如图 14.12 所示。单击 "下一步" 按钮,再单击 "完成" 按钮。

2. 主程序框架

1)文件构成

本项目包括以下几种不同类型和作用的程序文件。

(1) Qt 工程配置文件 **MyWeChat.pro**。

它用于配置 Qt 程序中要使用的附加模块或第三方库。

第 14 章　网络通信、SQLite、图元系统、实时语音综合应用实例：简版微信

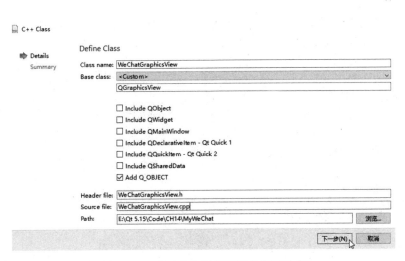

图 14.12　聊天内容区视图类的设置信息

简版微信系统客户端主要基于 Qt 的网络通信模块、多媒体模块、数据库模块，故在配置文件中添加如下配置：

```
QT       += core gui
greaterThan(QT_MAJOR_VERSION, 4): QT += widgets
CONFIG += c++17
QT += network
QT += multimedia
QT += sql
...
```

（2）C++头文件。

① WeChat.h：对应于主程序的头文件，里面声明了程序中用到的所有公共（通用）函数和全局变量、槽函数、界面及程序功能组件的引用指针。

② 自定义类的头文件，包括：LoginDialog.h（"登录"对话框类）、WeChatGraphicsView.h（聊天内容区视图类）。

（3）C++源文件。

① WeChat.cpp：这个就是简版微信系统客户端的主程序，WeChat.h 头文件中声明的所有函数都在里面具体实现。

② 自定义类的源文件，与头文件一一对应，包括：LoginDialog.cpp（"登录"对话框类）、WeChatGraphicsView.cpp（聊天内容区视图类）。

③ main.cpp：项目启动文件，里面的 main()函数是系统启动入口，编程时一般不要修改它。

以上介绍的各程序文件在"项目"视图中的分类位置如图 14.13 所示。

读者可依据该图理解项目程序代码的总体框架，为了后面介绍方便，下面先给出主程序文件中代码的基本结构。

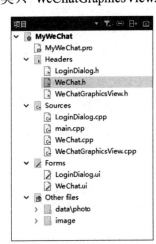

图 14.13　各程序文件在"项目"视图中的分类位置

2）头文件

头文件 WeChat.h 是整个项目程序所有函数的集中声明文件，它主要由库文件包含区、公共成员声明区、私有槽声明区、指针定义区 4 部分组成，完整代码如下：

```cpp
#ifndef MYWECHAT_H
#define MYWECHAT_H
/*（1）库文件包含区*/
#include <QDialog>
#include <QSqlDatabase>
#include <QSqlQuery>
#include "WeChatGraphicsView.h"
#include <QGraphicsScene>
#include <QUdpSocket>
#include <QTcpServer>
#include <QTcpSocket>
#include <QDateTime>
#include <QJsonObject>
#include <QJsonDocument>
#include <QGraphicsPixmapItem>
#include <QFileDialog>
#include <QHostInfo>
#include <QThread>
#include <QMessageBox>
#include <QProcess>
#include <QDesktopServices>
#include <QAudioRecorder>
#include <QMediaPlayer>
#include <QAudioFormat>
#include <QAudioOutput>
#include <QAudioInput>
#include <QDebug>
QT_BEGIN_NAMESPACE
namespace Ui { class MyWeChat; }
QT_END_NAMESPACE
class MyWeChat : public QDialog
{
    Q_OBJECT
/*（2）公共成员声明区*/
public:
    MyWeChat(QWidget *parent = nullptr);
    ~MyWeChat();
    QString currentUser;                        //当前用户
    QString peerUser;                           //对方用户
    QStringList friendList;                     //好友列表
    int uport;
    int tport;
    int payloadsize;
    int bytesrecved;
    int bytestobesend;
```

```cpp
    void initUi();
    void onlineWe();
    void createSQLite();
    QString getnowtime();
    void sendDatagram(QString, QString, QString, QString, QString);
    void loadWeFriends();
    void closeEvent(QCloseEvent *);
    void showSelfData(QStringList);
    void showPeerData(QStringList);
    float y0;
    QString filename;
    QFile *localfile;
    int bytestotal;
    void sendFile();
    QString getFileType(QString);
    QStringList datagramcache;
    void recvFile(QString);
    int __ItemResId;
    int telPort;
    int streamrecved;
    int streamtotal;
    void toggleStatus(QString);
    QString role;
    QString peerip;
    int commsendbytes;
/*（3）私有槽声明区*/
private slots:
    void onMouseDoubleClick(QPoint point);
    void loadChatLog();
    void recvData();
    void sendData();
    void openFile();
    void preTrans();
    void recvBytes();
    void handleTrans();
    void enableVoice();
    void startSpeak();
    void stopSpeak();
    void preComm();
    void recvStream();
    void ringUp();
    void startChannel();
/*（4）指针定义区*/
private:
    Ui::MyWeChat *ui;
    QSqlDatabase sqlite;
    WeChatGraphicsView *gvWeChatView;
    QGraphicsScene *scene;
```

```cpp
        QUdpSocket *udpsocket;
        QTcpServer *tcpserver;
        QTcpSocket *tcpsocket, *socket;
        QByteArray block;
        QAudioRecorder *recorder;
        QMediaPlayer *player;
        QTcpServer *telServer;
        QTcpSocket *telClient, *telSocket;
        QString telStatus;
        QAudioFormat format;
        QAudioOutput *audioOutput;
        QIODevice *audioStream;
        QAudioDeviceInfo device;
        QAudioInput *audioInput;
};
#endif // MYWECHAT_H
```

说明：

(1) 库文件包含区：位于文件开头，凡不是 Qt 默认包含的功能模块都要在这里用"#include <模块名>"显式地包含进来才能使用，包含的模块可以是 Qt 本身内置的类库，也可以是第三方库或头文件。本项目包含的主要类库有：网络模块相关库（QHostInfo、QUdpSocket、QTcpServer、QTcpSocket）、图元系统相关库和头文件引用（"WeChatGraphicsView.h"、QGraphicsScene、QGraphicsPixmapItem）、数据库相关库（QSqlDatabase、QSqlQuery）、JSON 操作相关库（QJsonObject、QJsonDocument）、操作系统相关库（QDesktopServices、QProcess）、多媒体（主要用于语音聊天及实时语音传输）相关库（QAudioRecorder、QMediaPlayer、QAudioFormat、QAudioOutput、QAudioInput）等。

(2) 公共成员声明区：公共成员包括全局变量和通用函数，通用函数是自定义的，将系统中各模块通用的操作抽象出来，独立封装为函数，可在程序的任何地方调用，有效地减少了代码冗余。

(3) 私有槽声明区：该区声明了程序中定义的所有槽函数，不同于通用函数，槽函数都是与控件的信号或某个事件关联（绑定）在一起的，只有当相应的信号（事件）产生时才会触发。

(4) 指针定义区：定义了一些指针变量，主要用来引用程序中要使用的网络及多媒体模块的功能组件。

3）主程序

主程序是 Qt 项目工程的主体，是对头文件中声明函数功能的具体实现，其源文件 WeChat.cpp 的程序框架结构如下：

```cpp
#include "WeChat.h"
#include "ui_WeChat.h"
extern QString usr;                 //外部全局变量,用于从"登录"对话框传入当前用户名
/*主程序类(构造与析构方法)*/
MyWeChat::MyWeChat(QWidget *parent)
    : QDialog(parent)
    , ui(new Ui::MyWeChat) {
    ui->setupUi(this);
    initUi();
```

```cpp
}
MyWeChat::~MyWeChat() {
    delete ui;
}
/*(1)初始化函数*/
void MyWeChat::initUi() {
    currentUser = usr;                          //由"登录"对话框传入的当前用户名
    //初始化界面
    ...
    //初始化UDP套接字
    udpsocket = new QUdpSocket();
    ...
    //创建TCP服务器和套接字
    tcpserver = new QTcpServer();
    ...
    tcpsocket = new QTcpSocket();
    ...
    //加载好友列表
    ...
    onlineWe();
    createSQLite();                             //访问SQLite、创建聊天日志
    //发送语音相关界面及组件初始化
    ...
    //实时语音相关界面及组件初始化
    ...
}
/*(2)函数实现区*/
void MyWeChat::createSQLite() { ... }           //创建SQLite数据库及聊天日志

void MyWeChat::sendDatagram(QString type, QString username, QString peername,
QString body, QString datetime) { ... }         //发送UDP数据报

void MyWeChat::sendData() { ... }               //UDP发送数据

void MyWeChat::recvData() { ... }               //UDP接收数据

void MyWeChat::loadChatLog() { ... }            //加载聊天日志

void MyWeChat::onMouseDoubleClick(QPoint point) { ... }
...
QString MyWeChat::getnowtime() {                //获取消息发送时间
    return QDateTime::currentDateTime().toString("yyyy年MM月dd日 hh:mm");
}
...
void MyWeChat::showSelfData(QStringList d)      //显示己方信息
{
    ...
}
```

```cpp
void MyWeChat::showPeerData(QStringList d)    //显示对方信息
{
    ...
}
...
void MyWeChat::sendFile() { ... }             //UDP 消息通知服务器要上传文件

void MyWeChat::preTrans() { ... }             //TCP 准备、启动传输

void MyWeChat::handleTrans() { ... }          //TCP 发送字节

void MyWeChat::recvBytes() { ... }            //TCP 接收字节

void MyWeChat::recvFile(QString fname)        //UDP 消息向服务器请求下载文件
{ ... }

//发送语音相关函数实现
...
//实时语音相关函数实现
...
```

说明：

（1）初始化函数 initUi()（读者也可自定义名称）内编写的是程序启动要首先执行的代码，主要是设置窗体外观、创建聊天内容区、创建 UDP/TCP 网络通信相关的组件（如 TCP 服务器、UDP/TCP 套接字）、创建 SQLite 聊天日志（chatlog_用户名.db）等。

（2）函数实现区：头文件中声明的所有函数（包括公共函数和槽函数）全都实现在这里，位置不分先后，但还是建议把与某方面功能相关的一组函数写在一起以便维护。从上面程序框架代码中可见前面技术基础部分所介绍的一些主要函数（如创建 SQLite 聊天日志的 createSQLite()函数、接收 UDP 数据的 recvData()函数、发送/接收 TCP 字节的 handleTrans()/recvBytes()函数等）。后面各节在介绍系统某方面功能开发时所给出的函数代码，如不特别说明，都写在这个区域。

14.5.2 服务器项目

1. 项目结构

创建服务器项目，项目名为 MyWeServer。

1）重命名类和文件

在向导的"Class Information"界面，选择主程序 Base class（基类）为 QDialog，Header file（头文件）命名为 WeServer.h，Source file（源文件）命名为 WeServer.cpp，勾选"Generate form"（生成界面）复选框，Form file（界面文件）命名为 WeServer.ui。

2）设置 debug 目录

创建了项目后，在"构建设置"页取消勾选"Shadow build"复选框，先运行一下程序生成 debug 目录。

3）新建目录

在项目中创建一个 res 目录用于存放服务器资源，其中的 files 子目录用于暂存系统运行时客户端上传要求服务器代为转发的文件（包括普通文件、图片、音频等），wechat.jpg 是服务器程序窗口图标。

2. 主程序框架

1）文件构成

（1）Qt 工程配置文件 MyWeServer.pro。

简版微信系统服务器用到网络通信模块、数据库模块，在配置文件中添加如下配置：

```
QT       += core gui
greaterThan(QT_MAJOR_VERSION, 4): QT += widgets
CONFIG += c++17
QT += network
QT += sql
...
```

（2）C++头文件 WeServer.h。

（3）C++源文件。

① WeServer.cpp：简版微信系统服务器的主程序。

② main.cpp：项目启动文件。

各程序文件在"项目"视图中的分类位置如图 14.14 所示。

图 14.14　各程序文件在"项目"视图中的分类位置

2）头文件

头文件 WeServer.h 同样包含 4 部分，完整代码如下：

```
#ifndef MYWESERVER_H
#define MYWESERVER_H
/*（1）库文件包含区*/
#include <QDialog>
#include <QIcon>
#include <QSqlDatabase>
#include <QMessageBox>
#include <QUdpSocket>
#include <QJsonObject>
#include <QJsonDocument>
#include <QSqlQuery>
#include <QFile>
#include <QTcpServer>
#include <QTcpSocket>
#include <QHostInfo>
#include <QDebug>
QT_BEGIN_NAMESPACE
namespace Ui { class MyWeServer; }
QT_END_NAMESPACE
class MyWeServer : public QDialog
{
    Q_OBJECT
/*（2）公共成员声明区*/
```

```cpp
public:
    MyWeServer(QWidget *parent = nullptr);
    ~MyWeServer();
    void initUi();
    int uport;
    int tport;
    void openDb();
    QString getnowtime();
    void sendDatagram(QString, QString, QString, QString, QString);
    QFile *localfile;
    int bytestotal;
    int payloadsize;
    int bytesrecved;
    int bytestobesend;
    void sendFile(QString, QString);
    bool isOnline(QString);
/*（3）私有槽声明区*/
private slots:
    void recvData();
    void preTrans();
    void recvBytes();
    void handleTrans();
/*（4）指针定义区*/
private:
    Ui::MyWeServer *ui;
    QSqlDatabase db;
    QUdpSocket *udpsocket;
    QTcpSocket *tcpsocket, *socket;
    QTcpServer *tcpserver;
    QByteArray block;
};
#endif // MYWESERVER_H
```

3）主程序

主程序 WeServer.cpp 的程序框架结构如下：

```cpp
#include "WeServer.h"
#include "ui_WeServer.h"
/*主程序类(构造与析构方法)*/
MyWeServer::MyWeServer(QWidget *parent)
    : QDialog(parent)
    , ui(new Ui::MyWeServer) {
    ui->setupUi(this);
    initUi();
}
MyWeServer::~MyWeServer() {
    delete ui;
}
/*（1）初始化函数*/
void MyWeServer::initUi()
```

```
{
    setWindowIcon(QIcon("res/wechat.jpg"));              //设置程序窗口图标
    setWindowFlag(Qt::WindowType::MSWindowsFixedSizeDialogHint);
                                                         //设置窗口为固定大小
    ui->teConsole->setReadOnly(true);                    //服务器窗口输出信息为只读
    openDb();
    //初始化 UDP 套接字
    udpsocket = new QUdpSocket();
    ...
    //创建 TCP 服务器和套接字
    tcpserver = new QTcpServer();
    ...
    tcpsocket = new QTcpSocket();
    ...
}
/*（2）函数实现区*/
void MyWeServer::openDb() { ... }                        //打开数据库连接

bool MyWeServer::isOnline(QString username) {
    ...                                                  //判断某客户端用户是否在线
}
QString MyWeServer::getnowtime() {                       //获取消息发送时间
    return QDateTime::currentDateTime().toString("yyyy年MM月dd日 hh:mm");
}
void MyWeServer::sendDatagram(QString type, QString username, QString peername,
QString body, QString datetime) { ... }                  //发送 UDP 数据报
void MyWeServer::recvData() { ... }                      //UDP 接收数据
void MyWeServer::preTrans() { ... }                      //TCP 准备、启动传输
void MyWeServer::handleTrans() { ... }                   //TCP 发送字节
void MyWeServer::recvBytes() { ... }                     //TCP 接收字节
void MyWeServer::sendFile(QString uname, QString fname) {
    ...                                                  //UDP 通知客户端接收文件
}
```

服务器程序框架各区域代码的结构和作用与客户端的完全一样，不再赘述。

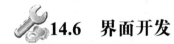 14.6 界面开发

14.6.1 界面设计

1. 客户端与服务器界面设计

在 Qt Creator 项目视图中双击"Forms"节点下的界面 UI 文件（包括客户端 WeChat.ui 和服务器 WeServer.ui），进入 Qt Designer 设计环境，以可视化方式拖曳设计出简版微信系统的界面，如图 14.15 所示。

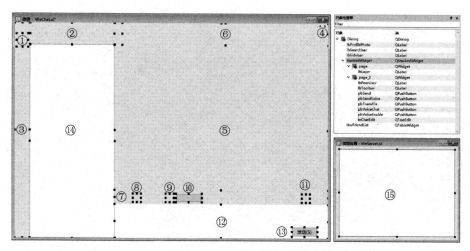

图 14.15 简版微信系统的界面

根据表 14.4 在属性编辑器中分别设置各控件的属性，如下。

表 14.4 各控件的属性

编 号	控件类别	对 象 名 称	属 性 说 明
	Dialog	默认	geometry: [(0, 0), 918x613] windowTitle:微信
①	Label	lbProfilePhoto	geometry: [(5, 31), 34x39] frameShadow: Sunken text:空 scaledContents: 勾选
②	Label	lbSearchbar	geometry: [(45, 0), 250x63] frameShadow: Sunken text:空 scaledContents: 勾选
③	Label	lbSidebar	geometry: [(0, 0), 44x613] frameShadow: Sunken text:空 scaledContents: 勾选
④	StackedWidget	stackedWidget	geometry: [(296, 0), 622x613]
⑤	Label	lbLayer	geometry: [(0, 0), 622x614] frameShadow: Sunken text:空
⑥	Label	lbPeerUser	geometry: [(23, 0), 600x63] font: [Microsoft YaHei UI, 14] text:空
⑦	Label	lbToolbar	geometry: [(-1, 477), 624x40] frameShadow: Sunken text:空 scaledContents: 勾选

续表

编号	控件类别	对象名称	属性说明
⑧	PushButton	pbTransFile	geometry: [(54, 487), 24x24] toolTip: 发送文件 text:空 flat: 勾选
⑨	PushButton	pbVoiceEnable	geometry: [(150, 487), 24x24] text:空 flat: 勾选
⑩	PushButton	pbSendVoice	geometry: [(180, 487), 75x24] text:空
⑪	PushButton	pbVoiceChat	geometry: [(546, 487), 24x24] toolTip: 语音聊天 text:空 flat: 勾选
⑫	TextEdit	teChatEdit	geometry: [(-1, 517), 624x96] font: [Microsoft YaHei UI, 10] frameShape: NoFrame
⑬	PushButton	pbSend	geometry: [(517, 580), 75x28] font: [Microsoft YaHei UI, 10] text:发送(S)
⑭	TableWidget	tbwFriendList	geometry: [(44, 62), 252x552] font: [Microsoft YaHei UI, 12] frameShape: Box alternatingRowColors: 勾选 selectionMode: SingleSelection selectionBehavior: SelectRows showGrid: 取消勾选 horizontalHeaderVisible: 取消勾选 verticalHeaderVisible: 取消勾选
	Dialog	默认	geometry: [(0, 0), 400x300] windowTitle:微服务器
⑮	TextEdit	teConsole	geometry: [(10, 10), 381x281]

设计完成后保存 WeChat.ui 和 WeServer.ui。

2. 登录界面设计

在客户端还有一个自定义的登录界面，设计如下。

双击项目"Forms"节点下的 LoginDialog.ui，进入 Qt Designer 设计环境，以可视化方式拖曳设计出登录界面，如图 14.16 所示。

根据表 14.5 在属性编辑器中分别设置各控件的属性，如下。

图 14.16 登录界面

表 14.5 各控件的属性

编号	控件类别	对象名称	属性说明
	Dialog	LoginDialog	geometry: [(0, 0), 350x250]
①	Label	默认	geometry: [(70, 30), 231x41] font: [Microsoft YaHei UI, 14] text: 欢迎使用简版微信
②	Label	默认	geometry: [(60, 100), 51x21] font: [Microsoft YaHei UI, 12] text: 用户名
③	Label	默认	geometry: [(60, 150), 51x21] font: [Microsoft YaHei UI, 12] text: 密码
④	ComboBox	cbUsr	geometry: [(160, 100), 121x22] font: [Microsoft YaHei UI, 12]
⑤	LineEdit	默认	geometry: [(160, 150), 121x21] font: [Microsoft YaHei UI, 12] text: 123456 echoMode: Password
⑥	PushButton	pbOk	geometry: [(120, 200), 75x24] text: 确定
⑦	PushButton	pbCancel	geometry: [(210, 200), 75x24] text: 取消

设计完成后保存 LoginDialog.ui。

说明：

本系统中登录界面的主要作用在于向客户端传递当前登录的用户名，以模拟多个不同用户的客户端同时在线聊天的情形，故在本节测试程序时为了能尽快显示客户端界面的效果，会暂时"绕开"登录，登录界面虽已设计好，但要等到后续测试微信聊天功能的时候才会用到。

14.6.2 初始化

1．界面加载

设计的客户端界面上的很多控件元素都不可见，需要在 initUi() 函数中编写代码来对控件外观进行设置，如下：

```
setWindowIcon(QIcon("image/wechat.jpg"));                    //设置程序窗口图标
setWindowFlag(Qt::WindowType::MSWindowsFixedSizeDialogHint);
                                                              //设置窗口为固定大小
QPalette *palette = new QPalette();
palette->setColor(QPalette::ColorRole::Window, QColor(248, 248, 248));
setPalette(*palette);                                         //设置窗口背景色
//设置界面各区域标签的图片
ui->lbSidebar->setPixmap(QPixmap("image/侧边栏.jpg"));
```

```
ui->lbProfilePhoto->setPixmap(QPixmap("data/photo/" + currentUser + ".jpg"));
ui->lbSearchbar->setPixmap(QPixmap("image/搜索栏.jpg"));
ui->lbLayer->setPixmap(QPixmap("image/默认图层.jpg"));
ui->lbToolbar->setPixmap(QPixmap("image/工具栏.jpg"));
```

说明：这段代码主要用来设置界面的基本外观，模仿微信电脑版客户端，把界面分为几大块区域，每个区域以标签（QLabel）控件的图片来填充，setPixmap()方法设置标签上显示的图片，用到的所有图片都预先存放在项目 image 目录下。

经以上设置后，简版微信的客户端界面就初具雏形了，如图 14.17 所示。

图 14.17　初具雏形的简版微信客户端界面

2．创建聊天内容区

聊天内容区因为要显示加底色的文字、用户头像、图片等丰富多样的元素，并且要能接收用户操作（下载文件、打开图片等），所以考虑对 Qt 图元系统的 GraphicsView 图形视图控件加以扩展来实现想要的效果。

首先，在客户端项目中定义 WeChatGraphicsView，它继承自 QGraphicsView，以实现聊天内容区。

头文件 WeChatGraphicsView.h 代码为：

```
#ifndef WECHATGRAPHICSVIEW_H
#define WECHATGRAPHICSVIEW_H
#include <QGraphicsView>
#include <QMouseEvent>
class WeChatGraphicsView : public QGraphicsView {
    Q_OBJECT
public:
    WeChatGraphicsView(QWidget *parent = 0);
signals:
    void mousedoubleclicked(QPoint);
protected:
    void mouseDoubleClickEvent(QMouseEvent *event);
};
#endif // WECHATGRAPHICSVIEW_H
```

源文件 WeChatGraphicsView.cpp 代码为：

```cpp
#include "WeChatGraphicsView.h"
WeChatGraphicsView::WeChatGraphicsView(QWidget *parent)
    : QGraphicsView(parent) {}
void WeChatGraphicsView::mouseDoubleClickEvent(QMouseEvent *event) {
    if (event->button() == Qt::MouseButton::LeftButton) {
        QPoint point = event->pos();
        emit mousedoubleclicked(point);
    }
    QWidget::mouseDoubleClickEvent(event);
}
```

说明：在该类的内部定义了一个接收鼠标双击的 mousedoubleclicked()信号，并重写了原 GraphicsView 的 mouseDoubleClickEvent()事件处理函数，一旦发生鼠标左键的双击事件就将信号发给主程序，这样一来，聊天内容区就能响应用户双击操作了。

然后，在 initUi()函数中编写代码创建界面上的聊天内容区，如下：

```cpp
gvWeChatView = new WeChatGraphicsView(ui->page_2);          //位于第 2 个堆栈页
gvWeChatView->setGeometry(QRect(-1, 62, 625, 417));
gvWeChatView->setFrameShape(QFrame::Shape::Box);
gvWeChatView->setObjectName("gvWeChatView");
int w = gvWeChatView->width() - 4;
int h = gvWeChatView->height() - 4;
QRectF rect = QRectF(-(w / 2), -(h / 2), w, h);
scene = new QGraphicsScene(rect);                           //创建场景
scene->setBackgroundBrush(QBrush(QColor(248, 248, 248)));
gvWeChatView->setScene(scene);                              //将场景关联到视图
connect(gvWeChatView, SIGNAL(mousedoubleclicked(QPoint)), this, SLOT(onMouseDoubleClick(QPoint)));                                       //关联鼠标双击信号
```

14.6.3 界面切换

就像真实的微信一样，用户刚登录上线时由于尚未选择与之聊天的好友，客户端界面上是看不到聊天内容区、工具栏和"发送"按钮这些元素的，只能看到前面界面雏形所显示的一个带浅色微信图标的默认图层（显示在标签 lbLayer 上），要看到聊天内容区必须通过界面切换。

简版微信运用了 Qt 的特色控件——堆栈窗体 StackedWidget 实现切换效果。

1. 设计堆栈页

前面在设计客户端界面的时候，就在其上拖曳放置了一个堆栈窗体（stackedWidget），它默认有两个堆栈页（page 和 page_2），可视化设计阶段将工具栏、"发送"按钮等与聊天相关的操作控件全都布置在第 2 个堆栈页（page_2）中，创建聊天内容区用语句"gvWeChatView = new WeChatGraphicsView(ui->page_2)"指明也创建在第 2 个堆栈页中。

2. 切换堆栈页

堆栈窗体 StackedWidget 多与列表类的控件（如 ListWidget、TableWidget、ComboBox 等）配合使用。将它与显示微信好友列表的 TableWidget 控件（tbwFriendList）结合，客户端启动时

默认显示第 1 个堆栈页,只有当用户选择好友列表中的某项后才会切换至第 2 个堆栈页。

将列表的 itemSelectionChanged()(选项变更)信号关联到自定义的 loadChatLog()函数:

```
connect(ui->tbwFriendList, SIGNAL(itemSelectionChanged()), this, SLOT(loadChatLog()));
```

再在 loadChatLog()函数中将堆栈窗体的当前页设置为第 2 页(索引值为 1)即可:

```
void MyWeChat::loadChatLog()
{
    ui->stackedWidget->setCurrentIndex(1);
    peerUser = ui->tbwFriendList->currentItem()->text();
    ui->lbPeerUser->setText(peerUser);
    ...
}
```

3. 测试效果

编写语句往好友列表中添加一项,如下:

```
ui->tbwFriendList->setColumnCount(1);
ui->tbwFriendList->insertRow(0);
ui->tbwFriendList->setItem(0, 0, new QTableWidgetItem("好友1"));
```

运行客户端,列表中有了"好友 1"项,单击后就切换到与之聊天的界面,如图 14.18 所示。

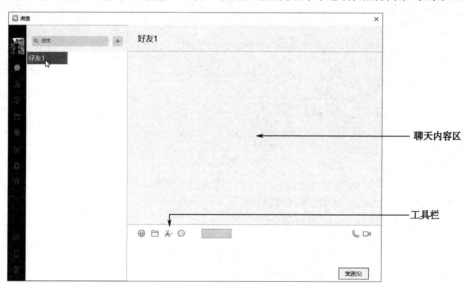

图 14.18 切换到与选定好友聊天的界面

14.7 基本功能开发

14.7.1 用户管理

1. 用户登录

启动客户端程序时,首先出现如图 14.19 所示的登录界面,可选择不同的用户名登录系统。

图14.19 登录界面

这个登录界面在前面已经设计好了,下面来开发它的功能,并将其整合进简版微信系统。
打开头文件 LoginDialog.h,编写代码如下:

```
#ifndef LOGINDIALOG_H
#define LOGINDIALOG_H
#include <QDialog>
namespace Ui {
class LoginDialog;
}
class LoginDialog : public QDialog {
    Q_OBJECT
public:
    explicit LoginDialog(QWidget *parent = nullptr);
    ~LoginDialog();
private slots:
    void on_pbOk_clicked();
    void on_pbCancel_clicked() { reject(); }
private:
    Ui::LoginDialog *ui;
};
#endif // LOGINDIALOG_H
```

打开源文件 LoginDialog.cpp,编写代码如下:

```
#include "LoginDialog.h"
#include "ui_LoginDialog.h"
QString usr;                        //外部全局变量,通过它将登录用户名传给客户端
LoginDialog::LoginDialog(QWidget *parent) :
    QDialog(parent),
    ui(new Ui::LoginDialog) {
    ui->setupUi(this);
    setWindowIcon(QIcon("image/wechat.jpg"));
    setWindowTitle("登录");
    setWindowFlag(Qt::WindowType::MSWindowsFixedSizeDialogHint);
    ui->cbUsr->addItem("水漂奇鼋");
    ui->cbUsr->addItem("孙瑞涵");
    ui->cbUsr->addItem("Easy123");
}
LoginDialog::~LoginDialog() {
    delete ui;
```

```
}
void LoginDialog::on_pbOk_clicked() {
    usr = ui->cbUsr->currentText();
    accept();
}
```

说明：为简单起见，这里直接将几个指定的用户名添加到列表中，实际系统的用户名肯定是要从后台数据库中读取和加载的。

为了将做好的登录功能整合进系统，需要修改客户端项目的启动文件 main.cpp 的代码，如下：

```
#include "WeChat.h"
#include <QApplication>
#include "LoginDialog.h"
int main(int argc, char *argv[]) {
    QApplication a(argc, argv);
    LoginDialog dialog;
    if (dialog.exec() != QDialog::Accepted) return -1;
    MyWeChat w;
    w.show();
    return a.exec();
}
```

这样一来，客户端启动时首先出现的就是登录界面。

2. 客户端显示好友列表

当一个用户通过"登录"对话框进入简版微信系统后，在界面左侧会显示带头像图标的好友列表（见图 14.20），这个好友列表存储在服务器上的 MySQL 数据库中，也就是 user 表中该用户记录的"Focus"字段值。

图 14.20 好友列表

1）设置表格控件

用 Qt 的表格控件 TableWidget（tbwFriendList）显示好友列表，该控件支持带图标的列表项显示，为了让显示效果美观，需要进行一些设置，在客户端 initUi() 函数中编写如下语句：

```
ui->tbwFriendList->setColumnCount(1);                              //设定为1列
ui->tbwFriendList->setColumnWidth(0, ui->tbwFriendList->width());
                                                                    //列宽占满整个控件
ui->tbwFriendList->setIconSize(QSize(39, 39));                     //设置列表项图标尺寸
```

2）客户端发出上线通知

在客户端 initUi() 函数中调用 onlineWe() 函数：

```
onlineWe();
```

onlineWe()函数以 UDP 方式向服务器发出类型为 Online 的消息,通知服务器自己上线了:

```
void MyWeChat::onlineWe() {
    sendDatagram("Online", currentUser, "", "", getnowtime());
}
```

3)服务器返回好友集合

服务器在收到类型为 Online 的消息后,根据其中的用户名到 MySQL 中检索出该用户记录的 Focus 字段内容,再以 UDP 方式返回客户端。

在服务器 recvData()函数中编写以下代码:

```
void MyWeServer::recvData() {
    while (udpsocket->hasPendingDatagrams()) {
        ...
        if (Type == "Online" && UserName != "" && PeerName == "") {
            QString peername = UserName;
            QSqlQuery query;
            query.exec(QString("SELECT Focus FROM user WHERE UserName = '%1'").arg(peername));
            query.next();
            QString focus = query.value(0).toString();    //检索 Focus 字段内容
            sendDatagram("Online", "", peername, focus, getnowtime());
            ...
        } else if ...
    }
}
```

4)客户端解析显示好友列表

客户端在收到服务器返回的 UDP 报文后,将其消息体 Body 解析出来存放到一个 QStringList 类型的 friendList 中,然后调用 loadWeFriends()函数遍历列表,生成好友列表项并显示出来。

在客户端 recvData()函数中编写以下代码:

```
void MyWeChat::recvData() {
    while (udpsocket->hasPendingDatagrams()) {
        ...
        if (Type == "Online" && UserName == "" && PeerName == currentUser) {
            friendList = Body.split(",");//解析消息体 Body,得到当前用户的好友列表
            loadWeFriends();                    //调用函数,在客户端界面上加载好友列表
        } else if ...
    }
}
```

loadWeFriends()函数代码如下:

```
void MyWeChat::loadWeFriends() {
    for (int i = 0; i < friendList.count(); i++) {          //遍历列表
        QTableWidgetItem *friendItem = new QTableWidgetItem(QIcon("data/photo/" + friendList[i] + ".jpg"), friendList[i]);
        ui->tbwFriendList->insertRow(i);                    //表格添加行
        ui->tbwFriendList->setRowHeight(i, 60);             //设置行高度
        ui->tbwFriendList->setItem(i, 0, friendItem);
    }
}
```

说明：TableWidget 表格控件支持带图标的列表项显示，在创建列表项对象时额外传入一个图标类型的参数即可，语句形如：

列表项对象指针 = new QTableWidgetItem(QIcon(图片文件)，列表项)

> **注意**：为了简单起见，将头像图片文件名就取为用户名，而实际的微信系统肯定是有一套比较完善的命名规则的，而且头像图片要在用户注册填写个人资料时上传至服务器，被加好友时再从服务器传给其他的客户端，同样也要有一整套完备的管理机制，本系统作为简版微信，将这些业务功能都省略了，直接将头像图片存放在客户端 data/photo 目录下。图片传输的技术将在后面聊天收发图片功能的实现中加以介绍。

3. 服务器记录用户上下线

每当一个用户的客户端启动时，在服务器窗口就会显示该用户上线信息，而当该用户的客户端程序关闭时，也会显示对应时间的下线记录，如图 14.21 所示。用户上下线的状态都记录于 MySQL 数据库中，也就是 user 表中该用户记录的 "Online" 字段值（1 表示在线，0 表示下线）。

图 14.21　记录用户上下线

1）客户端发出上线通知

客户端程序启动时在 initUi()函数中调用 onlineWe()函数，onlineWe()函数以 UDP 方式向服务器发出类型为 Online 的消息，通知服务器自己上线了。

2）服务器记录用户上线

服务器在收到类型为 Online 的消息后，根据其中的用户名 UserName 到 MySQL 中将该用户的在线状态 Online 字段置为 1，并在窗口输出该用户的上线记录。

在服务器 recvData()函数中编写以下代码：

```
void MyWeServer::recvData() {
    while (udpsocket->hasPendingDatagrams()) {
        ...
        if (Type == "Online" && UserName != "" && PeerName == "") {
        QString peername = UserName;
        ...
        query.prepare("UPDATE user SET Online = 1 WHERE UserName = ?");
        query.bindValue(0, peername);
        query.exec();                                    //状态 Online 置为 1
        ...
```

```cpp
            ui->teConsole->append(getnowtime() + " 【" + peername + "】上线");
                                                            //输出上线记录
        } else if …
    }
}
```

3）客户端发出下线通知

客户端程序关闭时会触发系统的 CloseEvent 事件，可以通过重写其事件处理的 closeEvent() 方法，在其中用 UDP 方式向服务器发出类型为 Offline 的消息，通知服务器自己下线：

```cpp
void MyWeChat::closeEvent(QCloseEvent *event) {
    sendDatagram("Offline", currentUser, "", "", getnowtime());
}
```

4）服务器记录用户下线

服务器在收到类型为 Offline 的消息后，根据其中的用户名 UserName 到 MySQL 中将该用户的在线状态 Online 字段值置为 0，并在窗口输出该用户的下线记录。

在服务器 recvData()函数中编写以下代码：

```cpp
void MyWeServer::recvData() {
    while (udpsocket->hasPendingDatagrams()) {
        …
        } else if (Type == "Offline" && UserName != "" && PeerName == "") {
            QString peername = UserName;
            QSqlQuery query;
            query.prepare("UPDATE user SET Online = 0 WHERE UserName = ?");
            query.bindValue(0, peername);
            query.exec();                           //状态 Online 置为 0
            ui->teConsole->append(getnowtime() + " 【" + peername + "】下线");
                                                    //输出下线记录
        } else if …
    }
}
```

14.7.2 文字聊天

1．信息收发

聊天过程中信息以类型为 Message 的 UDP 消息形式在客户端之间直接收发，只要双方都在线，服务器就不会干预。

1）发送信息

发送方客户端在聊天界面工具栏下的文本输入区输入文字，单击"发送"按钮将其发出去。

在客户端 initUi()函数中将"发送"按钮的单击信号关联到 sendData()函数：

```cpp
connect(ui->pbSend, SIGNAL(clicked()), this, SLOT(sendData()));
```

sendData()函数代码如下：

```cpp
void MyWeChat::sendData() {
    QString text = ui->teChatEdit->toPlainText();
    sendDatagram("Message", currentUser, peerUser, text, getnowtime());
}
```

2）接收信息

客户端 recvData()函数收到类型为 Message 的消息，判断若是别人发给自己的，就调用 showPeerData()函数显示在聊天内容区；若是自己发的，则调用 showSelfData()函数来显示。

在 recvData()函数中编写以下代码：

```cpp
void MyWeChat::recvData() {
    while (udpsocket->hasPendingDatagrams()) {
        ...
        } else if (Type == "Message") {
            QStringList list;
            list << Type << UserName << PeerName << Body << DateTime;
            if (UserName == currentUser && PeerName == peerUser) {
                showSelfData(list);                    //自己发的消息
            } else if (UserName == peerUser && PeerName == currentUser) {
                showPeerData(list);                    //别人发给自己的消息
            }
            //写入聊天日志(SQLite)
            ...
        } else if ...
    }
}
```

说明：设计的两个信息显示函数 showSelfData()和 showPeerData()均以 Qt 的字符串列表（QStringList）作为参数。

2．信息显示

前文已经说过，信息收到后还有个如何把它呈现在聊天内容区的问题，微信的显示风格比较独特，聊天双方所发的文字分别显示在内容区的不同侧，加了不同的底色，还带有各自的用户头像，如图14.22所示。对于这种较为复杂的呈现方式，考虑对信息的收发方分别设计独立的函数来实现各自的显示样式。

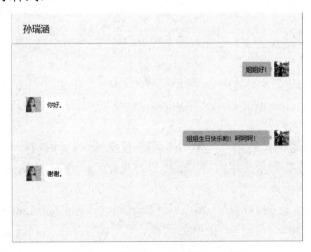

图 14.22　微信聊天文字的显示风格

1）显示己方信息

用户自己发的文字加草绿色底纹，显示在内容区右侧，头像位于文字右边。

showSelfData()函数实现己方信息的显示样式，代码如下：

```cpp
void MyWeChat::showSelfData(QStringList d) {
    int w = 100;
    int h = 30;
    QPixmap texture = QPixmap("image/TextureSelf.jpg");
    if (d.at(0) == "Message") {
        w = d.at(3).length() * 16;               //根据内容长度设置宽度
        h = 32;
    }
    float x = (gvWeChatView->width() / 2) - w - 5 - 32 - 30;
    float y = y0;
    texture = texture.scaled(w, h, Qt::AspectRatioMode::IgnoreAspectRatio);
    QGraphicsPixmapItem *textureItem = new QGraphicsPixmapItem(texture);
                                                 //显示文字底纹
    textureItem->setPos(x, y);
    scene->addItem(textureItem);                 //添加进场景
    y0 = y + h + 40;
    if (d.at(0) == "Message") {
        QGraphicsTextItem *textItem = new QGraphicsTextItem();
                                                 //显示文字内容
        QFont font = QFont();
        font.setPointSize(10);
        textItem->setFont(font);
        textItem->setPlainText(d.at(3));
        if (d.at(0) == "Message") textItem->setPos(x + 5, y + 5);
        scene->addItem(textItem);
    }
    QPixmap photo = QPixmap("data/photo/" + d.at(1) + ".jpg");
    photo = photo.scaled(32, 32, Qt::AspectRatioMode::KeepAspectRatio);
    QGraphicsPixmapItem *photoItem = new QGraphicsPixmapItem(photo);
                                                 //显示己方用户头像
    photoItem->setPos(x + w + 5, y);
    scene->addItem(photoItem);
}
```

说明：上面函数代码实际就是用 Qt 图元系统的 GraphicsPixmapItem 显示文字底纹（图片）和用户头像，用 GraphicsTextItem 显示文字内容，然后将各图元添加进场景，就可以在图形视图中看到想要的效果。

难点：如何正确设置图元的尺寸（w、h）和位置坐标（x、y）？

● 宽度 w 必须根据要显示文字内容的长度动态变化（w = d.at(3).length() * 16），高度 h 固定不变（h = 32）。

● 由于是靠右显示，x 坐标取决于宽度 w（float x = (gvWeChatView->width() / 2) - w - 5 - 32 - 30），编程时需要不时地运行程序，根据实际效果不断调整才能达到满意的显示效果。

● y 坐标会随着聊天过程的进行等距增大，这里采用的方法是：先固定一个初始值 y0（即第一条聊天信息的纵向显示位置），以后每显示一条信息就在其上加一个固定值（y0 = y + h + 40）。

以上代码中的相关数值都是编者在编程实践中反复调整所得的自己觉得满意的值，读者在学习时可以先用书中的代码运行，再按着自己的喜好适当地调整，不一定要跟书中代码完全一样。

2)显示对方信息

对方发的文字加亮白色底纹,显示在内容区左侧,头像位于文字左边。
showPeerData()函数实现这种显示样式,代码如下:

```cpp
void MyWeChat::showPeerData(QStringList d) {
    int w = 100;
    int h = 30;
    QPixmap texture = QPixmap("image/TexturePeer.jpg");
    if (d.at(0) == "Message") {
        w = d.at(3).length() * 16;                          //根据内容长度设置宽度
        h = 32;
    }
    float x = -(gvWeChatView->width() / 2) + 30;
    float y = y0;
    QPixmap photo = QPixmap("data/photo/" + d.at(1) + ".jpg");
    photo = photo.scaled(32, 32, Qt::AspectRatioMode::KeepAspectRatio);
    QGraphicsPixmapItem *photoItem = new QGraphicsPixmapItem(photo);
                                                            //显示对方用户头像
    photoItem->setPos(x, y);
    scene->addItem(photoItem);
    texture = texture.scaled(w, h, Qt::AspectRatioMode::IgnoreAspectRatio);
    QGraphicsPixmapItem *textureItem = new QGraphicsPixmapItem(texture);
                                                            //显示文字底纹
    textureItem->setPos(x + 32 + 5, y);
    scene->addItem(textureItem);
    y0 = y + h + 40;
    if (d.at(0) == "Message")
    {
        QGraphicsTextItem *textItem = new QGraphicsTextItem();//显示文字内容
        QFont font = QFont();
        font.setPointSize(10);
        textItem->setFont(font);
        textItem->setPlainText(d.at(3));
        if (d.at(0) == "Message") textItem->setPos((x + 32 + 5) + 5, y + 5);
        scene->addItem(textItem);
    }
}
```

同样地,在编程时也要根据实际显示效果反复地调整程序中相关的变量数值,但由于对方发的信息是靠左显示的,x 坐标与宽度 w 不再相关(float x = -(gvWeChatView->width() / 2) + 30),调整起来要容易一些。

14.7.3 信息暂存与转发

生活中使用微信肯定会有这样的体验:当长时间没看手机,重新打开微信时也会收到离线这段时间好友们发给自己的信息,这是通过微信平台实现的离线用户信息暂存与转发功能。简版微信系统将发给离线用户的信息暂存到服务器 MySQL 中,待该用户上线时再转发给他。

在服务器 recvData()函数中编写以下代码：
```
void MyWeServer::recvData() {
    while (udpsocket->hasPendingDatagrams()) {
        ...
        if (Type == "Online" && UserName != "" && PeerName == "") {
            QString peername = UserName;
            ...
            //将该用户离线时其他人发给他的信息转发给他
            query.exec(QString("SELECT * FROM chatinfotemp WHERE PeerName = '%1'").arg(peername));
            query.next();
            for (int i = 0; i < query.size(); i++)
            {
                sendDatagram(query.value(0).toString(), query.value(1).toString(), query.value(2).toString(), query.value(3).toString(), query.value(4).toString());
                query.next();
            }
            query.prepare("DELETE FROM chatinfotemp WHERE PeerName = ?");
            query.bindValue(0, peername);
            query.exec();
            ui->teConsole->append(getnowtime() + " 【" + peername + "】上线");
        } else if ...
        ...
        } else if (Type == "Message" || Type == "File") {
            //如果对方用户不在线,将发给他的信息暂存到 MySQL 的 chatinfotemp 表中
            if (isOnline(PeerName) == false) {
                QSqlQuery query;
                query.prepare("INSERT INTO chatinfotemp VALUES(?,?,?,?,?)");
                query.bindValue(0, Type);
                query.bindValue(1, UserName);
                query.bindValue(2, PeerName);
                query.bindValue(3, Body);
                query.bindValue(4, DateTime);
                query.exec();              //暂存
            }
        }
    }
}
```

说明：暂存的信息不限于文字，也可以是文件、图片或语音消息（|| Type == "File"），这种情况下服务器会将用户要发给对方的资源也一并保存起来（在 res/files 目录中），待对方重新上线后会收到消息通知，可向服务器请求下载。

另外，上面代码中服务器用于判断用户是否在线的 isOnline()函数代码为：
```
bool MyWeServer::isOnline(QString username) {
    QSqlQuery query;
    query.exec(QString("SELECT Online FROM user WHERE UserName = '%1'").arg(username));
```

```
query.next();
int online = query.value(0).toInt();            //检索 Online 字段内容
if (online == 1) return true;
else if (online == 0) return false;
}
```

14.8 增强功能开发

我们知道，微信除了普通文字聊天，在聊天中还可以传文件、发表情和图片、发语音、直接进行实时的语音通话和视频聊天，接下来就介绍一些增强功能的实现，有兴趣的读者可以跟着做一做。

14.8.1 功能演示

为了便于大家更好地理解程序，在做之前先来演示一下要实现的功能。

1. 传文件

用户在聊天时可单击工具栏"发送文件"按钮，选择本地计算机中的文件传给对方（见图 14.23）；对方在聊天内容区会收到一个带文件图标和文件名的消息，双击文件名可将该文件下载至本地计算机，程序自动打开文件的存放目录（见图 14.24）。

图 14.23　选择文件传给对方

2. 发图片

用户在聊天时单击工具栏"发送文件"按钮，选择本地计算机中的图片发给对方，对方在聊天内容区能直接看到图片，双击还可启动 Windows 的图片查看器打开图片，效果如图 14.25 所示。

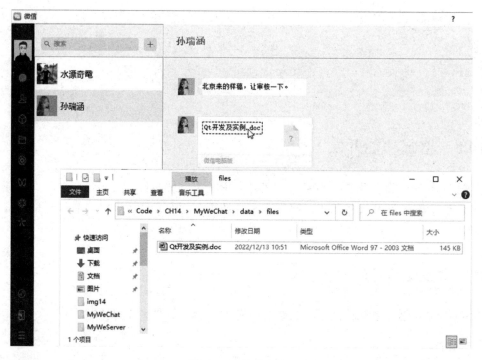

图 14.24　接收文件

图 14.25　收到和打开图片

3．发语音

微信聊天时发语音是我们常用的功能之一，它可以避免手动输入大段文字的麻烦，高效、便捷。用户单击工具栏上的 图标，图标变为 且旁边出现"按住说话"按钮，用鼠标按住按钮的同时说话，说完释放鼠标，聊天内容区就会出现发送的语音消息，对方收到消息后双击就能听到语音，过程如图 14.26 所示。

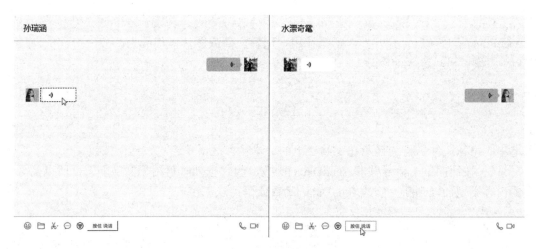

图 14.26　聊天时收发语音

14.8.2　文件、图片、语音的传输

1. 实现思路

（1）无论文件、图片还是语音，看似收发的内容类型不一样，实则存在着共同点：

① 图片本身就是一种文件，语音也是以音频（.mp3、.wav 等）格式保存的文件，故三者都可以统一作为文件来处理。

② 对方要能对收到的内容进行操作（双击）：下载文件、预览图片、收听语音。

鉴于以上两点，考虑将文件、图片和语音的传输用同一种机制编程实现。

（2）对方收到消息后未必立即下载、预览或收听，所以这个过程不同于文字聊天，用户发的内容必须先由服务器暂存，对方可在任何时候有选择地从服务器接收。

（3）聊天内容区必须能响应用户双击操作（已用定制 WeChatGraphicsView 实现），且在发生双击事件时要能正确判断用户操作的是哪一个对象，故涉及对聊天内容区图元类型及对应文件资源的识别问题。

（4）为保证接收内容的完整可靠，传输通过 TCP 进行，上传时，客户端扮演的角色是"TCP 服务器"，服务器的角色则是"TCP 客户端"，而下载内容时相反。

根据上述思路，分以下四个阶段实现：

- 内容产生。选择要发送的文件、图片，或录入语音。
- 内容上传。将所选文件或录制的语音上传至服务器。
- 内容呈现。在聊天内容区根据收到的不同内容类型显示不同样式的消息，例如，图片就直接显示，而语音则显示为一个带喇叭的消息底图 。
- 内容接收。对方向服务器请求下载文件、预览图片或收听语音。

下面分别介绍。

2. 内容产生

1）选择文件、图片

将客户端工具栏"发送文件"按钮的单击信号关联 openFile()函数，在 initUi()函数中添加以下语句：

```
connect(ui->pbTransFile, SIGNAL(clicked()), this, SLOT(openFile()));
```
openFile()函数弹出"打开"对话框让用户选择文件或图片,代码为:
```
void MyWeChat::openFile() {
    filename = QFileDialog::getOpenFileName(this, "打开", "E:\\MySQL8\\pic\\",
"所有文件 (*.*);;图片 (*.jpg *.jpeg *.png *.gif *.ico *.bmp)");
    if (filename != "") ui->teChatEdit->setText("file:///" + filename);
}
```
选中的路径文件名自动显示在工具栏下的文本输入区,单击"发送"按钮。

"发送"按钮的单击信号关联 sendData()函数,因它也同时可用于文字聊天,所以需要对其所发的内容类型加以判断,修改 sendData()函数代码:
```
void MyWeChat::sendData() {
    QString text = ui->teChatEdit->toPlainText();
    if (text.startsWith("file:///"))                    //发送的是文件或图片
        sendFile();                                      //统一作为文件以 TCP 方式上传
    else                                                 //发送的是聊天文字
        sendDatagram("Message", currentUser, peerUser, text, getnowtime());
                                                         //以 UDP 方式直接发给对方
}
```

注意:如果发送的内容是文件或图片(信息以"file:///"打头),程序就会调用 sendFile() 函数来启动文件上传机制,进入 TCP 上传流程。

2)语音录入

(1)首先,对工具栏录音相关的按钮控件设置外观、控制逻辑及关联功能函数,在客户端 initUi()函数中添加如下代码:
```
ui->pbVoiceEnable->setIcon(QIcon("image/voiceoff.jpg"));
connect(ui->pbVoiceEnable, SIGNAL(clicked()), this, SLOT(enableVoice()));
ui->pbSendVoice->setIcon(QIcon("image/pressedspeak.jpg"));
ui->pbSendVoice->setIconSize(QSize(48, 48));
ui->pbSendVoice->setStyleSheet("background-color: white");
ui->pbSendVoice->setVisible(false);                     //录音按钮初始不可见
connect(ui->pbSendVoice, SIGNAL(pressed()), this, SLOT(startSpeak()));
                                                         //按下信号(开始录音)
connect(ui->pbSendVoice, SIGNAL(released()), this, SLOT(stopSpeak()));
                                                         //释放信号(停止录音)
recorder = new QAudioRecorder(this);                     //创建录音机
player = new QMediaPlayer(this);                         //创建语音播放器
```
🔔 按钮控制开关录音模式,它的单击信号关联 enableVoice()函数,代码为:
```
void MyWeChat::enableVoice() {
    if (ui->pbSendVoice->isVisible() == false) {
        ui->pbSendVoice->setVisible(true);              //录音按钮可见
        ui->pbVoiceEnable->setIcon(QIcon("image/voiceon.jpg"));
    } else {
        ui->pbSendVoice->setVisible(false);
        ui->pbVoiceEnable->setIcon(QIcon("image/voiceoff.jpg"));
    }
}
```

（2）开始录音。

录音按钮的按下信号关联 startSpeak()函数，由它启动录音机开始录音，代码为：

```
void MyWeChat::startSpeak() {
    filename = "E:/Qt 5.15/Code/CH14/MyWeChat/data/files/voice.wav";
    if (QFile::exists(filename)) QFile::remove(filename);
    recorder->setOutputLocation(QUrl::fromLocalFile(QString(filename)));
    recorder->record();                                //启动录音机
}
```

（3）停止录音。

录音按钮的释放信号关联 stopSpeak()函数，由它关闭录音机，停止录音，代码为：

```
void MyWeChat::stopSpeak() {
    recorder->stop();                                  //关闭录音机
    QThread::sleep(1);
    sendFile();
}
```

说明：录制完成的语音块以一个音频文件 voice.wav 存放在客户端项目的 data/files/voice 目录下，在录音机关闭后要等待一小段时间间隔（QThread::sleep(1)）以确保录入的音频文件已保存好了，然后调用 sendFile()函数启动文件上传机制，这样就并入了与前面文件和图片完全一致的 TCP 上传流程。

下面介绍 TCP 上传流程的实现。

3．内容上传

内容上传通过 TCP 上传流程，需要发送方客户端与服务器的密切交互配合，在此过程中，客户端扮演的角色是 TCP 服务器，而服务器充当了 TCP 客户端，这一点请大家务必搞清楚，以免发生混淆。TCP 上传流程所依赖的技术基础就是本章开头所介绍的"TCP 传输"。

1) 客户端开启监听、通知服务器

进入 TCP 上传流程后，首先由发送方客户端程序打开 TCP 服务器监听，并用 UDP 预先向服务器发出一个通知（Notif 类型）消息，告诉服务器自己要上传文件。

在 sendFile()函数中完成这些工作，代码如下：

```
void MyWeChat::sendFile() {
    if (tcpserver->listen(QHostAddress::SpecialAddress::Any, tport)) {
        localfile = new QFile(filename);               //要上传的文件名
        bytestobesend = localfile->size();             //要上传字节总数(文件大小)
        //向服务器发出通知消息，"告知"其要上传文件
        QFileInfo fileInfo(filename);
        QHostInfo hostInfo = QHostInfo::fromName(QHostInfo::localHostName());
        sendDatagram("Notif", currentUser, "", fileInfo.fileName() + ',' +
QString::number(bytestobesend) + ',' + hostInfo.addresses().at(1).toString(),
getnowtime());
    } else {
        tcpserver->close();
    }
}
```

说明：要上传的文件名在公共变量 filename 中，之前打开文件、图片和录音完成时已经被

赋值了，fileInfo.fileName()得到不含本地路径的纯文件名，与要上传的字节总数 bytestobesend 一起封装在 UDP 报文的 Body 消息体中发给服务器。

2）服务器收到通知，向客户端 TCP 服务器发起连接请求

在服务器的 recvData 函数中编写如下代码：

```cpp
void MyWeServer::recvData() {
    while (udpsocket->hasPendingDatagrams()) {
        ...
        } else if (Type == "Notif" && PeerName == "") {
            localfile = new QFile("E:/Qt 5.15/Code/CH14/MyWeServer/res/files/" +
Body.split(',')[0]);
            localfile->open(QFile::OpenModeFlag::WriteOnly);
            bytestotal = Body.split(',')[1].toInt();
            tcpsocket->connectToHost(QHostAddress(Body.split(',')[2]), tport);
                                                        //发起连接请求
        } else if...
    }
}
```

说明：服务器从消息体中解析出客户端要上传的文件名，然后在本地 res/files 目录中创建一个与之同名的文件，以写入模式（QFile::OpenModeFlag::WriteOnly）打开；同时，由消息体中得到要上传的字节总数。

3）客户端接收服务器的连接请求、做好准备并启动传输

这些操作在 preTrans()函数中进行，代码如下：

```cpp
void MyWeChat::preTrans() {
    //有连接进来了
    socket = tcpserver->nextPendingConnection();
    connect(socket, SIGNAL(bytesWritten(qint64)), this, SLOT(handleTrans()));
    localfile->open(QFile::OpenModeFlag::ReadOnly);
    //启动传输
    block = localfile->read(payloadsize);
    bytestobesend -= socket->write(block);
}
```

传输过程在套接口 bytesWritten()信号关联的 handleTrans()函数中持续进行，代码如下：

```cpp
void MyWeChat::handleTrans() {
    //进入传输过程
    if (bytestobesend > 0) {
        if (bytestobesend > payloadsize)
            block = localfile->read(payloadsize);
        else
            block = localfile->read(bytestobesend);
        bytestobesend -= socket->write(block);
    } else {
        localfile->close();
        socket->abort();
        tcpserver->close();
        //文件已上传到服务器
        QThread::sleep(1);      //当前线程暂停(休眠)1 秒,等待服务器上的文件句柄关闭
```

第14章 网络通信、SQLite、图元系统、实时语音综合应用实例：简版微信

```
        QFileInfo fileInfo(filename);
        sendDatagram("File", currentUser, peerUser, fileInfo.fileName(),
getnowtime());                           //发出File类型的消息给对方
    }
}
```

说明：在文件上传到服务器后，客户端会发出一个 File 类型的 UDP 消息，其消息体 Body 数据（fileInfo.fileName()）包含的文件名是带后缀的，因而对方的客户端程序在收到这个消息后，就能根据后缀得知所发内容的类型（文件、图片或语音），在聊天内容区呈现相应类型的内容。

4）服务器接收字节

服务器在其套接字 readyRead()信号关联的 recvBytes()函数中接收字节，代码如下：

```
void MyWeServer::recvBytes() {
    if (bytesrecved < bytestotal) {
        bytesrecved += tcpsocket->bytesAvailable();
        block = tcpsocket->readAll();
        localfile->write(block);
    }
    if (bytesrecved == bytestotal) {
        localfile->close();
        tcpsocket->abort();
        bytesrecved = 0;              //必须复位(考虑到用户还可能要上传其他文件)
    }
}
```

4．内容呈现

对原来所设计的两个聊天信息显示函数（showSelfData()和 showPeerData()）略加修改，增加显示几种内容类型信息的逻辑即可实现内容呈现，代码如下：

```
void MyWeChat::showSelfData(QStringList d) {
    ...
    } else if (d.at(0) == "File" && getFileType(d.at(3)) == "File") {
        w = 224;
        h = 96;
        texture = QPixmap("image/TextureFile.jpg");    //显示带文件名的消息
    } else if (d.at(0) == "File" && getFileType(d.at(3)) == "Pixmap") {
        texture = QPixmap(filename);
        w = int(texture.width() * 0.1);
        h = int(texture.height() * 0.1);               //图片缩小后原样显示
    } else if (d.at(0) == "File" && getFileType(d.at(3)) == "Audio") {
        texture = QPixmap("image/TextureVoiceSelf.jpg");
                                                       //己方语音为绿色喇叭底图
        w = 86;
        h = 32;
    }
    float x = (gvWeChatView->width() / 2) - w - 5 - 32 - 30;
    float y = y0;
    texture = texture.scaled(w, h, Qt::AspectRatioMode::IgnoreAspectRatio);
    QGraphicsPixmapItem *textureItem = new QGraphicsPixmapItem(texture);
    textureItem->setPos(x, y);
```

```
        scene->addItem(textureItem);
        y0 = y + h + 40;
        if (d.at(0) == "Message" || (d.at(0) == "File" && getFileType(d.at(3)) ==
"File")) {
            QGraphicsTextItem *textItem = new QGraphicsTextItem();
                                                            //显示消息文字
            ...
            else if (d.at(0) == "File") textItem->setPos(x + 10, y + 10);
                                                            //文件名位置稍有不同
            scene->addItem(textItem);
        }
        QPixmap photo = QPixmap("data/photo/" + d.at(1) + ".jpg");
        ...
    }
```

```
    void MyWeChat::showPeerData(QStringList d) {
        ...
        } else if (d.at(0) == "File" && getFileType(d.at(3)) == "File") {
            w = 224;
            h = 96;
            texture = QPixmap("image/TextureFile.jpg"); //显示带文件名的消息
        } else if (d.at(0) == "File" && getFileType(d.at(3)) == "Pixmap") {
            texture = QPixmap("data/files/" + d.at(3));
            w = int(texture.width() * 0.1);
            h = int(texture.height() * 0.1);           //图片缩小后原样显示
        } else if (d.at(0) == "File" && getFileType(d.at(3)) == "Audio") {
            texture = QPixmap("image/TextureVoicePeer.jpg");
                                                    //对方语音为亮白喇叭底图
            w = 86;
            h = 32;
        }
        float x = -(gvWeChatView->width() / 2) + 30;
        float y = y0;
        QPixmap photo = QPixmap("data/photo/" + d.at(1) + ".jpg");
        ...
        texture = texture.scaled(w, h, Qt::AspectRatioMode::IgnoreAspectRatio);
        QGraphicsPixmapItem *textureItem = new QGraphicsPixmapItem(texture);
        textureItem->setPos(x + 32 + 5, y);
        scene->addItem(textureItem);
        y0 = y + h + 40;
        if (d.at(0) == "Message" || (d.at(0) == "File" && getFileType(d.at(3)) ==
"File"))
        {
            QGraphicsTextItem *textItem = new QGraphicsTextItem();
            ...
            if (d.at(0) == "Message") textItem->setPos((x + 32 + 5) + 5, y + 5);
            else if (d.at(0) == "File") {
                textItem->setPos((x + 32 + 5) + 10, y + 10);
```

```
                textItem->setFlag(QGraphicsItem::GraphicsItemFlag::ItemIsSelectable);
                                                            //文件名图元可选
            }
            scene->addItem(textItem);
        }
    }
```

说明：对于文件类型的内容消息，将其图元的属性设为可选（QGraphicsItem::GraphicsItemFlag::ItemIsSelectable）是为了让对方能够通过双击文件名下载文件。

上面代码中多处用 getFileType()函数来判断 File 消息内容的类型,这个函数就是根据文件名后缀得到具体的内容类型的，代码为：

```
QString MyWeChat::getFileType(QString file) {
    if (file.endsWith(".jpg") || file.endsWith(".jpeg") || file.endsWith(".png")
|| file.endsWith(".gif") || file.endsWith(".ico") || file.endsWith(".bmp"))
        return "Pixmap";                        //图片
    else if (file.endsWith(".mp3") || file.endsWith(".wav"))
        return "Audio";                         //语音
    else
        return "File";                          //文件
}
```

5. 内容接收

由于在呈现阶段图片就要在聊天内容区内原样显示，语音最好马上下载到本地以便即时收听，而普通文件可以留待用户在以后需要时再下载。基于这些考量，对方一收到 File 类型的消息就要先对其内容类型做出预判，如果发现是图片或语音类型的，程序就自动将对应资源文件下载到本地，无须用户操作。

在客户端 recvData()函数中修改代码如下：

```
void MyWeChat::recvData() {
    while (udpsocket->hasPendingDatagrams()) {
        ...
        } else if (Type == "Message" || Type == "File") {
            QStringList list;
            list << Type << UserName << PeerName << Body << DateTime;
            if (UserName == currentUser && PeerName == peerUser) {
                showSelfData(list);
            } else if (UserName == peerUser && PeerName == currentUser) {
                if (getFileType(Body) == "Pixmap" || getFileType(Body) == "Audio")
                {
                    datagramcache = list;       //(a)
                    recvFile(Body);             //(b)自动接收(从服务器下载)图片、语音
                } else showPeerData(list);
            }
            ...
        } else if ···
    }
}
```

说明：

(a) datagramcache = list：对于图片和语音类型消息的数据报，将其内容转成列表后用公共变量 datagramcache 先保存起来，这样后面既可以作为参数传给 showPeerData()函数以便接收（查看）内容时提取图片和语音资源的文件名（详见后面的"内容接收"部分），也可用于控制文件下载完成后打开存放目录。在客户端初始化的 initUi()函数中将公共变量 datagramcache 的初值清空：

```
void MyWeChat::initUi() {
    ...
    datagramcache.clear();
    ...
}
```

(b) recvFile(Body)：recvFile()函数启动文件下载机制，使接收方客户端与服务器程序一起进入 TCP 下载流程。

这个流程类似于 TCP 上传的流程，只不过此时服务器真正成为了"TCP 服务器"，而客户端也是名副其实的"TCP 客户端"了，流程介绍如下。

1）客户端发送请求通知，服务器开启监听，通知客户端已准备好

首先，接收方客户端在 recvFile()函数中用 UDP 方式向服务器发送一个请求通知（ReqFile 类型）消息，告诉服务器要下载文件：

```
void MyWeChat::recvFile(QString fname) {
    sendDatagram("ReqFile", currentUser, "", fname, getnowtime());
}
```

其中，Body 消息体中就是要下载的文件名 fname。

服务器在收到请求通知后执行自己的 sendFile()函数，在其中开启 TCP 服务器监听，同时也向客户端返回一个通知消息（Notif 类型），让其准备好接收文件，相关的代码如下：

```
void MyWeServer::recvData() {
    while (udpsocket->hasPendingDatagrams()) {
        ...
        } else if (Type == "ReqFile") {
            sendFile(UserName, Body);
        } else if ···
    }
}

void MyWeServer::sendFile(QString uname, QString fname) {
    if (tcpserver->listen(QHostAddress::SpecialAddress::Any, tport)) {
        localfile = new QFile("E:/Qt 5.15/Code/CH14/MyWeServer/res/files/" + fname);
        bytestobesend = localfile->size();
        //向客户端返回通知消息,让其准备好接收文件
        QHostInfo hostInfo = QHostInfo::fromName(QHostInfo::localHostName());
        sendDatagram("Notif", "", uname, fname + ',' + QString::number(bytestobesend) + ',' + hostInfo.addresses().at(1).toString(), getnowtime());
    } else {
        tcpserver->close();
```

2）客户端收到通知，向服务器发起连接请求

在客户端的 recvData()函数中编写如下代码：

```
void MyWeChat::recvData() {
    while (udpsocket->hasPendingDatagrams()) {
        ...
        } else if (Type == "Notif" && UserName == "" && PeerName == currentUser) {
            localfile = new QFile("E:/Qt 5.15/Code/CH14/MyWeChat/data/files/" + Body.split(',')[0]);
            localfile->open(QFile::OpenModeFlag::WriteOnly);
            bytestotal = Body.split(',')[1].toInt();
            tcpsocket->connectToHost(QHostAddress(Body.split(',')[2]), tport);
                                                        //发起连接请求
        } else if …
    }
}
```

说明：客户端从消息体中解析出服务器上的文件名，然后在本地 data/files 目录中创建一个与之同名的文件，以写入模式（QFile::OpenModeFlag::WriteOnly）打开；同时，由消息体中得到要下载的字节总数。

3）服务器接收客户端的连接请求、做好准备并启动传输

这些操作在服务器的 preTrans()函数中进行，代码如下：

```
void MyWeServer::preTrans() {
    //有连接进来了
    socket = tcpserver->nextPendingConnection();
    connect(socket, SIGNAL(bytesWritten(qint64)), this, SLOT(handleTrans()));
    localfile->close();
    localfile->open(QFile::OpenModeFlag::ReadOnly);
    //启动传输
    block = localfile->read(payloadsize);
    bytestobesend -= socket->write(block);
}
```

传输过程在套接口 bytesWritten()信号关联的 handleTrans()函数中持续进行，代码如下：

```
void MyWeServer::handleTrans() {
    //进入传输过程
    if (bytestobesend > 0) {
        if (bytestobesend > payloadsize)
            block = localfile->read(payloadsize);
        else
            block = localfile->read(bytestobesend);
        bytestobesend -= socket->write(block);
    } else {
        localfile->close();
        socket->abort();
        tcpserver->close();                             //文件已传输给客户端
    }
}
```

4）客户端接收字节

客户端在其套接字 readyRead()信号关联的 recvBytes()函数中接收字节，代码如下：

```
void MyWeChat::recvBytes() {
    if (bytesrecved < bytestotal) {
        bytesrecved += tcpsocket->bytesAvailable();
        block = tcpsocket->readAll();
        localfile->write(block);
    }
    //一旦收到字节数等于预定传输的总字节数,就要立即关闭文件和 Socket,以免程序占用文件资源
而导致下载的文件无法打开
    if (bytesrecved == bytestotal) {
        localfile->close();
        tcpsocket->abort();
        bytesrecved = 0;                              //必须复位
        if (datagramcache.isEmpty())
            QProcess::startDetached("explorer E:\\Qt 5.15\\Code\\CH14\\MyWeChat\\data\\files");
        else {
            showPeerData(datagramcache);
            datagramcache.clear();
        }
    }
}
```

说明：如果下载的是文件（datagramcache.isEmpty()），则通过 Windows 机制自动打开文件存放目录（QProcess::startDetached("explorer E:\\Qt 5.15\\Code\\CH14\\MyWeChat\\data\\files")），通过 Qt 的 QProcess 启动这个操作系统机制；如果下载的是图片或语音，则直接调用 showPeerData()函数，注意这里传给 showPeerData()函数的参数是 datagramcache（内含图片或语音的文件名）。

5）接收（查看）内容

对于不同类型的内容，用户接收的方式也不一样。聊天内容区经过定制能够接收鼠标双击事件，其双击 mousedoubleclicked()信号关联的 onMouseDoubleClick()函数代码如下：

```
void MyWeChat::onMouseDoubleClick(QPoint point) {
    QString respath;                                  //资源路径
    QPointF sp = gvWeChatView->mapToScene(point);
    QGraphicsItem *item = scene->itemAt(sp, gvWeChatView->transform());
                                                      //(a)
    if (item != Q_NULLPTR && item->isSelected()) {
        if (item->type() == QGraphicsPixmapItem::Type) {     //(a)
            QString resname = item->data(__ItemResId).toString();//(b)
            respath = "E:/Qt 5.15/Code/CH14/MyWeChat/data/files/" + resname;
                                                      //(b)
            if (getFileType(resname) == "Pixmap")
                QDesktopServices::openUrl(QUrl(QString("file:///" + respath)));
                                                      //(c)
            else if (getFileType(resname) == "Audio") {
                player->setMedia(QUrl::fromLocalFile(respath));
                player->play();                       //(d)
```

```
            }
        } else if (item->type() == QGraphicsTextItem::Type) {    //(a)
            QGraphicsTextItem *curItem = qgraphicsitem_cast<QGraphicsTextItem *>(item);
            recvFile(curItem->toPlainText());                    //(e)
        }
    }
}
```

说明：

(a) QGraphicsItem *item = scene->itemAt(sp, gvWeChatView->transform())、item->type() == QGraphicsPixmapItem::Type、item->type() == QGraphicsTextItem::Type：该函数首先由鼠标双击处的场景坐标 sp 通过 itemAt(sp, gvWeChatView->transform())获取用户所操作的图元对象，再根据图元的内容类型来决定接收的具体方式。获取图元内容类型通过图元对象的 type() 方法返回值与各图元类的 Type 枚举常量相比较进行判断。

(b) QString resname = item->data(__ItemResId).toString()、respath = "E:/Qt 5.15/Code/CH14/MyWeChat/data/files/" + resname：因图片和语音的图元上不能覆盖文件名，所以只能将其文件名作为资源 ID 键的值存储于图元 data 属性中，方法如下：

① 在 initUi()函数中声明公共变量作为资源 ID：

```
__ItemResId = 0;
```

② 在呈现图元时从 showPeerData()函数的参数中提取文件名，将其设为图元 data 属性中资源 ID 的键值，为此，要在 showPeerData()函数中添加如下代码：

```
void MyWeChat::showPeerData(QStringList d) {
    ...
    textureItem->setPos(x + 32 + 5, y);
    if (d.at(0) == "File" && getFileType(d.at(3)) == "Pixmap")
    {
        textureItem->setData(__ItemResId, d.at(3));
        textureItem->setFlag(QGraphicsItem::GraphicsItemFlag::ItemIsSelectable);
    } else if (d.at(0) == "File" && getFileType(d.at(3)) == "Audio") {
        textureItem->setData(__ItemResId, d.at(3));
        textureItem->setFlag(QGraphicsItem::GraphicsItemFlag::ItemIsSelectable);
    }
    scene->addItem(textureItem);
    ...
}
```

> **注意**：这里之所以能够从参数中提取文件名，是因为之前收到图片和语音类型的消息数据报时，已将其存入了公共变量 datagramcache，而当客户端接收完全部字节呈现图元时传给 showPeerData()函数的参数也正是 datagramcache。

③ 最后，在接收（查看）内容时用"item->data(资源 ID).toString()"就得到了文件名。

将得到的文件名拼接上路径成为资源路径（respath），若为图片，打开图片；若为语音就播放；若为文件，则下载到本地。

(c) QDesktopServices::openUrl(QUrl(QString("file:///" + respath)))：这里使用 Qt 的

QDesktopServices 调用 Windows 进程打开图片。

(d) player->setMedia(QUrl::fromLocalFile(respath))、player->play()：播放语音用的是 Qt 的媒体播放器类 QMediaPlayer，用其 setMedia()方法设置要播放的媒体文件路径，启动后就可以听到语音了。

(e) recvFile(curItem->toPlainText())：文件图元上带有文件名，双击文件名调用 recvFile() 函数就能启动文件下载机制，进入 TCP 下载流程。

14.8.3 实时语音通话

实时语音通话可在任意两个在线客户端之间进行，其功能也是基于 TCP 字节传输技术实现的，但与发送语音（本质上是文件传输）所不同的是：

- 主叫方（相当于文件传输发送方）直接从语音输入流（而非音频文件）中读取字节。

```
audioInput = new QAudioInput(device, format, this);
audioStream = audioInput->start();
connect(audioStream, SIGNAL(readyRead()), this, SLOT(startChannel()), Qt::QueuedConnection);
```

由 Qt 多媒体模块 QAudioInput 所启动的语音输入流本身就自带了 readyRead()信号，在其关联的函数中实时读取语音数据块写入套接口即可：

```
block = audioStream->readAll();
commsendbytes += telSocket->write(block);
```

- 被叫方（相当于文件传输接收方）也直接将收到的字节写入语音输出流（而非音频文件）中：

```
streamrecved += telClient->bytesAvailable();
block = telClient->readAll();
audioStream->write(block.data());
```

1. 定义 TCP 服务器和套接字

虽然使用的基础技术相同，但由于实时通话与文件传输的实现方式和逻辑功能的差异，无法直接复用已有的文件传输 TCP 服务器、套接字及现成的函数，需要重新定义。

在客户端 initUi()函数中编写定义和初始化代码，如下：

```
telServer = new QTcpServer();
telPort = 6666;
connect(telServer, SIGNAL(newConnection()), this, SLOT(preComm()));//(a)
telClient = new QTcpSocket();
connect(telClient, SIGNAL(readyRead()), this, SLOT(recvStream()));//(b)
connect(ui->pbVoiceChat, SIGNAL(clicked()), this, SLOT(ringUp()));//(c)
ui->pbVoiceChat->setIconSize(QSize(24, 24));
telStatus = "OFF";                                                  //(d)
toggleStatus(telStatus);                                            //(d)
role = "";                                                          //(e)
//设置语音输入输出流的参数（如采样率、声道数等）
format.setSampleRate(44100);
format.setChannelCount(2);
format.setSampleSize(8);
```

```
    format.setCodec("audio/pcm");
    format.setByteOrder(QAudioFormat::LittleEndian);
    format.setSampleType(QAudioFormat::UnSignedInt);
    QList<QAudioDeviceInfo>                      deviceList                    =
QAudioDeviceInfo::availableDevices(QAudio::AudioInput);
    device = deviceList.at(0);              //获取音频输入设备
```

说明：

(a) TCP 服务器：这里定义的 TCP 服务器 telServer 相当于文件传输用的 tcpserver，newConnection()信号关联的 preComm()函数相当于文件传输的 preTrans()函数。

(b) TCP 套接字：这里定义的 TCP 套接字 telClient 相当于文件传输用的 tcpsocket，readyRead()信号关联的 recvStream()函数相当于文件传输接收字节的 recvBytes()函数。

(c) "语音聊天"按钮：这个按钮位于工具栏右侧，如图 14.27 所示。它的单击信号关联 ringUp()函数，用于拿起、接听或挂断电话，具体功能要在运行程序的时候视实际状态而定。

图 14.27 "语音聊天"按钮

(d) 状态：本例设计了 3 种状态，分别是呼叫（UP）、通话（ON）和结束（OFF），由于在不同状态下"语音聊天"按钮会呈现不同外观（📞、📵），所以还专门设计了 toggleStatus()函数用于在状态切换时同步更改按钮外观和提示文字。

(e) 角色：通话双方的角色可以是主叫方（caller）或被叫方（callee）。

2. 通话状态控制和切换

"语音聊天"按钮单击信号关联的 ringUp()函数负责控制通话状态，代码如下：

```
void MyWeChat::ringUp() {
    if (telStatus == "OFF" && peerUser != "")          //拿起电话
    {
        if (telServer->listen(QHostAddress::SpecialAddress::Any, telPort))
        {
            telStatus = "UP";
            toggleStatus(telStatus);
            QHostInfo hostInfo = QHostInfo::fromName(QHostInfo::localHostName());
            //发起通话
            sendDatagram("TelUP", currentUser, peerUser, hostInfo.addresses().at(1).toString(), getnowtime());
        } else {
            telServer->close();
        }
    } else if (telStatus == "ON") {                    //挂断电话
        if (role == "caller") {
            telStatus = "OFF";
            toggleStatus(telStatus);
        } else if (role == "callee") {
            //结束通话
```

```
            sendDatagram("TelOFF", currentUser, peerUser, "0", getnowtime());
        }
    } else if (telStatus == "UP") {                         //接听电话
        if (role == "caller") {
            return;
        } else if (role == "callee") {
            telStatus = "ON";
            toggleStatus(telStatus);
            telClient->connectToHost(QHostAddress(peerip), telPort);
        }
    }
}
```

对应于不同的状态，在 toggleStatus()函数中更改"语音聊天"按钮的外观和提示文字，代码如下：

```
void MyWeChat::toggleStatus(QString status) {
    if (status == "OFF") {                                  //结束状态
        ui->pbVoiceChat->setIcon(QIcon(""));
        ui->pbVoiceChat->setToolTip("语音聊天");
    } else if (status == "UP") {                            //呼叫状态
        ui->pbVoiceChat->setIcon(QIcon("image/pickup.jpg"));
        ui->pbVoiceChat->setToolTip("接听");
    } else if (status == "ON") {                            //通话状态
        ui->pbVoiceChat->setIcon(QIcon("image/ringoff.png"));
        ui->pbVoiceChat->setToolTip("挂断");
    }
}
```

3. 发起通话

当主叫方单击"语音聊天"按钮（相当于拿起电话）时，也就开启了自己的 TCP 服务器监听：

```
telServer->listen(QHostAddress::SpecialAddress::Any, telPort)
```

接着它向被叫方发一个 TelUP 类型的 UDP 消息：

```
sendDatagram("TelUP", currentUser, peerUser, hostInfo.addresses().at(1).toString(), getnowtime());
```

被叫方在收到类型为 TelUP 的消息后，知道有电话打进来了，于是创建一个语音输出（接听）流，并变更自己的状态为"呼叫"。在 recvData()函数中编写如下代码：

```
void MyWeChat::recvData() {
    while (udpsocket->hasPendingDatagrams()) {
        ...
        } else if (Type == "TelUP" && PeerName == currentUser) {
                                                            //有电话打进来
            audioOutput = new QAudioOutput(format);
            audioStream = audioOutput->start();             //开启接听(输出)流
            streamrecved = 0;
            streamtotal = -1;
            telStatus = "UP";                               //变更自身状态
            toggleStatus(telStatus);
            peerip = Body;                                  //记录主叫 IP 以便连线
```

```
            role = "callee";                                 //用户角色为被叫方
        } else if …
    }
}
```

4. 接听电话

接听电话的过程就是被叫方向主叫方发起 TCP 连接请求和建立连接的过程。

先由被叫方客户端单击"语音聊天"按钮（也相当于拿起电话），用自己的套接字向主叫 IP 发起连接请求：

```
telClient->connectToHost(QHostAddress(peerip), telPort);
```

主叫方的 TCP 服务器接收请求，执行 preComm()函数，在其中创建一个语音输入流，将流的 readyRead()信号关联到一个自定义的 startChannel()函数，如下：

```
void MyWeChat::preComm()
{
    //对方接了电话
    telSocket = telServer->nextPendingConnection();
    commsendbytes = 0;
    telStatus = "ON";
    toggleStatus(telStatus);
    role = "caller";                                         //用户角色为主叫方
    //创建语音流
    audioInput = new QAudioInput(device, format, this);
    audioStream = audioInput->start();
    connect(audioStream, SIGNAL(readyRead()), this, SLOT(startChannel()),
Qt::QueuedConnection);
}
```

通话过程也就是 TCP 语音流的实时传输，在 startChannel()函数中持续进行，如下：

```
void MyWeChat::startChannel() {
    //开启语音通道(连线)、进入通话状态
    if (telStatus == "ON")
    {
        block = audioStream->readAll();
        commsendbytes += telSocket->write(block);
    } else {
        audioStream->close();
        audioInput->stop();
        telSocket->abort();
        telServer->close();
        //结束通话
        sendDatagram("TelOFF", currentUser, peerUser, QString::number
(commsendbytes), getnowtime());
    }
}
```

通话过程中被叫方的套接字通过 recvStream()函数接收语音字节流，代码如下：

```
void MyWeChat::recvStream() {
    streamrecvd += telClient->bytesAvailable();
    block = telClient->readAll();
```

```
    audioStream->write(block.data());
    if (streamrecved == streamtotal) {
        audioStream->close();
        audioOutput->stop();
        telClient->abort();
        //必须复位
        streamrecved = 0;
        streamtotal = -1;
    }
}
```

5. 挂断电话

可以由主叫方或被叫方任何一方来挂断电话。

如果是主叫方，在单击"语音聊天"按钮（相当于放下电话）后，将状态置为结束（OFF）：

```
if (role == "caller")
{
    telStatus = "OFF";
    toggleStatus(telStatus);
}
```

其 startChannel()函数在发现状态不为 ON 时会自动关闭语音输入流，并向对方发出类型为 TelOFF 的 UDP 消息来结束通话。

如果是被叫方挂断，则必须主动发出 TelOFF 消息：

```
...
} else if (role == "callee") {
    //结束通话
    sendDatagram("TelOFF", currentUser, peerUser, "0", getnowtime());
}
```

无论哪一方的客户端程序，在收到类型为 TelOFF 的消息后，都要变更自己的状态为 OFF，对于被叫方来说，还要获取消息体 Body 中由主叫写入的已发送字节数 streamtotal = Body.toInt()，并据此决定是否断开话路，保证对方已把话说完了。接收消息的代码在 recvData()函数中，如下：

```
void MyWeChat::recvData() {
    while (udpsocket->hasPendingDatagrams()) {
        ...
        } else if (Type == "TelOFF" && PeerName == currentUser) {    //挂断电话
            telStatus = "OFF";
            toggleStatus(telStatus);
            if (role == "callee") streamtotal = Body.toInt();
        }
    }
}
```

第 15 章

多媒体、线程、视频图元、MySQL 综合应用实例：简版抖音

在如今的互联网短视频自媒体时代，抖音是流行的视频应用，本章综合运用 Qt 5 的各种高级技术来开发一个简化版的抖音，运行于计算机桌面，其运行效果如图 15.1 所示。

图 15.1 简版抖音运行效果

界面上用 TabWidget 制作了 3 个选项页，分别为推荐（👍）、录制（📹）和发布（▶），程序启动默认显示推荐页，根据用户喜好加载对应类别的视频播放，视频存储在 MySQL 数据库中。

【技术基础】

15.1 视频播放处理

本例视频播放处理功能的实现用到以下这些 Qt 的控件和技术。

1. 所用控件

（1）TabWidget 选项页控件。
（2）GraphicsView 图形视图控件及图元系统。
（3）TableWidget 表格控件。
（4）Slider 滑条控件。
（5）自定义评论对话框采用垂直布局（QVBoxLayout），自定义编辑对话框采用网格布局（QGridLayout），控件组（QGroupBox）采用水平布局（QHBoxLayout），自定义发布对话框采用垂直布局（QVBoxLayout）。
（6）基于 Widget 控件定制 QVideoWidget 组件。

2. 所用技术（类/类库）

（1）媒体播放器类 QMediaPlayer。
（2）视频图元 QGraphicsVideoItem。
（3）自定义线程类 GraphicsThread、VideoClipThread。
（4）事件过滤器 installEventFilter/bool eventFilter(QObject *, QEvent *)。
（5）自定义图元继承 QGraphicsTextItem，使用定时器实现弹幕。
（6）摄像头控制，相机（QCamera）、录像机（QMediaRecorder）与会话（QMediaCaptureSession）。
（7）OpenCV 获取视频属性、处理视频。
（8）PIL 图像处理库对帧图像进行处理。
（9）moviepy 库给视频加背景音乐。

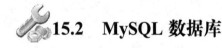

15.2 MySQL 数据库

15.2.1 设计数据库 MyTikTok

在 MySQL 中创建 MyTikTok 数据库，在其中创建 5 张表，如下。

1. 视频信息表 videoinfo

它用于存储平台所有视频的分类、描述、作者等信息，每个视频用唯一的"视频号"作为标识，表结构见表 15.1。

表 15.1　videoinfo 表结构

列　　名	类　　型	说　　明
视频号	Vid	int	主键
分类	Category	set	为简单起见，本系统只设"生活""运动""探索发现"三个分类
描述	DescNote	varchar	允许空值，默认为 NULL

续表

列　名	类　型	说　明
作者	UserName	varchar	即上传（发布）该视频的用户名
权限	Permit	bit	1表示所有人可见，0表示仅作者本人可见，默认为1
优先级	Prior	tinyint	值越大越优先推荐，默认为0。现实中平台会根据每个短视频的热度动态调整优先级，作者也可以通过向平台付费来提高自己发布视频的优先级
发布时间	PTime	datetime	允许空值，默认为 NULL

2. 视频表 video

由于视频数据较大，单独用这张表来存储，通过"视频号"与视频信息表建立一对一的关系，表结构见表 15.2。

表 15.2　video 表结构

列　名	类　型	说　明
视频号	Vid	int	主键
视频数据	VideoData	longblob	最大不超过 64MB

3. 用户表 user

它用于存储平台注册用户的信息，表结构见表 15.3。

表 15.3　user 表结构

列　名	类　型	说　明
用户名	UserName	varchar	主键
头像	Photo	blob	最大不超过 64KB，允许空值，默认为 NULL
密码	PassWord	varchar	默认为 123456
关注	Focus	varchar	该用户所关注的用户（可以有多个，以英文逗号分隔），允许空值，默认为 NULL
喜欢	Likes	json	该用户对各类视频的关注度（以点赞次数来衡量），用{"分类 1": 次数值 1, "分类 2": 次数值 2,…}表示，例如：{"生活": 2, "运动": 2, "探索发现": 10}

4. 评论表 evaluate

它用于存储所有视频的评论，因一个用户可对同一个视频发表多条评论，故系统对每条评论加了"编号"来唯一标识，表结构见表 15.4。

表 15.4　evaluate 表结构

列　名	类　型	说　明
编号	Eid	int	主键，自动递增
视频号	Vid	int	被评论的视频

续表

列 名	类 型	说 明
用户名	UserName	varchar	发这条评论的用户
评论内容	Comment	varchar	不能为空

5. 点赞表 likes

一个用户对一个视频只能够点赞一次，唯一对应该表中的一条记录，表结构见表 15.5。

表 15.5 likes 表结构

列 名	类 型	说 明
视频号	Vid	int	主键
用户名	UserName	varchar	主键

15.2.2 访问与操作数据库

本例通过自编译的 MySQL 驱动访问数据库，编译的详细过程在前面章节已介绍过，此处不再赘述。为了能在 Qt 程序中用代码访问数据库，需要在项目的配置文件 MyTikTok.pro 中添加一句：

```
QT += sql
```

1. 打开连接函数

本例在初始启动时就打开数据库连接，通过函数 openDb() 打开，代码如下：

```
void MyTikTok::openDb()
{
    db = QSqlDatabase::addDatabase("QMYSQL");
    db.setHostName("localhost");
    db.setDatabaseName("mytiktok");
    db.setUserName("root");
    db.setPassword("123456");
    if (!db.open())
    {
        QMessageBox::critical(0, "后台数据库连接失败", "无法创建连接！请检查排除故障后重启程序。", QMessageBox::Cancel);
        return;
    }
}
```

说明：db 是一个 QSqlDatabase 对象，用一系列函数设置连接参数，setHostName() 设置主机名，setDatabaseName() 设置数据库名，setUserName() 设置用户名，setPassword() 设置密码，请读者对应填写自己的 MySQL 数据库所在的计算机名、创建的数据库名、安装 MySQL 的根用户名及密码。连接打开（db.open()）后就可以在 Qt 程序中编写代码操作数据库了。

2. 操作数据库的步骤

本系统各模块代码操作数据库的流程基本相同。

（1）查询操作的一般步骤为：

```
QSqlQuery query;                                        //创建 QSqlQuery 对象
query.exec(QString("SELECT…%1…%2…").arg(参数1).arg(参数2)…);
                                                        //执行带参数的语句
query.next();                                           //获取数据
```

然后，在接下来的代码中以"query.value(0)"引用查询到的结果数据。

（2）若执行的是更新（插入、修改或删除）操作，则需要用多条语句来预准备查询和绑定参数值，步骤变为：

```
QSqlQuery query;                                        //创建 QSqlQuery 对象
query.prepare("INSERT/UPDATE/DELETE…?…?…");
                                                        //预准备查询
query.bindValue(0, 参数1);                              //绑定第1个参数
query.bindValue(1, 参数2);                              //绑定第2个参数
...                                                     //绑定其他参数
query.exec();                                           //执行操作
```

15.2.3 特殊数据类型读写

本例用到对以下这些 MySQL 特殊数据类型的读写技术。

（1）longblob 类型视频数据的读取。
（2）blob 类型图片数据的读取和显示。
（3）Qt 的字符串列表（QStringList）类型的处理。
（4）JSON 类型数据的读写与处理、MySQL 集合 set 类型数据的查询、JSON 类型数据的更新。

【实例开发】

15.3 创建项目

用 Qt Creator 创建项目，项目名为 MyTikTok。

15.3.1 项目结构

1. 重命名类和文件

在向导的"Class Information"界面中，选择主程序 Base class（基类）为 QWidget，Header file（头文件）命名为 TikTok.h，Source file（源文件）命名为 TikTok.cpp，勾选"Generate form"（生成界面）复选框，Form file（界面文件）命名为 TikTok.ui，如图 15.2 所示。

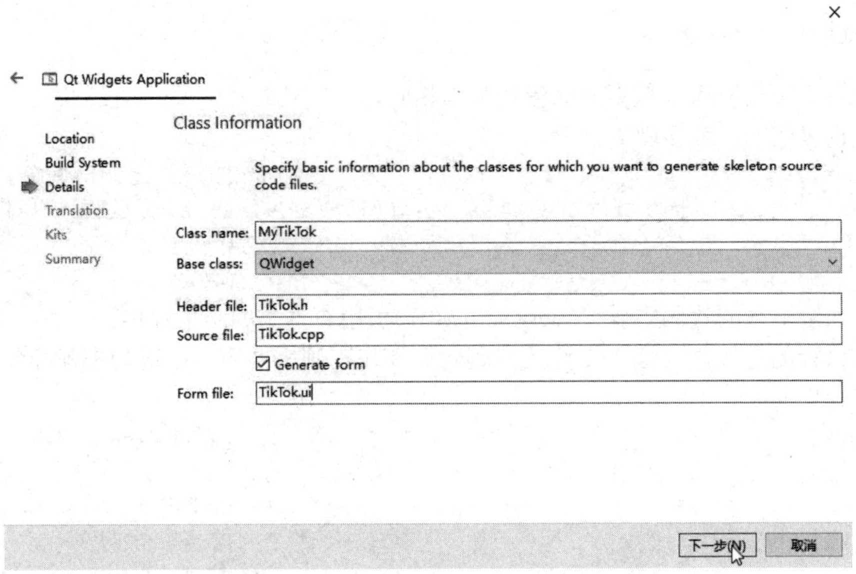

图 15.2　项目类及文件命名

2．设置 debug 目录

创建了项目后，在"构建设置"页取消勾选"Shadow build"复选框，如图 15.3 所示，这样程序编译后生成的 debug 目录就直接位于项目目录中，便于管理和引用其中的资源。

图 15.3　使 debug 生成在项目目录中

请读者先运行一下程序生成 debug 目录。

3．新建目录

本例需要创建两个目录：image 目录用于存放界面要用的图片资源，video 目录用于存放视频临时文件。

在 Qt Creator 中创建 image 目录的操作如下。

（1）切换至项目的 File System（文件系统）视图，右击并选择"New Folder"命令，输入目录名，如图 15.4 所示。

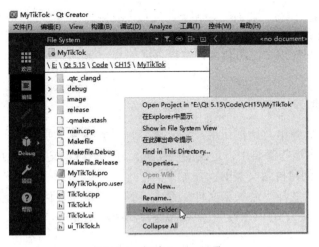

图 15.4 新建 image 目录

目录建好后,将项目开发要用的图片预先准备好,存放其下。

(2) 切换回"项目"视图,右击项目名,选择"Add Existing Directory"命令,在出现的对话框中选中"image"目录,单击"确定"按钮,此时可看到"项目"视图中增加了一个"Other files"节点,展开可看到下面有 image 目录及其中的图片,如图 15.5 所示,说明这些图片资源已经加载进项目,可以在编程中使用它们了。

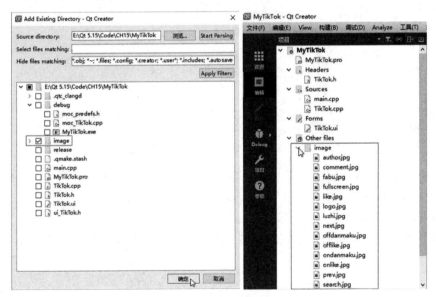

图 15.5 将 image 目录添加进项目中

video 目录的创建过程完全一样,但要注意的是,创建后要先在其下存放一个视频文件,以便将视频目录添加进项目中,实际运行程序时再用生成的临时视频文件 temp.mp4 取代。

说明:

本例将从数据库读到的视频数据先以临时文件 temp.mp4 暂存于 video 目录,再由媒体播放器 QMediaPlayer 以 setMedia() 方法定位和播放,代码形如:

```
QMediaPlayer *player = new QMediaPlayer(this);
...
```

```
player->setMedia(QUrl::fromLocalFile("video/temp.mp4"));
player->play();
```

在更换当前播放的视频时，用新视频数据存成的 temp.mp4 覆盖掉上一个视频的临时文件，重新定位播放即可。

4．创建自定义类

本例在运行时需要弹出对话框让用户输入内容，播放视频需要采用线程机制，另外还支持流行的弹幕显示功能，这些都要用自定义的类实现。每一个自定义类都对应一个头文件（.h）和一个源文件（.cpp），创建自定义类的操作如下。

（1）右击项目名，选择"添加新文件"命令，弹出"新建文件"对话框，在"选择一个模板"列表框中依次选择"C/C++"→"C++ Class"，单击"Choose"按钮，如图 15.6 所示。

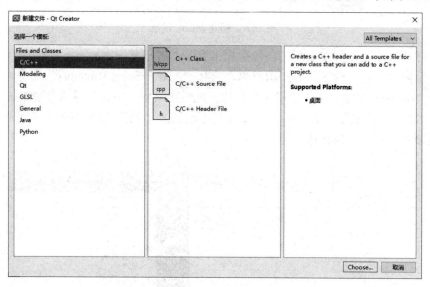

图 15.6　选择创建 C++类文件的模板

（2）在接下来的"Define Class"界面上填写自定义类的 Class name（类名）、Base class（继承的基类名）、Header file（头文件名）和 Source file（源文件名），勾选相应的复选框（视需要而定，也可不选），单击"下一步"按钮，再单击"完成"按钮。

图 15.7 给出了本项目中所有自定义类的设置信息，读者可依此先创建好它们。

图 15.7　本项目中所有自定义类的设置信息

15.3.2 主程序框架

1. 文件构成

本例包括以下几种不同类型和作用的程序文件。

1）Qt 工程配置文件 MyTikTok.pro

它用于配置 Qt 程序中要使用的附加模块或第三方库。

简版抖音系统主要基于 Qt 的多媒体及其组件库，还要使用 MySQL 数据库，故在配置文件中添加如下配置：

```
QT       += core gui
greaterThan(QT_MAJOR_VERSION, 4): QT += widgets
CONFIG += c++17
QT += multimedia
QT += multimediawidgets
QT += sql
...
```

2）C++头文件

① TikTok.h：对应于主程序的头文件，里面声明了程序中用到的所有公共（通用）函数和全局变量、槽函数、界面及其上诸多控件元素的引用指针。

② 自定义类的头文件，包括：graphicsthread.h（视频播放线程类）、commentdialog.h（"评论"对话框类）、graphicsdanmakutextitem.h（动态图元类）、uploaddialog.h（"发布"对话框类）。

3）C++源文件

① TikTok.cpp：这个就是简版抖音系统的主程序，TikTok.h 头文件中声明的所有函数都在里面具体实现。

② 自定义类的源文件，与头文件一一对应，包括：graphicsthread.cpp（视频播放线程类）、commentdialog.cpp（"评论"对话框类）、graphicsdanmakutextitem.cpp（动态图元类）、uploaddialog.cpp（"发布"对话框类）。

③ main.cpp：项目启动文件，里面的 main()函数是系统启动入口，编程时一般不要修改它。

以上介绍的各程序文件在"项目"视图中的分类位置如图 15.8 所示。

读者可依据这个视图理解项目程序代码的总体框架，为了后面介绍方便，下面先给出主程序文件中代码的基本结构。

图 15.8 各程序文件在"项目"视图中的分类位置

2. 头文件

头文件 TikTok.h 是整个项目程序所有函数的集中声明文件，它主要由库文件包含区、公共成员声明区、私有槽声明区、指针定义区 4 部分组成，完整代码如下：

```
#ifndef MYTIKTOK_H
#define MYTIKTOK_H
```

```cpp
/*(1)库文件包含区*/
#include <QWidget>
#include <QMediaPlayer>
#include <QGraphicsScene>
#include <QGraphicsVideoItem>
#include "graphicsthread.h"
#include <QUrl>
#include <QSqlDatabase>
#include <QSqlTableModel>
#include <QSqlRecord>
#include <QMessageBox>
#include <QFile>
#include <QIODevice>
#include <QByteArray>
#include <QEvent>
#include <QMouseEvent>
#include <QSqlQuery>
#include "commentdialog.h"
#include "graphicsdanmakutextitem.h"
#include <QJsonObject>
#include <QJsonDocument>
#include <QFileDialog>
#include "uploaddialog.h"
#include <QDateTime>
QT_BEGIN_NAMESPACE
namespace Ui { class MyTikTok; }
QT_END_NAMESPACE
class MyTikTok : public QWidget
{
    Q_OBJECT
/*(2)公共成员声明区*/
public:
    MyTikTok(QWidget *parent = nullptr);
    ~MyTikTok();
    void initUi();
    void openDb();
    int count;                              //视频总数
    int index;                              //当前播放的视频索引
    void loadOnlineVideos();
    void playByIndex(int);
    void addDescText(int);
    void addLikeText(int);
    QString currentUser;                    //当前用户
    QStringList focusList;                  //当前用户关注的用户列表
    QJsonObject likesJson;                  //当前用户喜好记录(JSON 类型)
    void loadFocusUsers();
    QPixmap getPhotoByName(QString);
    QString getNameById(int);
```

```cpp
        void addFocusIcon(int);
        bool danmakuHide = false;                //默认开启弹幕
        void addDanmakuText(int);
        QString prefilename;
    /*（3）私有槽声明区*/
    private slots:
        void setDuration(qint64);
        void setPosition(qint64);
        void setDragValue(int);
        void showPrevVideo();
        void showNextVideo();
        void replaceVideo();
        bool eventFilter(QObject *, QEvent *);
        void enterFullScreen();
        void onFocus();
        void onLike();
        void onComment();
        void onDanmaku();
        void onSearch();
        void previewVideo();
        void openVideo();
        void closeVideo();
        void uploadVideo();
    /*（4）指针定义区*/
    private:
        Ui::MyTikTok *ui;
        QSqlDatabase db;
        QSqlQueryModel *videoModel;
        QString duration;
        QString position;
        QMediaPlayer *player;
        QGraphicsScene *scene;
        QGraphicsVideoItem *videoItem;
        GraphicsThread *thread;
        QPoint *gvXY;
        QPoint *gvWH;
        QGraphicsTextItem *usernameTextItem;     //用于显示作者
        QGraphicsTextItem *descnoteTextItem;     //用于显示视频的描述文字
        QGraphicsTextItem *likecountTextItem;    //用于显示点赞次数
        QGraphicsPixmapItem *likepicItem;        //显示点赞图标
        QPushButton *pbCurrentUser;
        QMediaPlayer *preplayer;
        QGraphicsScene *prescene;
        QGraphicsVideoItem *preVideoItem;
        GraphicsThread *prethread;
    };
    #endif // MYTIKTOK_H
```

说明：

（1）库文件包含区：位于文件开头，凡不是 Qt 默认包含的功能模块都要在这里用"#include

<模块名>"显式地包含进来才能使用,包含的模块可以是 Qt 本身内置的类库,也可以是第三方库或头文件。本例将几个自定义类的头文件都包含进来,有:graphicsthread.h(视频播放线程类)、commentdialog.h("评论"对话框类)、graphicsdanmakutextitem.h(动态图元类)、uploaddialog.h("发布"对话框类),此外,还有程序功能要使用的媒体播放及图元系统相关库(QMediaPlayer、QGraphicsScene、QGraphicsVideoItem)、数据库及模型相关库(QSqlDatabase、QSqlTableModel、QSqlRecord、QSqlQuery)、文件操作相关库(QFile、QIODevice、QByteArray)、事件系统相关库(QEvent、QMouseEvent)以及 JSON 操作相关库(QJsonObject、QJsonDocument)等。

(2)公共成员声明区:公共成员包括全局变量和通用函数,通用函数是自定义的,将系统中各模块通用的操作抽象出来,独立封装为函数,可在程序的任何地方调用,有效地减少了代码冗余。

(3)私有槽声明区:该区声明了程序中定义的所有槽函数,不同于通用函数,槽函数都是与控件的信号或某个事件关联(绑定)在一起的,只有当相应的信号(事件)产生时才会触发。

(4)指针定义区:定义了一些指针变量,虽然它们被声明为 private(私有),但在主程序的任何地方还是可以直接使用它们去操作界面上的控件元素,十分方便。

从上面的头文件代码中,可以清楚地看到本程序用到了哪些 Qt 类库、自定义类,以及设计了哪些功能模块(函数)。

3. 主程序

主程序是 Qt 项目工程的主体,是对头文件中声明函数功能的具体实现,系统的绝大部分代码都位于主程序中,其源文件 TikTok.cpp 的程序框架结构如下:

```cpp
#include "TikTok.h"
#include "ui_TikTok.h"
/*主程序类(构造与析构方法)*/
MyTikTok::MyTikTok(QWidget *parent)
    : QWidget(parent)
    , ui(new Ui::MyTikTok) {
    ui->setupUi(this);
    initUi();                                          //进行初始化
}
MyTikTok::~MyTikTok() {
    delete ui;
}
/*(1)初始化函数*/
void MyTikTok::initUi() {
    ...
}
/*(2)函数实现区*/
void MyTikTok::函数1() {
    ...
}
void MyTikTok::函数2() {
    ...
}
...
```

说明：

（1）初始化函数 initUi()（读者也可自定义其他名称）内编写的是程序启动要首先执行的代码，主要完成的工作包括：设置窗体属性和主界面外观，创建播放器、场景和视频图元对象并将它们关联起来，创建和设置视频区其他图元，关联系统主要的信号与槽函数，连接数据库，加载初始播放视频及关注用户列表等。

（2）函数实现区：头文件中声明的所有函数（包括公共函数和槽函数）全都实现在这里，位置不分先后，但还是建议把与某方面功能相关的一组函数写在一起以便维护。后面各节在介绍系统某方面功能开发时所给出的函数代码，如不特别说明，都写在这个区域。

15.4 主界面开发

15.4.1 界面设计

在 Qt Creator 项目视图中双击"Forms"节点下的 TikTok.ui，进入 Qt Designer 设计环境，以可视化方式拖曳设计出简版抖音系统的主界面，如图 15.9 所示。

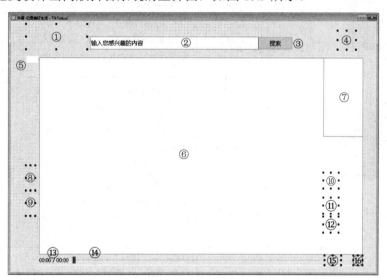

图 15.9　简版抖音系统的主界面

根据表 15.6 在属性编辑器中分别设置各控件的属性。

表 15.6　各控件的属性

编号	控件类别	对象名称	属性说明
	Widget	默认	geometry: [(0, 0), 1200x800] windowTitle: 抖音-记录美好生活
①	Label	lbLogo	geometry: [(50, 10), 201x81] text:空 scaledContents: 勾选

续表

编号	控件类别	对象名称	属性说明
②	LineEdit	leInterestKey	geometry: [(260, 50), 551x41] font: [Microsoft YaHei UI, 14] placeholderText: 输入您感兴趣的内容
③	PushButton	pbSearch	geometry: [(810, 50), 111x41] font: [Microsoft YaHei UI, 14] text:搜索
④	PushButton	pbCurrentUser	geometry: [(1070, 30), 61x61] text:空 flat: 勾选
⑤	TabWidget	tabWidget	geometry: [(50, 110), 1121x671] font: [Microsoft YaHei UI, 18] tabPosition: West currentIndex: 0
⑥	GraphicsView	gvWatchOnline	geometry: [(5, 5), 1061x626] font: [Microsoft YaHei UI, 18]
⑦	TableWidget	tbwFocusUsers	geometry: [(935, 5), 131x251] font: [Microsoft YaHei UI, 12] alternatingRowColors: 勾选 selectionMode: SingleSelection selectionBehavior: SelectRows verticalHeaderVisible: 取消勾选
⑧	PushButton	pbPrev	geometry: [(50, 460), 31x81] font: [Microsoft YaHei UI, 18] text:空 flat: 勾选
⑨	PushButton	pbNext	geometry: [(50, 540), 31x81] font: [Microsoft YaHei UI, 18] text:空 flat: 勾选
⑩	PushButton	pbFocus	geometry: [(935, 370), 51x51] font: [Microsoft YaHei UI, 14], 粗体 text:空 flat: 勾选
⑪	PushButton	pbLike	geometry: [(935, 450), 51x51] font: [Microsoft YaHei UI, 14] toolTip: 点赞 text:空 flat: 勾选
⑫	PushButton	pbComment	geometry: [(935, 510), 51x51] font: [Microsoft YaHei UI, 14] toolTip: 评论 text:空 flat: 勾选

编号	控件类别	对象名称	属性说明
⑬	Label	lbDuration	geometry: [(5, 635), 107x30] font: [Microsoft YaHei UI, 12] text:00:00 / 00:00 scaledContents: 勾选
⑭	Slider	hsPosition	geometry: [(115, 639), 811x22] font: [Microsoft YaHei UI, 18]
⑮	PushButton	pbDanmaku	geometry: [(940, 634), 55x31] font: [Microsoft YaHei UI, 14] toolTip: 弹幕 text:空 flat: 勾选
⑯	PushButton	pbFullScreen	geometry: [(1035, 634), 31x31] font: [Microsoft YaHei UI, 14] toolTip: 全屏 text:空 flat: 勾选

设计完成后保存 TikTok.ui。

15.4.2 初始化

此时若直接运行程序，界面上的很多控件元素仍然不可见，需要在 initUi()函数中编写代码来对主界面进行初始化，如下：

```cpp
setWindowIcon(QIcon("image/tiktok.jpg"));                   //设置程序窗口图标
setWindowFlag(Qt::WindowType::MSWindowsFixedSizeDialogHint);
                                                            //设置窗口为固定大小
QPalette *palette = new QPalette();
palette->setColor(QPalette::ColorRole::Window, Qt::GlobalColor::white);
setPalette(*palette);                                       //设置窗口背景色
ui->lbLogo->setPixmap(QPixmap("image/logo.jpg"));
ui->pbSearch->setIcon(QIcon("image/search.jpg"));
ui->pbSearch->setIconSize(QSize(23, 23));
ui->pbSearch->setStyleSheet("background-color: whitesmoke");
//设置选项页各标签的图标
ui->tabWidget->setTabIcon(0, QIcon("image/tuijian.jpg"));
ui->tabWidget->setTabIcon(1, QIcon("image/luzhi.jpg"));
ui->tabWidget->setTabIcon(2, QIcon("image/fabu.jpg"));
ui->tabWidget->setIconSize(QSize(36, 36));

ui->pbPrev->setIcon(QIcon("image/prev.jpg"));
ui->pbPrev->setIconSize(QSize(26, 80));
ui->pbPrev->setStyleSheet("background-color: whitesmoke");
ui->pbNext->setIcon(QIcon("image/next.jpg"));
ui->pbNext->setIconSize(QSize(26, 80));
```

```
ui->pbNext->setStyleSheet("background-color: whitesmoke");
ui->pbFocus->setLayoutDirection(Qt::LayoutDirection::RightToLeft);

ui->pbLike->setIcon(QIcon("image/offlike.jpg"));
ui->pbLike->setIconSize(QSize(55, 55));
ui->pbComment->setIcon(QIcon("image/comment.jpg"));
ui->pbComment->setIconSize(QSize(47, 47));
ui->pbDanmaku->setIcon(QIcon("image/ondanmaku.jpg"));
ui->pbDanmaku->setIconSize(QSize(81, 29));
ui->pbFullScreen->setIcon(QIcon("image/fullscreen.jpg"));
ui->pbFullScreen->setIconSize(QSize(27, 27));
```

说明：这段代码主要用来设置界面上各控件的基本外观，用 setIcon() 方法设置控件图标、setIconSize() 方法设定图标尺寸、setStyleSheet() 方法设置控件背景色，具体值读者可根据实际运行的效果适当调整，用到的所有图标资源都预先存放在项目 image 目录下。

15.4.3 运行效果

经以上初始化后，简版抖音的主界面就初具雏形了，如图 15.10 所示。

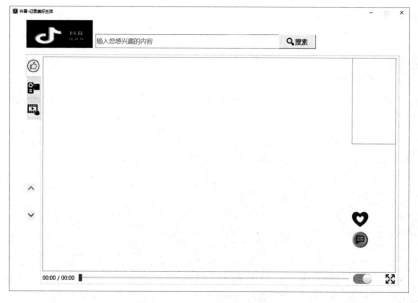

图 15.10 初具雏形的主界面

15.5 视频基本功能开发

15.5.1 视频播放

1. 播放器与视频图元

用 Qt 的媒体播放器类 QMediaPlayer 将视频输出到 GraphicsView 系统的视频图元上来实现

播放。在 initUi()函数中创建播放器、场景和图元，并进行设置，代码如下：

```
    duration = "00:00";                                    //视频总时长
    position = "00:00";                                    //当前位置（已播放时长）
    player = new QMediaPlayer(this);                       //创建播放器对象
    scene = new QGraphicsScene(this);                      //创建场景
    ui->gvWatchOnline->setScene(scene);                    //场景关联图形视图控件
    videoItem = new QGraphicsVideoItem();                  //创建视频图元
    videoItem->setSize(QSizeF(ui->gvWatchOnline->width() - 2, ui->gvWatchOnline->height() - 30));
    player->setVideoOutput(videoItem);                     //将视频输出到图元上
    ...
    connect(player,    SIGNAL(durationChanged(qint64)),    this,    SLOT(setDuration(qint64)));                                                //(a)
    connect(player,    SIGNAL(positionChanged(qint64)),    this,    SLOT(setPosition(qint64)));                                                //(a)
    connect(ui->pbPrev, SIGNAL(clicked()), this, SLOT(showPrevVideo()));
    connect(ui->pbNext, SIGNAL(clicked()), this, SLOT(showNextVideo()));
    connect(ui->hsPosition, SIGNAL(valueChanged(int)), this, SLOT(setDragValue(int)));
    thread = new GraphicsThread();                         //(b)
    connect(thread, SIGNAL(trigger()), this, SLOT(replaceVideo()));
                                                           //(b)
    openDb();                                              //打开连接
    loadOnlineVideos();                                    //加载视频
```

说明：

(a) connect(player, SIGNAL(durationChanged(qint64)), this, SLOT(setDuration(qint64)))、connect(player, SIGNAL(positionChanged(qint64)), this, SLOT(setPosition(qint64)))：QMediaPlayer 有两个关键信号：durationChanged()当播放视频被更换时可获取新视频的总时长，positionChanged()可在播放过程中随时得到当前位置（已播放时长），将这两个信号关联相应的函数，就能编写代码来动态显示播放进度。

(b) thread = new GraphicsThread()、connect(thread, SIGNAL(trigger()), this, SLOT(replaceVideo()))：视频播放和切换需要占用一定的系统资源，为保证界面不卡顿，通常做法是另开一个专门的线程来播放视频，在项目中创建一个视频播放线程类 GraphicsThread。

线程类头文件 graphicsthread.h 代码为：

```cpp
#ifndef GRAPHICSTHREAD_H
#define GRAPHICSTHREAD_H
#include <QThread>
class GraphicsThread : public QThread
{
    Q_OBJECT
public:
    GraphicsThread();
signals:
    void trigger();
protected:
    void run();
```

```
};
#endif // GRAPHICSTHREAD_H
```
线程类源文件 graphicsthread.cpp 代码为:
```
#include "graphicsthread.h"
GraphicsThread::GraphicsThread()
{

}
void GraphicsThread::run()
{
    emit trigger();
}
```
这样定义好线程类后，创建线程对象，将其信号关联到播放视频的 replaceVideo()函数，在需要播放时启动线程就可以了。

2. 显示/调节播放进度

1）显示视频总时长

播放器的 durationChanged()信号所关联的 setDuration()函数显示当前播放视频的总时长，代码如下：

```
void MyTikTok::setDuration(qint64 dur)
{
    ui->hsPosition->setMaximum(dur);            //设置滑条最大值为视频总时长
    int dursecs = dur / 1000;                    //总时长单位为毫秒,换算为秒
    int mins = dursecs / 60;                     //得到分值
    int secs = dursecs % 60;                     //得到秒值
    duration = QString("%1:%2").arg(mins, 2, 10, QChar('0')).arg(secs, 2, 10, QChar('0'));                                             //分、秒值皆格式化成两位数显示
    ui->lbDuration->setText(position + " / " + duration);
}
```

2）显示已播放时长

播放器的 positionChanged()信号所关联的 setPosition()函数显示当前视频已播放的时长，代码如下：

```
void MyTikTok::setPosition(qint64 pos)
{
    int possecs = pos / 1000;
    int mins = possecs / 60;
    int secs = possecs % 60;
    position = QString("%1:%2").arg(mins, 2, 10, QChar('0')).arg(secs, 2, 10, QChar('0'));
    ui->lbDuration->setText(position + " / " + duration);
    ui->hsPosition->setSliderPosition(pos);      //刷新进度滑条
}
```

3）调节播放进度

为了让用户能够手动拖曳滑条来调节播放进度，将滑条控件的 valueChanged()信号关联到 setDragValue()函数，该函数代码为：

```
void MyTikTok::setDragValue(int value)
{
```

```
    player->setPosition(value);
}
```

3. 加载和播放视频

（1）loadOnlineVideos()函数实现对视频的加载，代码如下：

```
void MyTikTok::loadOnlineVideos()
{
    videoModel = new QSqlQueryModel(this);         //创建视频模型
    videoModel->setQuery("SELECT Vid, VideoData FROM video");
    count = videoModel->rowCount();                //得到视频总数
    index = 0;                                     //当前视频索引
    playByIndex(index);                            //播放视频
}
```

说明：这里用了 QSqlQueryModel 模型存放加载的所有视频数据，全局变量 count 记录视频数，全局变量 index 保存当前视频的索引（默认是第一个视频，索引为 0）。

（2）playByIndex()函数播放视频，它接收一个参数，即要播放的视频的索引，代码如下：

```
void MyTikTok::playByIndex(int id)
{
    player->stop();
    player->setMedia(QUrl::fromLocalFile(""));
    QSqlRecord record = videoModel->record(id);
    QFile *file = new QFile("video/temp.mp4");     //创建视频临时文件 temp.mp4
    if (file->exists()) file->remove();
    if (file->open(QIODevice::OpenModeFlag::ReadWrite))
    {
        file->write(record.value("VideoData").toByteArray());
                                                    //写入视频数据
    }
    file->close();
    foreach(QGraphicsItem *graphItem, scene->items())
        scene->removeItem(graphItem);               //清除场景中原有(上个视频)图元
    scene->addItem(videoItem);                      //添加当前视频的图元
    thread->start();                                //启动播放线程
}
```

（3）replaceVideo()函数与播放线程直接关联，执行播放操作，代码为：

```
void MyTikTok::replaceVideo()
{
    player->setMedia(QUrl::fromLocalFile("video/temp.mp4"));
    player->play();                                 //开始播放
}
```

4. 更换视频

视频索引 index 决定当前要播放的视频，通过控制索引的增减就可以实现播放视频的更换。

（1）按钮 pbNext 单击信号关联的 showNextVideo()函数播放下一个视频，代码为：

```
void MyTikTok::showNextVideo()
{
```

```
    if (index == count - 1)
    {
        return;
    } else {
        index += 1;
        playByIndex(index);
    }
}
```

（2）按钮 pbPrev 单击信号关联的 showPrevVideo()函数播放上一个视频，代码为：

```
void MyTikTok::showPrevVideo()
{
    if (index == 0)
    {
        return;
    } else {
        index -= 1;
        playByIndex(index);
    }
}
```

5．运行测试

1）数据准备

准备一些短视频文件（可以用手机通过抖音、快手等 App 下载得到，也可自拍录制），放在 MySQL 的安全文件目录（由 MySQL 系统全局变量 secure_file_priv 设定的目录）下，多次执行语句：

```
INSERT INTO video VALUES(视频号, LOAD_FILE('E:/MySQL8/DATAFILE/视频文件名.mp4'));
```

向数据库视频表中存入视频。其中，"E:/MySQL8/DATAFILE/" 是编者 MySQL 数据库的安全文件目录，读者请使用自己配置的目录。注意，每次执行语句的"视频号"不要重复。

2）运行效果

启动程序，视频播放效果如图 15.11 所示。

图 15.11　视频播放效果

15.5.2 视频控制

实际的抖音播放器还支持用户直接单击视频画面控制启停、手指上下滑动翻看及全屏模式等功能，这些可通过事件过滤器机制来实现。

1. 事件过滤器

在 GraphicsView 控件上安装一个事件过滤器，使用语句：

```
ui->gvWatchOnline->installEventFilter(this);
```

然后重写事件系统的 eventFilter() 函数，就可以实现对视频区域的各种控制。

重写的 eventFilter() 函数代码如下：

```cpp
bool MyTikTok::eventFilter(QObject *o, QEvent *e)
{
    if (e->type() == QEvent::Type::MouseButtonPress)        //按下了鼠标键
    {
        QMouseEvent *event = static_cast<QMouseEvent *>(e);
        if (event->button() == Qt::LeftButton)              //按的是鼠标左键
        {
            if (player->state() == QMediaPlayer::PlayingState)
                                                            //正在播放状态
            {
                player->pause();                            //暂停画面
            } else {
                player->play();                             //继续播放
            }
        }
    }
    if (e->type() == QEvent::Type::Wheel)                   //滚动鼠标滑轮
    {
        QWheelEvent *event = static_cast<QWheelEvent *>(e);
        if (event->angleDelta().y() < 0)                    //向后滚动
        {
            showNextVideo();                                //播放下一个
        } else {                                            //向前滚动
            showPrevVideo();                                //播放上一个
        }
    }
    return QWidget::eventFilter(o, e);
}
```

说明：以上代码先通过传入事件参数的类型（e->type()）判断用户在视频区进行了怎样的动作，再根据当前播放器状态或事件的属性进一步决定所要执行的操作。

2. 全屏模式

1）进入全屏

将按钮 pbFullScreen 的单击信号关联 enterFullScreen() 函数，使用语句：

```cpp
connect(ui->pbFullScreen, SIGNAL(clicked()), this, SLOT(enterFullScreen()));
```
enterFullScreen()函数实现进入全屏功能,代码为:
```cpp
void MyTikTok::enterFullScreen()
{
    gvXY = new QPoint(ui->gvWatchOnline->x(), ui->gvWatchOnline->y());
    gvWH = new QPoint(ui->gvWatchOnline->width(), ui->gvWatchOnline->height());
                                                    //记录视频区当前位置和尺寸
    ui->gvWatchOnline->setWindowFlag(Qt::WindowType::Window);
    ui->gvWatchOnline->showFullScreen();            //显示全屏
}
```

说明:在进入全屏模式之前,要先记录下 GraphicsView 控件当前的坐标及宽高,这么做是为了在退出全屏后还能将视频区域恢复到之前的状态。

2)退出全屏

在全屏模式下,用户通过按 Esc 键退出全屏,这个按键动作同样也是由事件过滤器捕获和处理的,在 eventFilter() 函数中添加以下代码:

```cpp
bool MyTikTok::eventFilter(QObject *o, QEvent *e)
{
    ...
    if (e->type() == QEvent::Type::KeyPress)        //按了键盘按键
    {
        QKeyEvent *event = static_cast<QKeyEvent *>(e);
        if (event->key() == Qt::Key::Key_Escape)    //按的是 Esc 键
        {
            if (ui->gvWatchOnline->isFullScreen())  //处于全屏模式
            {
                ui->gvWatchOnline->setWindowFlag(Qt::WindowType::SubWindow);
                ui->gvWatchOnline = new QGraphicsView(ui->tab);
                ui->gvWatchOnline->setGeometry(QRect(gvXY->x(),    gvXY->y(),
gvWH->x(), gvWH->y()));                             //视频区恢复原先位置和尺寸
                ui->gvWatchOnline->lower();
                ui->gvWatchOnline->setScene(scene);
                ui->gvWatchOnline->installEventFilter(this);
                ui->gvWatchOnline->showNormal();    //回到普通模式
            }
        }
    }
    return QWidget::eventFilter(o, e);
}
```

注意:在切换回普通模式前,还要用 installEventFilter() 方法给 GraphicsView 控件安装上事件过滤器,不然退出全屏后视频区将无法响应用户新的操作。

15.5.3 视频信息显示

放映的画面上会同时显示该视频的作者、描述文字及点赞数等信息,这可以用其他图元叠

放在视频图元上来实现。

1. 显示作者及描述文字

1)定义图元

创建两个 QGraphicsTextItem(文字图元)对象,分别用来显示视频作者及描述文字,在 initUi()函数中添加如下代码:

```
usernameTextItem = new QGraphicsTextItem();          //用于显示视频作者
QFont *font = new QFont();
font->setBold(true);
font->setPointSize(14);
font->setFamily("微软雅黑");
usernameTextItem->setFont(*font);
usernameTextItem->setPos(365, 535);
usernameTextItem->setDefaultTextColor(Qt::GlobalColor::white);
descnoteTextItem = new QGraphicsTextItem();          //用于显示描述文字
font->setBold(true);
font->setPointSize(12);
font->setFamily("微软雅黑");
descnoteTextItem->setFont(*font);
descnoteTextItem->setPos(365, 565);
descnoteTextItem->setDefaultTextColor(Qt::GlobalColor::white);
```

说明:用图元的 setFont()方法设置字体字号,setPos()方法设置图元位置坐标,setDefaultTextColor()方法设置文字颜色,读者请根据实际显示效果灵活调整设置值。

2)添加图元

addDescText()函数从数据库视频信息表 videoinfo 中读取作者和描述信息,将其设为图元显示内容,并将图元添加进视图场景中,代码如下:

```
void MyTikTok::addDescText(int vid)
{
    QSqlQuery query;
    query.exec(QString("SELECT DescNote, UserName FROM videoinfo WHERE Vid = %1").arg(vid));
    query.next();
    usernameTextItem->setPlainText("@" + query.value(1).toString());
    descnoteTextItem->setPlainText(query.value(0).toString());
    scene->addItem(usernameTextItem);
    scene->addItem(descnoteTextItem);
}
```

2. 显示点赞数

1)定义图元

创建两个图元对象,QGraphicsTextItem(文字图元)用于显示点赞次数,QGraphicsPixmapItem(图片图元)显示一个翘起大拇指的图标。在 initUi()函数中添加如下代码:

```
likecountTextItem = new QGraphicsTextItem();         //用于显示点赞次数
font->setBold(true);
font->setPointSize(10);
```

```
font->setFamily("微软雅黑");
likecountTextItem->setFont(*font);
likecountTextItem->setPos(655, 540);
likecountTextItem->setDefaultTextColor(Qt::GlobalColor::yellow);
QPixmap pixmap;
pixmap.load("image/like.jpg");
pixmap = pixmap.scaled(28, 28, Qt::KeepAspectRatio);
likepicItem = new QGraphicsPixmapItem(pixmap);        //显示翘起大拇指图标
likepicItem->setPos(660, 560);
```

2）添加图元

addLikeText()函数从数据库视频信息表 videoinfo 中读取作者和描述信息，将其设为图元显示内容，并将图元添加进视图场景中，代码如下：

```
void MyTikTok::addLikeText(int vid)
{
    QSqlQuery query;
    query.exec(QString("SELECT * FROM likes WHERE Vid = %1").arg(vid));
    query.last();
    likecountTextItem->setPlainText(QString::number(985 + query.at() + 1));
    query.first();
    query.previous();
    scene->addItem(likepicItem);
    scene->addItem(likecountTextItem);
}
```

说明：由于本例仅是一个简版抖音，不像实际的抖音平台那样拥有大量用户点赞数据，故这里代码中将点赞次数人为地加上一个较大的固定值（如 985，读者也可设定其他更大的值）以使运行界面上视频的点赞数更符合现实中的情形。

3. 叠放图元

最后，在播放视频的 playByIndex()函数中调用 addDescText()和 addLikeText()函数，将定义好的图元叠放在视频图元上，如下：

```
void MyTikTok::playByIndex(int id)
{
    ...
    thread->start();
    addDescText(record.value("Vid").toInt());
    addLikeText(record.value("Vid").toInt());
}
```

4. 运行测试

1）数据准备

在视频信息表 videoinfo 中录入一条视频信息记录，同时在点赞表 likes 中录入该视频的点赞记录，如图 15.12 所示。

2）运行效果

启动程序，可看到视频画面左下角显示作者及描述文字，右下角出现的图标上显示点赞次数，如图 15.13 所示。

图 15.12 录入的视频信息及点赞记录

图 15.13 显示视频信息及点赞次数

15.6 特色功能开发

15.6.1 关注和点赞

1. 用户信息的加载和显示

在程序启动时，要在主界面右上方显示当前（登录）用户的头像，同时还要显示该用户所关注的用户列表，如图 15.14 所示。

为了开发和测试该功能，需要在数据库用户表 user 中预先录入一些用户信息，其中用户头像图片放在 MySQL 安全文件目录下，在 SQL 语句中用 LOAD_FILE()函数载入数据库，完成后的用户表 user 记录如图 15.15 所示。

UserName	Photo	PassWord	Focus
Easy123	(BLOB) 20.12 KB	123456	孙瑞涵
孙瑞涵	(BLOB) 55.14 KB	123456	Easy123,水漂奇毫
水漂奇毫	(BLOB) 37.92 KB	123456	孙瑞涵,Easy123

图 15.14 显示用户头像及关注用户列表　　图 15.15 用户表 user 记录

下面来开发功能。

1）显示当前用户

在 initUi()函数中添加代码（加黑语句）：

```cpp
currentUser = "水漂奇電";
openDb();                                               //打开连接
ui->pbCurrentUser->setIcon(QIcon(getPhotoByName(currentUser)));
ui->pbCurrentUser->setIconSize(QSize(61, 61));
loadOnlineVideos();                                     //加载视频
loadFocusUsers();                                       //加载当前用户关注的用户列表
```

通过 getPhotoByName()函数获取当前用户的头像，代码如下：

```cpp
QPixmap MyTikTok::getPhotoByName(QString username)
{
    QSqlQuery query;
    query.exec(QString("SELECT Photo FROM user WHERE UserName = '%1'").arg(username));
    query.next();
    QPixmap photo;
    photo.loadFromData(query.value(0).toByteArray(), "jpg");
    return photo;
}
```

2）显示关注用户列表

loadFocusUsers()函数加载并显示当前用户所关注的用户列表，代码如下：

```cpp
void MyTikTok::loadFocusUsers()
{
    QSqlQuery query;
    query.exec(QString("SELECT Focus FROM user WHERE UserName = '%1'").arg(currentUser));
    query.next();
    ui->tbwFocusUsers->clear();                         //清空列表
    ui->tbwFocusUsers->setColumnCount(1);               //设定为1列
    ui->tbwFocusUsers->setHorizontalHeaderLabels(QStringList("关注"));
                                                        //设置列标题
    ui->tbwFocusUsers->setColumnWidth(0, ui->tbwFocusUsers->width());
                                                        //列宽占满整个控件
    ui->tbwFocusUsers->setIconSize(QSize(25, 25));      //设置列表项图标尺寸
    focusList = query.value(0).toString().split(",");
    if (focusList.count() == 0) return;
    ui->tbwFocusUsers->setRowCount(focusList.count());
                                                        //列表行数为查询结果字符串列表项数
    for (int i = 0; i < focusList.count(); i++)
    {
        QTableWidgetItem *userItem = new QTableWidgetItem(QIcon(getPhotoByName(focusList[i])), focusList[i]);
        ui->tbwFocusUsers->setItem(i, 0, userItem);
    }
}
```

说明：这里用到 Qt 的 TableWidget 表格控件来显示用户列表，该控件支持带图标的列表项显示，在创建列表项对象时额外传入一个图标类型的参数即可，语句形如：

```
列表项对象指针 = new QTableWidgetItem(QIcon(图片对象), 列表项文本);
```

2. 添加/取消关注

首先设置关注按钮 pbFocus 的外观并为其关联功能函数，在 initUi()函数中添加代码：

```
ui->pbFocus->setLayoutDirection(Qt::LayoutDirection::RightToLeft);
connect(ui->pbFocus, SIGNAL(clicked()), this, SLOT(onFocus()));
```

说明：这里设置按钮的 LayoutDirection 属性为 Qt::LayoutDirection::RightToLeft（从右往左），即图标在右边、文字在左边，运行时未加关注状态的按钮就可以呈现 +● 的效果。

实现加关注功能的 onFocus()函数的代码如下：

```
void MyTikTok::onFocus()
{
    QString username = getNameById(videoModel->record(index).value("Vid").toInt());
    if (!focusList.contains(username))     //若视频的作者不在当前用户关注列表中
    {
        focusList.append(username);        //添加到关注列表中
    } else {
        focusList.removeOne(username);     //从关注列表中移除(取消关注)
    }
    //更新数据库
    QSqlQuery query;
    query.prepare("UPDATE user SET Focus = ? WHERE UserName = ?");
    query.bindValue(0, focusList.join(","));
    query.bindValue(1, currentUser);
    query.exec();
    loadFocusUsers();                       //刷新界面上的关注用户列表
    addFocusIcon(videoModel->record(index).value("Vid").toInt());
}
```

上面代码中调用了两个函数：

（1）getNameById()函数获取当前视频作者用户名，代码为：

```
QString MyTikTok::getNameById(int vid)
{
    QSqlQuery query;
    query.exec(QString("SELECT UserName FROM videoinfo WHERE Vid = %1").arg(vid));
    query.next();
    return query.value(0).toString();
}
```

（2）addFocusIcon()函数根据当前关注状态动态设置按钮 pbFocus 的外观，代码如下：

```
void MyTikTok::addFocusIcon(int vid)
{
    //根据视频作者用户名设置按钮图标
    QString username = getNameById(vid);
    ui->pbFocus->setIcon(QIcon(QPixmap(getPhotoByName(username))));
    //根据当前关注状态设置按钮外观
    if (focusList.contains(username))
    {
        ui->pbFocus->setText("");
```

```
        ui->pbFocus->setIconSize(QSize(49, 49));
        ui->pbFocus->setToolTip("取消关注");              //效果如图15.16（a）所示
    } else {
        ui->pbFocus->setText("＋");
        ui->pbFocus->setIconSize(QSize(31, 31));
        ui->pbFocus->setToolTip("加关注");                //效果如图15.16（b）所示
    }
}
```

　　　　　　　　　　（a）　　　　　　　　　　（b）

图 15.16　关注图标

播放视频的 playByIndex() 函数中也要调用 addFocusIcon() 函数，才能在运行界面上看到关注按钮，添加语句：

```
void MyTikTok::playByIndex(int id)
{
    ...
    addDescText(record.value("Vid").toInt());
    addFocusIcon(record.value("Vid").toInt());
    addLikeText(record.value("Vid").toInt());
}
```

3. 点赞/取消赞

在 initUi() 函数中为点赞按钮 pbLike 关联功能函数，语句为：

```
connect(ui->pbLike, SIGNAL(clicked()), this, SLOT(onLike()));
```

onLike() 函数代码如下：

```
void MyTikTok::onLike()
{
    QSqlQuery query;
    query.exec(QString("SELECT * FROM likes WHERE Vid = %1 AND UserName = '%2'").arg(videoModel->record(index).value("Vid").toInt()).arg(currentUser));
    if (query.size() == 1)              //若已点过赞则取消赞
    {
        query.prepare("DELETE From likes WHERE Vid = ? AND UserName = ?");
        query.bindValue(0, videoModel->record(index).value("Vid").toInt());
        query.bindValue(1, currentUser);
        query.exec();
    } else {                            //未点过赞则往数据库likes表中增加点赞记录
        query.prepare("INSERT INTO likes VALUES(?, ?)");
        query.bindValue(0, videoModel->record(index).value("Vid").toInt());
        query.bindValue(1, currentUser);
        query.exec();
    }
    addLikeText(videoModel->record(index).value("Vid").toInt());
}
```

本例的点赞界面效果模仿抖音，用两个红色心形图标切换：未点赞时是空心（offlike.jpg），点赞过后变为实心（onlike.jpg），在 addLikeText()函数中添加代码：

```
void MyTikTok::addLikeText(int vid)
{
    ...
    query.previous();
    query.exec(QString("SELECT * FROM likes WHERE Vid = %1 AND UserName = '%2'").arg(vid).arg(currentUser));
    if (query.size() == 1)
    {
        ui->pbLike->setIcon(QIcon("image/onlike.jpg"));
        ui->pbLike->setToolTip("取消赞");
    } else {
        ui->pbLike->setIcon(QIcon("image/offlike.jpg"));
        ui->pbLike->setToolTip("点赞");
    }
    scene->addItem(likepicItem);
    scene->addItem(likecountTextItem);
}
```

运行效果如图 15.17 所示。

15.6.2 评论与弹幕

1．发表评论

用户单击视频画面右侧的"评论"按钮，弹出如图 15.18 所示的对话框，可在其中输入评论内容，单击"OK"按钮将其发表到数据库评论表 evaluate 中。

图 15.17　点赞/取消赞运行效果

图 15.18　"评论"对话框

1）自定义"评论"对话框

在项目中创建"评论"对话框类 CommentDialog。

对话框类头文件 commentdialog.h 代码为：

```
#ifndef COMMENTDIALOG_H
#define COMMENTDIALOG_H
#include <QDialog>
#include <QIcon>
#include <QVBoxLayout>
#include <QLineEdit>
#include <QDialogButtonBox>
class CommentDialog : public QDialog
{
```

```cpp
    Q_OBJECT
public:
    CommentDialog(QWidget *parent = nullptr);
    QLineEdit *leComment;
};
#endif // COMMENTDIALOG_H
```

对话框类源文件 commentdialog.cpp 代码为:

```cpp
#include "commentdialog.h"
CommentDialog::CommentDialog(QWidget *parent)
    :QDialog(parent)
{
    setWindowTitle("评论");
    setWindowIcon(QIcon("image/comment.jpg"));
    QVBoxLayout *layout = new QVBoxLayout();
    leComment = new QLineEdit();
    leComment->setPlaceholderText("留下你的精彩评论吧");
    layout->addWidget(leComment);
    QDialogButtonBox *buttonBox = new QDialogButtonBox();
    buttonBox->setOrientation(Qt::Orientation::Horizontal);
    buttonBox->setStandardButtons(QDialogButtonBox::StandardButton::Cancel | QDialogButtonBox::StandardButton::Ok);
    connect(buttonBox, SIGNAL(rejected()), this, SLOT(reject()));    //取消
    connect(buttonBox, SIGNAL(accepted()), this, SLOT(accept()));    //确定
    layout->addWidget(buttonBox);
    setLayout(layout);
}
```

说明：该对话框采用简单的垂直布局（QVBoxLayout），放置一个单行文本框（LineEdit）来接收用户输入的评论内容，用系统内置对话框按钮盒（DialogButtonBox）中的标准确定（StandardButton::Ok）和取消（StandardButton::Cancel）按钮来响应用户提交评论的操作。

2）功能开发

在 initUi() 函数中为评论按钮 pbComment 关联功能函数，语句为：

```cpp
connect(ui->pbComment, SIGNAL(clicked()), this, SLOT(onComment()));
```

onComment() 函数代码如下：

```cpp
void MyTikTok::onComment()
{
    CommentDialog *commentDialog = new CommentDialog();
    if (commentDialog->exec())
    {
        QSqlQuery query;
        query.prepare("INSERT INTO evaluate(Vid, UserName, Comment) VALUES(?, ?, ?)");
        query.bindValue(0, videoModel->record(index).value("Vid").toInt());
        query.bindValue(1, currentUser);
        query.bindValue(2, commentDialog->leComment->text());
        query.exec();
        if ((danmakuHide == false) && (commentDialog->leComment->text() != ""))
        {
```

```
            playByIndex(index);
        }
    }
    commentDialog->destroyed();
}
```

2．弹幕

"弹幕"就是在视频画面上滚动显示的实时评论内容，其效果如图 15.19 所示，它是当下互联网视频应用中流行的功能。在实现这个功能之前，先用上面开发好的"评论"对话框发表一些评论，完成后评论表 evaluate 的记录如图 15.20 所示。

说明：

读者修改 initUi()函数中的全局变量 currentUser 赋值、运行程序，就可以以不同用户名（UserName）发表评论，评论的内容可任意写，不一定非要与书中一样。

图 15.19　弹幕效果　　　　　　图 15.20　用于测试弹幕的评论表记录

下面来开发弹幕功能。

1）自定义动态图元

GraphicsView 系统内置的图元并无运动功能，要实现弹幕文字的滚动效果，需要自定义图元类，这里对原有的文字图元类（QGraphicsTextItem）进行继承、扩展，内置一个定时器来实现动态文字功能。

在项目中创建动态图元类 GraphicsDanmakuTextItem。

图元类头文件 graphicsdanmakutextitem.h 代码为：

```
#ifndef GRAPHICSDANMAKUTEXTITEM_H
#define GRAPHICSDANMAKUTEXTITEM_H
#include <QGraphicsTextItem>
class GraphicsDanmakuTextItem : public QGraphicsTextItem
{
    Q_OBJECT
public:
```

```cpp
    GraphicsDanmakuTextItem();
    void timerEvent(QTimerEvent *);
};
#endif // GRAPHICSDANMAKUTEXTITEM_H
```

图元类源文件 graphicsdanmakutextitem.cpp 代码为：

```cpp
#include "graphicsdanmakutextitem.h"
GraphicsDanmakuTextItem::GraphicsDanmakuTextItem()
{

}
void GraphicsDanmakuTextItem::timerEvent(QTimerEvent *event)
{
    if (this->x() > 100)
    {
        this->setPos(this->x() - 1, this->y());          //文字左移
    } else {
        //当X坐标<=100时,重设到画面右区(X>500)的一个随机位置
        this->setPos(500 + qrand() % 200, this->y());
    }
}
```

2）开关弹幕

程序以一个布尔型全局变量 danmakuHide 控制弹幕的开关，默认为 false（开启状态），在 initUi()函数中为弹幕开关按钮 pbDanmaku 关联函数，语句如下：

```cpp
connect(ui->pbDanmaku, SIGNAL(clicked()), this, SLOT(onDanmaku()));
```

onDanmaku()函数代码如下：

```cpp
void MyTikTok::onDanmaku()
{
    if (danmakuHide == false)
    {
        ui->pbDanmaku->setIcon(QIcon("image/offdanmaku.jpg"));
        danmakuHide = true;
    } else {
        ui->pbDanmaku->setIcon(QIcon("image/ondanmaku.jpg"));
        danmakuHide = false;
    }
    playByIndex(index);
}
```

说明：这个函数仅仅负责设置开关变量及弹幕开关按钮的外观，真正添加弹幕文字的功能由视频播放 playByIndex()函数调用 addDanmakuText()函数实现。为此，在 playByIndex()函数最后添加代码：

```cpp
void MyTikTok::playByIndex(int id)
{
    ...
    addLikeText(record.value("Vid").toInt());
    if (danmakuHide == false) addDanmakuText(record.value("Vid").toInt());
}
```

3）添加弹幕

addDanmakuText()函数实现添加弹幕的功能，它从数据库评论表 evaluate 中读取当前视频的所有评论，为每条评论逐一创建动态图元并添加到视频场景中，代码如下：

```
void MyTikTok::addDanmakuText(int vid)
{
    QSqlQuery query;
    query.exec(QString("SELECT Comment FROM evaluate WHERE Vid = %1").arg(vid));
    query.next();
    if (query.size() == 0) return;
    QFont *font = new QFont();
    font->setBold(true);
    font->setPointSize(12);
    font->setFamily("微软雅黑");
    for (int n = 0; n < query.size(); n++)
    {
        GraphicsDanmakuTextItem *danmakuTextItem = new GraphicsDanmakuTextItem();
                                                //创建动态图元
        danmakuTextItem->setPlainText(query.value(0).toString());
        danmakuTextItem->setFont(*font);
        danmakuTextItem->setPos(500 + qrand() % 200, 40 + 30 * n);
        danmakuTextItem->setDefaultTextColor(Qt::GlobalColor::white);
        danmakuTextItem->startTimer(10);          //启动定时器(时间间隔10ms)
        scene->addItem(danmakuTextItem);          //添加动态图元到视频场景中
        query.next();
    }
}
```

为了能在用户发表新的评论后马上同步更新弹幕内容，还需要在 onComment()函数中添加两句代码，如下：

```
void MyTikTok::onComment()
{
    CommentDialog *commentDialog = new CommentDialog();
    if (commentDialog->exec())
    {
        ......
        query.exec();
        if ((danmakuHide == false) && (commentDialog->leComment->text() != ""))
        {
            playByIndex(index);
        }
    }
    commentDialog->destroyed();
}
```

15.6.3 根据用户喜好推荐视频

之前开发视频基本功能时，程序启动默认加载的是视频表 video 中的所有视频，而实际抖音可根据用户以往的观看行为推断出该用户的喜好,并为其精准推荐相应分类下的视频。

1. 实现思路

本例以用户最频繁点赞的视频所属分类来记录用户喜好。在用户表 user 中有一个 JSON 类型的 Likes 列,其中统计了用户对各类视频的点赞次数,以{"分类1": 次数值1, "分类2": 次数值2,…}表示。

例如:{"生活": 2, "运动": 2, "探索发现": 10}表示该用户对生活和运动类视频各点赞了两次,而对探索发现类的视频点赞多达 10 次,显然,他更关注探索发现类视频,由此得出其喜好,于是在下一次该用户登录系统的时候,就将平台上最新发布的探索发现类视频加载、推荐给该用户。

2. 根据喜好加载视频

1)加载视频

修改加载视频的 loadOnlineVideos()函数,如下:

```cpp
void MyTikTok::loadOnlineVideos()
{
    QSqlQuery query;
    query.exec(QString("SELECT Likes FROM user WHERE UserName = '%1'").arg(currentUser));
    query.next();
    likesJson = QJsonDocument::fromJson(query.value(0).toByteArray()).object();
    QStringList keyList = likesJson.keys();
    QString likeCategory = keyList[0];
    int maxLike = likesJson.take(likeCategory).toVariant().toInt();
    for (int i = 1; i < keyList.count(); i++)
    {
        int like = likesJson.take(keyList[i]).toVariant().toInt();
        if (like > maxLike)
        {
            likeCategory = keyList[i];
            maxLike = like;
        }
    }
    videoModel = new QSqlQueryModel(this);              //创建视频模型
    videoModel->setQuery(QString("SELECT video.Vid, VideoData FROM videoinfo, video WHERE FIND_IN_SET('%1', Category) AND (Permit = 1 OR UserName = '%2') AND videoinfo.Vid = video.Vid AND PTime >= NOW() - INTERVAL 2 DAY").arg(likeCategory).arg(currentUser));
    count = videoModel->rowCount();                     //得到视频总数
    index = 0;                                          //当前视频索引
    playByIndex(index);                                 //播放视频
}
```

说明:这里先从用户表 user 中读取 JSON 类型的 Likes 列数据,用 QJsonDocument::fromJson(…).object()转为 Qt 程序可处理的 QJsonObject 类型,再用一个 for 循环遍历检索出其中值最大的键(分类),然后以 MySQL 的 FIND_IN_SET()函数查询视频信息表 videoinfo 的 set 类型Category列中包含有这个分类的视频,根据发布时间PTime取最近两天的视频进行加载。

2）记录喜好

在用户进行点赞操作的时候就要及时记录下该用户的喜好信息,为此要修改点赞功能函数onLike(),在其中添加如下代码:

```
void MyTikTok::onLike()
{
    QSqlQuery query;
    query.exec(QString("SELECT Category FROM videoinfo WHERE Vid = %1").arg(videoModel->record(index).value("Vid").toInt()));
    query.next();
    QStringList cateList = query.value(0).toString().split(",");
                                            //得到该视频所属的分类列表
    query.exec(QString("SELECT * FROM likes WHERE Vid = %1 AND UserName = '%2'").arg(videoModel->record(index).value("Vid").toInt()).arg(currentUser));
    if (query.size() == 1)          //若已点过赞则取消赞
    {
        ...
        query.exec();
        //取消赞时该分类计数减一
        for (int i = 0; i < cateList.count(); i++)
        {
            if (cateList[i] == "探索发现")
            {
                query.prepare("UPDATE user SET Likes = JSON_SET(Likes, '$.\"探索发现\"', JSON_EXTRACT(Likes, '$.\"探索发现\"') - 1) WHERE UserName = ?");
                query.bindValue(0, currentUser);
                query.exec();
            } else if (cateList[i] == "运动") {
                query.prepare("UPDATE user SET Likes = JSON_SET(Likes, '$.\"运动\"', JSON_EXTRACT(Likes, '$.\"运动\"') - 1) WHERE UserName = ?");
                query.bindValue(0, currentUser);
                query.exec();
            } else if (cateList[i] == "生活") {
                query.prepare("UPDATE user SET Likes = JSON_SET(Likes, '$.\"生活\"', JSON_EXTRACT(Likes, '$.\"生活\"') - 1) WHERE UserName = ?");
                query.bindValue(0, currentUser);
                query.exec();
            }
        }
    } else {                        //未点过赞则往数据库likes表中增加点赞记录
        ...
        //点赞时该分类计数加一
        for (int i = 0; i < cateList.count(); i++)
        {
            if (cateList[i] == "探索发现")
            {
```

```
                query.prepare("UPDATE user SET Likes = JSON_SET(Likes, '$.\"探索发现\"',
JSON_EXTRACT(Likes, '$.\"探索发现\"') + 1) WHERE UserName = ?");
                query.bindValue(0, currentUser);
                query.exec();
            } else if (cateList[i] == "运动") {
                query.prepare("UPDATE user SET Likes = JSON_SET(Likes, '$.\"运动\"',
JSON_EXTRACT(Likes, '$.\"运动\"') + 1) WHERE UserName = ?");
                query.bindValue(0, currentUser);
                query.exec();
            } else if (cateList[i] == "生活") {
                query.prepare("UPDATE user SET Likes = JSON_SET(Likes, '$.\"生活\"',
JSON_EXTRACT(Likes, '$.\"生活\"') + 1) WHERE UserName = ?");
                query.bindValue(0, currentUser);
                query.exec();
            }
        }
    }
    addLikeText(videoModel->record(index).value("Vid").toInt());
}
```

说明：查询数据库得到视频所属分类数据存储在 Qt 的字符串列表（QStringList）中，更新数据库时遍历列表，再以 MySQL 的 JSON_SET()、JSON_EXTRACT()函数操作 JSON 类型的列。

3. 搜索视频

根据用户输入的关键词到视频信息表 videoinfo 中模糊查询描述信息（DescNote），匹配的视频按优先级（Prior）加载播放。

给搜索按钮 pbSearch 关联功能函数，在 initUi()函数中添加代码：

```
connect(ui->pbSearch, SIGNAL(clicked()), this, SLOT(onSearch()));
```

onSearch()函数实现搜索功能，代码如下：

```
void MyTikTok::onSearch()
{
    QString key = ui->leInterestKey->text();
    if (key != "")
    {
        videoModel->setQuery(QString("SELECT video.Vid, VideoData FROM videoinfo,
video WHERE DescNote LIKE '%%1%' AND (Permit = 1 OR UserName = '%2') AND videoinfo.Vid
= video.Vid").arg(key).arg(currentUser));
    } else {
        videoModel->setQuery(QString("SELECT video.Vid, VideoData FROM videoinfo,
video WHERE (Permit = 1 OR UserName = '%1') AND videoinfo.Vid = video.Vid ORDER BY
Prior DESC").arg(currentUser));
    }
    count = videoModel->rowCount();              //得到视频总数
    index = 0;                                    //当前视频索引
    playByIndex(index);                           //播放视频
}
```

15.7 视频发布

15.7.1 界面设计

用 Qt Designer 打开项目界面 UI 文件 TikTok.ui，切换到 TabWidget 控件的第三个选项页，在其上设计"发布"页界面，如图 15.21 所示。

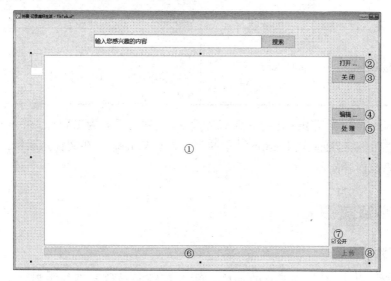

图 15.21 "发布"页界面

根据表 15.7 在属性编辑器中分别设置各控件的属性。

表 15.7 各控件的属性

编号	控件类别	对象名称	属性说明
①	GraphicsView	gvVideoClip	geometry: [(5, 5), 941x611] font: [Microsoft YaHei UI, 18]
②	PushButton	pbOpen	geometry: [(955, 5), 111x41] font: [Microsoft YaHei UI, 14] text:打开 ...
③	PushButton	pbClose	geometry: [(955, 50), 111x41] font: [Microsoft YaHei UI, 14] text:关闭
④	PushButton	pbEdit	geometry: [(955, 170), 111x41] font: [Microsoft YaHei UI, 14] text:编辑 ...
⑤	PushButton	pbProc	geometry: [(955, 215), 111x41] font: [Microsoft YaHei UI, 14] text:处理

续表

编号	控件类别	对象名称	属性说明
⑥	ProgressBar	pgbUpload	geometry: [(5, 625), 941x23] font: [Microsoft YaHei UI, 14] value: 0 textVisible: 取消勾选
⑦	CheckBox	cbPublic	geometry: [(955, 589), 80x20] font: [Microsoft YaHei UI, 12] text: 公开 checked: 勾选
⑧	PushButton	pbUpload	enabled: 取消勾选 geometry: [(955, 616), 111x41] font: [Microsoft YaHei UI, 14] text: 上传

保存 TikTok.ui，再次用 PyUic 将它转成界面 Py 文件并更名为 TikTok_ui.py（删除原来旧的界面 Py 文件），打开，将界面类 Ui_Form 继承的类改为 QWidget，并在文件末尾修改 QVideoWidget 的导入语句，修改内容同前。

15.7.2 视频预览

1. 预览视频的播放

在发布之前，用户可预览已有的视频，预览视频的播放原理与主界面的一样，也使用 GraphicsView 图元系统，为此需要创建媒体播放器、场景、视频图元并将它们关联起来。

在 initUi() 函数中添加代码：

```
preplayer = new QMediaPlayer(this);
prescene = new QGraphicsScene(this);
ui->gvVideoClip->setScene(prescene);
preVideoItem = new QGraphicsVideoItem();
preVideoItem->setSize(QSizeF(ui->gvVideoClip->width() - 2, ui->gvVideoClip->height() - 30));
preplayer->setVideoOutput(preVideoItem);
prethread = new GraphicsThread();                              //创建线程对象
connect(prethread, SIGNAL(trigger()), this, SLOT(previewVideo()));
                                                               //关联播放函数
```

可见，播放预览视频也要通过新建的线程，其信号关联播放函数 previewVideo()。

previewVideo() 函数代码为：

```
void MyTikTok::previewVideo()
{
    preplayer->setMedia(QUrl::fromLocalFile(prefilename));
    preplayer->play();                                         //开始播放
}
```

说明：prefilename 是全局变量，用于保存用户打开的视频文件名。

2. 打开视频

为打开按钮 pbOpen 关联功能函数，在 initUi()函数中添加语句：
```
connect(ui->pbOpen, SIGNAL(clicked()), this, SLOT(openVideo()));
```
功能函数 openVideo()代码如下：
```
void MyTikTok::openVideo()
{
    prefilename = QFileDialog::getOpenFileName(this, "选择视频", "E:\\MySQL8\\pic\\", "视频文件(*.mp4)");            //获取打开的视频文件名
    if (prefilename != "")
    {
        closeVideo();                                   //若已有视频在播放，先关闭
        prescene->addItem(preVideoItem);                //添加预览视频的图元
        ui->pbUpload->setEnabled(true);
        prethread->start();                             //启动线程播放预览
    }
}
```

3. 关闭视频

为关闭按钮 pbClose 关联功能函数，在 initUi()函数中添加语句：
```
connect(ui->pbClose, SIGNAL(clicked()), this, SLOT(closeVideo()));
```
功能函数 closeVideo()代码如下：
```
void MyTikTok::closeVideo()
{
    preplayer->stop();                                  //关闭媒体播放器
    preplayer->setMedia(QUrl::fromLocalFile(""));
    foreach(QGraphicsItem *graphItem, prescene->items())
        prescene->removeItem(graphItem);                //清除视频放映区的所有图元
    ui->pbUpload->setEnabled(false);
}
```
预览功能开发完成，读者可打开自己计算机里的视频文件观看效果。

15.7.3 视频发布

用户单击"上传"按钮可将本地视频发布到简版抖音（MySQL 数据库）上，在发布之前会先弹出一个对话框要求用户添加作品描述和选择视频所属分类，如图 15.22 所示。

图 15.22 "发布"对话框

1. 自定义"发布"对话框

在项目中创建"发布"对话框类 UploadDialog。

对话框类头文件 uploaddialog.h 代码为：

```cpp
#ifndef UPLOADDIALOG_H
#define UPLOADDIALOG_H
#include <QDialog>
#include <QVBoxLayout>
#include <QTextEdit>
#include <QGroupBox>
#include <QCheckBox>
#include <QHBoxLayout>
#include <QDialogButtonBox>
class UploadDialog : public QDialog
{
    Q_OBJECT
public:
    UploadDialog(QWidget *parent = nullptr);
    QTextEdit *teDescribe;
    QGroupBox *gbCate;
    QCheckBox *cbYunDong, *cbShengHuo, *cbTanSuoFaXian;
    QHBoxLayout *hbox;
};
#endif // UPLOADDIALOG_H
```

对话框类源文件 uploaddialog.cpp 代码为：

```cpp
#include "uploaddialog.h"
UploadDialog::UploadDialog(QWidget *parent)
    :QDialog(parent)
{
    setWindowTitle("发布");
    setWindowIcon(QIcon("image/tiktok.jpg"));
    QVBoxLayout *layout = new QVBoxLayout();
    teDescribe = new QTextEdit();
    teDescribe->setPlaceholderText("添加作品描述...");
    layout->addWidget(teDescribe);
    gbCate = new QGroupBox();
    cbYunDong = new QCheckBox("运动");
    cbShengHuo = new QCheckBox("生活");
    cbShengHuo->setChecked(true);
    cbTanSuoFaXian = new QCheckBox("探索发现");
    hbox = new QHBoxLayout();
    hbox->addWidget(cbYunDong);
    hbox->addWidget(cbShengHuo);
    hbox->addWidget(cbTanSuoFaXian);
    gbCate->setLayout(hbox);
    layout->addWidget(gbCate);
    QDialogButtonBox *buttonBox = new QDialogButtonBox();
    buttonBox->setOrientation(Qt::Orientation::Horizontal);
```

```
    buttonBox->setStandardButtons(QDialogButtonBox::StandardButton::Cancel |
QDialogButtonBox::StandardButton::Ok);
    connect(buttonBox, SIGNAL(rejected()), this, SLOT(reject()));   //取消
    connect(buttonBox, SIGNAL(accepted()), this, SLOT(accept()));   //确定
    layout->addWidget(buttonBox);
    setLayout(layout);
}
```

2. 功能实现

为"上传"按钮关联函数,在 initUi()函数中添加语句:

```
connect(ui->pbUpload, SIGNAL(clicked()), this, SLOT(uploadVideo()));
```

uploadVideo()函数实现视频上传发布的功能,代码如下:

```
void MyTikTok::uploadVideo()
{
    UploadDialog *uploadDialog = new UploadDialog();
    if (uploadDialog->exec())
    {
        QSqlQuery query;
        query.exec(QString("SELECT MAX(Vid) FROM videoinfo"));
        query.next();
        int vid = query.value(0).toInt() + 1;
        QString category = "";
        QObjectList list = uploadDialog->gbCate->children();
        for (int i = 0; i < list.count(); i++)
        {
            QCheckBox *cb = static_cast<QCheckBox *>(list[i]);
            if (cb->isChecked()) category += cb->text() + ",";
        }
        category.chop(1);
        QString describe = uploadDialog->teDescribe->toPlainText();
        uploadDialog->destroyed();
        int permit = 1;
        if (ui->cbPublic->isChecked() == false) permit = 0;
        QString ptime = QDateTime::currentDateTime().toString("yyyy-MM-dd hh:mm:ss");
        query.prepare("INSERT INTO video VALUES (?, LOAD_FILE(?))");
        query.bindValue(0, vid);
        query.bindValue(1, prefilename);
        query.exec();
        query.prepare("INSERT INTO videoinfo VALUES (?, ?, ?, ?, ?, 0, ?)");
        query.bindValue(0, vid);
        query.bindValue(1, category);
        query.bindValue(2, describe);
        query.bindValue(3, currentUser);
        query.bindValue(4, permit);
        query.bindValue(5, ptime);
        query.exec();
        QMessageBox::information(this, "完毕", "发布成功!");
```

```
    }
    uploadDialog->destroyed();
}
```

说明：

（1）发布视频的时候要向视频信息表 videoinfo 中写入发布时间（PTime），要对当前时间进行格式化处理，使用 Qt 的 QDateTime 库，在主程序头文件开头导入，使用语句：

```
#include <QDateTime>
```

（2）操作前若用户取消勾选"上传"按钮旁的"公开"复选框，则所发布视频记录的权限（Permit）字段会被置为 0，仅发布者本人可看到此视频。

第 16 章

Qt 5+OpenCV（含 Contrib）环境搭建

若使用 Qt 5.15 处理图片，就必须安装 OpenCV，而 OpenCV 中很多高级功能（如人脸识别等）皆包含在 Contrib 扩展库中，需要 Contrib 与 OpenCV 联合编译，下面介绍整个环境的搭建过程。

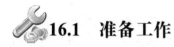

16.1 准备工作

1. 安装 CMake

CMake 是用于编译的基本工具，下载获得的安装包文件名为 cmake-3.25.1-windows-x86_64.msi，双击启动安装向导，如图 16.1 所示。

图 16.1　CMake 安装向导

单击"Next"按钮，如图 16.2 所示，勾选"I accept the terms in the License Agreement"复选框，接受许可协议，选中"Add CMake to the system PATH for all users"单选按钮，添加系统路径变量。也可以勾选"Create CMake Desktop Icon"复选框，以便安装完成后在桌面上创建 CMake 的快捷方式图标。

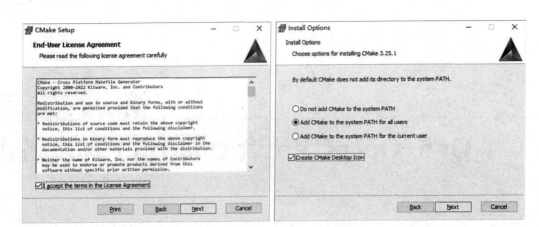

图 16.2　安装过程中的设置

接下去的安装过程很简单，跟着向导的指引操作即可，直到完成安装。

2．配置 Qt 编译器路径

进入 Windows 系统"编辑环境变量"对话框，可以看到，由于安装过程中的设置，CMake 已经自动将其安装路径"C:\Program Files\CMake\bin"写入了环境变量 Path 中。在环境变量 Path 的编辑框中，进一步添加与 Qt 编译器相关的几个路径变量，如下：

```
C:\Qt\5.15.2\mingw81_64\bin
C:\Qt\5.15.2\mingw81_64\lib
C:\Qt\Tools\mingw810_64\bin
```

最终配置完成的状态如图 16.3 所示。

读者请根据自己计算机安装 Qt 的实际路径进行配置。

图 16.3　添加 Qt 编译器路径变量

这样配置后，系统能同时识别 Qt 与 CMake 两者所在的路径。

3. 下载 OpenCV

OpenCV 的官方下载页面如图 16.4 所示，其上可见 OpenCV 的最新发布版，单击"Sources"按钮下载其源代码的压缩包，得到 opencv-4.6.0.zip。

图 16.4　OpenCV 的官方下载页面

4. 下载 Contrib

OpenCV 官方将已经成熟稳定的功能放在 OpenCV 包里发布，而正在发展中尚未成熟的技术则置于 Contrib 扩展库中。通常情况下，下载的 OpenCV 中不包含 Contrib 扩展库的内容，如果只是进行一般的图片处理，仅用 OpenCV 就足够了。但是，OpenCV 中默认不包含 SIFT、SURF 等先进的图像特征检测技术，另外一些高级功能（如人脸识别等）也都在 Contrib 扩展库中，若欲充分发挥 OpenCV 的优势，则必须将其与 Contrib 扩展库放在一起联合编译。

从 OpenCV 标准 Github 站（见图 16.5）下载 Contrib。

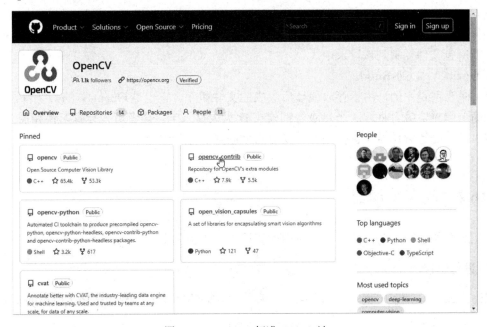

图 16.5　OpenCV 标准 Github 站

单击页面上的"opencv_contrib"超链接进入 Contrib 发布页，再从页面右侧"Releases"下方的"Tags"链接进入 Contrib 下载页，如图 16.6 所示。因 Contrib 扩展库的版本必须与 OpenCV 的版本严格一致才能使用，故本书选择 4.6.0 版，下载得到 opencv_contrib-4.6.0.zip。

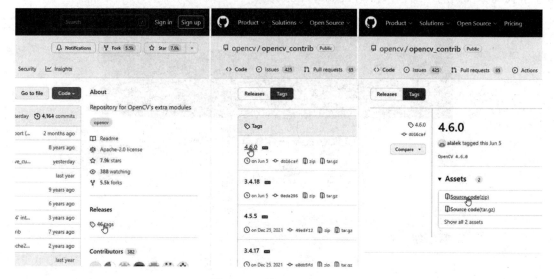

图 16.6　下载 Contrib 4.6.0

5．创建目录

使用 CMake 将 OpenCV 及其对应的 Contrib 联合编译为可供使用的 Qt 库，在配置和执行编译之前，还必须预先创建 3 个目录，如下。

- **OpenCV_4.6.0-Source**。

此目录用来存放编译之前的 OpenCV 源码。对下载得到的 opencv-4.6.0.zip 进行解压，将得到的所有文件复制到该目录中。

- **Contrib_4.6.0-Source**。

此目录用来存放编译之前的 Contrib 源码。对下载得到的 opencv_contrib-4.6.0.zip 进行解压，将得到的所有文件复制到该目录中。

- **OpenCV_4.6.0-Build**。

此目录当前是空的，用于存放编译后生成的文件和库，它也是 OpenCV 的安装目录。

为简单起见，编者将这 3 个目录全都建在 D 盘根目录下。读者可视自身习惯和需要建在任何地方，后续配置编译器和执行编译时要与实际创建位置一致。

16.2　配置编译器

在正式开始编译之前，要配置好所用的编译器，步骤如下。

1．设置路径

双击桌面"CMake (cmake-gui)"图标（▲），启动 CMake，出现如图 16.7 所示的 CMake 主界面。

第 16 章　Qt 5+OpenCV（含 Contrib）环境搭建

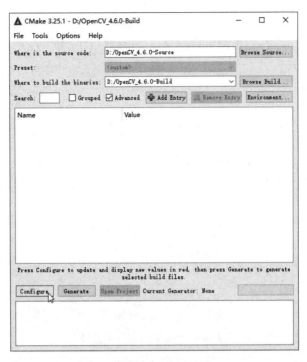

图 16.7　CMake 主界面

单击界面右上角的"Browse Source"按钮，选择待编译的源代码路径为"D:/OpenCV_4.6.0-Source"（即存放 OpenCV 源码的目录）；单击"Browse Build"按钮，选择编译生成二进制库文件的存放路径为"D:/OpenCV_4.6.0-Build"（即 OpenCV 的安装目录）。

2．选择编译器

设置好路径后，单击左下角的"Configure"按钮，弹出如图 16.8 所示的对话框。

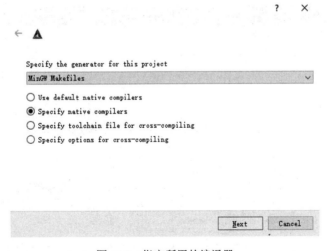

图 16.8　指定所用的编译器

选中"Specify native compilers"单选按钮，表示由用户来指定本地编译器，然后从下拉列表框中选择所用的编译器为 Qt 自带的"MinGW Makefiles"。

单击"Next"按钮,在如图 16.9 所示的界面上指定编译程序的路径,这里选择 C 编译程序的路径为"C:\Qt\Tools\mingw810_64\bin\gcc.exe",选择 C++编译程序的路径为"C:\Qt\Tools\mingw810_64\bin\g++.exe"。

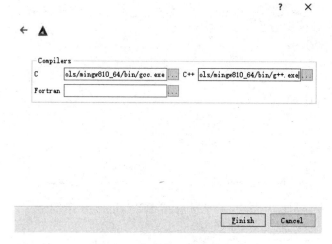

图 16.9　指定编译程序的路径

单击"Finish"按钮回到 CMake 主界面,此时主界面上的"Configure"按钮变为"Stop"按钮,右边进度条显示进度,同时下方输出一系列信息,表示编译器配置正在进行中,如图 16.10 所示。

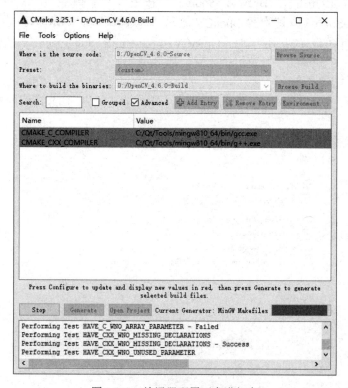

图 16.10　编译器配置正在进行中

随后,在主界面中央生成了一系列红色加亮选项的列表,同时下方信息栏中输出"Configuring done",表示初步配置完成,如图 16.11 所示。

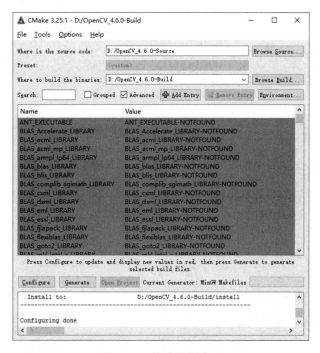

图 16.11　初步配置完成

3．设置编译选项

这些红色加亮的选项并非都是必须编译的功能，但要确保选中"WITH_OPENGL"和"WITH_QT"这两个选项，如图 16.12 所示。同时，要确保取消勾选"WITH_MSMF"选项，如图 16.13 所示。

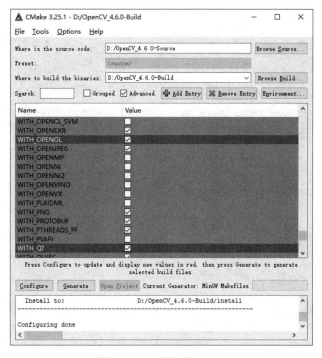

图 16.12　必选的编译选项

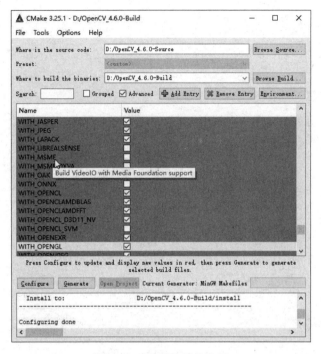

图 16.13　必须取消的选项

另外，为了将 Contrib 扩展库与 OpenCV 无缝整合，还需要设置 OpenCV 的外接模块路径，如图 16.14 所示，从众多的红色加亮选项中找到名为"OPENCV_EXTRA_MODULES_PATH"的选项，设置其值为"D:/Contrib_4.6.0-Source/modules"（即 Contrib 源码目录下的 modules 子目录）。

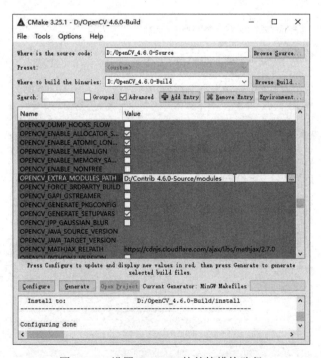

图 16.14　设置 OpenCV 的外接模块路径

以上设置完成后，再次单击"Configure"按钮，界面上红色加亮的选项全部消失，然后单击"Generate"按钮，看到下方信息栏中输出"Generating done"，表示编译选项全部配置完成，如图 16.15 所示。

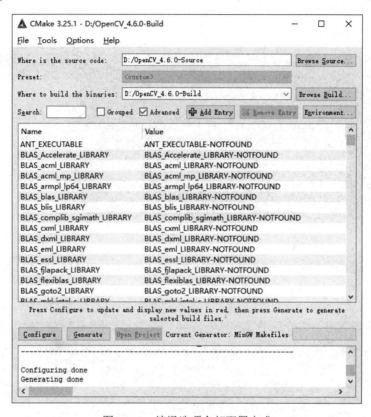

图 16.15　编译选项全部配置完成

提示：如果此时 CMake 主界面上仍存在红色加亮的选项，表示配置过程中发生异常，因为绝大多数情况是网络不稳定或服务器过载导致 CMake 所需的某些组件一时没能成功下载，多单击几次"Configure"按钮，重新执行配置就可以了，直到所有红色加亮选项完全消失为止。

16.3　编译 OpenCV

编译器配置好后就可以开始编译了。通过 Windows 命令行进入前面已建好的目标目录 D:\OpenCV_4.6.0-Build，输入编译命令：

```
mingw32-make
```

启动编译过程，如图 16.16 所示。

命令窗口中不断地输出编译过程中的信息，同时显示编译的进度。这个编译过程需要等待 1 小时左右，且比较占用计算机内存。为加快编译进度，建议读者在开始前关闭系统中其他应用软件和服务。另外，由于编译器还会联网下载所需的组件，为使其工作顺利，避免不必要的打扰，建议开始编译前就关闭杀毒软件，同时关闭 Windows 防火墙。

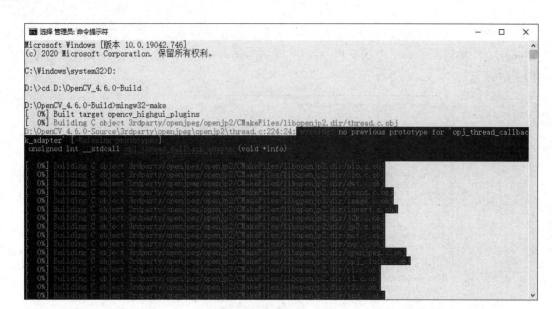

图 16.16 启动编译过程

在进度显示 100% 时,出现 "Built target opencv_version_win32" 信息,表示编译成功,如图 16.17 所示。

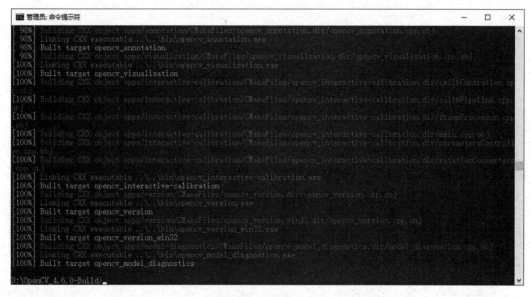

图 16.17 编译成功

16.4 安装 OpenCV

编译好的 OpenCV 必须在安装后才能使用,在命令行中输入:

```
mingw32-make install
```

安装 OpenCV,如图 16.18 所示。

第 16 章　Qt 5+OpenCV（含 Contrib）环境搭建

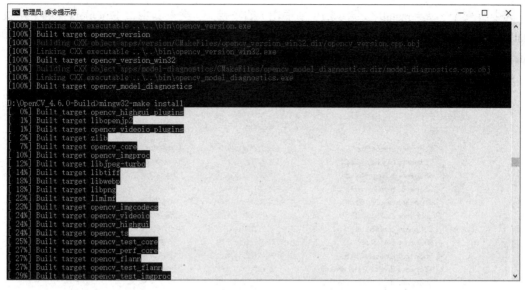

图 16.18　安装 OpenCV

命令窗口输出安装过程及进度，此过程比编译过程要快得多，很快就能安装好。

这时打开 D:\OpenCV_4.6.0-Build 文件夹，发现其下已经编译生成了很多文件，如图 16.19 所示。

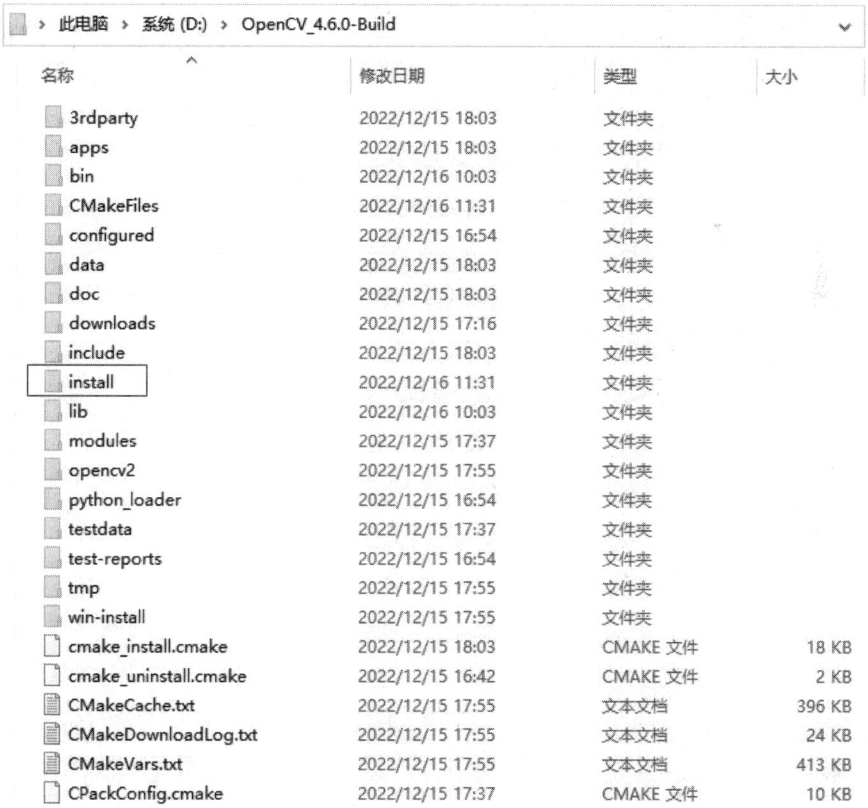

图 16.19　编译生成了很多文件

其中有一个名为"install"（图 16.19 中框出）的子目录，进入其中，"D:\OpenCV_4.6.0-Build\install\x64\mingw\bin"下的所有文件就是编译安装好的 OpenCV 库文件，将它们复制到 Qt 项目的 debug 目录下就可以使用了。

最终得到的 OpenCV 库文件如图 16.20 所示。

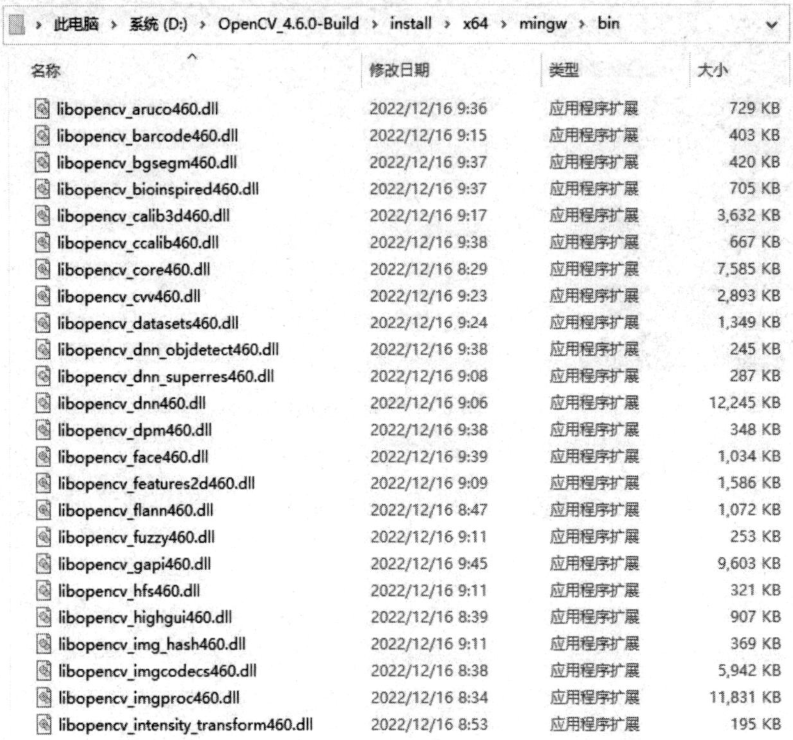

图 16.20　最终得到的 OpenCV 库文件

第 17 章 OpenCV 图片处理及实例

用 OpenCV（含 Contrib）实现 Qt 的各类图片处理功能。

为了能在 Qt 项目中使用 OpenCV（含 Contrib），对于本章的每个项目都要进行配置，配置方式完全相同。

（1）将预先编译好的 "D:\OpenCV_4.6.0-Build\install\x64\mingw\bin" 下的所有文件复制到 Qt 项目的 debug 目录下。

（2）在项目的.pro 文件最后添加配置：

```
INCLUDEPATH += D:\OpenCV_4.6.0-Build\install\include
LIBS += D:\OpenCV_4.6.0-Build\install\x64\mingw\bin\libopencv_*.dll
```

经过这样配置以后，就可以使用 OpenCV（含 Contrib）扩展库来处理图片了。

17.1 图片美化

使用 OpenCV 的增强与滤波功能对图片进行调节、修正，达到美化的目的。

17.1.1 图片增强

【例】（难度一般）（CH1701）休闲潜水作为一项新兴的运动，近年来在国内越来越普及，普通人借助潜水装备可轻松地潜入海底，在美丽的珊瑚丛中与各种海洋动物零距离地接触，用摄像机记录下这一刻无疑是美好的，但由于海水对光线的色散和吸收效应，在水下拍出的图片往往色彩上都较为暗淡，且清晰度也不尽如人意。女潜水员与海星的图片如图 17.1 所示。下面用 OpenCV 来对这张图片的对比度及亮度进行调整，达到增强显示的效果。

图 17.1 女潜水员与海星的图片

1. 程序界面

创建一个 Qt 桌面应用程序项目,项目名称为 OpencvEnhance,程序界面如图 17.2 所示。

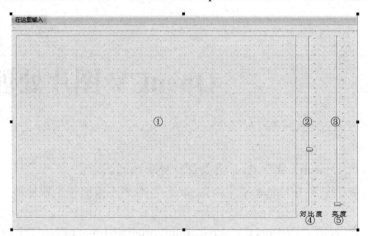

图 17.2 用 OpenCV 对图片进行增强处理的程序界面

该程序界面上的各控件都用数字序号①、②、③…标注,其名称、类型及属性设置见表 17.1。

表 17.1 程序界面上各控件的属性设置

序 号	名 称	类 型	属 性 设 置
①	viewLabel	QLabel	geometry: 宽度 600,高度 386 frameShape: Box frameShadow: Sunken text: 空
②	contrastVerticalSlider	QSlider	maximum: 100 value: 33 tickPosition: TicksBelow tickInterval: 5
③	brightnessVerticalSlider	QSlider	maximum: 100 tickPosition: TicksBelow tickInterval: 5
④	label_2	QLabel	font: 微软雅黑,10 text: 对 比 度 alignment: 水平的,AlignHCenter
⑤	label_3	QLabel	font: 微软雅黑,10 text: 亮 度 alignment: 水平的,AlignHCenter

2. 全局变量及方法

为了提高程序代码的使用效率,通常建议将程序中公用的图片对象的句柄声明为全局变量,通用的方法声明为公有(public)方法,定义在项目头文件中。

mainwindow.h 头文件的代码如下:

```
#ifndef MAINWINDOW_H
#define MAINWINDOW_H
```

```cpp
#include <QMainWindow>
#include "opencv2/opencv.hpp"                  //OpenCV 文件包含

using namespace cv;                            //OpenCV 命名空间

namespace Ui {
class MainWindow;
}

class MainWindow : public QMainWindow
{
    Q_OBJECT

public:
    explicit MainWindow(QWidget *parent = 0);
    ~MainWindow();
     //公有方法                                //(a)
    void initMainWindow();                     //界面初始化
    void imgProc(float contrast, int brightness);  //处理图片
    void imgShow();                            //显示图片

private slots:
    void on_contrastVerticalSlider_sliderMoved(int position);//对比度滑条拖动槽

    void on_contrastVerticalSlider_valueChanged(int value);//对比度滑条值改变槽

    void on_brightnessVerticalSlider_sliderMoved(int position);//亮度滑条拖动槽

    void on_brightnessVerticalSlider_valueChanged(int value);//亮度滑条值改变槽

private:
    Ui::MainWindow *ui;
     //全局变量                                //(b)
    Mat myImg;                     //缓存图片（供程序代码引用和处理）
    QImage myQImg;                 //保存图片（可转为文件存盘或显示）
};

#endif // MAINWINDOW_H
```

说明：

(a) 公有方法：为了使所开发的图片处理程序结构明晰，本章所有的实例都遵循同一套标准的开发模式和结构，在头文件中定义 3 个公有方法：initMainWindow()、imgProc()和 imgShow()，分别负责初始化、处理和显示图片，每个实例的不同之处仅在于初始化界面所做的具体工作不同、处理图片用到的类和算法不同，而这些差异均被封装于 3 个简单的方法之中。这样设计的目的是：为读者提供学习便利性，使每个实例程序都有完全相同的逻辑结构，读者可以集中精力学习各种实际的图片处理技术，也方便比较各类图片处理类和算法的异同。

(b) 全局变量：本章每个实例都会使用两个通用的全局变量，myImg 是 Mat 类型的，以像

素形式缓存图片，用于程序代码中的引用和处理；myQImg 是 Qt 传统 QImage 类型的，只用于图片的显示和存盘，而不用于处理操作。

实现具体功能的代码皆位于 mainwindow.cpp 源文件中。

3. 初始化显示

首先在 Qt 界面上显示待处理的图片，在构造方法中添加如下代码：

```
MainWindow::MainWindow(QWidget *parent) :
    QMainWindow(parent),
    ui(new Ui::MainWindow)
{
    ui->setupUi(this);
    initMainWindow();                                        //调用初始化方法
}
```

初始化方法 initMainWindow() 的代码为：

```
void MainWindow::initMainWindow()
{
    //QString imgPath = "D:\\Qt\\imgproc\\girldiver.jpg";    //路径中不能含中文字符
    QString imgPath = "girldiver.jpg";                       //本地路径（图片直接存放在项目目录下）
    Mat imgData = imread(imgPath.toLatin1().data());         //读取图片数据
    cvtColor(imgData, imgData, COLOR_BGR2RGB);               //图片格式转换
    myImg = imgData;                                         //(a)
    myQImg=QImage((const unsigned char*)(imgData.data), imgData.cols, imgData.rows, QImage::Format_RGB888);
    imgShow();                                               //(b)
}
```

说明：

(a) myImg = imgData;：赋给 myImg 全局变量待处理。在后面会看到，本章的所有实例对于图片处理过程的每一步改变所产生的中间结果图片都会更新到 Mat 类型的全局变量 myImg 中，这样程序在进行图片处理时只要访问 myImg 中的数据即可，非常方便。

(b) imgShow();：调用显示图片的公有方法，该方法只有一条语句：

```
void MainWindow::imgShow()
{
    ui->viewLabel->setPixmap(QPixmap::fromImage(myQImg.scaled(ui->viewLabel->size(), Qt::KeepAspectRatio)));    //在 Qt 界面上显示图片
}
```

即通过 fromImage() 方法获取 QImage 对象的 QPixmap 类型数据，再赋值给界面标签的相应属性即可显示图片。

4. 增强处理功能

增强处理功能写在 imgProc() 方法中，该方法接收两个参数，分别表示图片对比度和亮度系数，实现代码为：

```
void MainWindow::imgProc(float con, int bri)
{
    Mat imgSrc = myImg;
    Mat imgDst = Mat::zeros(imgSrc.size(),imgSrc.type());    //初始生成空的零像素阵列
```

```
        imgSrc.convertTo(imgDst, -1, con, bri);                    //(a)
        myQImg = QImage((const unsigned char*)(imgDst.data), imgDst.cols, imgDst.
rows, QImage::Format_RGB888);
        imgShow();
    }
```

说明：

(a) imgSrc.convertTo(imgDst, -1, con, bri);：OpenCV 增强图片使用的是点算子，即用常数对每个像素点执行乘法和加法的复合运算，公式如下：

$$g(i,j) = \alpha f(i,j) + \beta$$

式中，$f(i,j)$ 代表一个原图的像素点；α 是增益参数，控制图片对比度；β 是偏置参数，控制图片亮度；$g(i,j)$ 则表示经处理后的对应像素点。本例中这两个参数分别对应程序中的变量 con 和 bri，执行时将它们的值传入 OpenCV 的 convertTo()方法，在其内部就会对图片上的每个点均运用上式的算法进行处理变换。

除直接使用 OpenCV 的像素转换函数 convertTo()外，Qt 还可以通过编程对单个像素分别进行处理，故上面的程序也可以改写为：

```
    void MainWindow::imgProc(float con, int bri)
    {
        Mat imgSrc = myImg;
        Mat imgDst = Mat::zeros(imgSrc.size(), imgSrc.type());
        //执行运算 imgDst(i, j) = con * imgSrc(i, j) + bri
        for( int i = 0; i < imgSrc.rows; i++)
        {
            for( int j = 0; j < imgSrc.cols; j++)
            {
                for(int c = 0; c < 3; c++)
                {
                    imgDst.at<Vec3b>(i, j)[c] = saturate_cast<uchar>(con * (imgSrc. at<
Vec3b> (i, j)[c]) + bri);                                          //(a)
                }
            }
        }
        myQImg = QImage((const unsigned char*)(imgDst.data), imgDst.cols, imgDst.
rows, QImage::Format_RGB888);
        imgShow();
    }
```

说明：

(a) imgDst.at<Vec3b>(i, j)[c] = saturate_cast<uchar>(con * (imgSrc.at<Vec3b>(i, j)[c]) + bri);：为了能够访问图片中的每个像素，使用语法"imgDst.at<Vec3b>(i,j)[c]"，其中，i 是像素所在的行，j 是像素所在的列，c 是 RGB 标准像素三个色彩通道之一。由于算法运算结果可能超出像素标准的取值范围，也可能是非整数，所以要用 saturate_cast 对结果再进行一次转换，以确保它为有效的值。

为使界面上的滑条响应用户操作，当用户拖动或单击滑条时能实时地调整画面像素强度，还要编写如下事件过程代码：

```
void MainWindow::on_contrastVerticalSlider_sliderMoved(int position)
{
    imgProc(position / 33.3, 0);
}

void MainWindow::on_contrastVerticalSlider_valueChanged(int value)
{
    imgProc(value / 33.3, 0);
}

void MainWindow::on_brightnessVerticalSlider_sliderMoved(int position)
{
    imgProc(1.0, position);
}

void MainWindow::on_brightnessVerticalSlider_valueChanged(int value)
{
    imgProc(1.0, value);
}
```

5. 运行效果

程序运行后，界面上显示一幅"女潜水员与海星"的原始图片，如图 17.3 所示。用户可用鼠标拖动滑条或直接单击滑条上的任意位置来调整图片的对比度和亮度，直到出现令人满意的效果为止，如图 17.4 所示。

对比度增加后，可以看出作为画面主体的人和海星可以从背景中很明显地区分出来，成为整个图片的主角。与未经任何处理的原始图片对比，发现图片上无论是女潜水员穿的潜水服、海星身上的花纹，还是背景海水及珊瑚的颜色都更加丰富绚丽，整个画面呈现出更好的艺术视觉效果。

图 17.3　原始图片

图 17.4　增强效果

17.1.2　平滑滤波

【例】（难度中等）（CH1702）现有一幅女潜水员与热带鱼的图片，可见图片背景里掺杂很多气泡，像一个个白色的斑点（见图 17.5），使整个背景的色彩显得不够纯。现用 OpenCV 来对图片进行平滑处理，去除这些白色杂点。

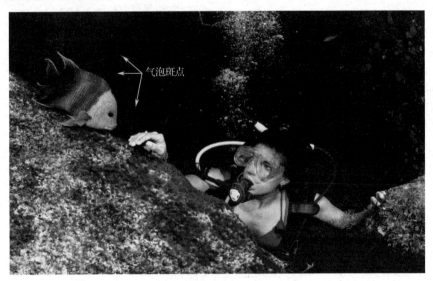

图 17.5　背景里掺杂气泡斑点的原图

1．程序界面

创建一个 Qt 桌面应用程序项目，项目名称为 OpencvFilter，程序界面如图 17.6 所示。

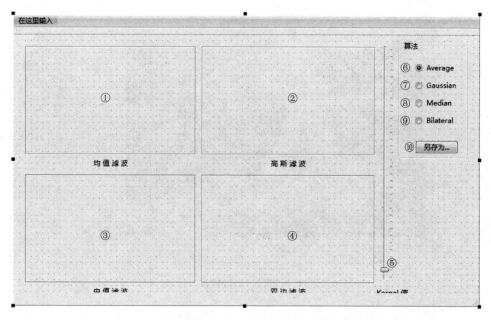

图 17.6 用 OpenCV 对图片进行平滑处理的程序界面

该程序界面上的各控件都用数字序号①、②、③…标注,其名称、类型及属性设置见表 17.2。

表 17.2 程序界面上各控件的属性设置

序号	名称	类型	属性设置
①	blurViewLabel	QLabel	geometry: 宽度 300,高度 186; frameShape: Box; frameShadow: Sunken; text: 空
②	gaussianViewLabel	QLabel	同 ①
③	medianViewLabel	QLabel	同 ①
④	bilateralViewLabel	QLabel	同 ①
⑤	kernelVerticalSlider	QSlider	maximum: 33; value: 1; tickPosition: TicksBelow; tickInterval: 1
⑥	blurRadioButton	QRadioButton	text: Average; checked: 勾选
⑦	gaussianRadioButton	QRadioButton	text: Gaussian
⑧	medianRadioButton	QRadioButton	text: Median
⑨	bilateralRadioButton	QRadioButton	text: Bilateral
⑩	saveAsPushButton	QPushButton	text: 另存为…

2. 全局变量及方法

为了提高程序代码的使用效率,通常建议将程序中公用的图片对象的句柄声明为全局变量,通用的方法声明为公有(public)方法,定义在项目头文件中。

mainwindow.h 头文件的代码如下:

```cpp
#ifndef MAINWINDOW_H
#define MAINWINDOW_H

#include <QMainWindow>
#include "opencv2/opencv.hpp"              //OpenCV 文件包含
#include <QFileDialog>                     //文件对话框
#include <QScreen>                         //Qt 截屏库
using namespace cv;                        //OpenCV 命名空间
namespace Ui {
class MainWindow;
}

class MainWindow : public QMainWindow
{
    Q_OBJECT

public:
    explicit MainWindow(QWidget *parent = 0);
    ~MainWindow();
    void initMainWindow();                 //界面初始化
    void imgProc(int kernel);              //处理图片
    void imgShow();                        //显示图片

private slots:
    void on_kernelVerticalSlider_sliderMoved(int position);//kernel 值滑条拖动槽

    void on_kernelVerticalSlider_valueChanged(int value);//kernel 值滑条值改变槽

    void on_saveAsPushButton_clicked();    //"另存为"按钮单击槽

private:
    Ui::MainWindow *ui;
    Mat myImg;                             //缓存图片（供程序代码引用和处理）
    QImage myBlurQImg;                     //保存均值滤波图片
    QImage myGaussianQImg;                 //保存高斯滤波图片
    QImage myMedianQImg;                   //保存中值滤波图片
    QImage myBilateralQImg;                //保存双边滤波图片
};

#endif // MAINWINDOW_H
```

后面实现具体功能的代码皆位于 mainwindow.cpp 源文件中。

3. 初始化显示

首先在 Qt 界面上显示待处理的图片，在构造方法中添加如下代码：

```cpp
MainWindow::MainWindow(QWidget *parent) :
    QMainWindow(parent),
    ui(new Ui::MainWindow)
{
```

```
    ui->setupUi(this);
    initMainWindow();
}
```
初始化方法 initMainWindow() 的代码为：
```
void MainWindow::initMainWindow()
{
    QString imgPath = "ladydiver.jpg";                          //路径中不能含中文字符
    Mat imgData = imread(imgPath.toLatin1().data());            //读取图片数据
    cvtColor(imgData, imgData, COLOR_BGR2RGB);                  //图片格式转换
    myImg = imgData;
    myBlurQImg = QImage((const unsigned char*)(imgData.data), imgData.cols, imgData.rows, QImage::Format_RGB888);
    myGaussianQImg = myBlurQImg;
    myMedianQImg = myBlurQImg;
    myBilateralQImg = myBlurQImg;                               //(a)
    imgShow();
}
```

说明：

(a) … myBilateralQImg = myBlurQImg;：由于本例要将 4 种不同滤波算法处理的结果图片同时展现在界面上，故这里用 4 个 QImage 类型的全局变量分别保存处理结果。相应地，显示图片的 imgShow() 方法中也有对应的 4 条语句，初始时在界面上显示 4 张一模一样的原图，以便后面与 4 种不同滤波算法的效果对比。

```
void MainWindow::imgShow()
{
    ui->blurViewLabel->setPixmap(QPixmap::fromImage(myBlurQImg.scaled(ui->blurViewLabel->size(), Qt::KeepAspectRatio)));                    //显示均值滤波图
    ui->gaussianViewLabel->setPixmap(QPixmap::fromImage(myGaussianQImg.scaled(ui->gaussianViewLabel->size(), Qt::KeepAspectRatio)));        //显示高斯滤波图
    ui->medianViewLabel->setPixmap(QPixmap::fromImage(myMedianQImg.scaled(ui->medianViewLabel->size(), Qt::KeepAspectRatio)));              //显示中值滤波图
    ui->bilateralViewLabel->setPixmap(QPixmap::fromImage(myBilateralQImg.scaled(ui->bilateralViewLabel->size(), Qt::KeepAspectRatio)));     //显示双边滤波图
}
```

4．平滑滤波功能

平滑滤波功能写在 imgProc() 方法中，该方法接收 1 个参数，表示算法所用到的矩阵核加权系数，实现代码为：

```
void MainWindow::imgProc(int ker)
{
    Mat imgSrc = myImg;
    //必须分别定义 imgDst1~imgDst4 来运行算法（不能公用同一个变量），否则内存会崩溃
    Mat imgDst1 = imgSrc.clone();
    for (int i = 1; i < ker; i = i + 2) blur(imgSrc, imgDst1, Size(i, i), Point(-1, -1));                                                   //均值滤波
    myBlurQImg = QImage((const unsigned char*)(imgDst1.data), imgDst1.cols, imgDst1.rows, QImage::Format_RGB888);
```

```
    Mat imgDst2 = imgSrc.clone();
    for(int i=1; i<ker; i=i+2) GaussianBlur(imgSrc, imgDst2, Size(i,i), 0, 0);
                                                                        //高斯滤波
    myGaussianQImg = QImage((const unsigned char*)(imgDst2.data), imgDst2.cols,
imgDst2.rows, QImage::Format_RGB888);
    Mat imgDst3 = imgSrc.clone();
    for(int i=1; i<ker; i=i+2) medianBlur(imgSrc,imgDst3,i);
                                                                        //中值滤波
    myMedianQImg = QImage((const unsigned char*)(imgDst3.data), imgDst3.cols,
imgDst3.rows, QImage::Format_RGB888);
    Mat imgDst4 = imgSrc.clone();
    for(int i=1; i<ker; i=i+2) bilateralFilter(imgSrc, imgDst4, i,i*2, i / 2);
                                                                        //双边滤波
    myBilateralQImg = QImage((const unsigned char*)(imgDst4.data), imgDst4.cols,
imgDst4.rows, QImage::Format_RGB888);
    imgShow();
}
```

为使界面上的滑条响应用户操作,当用户拖动或单击滑条能实时地呈现以不同矩阵核加权系数运算处理出的图片效果,还要编写如下事件过程代码:

```
void MainWindow::on_kernelVerticalSlider_sliderMoved(int position)
{
    imgProc(position);
}

void MainWindow::on_kernelVerticalSlider_valueChanged(int value)
{
    imgProc(value);
}
```

程序支持保存不同算法处理得到的结果图片,编写"另存为"按钮的事件过程代码:

```
void MainWindow::on_saveAsPushButton_clicked()
{
    QString filename = QFileDialog::getSaveFileName(this, tr("保存图片"),
"ladydiver_processed", tr("图片文件(*.png *.jpg *.jpeg *.bmp)"));    //选择路径
    QScreen *screen = QGuiApplication::primaryScreen();
    if(ui->blurRadioButton->isChecked()) screen->grabWindow(ui->blurViewLabel
->winId()).save(filename);                                              //(a)
    if(ui->gaussianRadioButton->isChecked()) screen->grabWindow(ui->Gaussian
ViewLabel->winId()).save(filename);
    if(ui->medianRadioButton->isChecked()) screen->grabWindow(ui->medianViewLabel
->winId()).save(filename);
    if(ui->bilateralRadioButton->isChecked()) screen->grabWindow(ui->
bilateralViewLabel->winId()).save(filename);
}
```

说明:

(a) if(ui->blurRadioButton->isChecked())screen->grabWindow(ui->blurViewLabel-> winId()). save(filename);:这里用到了 Qt 的截屏函数库 QScreen,调用其 grabWindow()函数可以将屏幕上窗体中指定的界面区域存成一个 QPixmap 格式的图片,再将其存成文件就很容易了。

5．运行效果

（1）程序运行后，界面上初始显示 4 幅完全一样的原始图片，如图 17.7 所示。

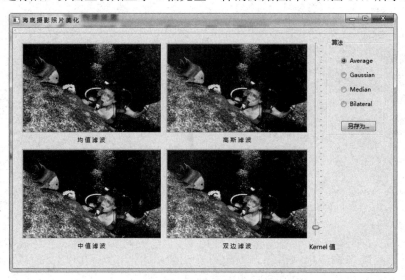

图 17.7　4 幅完全一样的原始图片

（2）用鼠标拖曳或单击滑条以改变算法的矩阵核加权系数，界面上实时地呈现用 4 种不同类型的滤波算法对图片进行处理的结果，如图 17.8 所示。

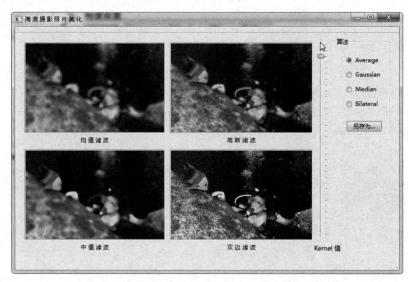

图 17.8　实时地呈现 4 种不同类型的滤波算法对图片进行处理的结果

可以很明显地发现：用均值滤波和中值滤波算法处理后的图片都比较模糊，其中中值滤波的结果由于太过模糊甚至完全失真了。而用另外两种算法处理的结果则要好得多，尤其是双边滤波，由于该算法结合了高斯滤波等多种算法的优点，故得到的图片在最大限度地去除噪声的基础上又尽可能地保留了原图的清晰度。

（3）综上结果分析，选择将双边滤波算法处理的结果图片存盘。在界面右上方"算法"选项组里选中最下面的"Bilateral"（双边滤波）单选按钮，单击"另存为"按钮，弹出"保存图片"对话框,如图 17.9 所示。

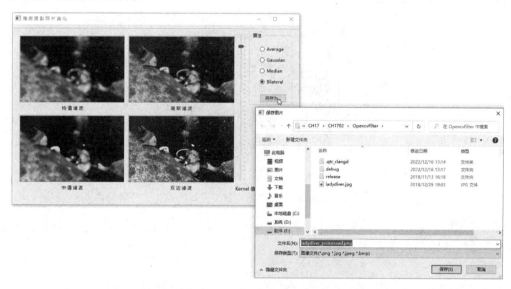

图 17.9 保存用双边滤波算法处理的结果图片

给图片命名、选择存盘路径后单击"保存"按钮即可。

最后,打开已存盘的处理后的图片与原图比较,如图 17.10 所示。很明显,背景里掺杂的那些气泡斑点已经不见了。

（a）处理前　　　　　　　　　　　　（b）处理后

图 17.10 处理前后的效果比较

17.2 多图合成

在实际应用中,为了某种需要,常将多张图合成为一张图,OpenCV 可以实现这类功能。

【例】（难度中等）（CH1703）艺术体操（Rhythmic Gymnastics）是一项艺术性很强的女子竞技体育项目,起源于 19 世纪末至 20 世纪初的欧洲,于 20 世纪 50 年代经苏联传入中国,是奥运会、亚运会的重要比赛项目。参赛者一般在音乐的伴奏下手持彩色绳带或球圈,做出一系列富有艺术性的舞蹈、跳跃、平衡、波浪形及高难度动作。这个项目对女孩子柔韧性要求极高,运动员从四五岁就开始艰苦的训练,她们以超常的毅力和意志力将人体的柔软度发展到极限,在赛场上常常能够做出种种在常人看来不可思议的动作,由于动作构成的复杂性,使观众往往难以看清动作间的衔接过渡方式。一名艺术体操女孩表演下腰倒立劈叉夹球的动作可分解为两个阶段来完成，如图 17.11 所示。

第一阶段　　　　　　　　　第二阶段
下腰手撑地、单腿朝天蹬　　倒立做塌腰顶、双腿呈竖叉打开

图 17.11　艺术体操女孩表演下腰倒立劈叉夹球的动作（分解动作）

该动作很好地展示了女性身体的阴柔之美，为了表现两个阶段的连贯性，下面通过 OpenCV 的多图合成技术将两张图合成为一张图。

17.2.1　程序界面

创建一个 Qt 桌面应用程序项目，项目名称为 OpencvBlend，程序界面如图 17.12 所示。

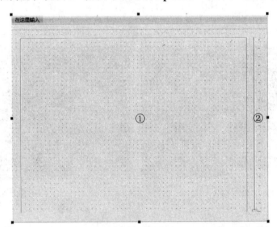

图 17.12　用 OpenCV 对多图进行合成的程序界面

该程序界面上各控件用数字序号①、②标注，其名称、类型及属性设置见表 17.3。

表 17.3　程序界面上各控件的属性设置

序号	名称	类型	属性设置
①	viewLabel	QLabel	geometry: 宽度 540,高度 414 frameShape: Box frameShadow: Sunken text: 空
②	verticalSlider	QSlider	maximum: 100 value: 0 tickPosition: TicksBelow tickInterval: 5

17.2.2 全局变量及方法

为了提高程序代码的使用效率,通常建议将程序中公用的图片对象的句柄声明为全局变量,通用的方法声明为公有(public)方法,定义在项目.h 头文件中。

mainwindow.h 头文件的代码如下:

```cpp
#ifndef MAINWINDOW_H
#define MAINWINDOW_H

#include <QMainWindow>
#include "opencv2/opencv.hpp"                   //OpenCV 文件包含

using namespace cv;                             //OpenCV 命名空间
namespace Ui {
class MainWindow;
}

class MainWindow : public QMainWindow
{
    Q_OBJECT

public:
    explicit MainWindow(QWidget *parent = 0);
    ~MainWindow();
    void initMainWindow();                      //界面初始化
    void imgProc(float alpha);                  //处理图片
    void imgShow();                             //显示图片

private slots:
    void on_verticalSlider_sliderMoved(int position);   //滑条移动信号槽

    void on_verticalSlider_valueChanged(int value);     //滑条值改变信号槽

private:
    Ui::MainWindow *ui;
    Mat myImg;                                  //缓存图片(供程序代码引用和处理)
    QImage myQImg;                              //保存图片(可转为文件存盘或显示)
};

#endif // MAINWINDOW_H
```

后面实现具体功能的代码皆位于 mainwindow.cpp 源文件中。

17.2.3 初始化显示

首先在 Qt 界面上显示待处理的图片,在构造方法中添加如下代码:

```cpp
MainWindow::MainWindow(QWidget *parent) :
    QMainWindow(parent),
    ui(new Ui::MainWindow)
```

```
{
    ui->setupUi(this);
    initMainWindow();
}
```

初始化方法 initMainWindow()的代码为:
```
void MainWindow::initMainWindow()
{
    QString imgPath = "shape01.jpg";            //本地路径（图片直接存放在项目目录下）
    Mat imgData = imread(imgPath.toLatin1().data());    //读取图片数据
    cvtColor(imgData, imgData, COLOR_BGR2RGB);          //图片格式转换
    myImg = imgData;
    myQImg = QImage((const unsigned char*)(imgData.data), imgData.cols, imgData.rows, QImage::Format_RGB888);
    imgShow();                                           //显示图片
}
```

显示图片的 imgShow()方法中只有一条语句：
```
void MainWindow::imgShow()
{
    ui->viewLabel->setPixmap(QPixmap::fromImage(myQImg.scaled(ui->viewLabel->size(), Qt::KeepAspectRatio)));    //在 Qt 界面上显示图片
}
```

17.2.4 功能实现

图片合成功能写在 imgProc()方法中，该方法接收 1 个透明度参数，实现代码为：
```
void MainWindow::imgProc(float alp)
{
    Mat imgSrc1 = myImg;
    QString imgPath = "shape02.jpg";                    //路径中不能含中文字符
    Mat imgSrc2 = imread(imgPath.toLatin1().data());    //读取图片数据
    cvtColor(imgSrc2, imgSrc2, COLOR_BGR2RGB);          //图片格式转换
    Mat imgDst;
    addWeighted(imgSrc2,alp,imgSrc1,1-alp,0,imgDst);    //(a)
    myQImg=QImage((const unsigned char*)(imgDst.data),imgDst.cols,imgDst.rows,QImage::Format_RGB888);
    imgShow();                                          //显示图片
}
```

说明：

(a) addWeighted(imgSrc2, alp, imgSrc1, 1 - alp, 0, imgDst);：OpenCV 用 addWeighted()方法将两张图按照不同的透明度进行叠加，程序写法为：
```
addWeighted(原图2, α, 原图1, 1-α, 0, 合成图);
```

其中，α 为透明度参数，值在 0~1.0，addWeighted()方法根据给定的两张原图及 α 值，用插值算法合成一张新图，运算公式为：

```
合成图像素值=原图1 像素值×(1-α)+原图2 像素值×α
```

特别是，当 $\alpha=0$ 时，合成图就等同于原图 1；当 $\alpha=1$ 时，合成图等同于原图 2。

为使界面上的滑条响应用户操作，当用户拖动或单击滑条时能实时地调整 α 值，还要编写如下事件过程代码：

```cpp
void MainWindow::on_verticalSlider_sliderMoved(int position)
{
    imgProc(position / 100.0);
}

void MainWindow::on_verticalSlider_valueChanged(int value)
{
    imgProc(value / 100.0);
}
```

17.2.5 运行效果

程序运行后,界面初始显示的是艺术体操女孩做下腰手撑地、单腿朝天蹬(原图1)的动作,如图 17.13 所示。

图 17.13 初始显示原图 1

用鼠标向上拖曳滑条可看到背景中逐渐显现女孩做倒立开叉的动作,形体动作合成如图 17.14 所示。

图 17.14 形体动作合成

滑条移至顶端，完全显示出最终的倒立做塌腰顶、双腿呈竖叉打开（原图2）的动作，如图17.15所示。

图 17.15　最终显示原图 2 的动作

两张图合成的过程在向观众优雅地展示女孩柔美身形的同时，也能让人很清楚地看出这一复杂、高难度形体动作的基本构成方式。

17.3　图片旋转缩放

OpenCV 还可实现将图片旋转任意角度，以及放大、缩小。

【例】（难度一般）（CH1704）现有一张中国著名 5A 景区长白山天池的图片（见图 17.16），本例应用 OpenCV 来实现对这张图片的旋转、缩放功能。

图 17.16　长白山天池

17.3.1　程序界面

创建一个 Qt 桌面应用程序项目，项目名称为 OpencvScaleRotate，程序界面如图 17.17 所示。

第 17 章 OpenCV 图片处理及实例

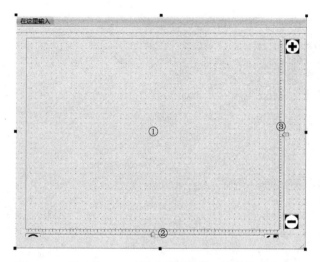

图 17.17　用 OpenCV 对图片进行旋转、缩放的程序界面

该程序界面上各控件用数字序号①、②、③标注，其名称、类型及属性设置见表 17.4。

表 17.4　程序界面上各控件的属性设置

序号	名称	类型	属性设置
①	viewLabel	QLabel	geometry: 宽度 512,高度 384 frameShape: Box frameShadow: Sunken text: 空
②	rotateHorizontalSlider	QLabel	maximum: 720 value: 360 orientation: Horizontal tickPosition: TicksAbove tickInterval: 10
③	scaleVerticalSlider	QSlider	maximum: 200 value: 100 orientation: Vertical tickPosition: TicksLeft tickInterval: 3

17.3.2　全局变量及方法

为了提高程序代码的使用效率，通常建议将程序中公用的图片对象的句柄声明为全局变量，通用的方法声明为公有（public）方法，定义在项目头文件中。

mainwindow.h 头文件，代码如下：

```
#ifndef MAINWINDOW_H
#define MAINWINDOW_H

#include <QMainWindow>
#include "opencv2/opencv.hpp"                    //OpenCV 文件包含

using namespace cv;                              //OpenCV 命名空间
```

```cpp
namespace Ui {
class MainWindow;
}

class MainWindow : public QMainWindow
{
    Q_OBJECT

public:
    explicit MainWindow(QWidget *parent = 0);
    ~MainWindow();
    void initMainWindow();                              //界面初始化
    void imgProc(float angle, float scale);             //处理图片
    void imgShow();                                     //显示图片

private slots:
    void on_rotateHorizontalSlider_sliderMoved(int position);   //旋转滑条拖曳槽

    void on_rotateHorizontalSlider_valueChanged(int value);     //旋转滑条值改变槽

    void on_scaleVerticalSlider_sliderMoved(int position);      //缩放滑条拖曳槽

    void on_scaleVerticalSlider_valueChanged(int value);        //缩放滑条值改变槽

private:
    Ui::MainWindow *ui;
    Mat myImg;                                          //缓存图片（供程序代码引用和处理）
    QImage myQImg;                                      //保存图片（可转为文件存盘或显示）
};

#endif // MAINWINDOW_H
```

后面实现具体功能的代码皆位于 mainwindow.cpp 源文件中。

17.3.3 初始化显示

首先在 Qt 界面上显示待处理的图片，在构造方法中添加如下代码：

```cpp
MainWindow::MainWindow(QWidget *parent) :
    QMainWindow(parent),
    ui(new Ui::MainWindow)
{
    ui->setupUi(this);
    initMainWindow();
}
```

初始化方法 initMainWindow() 的代码为：

```cpp
void MainWindow::initMainWindow()
{
    QString imgPath = "lake.jpg";                //本地路径（将图片直接存放在项目目录下）
```

```
    Mat imgData = imread(imgPath.toLatin1().data());      //读取图片数据
    cvtColor(imgData, imgData, COLOR_BGR2RGB);            //图片格式转换
    myImg = imgData;
    myQImg = QImage((const unsigned char*)(imgData.data), imgData.cols, imgData.rows, QImage::Format_RGB888);
    imgShow();                                            //显示图片
}
```

显示图片的 imgShow()方法中只有一条语句:

```
void MainWindow::imgShow()
{
    ui->viewLabel->setPixmap(QPixmap::fromImage(myQImg.scaled(ui->viewLabel->size(), Qt::KeepAspectRatio)));     //在 Qt 界面上显示图片
}
```

17.3.4 功能实现

图片旋转和缩放处理功能写在 imgProc()方法中,该方法接收两个参数,皆为单精度实型参数,ang 表示旋转角度(正为顺时针、负为逆时针),sca 表示缩放率(大于 1 为放大、小于 1 为缩小),实现代码为:

```
void MainWindow::imgProc(float ang, float sca)
{
    Point2f srcMatrix[3];
    Point2f dstMatrix[3];
    Mat imgRot(2, 3, CV_32FC1);
    Mat imgSrc = myImg;
    Mat imgDst;
    Point centerPoint = Point(imgSrc.cols / 2, imgSrc.rows / 2);
                                                          //计算原图片的中心点
    imgRot = getRotationMatrix2D(centerPoint, ang, sca);  //(a)
                                                          //根据角度和缩放参数求得旋转矩阵
    warpAffine(imgSrc, imgDst, imgRot, imgSrc.size());    //执行旋转操作
    myQImg=QImage((const unsigned char*)(imgDst.data),imgDst.cols,imgDst.rows, QImage::Format_RGB888);
    imgShow();
}
```

说明:

(a) imgRot = getRotationMatrix2D(centerPoint, ang, sca);: OpenCV 内部用仿射变换算法来实现图片的旋转、缩放。它需要 3 个参数:① 旋转图片所要围绕的中心;② 旋转的角度,在 OpenCV 中逆时针角度为正值,反之为负值;③ 缩放因子(可选)。在本例中分别对应 centerPoint、ang 和 sca。任何一个仿射变换都能表示为向量乘以一个矩阵(线性变换)再加上另一个向量(平移),研究表明,不论是对图片的旋转还是缩放操作,本质上都是对其每个像素施加了某种线性变换,如果不考虑平移,实际上就是一个仿射变换。因此,变换的关键在于求出变换矩阵,这个矩阵实际上代表了变换前后两张图片之间的关系。这里用 OpenCV 的 getRotationMatrix2D()方法来获得旋转矩阵,然后通过 warpAffine()方法将所获得的矩阵用到对图片的旋转、缩放操作中。

最后，为使界面上的滑条响应用户操作，还要编写如下事件过程代码：

```
void MainWindow::on_rotateHorizontalSlider_sliderMoved(int position)
{
    imgProc(float(position-360), ui->scaleVerticalSlider->value() / 100.0);
}

void MainWindow::on_rotateHorizontalSlider_valueChanged(int value)
{
    imgProc(float(value-360), ui->scaleVerticalSlider->value() / 100.0);
}

void MainWindow::on_scaleVerticalSlider_sliderMoved(int position)
{
    imgProc(float(ui->rotateHorizontalSlider->value()-360), position/100.0);
}

void MainWindow::on_scaleVerticalSlider_valueChanged(int value)
{
    imgProc(float(ui->rotateHorizontalSlider->value()-360), value / 100.0);
}
```

这样，当用户拖动或单击滑条时就能实时地根据滑条当前所指的参数来变换图片。

17.3.5 运行效果

运行程序，界面上显示长白山天池初始图片，如图 17.18 所示。

图 17.18 长白山天池初始图片

用鼠标拖曳右侧滑条，可将图片放大或缩小，如图 17.19 所示。

图 17.19　图片缩放

接着，用鼠标拖曳下方滑条，可对图片做任意角度的旋转，如图 17.20 所示。

图 17.20　图片旋转

17.4　图片智能识别

除基本的图片处理功能外，OpenCV 还是一个强大的计算机视觉库，基于各种人工智能算法及计算机视觉技术的最新成就，可以做到精准地识别、定位出画面中特定的物体和人脸各器官的位置。本节以两个实例展示这些功能的基本使用方法。

17.4.1　寻找匹配物体

【例】（较难）（CH1705）现有一张美人鱼公主动漫图片（见图 17.21），想让计算机从这张图片中找出一条小鱼（见图 17.22），并标示出它的位置。

图 17.21 美人鱼公主动漫图片

图 17.22 要找的小鱼

1．程序界面

创建一个 Qt 桌面应用程序项目，项目名称为 OpencvObjMatch，程序界面如图 17.23 所示。

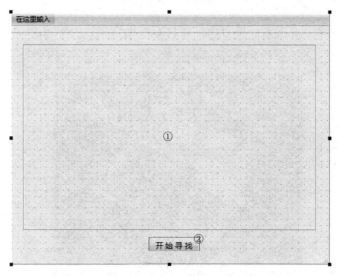

图 17.23 用 OpenCV 寻找匹配物体的程序界面

该程序界面上各控件用数字序号①、②标注，其名称、类型及属性设置见表 17.5。

表 17.5 程序界面上各控件的属性设置

序号	名称	类型	属性设置
①	viewLabel	QLabel	geometry: 宽度 512,高度 320 frameShape: Box frameShadow: Sunken text: 空
②	matchPushButton	QPushButton	font: 微软雅黑,10 text: 开始寻找

2．全局变量及方法

为了提高程序代码的使用效率，通常建议将程序中公用的图片对象的句柄声明为全局变量，通用的方法声明为公有（public）方法，定义在项目头文件中。

mainwindow.h 头文件，代码如下：

```cpp
#ifndef MAINWINDOW_H
#define MAINWINDOW_H

#include <QMainWindow>
#include "opencv2/opencv.hpp"           //OpenCV 文件包含

using namespace cv;                     //OpenCV 命名空间
namespace Ui {
class MainWindow;
}

class MainWindow : public QMainWindow
{
    Q_OBJECT

public:
    explicit MainWindow(QWidget *parent = 0);
    ~MainWindow();
    void initMainWindow();              //界面初始化
    void imgProc();                     //处理图片
    void imgShow();                     //显示图片

private slots:
    void on_matchPushButton_clicked();  //"开始寻找"按钮单击事件槽

private:
    Ui::MainWindow *ui;
    Mat myImg;                          //缓存图片（供程序代码引用和处理）
    QImage myQImg;                      //保存图片（可转为文件存盘或显示）
};

#endif // MAINWINDOW_H
```

后面实现具体功能的代码皆位于 mainwindow.cpp 源文件中。

3．初始化显示

首先在 Qt 界面上显示要从中匹配物体的图片，在构造方法中添加如下代码：

```cpp
MainWindow::MainWindow(QWidget *parent) :
    QMainWindow(parent),
    ui(new Ui::MainWindow)
{
    ui->setupUi(this);
    initMainWindow();
}
```

初始化方法 initMainWindow()的代码为：

```cpp
void MainWindow::initMainWindow()
{
    QString imgPath = "mermaid.jpg";    //本地路径（将图片直接存放在项目目录下）
```

```
    Mat imgData = imread(imgPath.toLatin1().data());        //读取图片数据
    cvtColor(imgData, imgData, COLOR_BGR2RGB);              //图片格式转换
    myImg = imgData;
    myQImg = QImage((const unsigned char*)(imgData.data), imgData.cols, imgData.rows, QImage::Format_RGB888);
    imgShow();                                              //显示图片
}
```

显示图片的 imgShow()方法中只有一条语句:
```
void MainWindow::imgShow()
{
    ui->viewLabel->setPixmap(QPixmap::fromImage(myQImg.scaled(ui->viewLabel->size(), Qt::KeepAspectRatio)));   //在 Qt 界面上显示图片
}
```

4. 功能实现

寻找匹配物体的功能写在 imgProc()方法中，本例采用相关匹配算法 TM_CCOEFF 来寻找画面中的一条小鱼，实现代码为:

```
void MainWindow::imgProc()
{
    int METHOD = TM_CCOEFF;                                 //(a)
    Mat imgSrc = myImg;                                     //将被显示的原图
    QString imgPath = "fish.jpg";                           //待匹配的子图（为原图上截取下的一部分）
    Mat imgTmp = imread(imgPath.toLatin1().data());         //读取图片数据
    cvtColor(imgTmp, imgTmp, COLOR_BGR2RGB);                //图片格式转换
    Mat imgRes;
    Mat imgDisplay;
    imgSrc.copyTo(imgDisplay);
    int rescols = imgSrc.cols - imgTmp.cols + 1;
    int resrows = imgSrc.rows - imgTmp.rows + 1;
    imgRes.create(rescols, resrows, CV_32FC1);              //创建输出结果的矩阵
    matchTemplate(imgSrc, imgTmp, imgRes, METHOD);          //进行匹配
    normalize(imgRes, imgRes, 0, 1, NORM_MINMAX, -1, Mat()); //进行标准化
    double minVal;
    double maxVal;
    Point minLoc;
    Point maxLoc;
    Point matchLoc;
    minMaxLoc(imgRes, & minVal, & maxVal, & minLoc, & maxLoc, Mat());
                                                            //通过函数 minMaxLoc()定位最匹配的位置
    //对于方法 SQDIFF 和 SQDIFF_NORMED,数值越小匹配结果越好;而对于其他方法,数值越大,匹配结果越好
    if (METHOD == TM_SQDIFF || METHOD == TM_SQDIFF_NORMED) matchLoc = minLoc;
    else matchLoc = maxLoc;
    rectangle(imgDisplay, matchLoc, Point(matchLoc.x + imgTmp.cols, matchLoc.y + imgTmp.rows), Scalar(238, 238, 0), 4, 8, 0);
    rectangle(imgRes, matchLoc, Point(matchLoc.x + imgTmp.cols, matchLoc.y + imgTmp.rows), Scalar::all(0), 2, 8, 0);
    myQImg = QImage((const unsigned char*)(imgDisplay.data), imgDisplay.cols, imgDisplay.rows, QImage::Format_RGB888);
    imgShow();                                              //显示图片
}
```

说明:

int METHOD = TM_CCOEFF;: OpenCV 通过函数 matchTemplate()实现了模板匹配算法,

它共支持 3 大类共 6 种不同算法。

（1）TM_SQDIFF（方差匹配）、TM_SQDIFF_NORMED（标准方差匹配）。

这类方法采用原图与待匹配子图像素的平方差来进行累加求和，计算所得数值越小，说明匹配度越高。

（2）TM_CCORR（乘数匹配）、TM_CCORR_NORMED（标准乘数匹配）。

这类方法采用原图与待匹配子图对应像素的乘积进行累加求和，与第一类方法相反，数值越大表示匹配度越高。

（3）TM_CCOEFF（相关匹配）、TM_CCOEFF_NORMED（标准相关匹配）。

这类方法把原图像素对其均值的相对值与待匹配子图像素对其均值的相对值进行比较，计算数值越接近 1，表示匹配度越高。

通常来说，从匹配准确度上看，相关匹配要优于乘数匹配，乘数匹配则优于方差匹配，但这种准确度的提高是以增加计算复杂度和牺牲时间效率为代价的。如果所用计算机处理器速度较低，则只能用比较简单的方差匹配；当所用设备处理器性能很好时，优先使用较复杂的相关匹配算法，可以保证识别准确无误。本例使用的是准确度最佳的 TM_CCOEFF（相关匹配）。

最后使界面上的按钮响应用户操作，在其单击事件过程中调用上面的处理方法：

```
void MainWindow::on_matchPushButton_clicked()
{
    imgProc();
}
```

5．运行结果

程序运行后，界面上初始显示美人鱼公主图片，单击"开始寻找"按钮，程序执行完匹配算法就会在图片上绘框标示出这条小鱼所在的位置，如图 17.24 所示。

图 17.24　找到这条小鱼并绘框标示出来

17.4.2　人脸识别

【例】（较难）（CH1706）OpenCV 还有一个广泛的用途——识别人脸，由于它的内部集成了最新的图片视觉智能识别技术，故识别率可以做到非常精准。本例用一张女模特的图片（见图 17.25）作为程序识别的对象。

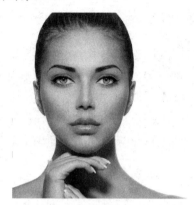

图 17.25　女模特的图片

1. 加载视觉识别分类器

创建一个 Qt 桌面应用程序项目，项目名称为 OpencvFace，在做人脸识别功能之前需要将 OpenCV 内置的计算机视觉识别分类器文件复制到项目目录下，这些文件位于 OpenCV 的安装文件夹，路径为 D:\OpenCV_4.6.0-Build\install\etc\haarcascades，如图 17.26 所示。

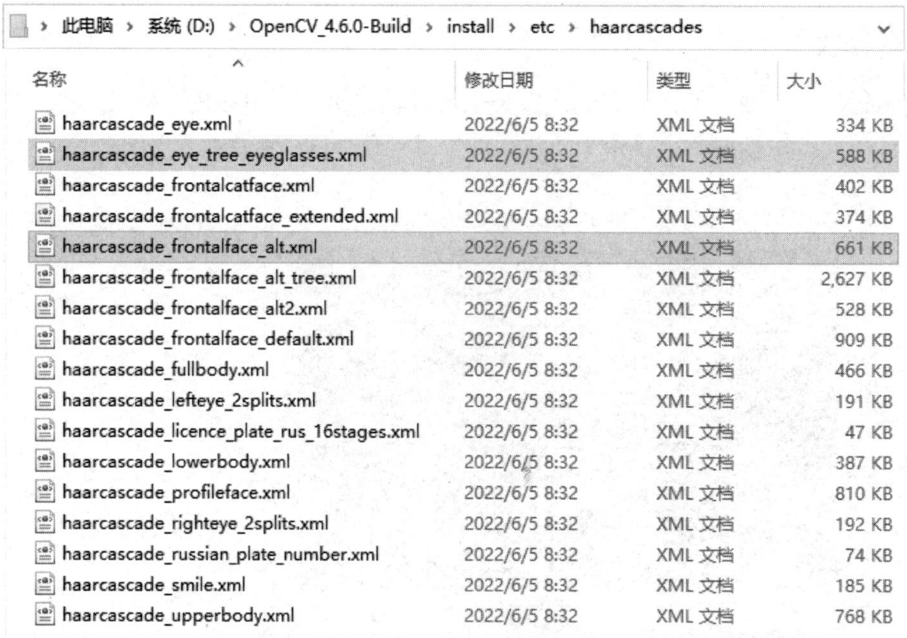

› 此电脑 › 系统 (D:) › OpenCV_4.6.0-Build › install › etc › haarcascades

名称	修改日期	类型	大小
haarcascade_eye.xml	2022/6/5 8:32	XML 文档	334 KB
haarcascade_eye_tree_eyeglasses.xml	2022/6/5 8:32	XML 文档	588 KB
haarcascade_frontalcatface.xml	2022/6/5 8:32	XML 文档	402 KB
haarcascade_frontalcatface_extended.xml	2022/6/5 8:32	XML 文档	374 KB
haarcascade_frontalface_alt.xml	2022/6/5 8:32	XML 文档	661 KB
haarcascade_frontalface_alt_tree.xml	2022/6/5 8:32	XML 文档	2,627 KB
haarcascade_frontalface_alt2.xml	2022/6/5 8:32	XML 文档	528 KB
haarcascade_frontalface_default.xml	2022/6/5 8:32	XML 文档	909 KB
haarcascade_fullbody.xml	2022/6/5 8:32	XML 文档	466 KB
haarcascade_lefteye_2splits.xml	2022/6/5 8:32	XML 文档	191 KB
haarcascade_licence_plate_rus_16stages.xml	2022/6/5 8:32	XML 文档	47 KB
haarcascade_lowerbody.xml	2022/6/5 8:32	XML 文档	387 KB
haarcascade_profileface.xml	2022/6/5 8:32	XML 文档	810 KB
haarcascade_righteye_2splits.xml	2022/6/5 8:32	XML 文档	192 KB
haarcascade_russian_plate_number.xml	2022/6/5 8:32	XML 文档	74 KB
haarcascade_smile.xml	2022/6/5 8:32	XML 文档	185 KB
haarcascade_upperbody.xml	2022/6/5 8:32	XML 文档	768 KB

图 17.26　OpenCV 内置的计算机视觉识别分类器文件

本例选用其中的 haarcascade_eye_tree_eyeglasses.xml（用于人双眼位置识别）和 haarcascade_frontalface_alt.xml（用于人正脸识别）。当然，有兴趣的读者也可以自己写程序测试其他类型的分类器。从分类器的文件名就可以大致看出它的功能，有的单独用于识别左眼或右眼，还有的用于识别上半身、下半身等。

2. 程序界面

程序界面如图 17.27 所示。

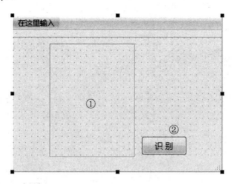

图 17.27　OpenCV 人脸识别程序界面

该程序界面上各控件用数字序号①、②标注，其名称、类型及属性设置见表 17.6。

表 17.6　程序界面上各控件的属性设置

序号	名称	类型	属性设置
①	viewLabel	QLabel	geometry: 宽度 140,高度 185 frameShape: Box frameShadow: Sunken text: 空
②	detectPushButton	QPushButton	font: 微软雅黑,10 text: 识　别

3. 全局变量及方法

为了提高程序代码的使用效率，通常建议将程序中公用的图片对象的句柄声明为全局变量，通用的方法声明为公有（public）方法，定义在项目头文件中。

mainwindow.h 头文件，代码如下：

```
#ifndef MAINWINDOW_H
#define MAINWINDOW_H

#include <QMainWindow>
#include "opencv2/opencv.hpp"                //OpenCV 文件包含
#include <vector>                            //包含向量类动态数组功能
using namespace cv;                          //OpenCV 命名空间
using namespace std;                         //使用 vector 必须声明该名称空间
namespace Ui {
class MainWindow;
}

class MainWindow : public QMainWindow
{
    Q_OBJECT
```

```cpp
public:
    explicit MainWindow(QWidget *parent = 0);
    ~MainWindow();
    void initMainWindow();                      //界面初始化
    void imgProc();                             //处理图片
    void imgShow();                             //显示图片

private slots:
    void on_detectPushButton_clicked();         //"识别"按钮单击事件槽

private:
    Ui::MainWindow *ui;
    Mat myImg;                                  //缓存图片（供程序代码引用和处理）
    QImage myQImg;                              //保存图片（可转为文件存盘或显示）
};

#endif // MAINWINDOW_H
```

后面实现具体功能的代码皆位于 mainwindow.cpp 源文件中。

4. 初始化显示

首先在 Qt 界面上显示待处理的图片，在构造方法中添加如下代码：

```cpp
MainWindow::MainWindow(QWidget *parent) :
    QMainWindow(parent),
    ui(new Ui::MainWindow)
{
    ui->setupUi(this);
    initMainWindow();
}
```

初始化方法 initMainWindow() 的代码为：

```cpp
void MainWindow::initMainWindow()
{
    QString imgPath = "baby.jpg";               //本地路径（将图片直接存放在项目目录下）
    Mat imgData = imread(imgPath.toLatin1().data());    //读取图片数据
    cvtColor(imgData, imgData, COLOR_BGR2RGB);  //图片格式转换(避免图片颜色失真)
    myImg = imgData;
    myQImg=QImage((const unsigned char*)(imgData.data),imgData.cols, imgData.rows,QImage::Format_RGB888);
    imgShow();                                  //显示图片
}
```

显示图片的 imgShow() 方法中只有一条语句：

```cpp
void MainWindow::imgShow()
{
    ui->viewLabel->setPixmap(QPixmap::fromImage(myQImg.scaled(ui->viewLabel->size(), Qt::KeepAspectRatio)));    //在 Qt 界面上显示图片
}
```

5. 检测识别功能

检测识别功能写在 imgProc()方法中，实现代码为：

```cpp
void MainWindow::imgProc()
{
    CascadeClassifier face_detector;                 //定义人脸识别分类器类
    CascadeClassifier eyes_detector;                 //定义人眼识别分类器类
    string fDetectorPath = "haarcascade_frontalface_alt.xml";
    face_detector.load(fDetectorPath);
    string eDetectorPath = "haarcascade_eye_tree_eyeglasses.xml";
    eyes_detector.load(eDetectorPath);               //(a)
    vector<Rect> faces;
    Mat imgSrc = myImg;
    Mat imgGray;
    cvtColor(imgSrc, imgGray, COLOR_RGB2GRAY);
    equalizeHist(imgGray, imgGray);
    face_detector.detectMultiScale(imgGray, faces, 1.1, 2, 0 | CASCADE_SCALE_IMAGE, Size(30, 30));    //多尺寸检测人脸
    for (int i = 0; i < faces.size(); i++)
    {
        Point center(faces[i].x + faces[i].width * 0.5, faces[i].y + faces[i].height * 0.5);
        ellipse(imgSrc, center, Size(faces[i].width * 0.5, faces[i].height * 0.5), 0, 0, 360, Scalar(255, 0, 255), 4, 8, 0);
        Mat faceROI = imgGray(faces[i]);
        vector<Rect> eyes;
        eyes_detector.detectMultiScale(faceROI, eyes, 1.1, 2, 0 | CASCADE_SCALE_IMAGE, Size(30, 30));  //再在每张人脸上检测双眼
        for (int j = 0; j < eyes.size(); j++)
        {
            Point center(faces[i].x + eyes[j].x + eyes[j].width * 0.5, faces[i].y + eyes[j].y + eyes[j].height * 0.5);
            int radius = cvRound((eyes[j].width + eyes[i].height) * 0.25);
            circle(imgSrc, center, radius, Scalar(255, 0, 0), 4, 8, 0);
        }
    }
    Mat imgDst = imgSrc;
    myQImg = QImage((const unsigned char*)(imgDst.data), imgDst.cols, imgDst.rows, QImage::Format_RGB888);
    imgShow();
}
```

说明：

(a) eyes_detector.load(eDetectorPath);：load()方法用于加载一个 XML 分类器文件，OpenCV 既支持 Haar 特征算法也支持 LBP 特征算法。关于各种人脸识别的智能算法，有兴趣的读者可以查阅相关的计算机视觉类刊物和论文，本书就不展开了。

最后编写"识别"按钮的单击事件过程，在其中调用人脸识别的处理方法：

```
void MainWindow::on_matchPushButton_clicked()
{
    imgProc();
}
```

6. 运行效果

程序运行后,在界面上显示女模特的图片,单击"识别"按钮,程序执行完分类器算法,自动识别出图片上的人脸,用粉色圆圈圈出;并且进一步辨别出她的双眼所在位置,用红色圆圈圈出,如图17.28所示。

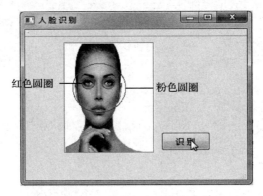

图 17.28 识别出人脸及眼睛的位置

OpenCV 还有很多十分奇妙的功能,限于篇幅,本书不再展开,有兴趣的读者可以结合官方文档自己去尝试。

第 18 章

OpenCV、树控件、表格控件综合应用实例：医院远程诊断系统

本章通过开发南京市鼓楼医院远程诊断系统来综合应用 OpenCV 扩展库的功能，对应本书实例 CH18。

18.1 功能需求

系统功能主要包括：
（1）诊疗点科室管理。
（2）CT 相片显示和处理。
（3）患者信息选项卡。
（4）后台数据库浏览。

18.1.1 诊疗点科室管理

诊疗点科室管理功能显示效果如图 18.1 所示。

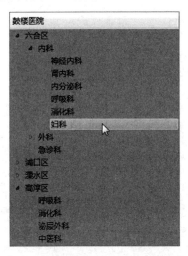

图 18.1 诊疗点科室管理功能显示效果

诊疗点科室管理功能用树状视图实现，根节点是"鼓楼医院"，各子节点是南京市各区，下

面的分支节点则是分区医院的各科室。

18.1.2 CT 相片显示和处理

CT 相片的远程处理及诊断如图 18.2 所示，图中央显示一幅高清 CT 相片，右上角有年、月、日及时间显示。

单击"开始诊断"按钮，选择并载入患者的 CT 相片，用 OpenCV+Contrib 扩展库对 CT 相片执行处理，识别出异常病灶区域并标示出来，给出诊断结果。

18.1.3 患者信息选项卡

以表单形式显示患者的基本建档信息，如图 18.3 所示，包括"信息"和"病历"两个选项页。

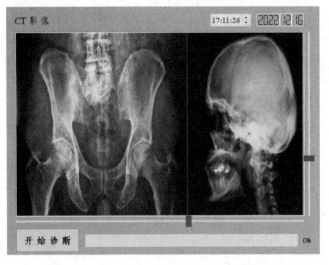
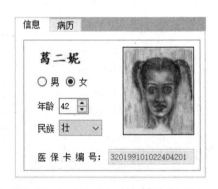

图 18.2　CT 相片的远程处理及诊断　　　　图 18.3　患者的基本建档信息的表单形式

患者照片预先存储在后台数据库中，需要时读出并显示。

18.1.4 后台数据库浏览

患者的全部信息存储于后台数据库 MySQL 中，在一张基本表上建立两个视图，分别用于显示信息和病历，信息在界面上以 Qt 的数据网格表控件展示，如图 18.4 所示。

图 18.4　在数据库中浏览患者信息

第 18 章 OpenCV、树控件、表格控件综合应用实例：医院远程诊断系统

选择其中的行，左边选项卡表单中的患者信息也会同步更新显示。

18.1.5 界面的总体效果

界面的总体效果如图 18.5 所示。

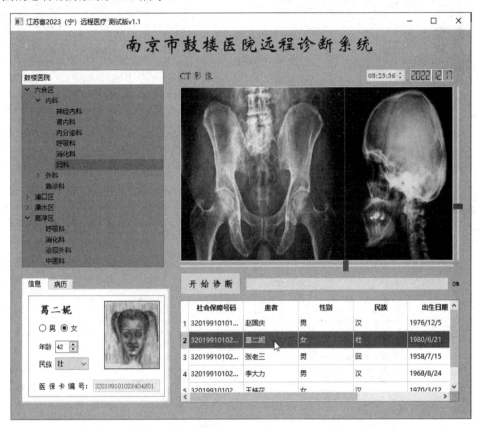

图 18.5 界面的总体效果

18.2 Qt 项目工程创建与配置

要使所创建的 Qt 项目支持数据库及 OpenCV，需要对项目工程进行一系列配置，步骤如下。

（1）创建 Qt 桌面应用程序项目，项目名称为 Telemedicine。创建完成后，在 Qt Creator 开发环境中单击左侧的 按钮切换至项目配置模式，如图 18.6 所示。

如图 18.6 所示的这个界面用于配置项目创建时所生成的 debug 目录路径。默认情况下，Qt 为了使最终编译生成的项目尽可能节省空间，会将生成的 debug 文件夹及其中的内容全部置于项目目录的外部，这么做可能会造成 Qt 程序找不到所引用的外部扩展库（如本例用到的 OpenCV+Contrib 扩展库），故这里还是要将 debug 目录移至项目目录内，配置方法是：在"General"栏下取消勾选"Shadow build"复选框。

（2）将之前编译安装得到的 OpenCV（含 Contrib）库文件，即 D:\OpenCV_4.6.0-Build\install\x64\mingw\bin 下的全部文件复制到项目的 debug 目录中，如图 18.7 所示。

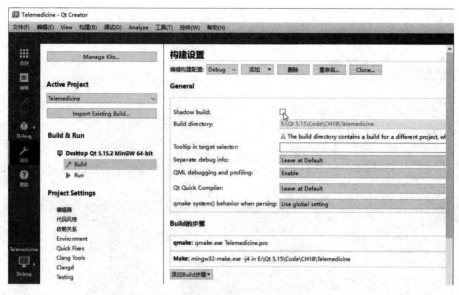

图 18.6　项目配置模式

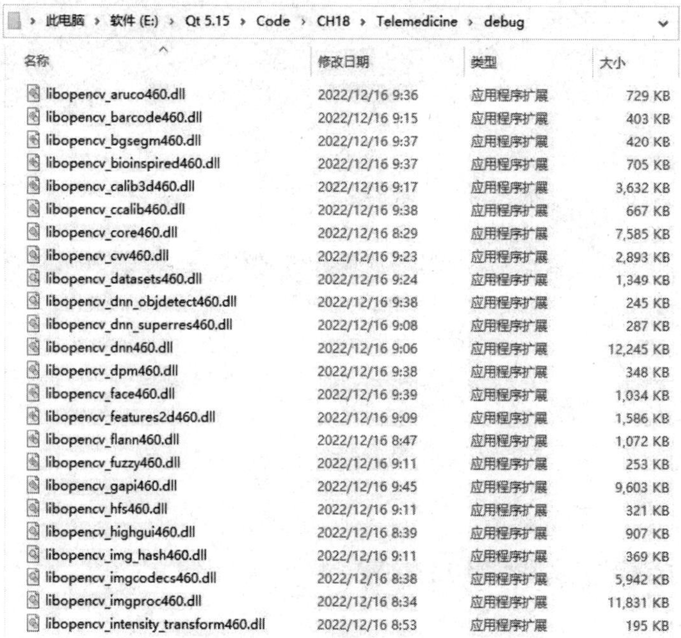

图 18.7　将 OpenCV 库文件复制到项目的 debug 目录中

这样，Qt 应用程序在运行时就能正确地找到 OpenCV 了。

（3）修改项目的配置文件，在其中添加配置项。

配置文件 Telemedicine.pro 要添加的内容有两处。

① 在开头添加：

```
QT       += sql
```

使程序能访问数据库。

② 在末尾添加：

```
INCLUDEPATH += D:\OpenCV_4.6.0-Build\install\include
LIBS += D:\OpenCV_4.6.0-Build\install\x64\mingw\bin\libopencv_*.dll
```

第 18 章 OpenCV、树控件、表格控件综合应用实例：医院远程诊断系统

帮助程序定位到 OpenCV+Contrib 扩展库所在的目录。

18.3 界面设计

在开发环境项目目录树状视图中，双击 mainwindow.ui 切换至可视化界面设计模式，如图 18.8 所示，在其上拖曳设计出医院远程诊断系统的整个界面。

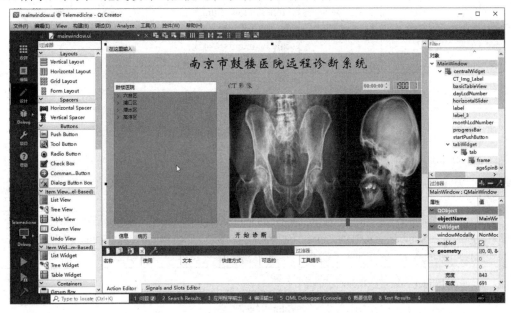

图 18.8 可视化界面设计模式

为方便读者试做，我们对界面上所有的控件都标记了①、②、③…（见图 18.9），并将它们的类型、名称及属性设置列于表 18.1 中，读者可对照下面的图和表自己进行程序界面的制作及设置。

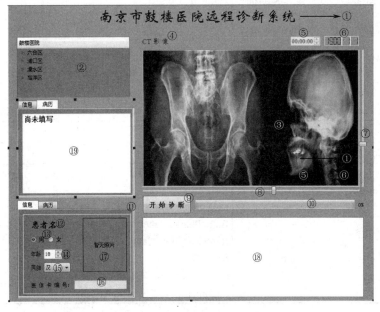

图 18.9 界面上控件的数字标识

表 18.1 界面上各控件的设置

序号	名称	类型	属性设置
①	label	QLabel	text: 南京市鼓楼医院远程诊断系统; font: 华文新魏,26; alignment: 水平的,AlignHCenter
②	treeWidget	QTreeWidget	palette: 改变调色板 Base 设为天蓝色
③	CT_Img_Label	QLabel	frameShape: Box; frameShadow: Sunken; pixmap: CT.jpg; scaledContents: 勾选; alignment: 水平的,AlignHCenter
④	label_3	QLabel	text: CT 影像; font: 华文仿宋,12
⑤	timeEdit	QTimeEdit	enabled: 取消勾选; font: Times New Roman,10; alignment: 水平的,AlignHCenter; readOnly: 勾选; displayFormat: HH:mm:ss; time: 0:00:00

⑥	yearLcdNumber;
	monthLcdNumber;
	dayLcdNumber
		QLCDNumber	yearLcdNumber(digitCount: 4;value:1900.000000);
			monthLcdNumber/dayLcdNumber(digitCount: 2;value: 1.000000);
			segmentStyle: Flat

⑦	verticalSlider	QSlider	value: 30; orientation: Vertical
⑧	horizontalSlider	QSlider	value: 60; orientation: Horizontal
⑨	startPushButton	QPushButton	font: 华文仿宋,12; text: 开始诊断
⑩	progressBar	QProgressBar	value: 0
⑪	tabWidget	QTabWidget	palette: 改变调色板 Base 设为天蓝色; currentIndex: 0
⑫	nameLabel	QLabel	font: 华文楷体,14; text: 患者名
⑬	maleRadioButton; femaleRadioButton	QRadioButton	maleRadioButton(text: 男;checked: 勾选); femaleRadioButton(text: 女; checked: 取消勾选)
⑭	ageSpinBox	QSpinBox	value:18
⑮	ethniComboBox	QComboBox	currentText: 汉
⑯	ssnLineEdit	QLineEdit	enabled: 取消勾选; text: 空; readOnly: 勾选
⑰	photoLabel	QLabel	frameShape: Panel; frameShadow: Plain; text: 暂无照片; scaledContents: 勾选; alignment: 水平的,AlignHCenter

续表

序 号	名 称	类 型	属 性 设 置
⑱	basicTableView	QTableView	——
⑲	caseTextEdit	QTextEdit	palette：改变调色板 Base 设为白色； html：尚未填写

界面上用于管理各区诊疗点科室的树状视图用一个 Qt 的 QTreeWidget 控件来实现，其中各项目是在界面设计阶段就编辑好的，方法如下。

（1）设计模式下在窗体上右击树状视图控件，选择"编辑项目"命令，弹出如图 18.10 所示的"编辑树窗口部件"对话框，在"列"选项卡中单击左下角的"新建项目"按钮（ ），添加一列，输入"鼓楼医院"，本例的树状视图添加一列即可。

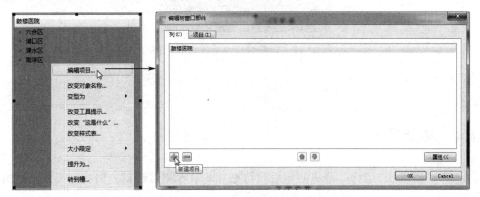

图 18.10 "编辑树窗口部件"对话框

（2）切换到"项目"选项卡，通过单击"新建项目"按钮（ ）和"删除项目"按钮（ ）在"鼓楼医院"列下添加或移除子节点，通过单击"新建子项目"按钮（ ）创建并编辑下一级子节点，如图 18.11 所示。

图 18.11 编辑树状视图中的各节点

最终编辑完成的树状视图如图 18.12 所示。

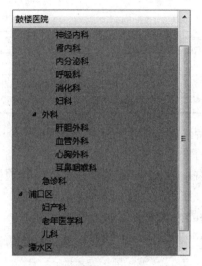

图 18.12　最终编辑完成的树状视图

至此，程序界面设计完成。

18.4　功能实现

本系统基于 MySQL 运行，首先创建后台数据库、录入测试数据；然后定义各功能方法，完成 Qt 程序框架；最后分别实现各方法的功能模块。

18.4.1　数据库准备

1．设计表

用可视化工具 Navicat Premium 操作 MySQL，创建数据库 patient，其中创建一张表 user_profile，其表结构见表 18.2。

表 18.2　医院远程诊断系统数据库表结构

列　　名	类　　型	长　　度	允许空值	说　　明
ssn	char	18	否	社会保障号码，主键
name	char	8	否	患者姓名
sex	char	2	否	性别，默认为"男"
ethnic	char	10	否	民族，默认为"汉"
birth	date	默认	否	出生日期
address	varchar	50	是	住址，默认为 NULL
casehistory	varchar	500	是	病历，默认为 NULL
picture	blob	默认	是	照片，默认为 NULL

设计好表之后，往表中预先录入一些数据供后面测试程序用，如图 18.13 所示。

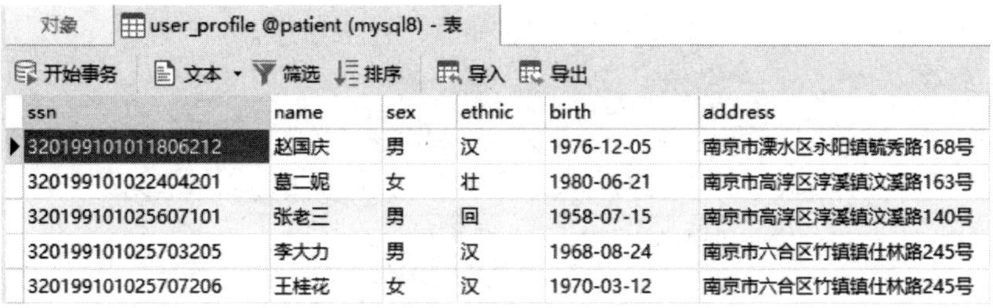

第18章 OpenCV、树控件、表格控件综合应用实例：医院远程诊断系统

图18.13 供测试程序用的数据

这样，系统运行所依赖的后台数据库就建好了。

2．创建视图

根据应用需要，本例要创建两个视图（basic_inf 和 details_inf），分别用于显示患者的基本信息（社会保障号码、姓名、性别、民族、出生日期和住址）和详细信息（病历和照片），采用以下两种方式创建视图。

1）Navicat Premium 自带视图编辑功能

展开数据库节点，右击"视图"并选择"新建视图"命令，打开视图创建工具，如图 18.14 所示。

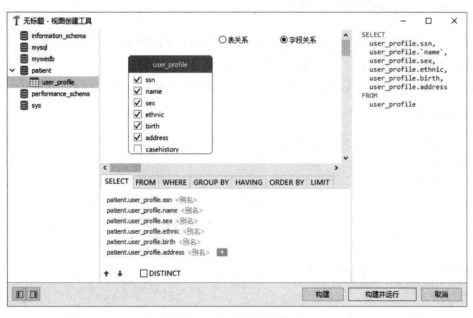

图18.14 打开视图创建工具

选中要在其上创建视图的表（user_profile），选择视图所包含的列，下方输出窗口中会自动生成创建视图的 SQL 语句，完成后单击"构建并运行"按钮，然后保存视图。

2）用 SQL 语句创建视图

单击 Navicat Premium 工具栏的"查询"按钮（ ）→"新建查询"按钮（ ），打开查询编辑器，输入如下创建视图的语句：

```
CREATE VIEW details_inf(姓名,病历,照片)
    AS
        SELECT name,casehistory,picture FROM user_profile
```

然后单击工具栏的"运行"按钮（▶运行），如图 18.15 所示。

图 18.15　执行 SQL 语句创建视图

有了这两个视图，就可以在程序中通过模型来载入视图的数据并显示了，同时自动屏蔽掉无关的信息项，非常方便。

18.4.2　Qt 应用程序主体框架

为了让读者对整个系统有个总体的印象，便于理解本例程序代码，下面先给出整个应用程序的主体框架代码，其中各方法功能的具体实现代码将依次给出。

本例程序源代码包括三个文件：main.cpp、mainwindow.h 和 mainwindow.cpp。

1. main.cpp

这是整个程序的主启动文件，代码如下：

```cpp
#include "mainwindow.h"
#include <QApplication>
#include <QProcess>                              //使用 Qt 的进程模块

int main(int argc, char *argv[])
{
    QApplication a(argc, argv);
    if(!createMySqlConn())
    {
        //若初次尝试连接不成功，就转而用代码方式启动 MySQL 服务进程
        QProcess process;
        process.start("E:/MySQL8/bin/mysqld.exe");
        //第二次尝试连接
        if(!createMySqlConn()) return 1;
    }
    MainWindow w;                                //创建主窗体
    w.show();                                    //显示主窗体

    return a.exec();
}
```

其中，createMySqlConn()是一个连接后台数据库的方法，它返回 true 表示连接成功，否则表示失败。程序在开始启动时就通过执行这一方法来检查数据库连接是否就绪。若连接不成功，则系统会通过启动 MySQL 服务进程的方式再尝试一次，若依旧连接不上，则提示连接失败，交由用户检查、排除故障。

2. mainwindow.h

程序头文件，包含程序中用到的各个全局变量的定义、方法声明，代码如下：

```cpp
#ifndef MAINWINDOW_H
#define MAINWINDOW_H

#include <QMainWindow>
#include <QMessageBox>
#include <QFileDialog>                              //打开文件对话框模块
#include <QBuffer>                                  //内存模块
#include <vector>                                   //包含向量类动态数组功能
#include "opencv2/opencv.hpp"                       //OpenCV 库文件包含
#include "opencv2/highgui/highgui.hpp"              //OpenCV 的高层 GUI 和媒体 I/O
#include "opencv2/imgproc/imgproc.hpp"              //OpenCV 图像处理
#include <QSqlDatabase>                             //数据库访问
#include <QSqlTableModel>                           //数据库表模型
#include <QSqlQuery>                                //数据库查询模块
#include <QTimer>                                   //计时器模块

using namespace cv;                                 //OpenCV 命名空间
using namespace std;                                //使用 vector 必须声明名称空间

namespace Ui {
class MainWindow;
}

class MainWindow : public QMainWindow
{
    Q_OBJECT

public:
    explicit MainWindow(QWidget *parent = 0);       //主窗体构造方法
    ~MainWindow();
    void initMainWindow();                          //初始化主窗体
    void ctImgRead();                               //读取 CT 相片
    void ctImgProc();                               //CT 相片处理
    void ctImgSave();                               //结果相片（标示病灶）保存
    void ctImgShow();                               //CT 相片显示
    void ctImgHoughCircles();                       //用霍夫圆算法处理 CT 相片
    void onTableSelectChange(int row);              //改变数据网格选项联动表单
    void showUserPhoto();                           //加载显示患者照片

private slots:
```

```cpp
        void on_startPushButton_clicked();              //"开始诊断"按钮单击槽函数

        void on_basicTableView_clicked(const QModelIndex &index);
                                                        //数据网格变更选项槽函数
        void on_tabWidget_tabBarClicked(int index);     //表单切换选项卡槽函数

        void onTimeOut();                               //定时器事件槽函数

    private:
        Ui::MainWindow *ui;                             //图形界面元素的引用句柄
        Mat myCtImg;                        //缓存CT相片(供程序中的方法随时引用)
        Mat myCtGrayImg;                    //缓存CT灰度图(供程序算法处理用)
        QImage myCtQImage;                  //保存CT相片(转为文件存盘存档)
        QSqlTableModel *model;              //访问数据库视图信息的模型
        QSqlTableModel *model_d;            //访问数据库附加详细信息(病历、照片)视图的模型
        QTimer *myTimer;                    //获取当前系统时间(精确到秒)
    };

    /**连接MySQL数据库的静态方法*/
    static bool createMySqlConn()
    {
        QSqlDatabase sqldb = QSqlDatabase::addDatabase("QMYSQL");   //添加数据库
        sqldb.setHostName("localhost");                 //主机名
        sqldb.setDatabaseName("patient");               //数据库名称
        sqldb.setUserName("root");                      //数据库用户名
        sqldb.setPassword("123456");                    //登录密码
        if (!sqldb.open()) {
            QMessageBox::critical(0, QObject::tr("后台数据库连接失败"), "无法创建连接！
请检查排除故障后重启程序。", QMessageBox::Cancel);
            return false;
        }
        QMessageBox::information(0, QObject::tr("后台数据库已启动、正在运行……"), "数据库连接成功！即将启动应用程序。");
        //向数据库中插入照片
        /*
        QSqlQuery query(sqldb);                         //创建SQL查询
        QString photoPath = "D:\\Qt\\test\\赵国庆.jpg";  //照片路径
        QFile photoFile(photoPath);                     //照片文件对象
        if (photoFile.exists())                         //如果存在照片
        {
            //存入数据库
            QByteArray picdata;                         //字节数组存储照片数据
            photoFile.open(QIODevice::ReadOnly);        //以只读方式打开照片文件
            picdata = photoFile.readAll();              //读入照片数据
            photoFile.close();
            QVariant var(picdata);                      //照片数据封装入变量
            QString sqlstr = "update user_profile set picture=? where name='赵国庆'";
            query.prepare(sqlstr);                      //准备插入照片的SQL语句
```

```
        query.addBindValue(var);                          //填入照片数据参数
        if(!query.exec())                                  //执行插入操作
        {
            QMessageBox::information(0, Qobject::tr("提示"), "照片写入失败");
        } else{
            QMessageBox::information(0, Qobject::tr("提示"), "照片已写入数据库");
        }
    }
    */
    sqldb.close();
    return true;
}

#endif // MAINWINDOW_H
```

在上面连接数据库的 **createMySqlConn()** 方法中，有一段将患者照片插入数据库的代码，这是为了往 MySQL 中预先存入一些患者照片以便在运行程序时显示，读者可以先运行这段代码将照片存入数据库，在后面正式运行系统时再将插入照片的代码段注释掉就可以了。

3. mainwindow.cpp

本程序的主体源文件中包含各方法功能的具体实现代码，框架如下：

```
#include "mainwindow.h"
#include "ui_mainwindow.h"

MainWindow::MainWindow(QWidget *parent) :
    QMainWindow(parent),
    ui(new Ui::MainWindow)
{
    //初始化加载功能
    ...
}
MainWindow::~MainWindow()
{
    delete ui;
}
void MainWindow::initMainWindow()
{
    //初始化窗体中要显示的 CT 相片及系统当前日期、时间
    ...
}
void MainWindow::onTableSelectChange(int row)
{
    //当用户选择网格中的患者记录时，实现表单信息的联动功能
    ...
}
void MainWindow::showUserPhoto()
{
    //查找和显示当前患者的对应照片
```

```
    ...
}
void MainWindow::onTimeOut()
{
    //每秒触发一次时间显示更新
    ...
}
void MainWindow::ctImgRead()
{
    //读入和显示CT相片
    ...
}
void MainWindow::ctImgProc()
{
    //CT相片处理功能
    ...
}
void MainWindow::ctImgSave()
{
    //处理后的CT相片保存
    ...
}
void MainWindow::ctImgShow()
{
    //在界面上显示CT相片
    ...
}
void MainWindow::ctImgHoughCircles()
{
    //执行霍夫圆算法对CT相片进行处理
    ...
}
void MainWindow::on_startPushButton_clicked()
{
    //"开始诊断"按钮的事件方法
    ...
}
void MainWindow::on_basicTableView_clicked(const QModelIndex &index)
{
    onTableSelectChange(1);                    //数据网格选择的行变更时执行方法
}
void MainWindow::on_tabWidget_tabBarClicked(int index)
{
    //病历内容的填写和联动显示
    ...
}
```

从以上代码框架可看到整个程序的运作流程。下面分别介绍各功能模块方法的具体实现。

18.4.3 界面初始化功能实现

启动程序时,首先要对界面显示的信息进行初始化,包括显示初始的 CT 相片及界面上日期、时间的实时更新。

窗体的构造方法 MainWindow::MainWindow(QWidget *parent)中是系统的初始化代码:

```
MainWindow::MainWindow(QWidget *parent) :
    QMainWindow(parent),
    ui(new Ui::MainWindow)
{
    ui->setupUi(this);
    initMainWindow();
    //基本信息视图
    model = new QSqlTableModel(this);              //(a)
    model->setTable("basic_inf");
    model->select();
    //附加详细信息视图
    model_d = new QSqlTableModel(this);
    model_d->setTable("details_inf");
    model_d->select();
    //数据网格信息加载
    ui->basicTableView->setModel(model);
    //初始化表单患者信息
    onTableSelectChange(0);                        //(b)
}
```

说明:

(a) model = new QSqlTableModel(this);:主程序中使用模型机制来访问数据库视图信息,用头文件中定义好的模型对象指针(QSqlTableModel *)model 执行操作,通过其"->setTable("视图名称")"指明要访问的视图名,"->select()"加载视图数据,加载完成后就可以在后面整个程序中随时访问模型中的数据信息。

(b) onTableSelectChange(0);:该方法在数据网格选择的行变更时触发执行,它有一个参数,用于指定要显示的行,初始默认置为 0 表示显示第一行,若为 1 则表示动态获取显示当前选中的行。

MainWindow::initMainWindow()方法用于具体执行初始化窗体中要显示的 CT 相片及系统当前日期、时间的功能,代码如下:

```
void MainWindow::initMainWindow()
{
    QString ctImgPath = "CT.jpg";
    Mat ctImg = imread(ctImgPath.toLatin1().data());    //读取CT 相片数据
    cvtColor(ctImg, ctImg, COLOR_BGR2RGB);              //(a)
    myCtImg = ctImg;                                    //(b)
    myCtQImage = QImage((const unsigned char*)(ctImg.data), ctImg.cols, ctImg.rows, QImage::Format_RGB888);
    ctImgShow();                                        //(c)
    //时间日期更新
```

```cpp
    QDate date = QDate::currentDate();              //获取当前日期
    int year = date.year();
    ui->yearLcdNumber->display(year);               //显示年份
    int month = date.month();
    ui->monthLcdNumber->display(month);             //显示月份
    int day = date.day();
    ui->dayLcdNumber->display(day);                 //显示日期
    myTimer = new QTimer();                         //创建一个QTimer对象
    myTimer->setInterval(1000);    //设置定时器每隔多少毫秒发送一个timeout()信号
    myTimer->start();                               //启动定时器
    //绑定消息槽函数
    connect(myTimer, SIGNAL(timeout()), this, SLOT(onTimeOut()));  //(d)
}
```

说明:

(a) cvtColor(ctImg, ctImg, COLOR_BGR2RGB);：由于 OpenCV 所支持的图像格式与 Qt 的图像格式存在差异，所以必须使用 cvtColor()函数对图像格式进行转换，才能使其在 Qt 程序界面上正常显示。

(b) myCtImg = ctImg; myCtQImage = QImage(…)：OpenCV 所处理的图像必须是 Mat 类型的缓存像素形式，才能被程序中的方法随时调用处理；而 Qt 用于保存的图像则必须统一转为 QImage 类型，故本例程序中对图像进行每一步处理后，都将其分别以这两种不同形式赋值给两个变量暂存，以便随时供处理或存盘用。在 Qt 中，QImage 类型的图像还可供界面显示用。

(c) ctImgShow();：显示 CT 相片的语句封装于方法 ctImgShow()内，在整个程序范围内通用，其中仅有一条关键语句，如下：

```cpp
void MainWindow::ctImgShow()
{
    ui->CT_Img_Label->setPixmap(QPixmap::fromImage(myCtQImage.Scaled(ui->CT_
Img_Label->size(), Qt::KeepAspectRatio)));             //在QT界面上显示CT相片
}
```

(d) connect(myTimer, SIGNAL(timeout()), this, SLOT(onTimeOut()));：onTimeOut()方法是触发时间显示更新事件消息所要执行的方法，内容为：

```cpp
void MainWindow::onTimeOut()
{
    QTime time = QTime::currentTime();              //获取当前系统时间
    ui->timeEdit->setTime(time);                    //设置时间框里显示的值
}
```

18.4.4 诊断功能实现

界面上的"开始诊断"按钮实现诊断功能，其事件代码如下：

```cpp
void MainWindow::on_startPushButton_clicked()
{
    ctImgRead();                                    //打开和读取患者的CT相片
    QTime time;
    time.start();
    ui->progressBar->setMaximum(0);                 //(a)
```

```
    ui->progressBar->setMinimum(0);
    while (time.elapsed() < 5000)                   //等待时间为5秒
    {
        QCoreApplication::processEvents();          //处理事件以保持界面刷新
    }
    ui->progressBar->setMaximum(100);
    ui->progressBar->setMinimum(0);
    ctImgProc();                                    //处理CT相片
    ui->progressBar->setValue(0);
    ctImgSave();                                    //保存结果相片
}
```

说明:

(a) **ui->progressBar->setMaximum(0); ui->progressBar->setMinimum(0);**：将进度条的最大、最小值皆设为0，在运行时造成进度条反复循环播放的等待效果，增强用户使用体验。

从上段程序可见，诊断功能分为读取CT相片、分析CT相片进行诊断、保存诊断结果这三个主要阶段，下面分别介绍其实现的细节。

1. 读取CT相片

ctImgRead()方法为医生提供选择所要分析的患者CT相片且读取显示的功能，实现代码如下：

```
void MainWindow::ctImgRead()
{
    QString ctImgName = QFileDialog::getOpenFileName(this, "载入CT相片", ".",
"Image File(*.png *.jpg *.jpeg *.bmp)");           //打开图片文件对话框
    if(ctImgName.isEmpty()) return;
    Mat ctRgbImg, ctGrayImg;
    Mat ctImg = imread(ctImgName.toLatin1().data());   //读取CT相片数据
    cvtColor(ctImg, ctRgbImg, COLOR_BGR2RGB);          //格式转换为RGB
    cvtColor(ctRgbImg, ctGrayImg, COLOR_RGB2GRAY);     //格式转换为灰度图
    myCtImg = ctRgbImg;
    myCtGrayImg = ctGrayImg;
    myCtQImage = QImage((const unsigned char*)(ctRgbImg.data), ctRgbImg.cols,
ctRgbImg.rows, QImage::Format_RGB888);
    ctImgShow();
}
```

将彩色CT相片转为黑白的灰度图是为了单一化图像的色彩通道，以便于下面用特定的算法对图像像素进行分析处理。

2. 分析CT相片进行诊断

用OpenCV对打开的CT相片进行处理，执行**ctImgProc()**方法，代码如下：

```
void MainWindow::ctImgProc()
{
    QTime time;
    time.start();
    ui->progressBar->setValue(19);                  //进度条控制功能
    while(time.elapsed() < 2000) { QCoreApplication::processEvents(); }
    ctImgHoughCircles();                            //霍夫圆算法处理
```

```
    while (time.elapsed() < 2000) { QCoreApplication::processEvents(); }
    ui->progressBar->setValue(ui->progressBar->value() + 20);
    ctImgShow();                                    //显示处理后的CT相片
    while(time.elapsed() < 2000) { QCoreApplication::processEvents(); }
    ui->progressBar->setValue(ui->progressBar->maximum());
    QMessageBox::information(this, tr("完毕"), tr("子宫内壁见椭球形阴影,疑似子宫肌
瘤"));                                              //通过消息框显示诊断结果
}
```

其中的 ctImgHoughCircles()方法以 Contrib 扩展库中的霍夫圆算法检测和定位病灶所在之处,实现代码如下:

```
void MainWindow::ctImgHoughCircles()
{
    Mat ctGrayImg = myCtGrayImg.clone();           //获取灰度图
    Mat ctColorImg;
    cvtColor(ctGrayImg, ctColorImg, COLOR_GRAY2BGR);
    GaussianBlur(ctGrayImg, ctGrayImg, Size(9, 9), 2, 2);
                                                    //先对图像做高斯平滑处理
    vector<Vec3f> h_circles;                        //用向量数组存储病灶区圆圈
    HoughCircles(ctGrayImg, h_circles, HOUGH_GRADIENT, 2, ctGrayImg.rows/8, 200,
100);                                               //(a)
    int processValue = 45;
    ui->progressBar->setValue(processValue);
    QTime time;
    time.start();
    while (time.elapsed() < 2000) { QCoreApplication::processEvents(); }
    for(size_t i = 0; i < h_circles.size(); i++)
    {
        Point center(cvRound(h_circles[i][0]), cvRound(h_circles[i][1]));
        int h_radius = cvRound(h_circles[i][2]);
        circle(ctColorImg, center, h_radius, Scalar(238, 0, 238), 3, 8, 0);
                                                    //以粉色圆圈圈出CT相片上的病灶区
        circle(ctColorImg, center, 3, Scalar(238, 0, 0), -1, 8, 0);
                                                    //以鲜红圆点标出病灶区的中心
        processValue += 1;
        ui->progressBar->setValue(processValue);
    }
    myCtImg = ctColorImg;
    myCtQImage = QImage((const unsigned char*)(myCtImg.data), myCtImg.cols,
myCtImg.rows, QImage::Format_RGB888);
}
```

说明:

(a) HoughCircles(ctGrayImg, h_circles, HOUGH_GRADIENT, 2, ctGrayImg.rows/8, 200, 100);:在 OpenCV 的 Contrib 扩展库中执行霍夫圆算法的函数,霍夫圆算法是一种用于检测图像中圆形区域的算法。OpenCV 内部实现的是一个比标准霍夫圆变换更为灵活的检测算法——霍夫梯度法。它的原理依据是:圆心一定在圆的每个点的模向量上,这些圆的点的模向量的交点就是

圆心。霍夫梯度法的第一步是找到这些圆心，将三维累加平面转化为二维累加平面；第二步则根据所有候选中心的边缘非 0 像素对其的支持程度来确定圆的半径。此方法最早在 Illingworth 的论文 *The Adaptive Hough Transform* 中提出，有兴趣的读者请上网检索，本书不展开。对 HoughCircles()函数的几个主要参数简要说明如下。

- src_gray：内容为 ctGrayImg，表示待处理的灰度图。
- circles：为 h_circles，表示每个检测到的圆。
- HOUGH_GRADIENT：指定检测方法，为霍夫梯度法。
- dp：值为 2，累加器图像的反比分辨率。
- min_dist：这里是 ctGrayImg.rows/8，为检测到圆心之间的最小距离。
- param_1：值为 200，Canny 边缘函数的高阈值。
- param_2：值为 100，圆心检测阈值。

3. 保存诊断结果

将诊断结果保存在指定的目录下，用 ctImgSave()方法实现，代码如下：

```
void MainWindow::ctImgSave()
{
    QFile image("D:\\Qt\\imgproc\\Tumor_1.jpg");      //指定保存路径及文件名
    if (!image.open(QIODevice::ReadWrite)) return;
    QByteArray qba;                                   //缓存的字节数组
    QBuffer buf(&qba);                                //缓存区
    buf.open(QIODevice::WriteOnly);                   //以只写方式打开缓存区
    myCtQImage.save(&buf, "JPG");                     //以 JPG 格式写入缓存
    image.write(qba);                                 //将缓存数据写入图像文件
}
```

18.4.5 患者信息表单

本系统以选项卡表单的形式显示每个患者的基本信息及详细信息，并实现与数据网格记录的联动显示。

1. 显示表单信息

当用户选择数据网格中某患者的记录条目时，执行 onTableSelectChange()方法，在表单中显示该患者的信息，实现代码如下：

```
void MainWindow::on_basicTableView_clicked(const QModelIndex &index)
{
    onTableSelectChange(1);
}
```

参数（1）表示获取当前选中的条目行索引。

onTableSelectChange()方法的实现代码如下：

```
void MainWindow::onTableSelectChange(int row)
{
    int r = 1;                                        //默认显示第一行
    if(row !=0)  r = ui->basicTableView->currentIndex().row();
```

```
    QModelIndex index;                                      //获取当前行索引
    index = model->index(r, 1);                             //姓名
    ui->nameLabel->setText(model->data(index).toString());
    index = model->index(r, 2);                             //性别
    QString sex = model->data(index).toString();
    (sex.compare("男")==0)?ui->maleRadioButton->setChecked(true): ui->
femaleRadioButton->setChecked(true);
    index = model->index(r, 4);                             //出生日期
    QDate date;
    int now = date.currentDate().year();
    int bir = model->data(index).toDate().year();
    ui->ageSpinBox->setValue(now - bir);                    //计算年龄
    index = model->index(r, 3);                             //民族
    QString ethnic = model->data(index).toString();
    ui->ethniComboBox->setCurrentText(ethnic);
    index = model->index(r, 0);                             //医保卡编号
    QString ssn = model->data(index).toString();
    ui->ssnLineEdit->setText(ssn);
    showUserPhoto();                                        //照片
}
```

初始化加载窗体时也会自动执行一次该方法，参数为 0 默认显示的是第一条记录。

2. 显示照片

showUserPhoto()方法显示患者照片，实现代码如下：

```
void MainWindow::showUserPhoto()
{
    QPixmap photo;
    QModelIndex index;
    for(int i = 0; i < model_d->rowCount(); i++)
    {
        index = model_d->index(i, 0);
        QString current_name = model_d->data(index).toString();
        if(current_name.compare(ui->nameLabel->text()) == 0)
        {
            index = model_d->index(i, 2);
            break;
        }
    }
    photo.loadFromData(model_d->data(index).toByteArray(), "JPG");
    ui->photoLabel->setPixmap(photo);
}
```

以上代码将表单界面文本标签上显示的患者姓名与数据库视图模型中的姓名字段一一比对，比中的为该患者的信息条目，将其照片数据加载进来显示即可。

3. 病历联动填写

当切换到"病历"选项卡时,联动填写并显示该患者的详细病历信息,该功能的实现代码如下:

```
void MainWindow::on_tabWidget_tabBarClicked(int index)
{
    //填写病历
    if(index == 1)
    {
        QModelIndex index;
        for(int i = 0; i < model_d->rowCount(); i++)
        {
            index = model_d->index(i, 0);
            QString current_name = model_d->data(index).toString();
            if(current_name.compare(ui->nameLabel->text()) == 0)
            {
                index = model_d->index(i, 1);
                break;
            }
        }
        ui->caseTextEdit->setText(model_d->data(index).toString());
        ui->caseTextEdit->setFont(QFont("楷体", 12));     //设置字体、字号
    }
}
```

病历内容的读取、显示原理与照片类同,也是采用逐一比对的方法定位并取出模型视图中对应患者的病历信息。

18.5 医院远程诊断系统运行演示

最后,完整地运行这个系统,以便读者对其功能和使用方法有清晰的理解。

18.5.1 启动、连接数据库

运行程序,首先出现消息框,提示后台数据库已启动,单击"OK"按钮启动数据库,如图 18.16 所示。

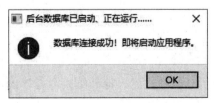

图 18.16 启动数据库

接下来出现的是系统主界面,初始显示一张默认的 CT 相片,如图 18.17 所示。

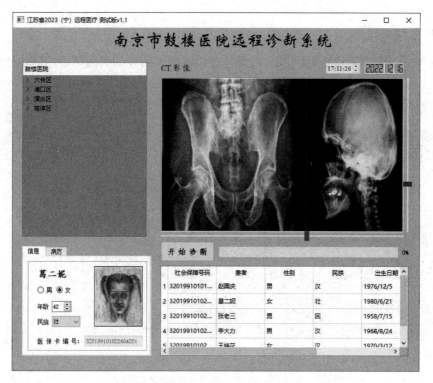

图 18.17　系统主界面

18.5.2 执行诊断分析

单击"开始诊断"按钮，选择一张 CT 相片并打开，如图 18.18 所示。

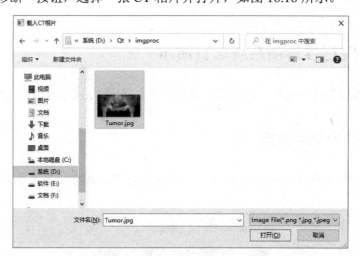

图 18.18　选择一张 CT 相片并打开

在诊断分析中，进度条显示分析的进度，诊断结束，程序圈出病灶区，并用消息框显示诊断结果，如图 18.19 所示。

第 18 章 OpenCV、树控件、表格控件综合应用实例：医院远程诊断系统

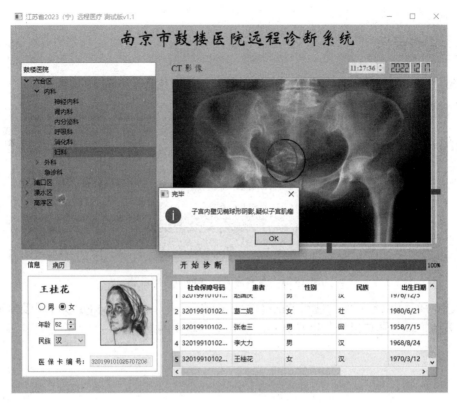

图 18.19 显示诊断结果

18.5.3 表单信息联动

在数据网格表中选择不同患者的记录条目，表单中也会联动更新对应患者的信息，如图 18.20 所示。

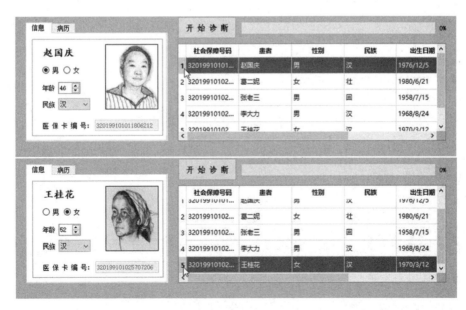

图 18.20 联动更新对应患者的信息

18.5.4 查看病历

切换到"病历"选项卡,可查看到该患者的详细病历信息,如图 18.21 所示。

图 18.21 查看患者的详细病历信息

至此,完成了用 Qt 开发、使用 OpenCV+Contrib 扩展库、以 MySQL 为后台数据库的远程医疗诊断系统,读者还可以对其进行完善,加入更多实用的功能。

第 19 章

QML 编程基础

19.1 QML 概述

QML（Qt Meta Language，Qt 元语言）是一个用来描述应用程序界面的声明式脚本语言，自 Qt 4.7 引入。QML 具有良好的易读性，它以可视化组件及其交互和相互关联的方式来描述界面，使组件能在动态行为中互相连接，并支持在一个用户界面上很方便地复用和定制组件。

Qt Quick 是 Qt 为 QML 提供的一套类库，由 QML 标准类型和功能组成，包括可视化类型、交互类型、动画类型、模型和视图、粒子系统和渲染效果等，在编程时只需要一条 import 语句，程序员就能够访问这些功能。使用 Qt Quick，设计和开发人员能很容易地用 QML 构建出高品质、流畅的 UI 界面，从而开发出具有视觉吸引力的应用程序。目前，QML 已经同 C++一起并列成为 Qt 的首选编程语言，Qt 5.15 支持 Qt Quick 2.15。

QML 是通过 Qt QML 引擎在程序运行时解析并运行的。Qt 5.15 更高性能的编译器通道意味着使用 QML 编写的程序启动时及运行时速度更高、效率更高。QML 新、旧编译器通道如图 19.1 所示。

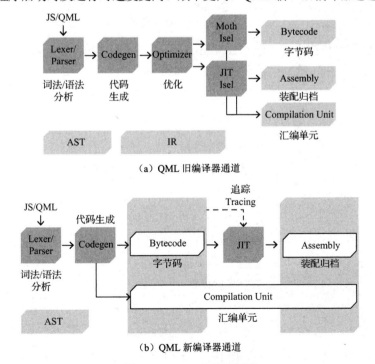

图 19.1 QML 编译器通道

19.1.1 第一个 QML 程序

【例】（简单）（CH1901）这里先从一个简单的 QML 程序入手，介绍 QML 的基本概念。

1. 创建 QML 项目

创建 QML 项目的步骤如下。

（1）启动 Qt Creator，单击主菜单"文件"→"New Project"命令，弹出"New Project"对话框，如图 19.2 所示，选择项目"Application (Qt)"下的"Qt Quick Application"模板。

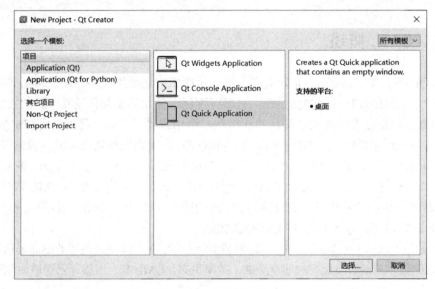

图 19.2 选择项目模板

（2）单击"选择"按钮，在"Qt Quick Application"对话框的"Project Location"页输入项目名称"QmlDemo"，并选择保存项目的路径，如图 19.3 所示。

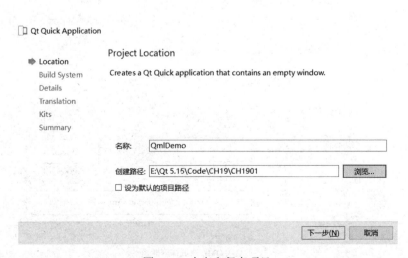

图 19.3 命名和保存项目

（3）单击"下一步"按钮，在"Define Build System"页选择编译器为"qmake"，如图19.4所示。

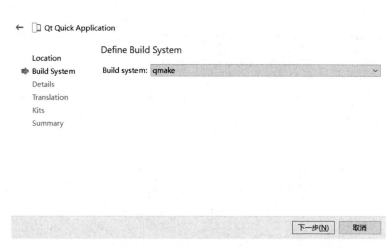

图 19.4　选择编译器

（4）单击"下一步"按钮，在"Define Project Details"页选择最低适应的 Qt 版本为"Qt 5.15"，如图 19.5 所示。

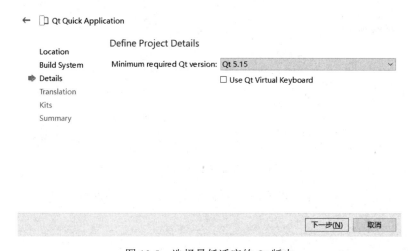

图 19.5　选择最低适应的 Qt 版本

（5）连续两次单击"下一步"按钮，在"Kit Selection"页选择项目的构建套件（编译器和调试器），如图 19.6 所示，这里勾选"Desktop Qt 5.15.2 MinGW 64-bit"复选框，单击"下一步"按钮。

（6）在"Project Management"页上自动汇总出要添加到该项目中的文件，如图 19.7 所示，单击"完成"按钮完成 QML 项目的创建。

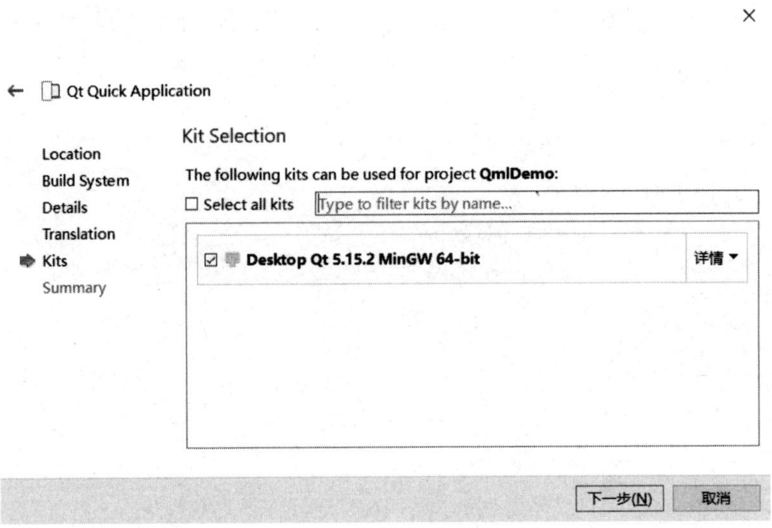

图 19.6　选择项目的构建套件

图 19.7　自动汇总出要添加到该项目中的文件

此时，系统自动生成了一个空的 QML 窗体代码框架，位于项目启动的主程序文件 main.qml 中，如下：

```
import QtQuick 2.15
import QtQuick.Window 2.15

Window {
    width: 640
    height: 480
    visible: true
    title: qsTr("Hello World")
}
```

单击▶按钮运行项目，弹出空白的"Hello World"窗口。

2. 编写 QML 程序

初始创建的 QML 项目没有任何内容，需要用户编写 QML 程序来实现功能。下面来实现如下简单的功能：

在窗口的上部放置一个文本框（默认显示"Enter some text..."），在其中输入"Hello World!"后单击该文本框外窗口内的任意位置，在开发环境底部"应用程序输出"子窗口中输出一行文本"qml: Clicked on background. Text: "Hello World!""，如图 19.8 所示。

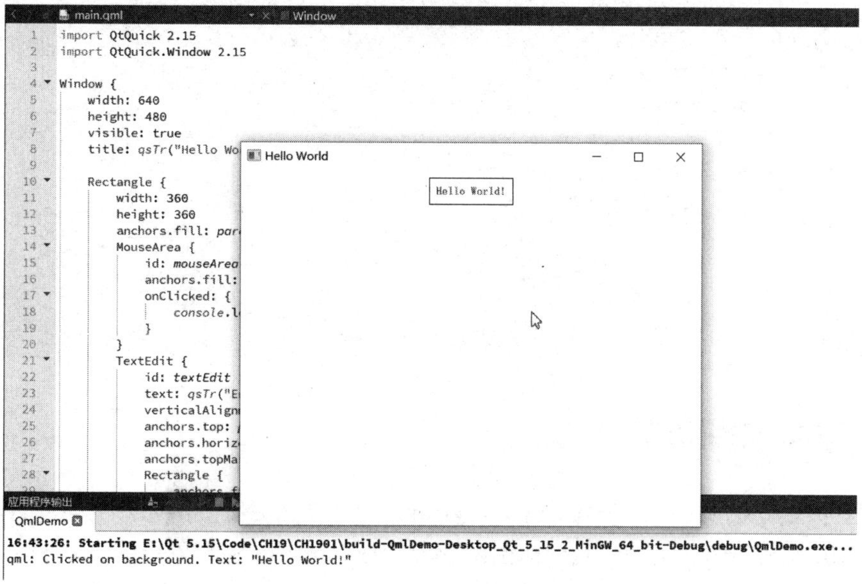

图 19.8　第一个 QML 程序的功能

在 main.qml 中编写代码如下：

```
/* import 部分 */
import QtQuick 2.15
import QtQuick.Window 2.15

/* 对象声明部分 */
Window {
    width: 640
    height: 480
    visible: true
    title: qsTr("Hello World")

    Rectangle {
        width: 360
        height: 360
        anchors.fill: parent
        MouseArea {
            id: mouseArea
            anchors.fill: parent
            onClicked: {
                console.log(qsTr('Clicked on background. Text: "' + textEdit.text
```

```
+ '"'))
                }
            }
            TextEdit {
                id: textEdit
                text: qsTr("Enter some text...")
                verticalAlignment: Text.AlignVCenter
                anchors.top: parent.top
                anchors.horizontalCenter: parent.horizontalCenter
                anchors.topMargin: 20
                Rectangle {
                    anchors.fill: parent
                    anchors.margins: -10
                    color: "transparent"
                    border.width: 1
                }
            }
        }
    }
```

19.1.2 QML 文档构成

QML 程序的源文件又称 "QML 文档"，以.qml 为文件名后缀，例如，上面项目的 main.qml 就是一个 QML 文档。每个 QML 文档都由两部分构成：import 和对象声明。

1. import 部分

此部分导入需要使用的 Qt Quick，这些库由 Qt 5.15 提供，包含了用户界面最通用的类和功能，如本程序 main.qml 文件开头的两条语句：

```
import QtQuick 2.15                              //导入 Qt Quick 2.15 库
import QtQuick.Window 2.15                       //导入 Qt Quick 窗体库
```

导入这些库后，用户就可以在自己编写的程序中访问 Qt Quick 所有的 QML 类型、接口和功能。

2. 对象声明

这是一个 QML 程序代码的主体部分，它以层次化的结构定义了可视场景中将要显示的元素，如矩形、图像、文本及获取用户输入的对象等，它们都是 Qt Quick 为用户界面开发提供的基本构件。例如，main.qml 的对象声明部分：

```
Window {                                         //根对象
    width: 640
    height: 480
    visible: true
    title: qsTr("Hello World")

    Rectangle {                                  //对象
        ...
```

```
    }
}
```

QML 规定了一个 Window 对象作为根对象，程序中声明的其他所有对象都必须位于根对象的内部。

3. 对象和属性

对象可以嵌套，即一个 QML 对象可以没有子对象，也可以有一个或多个子对象，如上面 Window 中声明的 Rectangle（矩形）对象就有两个子对象（MouseArea 和 TextEdit），而子对象 TextEdit 本身又拥有一个子对象 Rectangle，如下：

```
Rectangle {                                     //对象：Rectangle
    ...
    MouseArea {                                 //子对象1：MouseArea
        ...
    }
    TextEdit {                                  //子对象2：TextEdit
        ...
        Rectangle {                             //子对象2的子对象：Rectangle
            ...
        }
    }
}
```

对象由它们的类型指定，以大写字母开头，后面跟一对大括号{}，{}之中是该对象的属性，属性以键值对"属性名:值"的形式给出，比如在代码中：

```
Rectangle {
    width: 360                                  //属性（宽度）
    height: 360                                 //属性（高度）
    ...
}
```

定义了一个宽度和高度都是 360 像素的矩形。QML 允许将多个属性写在一行，但它们之间必须用分号隔开，所以以上代码也可以写为：

```
Rectangle {
    width: 360;height: 360                      //属性（宽度和高度）
    ...
}
```

对象 MouseArea 是可以响应鼠标事件的区域：

```
MouseArea {
    id: mouseArea
    anchors.fill: parent
    onClicked: {
        console.log(qsTr('Clicked on background. Text: "' + textEdit.text + '"'))
    }
}
```

作为子对象，它可以使用 parent 关键字访问其父对象 Rectangle。其属性 anchors.fill 起到布局作用，它会使 MouseArea 充满一个对象的内部，这里值为 parent 表示 MouseArea 充满整个矩形，即整个窗口内部都是鼠标响应区。

TextEdit 是一个文本编辑对象：

```
TextEdit {
    id: textEdit
    text: qsTr("Enter some text...")
    verticalAlignment: Text.AlignVCenter
    anchors.top: parent.top
    anchors.horizontalCenter: parent.horizontalCenter
    anchors.topMargin: 20
    Rectangle {
        anchors.fill: parent
        anchors.margins: -10
        color: "transparent"
        border.width: 1
    }
}
```

属性 text 是其默认要输出显示的文本（Enter some text...），属性 anchors.top、anchors.horizontalCenter 和 anchors.topMargin 都是布局用的，这里使 TextEdit 处于矩形窗口的上部水平居中的位置，距窗口顶部有 20 像素的边距。

QML 文档中的各种对象及其子对象以这种层次结构组织在一起，共同描述一个可显示的用户界面。

4．对象标识符

每个对象都可以指定唯一的 id 值，这样便可以在其他对象中识别并引用该对象。例如在本例代码中：

```
MouseArea {
    id: mouseArea
    ...
}
```

就给 MouseArea 指定了 id 为 mouseArea。可以在一个对象所在的 QML 文档中的任何地方，通过使用该对象的 id 来引用该对象。因此，id 在一个 QML 文档中必须是唯一的。对于一个 QML 对象而言，id 是一个特殊的值，不要把它看成一个普通的属性，例如，无法使用 mouseArea.id 来进行访问。一旦一个对象被创建，它的 id 就无法被改变了。

 id 必须使用小写字母或以下画线开头，并且不能使用除字母、数字和下画线外的字符。

5．注释

QML 文档的注释同 C/C++、JavaScript 代码的注释一样：

（1）单行注释使用"//"开始，在行的末尾结束。

（2）多行注释使用"/*"开始，使用"*/"结尾。

因具体写法在前面代码中给出过，故这里不再赘述。

19.2 QML 可视元素

QML 使用可视元素（Visual Elements）来描述图形化用户界面，每个可视元素都是一个对象，具有几何坐标，在屏幕上占据一块显示区域。Qt Quick 预定义了一些基本的可视元素，用户编程可直接使用它们来创建程序界面。

19.2.1 矩形元素：Rectangle

Qt Quick 提供了 Rectangle 类型来绘制矩形，矩形可以使用纯色或渐变色来填充，可以为它添加边框并指定颜色和宽度，还可以设置透明度、可见性、旋转和缩放等效果。

【例】（简单）（CH1902）在窗口中绘制矩形，运行效果如图 19.9 所示。

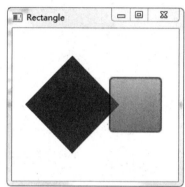

图 19.9 Rectangle 运行效果

具体实现步骤如下。

（1）新建 QML 应用程序，项目名称为"Rectangle"。
（2）在 main.qml 文件中编写代码如下：

```
import QtQuick 2.15
import QtQuick.Window 2.15

Window {
    width: 250
    height: 220
    visible: true
    title: qsTr("Rectangle")

    Rectangle {
        width: 360
        height: 360
        anchors.fill: parent
        MouseArea {
            id: mouseArea
            anchors.fill: parent
            onClicked: {
                topRect.visible = !topRect.visible    //（a）
            }
        }
        /* 添加定义两个 Rectangle 对象 */
        Rectangle {
            rotation: 45                              //旋转 45°
            x: 40                                     //x 方向的坐标
            y: 60                                     //y 方向的坐标
            width: 100                                //矩形宽度
```

```
            height: 100                             //矩形高度
            color: "red"                            //以纯色（红色）填充
        }
        Rectangle {
            id: topRect                             //id
            opacity: 0.6                            //设置透明度为60%
            scale: 0.8                              //缩小为原尺寸的80%
            x: 135
            y: 60
            width: 100
            height: 100
            radius: 8                               //绘制圆角矩形
            gradient: Gradient {                    //(b)
                GradientStop { position: 0.0; color: "aqua" }
                GradientStop { position: 1.0; color: "teal" }
            }
            border { width: 3; color: "blue" }      //为矩形添加一个3像素宽的蓝色边框
        }
    }
}
```

说明：

(a) topRect.visible = !topRect.visible：控制矩形对象的可见性。用矩形对象的标识符 topRect 访问其 visible 属性以达到控制可见性的目的。在程序运行中，单击窗体内任意位置，矩形 topRect 将时隐时现。

(b) gradient: Gradient {…}：以垂直方向的渐变色填充矩形，gradient 属性要求一个 Gradient 对象，该对象需要一个 GradientStop 的列表。可以这样理解渐变：渐变指定在某个位置上必须是某种颜色，这期间的过渡色则由计算得到。GradientStop 对象就是用于这种指定的，它需要两个属性：position 和 color。前者是一个 0.0~1.0 的浮点数，说明 y 轴方向的位置，例如元素的顶部是 0.0，底部是 1.0，介于顶部和底部之间的位置可以用这样一个浮点数表示，也就是一个比例；后者是这个位置的颜色值，例如上面的 GradientStop { position: 1.0; color: "teal" }说明从上往下到矩形底部范围内都是蓝绿色。

19.2.2 图像元素：Image

Qt Quick 提供了 Image 类型来显示图像，Image 类型有一个 source 属性。该属性的值可以是远程或本地 URL，也可以是嵌入已编译的资源文件中的图像文件 URL。

【例】（简单）（CH1903）将一张较大的风景图片适当地缩小后显示在窗体中，运行效果如图 19.10 所示。

具体实现步骤如下。

（1）新建 QML 应用程序，项目名称为"Image"。

（2）在项目工程目录中建一个 images 文件夹，其中放入一张图片，该图片是用数码相机拍摄（尺寸为 980 像素×751 像素）的，文件名为"tianchi.jpg"（长白山天池）。

（3）右击项目视图"资源"→"qml.qrc"→"/"节点，选择"添加现有文件"命令，从弹出的对话框中选择事先准备的"tianchi.jpg"文件并打开,如图 19.11 所示,将其加载到项目中。

图 19.10　Image 运行效果

图 19.11　加载图片资源

(4) 打开 main.qml 文件,编写代码如下:

```
import QtQuick 2.15
import QtQuick.Window 2.15

Window {
    width: 285
    height: 225
    visible: true
    title: qsTr("Image")

    Rectangle {
        width: 360
        height: 360
        anchors.fill: parent
        Image {
            //图片在窗口中的位置坐标
            x: 20
            y: 20
            //宽和高均为原图的 1/4
            width: 980/4;height: 751/4              //(a)
            source: "images/tianchi.jpg"            //图片路径
            fillMode: Image.PreserveAspectCrop      //(b)
            clip: true                              //避免所要渲染的图片超出元素范围
        }
    }
}
```

说明:

(a) width: 980/4;height: 751/4:Image 的 width 和 height 属性用来设定图元的大小,如果没有设置,则 Image 会使用图片本身的尺寸;如果设置了,则图片就会拉伸来适应这个尺寸。本例设置它们均为原图尺寸的 1/4,为的是使其缩小后不变形。

(b) fillMode: Image.PreserveAspectCrop:fillMode 属性设置图片的填充模式,它支持

Image.Stretch(拉伸)、Image.PreserveAspectFit(等比缩放)、Image.PreserveAspectCrop(等比缩放，最大化填充 Image，必要时裁剪图片)、Image.Tile(在水平和垂直两个方向平铺，就像贴瓷砖那样)、Image.TileVertically(垂直平铺)、Image.TileHorizontally(水平平铺)、Image.Pad(保持图片原样不做变换)等模式。

19.2.3 文本元素：Text

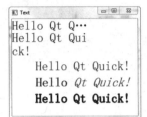

图 19.12 Text 运行效果

为了用 QML 显示文本，要使用 Text 元素，它提供了很多属性，包括颜色、字体、字号、加粗和倾斜等，这些属性可以应用于整个文本段，获得想要的文字效果。Text 元素还支持富文本显示、文本样式设计，以及长文本省略和换行等功能。

【例】（简单）（CH1904）各种典型文字效果的演示，运行效果如图 19.12 所示。

具体实现步骤如下。

（1）新建 QML 应用程序，项目名称为"Text"。

（2）打开 main.qml 文件，编写代码如下：

```qml
import QtQuick 2.15
import QtQuick.Window 2.15

Window {
    width: 320
    height: 240
    visible: true
    title: qsTr("Text")

    Rectangle {
        width: 360
        height: 360
        anchors.fill: parent

        Text {                                          //普通纯文本
            x:60
            y:100
            color:"green"                               //设置颜色
            font.family: "Helvetica"                    //设置字体
            font.pointSize: 24                          //设置字号
            text: "Hello Qt Quick!"                     //输出文字内容
        }
        Text {                                          //富文本
            x:60
            y:140
            color:"green"
            font.family: "Helvetica"
            font.pointSize: 24
```

```
            text: "<b>Hello</b> <i>Qt Quick!</i>"    //(a)
    }
    Text {                                            //带样式的文本
        x:60
        y:180
        color:"green"
        font.family: "Helvetica"
        font.pointSize: 24
        style: Text.Outline;styleColor:"blue"         //(b)
        text: "Hello Qt Quick!"
    }
    Text {                                            //带省略的文本
        width:250                                     //限制文本宽度
        color:"green"
        font.family: "Helvetica"
        font.pointSize: 24
        horizontalAlignment:Text.AlignLeft            //在窗口中左对齐
        verticalAlignment:Text.AlignTop               //在窗口中顶端对齐
        elide:Text.ElideRight                         //(c)
        text: "Hello Qt Quick!"
    }
    Text {                                            //换行的文本
        width:250                                     //限制文本宽度
        y:30
        color:"green"
        font.family: "Helvetica"
        font.pointSize: 24
        horizontalAlignment:Text.AlignLeft
        wrapMode:Text.WrapAnywhere                    //(d)
        text: "Hello Qt Quick!"
    }
  }
}
```

说明：

(a) text: "Hello <i>Qt Quick!</i>"：Text 元素支持用 HTML 类型标记定义富文本，它有一个 textFormat 属性，默认值为 Text.RichText（输出富文本）；若显式地指定为 Text.PlainText，则会输出纯文本（连同 HTML 标记一起作为字符输出）。

(b) style: Text.Outline;styleColor:"blue"：style 属性设置文本的样式，支持的文本样式有 Text.Normal、Text.Outline、Text.Raised 和 Text.Sunken；styleColor 属性设置样式的颜色，这里是蓝色。

(c) elide:Text.ElideRight：设置省略文本的部分内容来适合 Text 的宽度，若没有对 Text 明确设置 width 值，则 elide 属性将不起作用。elide 可取的值有 Text.ElideNone（默认，不省略）、Text.ElideLeft（从左边省略）、Text.ElideMiddle（从中间省略）和 Text.ElideRight（从右边省略）。

(d) wrapMode:Text.WrapAnywhere：如果不希望使用 elide 省略显示方式，还可以通过 wrapMode 属性指定换行模式，本例中设为 Text.WrapAnywhere，即只要达到边界（哪怕在一个单词的中间）都会进行换行；若不想这么做，可设为 Text.WordWrap，只在单词边界换行。

19.2.4 自定义元素（组件）

前面简单地介绍了几种 QML 的基本元素。在实际应用中，用户可以将这些基本元素加以组合，自定义出一个较复杂的元素，以方便重用，这种自定义的组合元素也称组件。QML 提供了很多方法来创建组件，其中最常用的是基于文件的组件，它将 QML 元素放置在一个单独的文件中，然后给该文件设置一个名字，便于用户日后通过这个名字来使用这个组件。

【例】（难度一般）（CH1905）自定义一个 Button 组件并在主窗口中使用它，运行效果如图 19.13 所示。

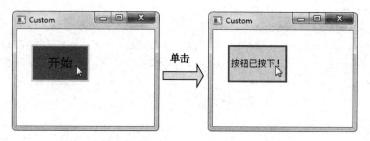

图 19.13　自定义 Button 组件的运行效果

具体实现步骤如下。

（1）新建 QML 应用程序，项目名称为"Custom"。

（2）右击项目视图"资源"→"qml.qrc"→"/"节点，选择"添加新文件"命令，弹出"新建文件"对话框，如图 19.14 所示，选择"Qt"→"QML File(Qt Quick 2)"模板。

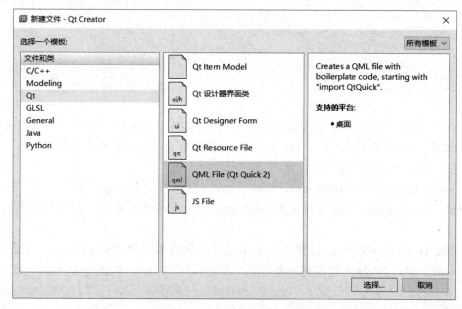

图 19.14　"新建文件"对话框

（3）单击"选择"按钮，在"Location"页输入文件名"Button"，并选择保存路径（本项目文件夹下），如图19.15所示。

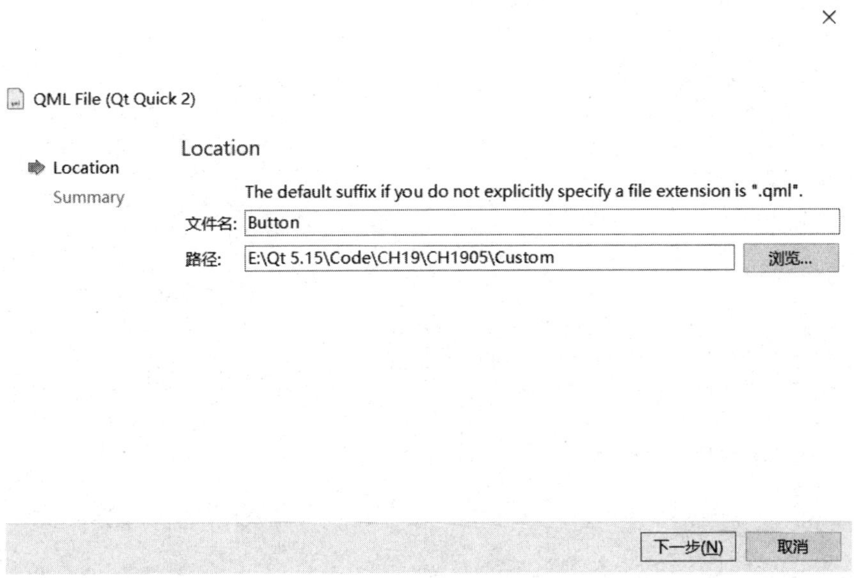

图 19.15 命名组件并保存

单击"下一步"按钮，单击"完成"按钮，就在项目中添加了一个 Button.qml 文件。
（4）打开 Button.qml 文件，编写代码如下：

```
import QtQuick 2.15
Rectangle {                                 //将 Rectangle 自定义成按钮
    id:btn
    width: 100;height: 62                   //按钮的尺寸
    color: "teal"                           //按钮颜色
    border.color: "aqua"                    //按钮边界色
    border.width: 3                         //按钮边界宽度
    Text {                                  //Text 元素作为按钮文本
        id: label
        anchors.centerIn: parent
        font.pointSize: 16
        text: "开始"
    }
    MouseArea {                             //MouseArea 对象作为按钮单击事件响应区
        anchors.fill: parent
        onClicked: {                        //响应单击事件代码
            label.text = "按钮已按下！"
            label.font.pointSize = 9        //改变按钮文本和字号
            btn.color = "aqua"              //改变按钮颜色
            btn.border.color = "teal"       //改变按钮边界色
        }
    }
}
```

该文件将一个普通的矩形元素"改造"成按钮,并封装了按钮的文本、颜色、边界等属性,同时定义了它在响应用户单击时的行为。

(5) 打开 main.qml 文件,编写代码如下:

```
import QtQuick 2.15
import QtQuick.Window 2.15

Window {
    width: 320
    height: 240
    visible: true
    title: qsTr("Custom")

    Rectangle {
        width: 360
        height: 360
        anchors.fill: parent

        Button {                                          //复用 Button 组件
            x: 25; y: 25
        }
    }
}
```

可见,由于已经编写好了 Button.qml 文件,此处就可以像使用 QML 基本元素一样直接使用这个组件。

19.3 QML 元素布局

QML 编程中可以使用 x、y 属性手动布局元素,但这些属性是与元素父对象左上角位置紧密相关的,不容易确定各子元素间的相对位置。为此,QML 提供了定位器和锚来简化元素的布局。

19.3.1 定位器:Positioner

定位器是 QML 中专用于定位的一类元素,主要有 Row、Column、Grid 和 Flow 等,它们都包含在 Qt Quick 模块中。

1. 行列、网格定位

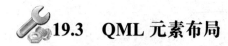(简单)(CH1906) 行列和网格定位分别使用 Row、Column 和 Grid 元素,运行效果如图 19.16 所示。

第19章 QML 编程基础

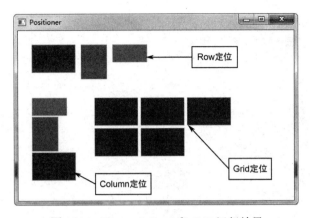

图 19.16 Row、Column 和 Grid 运行效果

具体实现步骤如下。

（1）新建 QML 应用程序，项目名称为"Positioner"。

（2）按 19.2.4 节介绍的方法定义红、绿、蓝三个矩形组件，代码如下：

```
/* 红色矩形，源文件 RedRectangle.qml */
import QtQuick 2.15
Rectangle {
    width: 64                                           //宽度
    height: 32                                          //高度
    color: "red"                                        //颜色
    border.color: Qt.lighter(color)                     //边框色设置比填充色浅（默认是 50%）
}
/* 绿色矩形，源文件 GreenRectangle.qml */
import QtQuick 2.15
Rectangle {
    width: 48
    height: 62
    color: "green"
    border.color: Qt.lighter(color)
}
/* 蓝色矩形，源文件 BlueRectangle.qml */
import QtQuick 2.15
Rectangle {
    width: 80
    height: 50
    color: "blue"
    border.color: Qt.lighter(color)
}
```

（3）打开 main.qml 文件，编写代码如下：

```
import QtQuick 2.15
import QtQuick.Window 2.15

Window {
    width: 420
    height: 280
```

```qml
    visible: true
    title: qsTr("Positioner")

    Rectangle {
        width: 420
        height: 280
        anchors.fill: parent

        Row {                                           //(a)
            x:25
            y:25
            spacing: 10                                 //元素间距为10像素
            layoutDirection:Qt.RightToLeft              //元素从右向左排列
            //以下添加被Row定位的元素成员
            RedRectangle { }
            GreenRectangle { }
            BlueRectangle { }
        }
        Column {                                        //(b)
            x:25
            y:120
            spacing: 2
            //以下添加被Column定位的元素成员
            RedRectangle { }
            GreenRectangle { }
            BlueRectangle { }
        }
        Grid {                                          //(c)
            x:140
            y:120
            columns: 3                                  //每行3个元素
            spacing: 5
            //以下添加被Grid定位的元素成员
            BlueRectangle { }
            BlueRectangle { }
            BlueRectangle { }
            BlueRectangle { }
            BlueRectangle { }
        }
    }
}
```

说明:

(a) Row {…}: Row 将被其定位的元素成员都放置在一行的位置,所有元素之间的间距相等(由 spacing 属性设置),顶端保持对齐。layoutDirection 属性设置元素的排列顺序,可取值为 Qt.LeftToRight(默认,从左向右)、Qt.RightToLeft(从右向左)。

(b) Column {…}: Column 将元素成员按照加入的顺序从上到下在同一列排列出来,同样由 spacing 属性指定元素间距,所有元素靠左对齐。

(c) Grid {…}：Grid 将其元素成员排列为一个网格，默认从左向右排列，每行 4 个元素。可通过设置 rows 和 columns 属性来自定义行和列的数值，如果二者有一个不显式设置，则另一个会根据元素成员的总数计算出来。例如，本例中的 columns 设置为 3，一共放入 5 个蓝色矩形，行数就会自动计算为 2。

2．流定位（Flow）

【例】（简单）（CH1906 续）流定位使用 Flow 元素，运行效果如图 19.17 所示。

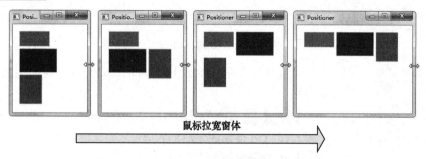

图 19.17　Flow 运行效果

具体实现步骤如下。

（1）仍然使用上例"Positioner"，在其基础上修改。

（2）打开 main.qml 文件，修改代码如下：

```
import QtQuick 2.15
import QtQuick.Window 2.15

Window {
    width: 150
    height: 200
    visible: true
    title: qsTr("Positioner")

    Rectangle {
        width: 150                              //(a)
        height: 200                             //(a)
        anchors.fill: parent

        Flow {                                  //(b)
            anchors.fill: parent
            anchors.margins: 15                 //元素与窗口左上角边距为15像素
            spacing: 5
            //以下添加被 Flow 定位的元素成员
            RedRectangle { }
            BlueRectangle { }
            GreenRectangle { }
        }
    }
}
```

说明：

(a) width: 150、height: 200：为了使 Flow 正确工作并演示出其实用效果，需要指定元素显示区的宽度和高度。

(b) Flow {…}：顾名思义，Flow 会将其元素成员以流的形式显示出来，它既可以从左向右横向布局，也可以从上向下纵向布局，或反之。但与 Row、Column 等定位器不同的是，添加到 Flow 里的元素，会根据显示区（窗体）尺寸变化动态地调整其布局。以本程序为例，初始运行时，因窗体狭窄，无法横向编排元素，故三个矩形都纵向排列，在用鼠标将窗体拉宽的过程中，其中矩形由纵排逐渐转变成横排显示。

图 19.18　Repeater 结合 Grid 运行效果

3. 重复器（Repeater）

重复器用于创建大量相似的元素成员，常与其他定位器结合起来使用。

【例】（简单）（CH1907）Repeater 结合 Grid 来排列一组矩形元素，运行效果如图 19.18 所示。

具体实现步骤如下。

（1）新建 QML 应用程序，项目名称为 "Repeater"。

（2）打开 main.qml 文件，编写代码如下：

```
import QtQuick 2.15
import QtQuick.Window 2.15

Window {
    width: 300
    height: 250
    visible: true
    title: qsTr("Repeater")

    Rectangle {
        width: 360
        height: 360
        anchors.fill: parent

        Grid {                                      //Grid 定位器
            x:25;y:25
            spacing: 4
            //用重复器为 Grid 添加元素成员
            Repeater {                              //(a)
                model: 16                           //要创建元素成员的个数
                Rectangle {                         //成员皆为矩形元素
                    width: 48; height: 48
                    color:"aqua"
                    Text {                          //显示矩形编号
                        anchors.centerIn: parent
                        color: "black"
```

```
                    font.pointSize: 20
                    text: index                          //(b)
                }
            }
        }
    }
}
```

说明：

(a) Repeater {…}：重复器，作为 Grid 的数据提供者，它可以创建任何 QML 基本的可视元素。因 Repeater 会按照其 model 属性定义的个数循环生成子元素，故上面代码重复生成 16 个 Rectangle。

(b) text: index：Repeater 会为每个子元素注入一个 index 属性，作为当前的循环索引（本例中是 0～15）。因可以在子元素定义中直接使用这个属性，故这里用它给 Text 的 text 属性赋值。

19.3.2　锚：Anchor

除前面介绍的 Row、Column 和 Grid 等外，QML 还提供了一种使用 Anchor（锚）来进行元素布局的方法。每个元素都可被认为有一组无形的"锚线"：left、horizontalCenter、right、top、verticalCenter 和 bottom，如图 19.19 所示，Text 元素还有一个 baseline 锚线（对于没有文本的元素，它与 top 相同）。

这些锚线分别对应元素中的 anchors.left、anchors.horizontalCenter 等属性，所有的可视元素都可以使用锚来布局。还可以为一个元素的锚指定边距（margin）和偏移（offset）。边距指定了元素锚到外边界的空间量，而偏移允许使用中心锚线来定位。一个元素可以通过 leftMargin、rightMargin、topMargin 和 bottomMargin 来独立地指定锚边距，如图 19.20 所示，也可以使用 anchor.margins 来为所有的 4 个锚指定相同的边距。

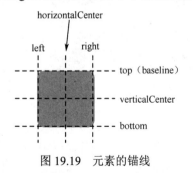

图 19.19　元素的锚线　　　　图 19.20　元素锚边距

锚偏移使用 horizontalCenterOffset、verticalCenterOffset 和 baselineOffset 来指定。编程中还经常用 anchors.fill 将一个元素充满另一个元素，这等价于使用了 4 个锚。但要注意，只能在父子或兄弟元素之间使用锚，而且基于锚的布局不能与绝对的位置定义（如直接设置 x 和 y 属性值）混合使用，否则会出现不确定的结果。

【例】（难度一般）（CH1908）使用 Anchor 布局一组矩形元素，并测试锚的特性，布局运行效果如图 19.21 所示。

图 19.21　Anchor 布局运行效果

具体实现步骤如下。

（1）新建 QML 应用程序，项目名称为"Anchor"。

（2）本项目需要复用之前已开发的组件。将前面实例 CH1905 和 CH1906 中的源文件 Button.qml、RedRectangle.qml、GreenRectangle.qml 及 BlueRectangle.qml 复制到本项目目录下。右击项目视图"资源"→"qml.qrc"→"/"节点，选择"添加现有文件"命令，弹出"添加现有文件"对话框，如图 19.22 所示，选中上述几个.qml 文件，单击"打开"按钮将它们添加到当前项目中。

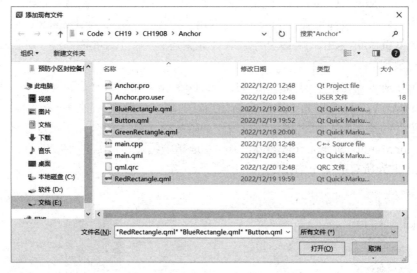

图 19.22　复用已开发的组件

（3）打开 main.qml 文件，编写代码如下：

```
import QtQuick 2.15
import QtQuick.Window 2.15

Window {
    width: 320
    height: 240
    visible: true
    title: qsTr("Anchor")

    Rectangle {
```

```
    id: windowRect
    /* 定义属性别名 */                          //(a)
    property alias chgRect1: changingRect1     //矩形 changingRect1 属性别名
    property alias chgRect2: changingRect2     //矩形 changingRect2 属性别名
    property alias rRect: redRect              //红矩形 redRect 属性别名
    width: 360
    height: 360
    anchors.fill: parent

    /* 使用 Anchor 对三个矩形元素进行横向布局 */    //(b)
    BlueRectangle {                            //蓝矩形
        id:blueRect
        anchors.left: parent.left              //与窗口左锚线锚定
        anchors.top: parent.top                //与窗口顶锚线锚定
        anchors.leftMargin: 25                 //左锚边距（窗口左边距）
        anchors.topMargin: 25                  //顶锚边距（窗口顶边距）
    }
    GreenRectangle {                           //绿矩形
        id:greenRect
        anchors.left: blueRect.right           //绿矩形左锚线与蓝矩形的右锚线锚定
        anchors.top: blueRect.top              //绿矩形顶锚线与蓝矩形的顶锚线锚定
        anchors.leftMargin: 40                 //左锚边距（与蓝矩形的间距）
    }
    RedRectangle {                             //红矩形
        id:redRect
        anchors.left: greenRect.right          //红矩形左锚线与绿矩形的右锚线锚定
        anchors.top: greenRect.top             //红矩形顶锚线与绿矩形的顶锚线锚定
        anchors.leftMargin: 40                 //左锚边距（与绿矩形的间距）
    }

    /* 对比测试 Anchor 的性质 */                //(c)
    RedRectangle {
        id:changingRect1
        anchors.left: parent.left          //矩形 changingRect1 初始与窗体左锚线锚定
        anchors.top: blueRect.bottom
        anchors.leftMargin: 25
        anchors.topMargin: 25
    }
    RedRectangle {
        id:changingRect2
        anchors.left: parent.left          //changingRect2 与 changingRect1 左对齐
        anchors.top: changingRect1.bottom
        anchors.leftMargin: 25
        anchors.topMargin: 20
    }

    /* 复用按钮 */
    Button {
```

```
            width:95;height:35                    //(d)
            anchors.right: redRect.right
            anchors.top: changingRect2.bottom
            anchors.topMargin: 10
        }
    }
}
```

说明:

(a) /* **定义属性别名** */: 这里定义矩形 changingRect1、changingRect2 及 redRect 的别名,目的是在按钮组件的源文件(外部 QML 文档)中能访问这几个元素,以便测试它们的锚定特性。

(b) /* **使用 Anchor 对三个矩形元素进行横向布局** */: 这段代码使用已定义的三个现成矩形元素,通过分别设置 anchors.left、anchors.top、anchors.leftMargin、anchors.topMargin 等锚属性对它们进行从左到右的布局,这与之前介绍的 Row 的布局作用一样。读者还可以修改其他锚属性以尝试更多的布局效果。

(c) /* **对比测试 Anchor 的性质** */: 锚属性还可以在程序运行中通过代码设置来动态地改变,为了对比,本例使用两个相同的红矩形,初始它们都与窗体左锚线锚定(对齐),然后改变右锚属性来观察它们的变化。

(d) width:95;height:35: 按钮组件原定义尺寸为 "width: 100;height: 62",复用时可以重新定义它的尺寸属性以使程序界面更美观。新属性值会 "覆盖" 原来的属性值,就像面向对象的 "继承" 一样提高了灵活性。

(4) 打开 Button.qml 文件,修改代码如下:

```
import QtQuick 2.15

Rectangle {                                    //将 Rectangle 自定义成按钮
    id:btn
    width: 100;height: 62                      //按钮尺寸
    color: "teal"                              //按钮颜色
    border.color: "aqua"                       //按钮边界色
    border.width: 3                            //按钮边界宽度
    Text {                                     //Text 元素作为按钮文本
        id: label
        anchors.centerIn: parent
        font.pointSize: 16
        text: "开始"
    }
    MouseArea {                                //MouseArea 对象作为按钮单击事件响应区
        anchors.fill: parent
        onClicked: {
            label.text = "按钮已按下!";
            label.font.pointSize = 9;
            btn.color = "aqua";
            btn.border.color = "teal";
            /* 改变 changingRect1 的右锚属性 */         //(a)
            windowRect.chgRect1.anchors.left = undefined;
            windowRect.chgRect1.anchors.right = windowRect.rRect.right;
```

```
                /* 改变 changingRect2 的右锚属性 */              //(b)
                windowRect.chgRect2.anchors.right = windowRect.rRect.right;
                windowRect.chgRect2.anchors.left = undefined;
            }
        }
    }
```

说明：

(a) /* 改变 **changingRect1** 的右锚属性 */：这里用"windowRect.chgRect1.anchors.left = undefined"先解除其左锚属性的定义，然后定义右锚属性，执行后，该矩形便会移动到与 redRect（第一行最右边的红矩形）右对齐。

(b) /* 改变 **changingRect2** 的右锚属性 */：这里先用"windowRect.chgRect2.anchors.right = windowRect.rRect.right"指定右锚属性，由于此时元素的左锚属性尚未解除，执行后，矩形位置并不会移动，而是宽度自动"拉长"到与 redRect 右对齐，之后即使再解除左锚属性也无济于事，故用户在编程改变布局时，一定要先将元素的旧锚解除，新设置的锚才能生效。

19.4 QML 事件处理

在前面讲解 Qt 5.15 编程时就提到了对事件的处理，如对鼠标事件、键盘事件等的处理，在 QML 编程中同样需要对鼠标键盘等事件进行处理，因为 QML 程序主要用于实现触摸式用户界面，所以主要是对鼠标（在触屏设备上可能是手指）事件的处理。

19.4.1 鼠标事件

与以前的窗口部件不同，在 QML 中如果一个元素想要处理鼠标事件，则要在其上放置一个 MouseArea 元素，也就是说，用户只能在 MouseArea 确定的范围内进行鼠标的动作。

【例】（难度一般）（CH1909）使用 MouseArea 接收和响应鼠标单击、拖曳等事件，运行效果如图 19.23 所示。

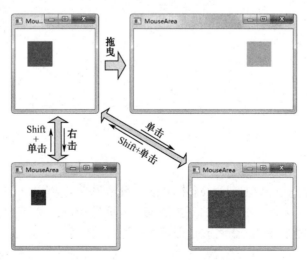

图 19.23　MouseArea 运行效果

具体实现步骤如下。

（1）新建 QML 应用程序，项目名称为"MouseArea"。

（2）右击项目视图"资源"→"qml.qrc"→"/"节点，选择"添加新文件"命令，新建 Rect.qml 文件，编写代码如下：

```qml
import QtQuick 2.15

Rectangle {                                    //定义一个矩形元素
    width: 50; height: 50                      //宽和高都是 50
    color: "teal"                              //初始为蓝绿色
    MouseArea {                                //定义 MouseArea 元素处理鼠标事件
        anchors.fill: parent                   //事件响应区充满整个矩形
        /* 拖曳属性设置 */                                              //(a)
        drag.target: parent
        drag.axis: Drag.XAxis
        drag.minimumX: 0
        drag.maximumX: 360 - parent.width
        acceptedButtons: Qt.LeftButton|Qt.RightButton    //(b)
        onClicked: {                           //处理鼠标事件的代码
            if(mouse.button === Qt.RightButton) {           //(c)
                /* 设置矩形为蓝色并缩小尺寸 */
                parent.color = "blue";
                parent.width -= 5;
                parent.height -= 5;
            }else if((mouse.button === Qt.LeftButton)&&(mouse.modifiers & Qt.ShiftModifier)) {                                //(d)
                /* 把矩形重新设为蓝绿色并恢复原来的大小 */
                parent.color = "teal";
                parent.width = 50;
                parent.height = 50;
            }else {
                /* 设置矩形为绿色并增大尺寸 */
                parent.color = "green";
                parent.width += 5;
                parent.height += 5;
            }
        }
    }
}
```

说明：

(a) /* 拖曳属性设置 */：MouseArea 中的 drag 分组属性提供了一个使元素可被拖曳的简便方法。drag.target 属性用来指定被拖曳的元素的 id（这里为 parent 表示被拖曳的就是鼠标指针所在元素）；drag.active 属性获取元素当前是否正在被拖曳的信息；drag.axis 属性用来指定拖曳的方向，可以是水平方向（Drag.XAxis）、垂直方向（Drag.YAxis）或者两个方向都可以（Drag.XandYAxis）；drag.minimumX 和 drag.maximumX 限制了元素在指定方向上被拖曳的范围。

(b) acceptedButtons: Qt.LeftButton|Qt.RightButton：MouseArea 所能接收的鼠标按键，可取的值有 Qt.LeftButton（鼠标左键）、Qt.RightButton（鼠标右键）和 Qt.MiddleButton（鼠标中键）。

(c) mouse.button：为 MouseArea 信号中所包含的鼠标事件参数，其中 mouse 为鼠标事件对象，可以通过它的 x 和 y 属性获取鼠标当前的位置，通过 button 属性获取按下的按键。

(d) mouse.modifiers & Qt.ShiftModifier：通过 modifiers 属性可以获取按下的键盘修饰键，modifiers 的值由多个按键组合而成，在使用时需要将 modifiers 与这些特殊的按键进行按位与来判断按键，常用的按键有 Qt.NoModifier（没有修饰键）、Qt.ShiftModifier（一个 Shift 键）、Qt.ControlModifier（一个 Ctrl 键）、Qt.AltModifier（一个 Alt 键）。

（3）打开 main.qml 文件，编写代码如下：

```
import QtQuick 2.15
import QtQuick.Window 2.15

Window {
    width: 390
    height: 100
    visible: true
    title: qsTr("MouseArea")

    Rectangle {
        width: 360
        height: 360
        anchors.fill: parent

        Rect {                              //复用定义好的矩形元素
            x:25;y:25                       //初始坐标
            opacity:(360.0 - x)/360         //透明度设置
        }
    }
}
```

这样就可以用鼠标水平地拖曳这个矩形，并且在拖曳过程中，矩形的透明度是随 x 坐标位置的改变而不断变化的。

19.4.2 键盘事件

当一个按键被按下或释放时，会产生一个键盘事件，并将其传递给获得了焦点的 QML 元素。在 QML 中，Keys 属性提供了基本的键盘事件处理器，所有可视元素都可以通过它来进行按键处理。

【例】（难度一般）（CH1910）利用键盘事件处理制作一个模拟桌面应用图标选择程序，运行效果如图 19.24 所示，按 Tab 键切换选项，当前选中的图标以彩色放大显示，还可以用方向键移动图标位置。

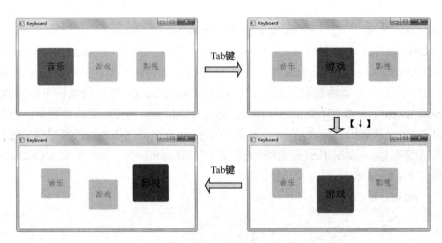

图 19.24 模拟桌面应用图标选择程序运行效果

具体实现步骤如下。
（1）新建 QML 应用程序，项目名称为"Keyboard"。
（2）打开 main.qml 文件，编写代码如下：

```qml
import QtQuick 2.15
import QtQuick.Window 2.15

Window {
    width: 450
    height: 240
    visible: true
    title: qsTr("Keyboard")

    Rectangle {
        width: 360
        height: 360
        anchors.fill: parent

        Row {                                         //所有图标成一行横向排列
            x:50;y:50
            spacing:30
            Rectangle {                               //第一个矩形元素（"音乐"图标）
                id: music
                width: 100; height: 100
                radius: 6
                color: focus ? "red" : "lightgray"
                                                      //被选中（获得焦点）时显示红色，否则变灰
                scale: focus ? 1 : 0.8                //被选中（获得焦点）时图标变大
                focus: true                           //初始时选中"音乐"图标
                KeyNavigation.tab: play               //(a)
                /* 移动图标位置 */                     //(b)
                Keys.onUpPressed: music.y -= 10       //上移
                Keys.onDownPressed: music.y += 10     //下移
                Keys.onLeftPressed: music.x -= 10     //左移
```

```
            Keys.onRightPressed: music.x += 10      //右移
            Text {                                   //图标上显示的文本
                anchors.centerIn: parent
                color: parent.focus ? "black" : "gray"
                                                     //被选中（获得焦点）时显示黑字，否则变灰
                font.pointSize: 20                   //字体大小
                text: "音乐"                         //文字内容为"音乐"
            }
        }
        Rectangle {                                  //第二个矩形元素（"游戏"图标）
            id: play
            width: 100; height: 100
            radius: 6
            color: focus ? "green" : "lightgray"
            scale: focus ? 1 : 0.8
            KeyNavigation.tab: movie                 //焦点转移到"影视"图标
            Keys.onUpPressed: play.y -= 10
            Keys.onDownPressed: play.y += 10
            Keys.onLeftPressed: play.x -= 10
            Keys.onRightPressed: play.x += 10
            Text {
                anchors.centerIn: parent
                color: parent.focus ? "black" : "gray"
                font.pointSize: 20
                text: "游戏"
            }
        }
        Rectangle {                                  //第三个矩形元素（"影视"图标）
            id: movie
            width: 100; height: 100
            radius: 6
            color: focus ? "blue" : "lightgray"
            scale: focus ? 1 : 0.8
            KeyNavigation.tab: music                 //焦点转移到"音乐"图标
            Keys.onUpPressed: movie.y -= 10
            Keys.onDownPressed: movie.y += 10
            Keys.onLeftPressed: movie.x -= 10
            Keys.onRightPressed: movie.x += 10
            Text {
                anchors.centerIn: parent
                color: parent.focus ? "black" : "gray"
                font.pointSize: 20
                text: "影视"
            }
        }
    }
  }
}
```

说明：

(a) KeyNavigation.tab: play：QML 中的 KeyNavigation 元素是一个附加属性，可以用来实现使用方向键或 Tab 键来进行元素的导航。它的子属性有 backtab、down、left、priority、right、tab 和 up 等，本例用其 tab 属性设置焦点转移次序，"KeyNavigation.tab: play"表示按下 Tab 键焦点转移到 id 为"play"的元素（"游戏"图标）。

(b) /* 移动图标位置 */：这里使用 Keys 属性来进行按下方向键后的事件处理，它也是一个附加属性，对 QML 所有的基本可视元素均有效。Keys 属性一般与 focus 属性配合使用，只有当 focus 值为 true 时，它才起作用，由 Keys 属性获取相应键盘事件的类型，进而决定所要执行的操作。本例中的 Keys.onUpPressed 表示上方向键被按下的事件，相应地执行该元素 y 坐标-10（上移）操作，其余方向的操作与之类似。

19.4.3 输入控件与焦点

QML 用于接收键盘输入的有两个元素：TextInput 和 TextEdit。TextInput 是单行文本框，支持验证器、输入掩码和显示模式等，与 QLineEdit 不同，QML 的文本输入元素只有一个闪动的光标和用户输入的文本，没有边框等可视元素。因此，为了能够让用户意识到这是一个可输入元素，通常需要一些可视化修饰，比如绘制一个矩形框，但更好的办法是创建一个组件，组件被定义好后可在编程中作为"输入控件"直接使用，效果与可视化设计的文本框一样。

【例】（难度中等）（CH1911）用 QML 输入元素定制文本框，可用 Tab 键控制其焦点切换，运行效果如图 19.25 所示。

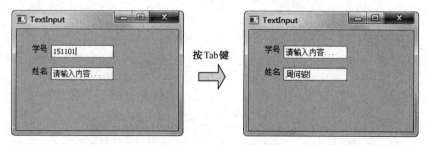

图 19.25 文本框焦点切换运行效果

具体实现步骤如下。

（1）新建 QML 应用程序，项目名称为"TextInput"。

（2）右击项目视图"资源"→"qml.qrc"→"/"节点，选择"添加新文件"命令，新建 TextBox.qml 文件，编写代码如下：

```
import QtQuick 2.15

FocusScope {                                        //(a)
    property alias label: label.text                //(b)
    property alias text: input.text                 //(c)
    Row {                                           //(d)
        spacing: 5
        Text {                                      //输入提示文本
            id: label
```

```
                text: "标签"
            }
            Rectangle{                              //(e)
                width: 100
                height: 20
                color: "white"                      //白底色
                border.color: "gray"                //灰色边框
                TextInput {                         //(f)
                    id: input
                    anchors.fill: parent            //充满矩形
                    anchors.margins: 4
                    focus: true                     //捕捉焦点
                    text: "请输入内容..."            //初始文本
                }
            }
        }
    }
}
```

说明：

(a) FocusScope {…}：将自定义的组件置于 FocusScope 元素中是为了能有效地控制焦点。因 TextInput 是作为 Rectangle 的子元素定义的，在程序运行时，Rectangle 不会主动将焦点转发给 TextInput，故文本框无法自动获得焦点。为解决这一问题，QML 专门提供了 FocusScope，因它在接收焦点时，会将焦点交给最后一个设置了 focus:true 的子对象，故应用中将 TextInput 的 focus 属性设为 true 以捕捉焦点，这样文本框的焦点就不会再被其父元素 Rectangle 夺去了。

(b) property alias label: label.text：定义 Text 元素的 text 属性的别名，是为了在编程时引用该别名修改文本框前的提示文本，定制出"学号""姓名"等对应不同输入项的文本框，增强通用性。

(c) property alias text: input.text：为了让外界可以直接设置 TextInput 的 text 属性，给这个属性也声明了一个别名。从封装的角度而言，这是一个很好的设计，它巧妙地将 TextInput 的其他属性设置的细节全部封装于组件中，只暴露出允许用户修改的 text 属性，通过它获取用户界面上输入的内容，提高了安全性。

(d) Row {…}：用 Row 定位器设计出这个复合组件的外观，它由 Text 和 Rectangle 两个元素行布局排列组合而成，两者顶端对齐，spacing（距离）为 5。

(e) Rectangle{…}：矩形元素作为 TextInput 的父元素，是专为呈现文本框可视外观的，QML 本身提供的 TextInput 只有光标和文本内容而无边框，将矩形设为白色灰边框，对 TextInput 进行可视化修饰。

(f) TextInput：这才是真正实现该组件核心功能的元素，将其定义为矩形的子元素并且充满整个 Rectangle，就可以呈现出与文本框一样的可视效果。

（3）打开 main.qml 文件，编写代码如下：

```
import QtQuick 2.15
import QtQuick.Window 2.15

Window {
    width: 280
    height: 120
```

```
        visible: true
        title: qsTr("TextInput")

        Rectangle {
            width: 360
            height: 360
            color: "lightgray"                      //背景设为亮灰色为突出文本框效果
            anchors.fill: parent

            /* 以下直接使用定义好的复合组件,生成所需文本框控件 */
            TextBox {                               //"学号"文本框
                id: tBx1
                x:25; y:25
                focus: true                         //初始焦点所在元素
                label: "学号"                       //设置提示标签文本为"学号"
                text: focus ? "" : "请输入内容..."  //获得焦点则清空提示文字,由用户输入内容
                KeyNavigation.tab: tBx2             //按 Tab 键焦点转移至"姓名"文本框
            }
            TextBox {                               //"姓名"文本框
                id: tBx2
                x:25; y:60
                label: "姓名"
                text: focus ? "" : "请输入内容..."
                KeyNavigation.tab: tBx1             //按 Tab 键焦点又回到"学号"文本框
            }
        }
    }
```

TextEdit 与 TextInput 非常类似,唯一区别是:TextEdit 是多行文本编辑组件。与 TextInput 一样,它也没有一个可视化的显示,所以用户在使用时也要像上述步骤一样将它定制成一个复合组件,然后使用。这些内容与前面代码几乎一样,不再赘述。

19.5 QML 集成 JavaScript

JavaScript 代码可以被很容易地集成进 QML,来提供用户界面(UI)逻辑、必要的控制及其他用途。QML 集成 JavaScript 有两种方式:一种是直接在 QML 代码中写 JavaScript 函数,然后调用;另一种是把 JavaScript 代码写在外部文件中,需要时用 import 语句导入.qml 源文件中使用。

19.5.1 调用 JavaScript 函数

【例】(难度一般)(CH1912)编写 JavaScript 函数实现图形的旋转,每单击一次,矩形就转动一个随机的角度,运行效果如图 19.26 所示。

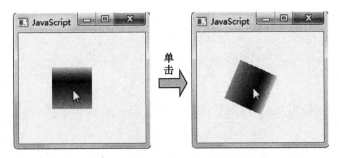

图 19.26 用 JavaScript 函数实现图形旋转的运行效果

具体实现步骤如下。

(1) 新建 QML 应用程序,项目名称为 "JavaScript"。

(2) 右击项目视图 "资源" → "qml.qrc" → "/" 节点,选择 "添加新文件" 命令,新建 RotateRect.qml 文件,编写代码如下:

```
import QtQuick 2.15

Rectangle {
    id: rect
    width: 60
    height: 60
    gradient: Gradient {            //以渐变色填充,增强旋转视觉效果
        GradientStop { position: 0.0; color: "yellow" }
        GradientStop { position: 0.33; color: "blue" }
        GradientStop { position: 1.0; color: "aqua" }
    }
    function getRandomNumber() {    //定义 JavaScript 函数
        return Math.random() * 360; //随机旋转的角度值
    }
    Behavior on rotation {          //行为动画(详见第 20 章)
        RotationAnimation {
            direction: RotationAnimation.Clockwise
        }
    }
    MouseArea {
        anchors.fill: parent        //矩形内部区域都接收鼠标单击
        onClicked: rect.rotation = getRandomNumber();
                                    //在单击事件代码中调用 JavaScript 函数
    }
}
```

(3) 打开 main.qml 文件,编写代码如下:

```
import QtQuick 2.15
import QtQuick.Window 2.15

Window {
    width: 160
    height: 160
    visible: true
```

```
    title: qsTr("JavaScript")

Rectangle {
    width: 360
    height: 360
    anchors.fill: parent

    TextEdit {
        id: textEdit
        visible: false
    }
    RotateRect {                              //直接使用 RotateRect 组件
        x:50;y:50
    }
}
}
```

19.5.2 导入 JS 文件

【例】（难度一般）（CH1913）往 QML 源文件中导入外部 JS 文件来实现图形旋转，运行效果如图 19.26 所示。

具体实现步骤如下。

（1）新建 QML 应用程序，项目名称为 "JSFile"。

（2）右击项目视图 "资源" → "qml.qrc" → "/" 节点，选择 "添加新文件" 命令，弹出 "新建文件" 对话框，如图 19.27 所示，选择 "Qt" → "JS File" 模板。

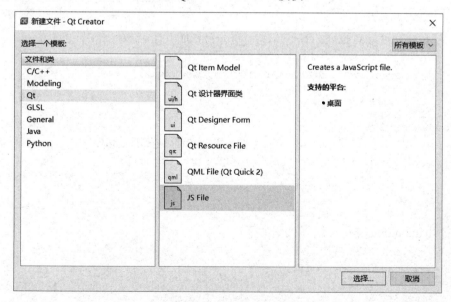

图 19.27　新建 JS 文件

（3）单击 "选择" 按钮，在 "Location" 页输入文件名 "myscript" 并选择保存路径（本项目文件夹下）。连续单击 "下一步" 按钮，最后单击 "完成" 按钮，就在项目中添加了一个 JS 文件。

（4）在 myscript.js 中编写代码如下：

```javascript
function getRandomNumber() {                    //定义 JavaScript 函数
    return Math.random() * 360;                 //随机旋转的角度值
}
```

（5）右击项目视图"资源"→"qml.qrc"→"/"节点，选择"添加新文件"命令，新建 RotateRect.qml 文件，编写代码如下：

```qml
import QtQuick 2.15
import "myscript.js" as Logic              //导入 JS 文件

Rectangle {
    id: rect
    width: 60
    height: 60
    gradient: Gradient {                    //渐变色增强旋转的视觉效果
        GradientStop { position: 0.0; color: "yellow" }
        GradientStop { position: 0.33; color: "blue" }
        GradientStop { position: 1.0; color: "aqua" }
    }
    Behavior on rotation {                  //行为动画
        RotationAnimation {
            direction: RotationAnimation.Clockwise
        }
    }

    MouseArea {
        anchors.fill: parent
        onClicked: rect.rotation = Logic.getRandomNumber();
                                            //使用导入 JS 文件中定义的 JavaScript 函数
    }
}
```

（6）打开 main.qml 文件，编写代码如下：

```qml
import QtQuick 2.15
import QtQuick.Window 2.15

Window {
    width: 160
    height: 160
    visible: true
    title: qsTr("JSFile")

    Rectangle {
        width: 360
        height: 360
        anchors.fill: parent

        TextEdit {
            id: textEdit
```

```
            visible: false
        }
        RotateRect {                                    //使用RotateRect组件
            x:50;y:50
        }
    }
}
```

当编写好一个 JS 文件后，其中定义的函数就可以在任何.qml 文件中使用，在开头用一句 import 导入该 JS 文件即可，而在 QML 文档中无须再写 JavaScript 函数，这样就将 QML 的代码与 JavaScript 代码隔离开来。

在开发界面复杂、规模较大的 QML 程序时，一般都会将 JavaScript 函数写在独立的 JS 文件中，再在组件的.qml 源文件中导入这些函数以完成特定的功能逻辑，最后直接在主窗体 UI 界面上布局这些组件即可。读者在编程时应当有意识地采用这种方式，才能开发出结构清晰、易于维护的 QML 应用程序。

第 20 章

QML 动画特效

20.1 QML 动画元素

在 QML 中，可以在对象的属性值上应用动画对象随时间改变它们来创建动画。动画对象是用一组 QML 内建的动画元素创建的，可以根据属性的类型及是否需要一个或多个动画而有选择地使用这些动画元素来为多种类型的属性值产生动画。所有的动画元素都继承自 Animation 元素，尽管它本身无法直接创建对象，但却为其他各种动画元素提供了通用的属性和方法。例如，用 running 属性和 start()、stop()方法控制动画的开始和停止，用 loops 属性设定动画循环次数等。

20.1.1 PropertyAnimation 元素

PropertyAnimation（属性动画元素）是用来为属性提供动画的最基本的动画元素，它直接继承自 Animation 元素，可以用来为 real、int、color、rect、point、size 和 vector3d 等属性设置动画。动画元素可以通过不同的方式来使用，取决于所需要的应用场景。一般的使用方式有如下几种：

- **作为属性值的来源**。可以立即为一个指定的属性使用动画。
- **在信号处理器中创建**。当接收到一个信号（如鼠标单击事件）时触发动画。
- **作为独立动画元素**。像一个普通 QML 对象一样地被创建，不需要绑定任何特定的对象和属性。
- **在属性值改变的行为中创建**。当一个属性改变值时触发动画，这种动画又称"行为动画"。

【例】（简单）（CH2001）编程演示动画元素多种不同的使用方式，运行效果如图 20.1 所示，图中以虚线箭头标示出各图形的运动轨迹，其中，"属性值源"矩形始终在循环往复地移动；"信号处理"矩形每单击一次会往返运动 3 次；"独立元素"矩形每单击一次就移动一次；任意时刻在窗口内的其他位置单击，"改变行为"矩形都会跟随鼠标移动。

实现步骤如下。

（1）新建 QML 应用程序，项目名称为"PropertyAnimation"。

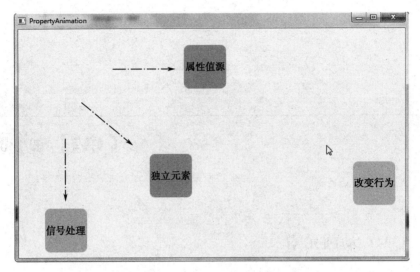

图 20.1 PropertyAnimation 多种不同使用方式的运行效果

（2）定义 4 个矩形组件，代码分别如下：

```qml
/* "属性值源"矩形，源文件 Rect1.qml */
import QtQuick 2.15
Rectangle {
    width: 80
    height: 80
    color: "orange"
    radius: 10
    Text {
        anchors.centerIn: parent
        font.pointSize: 12
        text: "属性值源"
    }
    PropertyAnimation on x {                    //(a)
        from: 50                                //起点
        to: 500                                 //终点
        duration: 30000                         //运动时间为 30 秒
        loops: Animation.Infinite               //无限循环
        easing.type: Easing.OutBounce           //(b)
    }
}
/* "信号处理"矩形，源文件 Rect2.qml */
import QtQuick 2.15
Rectangle {
    id: rect2
    width: 80
    height: 80
    color: "lightgreen"
    radius: 10
    Text {
        anchors.centerIn: parent
        font.pointSize: 12
```

```
            text: "信号处理"
        }
        MouseArea {
            anchors.fill: parent
            onClicked: PropertyAnimation {        //(c)
                target: rect2                     //动画应用于标识 rect2 的矩形（目标对象）
                property: "y"                     //y 轴方向的动画
                from: 30                          //起点
                to: 300                           //终点
                duration: 3000                    //运动时间为 3 秒
                loops: 3                          //运动 3 个周期
                easing.type: Easing.Linear        //匀速线性运动
            }
        }
    }
}
/*"独立元素"矩形，源文件 Rect3.qml */
import QtQuick 2.15
Rectangle {
    id: rect3
    width: 80
    height: 80
    color: "aqua"
    radius: 10
    Text {
        anchors.centerIn: parent
        font.pointSize: 12
        text: "独立元素"
    }
    PropertyAnimation {                           //(d)
        id: animation
        target: rect3                             //独立动画标识符
        properties: "x,y"                         //同时在 x、y 轴两个方向上运动
        duration: 1000                            //运动时间为 1 秒
        easing.type: Easing.InOutBack             //运动到半程增加速度，然后减少
    }
    MouseArea {
        anchors.fill: parent
        onClicked: {
            animation.from = 20                   //起点
            animation.to = 200                    //终点
            animation.running = true              //开启动画
        }
    }
}
/*"改变行为"矩形，源文件 Rect4.qml */
import QtQuick 2.15
Rectangle {
    width: 80
```

```
        height: 80
        color: "lightblue"
        radius: 10
        Text {
            anchors.centerIn: parent
            font.pointSize: 12
            text: "改变行为"
        }
        Behavior on x {                              //(e)
            PropertyAnimation {
                duration: 1000                       //运动时间为1秒
                easing.type: Easing.InQuart          //加速运动
            }
        }
        Behavior on y {                              //应用到y轴方向的运动行为
            PropertyAnimation {
                duration: 1000
                easing.type: Easing.InQuart
            }
        }
    }
}
```

说明：

(a) PropertyAnimation on x {…}：一个动画被应用为属性值源，要使用"动画元素 on 属性"语法，本例 Rect1 的运动就使用了这个方法。这里在 Rect1 的 x 属性上应用了 PropertyAnimation 来使它从起始值（50）在 30000 毫秒中使用动画变化到 500。Rect1 一旦加载完成就会开启该动画，PropertyAnimation 的 loops 属性指定为 Animation.Infinite，表明该动画是无限循环的。指定一个动画作为属性值源，在一个对象加载完成后立即就对一个属性使用动画变化到一个指定的值的情况是非常有用的。

(b) easing.type: Easing.OutBounce：对于任何基于 PropertyAnimation 的动画都可以通过设置 easing 属性来控制在属性值动画中使用缓和曲线。它们可以影响这些属性值的动画效果，提供反弹、加速和减速等视觉效果。这里通过使用 Easing.OutBounce 创建了一个动画到达目标值时的反弹效果。在本例代码中，还演示了其他几种（匀速、加速、半程加速过减速）效果。更多类型的特效，请读者参考 QML 官方文档，这里就不展开了。

(c) onClicked: PropertyAnimation {…}：可以在一个信号处理器中创建一个动画，并在接收到信号时触发。这里当 MouseArea 被单击时则触发 PropertyAnimation，在 3000 毫秒内使用动画将 y 坐标由 30 改变为 300，并往返重复运动 3 次。因为动画没有绑定到一个特定的对象或者属性上，所以必须指定 target 和 property（或 properties）属性的值。

(d) PropertyAnimation {…}：这是一个独立的动画元素，它像普通 QML 元素一样被创建，并不绑定到任何对象或属性上。一个独立的动画元素默认是没有运行的，必须使用 running 属性或 start() 和 stop() 方法来明确地运行它。因为动画没有绑定到一个特定的对象或属性上，所以也必须定义 target 和 property（或 properties）属性。独立动画在不是对某个单一对象属性应用动画而且需要明确控制动画的开始和停止时刻的情况下是非常有用的。

(e) Behavior on x {PropertyAnimation {…}}：定义 x 属性上的行为动画。经常在一个特定的属性值改变时要应用一个动画，在这种情况下，可以使用一个 Behavior 为一个属性改变指定一个默认的动画。这里,Rectangle 拥有一个 Behavior 对象,将它应用到 x 和 y 属性上。每当这些属性改变(这里是在窗口中单击,将当前鼠标位置赋值给矩形 x、y 坐标)时,Behavior 中的 PropertyAnimation 对象就会应用到这些属性上,从而使 Rectangle 使用动画效果移动到鼠标单击的位置上。行为动画是在每次响应一个属性值的变化时触发的,对这些属性的任何改变都会触发它们的动画,如果 x 或 y 还绑定到了其他属性上,那么这些属性改变时都会触发动画。

> **注意:** 这里,PropertyAnimation 的 from 和 to 属性是不需要指定的,因为已经提供了这些值,分别是 Rectangle 的当前值和 onClicked 处理器中设置的新值(接下来会给出代码)。

(3) 打开 main.qml 文件,编写代码如下:

```
import QtQuick 2.15
import QtQuick.Window 2.15

Window {
    width: 640
    height: 480
    visible: true
    title: qsTr("PropertyAnimation")

    Rectangle {
        width: 360
        height: 360
        anchors.fill: parent
        MouseArea {
            id: mouseArea
            anchors.fill: parent
            onClicked: {
                /* 将鼠标单击位置的 x、y 坐标值设为矩形 Rect4 的新坐标 */
                rect4.x = mouseArea.mouseX;
                rect4.y = mouseArea.mouseY;
            }
        }
        TextEdit {
            id: textEdit
            visible: false
        }
        Column {                                    //初始时以列布局排列各矩形
            x:50; y:30
            spacing: 5
            Rect1 { }                               // "属性值源" 矩形
            Rect2 { }                               // "信号处理" 矩形
            Rect3 { }                               // "独立元素" 矩形
            Rect4 {id: rect4 }                      // "改变行为" 矩形
        }
    }
}
```

20.1.2 其他动画元素

在 QML 中，其他的动画元素大多继承自 PropertyAnimation，主要有 NumberAnimation、ColorAnimation、RotationAnimation 和 Vector3dAnimation 等。其中，NumberAnimation 为实数和整数等数值类属性提供了更高效的实现，Vector3dAnimation 为矢量 3D 提供了更高效的支持，而 ColorAnimation 和 RotationAnimation 则分别为颜色和旋转动画提供了特定的支持。

【例】（简单）（CH2002）编程演示其他各种动画元素的应用，运行效果如图 20.2 所示，其中虚线箭头标示出在程序运行中图形运动变化的轨迹。

实现步骤如下。

（1）新建 QML 应用程序，项目名称为 "OtherAnimations"。

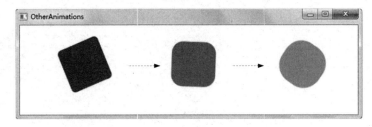

图 20.2 其他各种动画元素的应用的运行效果

（2）右击项目视图 "资源" → "qml.qrc" → "/" 节点，选择 "添加新文件" 命令，新建 CircleRect.qml 文件，编写代码如下：

```
import QtQuick 2.15
Rectangle {
    width: 80
    height: 80
    ColorAnimation on color {                          //(a)
        from: "blue"
        to: "aqua"
        duration: 10000
        loops: Animation.Infinite
    }
    RotationAnimation on rotation {                    //(b)
        from: 0
        to: 360
        duration: 10000
        direction: RotationAnimation.Clockwise
        loops: Animation.Infinite
    }
    NumberAnimation on radius {                        //(c)
        from: 0
        to: 40
        duration: 10000
        loops: Animation.Infinite
    }
```

```
    PropertyAnimation on x {
        from: 50
        to: 500
        duration: 10000
        loops: Animation.Infinite
        easing.type: Easing.InOutQuad           //先加速,后减速
    }
}
```

说明:

(a) ColorAnimation on color {…}:ColorAnimation 动画元素允许颜色值设置 from 和 to 属性,这里设置 from 为 blue,to 为 aqua,即矩形的颜色从蓝色逐渐变化为水绿色。

(b) RotationAnimation on rotation {…}:RotationAnimation 动画元素允许设定图形旋转的方向,本例通过指定 from 和 to 属性,使矩形旋转 360°。设 direction 属性为 RotationAnimation.Clockwise 表示顺时针方向旋转;如果设为 RotationAnimation.Counterclockwise 则表示逆时针方向旋转。

(c) NumberAnimation on radius {…}:NumberAnimation 动画元素是专门应用于数值类型的值改变的属性动画元素,本例用它来改变矩形的圆角半径值。因矩形长宽均为 80,将圆角半径设为 40 可使矩形呈现为圆形,故 radius 属性值从 0 变化到 40 的动画效果是:矩形的四个棱角逐渐变圆,最终彻底成为一个圆形。

(3)打开 main.qml 文件,编写代码如下:

```
import QtQuick 2.15
import QtQuick.Window 2.15

Window {
    width: 640
    height: 150
    visible: true
    title: qsTr("OtherAnimations")

    Rectangle {
        width: 360
        height: 360
        anchors.fill: parent

        CircleRect {    //使用组件
            x:50; y:30
        }
    }
}
```

运行程序后可看到一个蓝色的矩形沿水平方向滚动,其棱角越来越圆,直至成为一个标准的圆形,同时颜色也在渐变。

ColorAnimation、RotationAnimation、NumberAnimation 等动画元素与 PropertyAnimation 一样,都可作为"属性值源""信号处理""独立元素""改变行为"的动画。

20.1.3 Animator 元素

Animator 是一类特殊的动画元素,它能直接作用于 Qt Quick 的场景图形(Scene Graph)系统,这使得基于 Animator 元素的动画即使在 UI 界面线程阻塞的情况下仍然能通过场景图形系统的渲染线程来工作,故比传统的基于对象和属性的 Animation 元素能带来更佳的用户视觉体验。

【例】(难度一般)(CH2003)用 Animator 实现一个矩形从窗口左上角旋转着进入屏幕,运行效果如图 20.3 所示。

实现步骤如下。

(1)新建 QML 应用程序,项目名称为 "Animator"。

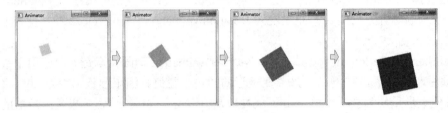

图 20.3 Animator 运行效果

(2)右击项目视图 "资源" → "qml.qrc" → "/" 节点,选择 "添加新文件" 命令,新建 AnimatorRect.qml 文件,编写代码如下:

```
import QtQuick 2.15
Rectangle {
    width: 100
    height: 100
    color: "green"
    XAnimator on x {                              //(a)
        from: 10;
        to: 100;
        duration: 7000
        loops: Animator.Infinite
    }
    YAnimator on y {                              //(b)
        from: 10;
        to: 100;
        duration: 7000
        loops: Animator.Infinite
    }
    ScaleAnimator on scale {                      //(c)
        from: 0.1;
        to: 1;
        duration: 7000
        loops: Animator.Infinite
    }
```

```
        RotationAnimator on rotation {              //(d)
            from: 0;
            to: 360;
            duration:7000
            loops: Animator.Infinite
        }
        OpacityAnimator on opacity {                 //(e)
            from: 0;
            to: 1;
            duration: 7000
            loops: Animator.Infinite
        }
    }
```

说明：

(a) XAnimator on x {…}：XAnimator 类型产生使元素在水平方向移动的动画，作用于 x 属性，类似于 "PropertyAnimation on x {…}"。

(b) YAnimator on y {…}：YAnimator 类型产生使元素在垂直方向运动的动画，作用于 y 属性，类似于 "PropertyAnimation on y {…}"。

(c) ScaleAnimator on scale {…}：ScaleAnimator 类型改变一个元素的尺寸因子，产生使元素尺寸缩放的动画。

(d) RotationAnimator on rotation {…}：RotationAnimator 类型改变元素的角度，产生使图形旋转的动画，作用于 rotation 属性，类似于 RotationAnimation 元素的功能。

(e) OpacityAnimator on opacity {…}：OpacityAnimator 类型改变元素的透明度，产生图形显隐效果，作用于 opacity 属性。

（3）打开 main.qml 文件，编写代码如下：

```
import QtQuick 2.15
import QtQuick.Window 2.15

Window {
    width: 320
    height: 240
    visible: true
    title: qsTr("Animator")

    Rectangle {
        width: 360
        height: 360
        anchors.fill: parent

        AnimatorRect { }        //使用组件
    }
}
```

20.2 流 UI 界面

对 QML 的动画元素适当加以组织和运用,就能十分容易地创建出具有动画效果的流 UI 界面(Fluid UIs)。"流 UI 界面"指的是其上 UI 组件能以动画的形态做连续变化,而不是突然显示、隐藏或者跳出来。Qt Quick 提供了多种创建流 UI 界面的简便方法,主要有使用状态切换机制、设计组合动画等,下面分别举例介绍。

20.2.1 状态切换机制

Qt Quick 允许用户在 State 对象中声明各种不同的 UI 状态。这些状态由源自基础状态的属性改变(PropertyChanges 元素)组成,是用户组织 UI 界面逻辑的一种有效方式。切换是一种与元素相关联的对象,它定义了当该元素的状态改变时,其属性将以怎样的动画方式呈现。

【例】(难度中等)(CH2004)用状态切换机制实现文字的动态增强显示,运行效果如图 20.4 所示,其中被鼠标选中的单词会以艺术字形式放大,而释放鼠标后又恢复原状。

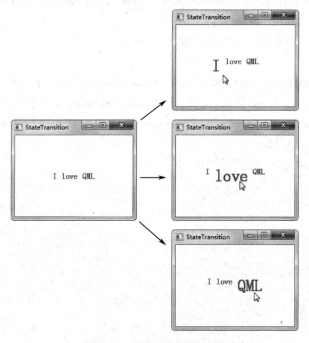

图 20.4 状态切换运行效果

实现步骤如下。
(1) 新建 QML 应用程序,项目名称为"StateTransition"。
(2) 右击项目视图"资源"→"qml.qrc"→"/"节点,选择"添加新文件"命令,新建 StateText.qml 文件,编写代码如下:

```
import QtQuick 2.15
Text {                              //这是一个具有状态改变能力的 Text 元素
    id: stext
    color: "grey"                   //初始文字显示为灰色
    font.family: "Helvetica"        //字体
```

```
                font.pointSize: 12              //初始字号为12
                font.bold: true                 //加粗
                MouseArea {                     //能接收鼠标单击
                    id: mArea
                    anchors.fill: parent
                }
                states: [                       //(a)
                    State {                     //(b)
                        name: "highlight"       //(c)
                        when: mArea.pressed     //(d)
                        PropertyChanges {       //(e)
                            target: stext
                            color: "red"        //单词变红
                            font.pointSize: 25  //字号放大
                            style: Text.Raised  //以艺术字呈现
                            styleColor: "red"
                        }
                    }
                ]
                transitions: [                  //(f)
                    Transition {
                        PropertyAnimation {
                            duration: 1000
                        }
                    }
                ]
            }
```

说明：

(a) states: […]：states 属性包含了该元素所有状态的列表，要创建一个状态，就向 states 中添加一个 State 对象，如果元素只有一个状态，则也可省略方括号"[ ]"。

(b) State {…}：状态对象，它定义了在该状态中要进行的所有改变，可以指定被改变的属性或创建 PropertyChanges 元素，也可以修改其他对象的属性（不仅仅是拥有该状态的对象）。State 不仅限于对属性值进行修改，它还可以：

- 使用 StateChangeScript 运行一些脚本。
- 使用 PropertyChanges 为一个对象重写现有的信号处理器。
- 使用 PropertyChanges 为一个元素重定义父元素。
- 使用 AnchorChanges 修改锚的值。

(c) name: "highlight"：状态名称，每个状态对象都有一个在本元素中唯一的名称，默认状态的状态名称为空字符串。要改变一个元素的当前状态，可以将其 state 属性设置为要改变的状态的名称。

(d) when: mArea.pressed：when 属性设定了当鼠标被按下时从默认状态进入该状态，释放鼠标则返回默认状态。所有的 QML 可视元素都有一个默认状态，在默认状态下包含了该元素所有的初始化属性值（如本例为 Text 元素最初设置的属性值），一个元素可以为其 state 属性指定一个空字符串来明确地将其状态设置为默认状态。例如，这里如果不使用 when 属性，代码也可以写为：

```
...
Text {
    id: stext
    ...
    MouseArea {
        id: mArea
        anchors.fill: parent
        onPressed: stext.state = "highlight"      //按下鼠标，状态切换为"highlight"
        onReleased: stext.state = ""              //释放鼠标回到默认（初始）状态
    }
    states: [
        State {
            name: "highlight"                     //状态名称
            PropertyChanges {
                ...
            }
        }
    ]
    ...
}
```

很明显，使用 when 属性比使用信号处理器来分配状态更加简单，更符合 QML 声明式语言的风格。因此，建议在这种情况下使用 when 属性来控制状态的切换。

(e) PropertyChanges {…}：在用户定义的状态下一般使用 PropertyChanges（属性改变）元素来给出状态切换时对象的各属性分别要变到的目标值，其中指明 target 属性为 stext，即对 Text 元素本身应用属性改变的动画。

(f) transitions: [Transition {…}]：元素在不同的状态间改变时使用切换（transitions）来实现动画效果，切换用来设置当状态改变时的动画，要创建一个切换，需要定义一个 Transition 对象，然后将其添加到元素的 transitions 属性中。在本例中，当 Text 元素变到 highlight 状态时，Transition 将被触发，切换的 PropertyAnimation 将会使用动画将 Text 元素的属性改变到它们的目标值。注意：这里并没有为 PropertyAnimation 再设置任何 from 和 to 属性的值，因为在状态改变的开始之前和结束之后，都会自动设置这些值。

（3）打开 main.qml 文件，编写代码如下：

```
import QtQuick 2.15
import QtQuick.Window 2.15

Window {
    width: 320
    height: 240
    visible: true
    title: qsTr("StateTransition")

    Rectangle {
        width: 360
        height: 360
        anchors.fill: parent

        Row {
```

```
            anchors.centerIn: parent
            spacing: 10
            StateText { text: "I" }          //使用组件,要自定义其文本属性
            StateText { text: "love" }
            StateText { text: "QML" }
        }
    }
}
```

20.2.2 设计组合动画

多个单一的动画可组合成一个复合动画,这可以使用 ParallelAnimation 或 SequentialAnimation 动画组元素来实现。在 ParallelAnimation 中的动画会同时(并行)运行,而在 SequentialAnimation 中的动画则会一个接一个(串行)地运行。要想运行复杂的动画,可以在一个动画组中进行设计。

【例】(难度中等)(CH2005)用组合动画实现照片的动态显示,运行效果如图 20.5 所示。在图中单击灰色矩形区域后,矩形开始沿水平方向做往返移动,与此同时,有一张照片从上方旋转着"掉落"下来。

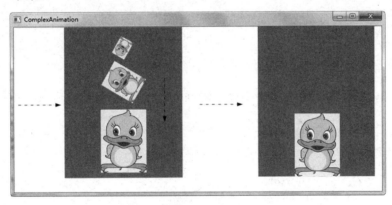

图 20.5 组合动画运行效果

实现步骤如下。

(1)新建 QML 应用程序,项目名称为"ComplexAnimation"。

(2)在项目工程目录中建一个 images 文件夹,其中放入一张照片"zhou.jpg"。右击项目视图"资源"→"qml.qrc"→"/"节点,选择"添加现有文件"命令,从弹出的对话框中选择该照片并打开,将其加载到项目中。

(3)右击项目视图"资源"→"qml.qrc"→"/"节点,选择"添加新文件"命令,新建 CAnimateObj.qml 文件,编写代码如下:

```
import QtQuick 2.15                 //使用最新的 QtQuick 2.15,支持 Animator 元素
Rectangle {                         //水平往返移动的矩形背景区
    id: rect
    width: 240
    height: 300
    color: "grey"
```

```qml
        SequentialAnimation on x {                    //(a)
            id: rectAnim
            running: false                            //初始时关闭动画
            loops: Animation.Infinite
            /* 实现往返运动 */
            NumberAnimation { from: 0; to: 500; duration: 8000; easing.type: Easing.InOutQuad }
            NumberAnimation { from: 500; to: 0; duration: 8000; easing.type: Easing.InOutQuad }
            PauseAnimation { duration: 1000 }         //在动画中间进行暂停
        }
        Image {                                       //图像元素显示照片
            id: img
            source: "images/zhou.jpg"
            anchors.horizontalCenter: parent.horizontalCenter
                                                      //照片沿垂直中线下落
            y: 0                                      //初始时位于顶端
            scale: 0.1                                //大小为原尺寸的1/10
            opacity: 0                                //初始透明度为0（不可见）
            rotation: 45                              //初始放置的角度
        }
        SequentialAnimation {                         //(b)
            id: imgAnim
            loops: Animation.Infinite
            ParallelAnimation {                       //(c)
                ScaleAnimator { target: img; to: 1; duration: 1500 }
                OpacityAnimator { target: img; to: 1; duration: 2000 }
                RotationAnimator { target: img; to: 360; duration: 1500 }
                NumberAnimation {
                    target: img
                    property: "y"
                    to: rect.height - img.height     //运动到矩形区的底部
                    easing.type: Easing.OutBounce
                                                      //造成照片落地后又"弹起"的效果
                    duration: 5000
                }
            }
            PauseAnimation { duration: 2000 }
            ParallelAnimation {                       //重回初始状态
                NumberAnimation {
                    target: img
                    property: "y"
                    to: 0
                    easing.type: Easing.OutQuad
                    duration: 1000
                }
                OpacityAnimator { target: img; to: 0; duration: 1000 }
            }
```

```
            }
            MouseArea {
                anchors.fill: parent
                onClicked: {
                    rectAnim.running = true          //开启水平方向（矩形往返）动画
                    imgAnim.running = true           //开启垂直方向（照片掉落）动画
                }
            }
        }
```

说明：

(a) SequentialAnimation on x {…}：创建了 SequentialAnimation 来串行地运行 3 个动画：NumberAnimation（右移）、NumberAnimation（左移）和 PauseAnimation（停顿）。这里的 SequentialAnimation 作为属性值源动画应用在 Rectangle 的 x 属性上，动画默认会在程序运行后自动执行，为便于控制，将其 running 属性设为 false，改为手动开启动画。因为 SequentialAnimation 是应用在 x 属性上的，所以在组中的独立动画都会自动应用在 x 属性上。

(b) SequentialAnimation {…}：因这个 SequentialAnimation 并未定义在任何属性上，故其中的各子动画元素必须以 target 和 property 分别指明要应用到的目标元素和属性，也可以使用 Animator 动画（在这种情况下给出应用的目标元素即可）。动画组可以嵌套，本例就是一个典型的嵌套动画，这个串行动画由两个 ParallelAnimation 动画及它们之间的 PauseAnimation 组成。

(c) ParallelAnimation {…}：并行动画组，其中各子动画元素同时运行，本例包含 4 个独立的子动画，即 ScaleAnimator（使照片尺寸变大）、OpacityAnimator（照片隐现）、RotationAnimator（照片旋转角度）、NumberAnimation（照片位置从上往下），它们并行地执行，于是产生出照片旋转着下落的视觉效果。

（4）打开 main.qml 文件，编写代码如下：

```
import QtQuick 2.15
import QtQuick.Window 2.15

Window {
    width: 660
    height: 330
    visible: true
    title: qsTr("ComplexAnimation")

    Rectangle {
        width: 360
        height: 360
        anchors.fill: parent

        CAnimateObj { }              //使用组件
    }
}
```

一旦独立的动画被放入 SequentialAnimation 或 ParallelAnimation 中，它们就不能再独立开启或停止了。串行和并行动画都必须作为一组进行开启和停止。

20.3 图像特效

20.3.1 3D 旋转

QML 不仅可以显示静态图像，而且支持 GIF 格式动态图像显示，还可实现图像在三维空间的立体旋转功能。

【例】（难度一般）（CH2006）实现 GIF 图像的 3D 旋转，运行效果如图 20.6 所示，两只蜜蜂在花冠上翩翩起舞，同时整个图像沿竖直轴缓慢地转动。

实现步骤如下。

（1）新建 QML 应用程序，项目名称为"Graph3DRotate"。

（2）在项目工程目录中创建一个 images 文件夹，其中放入一幅图像"bee.gif"。右击项目视图"资源"→"qml.qrc"→"/"节点，选择"添加现有文件"命令，从弹出的对话框中选择该图像并打开，将其加载到项目中。

图 20.6　图像 3D 旋转运行效果

（3）右击项目视图"资源"→"qml.qrc"→"/"节点，选择"添加新文件"命令，新建 MyGraph.qml 文件，编写代码如下：

```
import QtQuick 2.15
Rectangle {                                    //矩形作为图像显示区
    /* 矩形宽度、高度皆与图像尺寸吻合 */
    width: animg.width
    height: animg.height
    transform: Rotation {                      //(a)
        /* 设置图像原点 */
        origin.x: animg.width/2
        origin.y: animg.height/2
        axis {
            x: 0
            y: 1                               //绕 y 轴转动
            z: 0
        }
        NumberAnimation on angle {             //定义角度 angle 上的动画
            from: 0
            to: 360
```

```
            duration: 20000
            loops: Animation.Infinite
        }
    }
    AnimatedImage {                              //(b)
        id: animg
        source: "images/bee.gif"                 //图像路径
    }
}
```

说明：

(a) transform: Rotation {…}：transform 属性需要指定一个 Transform 类型元素的列表。在 QML 中可用的 Transform 类型元素有 3 个：Rotation、Scale 和 Translate，分别用来进行旋转、缩放和平移。这些元素还可以通过专门的属性来进行更加高级的变换设置。其中，Rotation 提供了坐标轴和原点属性，坐标轴有 axis.x、axis.y 和 axis.z，分别代表 x 轴、y 轴和 z 轴，因此可以实现 3D 效果。原点由 origin.x 和 origin.y 来指定。对于典型的 3D 旋转，既要指定原点，也要指定坐标轴。图 20.7 为旋转坐标示意图，使用 angle 属性指定顺时针旋转的角度。

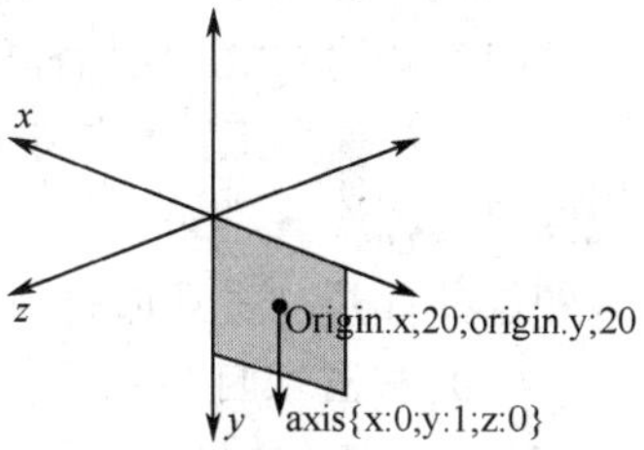

(b) AnimatedImage {…}：AnimatedImage 扩展了 Image 元素的功能，可以用来播放包含一系列帧的图像动画，如 GIF 文件。当前帧和动画总长度等信息可以使用 currentFrame 和 frameCount 属性来获取，还可以通过改变 playing 和 paused 属性的值来开始、暂停和停止动画。

图 20.7 旋转坐标示意图

（4）打开 main.qml 文件，编写代码如下：

```
import QtQuick 2.15
import QtQuick.Window 2.15

Window {
    width: 420
    height: 320
    visible: true
    title: qsTr("Graph3DRotate")

    Rectangle {
        width: 360
        height: 360
        anchors.fill: parent

        MyGraph { }                    //使用组件
    }
}
```

20.3.2 色彩处理

QML 使用专门的特效元素来实现图像亮度、对比度、色彩饱和度等特殊处理，这些特效元素也像基本的 QML 元素一样可以以 UI 组件的形式添加到 Qt Quick 用户界面上。

【例】（难度一般）（CH2007）实现单击图像使其亮度变小，且对比度增强，运行效果如图 20.8 所示。

图 20.8　色彩处理运行效果

实现步骤如下。

（1）新建 QML 应用程序，项目名称为"GraphEffects"。

（2）在项目工程目录中创建一个 images 文件夹，其中放入一幅图像"insect.gif"。右击项目视图"资源"→"qml.qrc"→"/"节点，选择"添加现有文件"命令，从弹出的对话框中选择该图像并打开，将其加载到项目中。

（3）右击项目视图"资源"→"qml.qrc"→"/"节点，选择"添加新文件"命令，新建 **MyGraph.qml** 文件，编写代码如下：

```
import QtQuick 2.15
import QtGraphicalEffects 1.0          //(a)
Rectangle {                            //矩形作为图像显示区
    width: animg.width
    height: animg.height
    AnimatedImage {                    //显示 GIF 图像元素
        id: animg
        source: "images/insect.gif"    //图像路径
    }
    BrightnessContrast {               //(b)
        id: bright
        anchors.fill: animg
        source: animg
    }
    SequentialAnimation {              //定义串行组合动画
        id: imgAnim
        NumberAnimation {              //用动画调整亮度
            target: bright
            property: "brightness"     //(c)
            to: -0.5                   //变暗
            duration: 3000
        }
        NumberAnimation {              //用动画设置对比度
            target: bright
```

```
            property: "contrast"              //(d)
            to: 0.25                          //对比度增强
            duration: 2000
        }
    }
    MouseArea {
        anchors.fill: parent
        onClicked: {
            imgAnim.running = true            //单击图像开启动画
        }
    }
}
```

说明：

(a) import QtGraphicalEffects 1.0：QML 的图形特效元素类型都包含在 QtGraphicalEffects 中，编程时需要使用该库处理图像，都要在 QML 文档开头写上这一句声明，以导入特效元素库。

(b) BrightnessContrast {…}：BrightnessContrast 是一个特效元素，功能是设置源元素的亮度和对比度。它有一个属性 source 指明了其源元素，源元素一般都是一个 Image 或 AnimatedImage 类型的图像。

(c) property: "brightness"：brightness 是 BrightnessContrast 元素的属性，用于设置源元素的亮度，由最暗到最亮对应的取值范围为-1.0~1.0，默认值为 0.0（对应图像的本来亮度）。本例用动画渐变到目标值-0.5，在视觉上呈现较暗的效果。

(d) property: "contrast"：contrast 也是 BrightnessContrast 元素的属性，用于设置源元素的对比度，由最弱到最强对应的取值范围为-1.0~1.0，默认值为 0.0（对应图像本来的对比度）。0.0~-1.0 的对比度是以线性递减的，而 0.0~1.0 的对比度呈非线性增强，且越接近 1.0，增加曲线越陡峭，以达到很高的对比效果。本例用动画将对比度逐渐调节到 0.25，视觉上能十分清晰地显示出花蕾上的昆虫。

（4）打开 main.qml 文件，编写代码如下：

```
import QtQuick 2.15
import QtQuick.Window 2.15

Window {
    width: 400
    height: 280
    visible: true
    title: qsTr("GraphEffects")

    MyGraph { }                               //使用组件
}
```

QML 的 QtGraphicalEffects 还可以实现图像由彩色变黑白、加阴影、模糊处理等各种特效。限于篇幅，本书不展开，有兴趣的读者请参考 Qt 官方网站提供的文档。

第 21 章 Qt Quick Controls 开发基础

 21.1　Qt Quick Controls 概述

Qt Quick Controls 是 QML 的一个模块,它提供了大量类似 Qt Widgets 那样可重用的 UI 组件,如按钮、菜单、对话框和视图等,这些组件能在不同的平台(如 Windows、Mac OS 和 Linux)上模仿相应的本地行为。在 Qt Quick 开发中,因 Qt Quick Controls 可以帮助用户创建桌面应用程序所应具备的完整图形界面,故它也使 QML 在企业应用开发中占据了一席之地。Qt 5.15 支持 Qt Quick Controls 2.5,它将已有的 Qt Quick Controls 及 Qt Quick Controls 2 两个库进行了统一整合,同时还引入一些新组件来替换原有组件,使其更适合跨平台 GUI 应用程序及移动应用开发的需要。本章以多个桌面程序实例系统地介绍 Qt Quick Controls 的基础知识及主要组件的使用方法。

21.1.1　第一个 Qt Quick Controls 程序

【例】(简单)(CH2101)尝试开发第一个 Qt Quick Controls 程序,运行界面如图 21.1 所示。

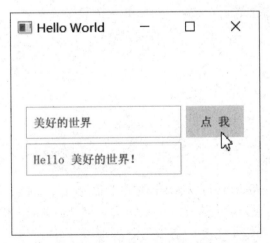

图 21.1　第一个 Qt Quick Controls 程序运行界面

可以直接在 QML 应用程序中通过导入库来开发 Qt Quick Controls 程序,步骤如下。

(1) 创建 QML 项目,选择项目"Application (Qt)"→"Qt Quick Application"模板,项目

名称为"QControlDemo"。

(2) 打开项目主程序文件 main.qml,编写代码如下:

```qml
/* import 部分 */
import QtQuick 2.15
import QtQuick.Controls 2.5            //导入 Qt Quick Controls
import QtQuick.Layouts 1.3             //导入 Qt Quick 布局库

/* 对象声明 */
ApplicationWindow {                    //主应用窗口
    width: 320
    height: 240
    visible: true
    title: qsTr("Hello World")

    Item {                             //QML 通用的根元素
        width: 320
        height: 240
        anchors.fill: parent

        ColumnLayout {                 //列布局
            anchors.horizontalCenter: parent.horizontalCenter
                                       //在窗口中居中
            anchors.topMargin: 80      //距顶部 80 像素
            anchors.top: parent.top    //顶端对齐

            RowLayout {                //行布局
                TextField {            //输入文本框控件
                    id: textField1
                    placeholderText: qsTr("请输入...")
                }

                Button {               //按钮控件
                    id: button1
                    text: qsTr("点 我")
                    implicitWidth: 75  //宽度(若未指定则自适应按钮文字宽度)
                    onClicked: {
                        textField2.text = "Hello " + textField1.text + "! ";
                    }
                }
            }

            TextField {                //显示文本框控件
                id: textField2
                implicitWidth: 200     //宽度(若未指定则自适应文字内容长度)
            }
        }
    }
}
```

可见，作为一个规范的 QML 文档，Qt Quick Controls 程序也是由 import 和对象声明两部分构成的。开头的 import 部分必须导入 Qt Quick Controls（这里是最新的 2.5 版），通常因为需要安排各个组件在 GUI 界面上的位置，还要同时导入 Qt Quick 布局库。唯一与普通 QML 程序不同之处在于：Qt Quick Controls 程序的根对象是 ApplicationWindow（主应用窗口）而非 Window，一般在设计桌面应用程序界面时，都会将所有的界面组件囊括在一个 QML 通用根元素 Item 内部。

（3）单击 ▶ 按钮运行项目，在上面一行文本框内输入"美好的世界"，单击"点我"按钮，下一行文本框显示"Hello 美好的世界！"，如图 21.1 所示。

21.1.2　更换界面主题样式

Qt Quick Controls 支持多种类型的界面主题样式：Default（默认）、Material（质感）、Universal（普通）、Fusion（融合）和 Imagine（想象），可通过配置 qtquickcontrols2 文件来更换样式类型。

（1）在项目工程目录中创建 qtquickcontrols2.conf 配置文件。

（2）右击项目视图"资源"→"qml.qrc"→"/"节点，选择"添加现有文件"命令，从弹出的对话框中选择该文件并打开，将其加载到项目中。

（3）打开 qtquickcontrols2.conf 文件，编写内容如下：

```
; This file can be edited to change the style of the application
; Read "Qt Quick Controls 2 Configuration File" for details:
; https://doc.qt.io/qt/qtquickcontrols2-configuration.html

[Controls]
Style=Default

[Material]
Theme=Light
;Accent=BlueGrey
;Primary=BlueGray
;Foreground=Brown
;Background=Grey
```

其中，通过修改加黑处的配置来指定界面主题的样式类型。将其改为 Material，运行程序，看到的界面如图 21.2 所示；若改为 Imagine，则呈现的效果如图 21.3 所示。

图 21.2　Material 样式界面

图 21.3　Imagine 样式界面

21.2 Qt Quick 控件

21.2.1 概述

Qt Quick Controls 模块提供一个控件的集合供用户开发图形化界面使用,所有的 Qt Quick 控件的可视外观效果和功能描述见表 21.1。

表 21.1 Qt Quick 控件

控 件	名 称	可视外观效果	功 能 描 述
Button	命令按钮	提交	单击执行操作
CheckBox	复选框	☑旅游 ☑游泳 □篮球	可同时选中多个选项
ComboBox	组合框	计算机 ▽	提供下拉列表选项
GroupBox	组框	性别 ⦿男 ○女	用于定义控件组的容器
Label	标签	姓名	界面文字提示
RadioButton	单选按钮	⦿男 ○女	单击选中,通常分组使用,只能选其中一个选项
TextArea	文本区	学生个人资料…	用于显示多行可编辑的格式化文本
TextField	文本框	请输入…	可供输入(显示)一行纯文本
BusyIndicator	忙指示器	◯	用以表明程序正在执行某项操作(如载入图片),请用户耐心等待
Tumbler	翻选框	7月 23 1999 8月 24 2000 9月 25 2001 10月 26 2002 11月 27 2003	提供滚轮条给用户上下翻动以选择合适的值
ProgressBar	进度条	▬▬▬▬▬	动态显示程序执行进度
Slider	滑动条	──┃──	提供水平或垂直方向的滑块,鼠标拖动可设置参数
SpinBox	数值旋转框	25 ⇅	单击上下箭头可设置数值参数
Switch	开关	▬▬	控制某项功能的开启/关闭,常见于移动智能手机的应用界面

21.2.2 基本控件

在表 21.1 所列的全部控件中,有一些是基本控件,如命令按钮、文本框、标签、单选按钮、组合框和复选框等。它们通常用于显示程序界面、接收用户的输入和选择,是最常用的控件。

【例】(难度中等)(CH2102)用基本控件制作"学生信息表单",输入(选择)学生各项信息后单击"提交"按钮,在文本区显示出该学生的信息,运行效果如图21.4所示。

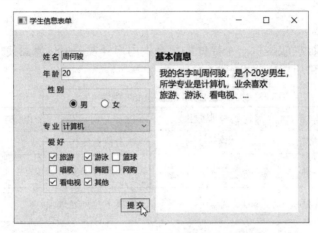

图21.4 "学生信息表单"的运行效果

实现步骤如下。

(1)创建QML项目,选择项目"Application (Qt)"→"Qt Quick Application"模板。项目名称为"StuForm"。

(2)打开项目主程序文件main.qml,编写代码如下:

```
import QtQuick 2.15
import QtQuick.Controls 2.5                    //导入Qt Quick Controls
import QtQuick.Layouts 1.3                     //导入Qt Quick 布局库

ApplicationWindow {                            //主应用窗口
    width: 500
    height: 320
    visible: true
    title: qsTr("学生信息表单")

    Item {                                     //QML 通用的根元素
        width: 640
        height: 480
        anchors.fill: parent

        RowLayout {                            //行布局
            x: 50; y: 35
            spacing: 10
            ColumnLayout {                     //列布局
                spacing: 8
                RowLayout {
                    spacing: 0
                    Label {                    /* 标签 */
                        text: "姓 名 "
                    }
                    TextField {                /* 文本框 */
```

```qml
            id: name
            implicitWidth: 150
            placeholderText: qsTr("请输入...")   //(a)
            focus: true
        }
    }
    RowLayout {
        spacing: 0
        Label {
            text: "年 龄 "
        }
        TextField {
            id: age
            implicitWidth: 150
            validator: IntValidator {bottom: 16; top: 26;}
                                                //(b)
        }
    }
    GroupBox {                                  /* 组框 */
        id: group1
        title: qsTr("性 别")
        Layout.fillWidth: true              //(c)
        RowLayout {
            RadioButton {                       /* 单选按钮 */
                id: maleRBtn
                text: qsTr("男")
                checked: true
                Layout.minimumWidth: 85     //设置控件所占最小宽度为65
                anchors.horizontalCenter: parent.horizontalCenter
            }
            RadioButton {
                id: femaleRBtn
                text: qsTr("女")
                Layout.minimumWidth: 65     //设置控件所占最小宽度为65
            }
        }
    }
    RowLayout {
        spacing: 0
        Label {
            text: "专 业 "
        }
        ComboBox {                              /* 组合框 */
            id: speCBox
            Layout.fillWidth: true
            currentIndex: 0                 //初始选中项(计算机)索引为0
            model: ListModel {              //(d)
                ListElement { text: "计算机" }
                ListElement { text: "通信工程" }
                ListElement { text: "信息网络" }
```

```qml
            }
            width: 200
        }
    }
    GroupBox {
        id: group2
        title: qsTr("爱 好")
        Layout.fillWidth: true
        GridLayout {                               //网格布局
            id: hobbyGrid
            columns: 3
            CheckBox {                             /* 复选框 */
                text: qsTr("旅游")
                checked: true                      //默认选中
            }
            CheckBox {
                text: qsTr("游泳")
                checked: true
            }
            CheckBox {
                text: qsTr("篮球")
            }
            CheckBox {
                text: qsTr("唱歌")
            }
            CheckBox {
                text: qsTr("舞蹈")
            }
            CheckBox {
                text: qsTr("网购")
            }
            CheckBox {
                text: qsTr("看电视")
                checked: true
            }
            CheckBox {
                text: qsTr("其他")
                checked: true
            }
        }
    }
    Button {                                       /* 命令按钮 */
        id: submit
        anchors.right: group2.right                //与"爱好"组框的右边框锚定
        implicitWidth: 50
        text: "提 交"
        onClicked: {                               //单击"提交"按钮执行的代码
            var hobbyText = "";                    //变量用于存放学生兴趣爱好内容
            for(var i = 0; i < 7; i++) {           //遍历"爱好"组框中的复选框
                /* 生成学生兴趣爱好文本 */
```

```
                            hobbyText += hobbyGrid.children[i].checked ? (hobbyGrid.
children[i].text + "、") : "";                                           //(e)
                        }
                        if(hobbyGrid.children[7].checked) {
                                                                //若"其他"复选框选中
                            hobbyText += "...";
                        }
                        var sexText = maleRBtn.checked ? "男":"女";
                        /* 最终生成的完整学生信息 */
                        stuInfo.text = "我的名字叫" + name.text + ",是个" + age.text
+ "岁" + sexText + "生,\r\n 所学专业是" + speCBox.currentText + ",业余喜欢\r\n" +
hobbyText;
                    }
                }
            }

            ColumnLayout {
                Layout.alignment: Qt.AlignTop          //使"基本信息"文本区与表单顶端对齐
                Label {
                    text: "基本信息"
                    font.pixelSize: 15
                    font.bold: true
                }
                TextArea {
                    id: stuInfo
                    Layout.fillHeight: true             //将文本区拉伸至与表单等高
                    implicitWidth: 240
                    text: "学生个人资料..."              //初始文字
                    font.pixelSize: 14
                }
            }
        }
    }
}
```

说明：

(a) placeholderText: qsTr("请输入...")：placeholderText 是文本框控件的属性，它设定当文本框内容为空时其中所要显示的文本（多为提示性的文字），用于引导用户输入。

(b) validator: IntValidator {bottom: 16; top: 26;}：validator 属性在文本框控件上设置一个验证器，只有当用户的输入符合验证要求时才能被文本框接收。目前，Qt Quick 支持的验证器有 IntValidator（整型验证器）、DoubleValidator（双精度浮点验证器）和 RegExpValidator（正则表达式验证器）三种。这里使用整型验证器，限定了文本框只能输入 16~26（学生年龄段）的整数值。

(c) Layout.fillWidth: true：在 Qt Quick 中另有一套独立于 QML 的布局系统（Qt Quick 布局），其所用的元素 RowLayout、ColumnLayout 和 GridLayout 类似于 QML 的 Row、Column 和 Grid 定位器，所在库是 QtQuick.Layouts，但它比传统 QML 定位器的功能更加强大，本例程序就充分使用了这套全新的布局系统。该系统的 Layout 元素提供了很多"依附属性"，其作用等同于 QML 的 Anchor（锚）。这里 Layout.fillWidth 设为 true 使"性别"组框在允许的约束范围内尽可能宽。此外，Layout 还有其他一些常用属性，如 fillHeight、minimumWidth/maximumWidth、minimumHeight/maximumHeight、alignment 等，它们的具体应用请参考 Qt 5.15 官方文档，此处不展开。

(d) model: ListModel {…}：往组合框下拉列表中添加项有两种方式。第一种是本例采用的为其 model 属性指派一个 ListModel 对象，其每个 ListElement 子元素代表一个列表项；第二种是直接将一个字符串列表赋值给 model 属性。因此，本例的代码也可写为：

```
ComboBox {
    ...
    model: [ "计算机", "通信工程", "信息网络" ]
    width: 200
}
```

(e) hobbyText += hobbyGrid.children[i].checked ? (hobbyGrid.children[i].text + "、") : "";：这里使用了条件运算符判断每个复选框的状态，若选中，则将其文本添加到 hobbyText 变量中。之前在设计界面的时候，将复选框都置于 GridLayout 元素中，此处就可以通过其"id.children[i]"的方式来引用访问其中的每一个复选框控件了。

21.2.3 高级控件

Qt Quick 的控件库一直被不断地开发、扩展和完善，除基本控件外，还在增加新的控件类型，尤其是一些高级控件做得很有特色，极大地丰富了 Qt Quick Controls 程序的界面功能。

【例】（较难）（CH2103）用高级控件制作一个有趣的小程序，界面如图 21.5 所示。

程序运行后，窗体上显示一幅唯美的海底美人鱼照片。用户可用鼠标拖动左下方滑块来调整画面尺寸，当画面缩小到一定程度后，界面上会出现一个"忙等待"动画图标，如图 21.6 所示；还可以通过日期翻选框设置美人鱼的生日，单击"OK"按钮，程序同步计算并显示出她的芳龄，如图 21.7 所示。

图 21.5　高级控件制作的程序界面

第21章 Qt Quick Controls 开发基础

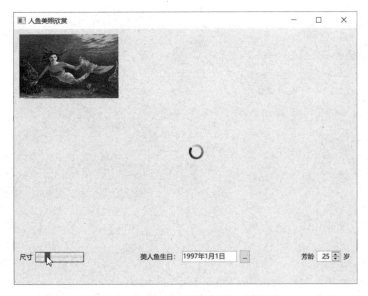

图 21.6 出现一个"忙等待"动画图标

图 21.7 设置生日

实现步骤如下。

（1）创建 QML 项目，选择项目"Application (Qt)"→"Qt Quick Application"模板。项目名称为"Mermaid"。

（2）在项目工程目录中建一个 images 文件夹，其中放入一张图片，文件名为"Mermaid.jpg"。

（3）右击项目视图"资源"→"qml.qrc"→"/"节点，选择"添加现有文件"命令，从弹出的对话框中选择该图片并打开，将其加载到项目中。

（4）打开项目主程序文件 main.qml，编写代码如下：

```
import QtQuick 2.15
import QtQuick.Controls 2.5                //导入 Qt Quick Controls
import QtQuick.Layouts 1.3                 //导入 Qt Quick 布局库
```

```qml
ApplicationWindow {                                     //主应用窗口
    width: 635
    height: 460
    visible: true
    title: qsTr("人鱼美照欣赏")

    Item {                                              //QML通用的根元素
        width: 635
        height: 460
        anchors.fill: parent
        Image {                                         //图像元素(显示美人鱼照片)
            id: img                                     //图像标识
            x: 10; y: 10
            width: 614.4
            height: 384
            source: "images/Mermaid.jpg"
            fillMode: Image.Stretch                     //必须设为"拉伸"模式才能调整尺寸
            clip: true
        }
        BusyIndicator {                                 // (a)
            x: 317.2; y: 202
            running: img.width < 614.4*0.4              //当画面宽度缩为原来的0.4倍时运行
        }
        RowLayout {                                     //行布局
            anchors.left: img.left                      //与画面左锚定
            y: 399
            spacing: 5
            Label {
                text: "尺寸"
            }
            Slider {                                    /* 滑动条 */
                from: 0.1                               //最小值
                to: 1.0                                 //最大值
                stepSize: 0.1                           //步进值
                value: 1.0                              //初始值
                onValueChanged: {                       //拖动滑块所要执行的代码
                    var scale = value;                  //变量获取缩放比率
                    img.width = 614.4*scale;            //宽度缩放
                    img.height = 384*scale;             //高度缩放
                }
            }
            Label {
                text: "美人鱼生日:"
                leftPadding: 100
            }
            TextField {                                 //文本框用于显示用户选择的日期
                id: date
                implicitWidth: 100
```

```
                text: "1997年1月1日"
                onTextChanged: {
                    age.value = 2022 - year.model[year.currentIndex]
                }                                          //同步计算芳龄
            }
            Button {
                text: qsTr("...")
                implicitWidth: 20
                onClicked: dateDialog.open()    //打开日期选择对话框
            }
            Label {
                text: "芳龄"
                leftPadding: 90
            }
            SpinBox {                              //(b)
                id: age
                value: 25                          //当前值
                from: 18                           //最小值
                to: 25                             //最大值
                implicitWidth: 45                  //宽度
            }
            Label {
                text: "岁"
            }
        }
    }

    Dialog {                              /* 日期选择对话框 */
        id: dateDialog
        title: "选择日期"
        width: 275
        height: 300
        standardButtons: Dialog.Ok | Dialog.Cancel
        onAccepted: {
            date.text = year.model[year.currentIndex] + "年" + month.model
[month.currentIndex] + day.model[day.currentIndex] + "日"
        }                                      //(c)

        Frame {                                //(d)
            anchors.centerIn: parent
            Row {                              //(d)
                Tumbler {                      //(d)翻选月份
                    id: month
                    model: ["1月", "2月", "3月", "4月", "5月", "6月", "7月", "8
月", "9月", "10月", "11月", "12月"]
                }
                Tumbler {                      //(d)翻选日
                    id: day
```

```
                model: [1, 2, 3, 4, 5, 6, 7, 8, 9, 10, 11, 12, 13, 14, 15, 16,
17, 18, 19, 20, 21, 22, 23, 24, 25, 26, 27, 28, 29, 30, 31]
            }
            Tumbler {                              //(d)翻选年
                id: year
                model: ["1997", "1998", "1999", "2000", "2001", "2002", "2003",
"2004"]
            }
        }
    }
}
```

说明:

(a) BusyIndicator {…}：忙指示器是 Qt Quick 中一个很特别的控件，它的外观是一个动态旋转的圆圈（ ），类似于网页加载时的页面效果。当应用程序正在载入某些内容或者 UI 被阻塞等待某个资源变为可用时，要使用 BusyIndicator 提示用户耐心等待。最典型的应用就是在界面载入比较大的图片时，例如：

```
BusyIndicator {
    running: img.status === Image.Loading
}
```

就本例来说，由于图片载入过程很快，无法有效地展示 BusyIndicator，故程序中改为将图片尺寸缩至一定程度时应用 BusyIndicator。

(b) SpinBox {…}：数值旋转框是一个右侧带有上下箭头的文本框，它允许用户通过单击箭头或按键盘的上、下方向键来选取一个数值。默认情况下，SpinBox 提供 0~99 的离散数值，步进值为 1（即每单击一次箭头，数值就增或减 1）。from/to 属性设定 SpinBox 中允许的数值范围，本例设定美人鱼的年龄在 18~25 岁，一旦超出范围，SpinBox 会强制约束用户的输入。

(c) date.text = year.model[year.currentIndex] + "年" + month.model [month.currentIndex] + day.model[day.currentIndex] + "日"：这里通过模型（model）的索引（currentIndex）得到用户当前选中项对应的年、月、日值，再组合成一个完整的日期。

(d) Frame { …Row { Tumbler {…} … } }：Tumbler 控件最先是由 Qt 5.5 的 QtQuick.Extras 1.4 引入的，当前 Qt Quick Controls 2.5 保留了这个控件，并在某些方面进行了升级和完善。Tumbler 是一种界面翻选框控件，一般与 Frame、Row 元素配合使用，每个 Tumbler 元素在界面上都呈现出一种滚轮条的效果，供用户上下翻动以选择合适的值。

21.2.4 样式定制

Qt Quick 中有一个 Qt Quick Controls Styles 子模块，它几乎为每个 Qt Quick 控件都提供了一个对应的样式类，以*Style（其中"*"是原控件的类名）命名，允许用户自定义 Qt Quick 控件的样式。

凡是对应有样式类的 Qt Quick 控件都可以由用户自定义其外观，表 21.2 给出了 Qt Quick 控件的样式类。

表 21.2 Qt Quick 控件的样式类

控　件	名　称	样　式　类
Button	命令按钮	ButtonStyle
CheckBox	复选框	CheckBoxStyle
ComboBox	组合框	ComboBoxStyle
RadioButton	单选按钮	RadioButtonStyle
TextArea	文本区	TextAreaStyle
TextField	文本框	TextFieldStyle
BusyIndicator	忙指示器	BusyIndicatorStyle
ProgressBar	进度条	ProgressBarStyle
Slider	滑动条	SliderStyle
SpinBox	数值旋转框	SpinBoxStyle
Switch	开关	SwitchStyle

定制控件的样式有以下两种方法。

1. 使用样式属性

所有可定制的 Qt Quick 控件都有一个 style 属性，将其值设为该控件对应的样式类，然后在样式类中定义样式，代码形如：

```
Control {                              //控件名
    ...                                //其他属性及值
    style: ControlStyle {              //样式属性
        ...                            //自定义样式的代码
    }
    ...
}
```

其中，Control 代表控件名称，可以是任何具体的 Qt Quick 控件类名，如 Button、TextField、Slider 等；ControlStyle 则是该控件对应的样式类名，详见表 21.2。

2. 定义样式代理

样式代理是一种由用户定义的属性类组件，其代码形如：

```
property Component delegateName: ControlStyle {    //样式代理
    ...                                            //自定义样式的代码
}
```

其中，delegateName 为样式代理的名称，经这样定义了之后，就可以在控件代码中直接引用该名称来指定控件的样式，如下：

```
Control {                              //控件名
    ...
    style: delegateName                //通过样式代理名指定样式
    ...
}
```

这种方法的好处：如果有多个控件具有相同的样式，那么在样式代理中定义一次，就可以在各个需要该样式的控件中直接引用，提高了代码的复用性。但要注意，引用该样式的控件类型必须与代理所定义的样式类 ControlStyle 相匹配。

【例】（较难）（CH2104）用上述两种方法分别定制几种控件的样式，如图 21.8 所示，其中左边一列为控件的标准外观，中间为用样式属性直接定义的外观，右边则是应用了样式代理后的效果。

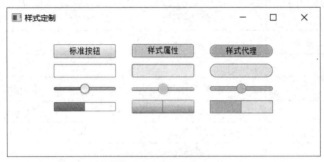

图 21.8 控件样式定制

实现步骤如下。

（1）创建 QML 项目，选择项目 "Application (Qt)" → "Qt Quick Application" 模板。项目名称为 "Styles"。

（2）在项目工程目录中建一个 images 文件夹，其中放入一些图片作为定制控件的资源，如图 21.9 所示。

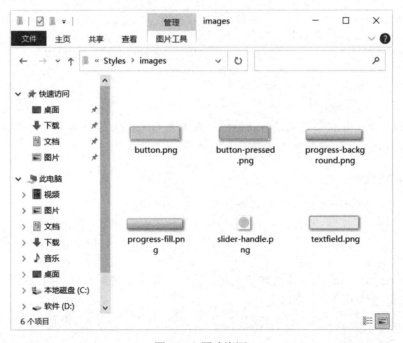

图 21.9 图片资源

（3）右击项目视图 "资源" → "qml.qrc" → "/" 节点，选择 "添加现有文件" 命令，从弹出的对话框中选中这些图片并打开，将它们加载到项目中。

（4）右击项目视图 "资源" → "qml.qrc" → "/" 节点，选择 "添加新文件" 命令，新建

MainForm.qml文件，编写代码如下：

```qml
import QtQuick 2.15
import QtQuick.Controls 1.5
import QtQuick.Layouts 1.3
import QtQuick.Controls.Styles 1.3          //导入Qt Quick控件样式库
Item {                                       //QML通用的根元素
    id: window
    width: 600
    height: 240
    property int columnWidth: window.width/5
                                             //公共属性columnWidth用于设置控件列宽
    GridLayout {                             //网格布局
        rowSpacing: 12                       //行距
        columnSpacing: 30                    //列距
        anchors.top: parent.top              //与主窗体顶端对齐
        anchors.horizontalCenter: parent.horizontalCenter
                                             //在主窗体居中
        anchors.margins: 30                  //锚距为30
        Button {                             /* 标准Button控件 */
            text: "标准按钮"
            implicitWidth: columnWidth       //(a)
        }
        Button {                             /* 设置样式属性的Button控件 */
            text: "样式属性"
            style: ButtonStyle {             //样式属性
                background: BorderImage {    //(b)
                    source: control.pressed ? "images/button-pressed.png": "images/button.png"
                    border.left: 4 ; border.right:4; border.top: 4; border.bottom: 4
                }
            }
            implicitWidth: columnWidth
        }
        Button {                             /* 应用样式代理的Button控件 */
            text: "样式代理"
            style: buttonStyle               //buttonStyle为样式代理名
            implicitWidth: columnWidth
        }
        TextField {                          /* 标准TextField控件 */
            Layout.row: 1                    //指定在GridLayout中行号为1（第2行）
            implicitWidth: columnWidth
        }
        TextField {                          /* 设置样式属性的TextField控件 */
            style: TextFieldStyle {          //样式属性
                background: BorderImage {    //设置背景图片为textfield.png
                    source: "images/textfield.png"
                    border.left: 4; border.right: 4; border.top: 4; border.bottom: 4
                }
            }
```

```qml
        implicitWidth: columnWidth
    }
    TextField {                              /* 应用样式代理的 TextField 控件 */
        style: textFieldStyle                //textFieldStyle 为样式代理名
        implicitWidth: columnWidth
    }
    Slider {                                 /* 标准 Slider 控件 */
        id: slider1
        Layout.row: 2                        //指定在 GridLayout 中行号为 2（第 3 行）
        value: 0.5                           //初始值
        implicitWidth: columnWidth
    }
    Slider {                                 /* 设置样式属性的 Slider 控件 */
        id: slider2
        value: 0.5
        implicitWidth: columnWidth
        style: SliderStyle {                 //样式属性
            groove: BorderImage {            //(c)
                height: 6
                border.top: 1
                border.bottom: 1
                source: "images/progress-background.png"
                border.left: 6
                border.right: 6
                BorderImage {
                    anchors.verticalCenter: parent.verticalCenter
                    source: "images/progress-fill.png"
                    border.left: 5 ; border.top: 1
                    border.right: 5 ; border.bottom: 1
                    width: styleData.handlePosition
                                             //宽度至手柄（滑块）的位置
                    height: parent.height
                }
            }
            handle: Item {                   //(d)
                width: 13
                height: 13
                Image {
                    anchors.centerIn: parent
                    source: "images/slider-handle.png"
                }
            }
        }
    }
    Slider {                                 /* 应用样式代理的 Slider 控件 */
        id: slider3
        value: 0.5
        implicitWidth: columnWidth
        style: sliderStyle                   //sliderStyle 为样式代理名
    }
```

```qml
            ProgressBar {                       /* 标准 ProgressBar 控件 */
                Layout.row: 3                   //指定在 GridLayout 中行号为 3（第 4 行）
                value: slider1.value            //进度值设为与滑动条同步
                implicitWidth: columnWidth
            }
            /* 以下两个为应用不同样式代理的 ProgressBar 控件 */
            ProgressBar {
                value: slider2.value
                implicitWidth: columnWidth
                style: progressBarStyle         //应用样式代理 progressBarStyle
            }
            ProgressBar {
                value: slider3.value
                implicitWidth: columnWidth
                style: progressBarStyle2        //应用样式代理 progressBarStyle2
            }
        }
        /* 以下为定义各样式代理的代码 */
        property Component buttonStyle: ButtonStyle {
                                            /* Button 控件所使用的样式代理 */
            background: Rectangle {         //按钮背景为矩形
                implicitHeight: 22
                implicitWidth: columnWidth
                //按钮被按下或获得焦点时变色
                color: control.pressed ? "darkGray" : control.activeFocus ? "#cdd" : "#ccc"
                antialiasing: true              //平滑边缘反锯齿
                border.color: "gray"            //灰色边框
                radius: height/2                //圆角形
                Rectangle {                     //该矩形为按钮自然状态（未被按下）的背景
                    anchors.fill: parent
                    anchors.margins: 1
                    color: "transparent"        //透明色
                    antialiasing: true
                    visible: !control.pressed   //在按钮未被按下时可见
                    border.color: "#aaffffff"
                    radius: height/2
                }
            }
        }
        property Component textFieldStyle: TextFieldStyle {
                                            /* TextField 控件所使用的样式代理 */
            background: Rectangle {         //文本框背景为矩形
                implicitWidth: columnWidth
                color: "#f0f0f0"
                antialiasing: true
                border.color: "gray"
                radius: height/2
                Rectangle {
                    anchors.fill: parent
```

```qml
            anchors.margins: 1
            color: "transparent"
            antialiasing: true
            border.color: "#aaffffff"
            radius: height/2
        }
    }
}
property Component sliderStyle: SliderStyle {
                                    /* Slider 控件所使用的样式代理 */
    handle: Rectangle {             //定义矩形作为滑块
        width: 18
        height: 18
        color: control.pressed ? "darkGray" : "lightGray"
                                    //按下时灰度改变
        border.color: "gray"
        antialiasing: true
        radius: height/2            //滑块呈圆形
        Rectangle {
            anchors.fill: parent
            anchors.margins: 1
            color: "transparent"
            antialiasing: true
            border.color: "#eee"
            radius: height/2
        }
    }
    groove: Rectangle {             //定义滑动条的横槽
        height: 8
        implicitWidth: columnWidth
        implicitHeight: 22
        antialiasing: true
        color: "#ccc"
        border.color: "#777"
        radius: height/2            //使得滑动条横槽两端有弧度（外观显平滑）
        Rectangle {
            anchors.fill: parent
            anchors.margins: 1
            color: "transparent"
            antialiasing: true
            border.color: "#66ffffff"
            radius: height/2
        }
    }
}
property Component progressBarStyle: ProgressBarStyle {
                                    /* ProgressBar 控件使用的样式代理 1 */
    background: BorderImage {       //样式背景图片
        source: "images/progress-background.png"
        border.left: 2 ; border.right: 2 ; border.top: 2 ; border.bottom: 2
```

```
            }
            progress: Item {                            //(e)
                clip: true
                BorderImage {
                    anchors.fill: parent
                    anchors.rightMargin: (control.value < control.maximumValue)? -4:0
                    source: "images/progress-fill.png"
                    border.left: 10 ; border.right: 10
                    Rectangle {
                        width: 1
                        color: "#a70"
                        opacity: 0.8
                        anchors.top: parent.top
                        anchors.bottom: parent.bottom
                        anchors.bottomMargin: 1
                        anchors.right: parent.right
                        visible: control.value < control.maximumValue
                                                //进度值未到头时始终可见
                        anchors.rightMargin: -parent.anchors.rightMargin
                                                //两者锚定互补达到进度效果
                    }
                }
            }
        }
        property Component progressBarStyle2: ProgressBarStyle {
                                                /* ProgressBar 控件使用的样式代理 2 */
            background: Rectangle {
                implicitWidth: columnWidth
                implicitHeight: 24
                color: "#f0f0f0"
                border.color: "gray"
            }
            progress: Rectangle {
                color: "#ccc"
                border.color: "gray"
                Rectangle {
                    color: "transparent"
                    border.color: "#44ffffff"
                    anchors.fill: parent
                    anchors.margins: 1
                }
            }
        }
    }
```

说明：

(a) implicitWidth: columnWidth：QML 根元素 Item 有一个 implicitWidth 属性，它设定了对象的隐式宽度，当对象的 width 值未指明时就以这个隐式宽度作为其实际的宽度。所有 QML 可视元素及 Qt Quick 控件都继承了 implicitWidth 属性，本例用它保证了各控件的宽度始终都维持在 columnWidth（主窗口宽度的 1/5），并随着窗口大小的改变自动调节尺寸。

(b) **background: BorderImage {…}**：设置控件所用的背景图，图片来源即之前载入项目中的资源。这里用条件运算符设置当按钮按下时，背景显示 button-pressed.png（一个深灰色矩形）；未按下时则显示 button.png（颜色较浅的矩形），由此就实现了单击时按钮颜色的变化。

(c) **groove: BorderImage {…}**：groove 设置滑动条横槽的外观，这里外层 BorderImage 所用图片为 progress-background.png，这是横槽的本来外观，而内层 BorderImage 子元素则采用 progress-fill.png，这是橙黄色充满状态的外观，其宽度与滑块所在位置一致。

(d) **handle: Item {…}**：handle 定义了滑块的样子，这里采用图片 slider-handle.png 展示滑块的外观。

(e) **progress: Item {…}**：progress 设置进度条的外观，用 progress-fill.png 定制进度条已填充部分，又定义了一个 Rectangle 子元素来显示其未充满的部分，通过与父元素 BorderImage 的锚定和可见性控制巧妙地呈现进度条的外观。

（5）打开 main.qml 文件，编写代码如下：

```
import QtQuick 2.15
import QtQuick.Window 2.15

Window {
    width: 600
    height: 240
    visible: true
    title: qsTr("样式定制")

    MainForm {
        anchors.fill: parent
    }
}
```

Qt Quick 控件的定制效果千变万化，更多控件的样式及定制方法请参考 Qt 5.15 官方文档。建议读者在学习中多实践，逐步提高自己的 UI 设计水平。

21.3 Qt Quick 对话框

目前，Qt Quick 所能提供的对话框类型有 Dialog（封装了标准按钮的通用 Qt Quick 对话框）、FileDialog（供用户从本地文件系统中选择文件的对话框）、FontDialog（供用户选择字体的对话框）、ColorDialog（供用户选取颜色的对话框）和 MessageDialog（显示弹出消息的对话框）。

本节通过一个实例介绍几种对话框的使用方法。

【例】（难度中等）（CH2105）演示几种 Qt Quick 对话框的用法，运行效果如图 21.10 所示。单击"选择"按钮弹出"选择日期"对话框，选择某个日期后单击"Save"按钮，该日期自动填入"日期"栏；单击"打开"按钮，从弹出的"打开"对话框中选择某个目录下的文件并打开，该文件名及路径字符串被填入"文件"栏；单击"字体"按钮，在弹出的"字体"对话框中可设置文本区内容的字体样式；单击"颜色"按钮，在弹出的"颜色"对话框中可设置文本区文字的颜色。

第 21 章 Qt Quick Controls 开发基础

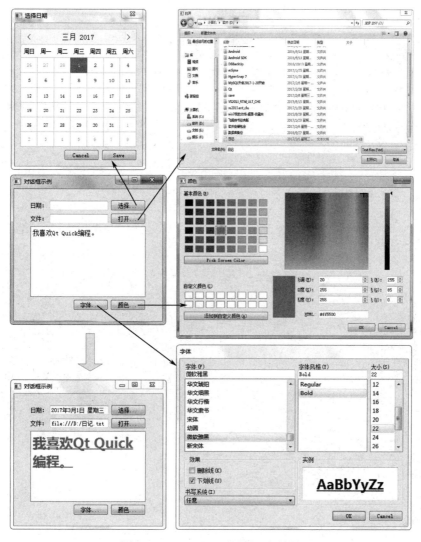

图 21.10 Qt Quick 对话框运行效果

实现步骤如下。

（1）创建 QML 项目，选择项目"Application (Qt)"→"Qt Quick Application"模板。项目名称为"Dialogs"。

（2）右击项目视图"资源"→"qml.qrc"→"/"节点，选择"添加新文件"命令，新建 MainForm.qml 文件，编写代码如下：

```
import QtQuick 2.15
import QtQuick.Controls 1.5            //导入Qt Quick Controls 1.5
import QtQuick.Layouts 1.3             //导入Qt Quick 布局库
Item {                                 //QML 通用的根元素
    width: 320
    height: 280
    /* 定义属性别名，为在 main.qml 中引用各个控件 */
    property alias date: date          //"日期"文本框
    property alias btnSelect: btnSelect //"选择"按钮
    property alias file: file          //"文件"文本框
```

```qml
    property alias btnOpen: btnOpen            //"打开"按钮
    property alias content: content            //文本区
    property alias btnFont: btnFont            //"字体"按钮
    property alias btnColor: btnColor          //"颜色"按钮
    ColumnLayout {                             //列布局
        anchors.centerIn: parent
        RowLayout {                            //该行提供日期选择功能
            Label {
                text: "日期："
            }
            TextField {
                id: date
            }
            Button {
                id: btnSelect
                text: qsTr("选择...")
            }
        }
        RowLayout {                            //该行提供文件选择功能
            Label {
                text: "文件："
            }
            TextField {
                id: file
            }
            Button {
                id: btnOpen
                text: qsTr("打开...")
            }
        }
        TextArea {                             //文本区
            id: content
            Layout.fillWidth: true             //将文本区拉伸至与上两栏等宽
            text: "我喜欢Qt Quick编程。"        //文本内容
            font.pixelSize: 14
        }
        RowLayout {                            //该行提供字体、颜色选择功能
            Layout.alignment: Qt.AlignRight    //右对齐
            Button {
                id: btnFont
                text: qsTr("字体...")
            }
            Button {
                id: btnColor
                text: qsTr("颜色...")
            }
        }
    }
}
```

(3) 打开 main.qml 文件，编写代码如下：

```qml
import QtQuick 2.15
import QtQuick.Controls 1.5                       //导入 Qt Quick Controls 1.5
import QtQuick.Dialogs 1.2                        //导入 Qt Quick 对话框库
ApplicationWindow {                               //主应用窗口
    title: qsTr("对话框示例")
    width: 320
    height: 280
    visible: true
    MainForm {                                    //主窗体
        id: main                                  //窗体标识
        anchors.fill: parent
        btnSelect.onClicked: dateDialog.open()    //打开"选择日期"对话框
        btnOpen.onClicked: fileDialog.open()      //打开标准文件对话框
        btnFont.onClicked: fontDialog.open()      //打开标准字体对话框
        btnColor.onClicked: colorDialog.open()    //打开标准颜色对话框
    }
    Dialog {                                                //(a)
        id: dateDialog
        title: "选择日期"
        width: 275
        height: 300
        standardButtons: StandardButton.Save | StandardButton.Cancel
                                                            //(b)
        onAccepted: main.date.text = calendar.selectedDate.toLocaleDateString()
                                                            //(c)
        Calendar {                                //日历控件
            id: calendar
            //双击日历就等同于单击"Save"按钮
            onDoubleClicked: dateDialog.click(StandardButton.Save)
        }
    }
    FileDialog {                                  //文件标准对话框
        id: fileDialog
        title: "打开"
        nameFilters: ["Text files (*.txt)", "Image files (*.jpg *.png)", "All files (*)" ]                 //(d)
        onAccepted: main.file.text = fileDialog.fileUrl
                                                            //(e)
    }
    FontDialog {                                  //字体标准对话框
        id: fontDialog
        title: "字体"
        font: Qt.font({ family: "宋体", pointSize: 12, weight: Font.Normal })
                                                  //初始默认选中的字体
        modality: Qt.WindowModal                            //(f)
        onAccepted: main.content.font = fontDialog.font
                                                  //设置字体
    }
```

```
    ColorDialog {                                             //颜色标准对话框
        id: colorDialog
        title: "颜色"
        modality: Qt.WindowModal
        onAccepted: main.content.textColor = colorDialog.color
                                                              //设置文字色彩
    }
}
```

说明：

(a) Dialog {…}：这是 Qt Quick 提供给用户自定义的通用对话框组件。它包含一组为特定平台定制的标准按钮且允许用户往对话窗体中放置任何内容，其默认属性 contentItem 是用户放置的元素（其中还可包含多层子元素），对话框会自动调整大小以适应这些内容元素和标准按钮，例如：

```
Dialog {
    ...
    contentItem: Rectangle {
        color: "lightskyblue"
        implicitWidth: 400
        implicitHeight: 100
        Text {
            text: "你好，蓝天！"
            color: "navy"
            anchors.centerIn: parent
        }
    }
}
```

就在对话框中放了一个天蓝色矩形，其中显示文字。本例则放了一个日历控件取代默认的 contentItem。

(b) standardButtons: StandardButton.Save | StandardButton.Cancel：对话框底部有一组标准按钮，每个按钮都有一个特定"角色"决定了它被按下时将发出何种信号。用户可通过设置 standardButtons 属性为一些常量位标志的逻辑组合来控制所要使用的按钮。这些预定义常量及对应的标准按钮见表 21.3。

表 21.3 对话框预定义常量及对应的标准按钮

常　量	对　应　按　钮	角　色
StandardButton.Ok	"OK"（确定）	Accept
StandardButton.Open	"Open"（打开）	Accept
StandardButton.Save	"Save"（保存）	Accept
StandardButton.Cancel	"Cancel"（取消）	Reject
StandardButton.Close	"Close"（关闭）	Reject
StandardButton.Discard	"Discard"或"Don't Save"（抛弃或不保存，平台相关）	Destructive
StandardButton.Apply	"Apply"（应用）	Apply
StandardButton.Reset	"Reset"（重置）	Reset
StandardButton.RestoreDefaults	"Restore Defaults"（恢复出厂设置）	Reset
StandardButton.Help	"Help"（帮助）	Help

续表

常　　量	对 应 按 钮	角　色
StandardButton.SaveAll	"Save All"（保存所有）	Accept
StandardButton.Yes	"Yes"（是）	Yes
StandardButton.YesToAll	"Yes to All"（全部选是）	Yes
StandardButton.No	"No"（否）	No
StandardButton.NoToAll	"No to All"（全部选否）	No
StandardButton.Abort	"Abort"（中止）	Reject
StandardButton.Retry	"Retry"（重试）	Accept
StandardButton.Ignore	"Ignore"（忽略）	Accept

(c) **onAccepted: …**：onAccepted 定义了对话框在接收到 accepted()信号时要执行的代码，accepted()信号是当用户按下具有 Accept 角色的标准按钮（如"OK""Open""Save""Save All""Retry""Ignore"）时所发出的信号。

(d) **nameFilters: [...]**：文件名过滤器。它由一系列字符串组成，每个字符串可以是一个由空格分隔的过滤器列表，过滤器可包含"?"和"*"通配符。过滤器列表可用"[ ]"括起来，并附带对每种过滤器提供一个文字描述。例如本例定义的过滤器列表：

```
[ "Text files (*.txt)", "Image files (*.jpg *.png)", "All files (*)" ]
```

选择其中相应的列表项即可指定过滤出想要显示的文件类型，但不可过滤掉目录和文件夹。

(e) **main.file.text = fileDialog.fileUrl**：其中的 fileUrl 是用户所选择文件的路径，该属性只能存储一个特定文件的路径。若要同时存储多个文件路径，可改用 fileUrls 属性，它能存放用户所选的全部文件路径的列表。另外，可用 folder 属性指定用户打开标准文件对话框时所在的默认当前文件夹。

(f) **modality: Qt.WindowModal**：设定该对话框为模式对话框。模式对话框是指在得到事件响应之前，阻止用户切换到其他窗体的对话框。本例的"字体"和"颜色"对话框均设为模式对话框，即在用户尚未选择字体和颜色或单击"Cancel"按钮取消之前，是无法切换回主窗体中进行其他操作的。modality 属性取值 Qt.NonModal 表示使用非模式对话框。

21.4　Qt Quick 选项标签

自 Qt Quick Controls 2 开始使用 TabBar/TabButton 组合的选项标签取代 Qt Quick Controls 1 中 TabView/Tab 组合的导航视图功能。Qt 5.15 沿用了这种选项标签，通常用来帮助用户在特定的界面布局中管理和表现其他组件。本节通过一个实例来形象地展示它的应用。

【例】（较难）（CH2106）用选项标签结合多种视图组合展示"文艺复兴三杰"的代表作，界面如图 21.11 所示。

本例整个窗体界面分左边、中间、右边三个区域。左边区域给出作品及艺术家的信息列表；中间区域由多个选项页组成的相框展示整体作品；右边区域的图片框则带有滚动条，用户可拖动以进一步观赏作品的某个细节部分。用户可以用两种方式更改视图以欣赏不同作者的作品：一种是用鼠标选择左边区不同的列表项，另一种就是切换中间相框顶部的选项标签，操作如图 21.12 所示。无论采取哪种方式，中间、右边两个区域的视图都会同步变化。

图 21.11　Qt Quick 选项标签应用

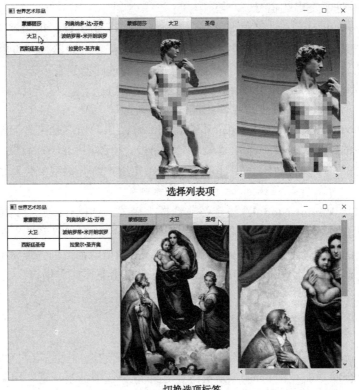

图 21.12　更改视图内容

实现步骤如下。

（1）创建 QML 项目，选择项目"Application (Qt)"→"Qt Quick Application"模板。项目名称为"View"。

（2）在项目工程目录中建一个 images 文件夹，其中放入三张图片作为本项目的资源，如图 21.13 所示。

第21章 Qt Quick Controls 开发基础

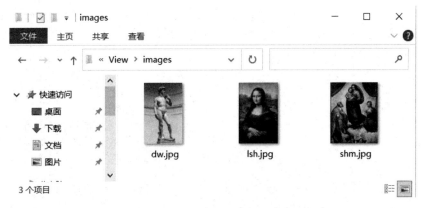

图 21.13 准备图片资源

(3) 右击项目视图"资源"→"qml.qrc"→"/"节点,选择"添加现有文件"命令,从弹出的对话框中选中这些图片并打开,将它们加载到项目中。

(4) 打开项目主程序文件 main.qml,编写代码如下:

```
import QtQuick 2.15
import QtQuick.Controls 2.5                //导入 Qt Quick Controls
import QtQuick.Layouts 1.3                 //导入 Qt Quick 布局库
import Qt.labs.qmlmodels 1.0               //包含 TableModel 的库

ApplicationWindow {                         //主应用窗口
    width: 855
    height: 400
    visible: true
    title: qsTr("世界艺术珍品")

    Item {                                  //QML 通用的根元素
        width: 855
        height: 400
        anchors.fill: parent

        TableView {                         /* 左区的 TableView(列表)视图 */
            anchors.fill: parent
            model: TableModel {             //(a)
                TableModelColumn {
                    display: "名称"
                }
                TableModelColumn {
                    display: "作者"
                }
                rows: [
                    {
                        "名称": "蒙娜丽莎",
                        "作者": "列奥纳多·达·芬奇"
                    },
                    {
```

```
                "名称": "大卫",
                "作者": "波纳罗蒂•米开朗琪罗"
            },
            {
                "名称": "西斯廷圣母",
                "作者": "拉斐尔•圣齐奥"
            }
        ]
    }
    delegate: Rectangle {
        implicitWidth: 130
        implicitHeight: 30
        border.width: 1
        Text {
            id: tabText
            text: display
            anchors.centerIn: parent
        }
        MouseArea {                              //(b)
            anchors.fill: parent
            onClicked: {                         //(b)
                if(tabText.text === "蒙娜丽莎") setImgLsh()
                if(tabText.text === "大卫") setImgDw()
                if(tabText.text === "西斯廷圣母") setImgShm()
            }
        }
    }
}

TabBar {                                         //(c)
    id: tabBar
    leftPadding: 280
    contentWidth: 270
    contentHeight: 30
    TabButton {                                  //(c)
        text: qsTr("蒙娜丽莎")
        onClicked: {                             //(c)
            setImgLsh()                          //显示作品"蒙娜丽莎"
        }
    }
    TabButton {
        text: qsTr("大卫")
        onClicked: {
            setImgDw()                           //显示作品"大卫"
        }
    }
    TabButton {
        text: qsTr("圣母")
```

```qml
                onClicked: {
                    setImgShm()                         //显示作品"圣母"
                }
            }
        }

        Image {                                         //选项标签页要显示的图像元素
            id: img
            x: 280; y: 30
            width: 270
            height: 360
            source: "images/lsh.jpg"                    //图像路径(默认是"蒙娜丽莎")
        }

        StackLayout {
            currentIndex: tabBar.currentIndex           //(d)
            Item { }
            Item { }
            Item { }
        }

        ScrollView {                                    //(e)
            x: 570
            width: 270
            height: 390
            topPadding: 30
            Image {
                id: scrolimg
                source: "images/lsh.jpg"
            }
        }
    }

    /* 切换设置视图同步的函数 */
    function setImgLsh() {                              //显示作品"蒙娜丽莎"
        img.source = "images/lsh.jpg"
        scrolimg.source = "images/lsh.jpg"
        tabBar.currentIndex = 0
    }

    function setImgDw() {                               //显示作品"大卫"
        img.source = "images/dw.jpg"
        scrolimg.source = "images/dw.jpg"
        tabBar.currentIndex = 1
    }

    function setImgShm() {                              //显示作品"圣母"
        img.source = "images/shm.jpg"
```

```
            scrolimg.source = "images/shm.jpg"
            tabBar.currentIndex = 2
        }
    }
```

说明：

(a) model: TableModel { TableModelColumn { display: "…" }… rows: [⋯] }：Qt Quick Controls 2 的 TableView 组件与 Qt Quick Controls 1 中的用法有所不同，它以 TableModelColumn 元素取代 TableViewColumn 来代表视图中的"列"，用 display 属性定义列名，再由 rows 属性数组提供数据内容。

(b) MouseArea {⋯ onClicked: {⋯} }：与 Qt Quick Controls 1 不同，Qt Quick Controls 2 的 TableView 无 onClicked 属性，无法直接响应用户的单击操作，故这里采用在覆盖其单元格的矩形（Rectangle）元素中定义鼠标响应区 MouseArea 的方式来达成同样的目的。

(c) TabBar { ⋯TabButton { text:⋯ onClicked: {⋯} }⋯ }：Qt Quick Controls 2 的 TabBar/TabButton 组合所实现的选项标签中只能放置标签文本（text 属性指定）的内容，而不能同时囊括选项页上的界面元素（如 Image），选项页的内容必须定义于 TabBar 之外，在 TabButton 中以事件动作（onClicked）去操作外部元素，实现选项页的切换，这一点是与 Qt Quick Controls 1 的 TabView/Tab 组合不同的地方。

(d) currentIndex: tabBar.currentIndex：将 TabBar 当前选项标签的索引 currentIndex 赋给 StackLayout 的 currentIndex 属性，实现标签选择功能。

(e) ScrollView {⋯}：顾名思义，ScrollView 视图提供一个带水平和垂直滚动条（效果与平台相关）的内容框架为用户显示比较大的界面元素（如图片、网页等）。一个 ScrollView 视图仅能包含一个内容子元素，且该元素默认是充满整个视图区的。

附录 A

Qt 5 简单调试

在软件开发过程中,大部分的工作通常体现在程序的调试上。调试一般按如下步骤进行:修正语法错误→设置断点→启用调试器→程序调试运行→查看和修改变量的值。

A.1 修正语法错误

调试的最初任务主要是修正一些语法错误,这些错误包括以下内容。
(1)未定义或不合法的标识符,如函数名、变量名和类名等。
(2)数据类型或参数类型及个数不匹配。

上述语法错误中的大多数,在编辑程序代码时,将在当前窗口中的当前代码行下显示不同颜色的波浪线,当鼠标指针移至其语句上方时,还会提示用户错误产生的原因,从而使用户能够在编码时可及时地对语法错误进行修正。一旦改正,当前代码行下的不同颜色的波浪线将消失。

还有一些较为隐蔽的语法错误,将在编译程序或构建项目时被编译器发现,并在如图 A.1 所示的"问题"窗口中指出。

为了能够使用户快速定位错误产生的源代码位置,在图 A.1 中双击某个错误条目,光标将定位移到该错误处相应的代码行前。

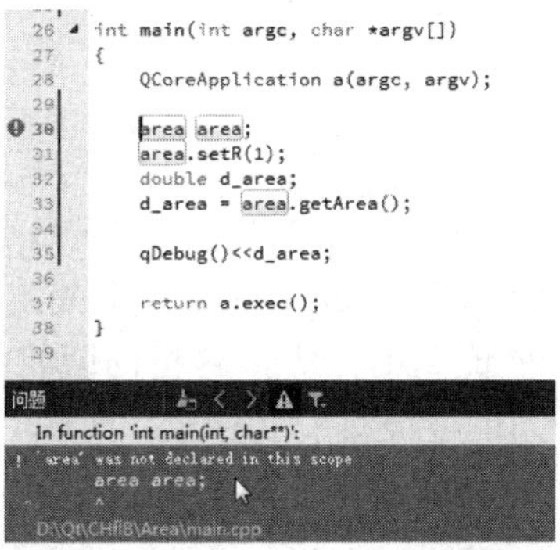

图 A.1 "问题"窗口显示语法错误

修正语法错误后,程序就可以正常地启动运行了。但并不是说,此时就完全没有错误了,它可能还有"异常""断言"和算法逻辑错误等其他类型的错误,而这些错误在编译时是不会显示出来的,只有当程序运行后才会出现。

A.2 设置断点

一旦在程序运行过程中发生错误，就需要设置断点分步进行查找和分析。所谓断点，实际上就是告诉调试器在何处暂时中断程序的运行，以便查看程序的状态，以及浏览和修改变量的值等。

当在文档窗口中打开源代码文件时，可用下面的三种方式来设置位置断点。

（1）按快捷键 F9。

（2）在需要设置（或清除）断点的代码行最前方的位置，即当鼠标指针由箭头变为小手时单击。

利用上述方式可以将位置断点设置在程序源代码中指定的一行上，或者在某个函数的开始处或指定的内存地址上。一旦断点设置成功，则断点所在代码行的最前面的窗口页边距上有一个深红色实心圆，如图 A.2 所示。

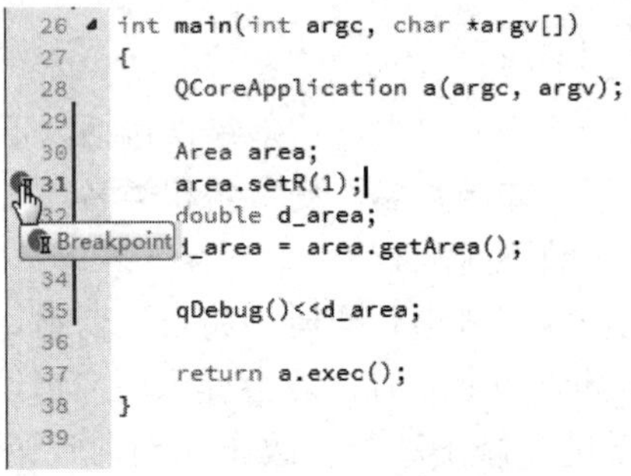

图 A.2　设置断点

需要说明的是，若在断点所在的代码行中再使用上述的快捷方式进行操作，则相应位置的断点被清除。若此时使用快捷菜单方式进行操作，菜单项中还包含"禁用断点"命令，选择此命令后，该断点被禁用，相应的断点标志由原来的深红色实心圆变为空心圆。

A.3 程序调试运行

（1）单击菜单"调试"→"开始调试"→"开始调试"命令，或按快捷键 F5，启动调试器。

（2）程序运行后，流程进行到代码行"area.setR(1);"处就停顿下来，这就是断点的作用。这时可以看到窗口页边距上有一个黄色小箭头，它指向即将执行的代码，如图 A.3 所示。

（3）"调试"菜单下的命令变为可用状态，如图 A.4 所示。其中，四条命令"单步跳过""单步进入""单步跳出"和"执行到行"是用来控制程序运行的，其含义分别如下。

● 单步跳过（快捷键 F10）的功能是，运行当前箭头指向的代码（只运行一行代码）。

● 单步进入（快捷键 F11）的功能是，如果当前箭头所指的代码是一个函数的调用，则选择"单步进入"命令进入该函数进行单步执行。

● 单步跳出（Shift+F11 组合键）的功能是，如果当前箭头所指向的代码在某一函数内，则利用它使程序运行至函数返回处。

附录A Qt 5 简单调试

● 执行到行（Ctrl+F10 组合键）的功能是，使程序运行至光标所指的代码处。

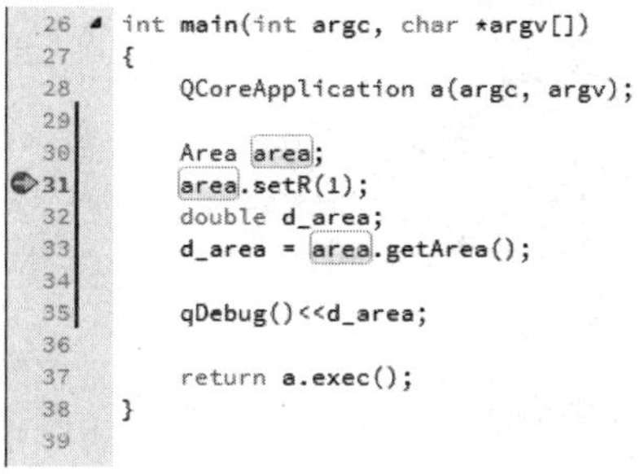

图 A.3　程序运行到断点处 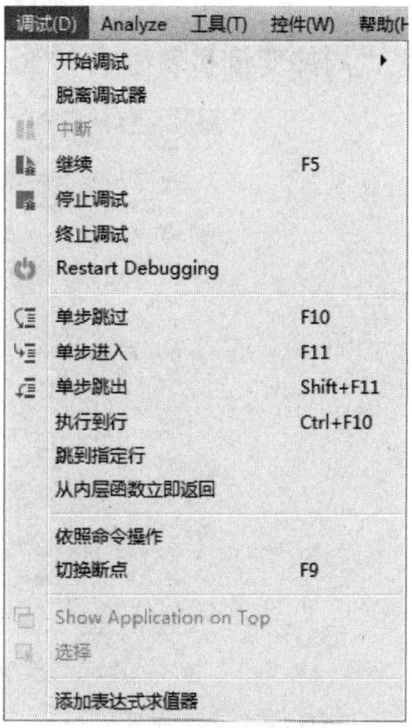　　　　　　图 A.4　"调试"菜单

选择"调试"菜单中的"停止调试"命令、直接按 Shift+F5 组合键或单击"编译微型条"中的 ■ 按钮，停止调试。

A.4 查看和修改变量的值

为了更好地进行程序调试，调试器还提供了一系列窗口，用于显示各种不同的调试信息，可借助"控件"菜单下的"视图"子菜单访问它们。事实上，当启动调试器后，Qt Creator 的开发环境就会自动显示出"局部变量和表达式""断点"和"栈"窗口，如图 A.5 所示。

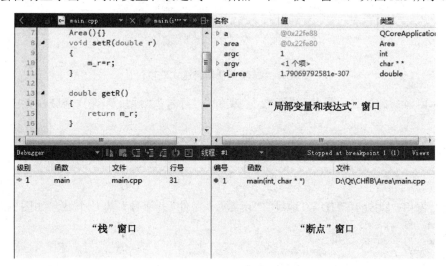

图 A.5　调试器的各窗口

除上述窗口外，调试器还提供了"模块""寄存器""调试器日志""源文件"等窗口，通过在如图 A.6 所示的子菜单中进行选择就可打开这些窗口。但为了进行变量值的查看和修改，通常可以使用"局部变量和表达式""断点""线程""栈"这几个窗口。

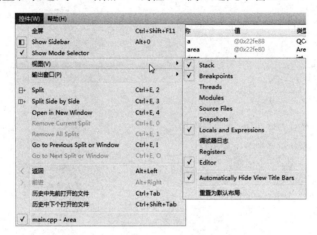

图 A.6 "视图"子菜单

下面的步骤是使用这三个窗口查看或修改 m_r 的值。

(1) 启动调试器、程序运行后，流程在代码行 "area.setR(1);" 处停顿下来。

(2) 此时可在"局部变量和表达式"窗口看到"名称""值""类型"三个域，如图 A.7 所示，用来显示当前语句和上一条语句使用的变量及当前函数使用的局部变量，它还显示使用"单步跳过"或"单步跳出"命令后函数的返回值。

图 A.7 "局部变量和表达式"窗口

"断点"窗口：此处有"编号""函数""文件""行号""地址"等几个域，如图 A.8 所示。

图 A.8 "断点"窗口

"线程"窗口：此处有"ID""地址""函数""文件""行号"等几个域，如图 A.9 所示。

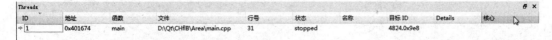

图 A.9 "线程"窗口

“栈”窗口：此处有“级别”“函数”“文件”“行号”域，如图 A.10 所示。

级别	函数	文件	行号
1	main	main.cpp	31

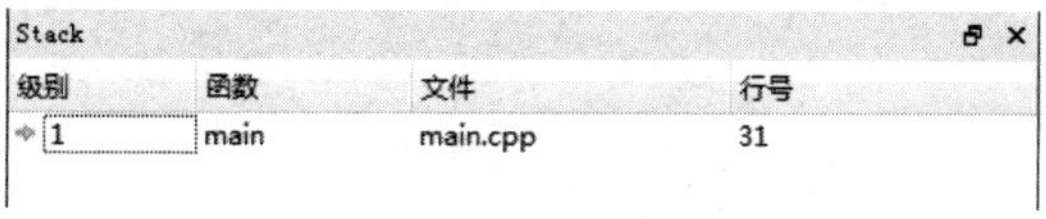

图 A.10　“栈”窗口

持续按快捷键 F10，直到流程运行到语句“qDebug()<<d_area;”处。

此时，在“局部变量和表达式”窗口中显示了 m_r 和 d_area 的值，如图 A.11 所示。若值显示为“{...}”，则包括了多个域的值，单击前面的加号，展开后可以看到具体的内容。

名称	值	类型
a	@0x22fe88	QCoreApplication
[QObject]	@0x22fe88	QObject
[vptr]	_vptr.QObject	
d_ptr	@0x22fe8c	QScopedPointer<QObjectData>
staticMetaObject	@0x6bd95aa8	QMetaObject
staticQtMetaObject	@0x6be5fdcc	QMetaObject
self	@0x6bfa5c18	QCoreApplication
staticMetaObject	@0x6be6b9bc	QMetaObject
area	@0x22fe80	Area
m_r	1.0	double
argc	1	int
argv	<1 个项>	char **
[0]	"D:\Qt\CHfIB\build-Area-Desktop_Qt_5_8_0_Min...	char *
d_area	3.142	double

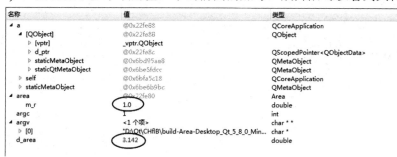

图 A.11　查看变量值

A.5　qDebug()的用法

如果有些地方出现声明指针后没有具体实现的情况，Qt 在编译阶段是不会出现错误的，但是运行的时候会出现“段错误”，不会显示其他内容。而段错误就是指针访问了没有分配地址的空间，或者指针为 NULL。在主程序中加入“qDebug()<<…;”逐步跟踪实现函数，就可知道是哪个地方出现问题了。

例如，在最前面添加头文件#include <QtDebug>，而在需要输出信息的地方使用“qDebug()<<…”。

```
#include <QCoreApplication>
#include <QtDebug>
class Area
{
public:
      Area(){}
      void setR(double r)
      {
           m_r=r;
      }
      double getR()
      {
          return m_r;
      }
      double getArea()
      {
```

```cpp
            return getR()*getR()*3.142;
    }
private:
    double m_r;
};
int main(int argc, char *argv[])
{
    QCoreApplication a(argc, argv);
    Area area;
    area.setR(1);
    double d_area;
    d_area = area.getArea();
    qDebug()<<d_area;
    return a.exec();
}
```